핵심이 보이는 전자기학

한빛아카데미
Hanbit Academy, Inc.

지은이 **김성중** sjkim@jbnu.ac.kr

전북대학교, 전남대학교, University of Missouri-Rolla에서 제어공학을 전공하고, 전북대학교에서 37년간 교수로 재직하다가 현재는 전북대학교 전자공학부의 명예교수로 있다. 주요 활동으로는 과학기술부지정 메카트로닉스연구센터(RRC) 소장, 전라북도 과학기술 자문단장, IEEE Korea 호남지부장, ICCAS2002 Local Co-Chairman, 제어자동화시스템공학회 부회장을 역임했으며, 학술 활동으로는 제어공학과 관련하여 100여 편의 논문을 게재 및 발표하였다. 저서로는 『전기기사 및 전기공사기사』(21세기사, 1999), 『핵심이 보이는 제어공학(개정판)』(한빛아카데미, 2018), 『처음 만나는 자동제어공학(2판)』(한빛아카데미, 2022)이 있으며, 역서로는 『전기장(Fundamentals of Electric Waves)』(동일출판사, 1981)이 있다.

핵심이 보이는 전자기학

초판발행 2021년 1월 4일
3쇄발행 2025년 9월 10일

지은이 김성중 / **펴낸이** 전태호
펴낸곳 한빛아카데미(주) / **주소** 서울시 서대문구 연희로2길 62 한빛아카데미(주) 2층
전화 02-336-7112 / **팩스** 02-336-7199
등록 2013년 1월 14일 제2017-000063호 / **ISBN** 979-11-5664-511-5 93560

총괄 박현진 / **책임편집** 김평화 / **기획** 김평화 / **편집** 김평화, 김희성 / **진행** 심진성
디자인 표지 이아란 내지 최연희, 이지민 / **전산편집** 카리스북 / **제작** 박성우, 김정우
영업 김호철, 김태진, 김성삼, 이정훈, 임현기, 이성훈, 김주성, 심지연

이 책에 대한 의견이나 오탈자 및 잘못된 내용은 출판사 홈페이지나 아래 이메일로 알려주십시오.
파본은 구매처에서 교환하실 수 있습니다. 책값은 뒤표지에 표시되어 있습니다.

홈페이지 www.hanbit.co.kr / 이메일 question@hanbit.co.kr

Published by HANBIT Academy, Inc. Printed in Korea

전자기학은 맥스웰 방정식이다!

전자기학[electromagnetics]은 전기, 전자, 통신, 컴퓨터 등 전기전자공학 관련 학과의 학생들과 물리 및 신소재 재료를 공부하는 학생들이 반드시 배워야 하는 헌법과 같은 필수 교과목이다. 그러나 학생들에게 학부에서 배우는 과목 중 제일 어려운 과목이 무엇이냐고 물으면, 이구동성으로 '전자기학'이라고 말한다. 물론 눈에 보이지 않는 전자의 움직임과 전계 및 자계의 현상을 수학적 도구만을 이용하여 표현하고, 또 그렇게 표현된 수식을 이해하는 것이 결코 쉬운 일은 아닐 것이다. 그런데 정말 전자기학을 쉽게 배울 수는 없는 것일까?

필자는 대학에서 40여 년을 영어로 된 원서로 전자기학을 가르치면서 항상 우리 학생들이 좀 더 쉽게 이해할 수 있는 전자기학 집필서가 있었으면 좋겠다고 생각해왔다. 이제 교단을 떠나면서 학생들이 전자기학을 쉽게 배울 수 있는 교재를 만들겠다는 일념으로 온 정성을 다해 이 책을 쓰기 시작했다.

전자기학을 한 마디로 표현하면 '맥스웰 방정식'이다. B.C. 600년경 그리스의 과학자 탈레스가 마찰전기를 발견한 것을 시작으로, 전기전자에 관한 연구는 18세기에 들어서 활발하게 진행되었다. 프랭클린, 쿨롱, 에르스텟, 암페어, 옴, 헨리, 가우스, 패러데이 등 여러 과학자들에 의해 많은 이론들이 발표되었으며, 1864년 맥스웰이 이 이론들을 20여 개의 식으로 통합하여 발표했다. 이후에 이 식들은 다시 4개의 벡터 미적분식으로 간단명료하게 정리되었고, 맥스웰 방정식이라고 불리게 되었다.

이 책에서는 4개의 맥스웰 방정식들을 순차적으로 유도하고, 이들의 응용 및 적용에 대해 설명한다. 이러한 과정에 초점을 두고 살펴보면, 복잡하고 어렵게 생각했던 전자기학을 아주 쉽고 간단명료하게 이해할 수 있으리라 확신한다.

벡터 미적분식으로 표시되는 맥스웰 방정식을 이해하는 데 필요한 간단한 벡터 해석은 책의 앞부분에서 소개하며, 조금 어려운 벡터 미적분은 실제 맥스웰 방정식을 가지고 그때그때 설명하여 이해를 돕는다. 또한 공무원 시험과 전기기사시험을 준비하는 사람들을 위해 각 장에 객관식 연습문제를 풍부하게 수록했다. 이 책은 대학에서 주 3시간씩 두 학기에 걸쳐 공부하도록 구성되어 있으며, 강의시간이 모자랄 때에는 (대부분 자격시험이나 취업시험에 출제되지 않는) 마지막 장의 전송선로는 생략해도 좋다.

책을 쓰면서 스스로의 지식이 부족함을 많이 느꼈다. 부끄럽지만, 전자기학을 공부하는 데 어려움을 겪는 학생들에게 도움이 되기를 바라는 간절한 마음에서 이 책을 내놓는다.

지은이 김성중

미리보기

학습목표

해당 장에서 학습해야 할 내용을 소개합니다.

학습목표

- 전기력선으로 전계를 나타낼 수 있고, 전기력선의 방정식을 풀 수 있다.
- 전속밀도를 이용하여 전계의 세기를 구할 수 있다.
- 가우스의 법칙을 이용하여 전속밀도를 구하고, 전계의 세기를 쉽게 알 수 있다.
- 점전하, 선전하, 면전하, 체적전하에 의한 전계의 세기를 구할 수 있다.
- 가우스의 법칙으로부터 제1 맥스웰 방정식의 적분형을 만들 수 있다.
- 발산정리를 이용하여 제1 맥스웰 방정식의 미분형을 구할 수 있다.
- 벡터연산자 ∇을 이용하여 여러 가지 벡터 연산식을 간단히 표시할 수 있다.

도입글

각 장의 내용에 대한 맥락을 짐작할 수 있도록 해당 장의 학습 내용과 필요성 등을 보여줍니다.

전자기학에서는 눈에 보이지 않는 전계를 쉽게 이해할 수 있도록 전기력선을 도입하여 전계의 세기의 크기와 방향을 나타낸다. 그리고 전기력선들을 다발로 묶어 전속과 전속밀도를 정의한다. 이 장에서는 전속밀도와 전하를 관계 짓는 가우스의 법칙, 즉 제1 맥스웰 방정식을 이용하여 전속밀도를 구하고 이를 이용하여 전계의 세기를 구한다. 또한 제1 맥스웰 방정식에 발산정리를 적용하여 제1 맥스웰 방정식의 미분형을 유도한다. 이때 편미분 등 수학적인 계산을 간단하게 표시할 수 있는 벡터연산자 ∇을 소개한다.

SECTION 7.4 암페어의 주회법칙

정전계에서 전하분포에 대칭성이 있을 때 가우스의 법칙을 이용하여 전계의 세기를 쉽게 구했듯이, 자계에서도 (비오-사바르의 법칙보다 좀 더 쉽게) 자계의 세기를 적분 없이 대수의 계산으로 구하는 **암페어의 주회법칙**Ampere's circuital law이 있으며(유도과정은 생략), 다음과 같이 나타낸다.

$$\oint_c \mathrm{H} \cdot d\mathrm{L} = I_{in} \qquad (7.20)$$

어떤 폐회로를 따라 자계의 세기를 선적분한 값은 그 폐회로가 둘러싸고 있는(폐회로 안에 있는) 총 전류량과 같다.

여기서 주의해야 할 점은 식 (7.20)의 형태를 보면 주어진 자계의 세기를 적분하여 전류의 값을 구하는 식인 것 같지만, 이 암페어의 주회 적분식은 전류가 주어졌을 때 어떤 지점의 자계의 세기를 구하기 위한 식이라는 사실이다. 또 이 식은 위치적인 대칭성을 이용하면 실제로 적분할 필요 없이 대수식을 풀 듯 자계의 세기를 구할 수 있다.

주요 용어와 개념

핵심이 되는 용어와 개념을 한눈에 파악할 수 있게 보여줍니다.

예제 1-2 직각좌표계의 단위벡터

벡터 $\mathbf{P} = 5\mathbf{a}_x + 4\mathbf{a}_y + 3\mathbf{a}_z$의 크기 P와 벡터 P 방향의 단위벡터 $\mathbf{a}_P$를 구하라.

풀이

식 (1.25)에 의해 크기 P는 다음과 같이 구할 수 있다.

$$P = \sqrt{5^2+4^2+3^2} = \sqrt{50} = 5\sqrt{2} \qquad \cdots ①$$

식 (1.27)에 의해 단위벡터 $\mathbf{a}_P$는 다음과 같이 된다.

$$\mathbf{a}_P = \frac{5\mathbf{a}_x + 4\mathbf{a}_y + 3\mathbf{a}_z}{\sqrt{5^2+4^2+3^2}} = \frac{5\mathbf{a}_x + 4\mathbf{a}_y + 3\mathbf{a}_z}{5\sqrt{2}} \qquad \cdots ②$$

$$= \frac{\sqrt{2}}{2}\mathbf{a}_x + \frac{2\sqrt{2}}{5}\mathbf{a}_y + \frac{3\sqrt{2}}{10}\mathbf{a}_z$$

$$|\mathbf{a}_P| = \sqrt{\left(\frac{\sqrt{2}}{2}\right)^2 + \left(\frac{2\sqrt{2}}{5}\right)^2 + \left(\frac{3\sqrt{2}}{10}\right)^2} = \sqrt{\frac{2}{4} + \frac{8}{25} + \frac{18}{100}}$$
$$= \sqrt{\frac{50}{100} + \frac{32}{100} + \frac{18}{100}} = 1$$

예제/풀이

본문에서 다룬 개념을 적용한 문제와 그에 대한 상세한 풀이를 제시합니다.

메모박스

식의 이해를 돕기 위해 식의 전개과정, 연계 공식 등을 보여줍니다.

Q&A 지유전자는 도체 내에서 마음대로 돌아다니는 전자인가?

아니다. 평소에는 원자핵 주변의 자기 궤도를 정상적으로 돌지만(때로는 열을 받아 약간 이탈하여), 외부에서 전계가 가해지면 전계의 세기의 반대 방향으로 쉽게 이동하는 전자들을 말한다. 도체에서 전도대에 있는 전자들과 n형 반도체에서 공유결합을 하고 남아 있는 전자들, 또는 도체나 반도체의 가전자대에 있다가 열을 받아 전도대로 올라온 전자들이 이에 해당된다. 반면에, 정공은 도체나 반도체의 가전자대에 있던 전자가 열을 받아 전도대로 올라가 버리고, 비어 있는 가전자대의 에너지 준위 또는 p형 반도체에서 공유결합이 다 이루어지지 못해 비어 있는 에너지 준위를 말한다.

Q & A

본문과 연계되는 내용을 [질문]과 [대답] 형식으로 설명합니다.

여기서 잠깐 아인슈타인의 통일장 이론

다음 3개의 식은 각각 다른 시대에 서로 다른 사람들에 의해 실험적으로 발견되었다. 그러나 이 힘들의 형태가 똑같은 것으로 미루어 보아, 그렇게 나타날 수밖에 없는 이유가 있을 것이다.

- 1665년 영국 물리학자 뉴턴[Isaac Newton](1642~1727)의 만유인력 : $F=G\dfrac{m_1m_2}{R^2}$
- 1750년 영국 물리학자 미첼[John Mitchell](1729~1823)의 자석간의 힘 : $F=B\dfrac{M_1M_2}{R^2}$
- 1785년 프랑스 물리학자 쿨롱[Charles A. Coulomb](1736~1806)의 전하간의 힘 : $F=k\dfrac{Q_1Q_2}{R^2}$

1929년 세계적인 물리학자 아인슈타인[Albert Einstein](1879~1955)은 이들 중력과 전자기력을 아우르는 통일된 하나의 이론(법칙)이 존재할 수 있을 것이며 이를 찾자고 제안했다. 아인슈타인은 그의 남은 20여 년의 삶을 오로지 이 통일장 이론[unified field theory]을 완성하기 위해 노력했으나, 생전에 그 이론을 완성하지는 못했다.

여기서 잠깐

본문을 이해하는 데 도움이 되는 참고내용과 심화내용을 설명합니다.

핵심요약

각 장이 끝날 때마다 본문에서 다룬 주요 내용을 다시 한 번 정리합니다.

CHAPTER 03_핵심요약

■ 전기력선의 주요 성질
- 전기력선의 어떤 점에서의 밀도는 그 점의 전계의 세기의 크기와 일치한다.
- (+)전하 Q[C]으로부터 나오는 총 전기력선의 수는 $4\pi\times9\times10^9(=1/\epsilon_0)Q$개이다.
- 전기력선은 등전위선 또는 등전위면과 직교하며, 도체 표면에 수직이고 도체 내부에는 존재하지 않는다.

■ 전계의 세기와 전속밀도
- (+)전하 Q[C]으로부터 나오는 총 전속은 Q[C]이다.
- 전속밀도가 D[C/m²]인 점의 전계의 세기는 $\mathrm{E}=\dfrac{1}{\epsilon_0}\mathrm{D}$ [V/m]이다.
  단, $\dfrac{1}{\epsilon_0}=4\pi\times9\times10^9\fallingdotseq1.13\times10^{11}$이다.

■ 가우스의 법칙(=제1 맥스웰 방정식)
- 적분형 : $\oint_S \mathrm{D}_s\cdot d\mathrm{S}=Q_{in}$
- 미분형 : $\nabla\cdot\mathrm{D}=\rho_v$

연습문제

해당 장에서 학습한 내용을 객관식/주관식 문제를 통해 확인합니다.

CHAPTER 03_연습문제

3.1 전기력선에 관한 다음 설명 중 틀린 것은?
㉮ 전기력선의 접선 방향은 전계의 방향과 일치한다.
㉯ 전기력선은 도체 표면과 나란하다.
㉰ 전기력선 밀도는 그 점의 전계의 세기와 일치한다.
㉱ (+)1[C] 전하에서 발산되어 나오는 전기력선의 총 수는 $36\pi\times10^9$개이다.

3.2 (+)1[C]의 점전하로부터 1[m] 떨어진 점에서의 전기력선 밀도는?
㉮ 1[개/m²] ㉯ $4\pi\times10^9$[개/m²] ㉰ 9×10^9[개/m²] ㉱ 4π[개/m²]

3.3 전속 1[C]은 전기력선 몇 개에 해당하는가?
㉮ 1 ㉯ $\dfrac{1}{4\pi}$ ㉰ 9×10^9 ㉱ $4\pi\times9\times10^9$

3.4 (+)1[C]의 전하로부터 나오는 총 전속의 수는?
㉮ 1[C] ㉯ 9×10^9[개] ㉰ 4π[개] ㉱ $\dfrac{1}{\epsilon_0}$[개]

■ 강의 보조 자료

한빛아카데미 홈페이지에서 '교수회원'으로 가입하신 분은 인증 후 교수용 강의 보조 자료를 제공받을 수 있습니다. 한빛아카데미 홈페이지 상단의 〈교수전용공간〉 메뉴를 클릭하세요.

http://www.hanbit.co.kr/academy

■ 연습문제 해답 안내

이 책은 대학 강의용 교재로 개발되었으므로 연습문제 풀이는 제공하지 않습니다. 단, 정답은 아래의 경로에서 내려받을 수 있습니다.

http://www.hanbit.co.kr/src/4511

■ 누구를 위한 책인가

이 책은 전기전자공학부(전기, 전자, 정보통신, 컴퓨터, 제어, 원자력) 2학년을 대상으로 합니다. 또한 신소재 · 재료공학부, 물리학과, 과학교육학과 등의 학생들이 배워도 좋습니다. 특히 이 책은 전기기술직 공무원이나 전기기사, 전기공사기사를 준비하는 사람들을 위해 예상 문제를 객관식 연습문제로 제공합니다.

■ 이 책을 시작하려면

전자기학을 공부하기 위해서는 일반수학(미분, 적분, 삼각함수)과 일반물리의 기초 지식이 필요합니다. 하지만, 주어진 전자기학의 식들을 이해하기 위한 필수적인 지식들은 이 책에서 제공하고 있으므로 크게 염려할 필요는 없습니다. 다만, 모든 내용이 체계적으로 연계되어 있어 앞에 배운 것을 완전히 소화해야만 그 다음 내용을 이해할 수 있습니다. 중요한 공식은 필요할 때마다 반복하여 제시하므로 문제들을 풀다 보면 저절로 외워질 것입니다.

■ 무엇을 다루는가

❶ 벡터 해석(1장) 1장에서는 전자기학을 공부하기 위한 수학 내용을 다룹니다. 벡터 연산과 3차원 좌표계의 표시 방법, 그리고 좌표계 사이의 변환을 공부합니다. 다만, 개념을 이해하기 어려운 벡터의 미적분식은 이해를 돕기 위해 1장에서 다루지 않고 실제 문제에서 식을 유도하고 설명합니다.

❷ 전계(2~6장) 2장에서 처음으로 전하를 소개하고, 전하들이 만드는 전기적 세계, 즉 전계에 대해 공부합니다. 3~5장에서는 전계의 크기를 표시하는 전기력선과 그들을 다발로 묶어놓은 전속, 그리고 전속의 밀도를 구하기 위한 가우스의 법칙을 공부합니다. 또한 전계에서의 전하의 이동, 정전에너지, 전위에 대해 배웁니다. 6장에서는 전하분포를 알지 못하더라도 어떤 경계에 대한 전위만 주어지면 전체 공간에 대한 전위와 전계를 파악하는 라플라스 방정식을 소개합니다.

❸ 자계(7~8장) 7~8장에서는 전류가 만드는 자계와 자계 내에서 움직이는 전하가 받는 힘, 그리고 자계 내에서 움직이는 도체가 만드는 기전력에 대해 공부합니다.

❹ 전자파(9~12장) 9~11장까지는 시간적으로 변하는 전계와 자계, 그들 상호간의 작용, 그 결과 발생하는 전자파의 진행과 반사, 투과 등에 대해 공부합니다. 그리고 12장에서는 전자파를 해석하는 데 중요하게 사용되는 헬름홀츠 방정식을 이용하여 전송선로에서의 전압과 전류의 파동성을 고찰해봅니다.

목차

CHAPTER 02 전하와 전계

CHAPTER 03 전속밀도와 가우스의 법칙

CHAPTER 04

위치에너지와 전위

CHAPTER 05

도체와 유전체

CHAPTER 06 라플라스 방정식 및 특수 해법

CHAPTER 07

정상자계

CHAPTER 08 자기력과 자성체

CHAPTER 09 시변 전자계

CHAPTER 10 균일 평면파

CHAPTER 11 평면 전자파의 반사와 투과

CHAPTER 12

전송선로

CHAPTER

01

벡터 해석

Vector Analysis

학습목표

- 스칼라와 벡터를 구분할 수 있다.
- 단위벡터로 주어진 벡터를 표시하고, 방향 성분을 구하는 데 응용할 수 있다.
- 벡터들의 덧셈과 뺄셈을 할 수 있다.
- 벡터들의 내적과 외적을 구분하여 계산할 수 있다.
- 벡터의 방향 성분을 구할 수 있다.
- 3차원 공간에서의 위치를 직각좌표계, 원통좌표계, 구좌표계로 표시할 수 있다.
- 각 좌표계에서 미소길이, 미소면적, 미소체적을 표시할 수 있다.
- 각 좌표들 간에 좌표변환을 할 수 있다.

전기전자공학에서는 대부분 크기뿐만 아니라 방향성도 중요한 벡터량들을 다룬다. 그러므로 전기전자공학에서 배우는 교과목을 잘 이해하고 응용하기 위해서는 벡터에 대한 지식이 필수적이다.

이 장에서는 벡터에 대한 기본 연산과 단위벡터, 벡터의 방향 성분에 대해 학습한다. 그리고 3차원 공간에서 벡터를 효과적으로 표시하고 취급하기 위해 3가지 기본 좌표계인 직각좌표계, 원통좌표계, 구좌표계에 대해 배운다. 이들 좌표계 사이에는 좌표변환이 필요하다. 그러나 좌표변환은 그 복잡성에 비하여 사용 빈도가 높지 않기 때문에 여기서는 꼭 필요한 부분만 추려 설명한다.

또한 전기전자공학을 공부하기 위해서는 벡터의 여러 가지 미분과 적분들이 필요한데, 좀 더 쉽게 개념을 이해할 수 있도록 이 장에서는 소개하지 않고 실제 벡터의 미분과 적분이 필요한 곳에서 관련 문제와 함께 자세하게 설명한다.

SECTION 1.1 스칼라와 벡터

전자기학은 한마디로 전기와 전기, 자기와 자기, 그리고 전기와 자기 사이에 작용하는 힘에 대한 학문이다. 이때 그 힘의 크기뿐만 아니라 방향도 대단히 중요한 의미를 가진다. 이 절에서는 힘과 방향에 대한 물리량과 그 표현 방법에 대해 자세히 살펴본다.

1.1.1 스칼라와 벡터의 정의

모든 물리량은 크기만 가지고 정의할 수 있는 것이 있는 반면에 그 크기와 더불어 방향이 같이 정의되어야 하는 것도 있다. 방향과는 무관하게 크기만으로 충분히 정의되는 물리량을 **스칼라**scalar라고 하며 시간, 길이, 면적, 부피, 질량, 압력, 온도, 속력, 전압 등을 예로 들 수 있다. 반면에 크기뿐 아니라 반드시 그 방향도 같이 정의되어야 하는 물리량은 **벡터**vector라고 하며 힘, 토크, 속도, 가속도, 앞으로 배울 전계의 세기, 자계의 세기, 전위경도 등을 예로 들 수 있다. 길이와 면적 등은 일반적으로 스칼라량이지만 벡터 적분식에서는 벡터량으로 취급하기도 한다.

일반적으로는 스칼라로 분류되는 물리량도 때에 따라 방향을 같이 고려할 필요가 있으며 방향을 부여하면 스칼라에서 벡터로 변하게 된다. 예를 들면, 사람들은 보통 땅을 거래할 때 주로 그 면적의 크기로 값을 계산한다. 그러나 남향인가 북향인가에 따라 값이 달라지는 경우, 다시 말해 그 땅이 향한 방향도 고려의 대상이 될 때 그 면적은 스칼라에서 벡터로 변하게 된다.

스칼라와 벡터에 계field라는 낱말을 붙여 **스칼라계**scalar field 또는 **벡터계**vector field라는 용어를 사용한다. 예를 들어, 공간에 있는 어떤 점의 온도를 이야기할 때 이 공간을 온도계라고 하며 스칼라계로 분류된다. 반면에 그 공간에서 어떤 점의 풍속을 측정하고자 할 때 이 공간은 풍속계라고 하며 벡터계로 취급된다.

1.1.2 스칼라와 벡터의 표현

어떤 물리량을 기호로 나타낼 때 일반적으로 스칼라는 이탤릭체italic type로 표시하고, 벡터는 고딕체boldface type로 표시한다. 예를 들어, 벡터인 힘은 $\mathbf{F}$로 나타내고, 그 힘의 크기는 스칼라이므로 F로 나타낸다. 벡터를 표시할 때 기호 위에 화살표를 넣어서, 즉 $\vec{\mathrm{F}}$와 같이 표시하기도 하며(지금도 손으로 쓸 때는 이 방법을 많이 사용함) 벡터의 크기도 절댓값 기호를 사용하여 $|\mathbf{F}|$로 표시하기도 하지만,

이 책에서는 특별한 경우 이외에는 이 방법들을 사용하지 않는다. 또한 시각적으로 그림에서 벡터를 표시할 때는 [그림 1-1]과 같이 화살표를 사용한다. 이때 벡터의 방향은 화살표의 방향으로, 그 벡터의 크기는 화살표의 길이로 나타낸다. [그림 1-1(a)]에서 벡터 A는 벡터 B와 같은 방향이지만, 그 화살표의 크기가 B의 2배이므로 벡터 A와 벡터 B의 관계는 다음과 같이 나타낼 수 있다.

$$\mathrm{A} = 2\mathrm{B} \tag{1.1}$$

식 (1.1)은 벡터 A와 벡터 B가 같은 방향을 가진 벡터들이며, 벡터 A의 크기는 벡터 B의 2배라는 것을 나타낸다. 만일 크기에 있어서 벡터 A가 벡터 B의 2배라고 하더라도, 벡터 A와 벡터 B가 같은 방향을 갖지 않으면 식 (1.1)과 같은 표현은 절대로 사용할 수 없다.

(a) 같은 방향을 가진 두 벡터 (b) 일반 벡터와 단위벡터

그림 1-1 벡터와 단위벡터

어떤 벡터의 크기를 수적으로 나타내려면 기준이 되는 벡터가 필요하다. 이를 위해 [그림 1-1(b)]에서와 같이 벡터 A와 벡터 B를 표시하는데, 벡터 A와 방향이 같고 크기가 1인 벡터를 기준 벡터로 정하여 사용하면 편리하다. 이렇게 정의된 벡터 $\mathbf{a}_A$를 벡터 A 방향의 **단위벡터**unit vector라 한다.

이 단위벡터를 이용하여 [그림 1-1(b)]의 벡터 A와 벡터 B를 표시하면 다음과 같다.

$$\mathrm{A} = A\mathbf{a}_A = 4\mathbf{a}_A \tag{1.2}$$

$$\mathrm{B} = B\mathbf{a}_A = 2\mathbf{a}_A \tag{1.3}$$

따라서 단위벡터 $\mathbf{a}_A$는 벡터 A 또는 벡터 B와 다음과 같은 관계가 있다.

$$\mathbf{a}_A = \frac{\mathrm{A}}{A} \tag{1.4}$$

$$\mathbf{a}_A = \frac{\mathrm{B}}{B} \tag{1.5}$$

SECTION 1.2

벡터 연산

어떤 수에 다른 수를 더하거나, 빼거나, 곱하거나, 나누기를 하듯이 벡터들 사이에도 더하기, 빼기, 곱하기를 할 수 있다(다만, 벡터 연산에는 나누기가 없다). 그러나 벡터의 곱셈은 수의 곱셈과 달리 조금 복잡하다. 먼저 벡터들의 덧셈과 뺄셈에 대해 살펴보자.

1.2.1 벡터의 덧셈과 뺄셈

벡터 A와 벡터 B의 덧셈은 [그림 1-2]와 같이 시행한다. [그림 1-2(a)]의 도식적인 방법을 **평행사변형법**parallelogram method이라고 하며, 좀 더 간단해 보이는 [그림 1-2(b)]의 방법은 **삼각형법**triangle method이라고 한다. 그림에는 두 벡터의 덧셈을 나타냈지만, 3개 이상의 벡터들을 더할 때도 같은 방법을 순차적으로 실행하면 된다. 두 벡터를 더할 때는 평행사변형법이 편리하지만, 3개 이상의 벡터들을 더할 때는 삼각형법이 더 편리하다.

(a) 평행사변형법 (b) 삼각형법

그림 1-2 벡터의 덧셈

[그림 1-3(a)]와 같이 벡터계에서 방향과 크기가 같은 두 벡터 A와 B는 작용점(=출발점)에 관계없이 서로 같은 벡터로 정의한다. 즉 A = B이다. 그리고 [그림 1-3(b)]와 같이 벡터 A와 크기는 같으나 방향이 정반대인 벡터를 − A로 표시한다(역벡터라고 부르기도 하나 국제적으로 공인된 명칭은 아니다).

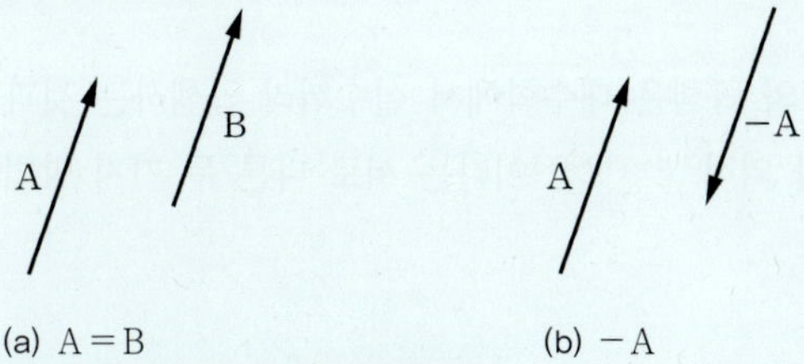

(a) A = B (b) − A

그림 1-3 같은 벡터와 반대 벡터

벡터 A에서 벡터 B를 빼는, 즉 A−B는 [그림 1-4(a)]와 같이 정의된다. 이때 벡터의 덧셈과 혼동되지 않도록 식 (1.6)과 같이 변형하여 [그림 1-4(b)]와 같이 덧셈의 평행사변형법을 이용해서 구하는 것이 좋다.

$$\mathrm{A}-\mathrm{B}=\mathrm{A}+(-\mathrm{B}) \tag{1.6}$$

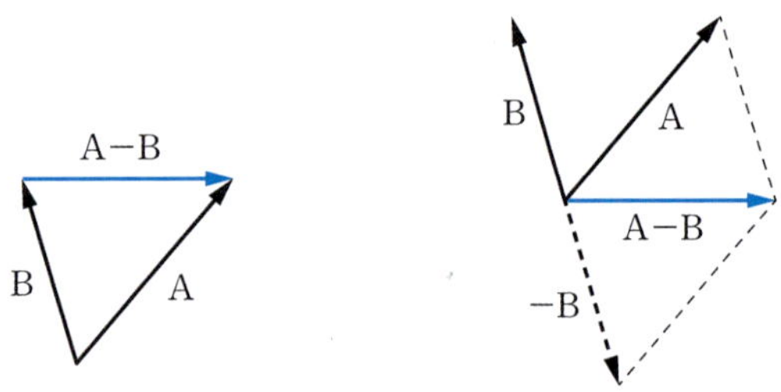

(a) A−B의 정의 (b) 평행사변형법을 이용해 A−B 구하기

그림 1-4 벡터의 뺄셈

지금까지의 설명에서 알 수 있듯이 벡터 덧셈에서는 **교환법칙**commutative law과 **결합법칙**associative law이 성립한다.

$$\mathrm{A}+\mathrm{B}=\mathrm{B}+\mathrm{A} \quad (\text{교환법칙}) \tag{1.7}$$

$$(\mathrm{A}+\mathrm{B})+\mathrm{C}=\mathrm{A}+(\mathrm{B}+\mathrm{C}) \quad (\text{결합법칙}) \tag{1.8}$$

1.2.2 벡터의 곱셈

어떤 벡터에 실수를 곱하면 [그림 1-5]와 같이 방향에는 변화가 없고 크기만 곱한 실수만큼 증가한 벡터가 얻어진다. 물론 음수를 곱하면 방향이 정반대로 된다.

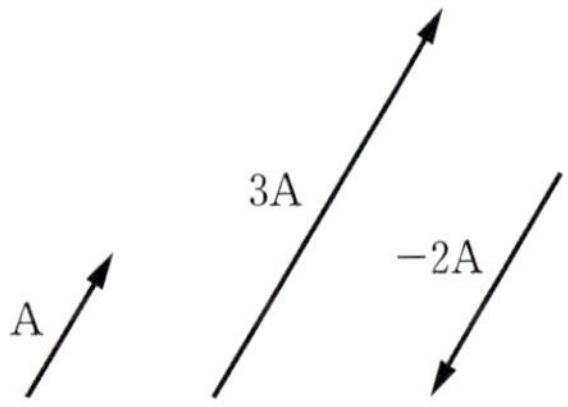

그림 1-5 벡터의 실수 곱셈

그러나 어떤 벡터와 또 다른 벡터를 곱하는 벡터끼리의 곱셈은 대수학에서 실수끼리 곱셈하는 것과 달리 조금 복잡하다. 벡터의 곱셈에는 **내적**dot product과 **외적**cross product이라는 서로 다른 두 가지 방법이 있다.

내적

벡터 A와 B의 내적은 다음 식과 같이 정의하며, 두 벡터 사이에 점을 찍어 표시한다.

$$\mathrm{A} \bullet \mathrm{B} = AB\cos\theta \tag{1.9}$$

두 벡터의 내적은 두 벡터 각각의 크기를 서로 곱하고, 다시 두 벡터 사잇각의 코사인 값을 곱한 값을 말한다. 여기서 특히 주의해야 할 점은 벡터 내적의 결과는 하나의 실수가 된다는 것이다. 또한 벡터의 내적에서는 다음과 같이 교환법칙과 **분배법칙**distributive law이 성립한다(증명 생략).

$$\mathrm{A} \bullet \mathrm{B} = \mathrm{B} \bullet \mathrm{A} \quad (\text{교환법칙}) \tag{1.10}$$

$$\mathrm{A} \bullet (\mathrm{B} + \mathrm{C}) = \mathrm{A} \bullet \mathrm{B} + \mathrm{A} \bullet \mathrm{C} \quad (\text{분배법칙}) \tag{1.11}$$

예제 1-1 벡터의 내적

다음 두 벡터의 내적을 구하라.

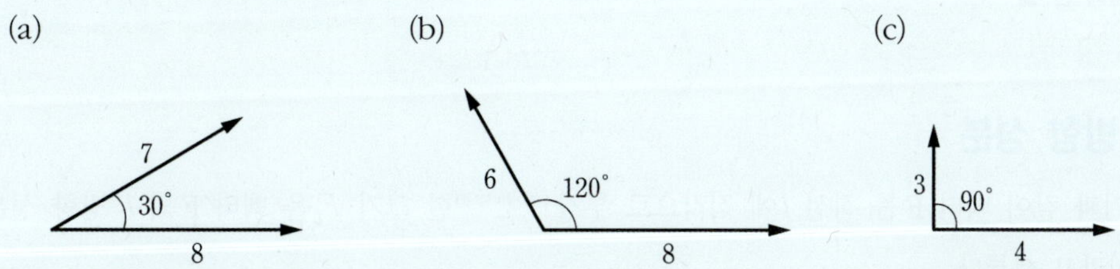

풀이

(a) $8 \times 7 \times \cos 30^{\circ} = 56 \times \dfrac{\sqrt{3}}{2} = 28\sqrt{3}$

(b) $8 \times 6 \times \cos 120^{\circ} = 48 \times \left(-\dfrac{1}{2}\right) = -24$

(c) $4 \times 3 \times \cos 90^{\circ} = 12 \times 0 = 0$

[예제 1-1]에서 알 수 있듯이 서로 90°의 각도를 가진 두 벡터의 내적은 그 벡터들의 크기에 관계없이 항상 결괏값이 0이 된다. 또한 같은 두 벡터의 내적은 다음과 같이 그 벡터 크기의 제곱이 된다.

$$\mathrm{A} \bullet \mathrm{A} = A \times A \times \cos 0^{\circ} = A^2 \tag{1.12}$$

$$\therefore A = \sqrt{\mathrm{A} \bullet \mathrm{A}} \tag{1.13}$$

실제 물리계에서 이러한 벡터의 내적은 어떻게 이용될까? 그 예로 힘에 의한 일을 생각해보자. 어떤 물체에 크기가 $F[\mathrm{N}]$인 힘을 가하여 그 물체를 힘의 방향으로 $L[\mathrm{m}]$만큼 움직였을 때, 그 힘이 한 일은 간단히 $W = FL[\mathrm{J}]$이다.

그러나 [그림 1-6]과 같이 물체에 작용한 힘과 그 물체가 움직인 거리가 같은 방향이 아니고 힘과 θ의 각도 방향으로 물체가 움직였을 때 그 힘이 한 일은 다음과 같이 구해진다.

$$W = F \times \cos\theta \times L = FL\cos\theta \tag{1.14}$$

여기에서 힘과 거리를 각각 벡터 F와 L로 나타내면, 식 (1.14)를 다음과 같이 간단한 벡터의 내적으로 나타낼 수 있다.

$$W = \mathbf{F} \cdot \mathbf{L} \tag{1.15}$$

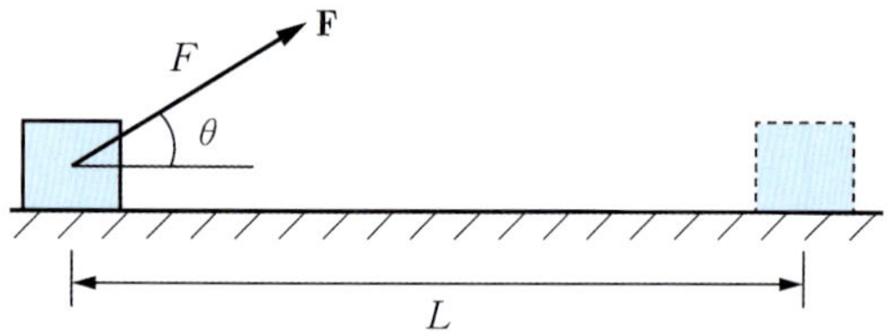

그림 1-6 힘이 한 일

벡터의 방향 성분

[그림 1-7]과 같이 벡터 F를 직선 l에 직각으로 투사projection한 크기 F_l을 벡터 F의 l 방향 성분component이라고 부른다.

$$F_l = F\cos\theta \tag{1.16}$$

식 (1.16)은 l 방향 단위벡터 $\mathbf{a}_l$을 이용하여 다음과 같이 표시할 수 있다.

$$F_l = \mathbf{F} \cdot \mathbf{a}_l \tag{1.17}$$

식 (1.17)에서 알 수 있듯이 주어진 벡터에 대해 어떤 방향으로의 성분을 구하려면, 구하고자 하는 방향의 단위벡터를 구하여 주어진 벡터와의 내적을 구하면 된다.

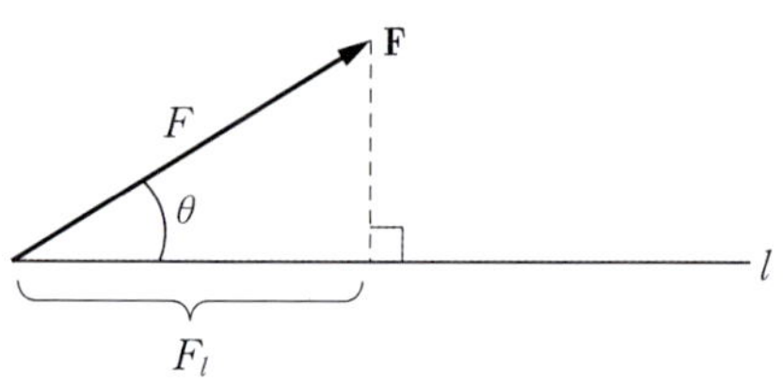

그림 1-7 벡터의 방향 성분

외적

벡터 A와 B의 외적은 다음 식과 같이 정의하며, 두 벡터 사이에 ×를 넣어 표시한다.

$$\mathrm{A} \times \mathrm{B} = AB \sin\theta\, \mathbf{a}_n \tag{1.18}$$

벡터 외적의 결과는 또 다른 벡터가 되며, 그 크기는 두 벡터 각각의 크기를 서로 곱하고 다시 두 벡터 사잇각의 사인 값을 곱한 값이 된다. 이때 방향은 두 벡터가 만드는 평면에 수직으로, **오른손 법칙**right-hand rule을 따른다. 여기서 특히 주의해야 할 점은 벡터 내적의 결과는 하나의 실수가 되지만, 벡터 외적의 결과는 또 다른 벡터가 된다는 것이다. 그리고 서로 평행한 벡터의 외적은 그 벡터들의 크기에 관계없이 항상 결괏값이 0이 된다. 또한 벡터의 외적에서는 다음과 같이 분배법칙은 성립하나 교환법칙은 성립하지 않는다(증명 생략).

$$\mathrm{A} \times \mathrm{B} = -\mathrm{B} \times \mathrm{A} \quad \text{(교환법칙)} \tag{1.19}$$

$$\mathrm{A} \times (\mathrm{B} + \mathrm{C}) = \mathrm{A} \times \mathrm{B} + \mathrm{A} \times \mathrm{C} \quad \text{(분배법칙)} \tag{1.20}$$

[그림 1-8]에서 벡터 A와 벡터 B의 외적을 구하면 다음과 같이 된다.

$$\begin{aligned} \mathrm{A} \times \mathrm{B} &= AB \sin\theta\, \mathbf{a}_n \\ &= 4 \times 5 \times \sin 30^\circ\, \mathbf{a}_n \\ &= 10\, \mathbf{a}_n \end{aligned}$$

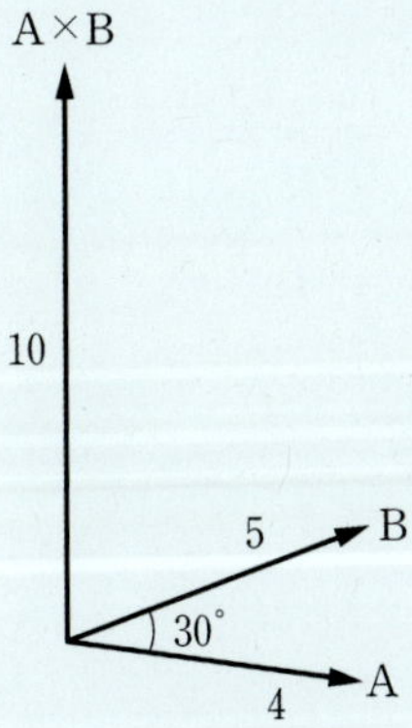

그림 1-8 벡터의 외적

실제 물리계에서 이러한 벡터의 외적은 어떻게 이용될까? 그 예로 **토크**torque를 생각해보자. [그림 1-9]와 같이 스패너spaner로 나사를 푸는 작업을 할 때 스패너에 발생하는 토크 T의 크기는 다음 식과 같이 된다.

$$T = L \times F \times \sin\theta = LF \sin\theta \tag{1.21}$$

여기에서 거리와 힘을 각각 벡터 L과 F로 나타내면, 식 (1.21)을 다음과 같은 간단한 벡터의 외적으로 나타낼 수 있다.

$$\mathbf{T} = \mathbf{L} \times \mathbf{F} \tag{1.22}$$

식 (1.22)가 나타내는 토크 T는 벡터로서 거리 L과 힘 F에 수직인 방향인데, 오른손 법칙에 의해 오른손 엄지가 토크 T의 방향을 가리키면 나머지 손가락은 토크의 회전 방향을 가리킨다.

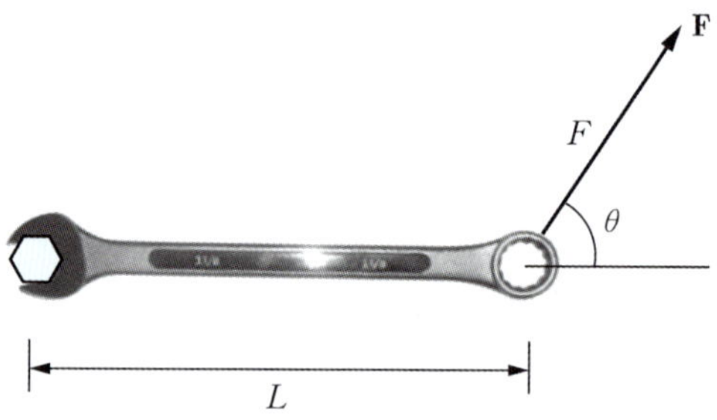

그림 1-9 스패너의 토크

Q&A 오른손 법칙이란?

벡터의 외적 A×B의 결과로 얻어지는 벡터의 방향을 찾을 때 이용되는 법칙이다. [그림 1-10]과 같이 A에서 B로 회전하는, 즉 반시계 방향으로 엄지손가락을 제외한 나머지 손가락을 감아쥐었을 때 엄지손가락이 가리키는 방향이 A×B의 방향이 된다. 이 법칙은 오른나사를 벡터 A와 B가 형성하는 평면 위에 놓고, 나사를 A에서 B로 회전시킬 때 나사의 진행 방향을 A×B의 방향으로 정하는 것과 같아 오른나사 법칙right-handed screw rule이라고도 부른다.

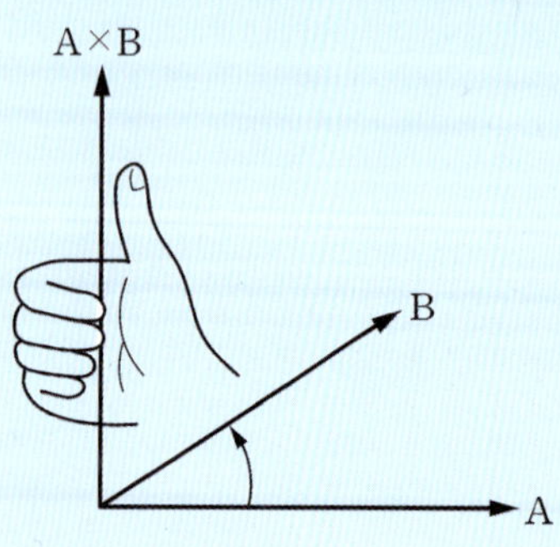

그림 1-10 오른손 법칙

SECTION 1.3

직각좌표계

우리는 이미 중고등학교 수학에서 평면 위에 있는 어떤 점의 위치를 나타내기 위해 평면 위에 서로 직교하는 x축과 y축을 그린 후 'x축을 따라 얼마만큼 이동했고, y축을 따라 얼마만큼 이동했는가'로 그 점의 위치를 표시하는 방법을 배웠다. 이렇게 서로 직교하는 기준 직선 축들을 세우고 이들을 이용하여 어떤 점의 위치를 나타내는 시스템을 **직각좌표계**cartesian coordinate system라고 한다. 그러나 x축과 y축만 가지고는 2차원 평면 위에 있는 점밖에 표시할 수 없으며, 3차원 공간에 있는 점을 표현하려면 축을 하나 더 세워야 한다. 우리는 $x-y$축이 만드는 평면에 수직인 또 하나의 직선 축을 세우고, 이 축을 z축이라고 한다. 서로 직교하는 x, y, z축을 이용하여 3차원 공간의 어떤 점을 나타내는 시스템을 명실상부한 직각좌표계라고 할 수 있다.

1.3.1 직각좌표계에서의 위치 표시

[그림 1-11(a)]에서 보는 바와 같이 3차원 공간에 있는 점 $P(5,4,3)$은 원점에서 출발하여 x축을 따라 5만큼 이동한 다음 y축에 나란히 4만큼, 그리고 다시 z축에 나란히 3만큼 이동한 점이다.

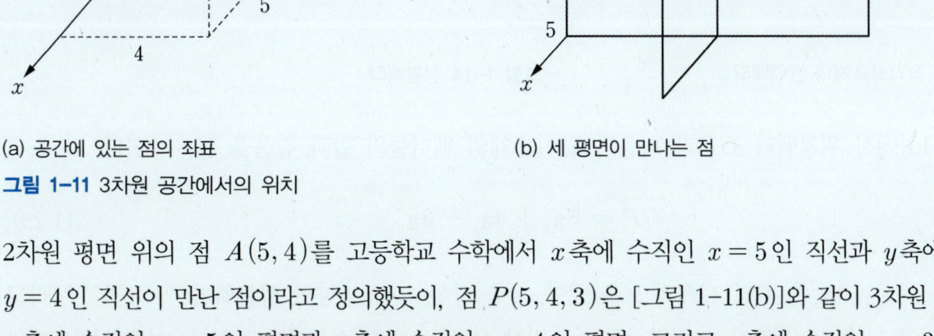

(a) 공간에 있는 점의 좌표 (b) 세 평면이 만나는 점

그림 1-11 3차원 공간에서의 위치

2차원 평면 위의 점 $A(5,4)$를 고등학교 수학에서 x축에 수직인 $x=5$인 직선과 y축에 수직인 $y=4$인 직선이 만난 점이라고 정의했듯이, 점 $P(5,4,3)$은 [그림 1-11(b)]와 같이 3차원 공간에서 x축에 수직인 $x=5$인 평면과 y축에 수직인 $y=4$인 평면, 그리고 z축에 수직인 $z=3$인 평면, 이렇게 세 평면이 만난 점이라고 정의할 수 있다.

그러나 이해하기 쉽게 3차원 공간에서 점 $P(5, 4, 3)$은 일반적으로 [그림 1-12(a)]와 같이 표현한다. 이때 [그림 1-12(b)]에서 보는 것처럼 원점 O와 점 P를 이은 벡터 $\overrightarrow{OP}$를 특별히 **위치벡터**position vector라고 부른다.

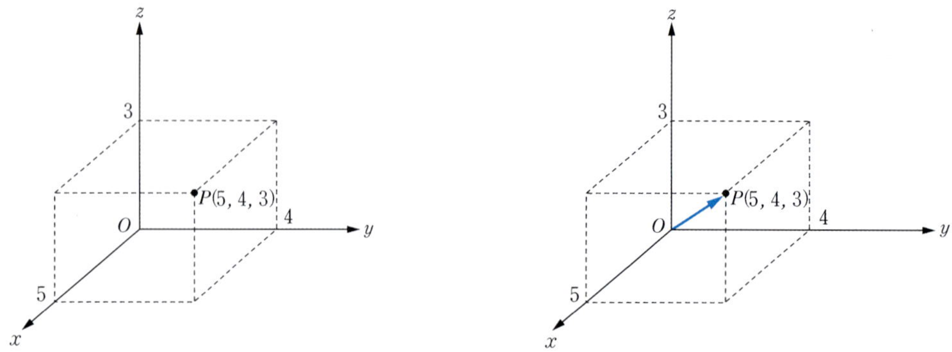

(a) 위치 표시　　(b) 위치벡터

그림 1-12 3차원 공간에서의 위치 표시

직각좌표계의 기본단위벡터

직각좌표계에서 3차원 공간에 있는 어떤 벡터를 표시하기 위해, 먼저 기준이 되는 **기본단위벡터**basic unit vector들을 정하고 단위벡터의 방향은 $\mathbf{a}$에 첨자를 붙여서 표현한다. 즉 x축 방향의 단위벡터는 $\mathbf{a}_x$, y축 방향의 단위벡터는 $\mathbf{a}_y$, z축 방향의 단위벡터는 $\mathbf{a}_z$로 표시한다.

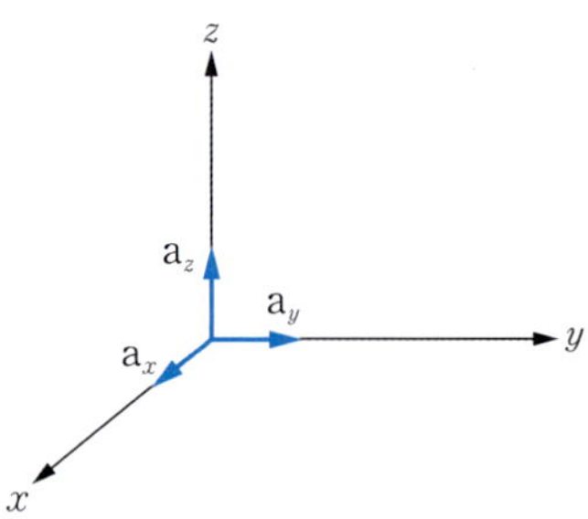

그림 1-13 직각좌표계의 단위벡터

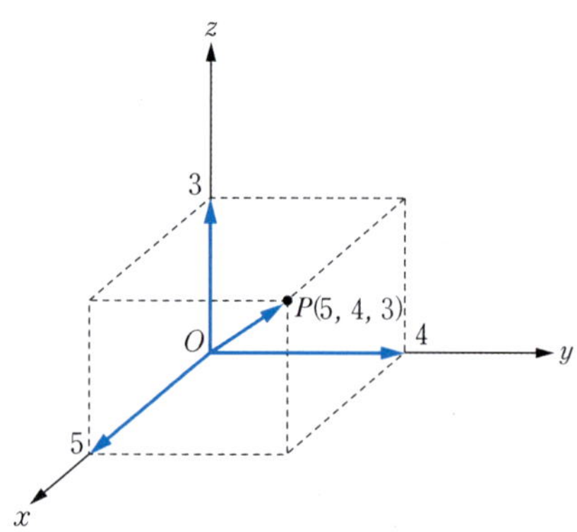

그림 1-14 성분벡터

[그림 1-14]에서 위치벡터 $\overrightarrow{OP}$가 다음과 같이 3개의 벡터들의 합과 같음을 알 수 있다.

$$\overrightarrow{OP} = 5\mathbf{a}_x + 4\mathbf{a}_y + 3\mathbf{a}_z \tag{1.23}$$

이들 $5\mathbf{a}_x$, $4\mathbf{a}_y$, $3\mathbf{a}_z$를 벡터 $\overrightarrow{OP}$의 x축 방향, y축 방향, z축 방향의 **성분벡터**component vector라고 한다. 그리고 5, 4, 3을 각각 x 방향 성분, y 방향 성분, z 방향 성분이라고 한다. 이때 성분벡터와 방향 성분을 혼동하지 않도록 주의해야 한다.

보통 임의의 어떤 벡터 F의 x 방향 성분은 F_x로, y 방향 성분은 F_y로, z 방향 성분은 F_z로 표시한다. 따라서 벡터 F는 직각좌표계에서 x, y, z축 방향의 성분벡터들에 의해 다음과 같이 표시된다.

$$\mathbf{F} = F_x \mathbf{a}_x + F_y \mathbf{a}_y + F_z \mathbf{a}_z \quad (1.24)$$

이때 벡터 F의 크기는 F 또는 $|\mathbf{F}|$로 표시하며, 각 방향 성분들과의 관계는 다음과 같다.

$$|\mathbf{F}| = F = \sqrt{F_x^2 + F_y^2 + F_z^2} \quad (1.25)$$

또한 벡터 F 방향의 단위벡터를 $\mathbf{a}_F$라고 하면, 벡터 F와 그 크기 및 단위벡터 $\mathbf{a}_F$는 다음과 같은 관계를 갖는다.

$$\mathbf{F} = F\mathbf{a}_F \quad \Rightarrow \quad \mathbf{a}_F = \frac{\mathbf{F}}{F} \quad (1.26)$$

따라서 벡터 F 방향의 단위벡터 $\mathbf{a}_F$는 다음과 같이 구할 수 있다.

$$\mathbf{a}_F = \frac{F_x \mathbf{a}_x + F_y \mathbf{a}_y + F_z \mathbf{a}_z}{\sqrt{F_x^2 + F_y^2 + F_z^2}} \quad (1.27)$$

예제 1-2 직각좌표계의 단위벡터

벡터 $\mathbf{P} = 5\mathbf{a}_x + 4\mathbf{a}_y + 3\mathbf{a}_z$의 크기 P와 벡터 P 방향의 단위벡터 $\mathbf{a}_P$를 구하라.

풀이

식 (1.25)에 의해 크기 P는 다음과 같이 구할 수 있다.

$$P = \sqrt{5^2 + 4^2 + 3^2} = \sqrt{50} = 5\sqrt{2} \quad \cdots ①$$

식 (1.27)에 의해 단위벡터 $\mathbf{a}_P$는 다음과 같이 된다.

$$\mathbf{a}_P = \frac{5\mathbf{a}_x + 4\mathbf{a}_y + 3\mathbf{a}_z}{\sqrt{5^2 + 4^2 + 3^2}} = \frac{5\mathbf{a}_x + 4\mathbf{a}_y + 3\mathbf{a}_z}{5\sqrt{2}} \quad \cdots ②$$

$$= \frac{\sqrt{2}}{2}\mathbf{a}_x + \frac{2\sqrt{2}}{5}\mathbf{a}_y + \frac{3\sqrt{2}}{10}\mathbf{a}_z$$

$$|\mathbf{a}_P| = \sqrt{\left(\frac{\sqrt{2}}{2}\right)^2 + \left(\frac{2\sqrt{2}}{5}\right)^2 + \left(\frac{3\sqrt{2}}{10}\right)^2} = \sqrt{\frac{2}{4} + \frac{8}{25} + \frac{18}{100}}$$

$$= \sqrt{\frac{50}{100} + \frac{32}{100} + \frac{18}{100}} = 1$$

직각좌표계에서 같은 벡터들

[그림 1-15(a)]에서 점 $P(5, 4, 3)$과 점 $Q(7, 7, 7)$을 잇는 벡터 $\overrightarrow{PQ}$를 구해보자. [그림 1-15(b)]에서 알 수 있듯이 다음과 같이 구할 수 있다.

$$\begin{aligned}\overrightarrow{PQ} &= (7-5)\mathbf{a}_x + (7-4)\mathbf{a}_y + (7-3)\mathbf{a}_z \\ &= 2\mathbf{a}_x + 3\mathbf{a}_y + 4\mathbf{a}_z\end{aligned} \tag{1.28}$$

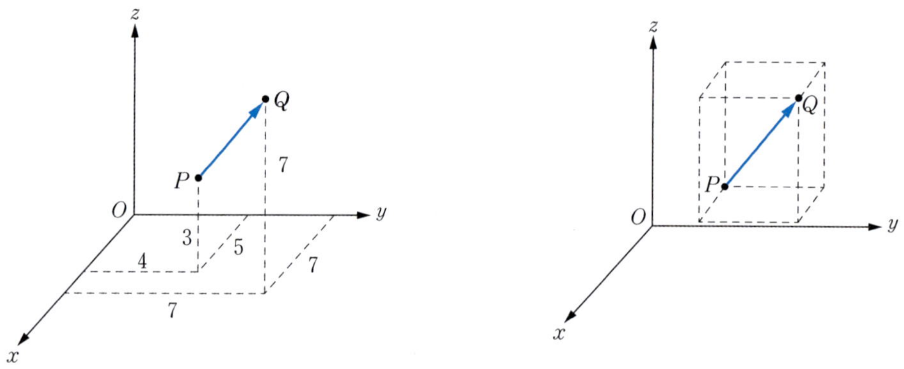

(a) 점 $P(5, 4, 3)$과 점 $Q(7, 7, 7)$　　(b) 벡터 $\overrightarrow{PQ}$

그림 1-15 공간의 두 점을 잇는 벡터

식 (1.28)은 다시 다음과 같이 전개할 수 있다.

$$\begin{aligned}\overrightarrow{PQ} &= (7-5)\mathbf{a}_x + (7-4)\mathbf{a}_y + (7-3)\mathbf{a}_z \\ &= 7\mathbf{a}_x + 7\mathbf{a}_y + 7\mathbf{a}_z - (5\mathbf{a}_x + 4\mathbf{a}_y + 3\mathbf{a}_z) \\ &= \overrightarrow{OQ} - \overrightarrow{OP}\end{aligned}$$

따라서 점 P와 점 Q를 잇는 벡터 $\overrightarrow{PQ}$는 위치벡터 $\overrightarrow{OQ}$에서 위치벡터 $\overrightarrow{OP}$를 뺀 것과 같음을 알 수 있다. 이를 일반화시키면 점 $P(x_1, y_1, z_1)$과 점 $Q(x_2, y_2, z_2)$를 잇는 벡터 $\overrightarrow{PQ}$는 다음과 같이 나타낼 수 있다.

$$\overrightarrow{PQ} = (x_2 - x_1)\mathbf{a}_x + (y_2 - y_1)\mathbf{a}_y + (z_2 - z_1)\mathbf{a}_z \tag{1.29}$$

점 $P(x_1,\ y_1,\ z_1)$과 점 $Q(x_2,\ y_2,\ z_2)$ 사이의 거리는 다음과 같이 계산된다.

$$\overline{PQ} = \sqrt{(x_2 - x_1)^2 + (y_2 - y_1)^2 + (z_2 - z_1)^2} \tag{1.30}$$

예를 들어, 직각좌표계에서 [그림 1-16]과 같이 크기가 같고 서로 평행한 모든 벡터들은 그 벡터의 시점(=출발점)에 관계없이 다 같은 벡터로 정의한다.

$$\mathbf{A} = \mathbf{B} = \mathbf{C} = \mathbf{D} = 3\mathbf{a}_x + 5\mathbf{a}_y + 4\mathbf{a}_z$$

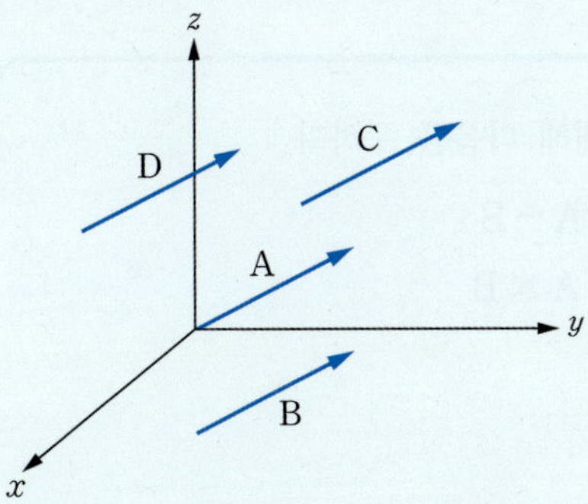

그림 1-16 직각좌표계에서 같은 벡터들

앞으로 위치를 나타내는 경우에 별도의 단위 표시가 없으면 [m] 단위가 생략된 것으로 한다.

1.3.2 직각좌표계의 내적과 외적

직각좌표계에서 내적과 외적은 다음과 같은 성질을 갖는다.

$$\mathrm{a}_x \cdot \mathrm{a}_x = 1,\quad \mathrm{a}_y \cdot \mathrm{a}_y = 1,\quad \mathrm{a}_z \cdot \mathrm{a}_z = 1 \tag{1.31}$$

$$\mathrm{a}_x \cdot \mathrm{a}_y = 0,\quad \mathrm{a}_y \cdot \mathrm{a}_z = 0,\quad \mathrm{a}_z \cdot \mathrm{a}_x = 0 \tag{1.32}$$

$$\mathrm{a}_x \times \mathrm{a}_x = 0,\quad \mathrm{a}_y \times \mathrm{a}_y = 0,\quad \mathrm{a}_z \times \mathrm{a}_z = 0 \tag{1.33}$$

$$\mathrm{a}_x \times \mathrm{a}_y = \mathrm{a}_z,\quad \mathrm{a}_y \times \mathrm{a}_z = \mathrm{a}_x,\quad \mathrm{a}_z \times \mathrm{a}_x = \mathrm{a}_y \tag{1.34}$$

따라서 직각좌표계에서 두 벡터 $\mathrm{A} = A_x \mathrm{a}_x + A_y \mathrm{a}_y + A_z \mathrm{a}_z$, $\mathrm{B} = B_x \mathrm{a}_x + B_y \mathrm{a}_y + B_z \mathrm{a}_z$의 내적과 외적은 다음과 같이 된다.

$$\mathrm{A} \cdot \mathrm{B} = A_x B_x + A_y B_y + A_z B_z \tag{1.35}$$

$$\mathrm{A} \times \mathrm{B} = (A_y B_z - A_z B_y)\mathrm{a}_x + (A_z B_x - A_x B_z)\mathrm{a}_y + (A_x B_y - A_y B_x)\mathrm{a}_z \tag{1.36}$$

식 (1.36)의 벡터 외적을 다음과 같이 **행렬식**determinant으로 표시하면 기억하기 쉬우므로 많이 이용한다.

$$\mathrm{A} \times \mathrm{B} = \begin{vmatrix} \mathrm{a}_x & \mathrm{a}_y & \mathrm{a}_z \\ A_x & A_y & A_z \\ B_x & B_y & B_z \end{vmatrix} \tag{1.37}$$

예제 1-3 직각좌표계에서의 벡터 연산

두 벡터 $\mathbf{A} = 4\mathbf{a}_x + 2\mathbf{a}_y + 3\mathbf{a}_z$, $\mathbf{B} = 3\mathbf{a}_x + 5\mathbf{a}_y + 6\mathbf{a}_z$에 대해 다음을 구하라.

(a) $\mathbf{A} + \mathbf{B}$

(b) $\mathbf{A} - \mathbf{B}$

(c) $\mathbf{A} \cdot \mathbf{B}$

(d) $\mathbf{A} \times \mathbf{B}$

(e) 벡터 A의 벡터 B 방향 성분 A_B

풀이

(a) $\mathbf{A} + \mathbf{B} = (4\mathbf{a}_x + 2\mathbf{a}_y + 3\mathbf{a}_z) + (3\mathbf{a}_x + 5\mathbf{a}_y + 6\mathbf{a}_z) = 7\mathbf{a}_x + 7\mathbf{a}_y + 9\mathbf{a}_z$

(b) $\mathbf{A} - \mathbf{B} = (4\mathbf{a}_x + 2\mathbf{a}_y + 3\mathbf{a}_z) - (3\mathbf{a}_x + 5\mathbf{a}_y + 6\mathbf{a}_z) = \mathbf{a}_x - 3\mathbf{a}_y - 3\mathbf{a}_z$

(c)
$$\begin{aligned}
\mathbf{A} \cdot \mathbf{B} &= (4\mathbf{a}_x + 2\mathbf{a}_y + 3\mathbf{a}_z) \cdot (3\mathbf{a}_x + 5\mathbf{a}_y + 6\mathbf{a}_z) \\
&= 12\,\mathbf{a}_x \cdot \mathbf{a}_x + 20\,\mathbf{a}_x \cdot \mathbf{a}_y + 24\,\mathbf{a}_x \cdot \mathbf{a}_z \\
&\quad + 6\,\mathbf{a}_y \cdot \mathbf{a}_x + 10\,\mathbf{a}_y \cdot \mathbf{a}_y + 12\,\mathbf{a}_y \cdot \mathbf{a}_z \\
&\quad + 9\,\mathbf{a}_z \cdot \mathbf{a}_x + 15\,\mathbf{a}_z \cdot \mathbf{a}_y + 18\,\mathbf{a}_z \cdot \mathbf{a}_z \\
&= 12 + 0 + 0 + 0 + 10 + 0 + 0 + 0 + 18 \\
&= 40
\end{aligned}$$

(d)
$$\begin{aligned}
\mathbf{A} \times \mathbf{B} &= (4\mathbf{a}_x + 2\mathbf{a}_y + 3\mathbf{a}_z) \times (3\mathbf{a}_x + 5\mathbf{a}_y + 6\mathbf{a}_z) \\
&= 12\,\mathbf{a}_x \times \mathbf{a}_x + 20\,\mathbf{a}_x \times \mathbf{a}_y + 24\,\mathbf{a}_x \times \mathbf{a}_z \\
&\quad + 6\,\mathbf{a}_y \times \mathbf{a}_x + 10\,\mathbf{a}_y \times \mathbf{a}_y + 12\,\mathbf{a}_y \times \mathbf{a}_z \\
&\quad + 9\,\mathbf{a}_z \times \mathbf{a}_x + 15\,\mathbf{a}_z \times \mathbf{a}_y + 18\,\mathbf{a}_z \times \mathbf{a}_z \\
&= 0 + 20\,\mathbf{a}_z - 24\,\mathbf{a}_y - 6\,\mathbf{a}_z + 0 + 12\,\mathbf{a}_x + 9\,\mathbf{a}_y - 15\,\mathbf{a}_x + 0 \\
&= -3\,\mathbf{a}_x - 15\,\mathbf{a}_y + 14\,\mathbf{a}_z
\end{aligned}$$

$$\mathbf{A} \times \mathbf{B} = \begin{vmatrix} \mathbf{a}_x & \mathbf{a}_y & \mathbf{a}_z \\ A_x & A_y & A_z \\ B_x & B_y & B_z \end{vmatrix} = \begin{vmatrix} \mathbf{a}_x & \mathbf{a}_y & \mathbf{a}_z \\ 4 & 2 & 3 \\ 3 & 5 & 6 \end{vmatrix}$$
$$= -3\mathbf{a}_x - 15\mathbf{a}_y + 14\mathbf{a}_z$$

(e) $$A_B = \mathbf{A} \cdot \mathbf{a}_B = \frac{\mathbf{A} \cdot \mathbf{B}}{B} = \frac{40}{\sqrt{3^2 + 5^2 + 6^2}} = \frac{40}{\sqrt{70}} \fallingdotseq 4.78$$

SECTION
1.4 원통좌표계

우리는 3차원 공간에 있는 어떤 점의 위치를 표시할 때 일반적으로 직각좌표계를 선호하지만, 때에 따라서는 직각좌표계가 아닌 다른 좌표계를 사용하는 것이 훨씬 편리할 때가 있다. 이제 새로운 좌표계, 즉 원통좌표계와 구좌표계에 대해 살펴보고자 한다.

1.4.1 원통좌표계에서의 위치 표시

2차원 평면 위에 있는 점은 [그림 1-17(a)]와 같이 주로 직각좌표로 표시하지만, 필요에 따라 [그림 1-17(b)]와 같이 **극좌표**polar coordinate로 표시하는 경우도 있다.

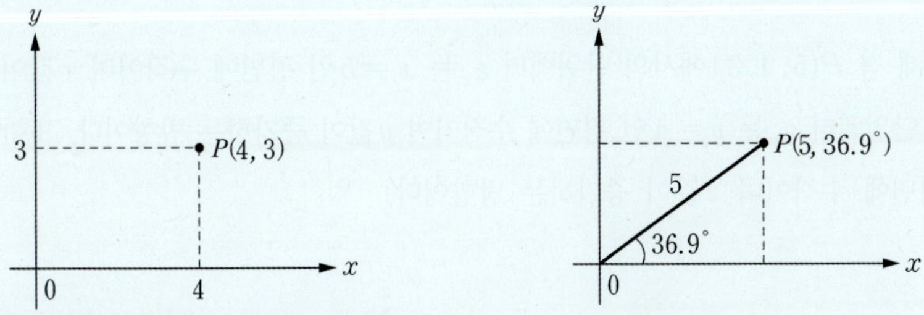

(a) 직각좌표 (b) 극좌표

그림 1-17 직각좌표와 극좌표

이처럼 3차원 공간에 있는 어떤 점을 [그림 1-18]과 같이 z축으로부터 얼마나 떨어져 있는가, 또 $x-z$축이 만드는 평면에서 얼마의 각도만큼 회전해 있는가, $x-y$축이 만드는 평면에서 z축을 따라 얼마만큼 올라가 있는가로 표시할 수 있다. 이렇게 3차원 공간에 있는 점의 위치를 표시하는 방법을 **원통좌표계**cylindrical coordinate system라고 한다. 직각좌표계와 달리 원통좌표계에서는 3개의 변수 ρ, ϕ, z를 사용한다. ρ는 z축으로부터 얼마나 떨어져 있는가, ϕ는 $x-z$축이 만드는 평면에서 얼마의 각도만큼 회전해 있는가, z는 $x-y$축이 만드는 평면에서 z축을 따라 얼마만큼 올라가 있는가를 나타낸다.

2차원 직각좌표계에서 $x=3$은 $x=3$인 점을 지나며 x축에 수직인 직선으로, 점 $P(x, y)$에서 x값만 3을 유지하고 y값은 어떤 값이든지 상관없는 점들의 궤적이다. 이와 같이 3차원 직각좌표계에서도 $x=3$은 $x=3$인 점을 지나고 x축에 수직인 평면을 나타내며, 점 $P(x, y, z)$에서 x값만 3을 유지하면 y, z값은 어떤 값이든지 상관없는 점들의 궤적이다.

원통좌표계 또한 $\rho = 5$는 점 $P(\rho,\ \phi,\ z)$에서 ρ값만 5를 유지하며 ϕ, z값은 어떤 값이든지 상관없는 점들의 궤적으로, 반지름이 5인 무한히 긴 원통을 나타낸다.

3차원 직각좌표계에서 점 $P(5, 4, 3)$을 $x = 5$인 평면과 $y = 4$인 평면, $z = 3$인 평면이 만난 점이라 정의했듯이, [그림 1-18]에 나타난 원통좌표계에서 점 $P(5, 60^\circ, 4)$는 $\rho = 5$인 원통과 $\phi = 60^\circ$인 평면, $z = 4$인 평면이 만난 점으로 정의한다.

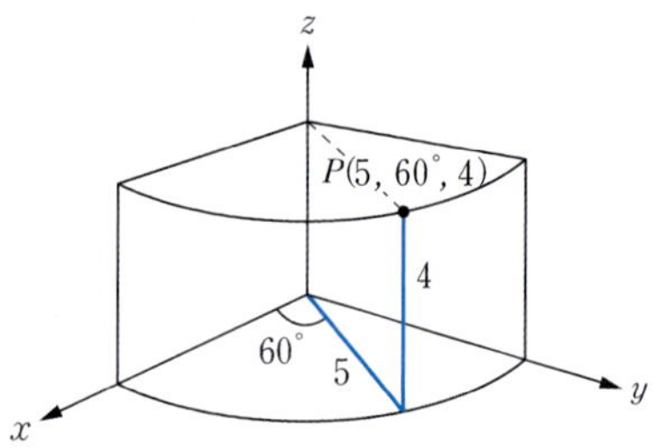

그림 1-18 원통좌표계에서 점 $P(5, 60^\circ, 4)$

원통좌표계의 기본단위벡터

원통좌표계에서 3차원 공간에 있는 어떤 벡터를 표시하려면, 먼저 원통좌표계에서 사용할 기본단위벡터들을 정의해야 한다.

[그림 1-19(a)]의 직각좌표계 점 $P(5, 4, 3)$에서의 단위벡터 $\mathbf{a}_x$는 $x = 5$인 평면에 수직이며 x값이 증가하는 방향이다. 그리고 단위벡터 $\mathbf{a}_y$는 $y = 4$인 평면에 수직이며 y값이 증가하는 방향이다. 또한 단위벡터 $\mathbf{a}_z$는 $z = 3$인 평면에 수직이며 z값이 증가하는 방향이다.

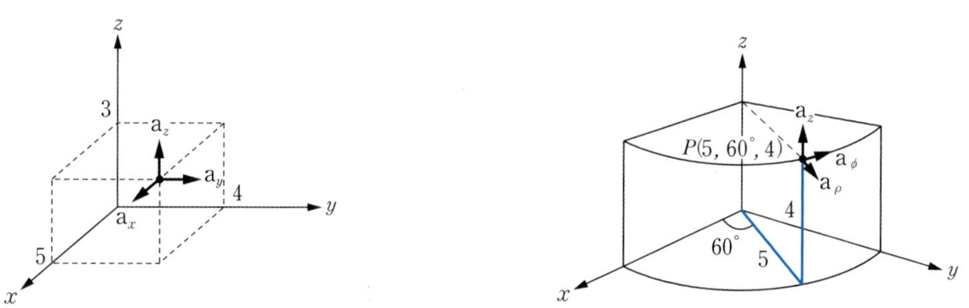

(a) 직각좌표계 점 $P(5, 4, 3)$에서의 단위벡터 (b) 원통좌표계 점 $P(5, 60^\circ, 4)$에서의 단위벡터

그림 1-19 직각좌표계와 원통좌표계의 단위벡터

따라서 [그림 1-19(b)]의 원통좌표계 점 $P(5, 60^\circ, 4)$에서의 단위벡터 $\mathbf{a}_\rho$, $\mathbf{a}_\phi$, $\mathbf{a}_z$는 다음과 같이 정의할 수 있다.

ρ 방향의 단위벡터 $\mathbf{a}_\rho$는 $\rho = 5$인 원통 면에 수직이며 ρ값이 증가하는 방향이다. 그리고 ϕ 방향의 단위벡터 $\mathbf{a}_\phi$는 $\phi = 60^\circ$인 평면에 수직이며 ϕ값이 증가하는 방향이다. 또한 z축 방향의 단위벡터 $\mathbf{a}_z$는 $z = 4$인 평면에 수직이며 z값이 증가하는 방향이다.

여기에서 주의할 점은 직각좌표계에서는 어떤 위치에서든 단위벡터 $\mathbf{a}_x$ 들은 $\mathbf{a}_x$ 들끼리 서로 나란하고, $\mathbf{a}_y$ 들은 $\mathbf{a}_y$ 들끼리 서로 나란하며, $\mathbf{a}_z$ 들은 $\mathbf{a}_z$ 들끼리 나란하다는 것이다. 반면에 원통좌표계에서는 단위벡터 $\mathbf{a}_z$ 의 경우 어디서든지 $\mathbf{a}_z$ 들끼리는 나란하지만, $\mathbf{a}_\rho$ 나 $\mathbf{a}_\phi$ 들은 위치에 따라 그 방향이 자기들끼리 나란하지 않을 수도 있다. 즉 ϕ값이 다른 위치에서는 $\mathbf{a}_\rho$ 들이 서로 나란하지 않으며, $\mathbf{a}_\phi$ 들도 서로 나란하지 않다. 그러나 단위벡터 $\mathbf{a}_\rho, \mathbf{a}_\phi, \mathbf{a}_z$ 는 어떤 위치에서든지 항상 서로 직교하는 벡터들이다.

원통좌표계에서 같은 벡터들

[그림 1-20(a)]에서 벡터 A, B는 직각좌표계에서 서로 다른 벡터지만, 원통좌표계에서는 $\mathbf{A} = 3\mathbf{a}_\rho$, $\mathbf{B} = 3\mathbf{a}_\rho$ 이므로 $\mathbf{A} = \mathbf{B}$ 이다. 또한 [그림 1-20(b)]에서 벡터 C, D는 직각좌표계에서 서로 방향이 반대인 벡터지만, 원통좌표계에서는 서로 같은 $\mathbf{a}_\phi$ 방향이며, $\mathbf{C} = \mathbf{D} = 4\mathbf{a}_\phi$ 이다.

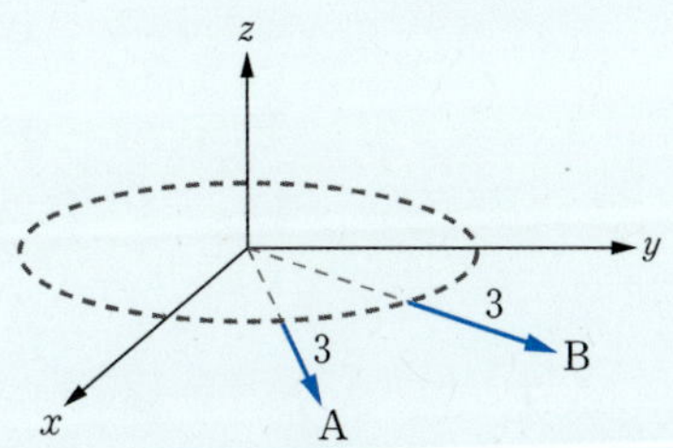

(a) A = B

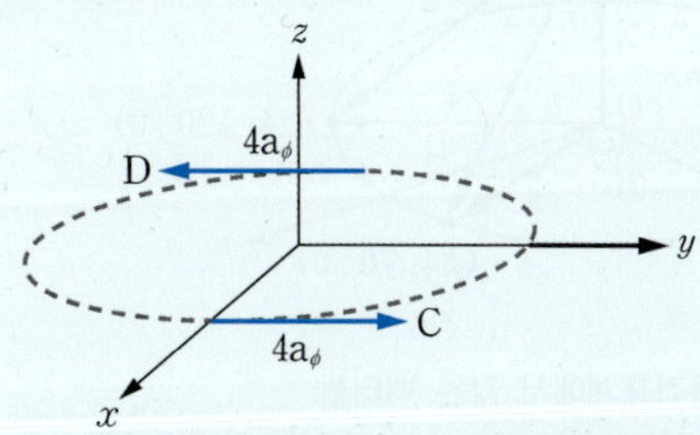

(b) C = D

그림 1-20 원통좌표계에서 서로 같은 두 벡터

예를 들어, 원통좌표계에서 좌표 (5, 0°, 0)인 지점에서는 $\mathbf{a}_\rho$ 의 방향이 직각좌표계의 $\mathbf{a}_x$ 와 일치하지만, 좌표 (5, 90°, 0)인 지점에서는 $\mathbf{a}_\rho$ 의 방향이 직각좌표계의 $\mathbf{a}_y$ 와 일치하므로 언뜻 보기에 서로 다른 방향처럼 보인다. 그러나 이들 벡터는 원통좌표계에서 다 같은 $\mathbf{a}_\rho$ 방향이다. 특히 우리가 주의해야 할 점은 앞에서 살펴본 [그림 1-16]에서 크기가 같고 서로 평행한 모든 벡터들은 그 벡터의 시점(=출발점)에 관계없이 다 같은 벡터로 정의했으나, 이것은 직각좌표계에서만 적용된다는 것이다. 원통좌표계나 다음 절에서 설명할 구좌표계에서는 적용되지 않는다. 다시 말해, [그림 1-21]의 벡터 C, D, E에 대해 직각좌표계에서는 $\mathbf{C} = \mathbf{E} = -\mathbf{D} = 4\mathbf{a}_y$ 이다. 그러나 원통좌표계에서는 $\mathbf{C} = \mathbf{D} = 4\mathbf{a}_\phi$ 이지만 $\mathbf{E}(= 4\mathbf{a}_\rho)$는 이들과 전혀 다른 벡터이다.

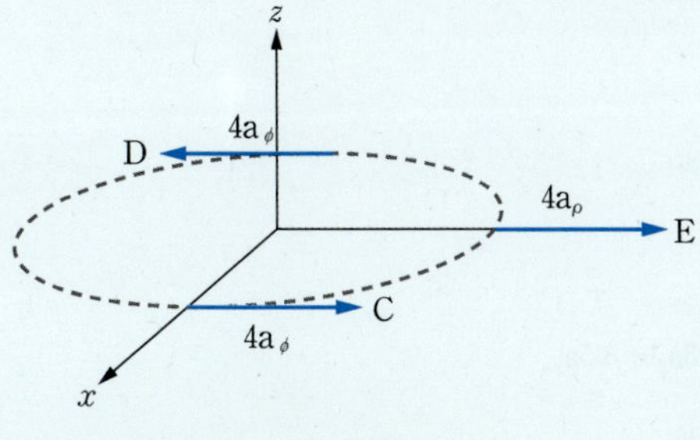

그림 1-21 원통좌표계에서 서로 같은 벡터와 다른 벡터

[그림 1-22]에서 벡터 $\overrightarrow{PQ}$ 와 $\overrightarrow{PR}$ 은 위치벡터들을 이용하여 각각 다음과 같이 표시할 수 있다.

$$\overrightarrow{PQ} = \overrightarrow{OQ} - \overrightarrow{OP} = 4\mathbf{a}_\rho - 3\mathbf{a}_z \tag{1.38}$$

$$\overrightarrow{PR} = \overrightarrow{OR} - \overrightarrow{OP} = 4\mathbf{a}_\rho - 3\mathbf{a}_z \tag{1.39}$$

식 (1.38)과 식 (1.39)에서 알 수 있듯이 원통좌표계에서 벡터 $\overrightarrow{PQ}$ 와 $\overrightarrow{PR}$ 은 같은 벡터이다. 굳이 이들을 구별하려고 한다면, 다음과 같이 ϕ값을 함께 표시해줘야 한다.

$$\overrightarrow{PQ} = \overrightarrow{OQ} - \overrightarrow{OP} = 4\mathbf{a}_\rho - 3\mathbf{a}_z \quad (\phi = 70^\circ)$$

$$\overrightarrow{PR} = \overrightarrow{OR} - \overrightarrow{OP} = 4\mathbf{a}_\rho - 3\mathbf{a}_z \quad (\phi = 120^\circ)$$

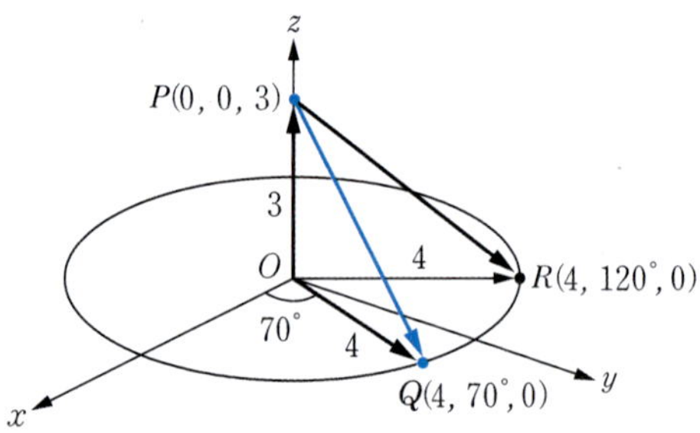

그림 1-22 원통좌표계에서 같은 벡터들

어떤 벡터 F의 ρ 방향 성분을 F_ρ로, ϕ 방향 성분을 F_ϕ로 , z 방향 성분을 F_z로 표시하면 벡터 F는 원통좌표계에서 ρ, ϕ, z 방향의 성분벡터들에 의해 다음과 같이 표시된다.

$$\mathbf{F} = F_\rho \mathbf{a}_\rho + F_\phi \mathbf{a}_\phi + F_z \mathbf{a}_z \tag{1.40}$$

한 예로 원통좌표계의 점 $P(5, 35^\circ, 4)$에 있는 벡터 $\mathbf{F} = 2.5\mathbf{a}_\rho + 3\mathbf{a}_\phi + 3.5\mathbf{a}_z$를 그려보면 [그림 1-23]과 같이 된다.

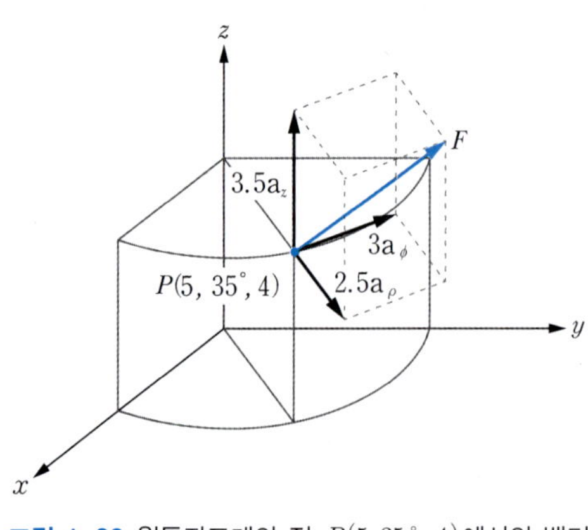

그림 1-23 원통좌표계의 점 $P(5, 35^\circ, 4)$에서의 벡터 $\mathbf{F} = 2.5\mathbf{a}_\rho + 3\mathbf{a}_\phi + 3.5\mathbf{a}_z$

1.4.2 원통좌표계의 내적과 외적

원통좌표계에서 내적과 외적의 근본 성질은 직각좌표계와 같다. 여기서 외적만 간단히 정리하면 다음과 같다.

$$\mathbf{a}_\rho \times \mathbf{a}_\phi = \mathbf{a}_z, \quad \mathbf{a}_\phi \times \mathbf{a}_z = \mathbf{a}_\rho, \quad \mathbf{a}_z \times \mathbf{a}_\rho = \mathbf{a}_\phi \tag{1.41}$$

예제 1-4 원통좌표계에서의 벡터 연산

두 벡터 $\mathbf{A} = 2\mathbf{a}_\rho + 5\mathbf{a}_\phi + 4\mathbf{a}_z$, $\mathbf{B} = 3\mathbf{a}_\rho + 2\mathbf{a}_\phi + 6\mathbf{a}_z$에 대해 다음을 구하라.

(a) $\mathbf{A}+\mathbf{B}$

(b) $\mathbf{A}-\mathbf{B}$

(c) $\mathbf{A}\cdot\mathbf{B}$

(d) $\mathbf{A}\times\mathbf{B}$

(e) 벡터 $\mathbf{A}$의 벡터 $\mathbf{B}$ 방향 성분 A_B

풀이

(a) $\mathbf{A}+\mathbf{B} = (2\mathbf{a}_\rho + 5\mathbf{a}_\phi + 4\mathbf{a}_z) + (3\mathbf{a}_\rho + 2\mathbf{a}_\phi + 6\mathbf{a}_z) = 5\mathbf{a}_\rho + 7\mathbf{a}_\phi + 10\mathbf{a}_z$

(b) $\mathbf{A}-\mathbf{B} = (2\mathbf{a}_\rho + 5\mathbf{a}_\phi + 4\mathbf{a}_z) - (3\mathbf{a}_\rho + 2\mathbf{a}_\phi + 6\mathbf{a}_z) = -\mathbf{a}_\rho + 3\mathbf{a}_\phi - 2\mathbf{a}_z$

(c)
$$\begin{aligned}
\mathbf{A}\cdot\mathbf{B} &= (2\mathbf{a}_\rho + 5\mathbf{a}_\phi + 4\mathbf{a}_z)\cdot(3\mathbf{a}_\rho + 2\mathbf{a}_\phi + 6\mathbf{a}_z) \\
&= 6\,\mathbf{a}_\rho\cdot\mathbf{a}_\rho + 4\,\mathbf{a}_\rho\cdot\mathbf{a}_\phi + 12\,\mathbf{a}_\rho\cdot\mathbf{a}_z \\
&\quad + 15\,\mathbf{a}_\phi\cdot\mathbf{a}_\rho + 10\,\mathbf{a}_\phi\cdot\mathbf{a}_\phi + 30\,\mathbf{a}_\phi\cdot\mathbf{a}_z \\
&\quad + 12\,\mathbf{a}_z\cdot\mathbf{a}_\rho + 8\,\mathbf{a}_z\cdot\mathbf{a}_\phi + 24\,\mathbf{a}_z\cdot\mathbf{a}_z \\
&= 6+0+0+0+10+0+0+0+24 \\
&= 40
\end{aligned}$$

(d)
$$\begin{aligned}
\mathbf{A}\times\mathbf{B} &= (2\mathbf{a}_\rho + 5\mathbf{a}_\phi + 4\mathbf{a}_z)\times(3\mathbf{a}_\rho + 2\mathbf{a}_\phi + 6\mathbf{a}_z) \\
&= 6\,\mathbf{a}_\rho\times\mathbf{a}_\rho + 4\,\mathbf{a}_\rho\times\mathbf{a}_\phi + 12\,\mathbf{a}_\rho\times\mathbf{a}_z \\
&\quad + 15\,\mathbf{a}_\phi\times\mathbf{a}_\rho + 10\,\mathbf{a}_\phi\times\mathbf{a}_\phi + 30\,\mathbf{a}_\phi\times\mathbf{a}_z \\
&\quad + 12\,\mathbf{a}_z\times\mathbf{a}_\rho + 8\,\mathbf{a}_z\times\mathbf{a}_\phi + 24\,\mathbf{a}_z\times\mathbf{a}_z \\
&= 0 + 4\,\mathbf{a}_z - 12\,\mathbf{a}_\phi - 15\,\mathbf{a}_z + 0 + 30\,\mathbf{a}_\rho + 12\,\mathbf{a}_\phi - 8\,\mathbf{a}_\rho + 0 \\
&= 22\,\mathbf{a}_\rho - 11\,\mathbf{a}_z
\end{aligned}$$

$$\mathbf{A}\times\mathbf{B} = \begin{vmatrix} \mathbf{a}_\rho & \mathbf{a}_\phi & \mathbf{a}_z \\ 2 & 5 & 4 \\ 3 & 2 & 6 \end{vmatrix}$$

(e) $A_B = \mathbf{A}\cdot\mathbf{a}_B = \dfrac{\mathbf{A}\cdot\mathbf{B}}{B} = \dfrac{40}{\sqrt{3^2+2^2+6^2}} = \dfrac{40}{7} \fallingdotseq 5.7$

Q&A 직각좌표계와 원통좌표계 중 어느 것이 편리한가?

경우에 따라 다르기 때문에 일반적으로 어느 것이 편리하다고는 말할 수 없다. 예를 들어, [그림 1-24(a)]와 같은 직선은 원통좌표계에서 표현하는 것이 대단히 어렵다. 그러나 직각좌표계에서는 '$z=0$인 면에서 $x=3$인 직선'이라고 표현하면 된다. 반면에 [그림 1-24(b)]와 같은 원은 직각좌표계의 경우 '$x^2+y^2=25$, $z=0$'이라고 표현해야 하지만 원통좌표계에서는 간단히 '$\rho=5$, $z=0$'이라고 표현하면 된다. 농구 코치가 선수들에게 '자기를 중심으로 반지름 5미터로 삥 둘러서라'는 말을 '$x^2+y^2=25$로 서라'고 말한다면 누가 알아듣겠는가!

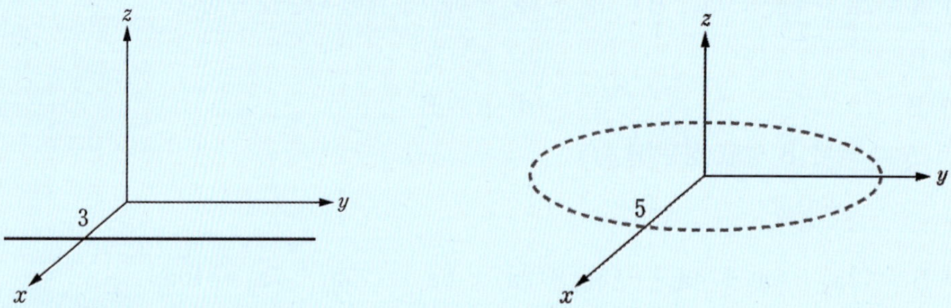

(a) 직선 (b) 원

그림 1-24 직각좌표계와 원통좌표계의 편리성 비교

SECTION

1.5 구좌표계

앞에서 3차원 공간에 있는 어떤 점의 위치를 표시하는 방법으로 직각좌표계와 원통좌표계를 공부했다. 이제 또 다른 좌표계인 구좌표계에 대해 살펴보자.

1.5.1 구좌표계에서의 위치 표시

3차원 공간에 있는 어떤 점 P의 위치를 [그림 1-25]와 같이 원점에서 얼마나 멀리 있는가, 원점과 점 P를 이은 선이 z축으로부터 얼마의 각도만큼 기울어져 있는가, $x-z$축이 만드는 평면에서 얼마의 각도만큼 회전해 있는가로 표시하는 방법을 **구좌표계**spherical coordinate system라고 한다. 구좌표계에서는 3개의 변수 r, θ, ϕ를 사용한다. r은 원점으로부터 얼마나 떨어져 있는가, θ는 z축으로부터 얼마의 각도만큼 기울어져 있는가, ϕ는 $x-z$축이 만드는 평면에서 얼마의 각도만큼 회전해 있는가를 나타낸다.

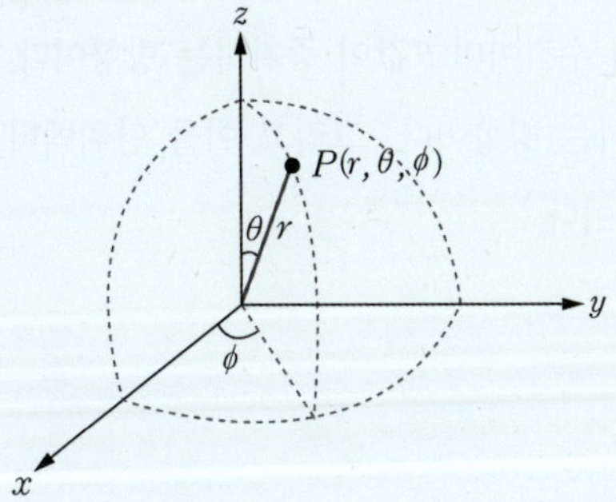

그림 1-25 구좌표계

구좌표계에서 어떤 벡터 F 의 r 방향 성분은 F_r로, θ 방향 성분은 F_θ로, ϕ 방향 성분은 F_ϕ로 표시하면 벡터 F는 r, θ, ϕ 방향의 성분벡터들에 의해 다음과 같이 표시된다.

$$\mathrm{F} = F_r \mathrm{a}_r + F_\theta \mathrm{a}_\theta + F_\phi \mathrm{a}_\phi \tag{1.42}$$

원통좌표계에서 $\rho = 5$가 반지름이 5인 무한히 긴 원통을 나타내듯이, 3차원 구좌표계에서 $r = 5$는 원점으로부터 5만큼 떨어져 있는 점들의 궤적, 즉 반지름 5인 구면을 나타낸다. $\theta = 30°$는 원점과 그 점을 이었을 때 z축과 30°의 각도를 갖는 점들의 궤적으로 이루어진 원추cone 모양을 이룬다.

그리고 $\phi = 60°$는 $x-z$축이 만드는 평면에서 60°만큼 회전해 있는 점들의 궤적으로 원통좌표계에서와 똑같은 의미를 갖는 평면을 말한다.

따라서 [그림 1-26] 의 점 $P(5, 30°, 60°)$는 $r=5$의 구면과 $\theta = 30°$의 원추면과 $\phi = 60°$인 평면이 만나는 점이라고 정의할 수 있다.

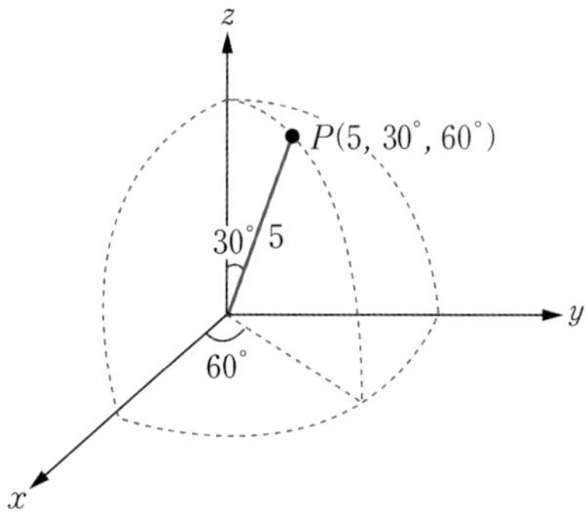

그림 1-26 구좌표계에서 점 $P(5, 30°, 60°)$

구좌표계에서의 기본단위벡터

직각좌표계와 원통좌표계에서 기본단위벡터를 정의했듯이, 구좌표계에서도 기본단위벡터를 정의할 수 있다.

[그림 1-27]의 구좌표계 점 $P(5, 20°, 40°)$에서의 단위벡터 $\mathbf{a}_r$은 $r=5$인 구면에 수직이며 r값이 증가하는 방향이다. 그리고 단위벡터 $\mathbf{a}_\theta$는 $\theta = 20°$인 원추면에 수직이며 θ값이 증가하는 방향이다. 또한 단위벡터 $\mathbf{a}_\phi$는 $\phi = 40°$인 평면에 수직이며 ϕ값이 증가하는 방향이다. 그리고 이들 단위벡터 $\mathbf{a}_r$, $\mathbf{a}_\theta$, $\mathbf{a}_\phi$는 어떤 위치에서든지 항상 서로 직교하는 벡터들이다.

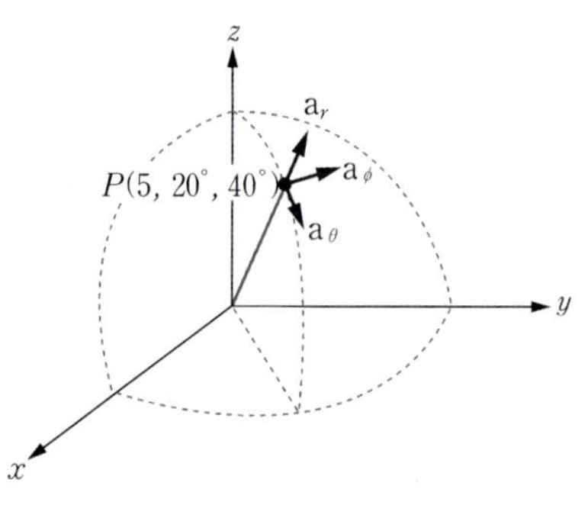

그림 1-27 구좌표계의 점 $P(5, 20°, 40°)$에서의 단위벡터

한 예로 구좌표계의 점 $P(5, 30^\circ, 60^\circ)$에 있는 벡터 $\mathbf{F} = \mathbf{a}_r + 2\mathbf{a}_\theta + 3\mathbf{a}_\phi$를 그려보면 [그림 1-28]과 같이 된다.

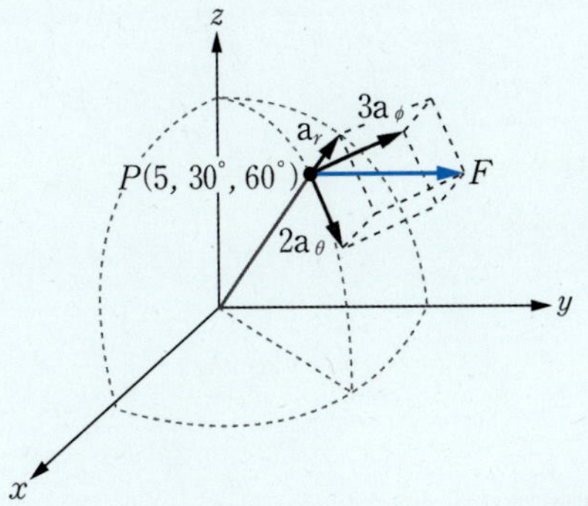

그림 1-28 구좌표계의 점 $P(5, 30^\circ, 60^\circ)$에서의 벡터 $\mathbf{F} = \mathbf{a}_r + 2\mathbf{a}_\theta + 3\mathbf{a}_\phi$

1.5.2 구좌표계의 내적과 외적

구좌표계에서 내적과 외적의 기본 성질은 직각좌표계와 같다. 여기서 외적만 간단히 정리하면 다음과 같다.

$$\mathbf{a}_r \times \mathbf{a}_\theta = \mathbf{a}_\phi, \quad \mathbf{a}_\theta \times \mathbf{a}_\phi = \mathbf{a}_r, \quad \mathbf{a}_\phi \times \mathbf{a}_r = \mathbf{a}_\theta \tag{1.43}$$

예제 1-5 같은 위치벡터에 대한 각 좌표계에서의 표현 방법

[그림 1-29]와 같이 직각좌표계로 표시된 점 P와 위치벡터 $\overrightarrow{OP}$에 대해 다음을 구하라.

(a) 점 $P(1, 1, 1)$을 원통좌표와 구좌표로 표현하라.

(b) 위치벡터 $\overrightarrow{OP}$를 직각좌표계, 원통좌표계, 구좌표계로 표현하라.

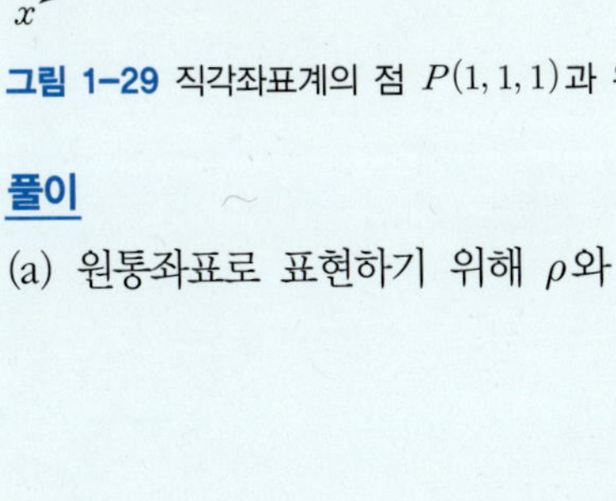

그림 1-29 직각좌표계의 점 $P(1, 1, 1)$과 위치벡터 $\overrightarrow{OP}$

풀이

(a) 원통좌표로 표현하기 위해 ρ와 ϕ를 구하면 다음과 같다.

$$\rho = \sqrt{1^2 + 1^2} = \sqrt{2}$$

$$\phi = \cos^{-1}\frac{1}{\sqrt{2}} = 45^\circ$$

따라서 원통좌표로 표현하면 $P(\sqrt{2}, 45°, 1)$이 된다.

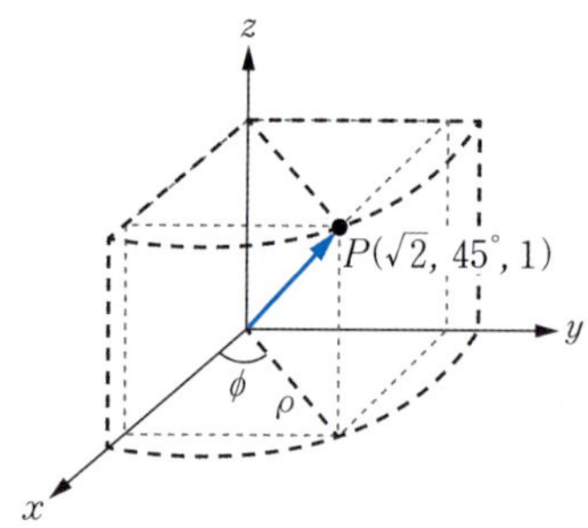

그림 1-30 원통좌표계의 점 $P(\sqrt{2}, 45°, 1)$

구좌표로 표현하기 위해 r, θ, ϕ를 구하면 다음과 같다.

$$r = \sqrt{1^2 + 1^2 + 1^2} = \sqrt{3}$$

$$\theta = \cos^{-1}\frac{1}{\sqrt{3}} \fallingdotseq 54.7°$$

$$\phi = \cos^{-1}\frac{1}{\sqrt{2}} = 45°$$

따라서 구좌표로 표현하면 $P(\sqrt{3}, 54.7°, 45°)$가 된다.

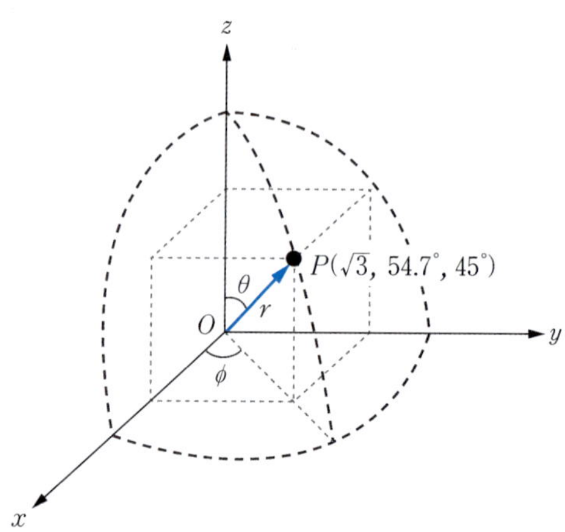

그림 1-31 구좌표계의 점 $P(\sqrt{3}, 54.7°, 45°)$

(b) 위치벡터 $\overrightarrow{OP}$를 직각좌표계로 표현하면 다음과 같다.

$$\overrightarrow{OP} = \mathrm{a}_x + \mathrm{a}_y + \mathrm{a}_z$$

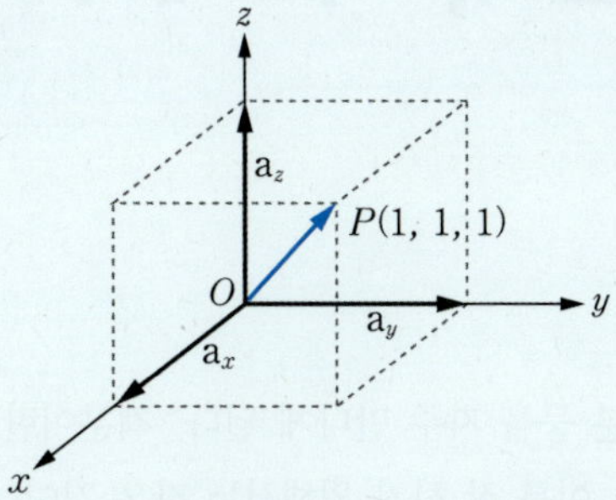

그림 1-32 직각좌표계의 위치벡터 $\overrightarrow{OP}$

그리고 위치벡터 $\overrightarrow{OP}$를 원통좌표계와 구좌표로 표현하면 각각 다음과 같다.

$$\overrightarrow{OP} = \sqrt{2}\,\mathrm{a}_\rho + \mathrm{a}_z$$

$$\overrightarrow{OP} = \sqrt{3}\,\mathrm{a}_r$$

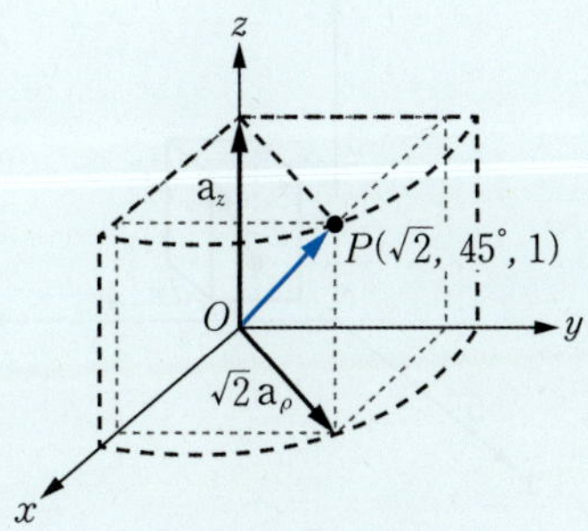

그림 1-33 원통좌표계의 위치벡터 $\overrightarrow{OP}$

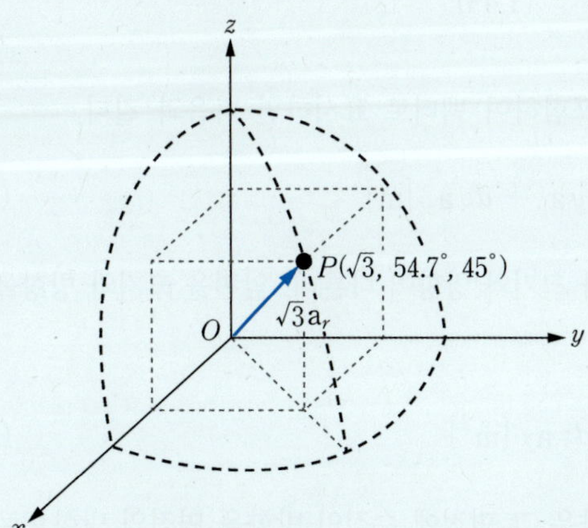

그림 1-34 구좌표계의 위치벡터 $\overrightarrow{OP}$

SECTION 1.6

미소길이, 미소면적, 미소체적

전자기학을 공부하다 보면 벡터 선적분, 면적적분, 체적적분 등을 자주 만나게 된다. 적분이란 한 마디로 작게 나눈 것들의 더하기summation라고 말할 수 있는데, 이를 잘 하기 위해서는 작은 길이나 면적 또는 체적을 잘 표현할 수 있어야 한다. 이들의 표현이 각 좌표계에 따라 다르므로 주의가 필요하다.

직각좌표계에서의 미소길이, 미소면적, 미소체적 표시

[그림 1-35]는 점 $P(5, 4, 3)$에서 x 방향으로 dx만큼, y 방향으로 dy만큼, z 방향으로 dz만큼 각각 길이의 증분을 취했을 때 얻어진 직육면체를 나타낸다.

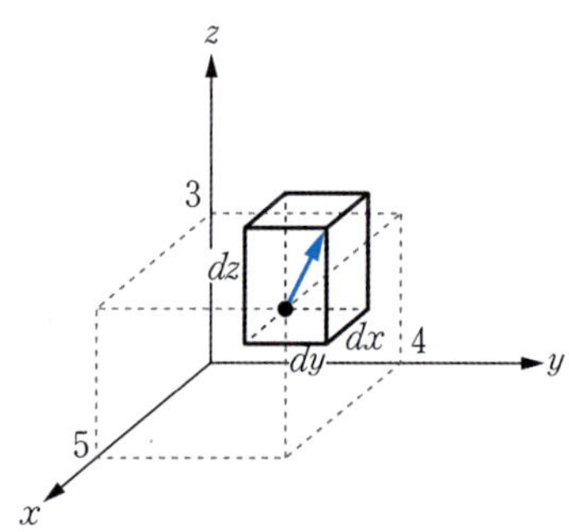

그림 1-35 직각좌표계의 미소길이, 미소면적, 미소체적

이 작은 직육면체의 체적은 다음과 같이 표현할 수 있다.

$$dv = dx\,dy\,dz \ [\mathrm{m}^3] \tag{1.44}$$

그리고 점 P가 움직인 길이의 증분은 다음과 같이 표현할 수 있다.

$$dL = \sqrt{dx^2 + dy^2 + dz^2} \ [\mathrm{m}] \tag{1.45}$$

이 **미소길이소**differential length element를 방향까지 포함하여 벡터로 표시하면 다음과 같다.

$$d\mathbf{L} = dx\,\mathbf{a}_x + dy\,\mathbf{a}_y + dz\,\mathbf{a}_z \ [\mathrm{m}] \tag{1.46}$$

또한 작은 면적의 증분은 상하, 좌우, 앞뒤에 따라 크기와 방향이 다른데, 앞면을 크기와 방향을 포함한 벡터로 표시하면 다음과 같이 된다.

$$d\mathbf{S}_x = dy\,dz\,\mathbf{a}_x \ [\mathrm{m}^2] \tag{1.47}$$

일반적으로 면적을 벡터로 표시할 때 면적의 방향은 그 면적에 수직인 방향을 면적의 방향으로 택하며, 어떤 체적을 둘러싼 면적을 벡터로 표시할 때는 그 체적 안에서 밖으로 나가는 방향을 그 면적의 방향으로 정한다. 따라서 [그림 1-35]에서 뒷면은 $(-)\,dy\,dz\,\mathbf{a}_x$로 표시된다.

원통좌표계에서의 미소길이, 미소면적, 미소체적 표시

[그림 1-36]은 어떤 점 $P(\rho, \phi, z)$에서 ρ 방향으로 $d\rho$만큼, ϕ 방향으로 $d\phi$만큼, z 방향으로 dz만큼 각각 길이와 각도의 증분을 취했을 때 얻어진 육면체를 나타낸다.

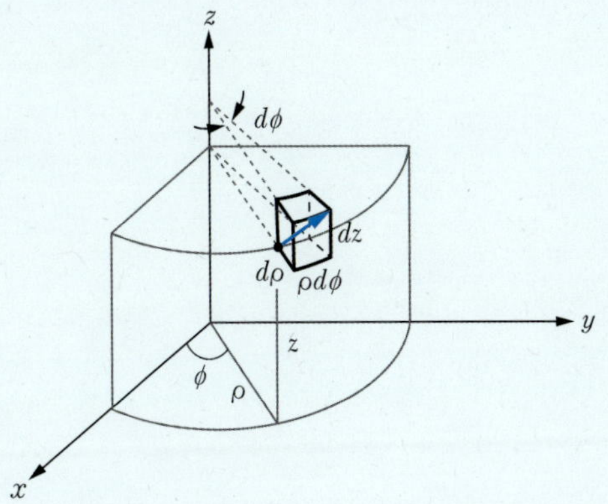

그림 1-36 원통좌표계의 미소길이, 미소면적, 미소체적

이때 얻어진 작은 육면체의 체적은 다음과 같이 표현할 수 있다.

$$dv = d\rho \times (\rho d\phi) \times dz = \rho\, d\rho\, d\phi\, dz\ [\mathrm{m}^3] \tag{1.48}$$

그리고 점 P가 움직인 길이의 증분은 다음과 같이 표현할 수 있다.

$$dL = \sqrt{d\rho^2 + (\rho d\phi)^2 + dz^2}\ [\mathrm{m}] \tag{1.49}$$

이 미소길이소를 방향까지 포함하여 벡터로 표시하면 다음과 같이 된다.

$$d\mathbf{L} = d\rho\, \mathbf{a}_\rho + \rho\, d\phi\, \mathbf{a}_\phi + dz\, \mathbf{a}_z\ [\mathrm{m}] \tag{1.50}$$

또한 작은 면적의 증분은 상하, 좌우, 앞뒤에 따라 크기와 방향이 다른데, 앞면과 우측면 그리고 윗면을 크기와 방향이 포함된 벡터로 표시하면 각각 다음과 같이 된다.

$$\begin{aligned} d\mathbf{S}_\rho &= (\rho\, d\phi) \times dz\, \mathbf{a}_\rho = \rho\, d\phi\, dz\, \mathbf{a}_\rho\ [\mathrm{m}^2] \\ d\mathbf{S}_\phi &= d\rho \times dz\, \mathbf{a}_\phi = d\rho\, dz\, \mathbf{a}_\phi\ [\mathrm{m}^2] \\ d\mathbf{S}_z &= d\rho \times (\rho\, d\phi)\, \mathbf{a}_z = \rho\, d\rho\, d\phi\, \mathbf{a}_z\ [\mathrm{m}^2] \end{aligned} \tag{1.51}$$

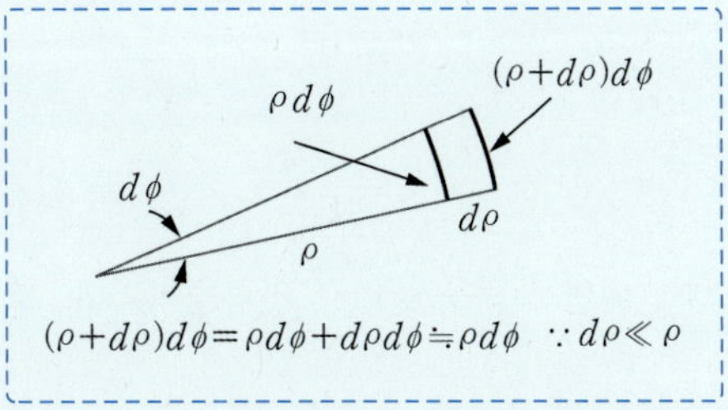

구좌표계에서의 미소길이, 미소면적, 미소체적 표시

[그림 1-37]은 어떤 점 $P(r, \theta, \phi)$에서 r 방향으로 dr만큼, θ 방향으로 $d\theta$만큼, ϕ 방향으로 $d\phi$만큼 각각 길이와 각도의 증분을 취했을 때 얻어진 육면체를 나타낸다.

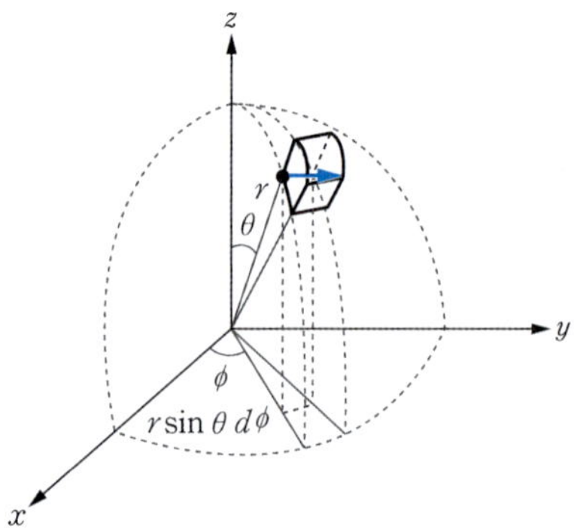

그림 1-37 구좌표계의 미소길이, 미소면적, 미소체적

이때 얻어진 작은 육면체의 체적은 다음과 같이 표현할 수 있다.

$$dv = dr \times r\,d\theta \times (r\sin\theta d\phi) = r^2 \sin\theta\, dr\, d\theta\, d\phi \ [\text{m}^3] \tag{1.52}$$

그리고 점 P가 움직인 길이의 증분은 다음과 같이 표현할 수 있다.

$$dL = \sqrt{dr^2 + (rd\theta)^2 + (r\sin\theta d\phi)^2} \ [\text{m}] \tag{1.53}$$

이 미소길이소를 방향까지 포함하여 벡터로 표시하면 다음과 같이 된다.

$$d\mathrm{L} = dr\,\mathbf{a}_r + r\,d\theta\,\mathbf{a}_\theta + r\sin\theta\,d\phi\,\mathbf{a}_\phi \ [\text{m}] \tag{1.54}$$

또한 작은 면적의 증분은 상하, 좌우, 앞뒤에 따라 크기와 방향이 다른데 윗면과 앞면, 그리고 우측면을 크기와 방향이 포함된 벡터로 표시하면 각각 다음과 같이 된다.

$$\begin{aligned} d\mathrm{S}_r &= r\,d\theta \times (r\sin\theta\,d\phi)\,\mathbf{a}_r = r^2\sin\theta\,d\theta\,d\phi\,\mathbf{a}_r \ [\text{m}^2] \\ d\mathrm{S}_\theta &= dr \times (r\sin\theta\,d\phi)\,\mathbf{a}_\theta = r\sin\theta\,dr\,d\phi\,\mathbf{a}_\theta \ [\text{m}^2] \\ d\mathrm{S}_\phi &= dr \times (r\,d\theta)\,\mathbf{a}_\phi = r\,dr\,d\theta\,\mathbf{a}_\phi \ [\text{m}^2] \end{aligned} \tag{1.55}$$

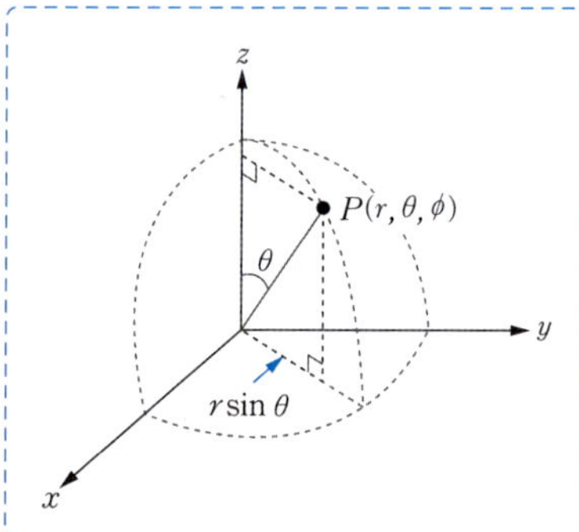

SECTION 1.7

좌표변환

가끔 원통좌표계로 표시된 벡터 함수를 직각좌표계로, 또는 직각좌표계로 표시된 벡터를 구좌표계로 바꾸어 표시하면 취급하기 편리한 경우가 있다. 이러한 작업을 좌표변환이라고 하는데, 좌표계 상호 간의 변환 작업은 조금 복잡하다. 여기서는 변환 공식의 기본 유도 과정만 소개하고, 그 공식의 사용 방법에 중점을 두어 몇 가지 예제를 풀어본다.

1.7.1 원통좌표계를 직각좌표계로 변환

[그림 1-38]을 보면 원통좌표계의 점 $P(\rho, \phi, z)$와 직각좌표계의 점 $P(x, y, z)$ 사이의 다음과 같은 관계를 쉽게 알 수 있다.

$$\begin{aligned} x &= \rho\cos\phi \\ y &= \rho\sin\phi \\ z &= z \end{aligned} \tag{1.56}$$

$$\begin{aligned} \rho &= \sqrt{x^2 + y^2} \\ \phi &= \tan^{-1}\frac{y}{x} \\ z &= z \end{aligned} \tag{1.57}$$

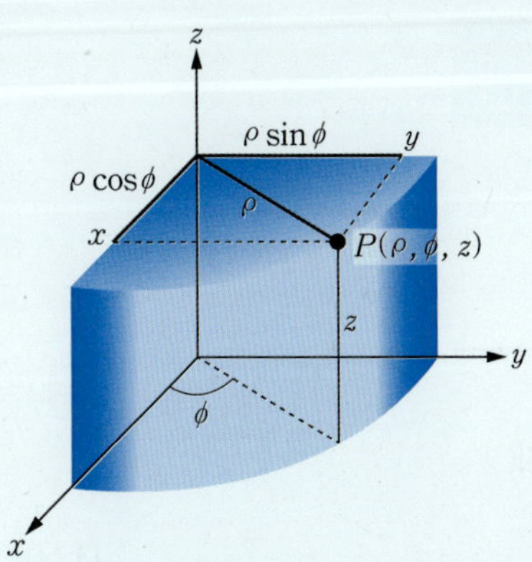

그림 1-38 원통좌표계와 직각좌표계의 관계

다음으로 단위벡터들 사이의 내적을 구해보자. $\mathbf{a}_\rho \cdot \mathbf{a}_x$는 단위벡터 $\mathbf{a}_\rho$의 x 방향 성분, $\mathbf{a}_\rho \cdot \mathbf{a}_y$는 단위벡터 $\mathbf{a}_\rho$의 y 방향 성분을 의미하므로, [그림 1-39(b)]에서 다음과 같이 된다는 것을 알 수 있다.

$$\begin{aligned} \mathbf{a}_\rho \cdot \mathbf{a}_x &= \cos\phi \\ \mathbf{a}_\rho \cdot \mathbf{a}_y &= \sin\phi \\ \mathbf{a}_\rho \cdot \mathbf{a}_z &= 0 \end{aligned} \tag{1.58}$$

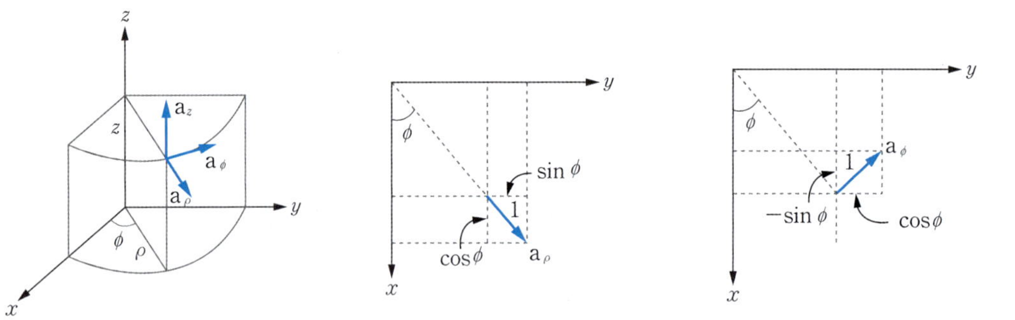

(a) 원통좌표계의 단위벡터들 (b) $\mathbf{a}_\rho$의 x 방향 성분과 y 방향 성분 (c) $\mathbf{a}_\phi$의 x 방향 성분과 y 방향 성분

그림 1-39 원통좌표계와 직각좌표계 단위벡터들의 내적

또한 $\mathbf{a}_\phi \cdot \mathbf{a}_x$는 단위벡터 $\mathbf{a}_\phi$의 x 방향 성분, $\mathbf{a}_\phi \cdot \mathbf{a}_y$는 단위벡터 $\mathbf{a}_\phi$의 y 방향 성분을 의미하므로 [그림 1-39(c)]에서 $\mathbf{a}_\phi$의 각 방향 성분들이 다음과 같이 된다는 것을 알 수 있다.

$$\begin{aligned} \mathbf{a}_\phi \cdot \mathbf{a}_x &= -\sin\phi \\ \mathbf{a}_\phi \cdot \mathbf{a}_y &= \cos\phi \\ \mathbf{a}_\phi \cdot \mathbf{a}_z &= 0 \end{aligned} \tag{1.59}$$

식 (1.58)과 (1.59)를 정리하면 [표 1-1]과 같이 된다.

표 1-1 원통좌표계와 직각좌표계 단위벡터들의 내적

직각좌표 / 원통좌표	$\mathbf{a}_x$	$\mathbf{a}_y$	$\mathbf{a}_z$
$\mathbf{a}_\rho$	$\cos\phi$	$\sin\phi$	0
$\mathbf{a}_\phi$	$-\sin\phi$	$\cos\phi$	0
$\mathbf{a}_z$	0	0	1

다음과 같이 원통좌표계로 표시된 어떤 벡터함수가 있다고 하자.

$$\mathbf{E} = E_\rho \mathbf{a}_\rho + E_\phi \mathbf{a}_\phi + E_z \mathbf{a}_z \tag{1.60}$$

이 벡터함수를 직각좌표계로 좌표변환시키면 다음과 같이 된다.

$$
\begin{aligned}
E_x = \mathbf{E} \cdot \mathbf{a}_x &= (E_\rho \mathbf{a}_\rho + E_\phi \mathbf{a}_\phi + E_z \mathbf{a}_z) \cdot \mathbf{a}_x \\
&= E_\rho \mathbf{a}_\rho \cdot \mathbf{a}_x + E_\phi \mathbf{a}_\phi \cdot \mathbf{a}_x + E_z \mathbf{a}_z \cdot \mathbf{a}_x \\
&= E_\rho \cos\phi - E_\phi \sin\phi + 0
\end{aligned}
$$

$$
\begin{aligned}
E_y = \mathbf{E} \cdot \mathbf{a}_y &= (E_\rho \mathbf{a}_\rho + E_\phi \mathbf{a}_\phi + E_z \mathbf{a}_z) \cdot \mathbf{a}_y \\
&= E_\rho \mathbf{a}_\rho \cdot \mathbf{a}_y + E_\phi \mathbf{a}_\phi \cdot \mathbf{a}_y + E_z \mathbf{a}_z \cdot \mathbf{a}_y \\
&= E_\rho \sin\phi + E_\phi \cos\phi + 0
\end{aligned}
$$

$$
\begin{aligned}
E_z = \mathbf{E} \cdot \mathbf{a}_z &= (E_\rho \mathbf{a}_\rho + E_\phi \mathbf{a}_\phi + E_z \mathbf{a}_z) \cdot \mathbf{a}_z \\
&= E_\rho \mathbf{a}_\rho \cdot \mathbf{a}_z + E_\phi \mathbf{a}_\phi \cdot \mathbf{a}_z + E_z \mathbf{a}_z \cdot \mathbf{a}_z \\
&= 0 + 0 + E_z
\end{aligned}
$$

$$
\mathbf{E} = (E_\rho \cos\phi - E_\phi \sin\phi)\mathbf{a}_x + (E_\rho \sin\phi + E_\phi \cos\phi)\mathbf{a}_y + E_z \mathbf{a}_z \tag{1.61}
$$

여기서 주의할 점은 식 (1.61)에서 각 성분이 상수로 되어 있는 경우 $\cos\phi$, $\sin\phi$값만 구하여 대입하면 되지만, ρ, ϕ, z의 함수로 되어 있는(벡터함수인) 경우 이들을 식 (1.57)을 이용하여 x, y, z의 함수로 한 번 더 변환시켜야 한다.

예제 1-6 원통좌표계를 직각좌표계로 변환

원통좌표계에서 점 $P(5, 30^\circ, 4)$에 있는 다음 벡터를 직각좌표계로 변환하라.

$$
\mathbf{E} = 3\mathbf{a}_\rho + 4\mathbf{a}_\phi - 6\mathbf{a}_z
$$

풀이

식 (1.61)에 의해서 다음과 같이 구한다.

$$
\begin{aligned}
\mathbf{E} &= (E_\rho \cos\phi - E_\phi \sin\phi)\mathbf{a}_x + (E_\rho \sin\phi + E_\phi \cos\phi)\mathbf{a}_y + E_z \mathbf{a}_z \\
&= (3\cos 30^\circ - 4\sin 30^\circ)\mathbf{a}_x + (3\sin 30^\circ + 4\cos 30^\circ)\mathbf{a}_y - 6\mathbf{a}_z \\
&= \left(\frac{3\sqrt{3}}{2} - 2\right)\mathbf{a}_x + \left(\frac{3}{2} + 2\sqrt{3}\right)\mathbf{a}_y - 6\mathbf{a}_z \\
&\fallingdotseq 0.598\mathbf{a}_x + 4.96\mathbf{a}_y - 6\mathbf{a}_z
\end{aligned}
$$

예제 1-7 **원통좌표계를 직각좌표계로 변환**

원통좌표계의 다음 벡터함수를 직각좌표계로 변환하라.

$$\mathrm{H} = \frac{I}{2\pi\rho}\mathbf{a}_\phi$$

풀이

식 (1.61)과 식 (1.57)에 의해서 다음과 같이 구한다.

$$\begin{aligned}
\mathrm{E} &= (E_\rho \cos\phi - E_\phi \sin\phi)\mathbf{a}_x + (E_\rho \sin\phi + E_\phi \cos\phi)\mathbf{a}_y + E_z\mathbf{a}_z \\
&= \left(0 - \frac{I}{2\pi\rho}\sin\phi\right)\mathbf{a}_x + \left(0 + \frac{I}{2\pi\rho}\cos\phi\right)\mathbf{a}_y - 0\,\mathbf{a}_z \\
&= \frac{I}{2\pi\sqrt{x^2+y^2}}\frac{y}{\sqrt{x^2+y^2}}\mathbf{a}_x + \frac{I}{2\pi\sqrt{x^2+y^2}}\frac{x}{\sqrt{x^2+y^2}}\mathbf{a}_y \\
&= \frac{I}{2\pi(x^2+y^2)}(y\,\mathbf{a}_x + x\,\mathbf{a}_y)
\end{aligned}$$

한편, 원통좌표계에서 두 점 $P(\rho_1,\ \phi_1,\ z_1)$와 $Q(\rho_2,\ \phi_2,\ z_2)$ 사이의 거리 $\overline{PQ}$를 구할 때는 다음과 같은 점을 주의해야 한다.

$$\overline{PQ} \neq \sqrt{(\rho_2-\rho_1)^2+(\phi_2-\phi_1)^2+(z_2-z_1)^2}$$

왜냐하면 ϕ_1, ϕ_2는 길이가 아니고 각도이기 때문이다. 따라서 거리 $\overline{PQ}$를 구하려면, 우선 식 (1.56) 식을 이용하여 두 점을 직각좌표로 변환시킨 후 다음과 같이 직각좌표계에서 거리를 구하는 식을 이용해야 한다.

$$\overline{PQ} = \sqrt{(x_2-x_1)^2+(y_2-y_1)^2+(z_2-z_1)^2} \tag{1.62}$$

예제 1-8 **원통좌표계에서 두 점 사이의 거리**

원통좌표계에서 점 $P(2, 30^\circ, 5)$와 점 $Q(8, 45^\circ, 3)$ 사이의 거리 $\overline{PQ}$를 구하라.

풀이

먼저 식 (1.56)을 이용해 두 점의 좌표들을 다음과 같이 직각좌표로 바꾼다.

$$x_1 = \rho_1 \cos\phi_1 = 2\cos 30^\circ = \sqrt{3}$$

$$y_1 = \rho_1 \sin\phi_1 = 2\sin 30^\circ = 1$$

$$z_1 = z_1 = 5$$

$$x_2 = \rho_2 \cos\phi_2 = 8\cos 45^\circ = 4\sqrt{2}$$

$$y_2 = \rho_2 \sin\phi_2 = 8\sin 45^\circ = 4\sqrt{2}$$

$$z_2 = z_2 = 3$$

그리고 두 점 사이의 거리를 구하면 다음과 같다.

$$\overline{PQ} = \sqrt{(4\sqrt{2}-\sqrt{3})^2 + (4\sqrt{2}-1)^2 + (3-5)^2} \fallingdotseq 6.41$$

1.7.2 구좌표계를 직각좌표계로 변환

[그림 1-40]을 보면 구좌표계의 점 $P(r,\ \theta,\ \phi)$와 직각좌표계의 점 $P(x,\ y,\ z)$ 사이에 다음과 같은 관계가 있음을 쉽게 알 수 있다.

$$\begin{aligned} x &= r\sin\theta\cos\phi \\ y &= r\sin\theta\sin\phi \\ z &= r\cos\theta \end{aligned} \tag{1.63}$$

$$\begin{aligned} r &= \sqrt{x^2+y^2+z^2} \\ \theta &= \cos^{-1}\frac{z}{\sqrt{x^2+y^2+z^2}} \\ \phi &= \tan^{-1}\frac{y}{x} \end{aligned} \tag{1.64}$$

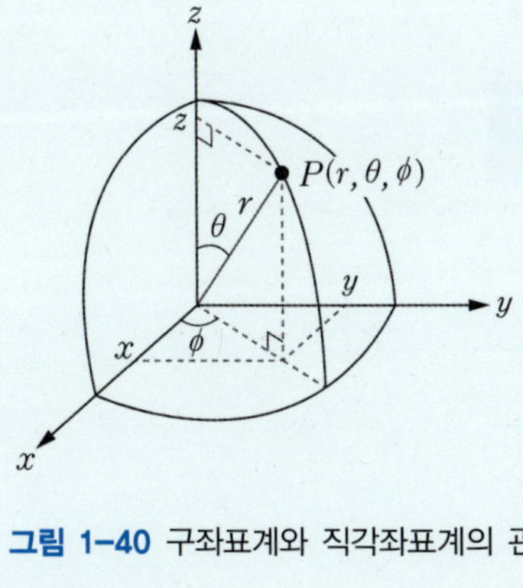

그림 1-40 구좌표계와 직각좌표계의 관계

다음으로 단위벡터들 사이의 내적을 구해보자. [그림 1-41]에서 단위벡터 $\mathbf{a}_r$ 을 원점으로 평행이동 시키면 다음 관계를 쉽게 구할 수 있다.

$$\begin{aligned} \mathbf{a}_r \cdot \mathbf{a}_x &= \sin\theta\cos\phi \\ \mathbf{a}_r \cdot \mathbf{a}_y &= \sin\theta\sin\phi \\ \mathbf{a}_r \cdot \mathbf{a}_z &= \cos\theta \end{aligned} \tag{1.65}$$

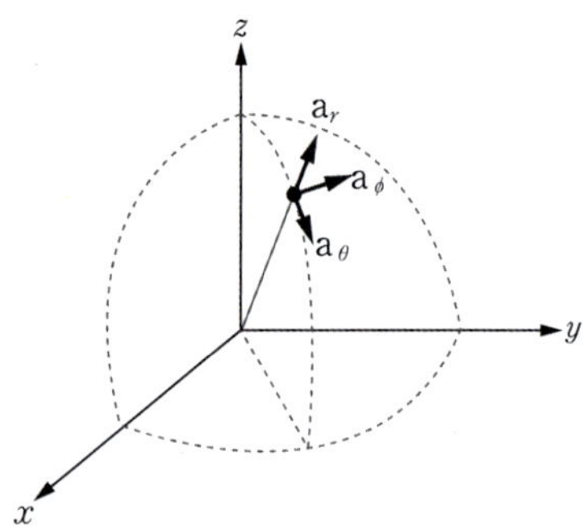

그림 1-41 구좌표계의 단위벡터

[그림 1-41]에서 단위벡터 $\mathbf{a}_\theta$를 $x-y$ 평면에 투사시키면 다음 관계를 쉽게 구할 수 있다.

$$\begin{aligned} \mathbf{a}_\theta \cdot \mathbf{a}_x &= \cos\theta\cos\phi \\ \mathbf{a}_\theta \cdot \mathbf{a}_y &= \cos\theta\sin\phi \\ \mathbf{a}_\theta \cdot \mathbf{a}_z &= -\sin\theta \end{aligned} \tag{1.66}$$

그리고 $\mathbf{a}_\phi$도 $x-y$ 평면에 투사시키면 다음 관계를 쉽게 구할 수 있다.

$$\begin{aligned} \mathbf{a}_\phi \cdot \mathbf{a}_x &= -\sin\phi \\ \mathbf{a}_\phi \cdot \mathbf{a}_y &= \cos\phi \\ \mathbf{a}_\phi \cdot \mathbf{a}_z &= 0 \end{aligned} \tag{1.67}$$

식 (1.66)과 (1.67)을 정리하면 [표 1-2]와 같이 된다.

표 1-2 구좌표계와 직각좌표계 단위벡터들의 내적

구좌표 \ 직각좌표	$\mathbf{a}_x$	$\mathbf{a}_y$	$\mathbf{a}_z$
$\mathbf{a}_r$	$\sin\theta\cos\phi$	$\sin\theta\sin\phi$	$\cos\theta$
$\mathbf{a}_\theta$	$\cos\theta\cos\phi$	$\cos\theta\sin\phi$	$-\sin\theta$
$\mathbf{a}_\phi$	$-\sin\phi$	$\cos\phi$	0

다음과 같이 구좌표계로 표시된 어떤 벡터함수가 있다고 하자.

$$\mathrm{E} = E_r \mathrm{a}_r + E_\theta \mathrm{a}_\theta + E_\phi \mathrm{a}_\phi \tag{1.68}$$

이 벡터함수를 직각좌표계로 좌표변환시키면 다음과 같이 된다.

$$\begin{aligned} E_x = \mathrm{E} \cdot \mathrm{a}_x &= (E_r \mathrm{a}_r + E_\theta \mathrm{a}_\theta + E_\phi \mathrm{a}_\phi) \cdot \mathrm{a}_x \\ &= E_r \mathrm{a}_r \cdot \mathrm{a}_x + E_\theta \mathrm{a}_\theta \cdot \mathrm{a}_x + E_\phi \mathrm{a}_\phi \cdot \mathrm{a}_x \\ &= E_r \sin\theta \cos\phi + E_\theta \cos\theta \cos\phi - E_\phi \sin\phi \end{aligned} \tag{1.69}$$

$$\begin{aligned} E_y = \mathrm{E} \cdot \mathrm{a}_y &= (E_r \mathrm{a}_r + E_\theta \mathrm{a}_\theta + E_\phi \mathrm{a}_\phi) \cdot \mathrm{a}_y \\ &= E_r \mathrm{a}_r \cdot \mathrm{a}_y + E_\theta \mathrm{a}_\theta \cdot \mathrm{a}_y + E_\phi \mathrm{a}_\phi \cdot \mathrm{a}_y \\ &= E_r \sin\theta \sin\phi + E_\theta \cos\theta \sin\phi + E_\phi \cos\phi \end{aligned} \tag{1.70}$$

$$\begin{aligned} E_z = \mathrm{E} \cdot \mathrm{a}_z &= (E_r \mathrm{a}_r + E_\theta \mathrm{a}_\theta + E_\phi \mathrm{a}_\phi) \cdot \mathrm{a}_z \\ &= E_r \mathrm{a}_r \cdot \mathrm{a}_z + E_\theta \mathrm{a}_\theta \cdot \mathrm{a}_z + E_\phi \mathrm{a}_\phi \cdot \mathrm{a}_z \\ &= E_r \cos\theta - E_\theta \sin\theta + 0 \end{aligned} \tag{1.71}$$

$$\begin{aligned} \mathrm{E} &= (E_r \sin\theta \cos\phi + E_\theta \cos\theta \cos\phi - E_\phi \sin\phi)\, \mathrm{a}_x \\ &\quad + (E_r \sin\theta \sin\phi + E_\theta \cos\theta \sin\phi + E_\phi \cos\phi) \mathrm{a}_y + (E_r \cos\theta - E_\theta \sin\theta)\, \mathrm{a}_z \end{aligned} \tag{1.72}$$

예제 1-9 구좌표계를 직각좌표계로 변환

구좌표계에서 점 $P(5, 30^\circ, 60^\circ)$에 있는 다음 벡터를 직각좌표계로 변환하라.

$$\mathrm{E} = 2\mathrm{a}_r + 4\mathrm{a}_\theta + 5\mathrm{a}_\phi$$

풀이

식 (1.72)에 의해서 다음과 같이 된다.

$$\begin{aligned} \mathrm{E} &= (E_r \sin\theta \cos\phi + E_\theta \cos\theta \cos\phi - E_\phi \sin\phi)\, \mathrm{a}_x \\ &\quad + (E_r \sin\theta \sin\phi + E_\theta \cos\theta \sin\phi + E_\phi \cos\phi) \mathrm{a}_y + (E_r \cos\theta - E_\theta \sin\theta)\, \mathrm{a}_z \\ &= (2 \sin\theta \cos\phi + 4 \cos\theta \cos\phi - 5 \sin\phi)\, \mathrm{a}_x \\ &\quad + (2 \sin\theta \sin\phi + 4 \cos\theta \sin\phi + 5 \cos\phi) \mathrm{a}_y + (2 \cos\theta - 4 \sin\theta)\, \mathrm{a}_z \\ &= \left(\frac{1}{2} + \sqrt{3} - \frac{5\sqrt{3}}{2}\right) \mathrm{a}_x + \left(\frac{\sqrt{3}}{2} + 3 + \frac{5}{2}\right) \mathrm{a}_y + (\sqrt{3} - 2)\, \mathrm{a}_z \\ &\fallingdotseq -2.10\, \mathrm{a}_x + 6.37\, \mathrm{a}_y - 0.27\, \mathrm{a}_z \end{aligned}$$

예제 1-10 **구좌표계를 직각좌표계로 변환**

구좌표계의 다음 벡터함수를 직각좌표계로 변환하라.

$$\mathrm{E} = \frac{Q}{4\pi\epsilon r^2}\mathbf{a}_r$$

풀이

식 (1.72)와 식 (1.64)에 의해서 다음과 같이 구한다.

$$\begin{aligned}\mathrm{E} &= (E_r \sin\theta\cos\phi + E_\theta\cos\theta\cos\phi - E_\phi\sin\phi)\mathbf{a}_x \\ &\quad + (E_r\sin\theta\sin\phi + E_\theta\cos\theta\sin\phi + E_\phi\cos\phi)\mathbf{a}_y + (E_r\cos\theta - E_\theta\sin\theta)\mathbf{a}_z \\ &= \frac{Q}{4\pi\epsilon r^2}\sin\theta\cos\phi\,\mathbf{a}_x + \frac{Q}{4\pi\epsilon r^2}\sin\theta\sin\phi\,\mathbf{a}_y + \frac{Q}{4\pi\epsilon r^2}\cos\theta\,\mathbf{a}_z \\ &= \frac{Q}{4\pi\epsilon(x^2+y^2+z^2)^{3/2}}(x\,\mathbf{a}_x + y\,\mathbf{a}_y + z\,\mathbf{a}_z)\end{aligned}$$

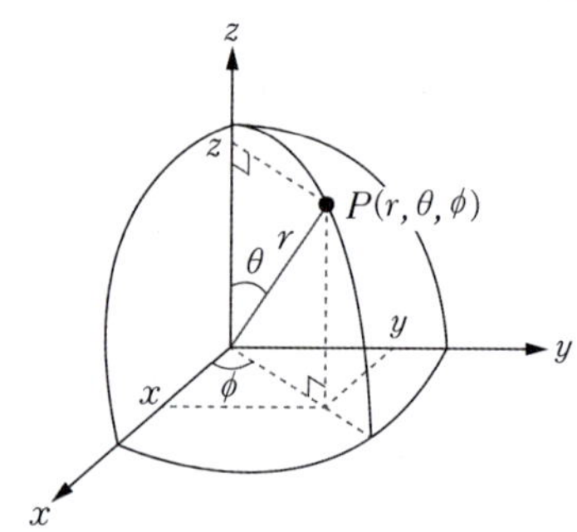

$$\sin\theta = \frac{\sqrt{x^2+y^2}}{\sqrt{x^2+y^2+z^2}},\quad \cos\theta = \frac{z}{\sqrt{x^2+y^2+z^2}}$$

$$\sin\phi = \frac{y}{\sqrt{x^2+y^2}},\quad \cos\phi = \frac{x}{\sqrt{x^2+y^2}}$$

또한 구좌표계에서 두 점 $P(\rho_1,\ \phi_1,\ z_1)$과 $Q(\rho_2,\ \phi_2,\ z_2)$ 사이의 거리 $\overline{PQ}$를 구하려면, 원통좌표계에서와 같이 우선 식 (1.63)을 이용하여 두 점을 직각좌표로 변환시킨 후 직각좌표계에서 거리 구하는 식 (1.62)를 이용해야 한다.

예제 1-11 구좌표계에서 두 점 사이의 거리

구좌표계에서 점 $P(2, 30^\circ, 60^\circ)$와 점 $Q(8, 60^\circ, 0^\circ)$ 사이의 거리 $\overline{PQ}$를 구하라.

풀이

식 (1.63)에 의해서 두 점의 좌표들은 다음과 같이 구한다.

$$x_1 = r_1 \sin\theta_1 \cos\phi_1 = 2\sin 30^\circ \cos 60^\circ = \frac{1}{2}$$

$$y_1 = r_1 \sin\theta_1 \sin\phi_1 = 2\sin 30^\circ \sin 60^\circ = \frac{\sqrt{3}}{2}$$

$$z_1 = r_1 \cos\theta_1 = 2\cos 30^\circ = \sqrt{3}$$

$$x_2 = r_2 \sin\theta_2 \cos\phi_2 = 8\sin 60^\circ \cos 0^\circ = 4\sqrt{3}$$

$$y_2 = r_2 \sin\theta_2 \sin\phi_2 = 8\sin 60^\circ \sin 0^\circ = 0$$

$$z_2 = r_2 \cos\theta_2 = 8\cos 60^\circ = 4$$

그리고 두 점 사이의 거리를 구하면 다음과 같다.

$$\overline{PQ} = \sqrt{\left(4\sqrt{3} - \frac{1}{2}\right)^2 + \left(0 - \frac{\sqrt{3}}{2}\right)^2 + (4 - \sqrt{3})^2} \fallingdotseq 6.87$$

이상에서 간단히 살펴본 바와 같이 좌표변환은 그 작업이 조금 복잡하다고 할 수 있다. 그러나 그 복잡성에 비해 이후 우리가 전자기학을 공부하는 데 그렇게 많이 사용되는 것은 아니므로 좌표변환에 대한 설명은 이 정도로 마친다.

CHAPTER 01_핵심요약

■ 스칼라와 벡터

- 스칼라 : 크기만으로 충분히 정의되는 물리량
  (예) 시간, 부피, 질량, 압력, 온도, 속력, 전압

- 벡터 : 크기뿐만 아니라 반드시 그 방향도 같이 정의되어야 하는 물리량
  (예) 힘, 토크, 속도, 가속도, 전계의 세기, 자계의 세기, 전위경도

■ 벡터의 덧셈

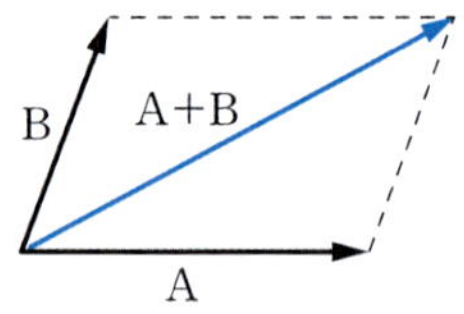

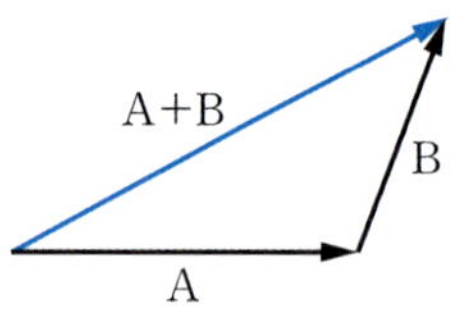

■ 벡터의 뺄셈

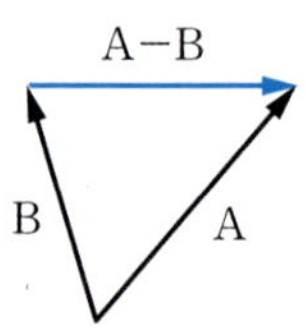

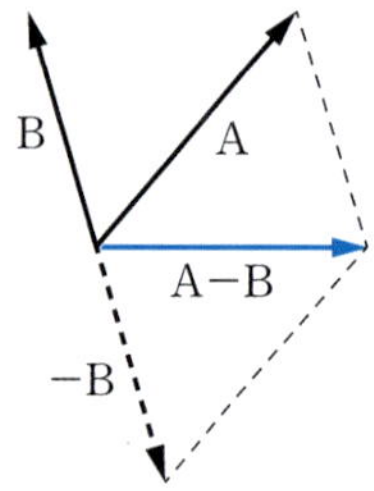

■ 단위벡터

주어진 방향을 가지며 크기가 1인 벡터 $\mathbf{a}_F = \dfrac{\mathbf{F}}{F}$

■ 벡터의 크기

$$|\mathbf{F}| = F = \sqrt{F_x^2 + F_y^2 + F_z^2}$$

■ 벡터의 곱셈

- 내적 : $\mathbf{A} \cdot \mathbf{B} = AB\cos\theta$
- 외적 : $\mathbf{A} \times \mathbf{B} = AB\sin\theta\, \mathbf{a}_n$

■ 벡터의 방향 성분

$F_\ell = \mathrm{F} \cdot \mathrm{a}_l = F\cos\theta$

■ 두 점 $P(x_1, y_1, z_1)$과 점 $Q(x_2, y_2, z_2)$를 잇는 벡터 $\overrightarrow{PQ}$

$\overrightarrow{PQ} = (x_2 - x_1)\mathrm{a}_x + (y_2 - y_1)\mathrm{a}_y + (z_2 - z_1)\mathrm{a}_z$

■ 두 점 $P(x_1, y_1, z_1)$과 점 $Q(x_2, y_2, z_2)$ 사이의 거리 $\overline{PQ}$

$\overline{PQ} = \sqrt{(x_2 - x_1)^2 + (y_2 - y_1)^2 + (z_2 - z_1)^2}$

■ 직각좌표계, 원통좌표계, 구좌표계의 벡터 표시

- 직각좌표계 : $\mathrm{F} = F_x \mathrm{a}_x + F_y \mathrm{a}_y + F_z \mathrm{a}_z$
- 원통좌표계 : $\mathrm{F} = F_\rho \mathrm{a}_\rho + F_\phi \mathrm{a}_\phi + F_z \mathrm{a}_z$
- 구좌표계 : $\mathrm{F} = F_r \mathrm{a}_r + F_\theta \mathrm{a}_\theta + F_\phi \mathrm{a}_\phi$

■ 직각좌표계에서의 미소길이, 미소면적, 미소체적

- 미소길이 : $d\mathrm{L} = dx\,\mathrm{a}_x + dy\,\mathrm{a}_y + dz\,\mathrm{a}_z\,[\mathrm{m}]$
- 미소면적 : $d\mathrm{S}_x = dy\,dz\,\mathrm{a}_x\,[\mathrm{m}^2]$

  $d\mathrm{S}_y = dz\,dx\,\mathrm{a}_y\,[\mathrm{m}^2]$

  $d\mathrm{S}_z = dx\,dy\,\mathrm{a}_z\,[\mathrm{m}^2]$
- 미소체적 : $dv = dx\,dy\,dz\,[\mathrm{m}^3]$

■ 원통좌표계에서의 미소길이, 미소면적, 미소체적

- 미소길이 : $d\mathrm{L} = d\rho\,\mathrm{a}_\rho + \rho\,d\phi\,\mathrm{a}_\phi + dz\,\mathrm{a}_z\,[\mathrm{m}]$
- 미소면적 : $d\mathrm{S}_\rho = (\rho\,d\phi) \times dz\,\mathrm{a}_\rho = \rho\,d\phi\,dz\,\mathrm{a}_\rho\,[\mathrm{m}^2]$

  $d\mathrm{S}_\phi = d\rho \times dz\,\mathrm{a}_\phi = d\rho\,dz\,\mathrm{a}_\phi\,[\mathrm{m}^2]$

  $d\mathrm{S}_z = d\rho \times (\rho\,d\phi)\,\mathrm{a}_z = \rho d\rho\,d\phi\,\mathrm{a}_z\,[\mathrm{m}^2]$
- 미소체적 : $dv = d\rho \times (\rho d\phi) \times dz = \rho\,d\rho\,d\phi\,dz\,[\mathrm{m}^3]$

구좌표계에서의 미소길이, 미소면적, 미소체적

- 미소길이 : $d\mathrm{L} = dr\,\mathbf{a}_r + r\,d\theta\,\mathbf{a}_\theta + r\sin\theta\,d\phi\,\mathbf{a}_\phi$ [m]
- 미소면적 : $d\mathrm{S}_r = r\,d\theta \times (r\sin\theta\,d\phi)\,\mathbf{a}_r = r^2\sin\theta\,d\theta\,d\phi\,\mathbf{a}_r$ [m^2]

  $d\mathrm{S}_\theta = dr \times (r\sin\theta\,d\phi)\,\mathbf{a}_\theta = r\sin\theta\,dr\,d\phi\,\mathbf{a}_\theta$ [m^2]

  $d\mathrm{S}_\phi = dr \times (r\,d\theta)\,\mathbf{a}_z = r\,dr\,d\theta\,\mathbf{a}_\phi$ [m^2]
- 미소체적 : $dv = dr \times r\,d\theta \times (r\sin\theta d\phi) = r^2\sin\theta\,dr\,d\theta\,d\phi$ [m^3]

원통좌표계를 직각좌표계로 변환

- 점 $P(\rho, \phi, z)$와 점 $P(x, y, z)$의 관계

  $x = \rho\cos\phi,\ y = \rho\sin\phi,\ z = z$

  $\rho = \sqrt{x^2 + y^2},\ \phi = \tan^{-1}\dfrac{y}{x},\ z = z$
- $\mathrm{E} = (E_\rho\cos\phi - E_\phi\sin\phi)\mathbf{a}_x + (E_\rho\sin\phi + E_\phi\cos\phi)\mathbf{a}_y + E_z\,\mathbf{a}_z$
- 단위벡터들의 내적

원통좌표 \ 직각좌표	$\mathbf{a}_x$	$\mathbf{a}_y$	$\mathbf{a}_z$
$\mathbf{a}_\rho$	$\cos\phi$	$\sin\phi$	0
$\mathbf{a}_\phi$	$-\sin\phi$	$\cos\phi$	0
$\mathbf{a}_z$	0	0	1

구좌표계를 직각좌표계로 변환

- 점 $P(r, \theta, \phi)$와 점 $P(\rho, \phi, z)$의 관계

  $x = r\sin\theta\cos\phi,\ y = r\sin\theta\sin\phi,\ z = r\cos\theta$

  $r = \sqrt{x^2 + y^2 + z^2},\ \theta = \cos^{-1}\dfrac{z}{\sqrt{x^2+y^2+z^2}},\ \phi = \tan^{-1}\dfrac{y}{x}$
- $\mathrm{E} = (E_r\sin\theta\cos\phi + E_\theta\cos\theta\cos\phi - E_\phi\sin\phi)\,\mathbf{a}_x$

  $+ (E_r\sin\theta\sin\phi + E_\theta\cos\theta\sin\phi + E_\phi\cos\phi)\mathbf{a}_y + (E_r\cos\theta - E_\theta\sin\theta)\,\mathbf{a}_z$
- 단위벡터들의 내적

원통좌표 \ 직각좌표	$\mathbf{a}_x$	$\mathbf{a}_y$	$\mathbf{a}_z$
$\mathbf{a}_r$	$\sin\theta\cos\phi$	$\sin\theta\sin\phi$	$\cos\theta$
$\mathbf{a}_\theta$	$\cos\theta\cos\phi$	$\cos\theta\sin\phi$	$-\sin\theta$
$\mathbf{a}_\phi$	$-\sin\phi$	$\cos\phi$	0

1.1 다음 벡터 A와 B의 합 A+B는?

$$A = 6a_x - 4a_y + 3a_z, \quad B = a_x + 2a_y - 6a_z$$

㉮ $7a_x + 7a_y + 9a_z$　　㉯ $7a_x - 2a_y - 3a_z$

㉰ $5a_x - 6a_y + 9a_z$　　㉱ $5a_x + 6a_y - a_z$

1.2 다음 벡터 A와 B의 차 A−B는?

$$A = a_x + 5a_y - 2a_z, \quad B = 5a_x - 4a_y + 3a_z$$

㉮ $-4a_x + 9a_y - 5a_z$　　㉯ $6a_x + 9a_y - 5a_z$

㉰ $4a_x - 9a_y + 5a_z$　　㉱ $4a_x - 9a_y + 5a_z$

1.3 다음 벡터 A와 B의 내적 A • B는?

$$A = 2a_x - 5a_y - 4a_z, \quad B = -2a_x + 3a_y + 4a_z$$

㉮ $-4a_x - 15a_y - 16a_z$　　㉯ 20

㉰ −35　　㉱ $-4a_x + 9a_y - 5a_z$

1.4 다음 벡터 A와 B의 내적 A • B는?

$$A = 4a_x - 5a_y + a_z, \quad B = 3a_x + 2a_y - 2a_z$$

㉮ $12a_x - 10a_y - 2a_z$　　㉯ 24

㉰ −3　　㉱ 0

1.5 다음 벡터 A와 B의 외적 A×B는?

$$A = 4a_x + 2a_y - 3a_z, \quad B = a_x + 4a_y - 5a_z$$

㉮ $4a_x + 8a_y + 15a_z$　　㉯ 0

㉰ 27　　㉱ $2a_x + 17a_y + 14a_z$

1.6 다음 벡터 A의 벡터 B 방향 성분 A_B는 약 얼마인가?

$$A = 2a_x + 3a_y + 5a_z, \ B = 3a_y - 4a_z$$

㉮ -2.2　㉯ -16　㉰ 16　㉱ 6.5

1.7 직각좌표계의 점 $P(6, -5, 9)$와 점 $Q(2, 0, 10)$ 사이의 거리는?

㉮ 10　㉯ $\sqrt{360}$　㉰ 22　㉱ $\sqrt{42}$

1.8 직각좌표계의 점 $P(-2, 4, 7)$을 시점으로, 점 $Q(4, 3, 2)$를 종점으로 하는 벡터 $\overrightarrow{PQ}$는?

㉮ $6a_x - a_y - 5a_z$　㉯ $-6a_x + a_y + 5a_z$

㉰ $-2a_x + 7a_y + 9a_z$　㉱ $a_x + 3.5a_y + 4.5a_z$

1.9 직각좌표계의 점 $P(4, 3, 5)$와 원점 O를 이은 위치벡터 $\overrightarrow{OP}$를 구좌표계로 나타내면?

㉮ $5a_r + 5a_\theta$　㉯ $12a_\theta$

㉰ $5\sqrt{2}\, a_r$　㉱ $4a_r + 3a_\theta + 5a_\phi$

1.10 직각좌표계의 점 $P(6, 8, 10)$과 원점 O를 이은 위치벡터 $\overrightarrow{OP}$를 원통좌표계로 나타내면?

㉮ $-6a_\rho - 8a_\phi - 10a_z$　㉯ $10a_\rho + 10a_z$

㉰ $10\sqrt{2}\, a_\rho$　㉱ $6a_\rho + 8a_\phi + 10a_z$

1.11 직각좌표계의 점 $P(3, -4, 5)$와 원점 O를 이은 위치벡터 $\overrightarrow{OP}$ 방향의 단위벡터는?

㉮ $0.6\sqrt{2}\, a_x + 0.8\sqrt{2}\, a_y + 0.5\sqrt{2}\, a_z$　㉯ $0.3\sqrt{2}\, a_x - 0.4\sqrt{2}\, a_y + 0.5\sqrt{2}\, a_z$

㉰ $3a_x - 4a_y + 5a_z$　㉱ $4a_r + 3a_\theta + 5a_\phi$

1.12 벡터 $R = 5a_r - 4a_\theta + 2a_\phi$ 방향의 단위벡터는?

㉮ $-\frac{1}{11}(5a_r - 4a_\theta + 2a_\phi)$　㉯ $\sqrt{5}\left(a_r - \frac{4}{5}a_\theta + \frac{2}{5}a_\phi\right)$

㉰ $\frac{1}{3}a_r - \frac{4}{15}a_\theta + \frac{2}{15}a_\phi$　㉱ $\frac{\sqrt{5}}{3}a_r - \frac{4\sqrt{5}}{15}a_\theta + \frac{2\sqrt{5}}{15}a_\phi$

1.13 다음 벡터 중 $\mathbf{F}=10\mathbf{a}_r$에 수직인 벡터는?

㉮ $5\mathbf{a}_r$ ㉯ $\mathbf{a}_r+3\mathbf{a}_\phi$ ㉰ $2\mathbf{a}_\theta+3\mathbf{a}_\phi$ ㉱ $5\mathbf{a}_r-2\mathbf{a}_\theta-3\mathbf{a}_\phi$

1.14 다음 벡터 중 $\mathbf{F}=\mathbf{a}_x+2\mathbf{a}_y+3\mathbf{a}_z$에 수직인 벡터는?

㉮ $10\mathbf{a}_x-2\mathbf{a}_y-2\mathbf{a}_z$ ㉯ $3\mathbf{a}_x+2\mathbf{a}_y-5\mathbf{a}_z$
㉰ $-3\mathbf{a}_x-2\mathbf{a}_y-\mathbf{a}_z$ ㉱ $2\mathbf{a}_y-\mathbf{a}_z$

1.15 어떤 물체에 각각 방향이 다른 3개의 힘이 작용하고 있으나 평형을 이루어 그 물체가 움직이지 않고 있다. 두 힘이 각각 $\mathbf{F}_1=3\mathbf{a}_x-2\mathbf{a}_y+6\mathbf{a}_z$, $\mathbf{F}_2=\mathbf{a}_x+4\mathbf{a}_y-5\mathbf{a}_z$일 때 다른 힘 $\mathbf{F}_3$을 구하라.

1.16 두 벡터 $\mathbf{F}_1=5\mathbf{a}_y-3\mathbf{a}_z$와 $\mathbf{F}_2=-\mathbf{a}_x+2\mathbf{a}_y+4\mathbf{a}_z$가 한 평면 위에서 만날 때, 이 두 벡터가 만드는 예각을 구하라.

1.17 점 $P(2,1,3)$을 시점으로, 점 $Q(5,0,4)$를 종점으로 하는 벡터 $\overrightarrow{PQ}$를 구하고, 그 벡터의 단위벡터를 구하라.

1.18 원통좌표계에서 점 $P(5,45^\circ,-2)$를 시점으로, 점 $Q(8,30^\circ,4)$를 종점으로 하는 벡터 $\overrightarrow{PQ}$를 직각좌표계로 표시하라.

1.19 원점에 있는 두 위치벡터 $\mathbf{F}_1=-3\mathbf{a}_x+5\mathbf{a}_y+\mathbf{a}_z$와 $\mathbf{F}_2=\mathbf{a}_x+2\mathbf{a}_y$가 만드는 평행사변형의 넓이를 구하라. 단, 길이의 단위는 $[\mathrm{m}]$이다.

1.20 점 $P(0,0,5)$를 시점으로, 점 $Q(3,4,0)$을 종점으로 하는 벡터 $\overrightarrow{PQ}$를 원통좌표계로 표시하고, 그 벡터의 단위벡터를 구하라.

1.21 원통좌표계에서 점 $P(6,80^\circ,2)$를 시점으로, $Q(0,0^\circ,10)$을 종점으로 하는 벡터 $\overrightarrow{PQ}$와 그 벡터의 단위벡터를 구하라.

1.22 벡터 A$= A_x\mathbf{a}_x + A_y\mathbf{a}_y + A_z\mathbf{a}_z$, B$= B_x\mathbf{a}_x + B_y\mathbf{a}_y + B_z\mathbf{a}_z$, C$= C_x\mathbf{a}_x + C_y\mathbf{a}_y + C_z\mathbf{a}_z$에 대해 다음이 성립함을 보여라.

$$\mathrm{A} \cdot (\mathrm{B} + \mathrm{C}) = \mathrm{A} \cdot \mathrm{B} + \mathrm{A} \cdot \mathrm{C}$$

1.23 벡터 A$= A_x\mathbf{a}_x + A_y\mathbf{a}_y + A_z\mathbf{a}_z$, B$= B_x\mathbf{a}_x + B_y\mathbf{a}_y + B_z\mathbf{a}_z$, C$= C_x\mathbf{a}_x + C_y\mathbf{a}_y + C_z\mathbf{a}_z$에 대해 다음이 성립함을 보여라.

$$\mathrm{A} \times (\mathrm{B} + \mathrm{C}) = \mathrm{A} \times \mathrm{B} + \mathrm{A} \times \mathrm{C}$$

CHAPTER

02

전하와 전계

Electric Charge and Electric Field

학습목표

- 마찰전기가 무엇인지 알 수 있다.
- 쿨롱의 법칙과 전하 사이에 작용하는 힘을 구할 수 있다.
- 전계의 개념을 이해하고, 전계 내에서 전하가 받는 힘을 구할 수 있다.
- 점전하 및 선전하, 면전하에 의한 전계의 세기를 구할 수 있다.

전기가 인류에게 드러낸 최초의 모습은 마찰전기였다. 어떤 전하를 자유공간에 갖다 놓으면, 그 공간은 이 전하에 의한 전기적인 성격을 가진 하나의 세계[field], 즉 전계를 형성하게 된다. 이 전계 안에 또다시 어떤 전하를 갖다 놓으면, 그 전하는 전기적인 힘을 받게 된다. 그러나 이 전기적인 힘은 공간의 위치에 따라서 그 크기와 방향이 다르며, 이를 그 지점의 전계의 세기라고 한다.

이 장에서는 전하 간에 서로 작용하는 힘을 나타내는 쿨롱의 법칙을 익히고 점전하 또는 선전하, 면전하들에 의한 전계의 세기에 대해 살펴보고자 한다.

SECTION 2.1

마찰전기와 쿨롱의 법칙

2.1.1 마찰전기

인류에게 최초로 소개된 전기는 마찰전기로, 서로 다른 두 물체를 마찰시킬 때 얻어지는 전기를 말한다. 예를 들어, 플라스틱 빗으로 머리를 빗을 때 머리카락은 (+)전기를 갖게 되고 플라스틱 빗은 (−)전기를 갖게 된다. 모든 물질은 전기적으로 성질이 서로 다른 양자와 전자로 구성되어 있으나 그 숫자가 똑같아 항상 전기적으로 중성이다. 그러나 서로 다른 물질을 마찰하면 그때 발생하는 열에너지에 의해 전자의 이동이 일어나고, 이때 전자를 얻는 물질은 (−)전기를, 전자를 잃는 물질은 (+)전기를 띠게 된다. 평상시에는 전기적으로 중성이던 물체가 이렇게 전기를 띠게 되는 것을 **대전**charging 이라고 하며, '(−)전하로 대전되었다' 또는 '(+)전하로 대전되었다'고 말한다.

마찰전기는 B.C.600년경 그리스의 철학자이자 과학자였던 탈레스Thales에 의해 발견되었다. 이후 19세기에 영국의 과학자 마이클 패러데이Michel Faraday가 다음과 같은 마찰전기계열(=대전열)을 만들었다.

(+) 모피 · 유리 · 운모 · 명주 · 면포 · 목재 · 호박 · 금속 · 고무 · 에보나이트 (−)

이 대전열의 왼쪽에 있는 물질과 오른쪽에 있는 물질을 마찰시키면, 왼쪽에 있는 물질은 전자를 잃어 (+)전하로 대전되고, 오른쪽에 있는 물질은 전자를 얻어 (−)전하로 대전된다. 이러한 현상은 대전열에서 서로 멀리 떨어져 있는 물질일수록 더 선명하게 일어난다. 이때 마찰에 의해 어떤 물체가 갖게 되거나 잃게 되는 전자의 양을 전하량이라고 부르며, 쿨롱의 단위를 사용한다.

2.1.2 쿨롱의 법칙

전하로 대전된 물체들끼리는 서로 잡아당기거나 밀어내는 힘이 작용하는데, 같은 (+)전하와 (+)전하 또는 (−)전하와 (−)전하끼리는 서로 밀어내고, 서로 다른 (+)전하와 (−)전하 또는 (−)전하와 (+)전하끼리는 잡아당기는 힘이 발생한다. 1785년 프랑스의 물리학자 쿨롱Charles Coulomb은 이러한 힘을 다음과 같은 식으로 정리했다. 이 식은 '**대전된 두 물체 사이에 작용하는 힘의 크기는 대전된 전하량의 곱에 비례하고 두 물체 사이의 거리의 제곱에 반비례한다**'는 것으로, 이를 **쿨롱의 법칙**Coulomb's Law 이라 한다.

$$F = k\frac{Q_1 Q_2}{R^2} \tag{2.1}$$

식 (2.1)에서 전하량 Q_1, Q_2의 단위를 [Coulomb], 거리 R의 단위를 [m]라고 하면, 다음과 같이 된다.

$$F = 9 \times 10^9 \frac{Q_1 Q_2}{R^2} \text{ [Newton]} \tag{2.2}$$

2.1.3 전하의 단위

[그림 2-1]과 같이 조그만 체적의 두 금속 도체를 1[m] 거리로 떼어 놓고 두 금속 도체에 똑같은 수의 전자를 갖다 놓으면, 두 금속 도체 사이에 서로 밀어내는 힘이 작용할 것이다. 그리고 두 금속 도체에 전자를 점점 더 많이 갖다 놓으면 밀어내는 힘은 점점 더 커질 것이다. 이 힘이 9×10^9[N]에 도달했을 때 전자 갖다 놓기를 멈추고, 이때 이 금속 도체 하나가 갖고 있는 전하량을 (−)1[C]이라고 정의한다. 이 (−)1[C]의 전하량은 약 6.24×10^{18}개의 전자가 갖는 전하량과 같다. 따라서 전자 하나의 전하량은 $(-)1.6022 \times 10^{-19}$[C]이며, 간단히 $-e$로 표시한다.

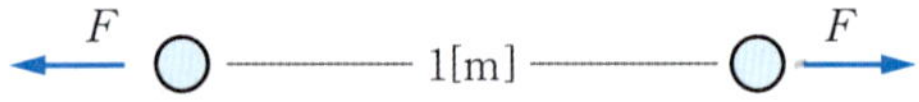

그림 2-1 전하의 단위를 정의하기 위한 장치

쿨롱의 법칙을 나타내는 식 (2.2)는 진공(또는 공기) 중에서 발생하는 힘이고, 두 전하 사이에 존재하는 절연 물질(=유전체)에 따라 그 힘의 크기가 달라진다. 예를 들어, 공기보다 유전율이 80배나 큰 바닷물 속에서는 작용하는 힘이 1/80로 줄어든다. 따라서 공기 중에서만 사용할 수 있는 식 (2.2)보다 일반적으로 사용할 수 있는 다음 식 (2.3)을 많이 사용한다.

$$F = \frac{1}{4\pi\epsilon} \frac{Q_1 Q_2}{R^2} \text{ [Newton]} \tag{2.3}$$

방향까지 포함하는 벡터식으로 나타내면 식 (2.3)은 다음과 같이 된다.

$$\mathbf{F} = \frac{1}{4\pi\epsilon} \frac{Q_1 Q_2}{R^2} \mathbf{a}_R \text{ [N]} \tag{2.4}$$

식 (2.4)에서 $\mathbf{a}_R$은 전하 Q_1과 Q_2를 잇는 방향의 단위벡터이다. 유전체에 대해서는 5.4절에서 자세히 살펴볼 것이며, 여기에서는 공기 중으로 제한하여 설명하기 위해 일반 유전율 ϵ 대신 공기의 유전율 ϵ_0를 사용하여 다음과 같이 쿨롱의 법칙을 표현한다.

$$\mathbf{F} = \frac{1}{4\pi\epsilon_0} \frac{Q_1 Q_2}{R^2} \mathbf{a}_R \text{ [N]} \tag{2.5}$$

여기서 공기의 유전율은 $\epsilon_0 = 8.854 \times 10^{-12} \fallingdotseq \dfrac{1}{4\pi \times 9 \times 10^9}$ [F/m]이다.

예제 2-1 쿨롱의 법칙

[그림 2-2]와 같이 각각 (+), (−)1[C]으로 대전되어 있는 도체구 A, B가 1[m]의 거리로 떨어져 있다. 도체구 A는 천장에 매달려 있고, 도체구 B는 도체구 A가 잡아당기는 쿨롱의 힘과 중력이 평형을 이루어 떨어지지 않은 채 그 자리에 머물러 있다. 도체구 B의 질량을 구하라.

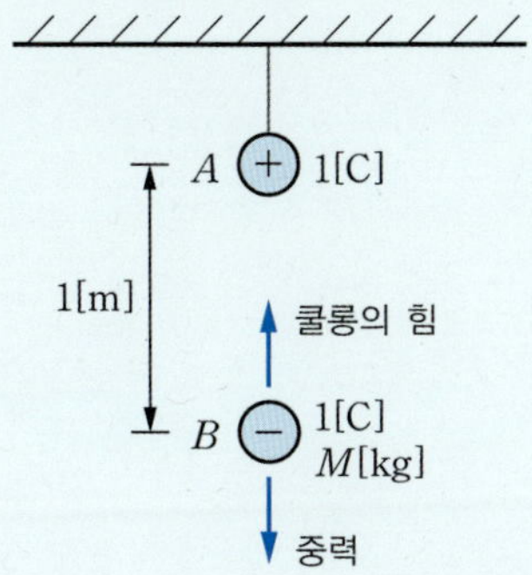

그림 2-2 두 전하 사이에 작용하는 힘

풀이

(+), (−)1[C]의 전하가 1[m]만큼 떨어져 있을 때 서로 끌어당기는 전기적 힘 F_e는 식 (2.2)에 의해 다음과 같이 된다.

$$F_e = 9\times10^9\frac{Q_1Q_2}{R^2} = 9\times10^9\frac{1\times1}{1^2} = 9\times10^9\ [\mathrm{N}] \qquad \cdots ①$$

도체구 B의 질량을 M[kg]이라고 하면, 중력에 의해 아래로 당기는 힘 F_g는

$$F_g = M\times9.8\ [\mathrm{N}] \qquad \cdots ②$$

이다. 전기력과 중력이 서로 평형을 이루고 있으므로

$$M\times9.8 = 9\times10^9$$

$$M = \frac{9\times10^9}{9.8} \fallingdotseq 9.2\times10^8\ [\mathrm{kg}] \qquad \cdots ③$$

이다. 식 ③에서 보는 바와 같이 (+), (−)1[C]의 전하가 1[m]만큼 떨어져 있을 때 서로 끌어당기는 전기적 힘은 9.2×10^8 [kg](= 9.2×10^5 [ton])의 무게를 끌어올릴 수 있다.

예제 2-2 쿨롱의 법칙

[그림 2-3]과 같이 원점에 $Q_1 = 5\,[\mathrm{C}]$의 전하가 놓여 있는 자유공간에서 점 $P(4, 3, 2)$에 놓인 $Q_2 = 8\,[\mathrm{C}]$의 전하가 전하 Q_1에 의해서 받는 힘 $\mathbf{F}_2$를 구하라.

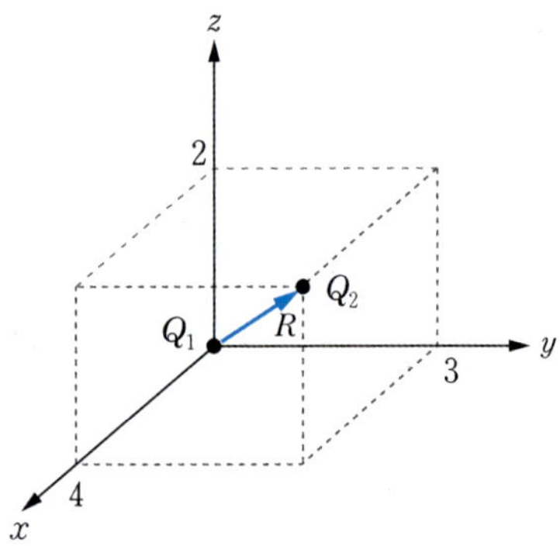

그림 2-3 두 전하 사이에 작용하는 힘

풀이

먼저 원점과 점 P를 잇는 벡터를 구하면 $\mathrm{R} = 4\mathbf{a}_x + 3\mathbf{a}_y + 2\mathbf{a}_z$이고, 식 (2.5)에 의해 전하 Q_2가 받는 힘은 다음과 같다.

$$\mathbf{F}_2 = \frac{1}{4\pi\epsilon_0}\frac{Q_1 Q_2}{R^2}\mathbf{a}_R = 9\times 10^9 \frac{5\times 8}{\left(\sqrt{4^2+3^2+2^2}\right)^2}\frac{(4\mathbf{a}_x + 3\mathbf{a}_y + 2\mathbf{a}_z)}{\sqrt{4^2+3^2+2^2}}$$

$$= \frac{9\times 10^9 \times 40}{29} \times \frac{(4\mathbf{a}_x + 3\mathbf{a}_y + 2\mathbf{a}_z)}{\sqrt{29}}$$

$$\fallingdotseq 1.24\times 10^{10}(0.74\mathbf{a}_x + 0.56\mathbf{a}_y + 0.37\mathbf{a}_z)$$

직각좌표계로 표시된 식을 구좌표계로 표시하면 다음과 같이 간결하게 표시된다.

$$\mathbf{F}_2 = \frac{1}{4\pi\epsilon_0}\frac{Q_1 Q_2}{R^2}\mathbf{a}_R = 9\times 10^9 \frac{5\times 8}{\left(\sqrt{4^2+3^2+2^2}\right)^2}\mathbf{a}_r$$

$$\fallingdotseq 1.24\times 10^{10}\,\mathbf{a}_r$$

Q&A 쿨롱의 법칙에서 비례상수의 분모에 복잡하게 4π를 넣은 이유는?

면전하밀도가 ρ_s이고, 반지름 r인 금속구의 전하량은 $4\pi r^2 \rho_s$이다. 그리고 반지름이 r이고 길이가 h인 원통면의 전하량은 $2\pi rh\rho_s$이므로 비례상수에 $1/4\pi$을 넣음으로써 π가 서로 상쇄되어 전계의 세기를 계산할 때 계산이 간단해진다.

여기서 잠깐 아인슈타인의 통일장 이론

다음 3개의 식은 각각 다른 시대에 서로 다른 사람들에 의해 실험적으로 발견되었다. 그러나 이 힘들의 형태가 똑같은 것으로 미루어 보아, 그렇게 나타낼 수밖에 없는 이유가 있을 것이다.

- 1665년 영국 물리학자 뉴턴[Issac Newton](1642~1727)의 만유인력 : $F = G\dfrac{m_1 m_2}{R^2}$
- 1750년 영국 물리학자 미첼[John. Mitchell](1729~1823)의 자석간의 힘 : $F = B\dfrac{M_1 M_2}{R^2}$
- 1785년 프랑스 물리학자 쿨롱[Charles A. Coulomb](1736~1806)의 전하간의 힘 : $F = k\dfrac{Q_1 Q_2}{R^2}$

1929년 세계적인 물리학자 아인슈타인[Albert Einstein](1879~1955)은 이들 중력과 전자기력을 아우르는 통일된 하나의 이론(법칙)이 존재할 수 있을 것이며 이를 찾자고 제안했다. 아인슈타인은 그의 남은 20여 년의 삶을 오로지 이 통일장 이론[unified field theory]을 완성하기 위해 노력했으나, 생전에 그 이론을 완성하지는 못했다.

SECTION

2.2 전계의 세기

캄캄한 방에 촛불을 갖다 놓으면 그 방이 이 촛불 하나에 의한 하나의 세계를 이루며, 위치에 따라 그 밝기(조도)가 변한다. 이와 마찬가지로 전기적인 성격을 전혀 띠고 있지 않은 공간에 전하를 갖다 놓으면 그 전하에 의해 하나의 장field이 형성되며, 이 전기적인 장을 그 전하에 의해 만들어진 **전계**electric field라고 한다. 이 전계에서 어떤 지점에 다른 전하를 가져다 놓았을 때 그 전하가 받는 힘에 의해 그 지점의 **전계의 세기**electric field intensity라는 새로운 말을 사용하게 되는데, 이 전계의 세기는 벡터량이며 크기뿐만 아니라 방향도 갖는다는 점을 유의해야 한다.

어떤 지점에 $(+)1\,[\mathrm{C}]$의 점전하point charge[1]를 갖다 놓고 그 점전하가 받는 힘의 크기와 방향으로 그 지점의 전계의 세기 E를 정의한다.

쿨롱의 법칙에 의하면 전하 $Q\,[\mathrm{C}]$에 의해 만들어진 전계에서, 이 전하로부터 $R\,[\mathrm{m}]$만큼 떨어진 점에 있는 전하 $Q_1\,[\mathrm{C}]$이 받는 힘 F_1은 다음과 같다.

$$\mathrm{F}_1 = \frac{1}{4\pi\epsilon_0}\frac{QQ_1}{R_1^2}\mathbf{a}_{R_1}\ [\mathrm{Newton}] \tag{2.6}$$

이 힘 F_1을 전하량 $Q_1\,[\mathrm{C}]$으로 나눈 것은 $(+)1\,[\mathrm{C}]$의 점전하가 받는 힘과 같다. 따라서 그 지점의 전계의 세기 E_1은 다음과 같이 구할 수 있다.

$$\mathrm{E}_1 = \frac{\mathrm{F}_1}{Q_1} = \frac{1}{4\pi\epsilon_0}\frac{Q}{R_1^2}\mathbf{a}_{R_1}\ [\mathrm{N/C}] \tag{2.7}$$

반대로 전계의 세기가 $\mathrm{E}\,[\mathrm{N/C}]$인 곳에 전하 $Q\,[\mathrm{C}]$을 갖다 놓으면, 이 전하가 받는 힘은 다음과 같다.

$$\mathrm{F} = Q\mathrm{E}\ [\mathrm{N}] \tag{2.8}$$

전계의 세기는 단위전하가 받는 힘으로 정의되므로 그 단위가 $[\mathrm{N/C}]$이 되는 것이 당연하지만, 우리는 실용적인 단위로 $[\mathrm{V/m}]$를 더 많이 사용한다.

1 점전하는 대단히 작은 체적을 갖고 있는(=하나의 점으로 생각할 수 있는) 가상의 전하를 말한다.

지금까지의 내용을 정리하면 전하 Q[C]으로부터 R[m]만큼 떨어져 있는 점의 전계의 세기는 다음과 같다.

$$\mathrm{E} = \frac{1}{4\pi\epsilon_0}\frac{Q}{R^2}\,\mathrm{a}_R\ [\mathrm{V/m}] \tag{2.9}$$

예제 2-3 원점에 있는 점전하에 의한 전계의 세기

원점에 10[C]의 전하가 놓여 있는 전계에서 다음을 구하라.

(a) 점 $P(3, 4, 5)$의 전계의 세기 E_P

(b) 점 P에 (+)4[C]의 전하를 갖다 놓았을 때 이 전하가 받는 힘의 크기

풀이

(a) 식 (2.9)에 의해서 다음과 같이 구할 수 있다.

$$\begin{aligned}\mathrm{E}_P &= \frac{1}{4\pi\epsilon_0}\frac{Q}{R_1^2}\,\mathrm{a}_{R_1}\\ &= 9\times10^9\,\frac{10}{\left(\sqrt{3^2+4^2+5^2}\right)^2}\,\frac{(3\mathrm{a}_x+4\mathrm{a}_y+5\mathrm{a}_z)}{\sqrt{3^2+4^2+5^2}}\\ &= \frac{9\times10^{10}}{50}\,\frac{(3\mathrm{a}_x+4\mathrm{a}_y+5\mathrm{a}_z)}{5\sqrt{2}}\\ &= 1.8\times10^9\,\frac{\sqrt{2}\,(3\mathrm{a}_x+4\mathrm{a}_y+5\mathrm{a}_z)}{10}\\ &= 1.8\times10^9\left(0.3\sqrt{2}\,\mathrm{a}_x+0.4\sqrt{2}\,\mathrm{a}_y+0.5\sqrt{2}\,\mathrm{a}_z\right)[\mathrm{V/m}] \qquad \cdots ①\end{aligned}$$

(b) 식 (2.8)에 의해서 다음과 같이 구할 수 있다.

$$\begin{aligned}\mathrm{F} = \mathrm{E}\,\mathrm{Q} &= 1.8\times10^9\left(0.3\sqrt{2}\,\mathrm{a}_x+0.4\sqrt{2}\,\mathrm{a}_y+0.5\sqrt{2}\,\mathrm{a}_z\right)\times4\\ &= 7.2\times10^9\left(0.3\sqrt{2}\,\mathrm{a}_x+0.4\sqrt{2}\,\mathrm{a}_y+0.5\sqrt{2}\,\mathrm{a}_z\right)[\mathrm{N}]\end{aligned}$$

따라서 전하가 받는 힘의 크기는 다음과 같이 된다.

$$F = 7.2\times10^9\ [\mathrm{N}] \qquad \cdots ②$$

예제 2-4 두 점전하에 의한 전계의 세기

[그림 2-4]와 같이 x축과 y축에 있는 점전하 $Q_1(=10[\mathrm{C}])$과 $Q_2(=20[\mathrm{C}])$에 의한 z축상에 있는 점 P의 전계의 세기를 구하라.

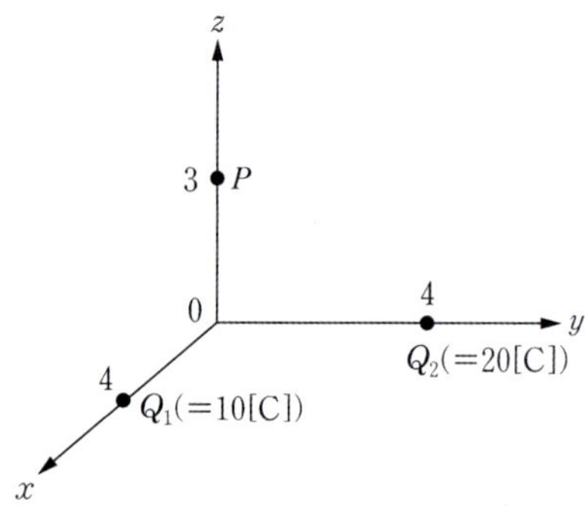

그림 2-4 두 점전하에 의한 전계의 세기

풀이

두 점전하에 의한 전계의 세기의 성분벡터들을 나타내면 [그림 2-5]와 같다.

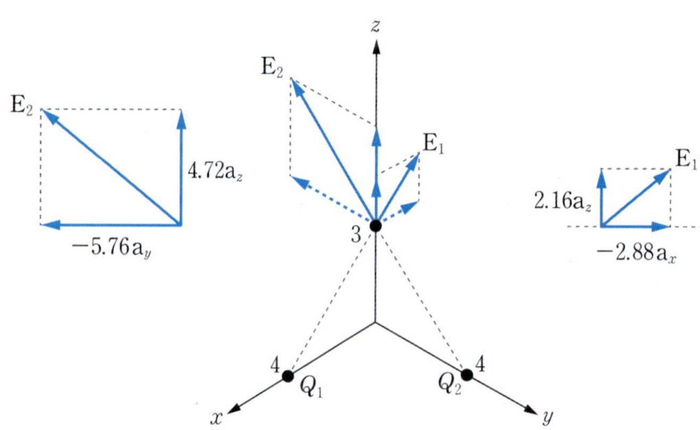

그림 2-5 두 점전하에 의한 전계의 세기의 성분벡터들

식 (2.9)에 의해 E_1, E_2를 구하면 각각 다음과 같다.

$$\begin{aligned}
\mathrm{E}_1 &= \frac{1}{4\pi\epsilon_0}\frac{Q_1}{R_1^2}\mathbf{a}_{R_1} = 9\times 10^9 \frac{10}{\left(\sqrt{4^2+3^2}\right)^2}\frac{-4\mathbf{a}_x+3\mathbf{a}_z}{\sqrt{(-4)^2+3^2}} \\
&= 3.6\times 10^9(-0.8\mathbf{a}_x+0.6\mathbf{a}_z) \\
&= -2.88\times 10^9\,\mathbf{a}_x + 2.16\times 10^9\,\mathbf{a}_z \quad [\mathrm{V/m}]
\end{aligned}$$

$$\mathbf{E}_2 = \frac{1}{4\pi\epsilon_0}\frac{Q_2}{R_2^2}\mathbf{a}_{R_2} = 9\times 10^9 \frac{20}{\left(\sqrt{(-4)^2+3^2}\right)^2}\frac{-4\mathbf{a}_y+3\mathbf{a}_z}{\sqrt{(-4)^2+3^2}}$$

$$= 7.2\times 10^9(-0.8\mathbf{a}_y+0.6\mathbf{a}_z)$$

$$= -5.76\times 10^9\mathbf{a}_y + 4.32\times 10^9\mathbf{a}_z\ [\mathrm{V/m}]$$

따라서 점 P의 전계의 세기 $\mathbf{E}$는 다음과 같이 된다.

$$\mathbf{E} = \mathbf{E}_1 + \mathbf{E}_2 = (-2.88\times 10^9\mathbf{a}_x + 2.16\times 10^9\mathbf{a}_z) + (-5.76\times 10^9\mathbf{a}_y + 4.32\times 10^9\mathbf{a}_z)$$

$$= -2.88\times 10^9\mathbf{a}_x - 5.76\times 10^9\mathbf{a}_y + 6.48\times 10^9\mathbf{a}_z\ [\mathrm{V/m}]$$

Q&A 전계의 세기는 벡터량인가 스칼라량인가?

벡터량이다. 한국 학계에서는 'electric field'를 대부분 '전계' 또는 '전기장'으로 번역하여 사용하고 있다. 그리고 'electric field intensity'는 '전계의 세기' 또는 '전계강도'라고 번역되어 사용된다. electric field intensity는 벡터량이므로 전계의 세기, 전계강도도 당연히 벡터량이어야 한다. 그리고 그 크기[magnitude]와 방향[direction]을 구분하여 갖고 있어야 한다. 그러나 많은 사람들이 electric field intensity를 전계 또는 전기장으로 인식하고 전계의 세기 또는 전계강도를 electric field intensity의 크기로 생각하는 경향이 있다. 다시 말해, 전계의 세기를 스칼라량으로 착각하는 오류를 범하고 있는 경우가 많다. 이 책에서는 벡터량인 'electric field intensity'는 '전계의 세기', 스칼라량인 'The magnitude of electric field intensity'는 '전계의 세기의 크기', 그리고 'The direction of electric field intensity'는 '전계의 세기의 방향'으로 분명히 구분하여 사용한다. 그러나 '전계의 세기'라는 낱말이 길고 불편해서, 이 책에서도 때로 '전계의 세기를 가한다'를 '전계를 가한다'고 표현하기도 한다. 이 점 오해 없기 바란다.

SECTION 2.3

선전하에 의한 전계의 세기

[그림 2-6]과 같이 가늘고 긴 직선 도체에 균일하게 분포된 **선전하**line charge에 의한 전계의 세기에 대해 생각해보자.

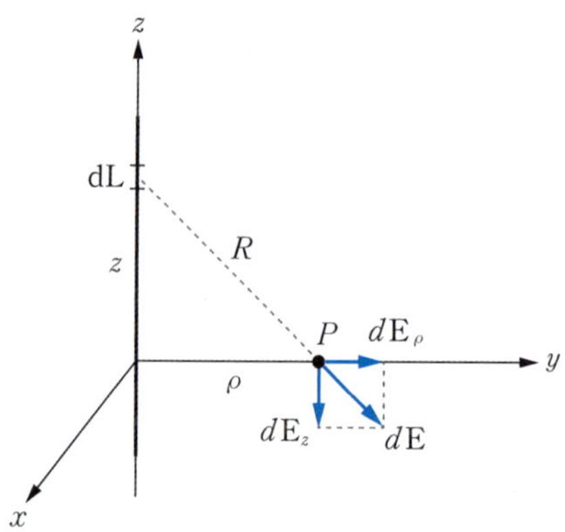

그림 2-6 무한한 길이의 선전하에 의한 전계의 세기

긴 직선 도체를 아주 작은 길이로 나누면, 선전하를 점전하들의 연속으로 취급할 수 있다. 그림에서 균일한 선전하밀도를 $\rho_L[\mathrm{C/m}]$라고 하고, 원점에서 거리 $z[\mathrm{m}]$인 지점의 작은 **선소**differential line element를 dz라고 하면, 이 작은 선소에 있는 전하량은 $\rho_L dz[\mathrm{C}]$이다. 그림에서 이 직선 도체로부터 $\rho[\mathrm{m}]$만큼 떨어져 있는 점 $P(\rho, 90^\circ, 0)$에서 이 점전하 $\rho_L dz[\mathrm{C}]$에 의한 전계의 세기 $d\mathbf{E}$를 구해보면 다음과 같이 된다.

$$d\mathbf{E} = \frac{1}{4\pi\epsilon_0}\frac{Q}{R^2}\mathbf{a}_R = \frac{1}{4\pi\epsilon_0}\frac{\rho_L dz}{\left(\sqrt{\rho^2+(-z)^2}\right)^2}\frac{\rho\,\mathbf{a}_\rho - z\,\mathbf{a}_z}{\sqrt{\rho^2+(-z)^2}} = dE_\rho\mathbf{a}_\rho + dE_z\mathbf{a}_z \quad (2.10)$$

$$dE_\rho = \frac{\rho_L}{4\pi\epsilon_0}\frac{\rho}{\left(\sqrt{\rho^2+z^2}\right)^3}dz$$

$$dE_z = \frac{\rho_L}{4\pi\epsilon_0}\frac{-z}{\left(\sqrt{\rho^2+z^2}\right)^3}dz$$

이 직선 도체가 무한히 길다고 하면, 즉 $z = -\infty \sim +\infty$라고 하면 전체 직선 도체에 있는 선전하에 의한 점 P의 전계의 세기는 다음과 같다.

$$\mathrm{E} = \int_{z=-\infty}^{z=\infty} d\mathrm{E} = \int_{z=-\infty}^{z=\infty} dE_\rho \, \mathbf{a}_\rho + \int_{z=-\infty}^{z=\infty} dE_z \, \mathbf{a}_z \tag{2.11}$$

그러나 [그림 2-6]에서 알 수 있듯이 상하 대칭성symmetry에 의해 다음이 성립한다.

$$\int_{z=-\infty}^{z=\infty} dE_z \, \mathbf{a}_z = \int_{z=-\infty}^{z=0} dE_z \, \mathbf{a}_z + \int_{z=0}^{z=\infty} dE_z \, \mathbf{a}_z = 0$$

$$\because \int_{z=0}^{z=\infty} dE_z \, \mathbf{a}_z = -\int_{z=-\infty}^{z=0} dE_z \, \mathbf{a}_z \tag{2.12}$$

그러므로 식 (2.11)은 다음과 같이 된다.

$$\begin{aligned}
\mathrm{E} &= \int_{z=-\infty}^{z=\infty} dE_\rho \, \mathbf{a}_\rho = \int_{z=-\infty}^{z=\infty} \frac{\rho_L}{4\pi\epsilon_0} \frac{\rho}{\left(\sqrt{\rho^2+z^2}\right)^3} dz \;\, \mathbf{a}_\rho \\
&= \frac{\rho_L}{4\pi\epsilon_0} \int_{z=-\infty}^{z=\infty} \frac{\rho}{(\rho^2+z^2)^{\frac{3}{2}}} dz \;\, \mathbf{a}_\rho \\
&= \frac{\rho_L}{4\pi\epsilon_0} \left[\frac{z}{\rho\sqrt{\rho^2+z^2}} \right]_{-\infty}^{\infty} \mathbf{a}_\rho \\
&= \frac{\rho_L}{2\pi\epsilon_0 \rho} \mathbf{a}_\rho
\end{aligned} \tag{2.13}$$

$$\int \frac{1}{(a^2+x^2)^{\frac{3}{2}}} dx = \frac{x}{a^2\sqrt{a^2+x^2}}$$

예제 2-5 선전하에 의한 전계의 세기

z축상에 무한히 긴 선전하가 있다. 선전하밀도를 $20\,[\mathrm{nC/m}]$라고 할 때, 점 $P(0.8, 0.6, 0.5)$에서의 전계의 세기를 구하라.

풀이

식 (2.13)에 의해서 다음과 같이 구할 수 있다.

$$\begin{aligned}
\mathrm{E}_P &= \frac{\rho_L}{2\pi\epsilon_0 \rho} \mathbf{a}_\rho = \frac{20\times10^{-9}}{2\pi\epsilon_0\sqrt{0.8^2+0.6^2}} \mathbf{a}_\rho \\
&= 2\times9\times10^9 \frac{20\times10^{-9}}{1} \mathbf{a}_\rho \qquad \cdots ① \\
&= 360\, \mathbf{a}_\rho \; [\mathrm{V/m}]
\end{aligned}$$

이를 직각좌표계로 표시하면 다음과 같이 된다([그림 2-7]).

$$\begin{aligned}
E_x &= E_\rho \cos\phi = 360\times0.8 = 288 \; [\mathrm{V/m}] \\
E_y &= E_\rho \sin\phi = 360\times0.6 = 216 \; [\mathrm{V/m}] \qquad \cdots ②
\end{aligned}$$

따라서 점 P에서의 전계의 세기 $\mathbf{E}_\rho$는 다음과 같다.

$$\mathbf{E}_\rho = 288\mathbf{a}_x + 216\mathbf{a}_y \ [\mathrm{V/m}] \qquad \cdots ③$$

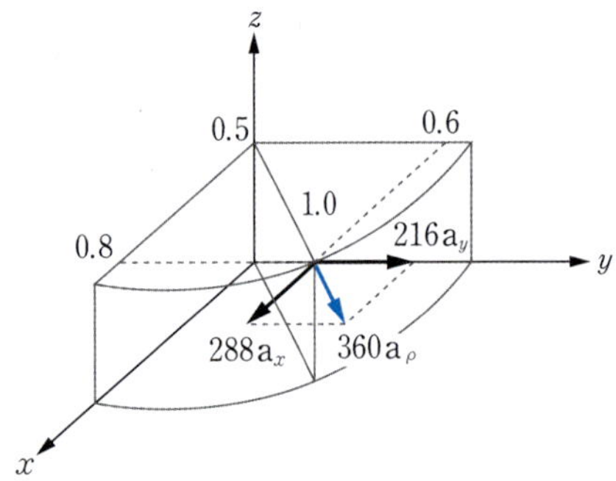

그림 2-7 원통좌표계와 직각좌표계

예제 2-6 원형 선전하에 의한 전계의 세기

[그림 2-8]과 같이 반지름이 a[m]인 원형 선전하가 $z=0$인 평면에 놓여 있다. 선전하밀도가 ρ_L[C/m]라고 할 때, z축상에 있는 점 $P(0, 0, h)$에서의 전계의 세기 $\mathbf{E}_P$를 구하라.

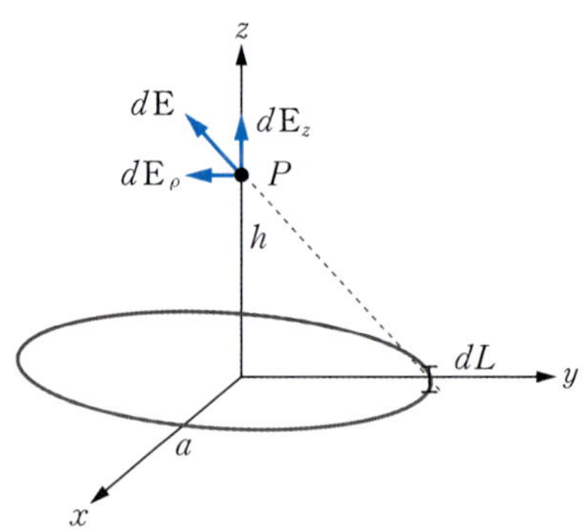

그림 2-8 원형 선전하에 의한 전계의 세기

풀이

[그림 2-8]에서 선소 dL에 있는 점전하 $\rho_L dL$에 의한 점 P의 전계의 세기 $d\mathbf{E}$는 식 (2.9)에 의해 다음과 같이 된다.

$$d\mathbf{E} = \frac{1}{4\pi\epsilon_0}\frac{\rho_L dL}{R^2}\mathbf{a}_R = \frac{1}{4\pi\epsilon_0}\frac{\rho_L dL}{a^2+h^2}\mathbf{a}_R$$

$$= \frac{\rho_L dL}{4\pi\epsilon_0(a^2+h^2)}\frac{1}{\sqrt{a^2+h^2}}(-a\mathbf{a}_\rho + h\mathbf{a}_z)\ [\mathrm{V/m}] \qquad \cdots ①$$

$$d\mathbf{E}_\rho = -\frac{1}{4\pi\epsilon_0}\frac{\rho_L dL}{a^2+h^2}\frac{a}{\sqrt{a^2+h^2}}\mathbf{a}_\rho$$

$$d\mathbf{E}_z = \frac{1}{4\pi\epsilon_0}\frac{\rho_L dL}{a^2+h^2}\frac{h}{\sqrt{a^2+h^2}}\mathbf{a}_z \qquad \cdots ②$$

전체 원형 선전류에 의한 전계의 세기를 구하려면 식 ①을 전체 원둘레에 대해 적분해야 하지만, 대칭성에 의해 ρ 방향 성분벡터는 값이 0이 될 것이므로 z 방향 성분벡터만 적분하면 된다.

$$
\begin{aligned}
\mathbf{E}_P &= \int d\mathbf{E}_z = \oint \frac{\rho_L}{4\pi\epsilon_0}\frac{h}{(a^2+h^2)^{\frac{3}{2}}} dL\,\mathbf{a}_z \\
&= \frac{\rho_L}{4\pi\epsilon_0}\frac{h}{(a^2+h^2)^{\frac{3}{2}}}\int_0^{2\pi} a\,d\theta\,\mathbf{a}_z \\
&= \frac{\rho_L\,a\,h}{2\epsilon_0(a^2+h^2)^{\frac{3}{2}}}\ \mathbf{a}_z\ [\mathrm{V/m}] \qquad \cdots ③
\end{aligned}
$$

[예제 2-6]에서는 원형 선전하에 의한 어떤 주어진 점의 전계의 세기를 구했는데, 좀 더 나아가 z축상에서 전계의 세기의 크기가 최대인 위치와 그 최댓값을 구해보자. z축상의 어떤 점의 좌표를 $(0, 0, z)$라고 하면, 그 점의 전계의 세기의 크기 E는 [예제 2-6]의 식 ③에 의해 다음과 같이 표현된다.

$$
E = \frac{\rho_L\,a\,z}{2\epsilon_0(a^2+z^2)^{\frac{3}{2}}}\ [\mathrm{V/m}] \tag{2.14}
$$

E값이 최대가 되는 점을 찾기 위해 z로 미분하고 0으로 놓으면 다음과 같이 된다.

$$
\begin{aligned}
\frac{d}{dz}E &= \frac{d}{dz}\frac{\rho_L\,a\,z}{2\epsilon_0(a^2+z^2)^{\frac{3}{2}}} = \frac{\rho_L\,a}{2\epsilon_0}\frac{d}{dz}\frac{z}{(a^2+z^2)^{\frac{3}{2}}} \\
&= \frac{\rho_L\,a}{2\epsilon_0}\frac{(a^2+z^2)^{\frac{3}{2}} - z\times\left\{\frac{3}{2}(a^2+z^2)^{\frac{1}{2}}\times 2z\right\}}{(a^2+z^2)^3} \\
&= \frac{\rho_L\,a}{2\epsilon_0}\frac{(a^2+z^2)^{\frac{1}{2}}\{(a^2+z^2)-3z^2\}}{(a^2+z^2)^3} \\
&= \frac{\rho_L\,a}{2\epsilon_0}\frac{(a^2-2z^2)}{(a^2+z^2)^{\frac{5}{2}}} = 0 \quad \Rightarrow \quad z = \pm\frac{a}{\sqrt{2}}
\end{aligned}
$$

따라서 $z = \frac{a}{\sqrt{2}}$ 또는 $z = -\frac{a}{\sqrt{2}}$일 때 원형 선전하가 만드는 전계의 세기의 크기는 최대가 되고, 이 z값을 식 (2.14)에 대입하면 다음과 같은 최댓값이 얻어진다.

$$
E_{max} = \frac{\rho_L}{3\sqrt{3}\,\epsilon_0 a}\ [\mathrm{V/m}] \tag{2.15}
$$

SECTION

2.4 면전하에 의한 전계의 세기

[그림 2-9]와 같이 $x = 0$으로 표시되는 무한히 넓은 평면 도체에 균일하게 분포된 **면전하**surface charge에 의한 전계의 세기에 대해 생각해보자.

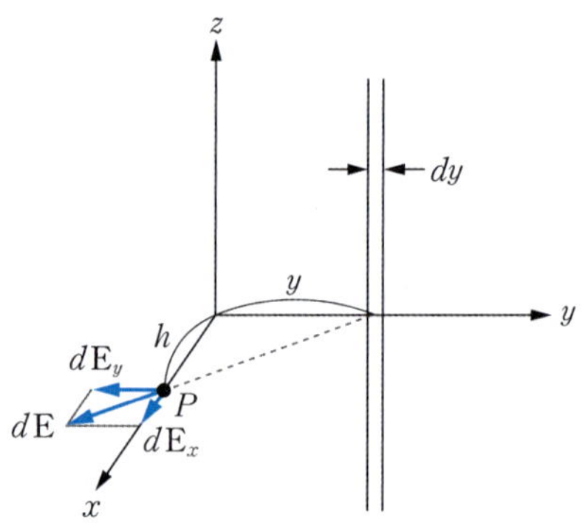

그림 2-9 무한 면전하에 의한 전계의 세기

무한히 넓은 평면 도체는 그림과 같이 아주 작은 폭을 가진 가늘고 긴 직선 도체들의 집합으로 생각할 수 있다. 이때 면전하밀도가 $\rho_S\,[\mathrm{C/m^2}]$라고 하면, 폭이 dy인 가늘고 긴 직선 도체의 선전하밀도, 즉 단위길이당 전하량은 $\rho_S\,dy\,[\mathrm{C/m}]$라고 생각할 수 있다. $x = 0$의 평면에 있으면서 원점에서 $y\,[\mathrm{m}]$만큼 떨어져 있는 무한길이의 이 선전하에 의한 점 $P(h, 0, 0)$의 전계의 세기는 식 (2.13)에 의해 다음과 같이 표현할 수 있다.

$$d\mathrm{E} = \frac{\rho_L}{2\pi\epsilon_0\,\rho}\,\mathbf{a}_\rho = \frac{\rho_S\,dy}{2\pi\epsilon_0\sqrt{h^2+y^2}}\left(\frac{h}{\sqrt{h^2+y^2}}\mathbf{a}_x - \frac{y}{\sqrt{h^2+y^2}}\mathbf{a}_y\right) \tag{2.16}$$

$$= dE_x\mathbf{a}_x + dE_y\mathbf{a}_y$$

$$dE_x\mathbf{a}_x = \frac{\rho_S dy}{2\pi\epsilon_0\sqrt{h^2+y^2}}\frac{h}{\sqrt{h^2+y^2}}\mathbf{a}_x$$

$$dE_y\mathbf{a}_y = -\frac{\rho_S dy}{2\pi\epsilon_0\sqrt{h^2+y^2}}\frac{y}{\sqrt{h^2+y^2}}\mathbf{a}_y$$

이 평면 도체가 무한히 넓다고 하면, 즉 $y = -\infty \sim +\infty$ 라고 하면, 전체 평면 도체에 있는 면전하에 의한 점 P의 전계의 세기는 다음 식과 같이 된다.

$$\mathrm{E} = \int_{y=-\infty}^{y=\infty} d\mathrm{E} = \int_{y=-\infty}^{y=\infty} dE_x\,\mathbf{a}_x + \int_{y=-\infty}^{y=\infty} dE_y\,\mathbf{a}_y \tag{2.17}$$

그러나 [그림 2-9]에서 알 수 있듯이 좌우 대칭성에 의해 다음이 성립한다.

$$\int_{y=-\infty}^{y=\infty} dE_y\,\mathbf{a}_y = \int_{y=-\infty}^{y=0} dE_y\,\mathbf{a}_y + \int_{y=0}^{y=\infty} dE_y\,\mathbf{a}_y = 0$$

$$\because \int_{y=0}^{y=\infty} dE_y\,\mathbf{a}_y = -\int_{y=-\infty}^{y=0} dE_y\,\mathbf{a}_y \tag{2.18}$$

그러므로 식 (2.17)은 다음과 같이 된다.

$$\mathrm{E} = \int_{y=-\infty}^{y=\infty} dE_x\mathbf{a}_x = \int_{y=-\infty}^{y=\infty} \frac{\rho_S}{2\pi\epsilon_0}\frac{h}{\left(\sqrt{h^2+y^2}\right)^2}dy\,\mathbf{a}_x \tag{2.19}$$

$$= \frac{\rho_S h}{2\pi\epsilon_0}\int_{y=-\infty}^{y=\infty}\frac{1}{(h^2+y^2)}dy\,\mathbf{a}_x = \frac{\rho_S}{2\pi\epsilon_0}\left[\tan^{-1}\frac{y}{h}\right]_{-\infty}^{\infty}\mathbf{a}_x$$

$$= \frac{\rho_S}{2\pi\epsilon_0}\left(\tan^{-1}\frac{\infty}{h} - tan^{-1}\frac{-\infty}{h}\right)\mathbf{a}_x = \frac{\rho_S}{2\pi\epsilon_0}\left(\frac{\pi}{2} - (-)\frac{\pi}{2}\right)\mathbf{a}_x$$

$$= \frac{\rho_S}{2\epsilon_0}\,\mathbf{a}_x \tag{2.20}$$

> $\int \frac{1}{(a^2+x^2)}dx = \frac{1}{a}\tan^{-1}\frac{x}{a}$

이상에서 알 수 있듯이, 무한히 넓은 면전하에 의한 전계의 세기는 면에서 얼마만큼 떨어져 있는가에 상관없이 모든 곳에서 크기가 같고 그 면에 수직인 방향을 가지며, 면전하밀도를 $\rho_S\,[\mathrm{C/m^2}]$라고 했을 때 다음과 같이 표시된다.

$$\mathrm{E} = \frac{\rho_S}{2\epsilon_0}\,\mathbf{a}_N \tag{2.21}$$

예제 2-7 면전하에 의한 전계의 세기

무한히 넓은 $z = 0$인 도체 면에 전하가 균일하게 분포되어 있다. 면전하밀도를 $50\,[\mathrm{nC/m^2}]$라고 할 때, 다음을 구하라.

(a) 점 $P(2, 3, 4)$에서의 전계의 세기

(b) 점 $P(0, 0, -10)$에서의 전계의 세기

풀이

(a) 식 (2.21)에 의해서 다음과 같이 구할 수 있다.

$$\mathbf{E}_P = \frac{\rho_S}{2\epsilon_0}\mathbf{a}_N = \frac{50\times10^{-9}}{2\times8.854\times10^{-12}}\mathbf{a}_z \fallingdotseq 2824\mathbf{a}_z \text{ [V/m]}$$

(b) 식 (2.21)에 의해서 다음과 같이 구할 수 있다.

$$\mathbf{E}_P = \frac{\rho_S}{2\epsilon_0}\mathbf{a}_N = \frac{50\times10^{-9}}{2\times8.854\times10^{-12}}(-\mathbf{a}_z) \fallingdotseq -2824\mathbf{a}_z \text{ [V/m]}$$

예제 2-8 면전하에 의한 전계의 세기

무한히 넓은 $z=0$[m]인 도체 면과 $z=10$[m]인 도체면의 면전하밀도가 각각 $\rho_S = 10$[nC]과 $\rho_S = -10$[nC]이라고 할 때 다음을 구하라.

(a) 점 $P_1(10, 5, 8)$에서의 전계의 세기

(b) 점 $P_2(0, 0, 15)$에서의 전계의 세기

(c) 점 $P_3(0, 0, -5)$에서의 전계의 세기

풀이

(a) $z=0$[m]인 평면에 있는 면전하에 의한 전계의 세기와 $z=10$[m]인 평면에 있는 면전하에 의한 전계의 세기를 벡터적으로 합하면 된다. 따라서 식 (2.21)에 의해 다음과 같이 구한다.

$$\mathbf{E}_{P_1} = \frac{10\times10^{-9}}{2\epsilon_0}\mathbf{a}_z + \frac{10\times10^{-9}}{2\epsilon_0}\mathbf{a}_z = \frac{2\times10\times10^{-9}}{2\times8.854\times10^{-12}}\mathbf{a}_z$$
$$\fallingdotseq 1129\mathbf{a}_z \text{ [V/m]} \qquad \cdots ①$$

(b) 점 $P_2(0, 0, 15)$에서 $z=0$[m]인 평면에 있는 면전하에 의한 전계의 세기와 $z=10$[m]인 평면에 있는 면전하에 의한 전계의 세기가 크기는 같고 방향은 반대이므로 서로 상쇄된다.

$$\mathbf{E}_{P_2} = \frac{10\times10^{-9}}{2\epsilon_0}\mathbf{a}_z + \frac{10\times10^{-9}}{2\epsilon_0}(-)\mathbf{a}_z = 0 \text{ [V/m]} \qquad \cdots ②$$

(c) (b)와 마찬가지로 전계의 세기가 크기는 같고 방향은 반대이므로 서로 상쇄된다.

$$\mathbf{E}_{P_3} = \frac{10\times10^{-9}}{2\epsilon_0}(-)\mathbf{a}_z + \frac{10\times10^{-9}}{2\epsilon_0}\mathbf{a}_z = 0 \text{ [V/m]} \qquad \cdots ③$$

[예제 2-8]에서 알 수 있듯이 [그림 2-10]과 같은 **콘덴서**condensor에서 두 도체판의 간극에 비해 도체판의 넓이가 대단히 크고, 두 도체판의 넓이는 같으나, 부호가 반대인 전하로 대전되어 있을 때 각 영역에서 전계의 세기의 크기는 다음과 같다.

$$\text{두 도체판 사이 : } E_{in} = \frac{\rho_S}{\epsilon_0}\,[\mathrm{V/m}] \tag{2.22}$$

$$\text{두 도체판 밖 : } E_{out} = 0\,[\mathrm{V/m}] \tag{2.23}$$

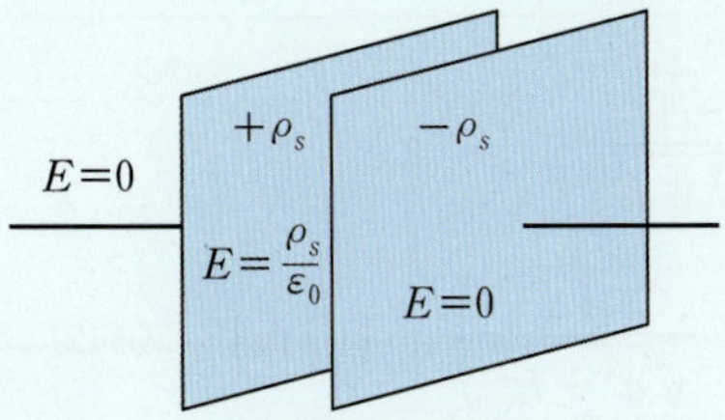

그림 2-10 콘덴서 안과 밖의 전계의 세기

예제 2-9 원판 면전하에 의한 전계의 세기

반지름이 $a\,[\mathrm{m}]$인 원판 면전하가 $z=0$인 평면에 놓여 있다. 면전하밀도가 $\rho_S\,[\mathrm{C/m^2}]$라고 할 때, z축상에 있는 점 $P(0, 0, h)$에서의 전계의 세기 $\mathbf{E}$를 구하라.

풀이

[그림 2-11]과 같이 원판 면전하는 원형 선전하들의 집합이라고 생각할 수 있다. 그리고 이때 선전하밀도는 $\rho_L = \rho_S\, dr\,[\mathrm{C/m}]$라고 할 수 있다.

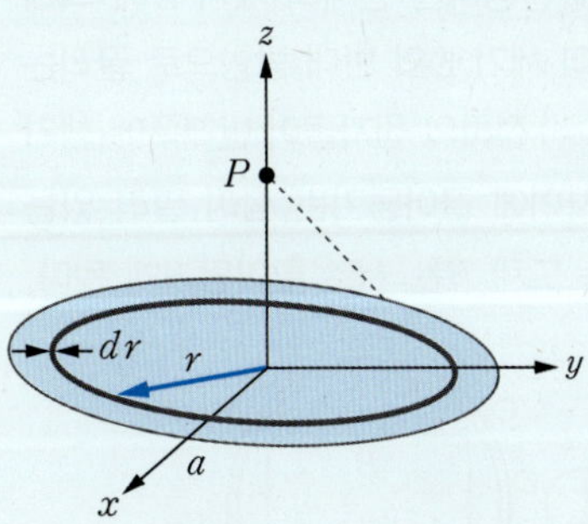

그림 2-11 원판 면전하에 의한 전계의 세기

[예제 2-6]에서 구한 선전하밀도가 ρ_L인 원형 선전하에 의한 전계의 세기는 다음과 같다.

$$\mathbf{E} = \frac{\rho_L\, a h}{2\epsilon_0 (a^2 + h^2)^{\frac{3}{2}}}\,\mathbf{a}_z\,[\mathrm{V/m}] \qquad \cdots ①$$

식 ①을 이용하여 다음과 같이 전체 원판 면전하에 의한 전계의 세기를 구할 수 있다.

$$\mathrm{E} = \int_0^a \frac{\rho_S dr\, r h}{2\epsilon_0 (r^2+h^2)^{\frac{3}{2}}} \mathbf{a}_z = \frac{\rho_S h}{2\epsilon_0} \int_0^a \frac{r}{(r^2+h^2)^{\frac{3}{2}}} dr\ \mathbf{a}_z$$

$$\frac{d}{dx}\frac{-1}{\sqrt{x^2+a^2}} = -\frac{-\frac{1}{2}(x^2+a^2)^{-\frac{1}{2}} \times 2x}{\left(\sqrt{x^2+a^2}\right)^2} = \frac{x}{(x^2+a^2)^{\frac{3}{2}}}$$

$$= \frac{\rho_S h}{2\epsilon_0}\left[\frac{-1}{\sqrt{r^2+h^2}}\right]_{r=0}^{r=a} \mathbf{a}_z$$

$$= \frac{\rho_S h}{2\epsilon_0}\left(\frac{1}{h} - \frac{1}{\sqrt{a^2+h^2}}\right) \mathbf{a}_z\ [\mathrm{V/m}] \quad \cdots ②$$

☞ ②에서 $a=\infty$로 놓으면 무한 면전하에 의한 전계의 세기의 식 (2.21)을 얻을 수도 있다.

Q&A 정전유도현상 및 정전차폐란 무엇인가?

대전된 물체를 대전되어 있지 않은 물체에 가까이 접근시키면 대전되어 있지 않던 물체에 전하가 발생한다. 이때 대전체에 가까운 쪽에는 대전체의 전하와 반대 극성의 전하가, 먼 쪽에는 같은 극성의 전하가 생기며 서로 끌어당긴다. 이 현상을 정전유도현상 electrostatic induction phenomena 이라고 한다.

[그림 2-12(a)]와 같이, 전하 $(+)Q[\mathrm{C}]$으로 대전된 금속 대전체 A를 전기적인 현상이 전혀 나타나지 않는 도체 B에 가까이 접근시키면, 전하 $(+)Q[\mathrm{C}]$으로 인해 발생하는 전계의 세기 E에 의해 도체 B 내에 있는 $(-)$전하를 가진 자유전자 free electron 들이 전계의 세기 E와 반대 방향으로 끌리는 힘을 받아 대전체 A에 가까운 쪽으로 몰리고, 전자를 잃어버린 $(+)$전하의 원자들이 반대쪽에 생기게 된다. 따라서 전하 $(+)Q[\mathrm{C}]$과 가까이 있는 도체 내 전자 사이에 끌어당기는 힘이 멀리 있는 $(+)$전하와 밀어내는 힘보다 크기 때문에 대전된 도체 A와 금속 도체 B는 서로 끌어당기게 된다.

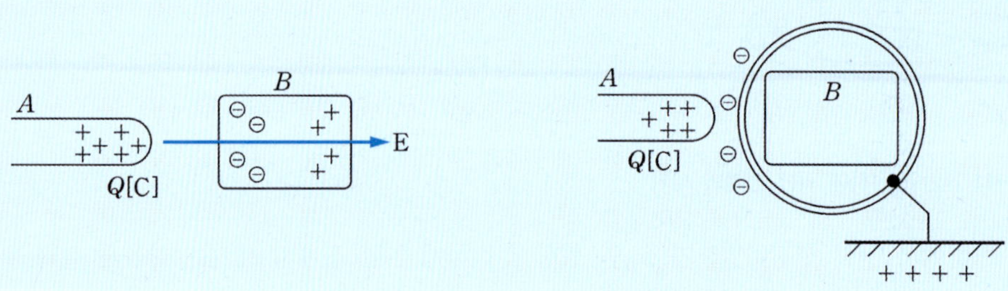

(a) 정전유도현상 (b) 정전차폐

그림 2-12 정전유도현상과 정전차폐

도체 B에 이러한 정전유도현상이 일어나지 않게 하려면 [그림 2-12(b)]와 같이 도체 B를 금속 도체로 감싸고 이 금속 도체를 접지시키면 된다. 이렇게 하는 것을 정전차폐 electric shielding라고 한다(절연체에서는 이러한 정전유도현상이 일어나지 않는다).

정전유도현상을 이용하여 전하를 얻는 방법에 대해 살펴보자. [그림 2-13]의 (a)와 같이 B, C의 두 도체구가 각각 있을 경우 (b)와 같이 스위치를 닫아 두 도체구를 잇고, 대전된 도체 A를 도체 B에 접근시킨다. 그리하여 정전유도현상이 일어나면 도체 A를 접근시킨 상태에서 스위치를 연다. 그러면 도체구 B, C는 각각 서로 다른 $(+)$, $(-)$전하를 갖게 된다. 만일 (b)에서 A를 다시 멀리 옮긴 다음에 스위치를 열면 이미 정전유도현상이 없어진 후이므로 목적을 달성할 수 없다.

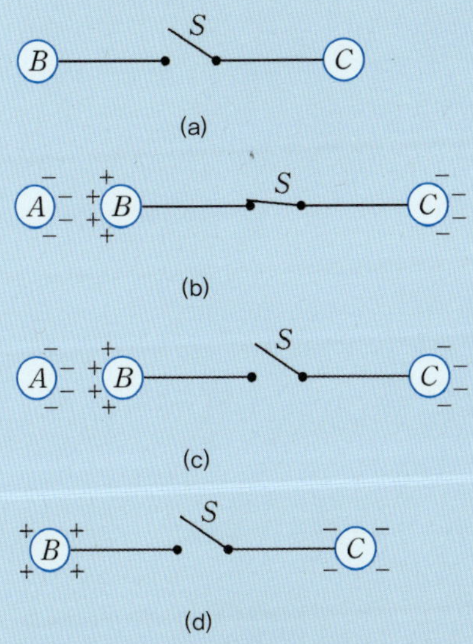

그림 2-13 정전유도현상을 이용하여 전하를 얻는 방법

CHAPTER 02_핵심요약

■ **대전열**

(+) 모피 · 유리 · 운모 · 명주 · 면포 · 목재 · 호박 · 금속 · 고무 · 에보나이트 (−)

■ **쿨롱의 법칙 : 두 점전하 사이에 작용하는 힘**

$$\mathrm{F} = \frac{1}{4\pi\epsilon_0}\frac{Q_1 Q_2}{R^2}\,\mathrm{a}_R\ [\mathrm{N}]$$

■ **전계에 의해 전하가 받는 힘**

$$\mathrm{F} = \mathrm{E}\,Q\ [\mathrm{N}]$$

■ **점전하에 의한 전계의 세기**

$$\mathrm{E} = \frac{1}{4\pi\epsilon_0}\frac{Q}{R^2}\,\mathrm{a}_R\ [\mathrm{V/m}]$$

■ **무한 선전하에 의한 전계의 세기**

$$\mathrm{E} = \frac{\rho_L}{2\pi\epsilon_0\,\rho}\,\mathrm{a}_\rho$$

■ **무한 면전하에 의한 전계의 세기**

$$\mathrm{E} = \frac{\rho_S}{2\epsilon_0}\,\mathrm{a}_N$$

CHAPTER 02_연습문제

2.1 유리와 나무를 마찰시키면 유리가 전자를 잃고 나무가 전자를 얻는다. 반면에 나무와 고무를 마찰시키면 나무가 전자를 잃고 고무가 전자를 얻는다. 이때 유리와 고무를 마찰시키면 어느 쪽에 (+)전하가 생기겠는가?

㉮ 유리 ㉯ 나무 ㉰ 둘 다 (+) ㉱ 둘 다 (−)

2.2 정전하 $10[\mu C]$ 하나만 있는 자유공간의 어떤 점 P에 점전하 $2[\mu C]$을 갖다 놓았더니 이 점전하가 $5[mN]$의 힘을 받았다. 이때 점 P의 전계의 세기의 크기는?

㉮ $10^{-14}[V/m]$ ㉯ $10^{-2}[V/m]$ ㉰ $5\times10^{-3}[V/m]$ ㉱ $2.5\times10^{3}[V/m]$

2.3 공기 중에서 각각 $1[C]$의 크기를 갖고 있는 두 점전하 사이의 거리가 $1[m]$일 때, 이 두 전하 사이에 작용하는 힘은 몇 $[N]$인가?

㉮ 1 ㉯ $\frac{1}{4\pi}$ ㉰ 9×10^{9} ㉱ $4\pi\epsilon_0$

2.4 다음 대전체 중 전계의 세기의 크기가 거리에 반비례하는 것은?

㉮ 점전하 ㉯ 무한히 긴 선전하

㉰ 무한히 넓은 면전하 ㉱ 무한히 넓은 두 면전하 사이

2.5 자유공간 중에 한 변의 길이가 $1[m]$인 정삼각형이 있다. 이 삼각형의 각 꼭짓점에 각각 $2[\mu C]$의 점전하가 있다고 할 때, 하나의 전하가 다른 두 전하에 의해 받는 힘의 크기는 약 몇 $[N]$인가?

㉮ 2.56×10^{-2} ㉯ 6.24×10^{-2} ㉰ 7.2×10^{-2} ㉱ 0

2.6 무한히 넓은 평면의 면전하밀도가 $20[\mu C/m^2]$일 때 이 평면에서 아래로 $5[m]$ 떨어져 있는 점의 전계의 세기의 크기는 약 몇 $[V/m]$인가?

㉮ 3.6×10^{4} ㉯ 10^{4} ㉰ 7.2×10^{3} ㉱ 1.13×10^{6}

2.7 어떤 점전하로부터 $0.5[m]$ 떨어진 점의 전계의 세기가 $10[V/m]$이다. 이 점전하로부터 $1[m]$ 떨어진 점의 전계의 세기는 몇 $[V/m]$인가?

㉮ 1 ㉯ 2.5 ㉰ 5 ㉱ 20

2.8 반지름이 $1[\mathrm{m}]$인 원형 도체의 선전하밀도가 $5[\mu\mathrm{C/m}]$일 때, 원 중심에서 전계의 세기의 크기는 약 몇 $[\mathrm{V/m}]$인가?

㉮ 0 ㉯ 5×10^3 ㉰ 4.5×10^4 ㉱ 4.5×10^{-3}

2.9 z축을 따라 선전하밀도가 $10[\mu\mathrm{C/m}]$인 무한히 긴 직선 도체가 있을 때, 이 선전하에 의한 점 $P(3,4,5)$의 전계의 세기의 크기는 몇 $[\mathrm{V/m}]$인가? 단, 거리의 단위는 $[\mathrm{m}]$이다.

㉮ 9.5×10^3 ㉯ 1.8×10^5 ㉰ 3.6×10^4 ㉱ 7.2×10^3

2.10 서로 평행한 2개의 무한히 넓은 대전된 도체 평면이 $1[\mathrm{m}]$ 간격으로 서로 마주보고 있다. 두 도체 평면의 면전하밀도가 각각 $100[\mu\mathrm{C/m^2}]$, $-100[\mu\mathrm{C/m^2}]$라고 할 때, 두 도체판 사이 한가운데에 놓인 $2[\mu\mathrm{C}]$의 전하가 받는 힘은 몇 $[\mathrm{N}]$인가?

㉮ 0 ㉯ 2×10^{-6} ㉰ 1.13×10^2 ㉱ 22.6

2.11 점전하 Q_1, Q_2 사이에 작용하는 힘의 크기가 $10[\mathrm{N}]$이라고 할 때 이들 전하 근처에 또 다른 점전하를 갖다 놓으면, 점전하 Q_1, Q_2 사이에 작용하는 힘의 크기 $10[\mathrm{N}]$에 어떤 변화가 생기는지 설명하라.

2.12 3차원 자유공간에서 $z=0$인 무한평면에 면전하밀도 $\rho_s=20[\mu\mathrm{C/m^2}]$가 있고, 점 $P(0,0,5)$인 곳에 점전하 $Q=100[\mu\mathrm{C}]$이 있다. 그리고 점 $G(0,0,10)$에 y축과 나란한 선전하밀도가 $\rho_L=50[\mu\mathrm{C/m}]$인 무한히 긴 직선 도체가 있다. 이들 세 종류의 전하들에 의한 점 $A(0,0,4)$의 전계의 세기 E_A를 구하라.

2.13 3차원 직각좌표계에서 원점과 점 $(0,1,0)$에 각각 $1[\mathrm{C}]$의 $(+)$전하가 있을 때, 공기 중에서 점 $(0,0,1)$인 점의 전계의 세기 E를 구하라. 단, 거리의 단위는 $[\mathrm{m}]$이다.

2.14 원점에 $10[\mathrm{C}]$의 전하가 있고, $5[\mathrm{m}]$ 떨어진 곳에 $3[\mathrm{C}]$의 전하가 있다. 이 두 전하에 의한 전계의 세기의 크기가 0이 되는 점은 원점으로부터 얼마만큼 떨어져 있는지 구하라.

2.15 3차원 직각좌표계에서 원점에 있는 점전하 $5[\mathrm{C}]$에 의한 점 $P(1,2,3)$의 전계의 세기 E_P를 구하라. 그리고 이 전계의 세기를 구좌표계로 표시하라.

2.16 점 $P_1(1,0,0)$과 점 $P_2(0,1,0)$에 각각 $2[\mathrm{C}]$의 전하가 있을 때 점 $P_3(0,0,1)$의 전계의 세기 E_{P_3}를 구하라.

2.17 서로 평행하며 무한히 넓은 대전된 도체 평면 2개가 $0.3[\mathrm{m}]$ 간격으로 서로 마주보고 있다. 두 도체 평면의 면전하밀도가 각각 $10[\mu\mathrm{C/m^2}]$, $-10[\mu\mathrm{C/m^2}]$라고 할 때, 두 도체판 사이에 작용하는 힘(=서로 끌어당기는 힘)은 단위면적당 얼마인지 구하라.

2.18 다음 그림과 같이 $1[\mathrm{m}]$ 길이의 끈으로 천장에 매달려 있으며 각각 $30[\mu\mathrm{C}]$의 전하로 대전된 두 개의 금속 도체구가 있다. 금속구를 매달고 있는 선이 수직선과 이루는 각도가 $\theta=30^\circ$라고 할 때 금속구 1개의 질량을 구하라. 단, 두 금속구의 질량은 같다.

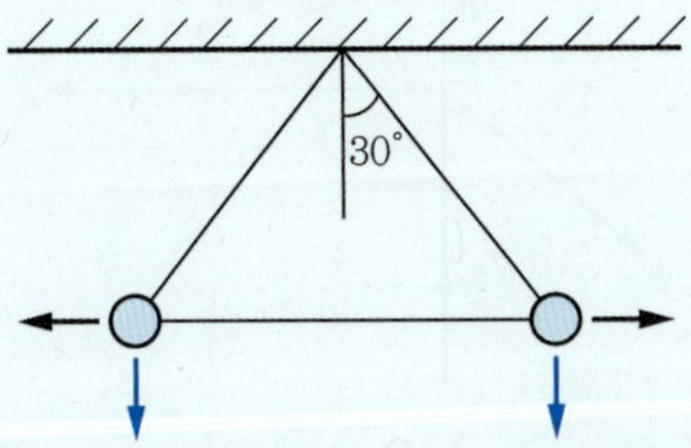

2.19 면전하밀도 $30[\mu\mathrm{C/m^2}]$로 대전된 무한히 넓은 평면 도체 위로 $0.2[\mathrm{m}]$만큼 떨어져 공중에 떠 있는 질량 $5[\mathrm{kg}]$의 대전된 금속구가 있다. 이때 이 금속구의 전하를 구하라.

2.20 선전하밀도가 $\rho_L[\mathrm{C/m}]$인 금속 도체가 다음 그림과 같이 z축을 따라 $z=z_1[\mathrm{m}]$에서 $z=z_2[\mathrm{m}]$까지 놓여 있다. 이때 이 유한 선전하에 의한 점 $P(\rho,\ 90^\circ,\ 0)$의 전계의 세기를 구하라. 그리고 이 결과식을 이용하여 무한히 긴 선전하에 의한 점 P의 전계의 세기를 구하라.

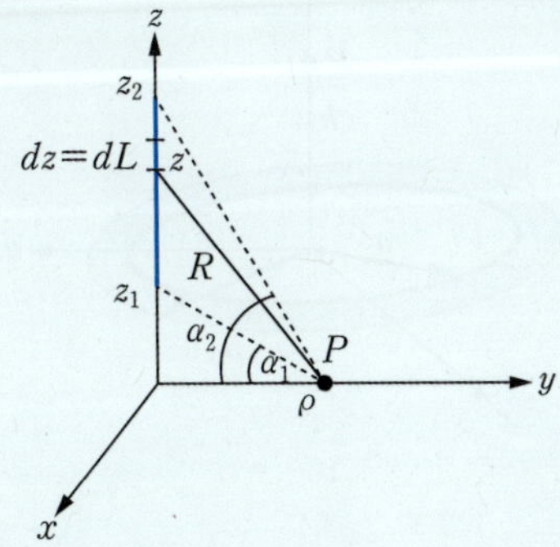

2.21 질량 9.1×10^{-31}[kg], 전하량 $(-)1.6 \times 10^{-19}$[C]인 하나의 전자가 전계의 세기의 크기가 $100[\mu V/m]$로 일정한 진공 중에 놓여 있을 때, 3초 후 전자의 속도가 얼마가 되는지 구하라. 단, 중력은 무시한다.

2.22 선전하밀도가 ρ_L[C/m]인 반직선 금속 도체가 다음 그림과 같이 z축을 따라 $z = 0$에서 $z = -\infty$까지 놓여 있다.

(a) 점 $P(0, 0, h)$의 전계의 세기 E를 구하라.

(b) $\rho_L = 80$[nC/m]라고 할 때 점 P에 있는 전하 $Q = 5[\mu C]$이 받는 힘 F를 구하라.

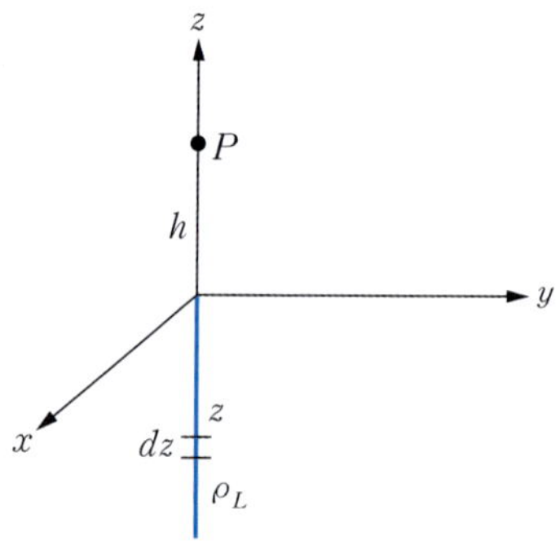

2.23 다음 그림과 같이 안쪽 반지름이 a[m], 바깥쪽 반지름이 b[m]인 고리모양의 금속 도체가 있다. 이 도체의 면전하밀도가 ρ_S[C/m^2]라고 한다.

(a) 점 $P(0, 0, h)$의 전계의 세기를 구하라.

(b) (a)의 결과식에서 $a = 0$, $b = \infty$의 극한을 취해 무한 면전하에 의한 전계의 세기의 식 $E = \dfrac{\rho_S}{2\epsilon_0} a_z$와 일치하는지 확인하라.

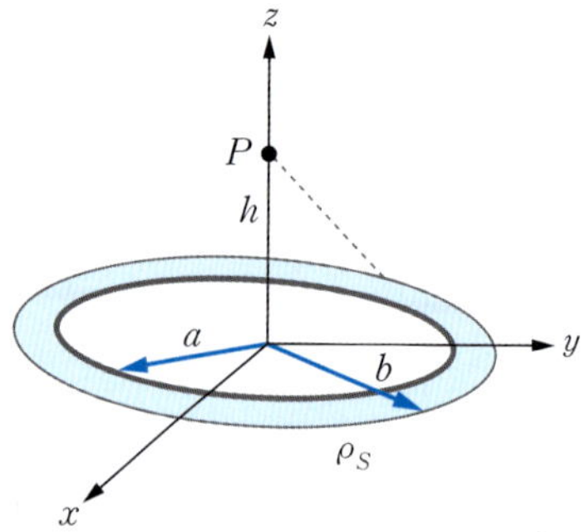

CHAPTER

03

전속밀도와 가우스의 법칙

Electric Flux Density and Gauss's Law

학습목표

- 전기력선으로 전계를 나타낼 수 있고, 전기력선의 방정식을 풀 수 있다.
- 전속밀도를 이용하여 전계의 세기를 구할 수 있다.
- 가우스의 법칙을 이용하여 전속밀도를 구하고, 전계의 세기를 쉽게 알 수 있다.
- 점전하, 선전하, 면전하, 체적전하에 의한 전계의 세기를 구할 수 있다.
- 가우스의 법칙으로부터 제1 맥스웰 방정식의 적분형을 만들 수 있다.
- 발산정리를 이용하여 제1 맥스웰 방정식의 미분형을 구할 수 있다.
- 벡터연산자 ∇을 이용하여 여러 가지 벡터 연산식을 간단히 표시할 수 있다.

전자기학에서는 눈에 보이지 않는 전계를 쉽게 이해할 수 있도록 전기력선을 도입하여 전계의 세기의 크기와 방향을 나타낸다. 그리고 전기력선들을 다발로 묶어 전속과 전속밀도를 정의한다. 이 장에서는 전속밀도와 전하를 관계 짓는 가우스의 법칙, 즉 제1 맥스웰 방정식을 이용하여 전속밀도를 구하고 이를 이용하여 전계의 세기를 구한다. 또한 제1 맥스웰 방정식에 발산정리를 적용하여 제1 맥스웰 방정식의 미분형을 유도한다. 이때 편미분 등 수학적인 계산을 간단하게 표시할 수 있는 벡터연산자 ∇을 소개한다.

SECTION
3.1 전기력선

3.1.1 전기력선의 개념

우리는 앞에서 여러 가지 전하분포에 대한 전계의 세기를 살펴보았다. 그러나 이들 전계의 세기는 수식으로 표시되어 있어서, 그 크기와 방향에 대한 개념을 머릿속에 그려 넣는 데 어려움이 있었다. 그리하여 전계의 세기에 대한 개념을 쉽게, 그리고 좀 더 구체적으로 얻기 위해 **전기력선**electric stream line이라는 가상의 선을 도입한다.

먼저 [그림 3-1]과 같이 어떤 점의 전계의 세기에 대해, 그 점을 시점으로 하고 그 점의 전계의 세기와 같은 방향을 가지며, 크기는 그 점의 전계의 세기의 크기에 비례하도록 벡터를 그리는 도식적인 방법을 생각해보자.

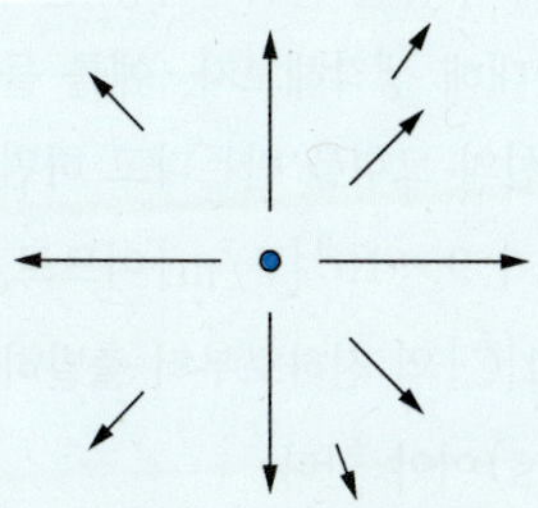

그림 3-1 벡터를 이용한 (+)전하에 의한 전기력선

그러나 이 방법은 실제 사용할 경우 선이 겹치는 등 불편함이 있다. 그래서 [그림 3-2]와 같이 연속하는 선을 사용하게 되었으며, 이를 전기력선이라고 한다. 즉 전기력선이란 눈에 보이지 않는 전계의 모양을 시각적으로 나타내기 위한 선으로, 전계 내에서 단위 (+)전하가 전계의 세기에 의해 이동할 때 그려지는 선이라고 말할 수도 있다. 다만, 이 정의에 따라 전기력선을 그리면 무수히 많은 선을 그릴 수 있으므로 선에 수직인 단위면적($=1[\mathrm{m}^2]$)을 통과하는 전기력선의 수, 즉 단위면적당 전기력선 밀도가 그 점의 전계의 세기의 크기와 같게 그리도록 약속하여 선의 수를 제한한다. 따라서 전기력선의 방향은 전계의 세기의 방향과 일치하며, 전계의 세기의 크기는 그 방향에 수직인 단면을 지나가는 단위면적당 전기력선의 가닥 수, 즉 전기력선 밀도와 같다. 물론 이 전기력선은 (+)전하에서 출발하여 (−)전하에서 끝나며, (−)전하가 없는 경우 [그림 3-2(a)]와 같이 방사상으로 한없이 뻗어나간다. [그림 3-2]는 점전하들에 의한 전기력선의 예를 나타낸 것이다.

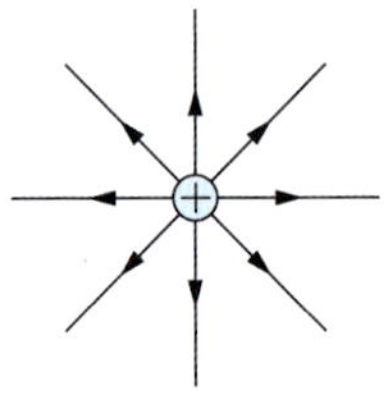

(a) 하나의 (+)전하

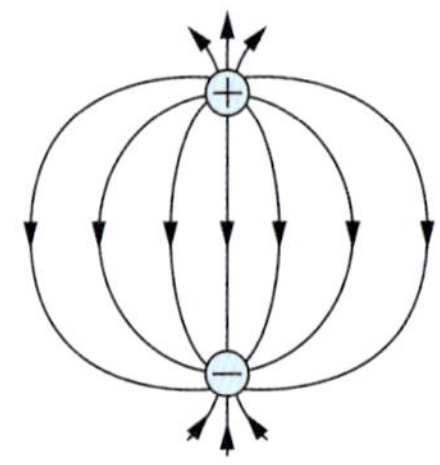

(b) 두 개의 (+), (−)전하

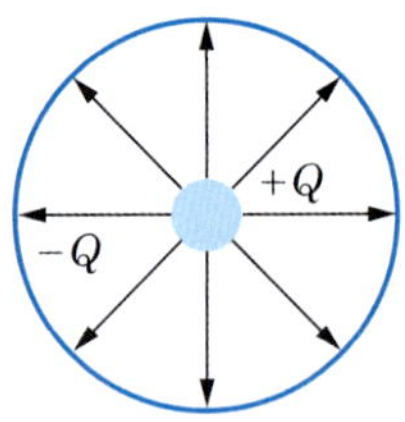

(c) (+), (−)구전하

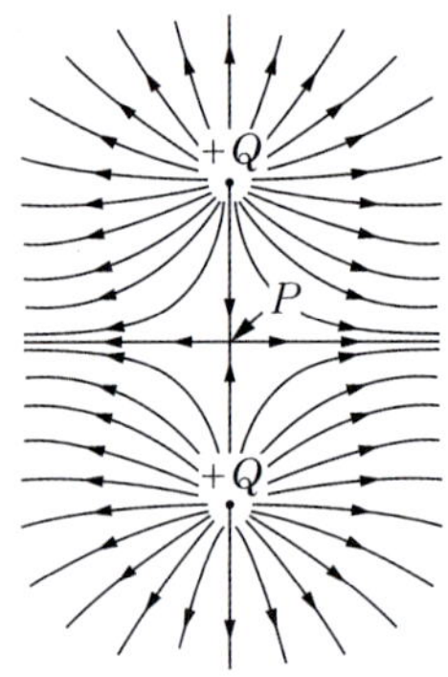

(d) 두 개의 (+)전하

그림 3-2 점전하들에 의한 전기력선의 예

따라서 어떤 점의 전계의 세기의 크기를 알려면, 그 점에서 전계의 세기에 수직인 단위면적당 선의 수, 즉 전기력선 밀도를 구하면 된다. 이러한 전기력선을 그리는 작업에 대해 생각해보자. 예를 들어, 원점에 있는 $(+)1[\mathrm{C}]$의 전하에 의한 전계의 세기를 나타내는 전기력선의 모형을 만든다고 하면 그 전하를 중심으로 그 전하에서 $1[\mathrm{m}]$ 떨어진 점의 전계의 세기의 크기가 $9\times10^9\,[\mathrm{V/m}]$이므로, 즉 그 점의 전기력선 밀도가 $9\times10^9[\mathrm{lines/m^2}]$이려면 원점에 있는 $(+)1[\mathrm{C}]$의 전하로부터 출발하는 전기력선의 총 수가 $4\pi\times9\times10^9\,(=1/\epsilon_0 \fallingdotseq 1.13\times10^{11})$개(= lines)여야 한다.

지금까지의 설명을 간략하게 정리하면, 전기력선은 다음과 같은 성질이 있다.

❶ 전기력선의 어떤 점에서의 접선 방향은 그 점의 전계의 세기의 방향과 일치한다.
❷ 전기력선의 어떤 점에서의 밀도는 그 점의 전계의 세기의 크기와 일치한다.
❸ 전기력선은 $(+)$전하에서 시작하여 $(-)$전하에서 끝난다.
❹ $(+)$전하 $Q[\mathrm{C}]$으로부터 나오는 총 전기력선의 수는 $4\pi\times9\times10^9\,(=1/\epsilon_0)\,Q$개이다.
❺ 전기력선은 폐곡선이 될 수 없다.
❻ 전계의 세기가 0이 아닌 곳에서 두 개의 전기력선이 교차하는 일은 절대로 없다.
❼ 전기력선은 등전위선equipotential lines 또는 등전위면equipotential surface과 직교하며, 도체 표면에 수직이고 도체 내부에는 존재하지 않는다.[1]

1 이는 전계의 세기와 등전위면의 성질로, 자세한 내용은 4장에서 살펴본다.

예제 3-1 전기력선 밀도에 의한 전계의 세기

원점에 $Q=5[\mathrm{C}]$의 (+)전하가 있다. 3[m] 떨어진 점의 전계의 세기의 크기를 전기력선 밀도로 구하라.

풀이

원점에 있는 $Q=5[\mathrm{C}]$의 점전하로부터 방사상으로 나가는 총 전기력선의 수를 구하면

$$5\times4\pi\times9\times10^9\ [\text{lines}]$$

이다. 그러므로 원점에서 3[m] 떨어진 점의 전기력선의 단위면적당 밀도는 다음과 같다.

$$\frac{5\times4\pi\times9\times10^9}{4\pi\times3^2}=5\times10^9\ [\text{lines/m}^2]$$

따라서 그 점의 전계의 세기의 크기는 다음과 같이 된다.

$$E=5\times10^9\ [\mathrm{V/m}]$$

3.1.2 전기력선 방정식

2차원 평면에 그려진 [그림 3-3]과 같은 전기력선의 어떤 점 P에서 그 그래프 접선의 방향, 즉 기울기$(=\Delta y/\Delta x)$는 그 점의 전계의 세기의 방향과 일치한다. 따라서 점 P에서 전계의 세기 $\mathbf{E}_P$의 x 방향 성분과 y 방향 성분을 각각 E_{Px}, E_{Py}라고 하면 다음 식이 성립한다.

$$\frac{E_{Py}}{E_{Px}}\fallingdotseq\frac{\Delta y}{\Delta x} \tag{3.1}$$

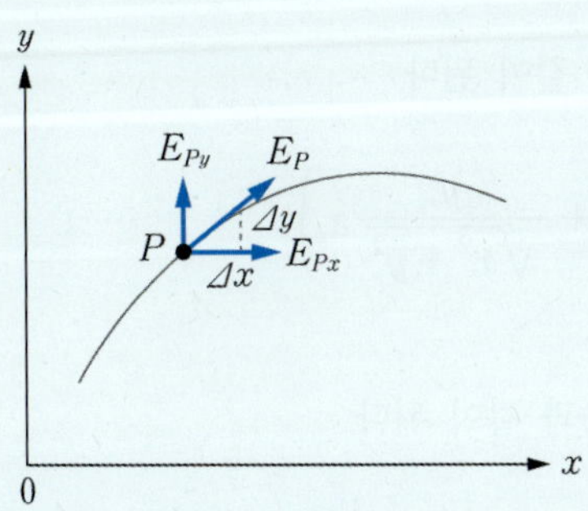

그림 3-3 전기력선 그래프의 예

식 (3.1)로부터 극한을 취하며($\lim_{\triangle x \to 0} (\triangle y/\triangle x) = dy/dx$), 점 P에 국한하지 않고 일반화시키면 전기력선의 그래프는 다음과 같이 표시된다.

$$\frac{E_y}{E_x} = \frac{dy}{dx} \;\Rightarrow\; \frac{dx}{E_x} = \frac{dy}{E_y} \tag{3.2}$$

이를 3차원 공간에 적용시키면 다음과 같이 된다.

$$\frac{dx}{E_x} = \frac{dy}{E_y} = \frac{dz}{E_z} \tag{3.3}$$

또한 원통좌표계 및 구좌표계에 적용시키면 다음과 같이 된다.

$$\frac{d\rho}{E_\rho} = \frac{\rho\, d\phi}{E_\phi} = \frac{dz}{E_z}$$

$$\frac{dr}{E_r} = \frac{r\, d\theta}{E_\theta} = \frac{r \sin\theta\, d\phi}{E_\phi}$$

이러한 방정식들을 **전기력선 방정식**이라고 하는데, 그래프를 실제로 그릴 때는 평면 위에 3차원 그림을 그릴 수 없기 때문에 한 차원은 고정시키고(예를 들어, $z=0$ 또는 $\phi = \frac{\pi}{2}$) 그린다. 또한 원통좌표계나 구좌표계에서 가로축과 세로축에 좌표를 부여하고(예를 들어, 가로축을 θ, 세로축을 r로 하고) 어떤 함수식의 그래프를 그리는 것은 매우 어려우며, 그렇게 그려진 그래프를 이해하는 것도 대단히 어렵다. 따라서 일반적으로 전기력선은 2차원 직각좌표계에 한정하여 그린다.

예제 3-2 전기력선 방정식

z축상에 선전하밀도가 ρ_L인 무한히 긴 선전하가 있다. 점 $P(3, 4, 0)$를 지나는 전기력선의 방정식을 구하라.

풀이

선전하에 의한 전계의 식은 2장의 식 (2.13)에 의해서 다음과 같이 된다.

$$\mathbf{E} = \frac{\rho_L}{2\pi\epsilon_0 \rho}\mathbf{a}_\rho = \frac{\rho_L}{2\pi\epsilon_0\sqrt{x^2+y^2}}\left(\frac{x}{\sqrt{x^2+y^2}}\mathbf{a}_x + \frac{y}{\sqrt{x^2+y^2}}\mathbf{a}_y\right) \qquad \cdots ①$$

따라서 식 (3.2)에 식 ①의 x성분과 y성분을 대입시키면 다음과 같이 된다.

$$\frac{dx}{\dfrac{\rho_L}{2\pi\epsilon_0\sqrt{x^2+y^2}}\dfrac{x}{\sqrt{x^2+y^2}}} = \frac{dy}{\dfrac{\rho_L}{2\pi\epsilon_0\sqrt{x^2+y^2}}\dfrac{y}{\sqrt{x^2+y^2}}} \;\Rightarrow\; \frac{dx}{x} = \frac{dy}{y} \qquad \cdots ②$$

식 ②의 양변을 적분하면 다음과 같다.

$$\int \frac{1}{x}dx = \ln|x|$$

$$\log x = \log y + C_1 \Rightarrow \log y = \log x + \log C \quad \cdots ③$$

$$y = Cx \quad \cdots ④$$

점 $P(3, 4, 0)$를 지나는 전기력선의 식을 얻기 위해 식 ④에 $x=3$, $y=4$를 대입하면

$$4 = C \times 3 \Rightarrow C = \frac{4}{3}$$

이므로, 전기력선의 방정식은 다음과 같이 된다.

$$y = \frac{4}{3}x \quad \cdots ⑤$$

이 결과를 그래프로 나타내면 [그림 3-4]와 같이 된다. 그림에서 보는 바와 같이 식 ④의 C값에 따라 원점을 지나는 여러 직선들이 얻어지며, 그중에 점 $P(3, 4)$를 지나는 전기력선은 오직 하나만 있음을 알 수 있다.

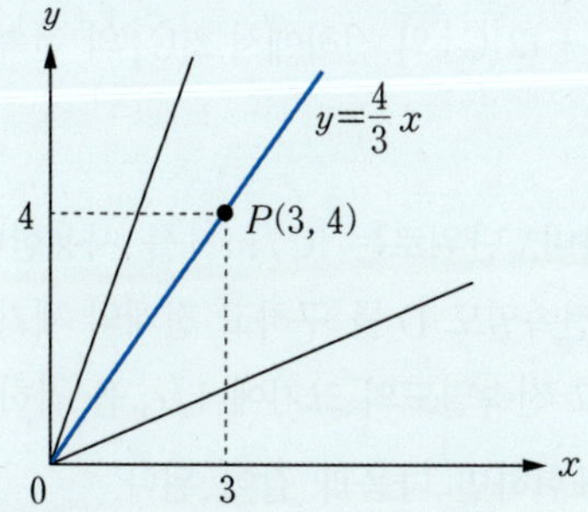

그림 3-4 전기력선 그래프의 예

SECTION 3.2

전속밀도와 전계의 세기

3.1절에서 어떤 점의 전계의 세기의 크기를 구하려면, 그 점의 전기력선 밀도를 구하면 된다는 것을 알았다. 어떤 점의 전기력선 밀도가 그 점의 전계의 세기의 크기와 같도록 규정되어 있기 때문이다. 그러나 실제로 전기력선을 그려보면 1[C]의 전하에 대해서도 약 1.13×10^{11}개의 선을 그려야 하기 때문에 너무 복잡하고, 단위면적당 전기력선의 수를 셀 때도 선이 너무 많아 대단히 불편하다. 그래서 전기력선을 다발flux로 묶어서 취급하게 되었다.

따라서 $4\pi \times 9 \times 10^9 (\fallingdotseq 1.13 \times 10^{11} = 1/\epsilon_0)$[lines]의 전기력선을 한 다발로 묶어서 취급한다. 이때 이 다발을 **전속**electric flux이라고 하며, 단위로는 [C]을 사용한다. 그런데 (+)1[C]의 전하에서는 $4\pi \times 9 \times 10^9$[lines]의 전기력선이 나오므로, 한 다발의 전속이 나온다고 할 수 있다. 또한 전속 단위로 [C]을 사용하므로, (+)1[C]의 전하에서 1[C]의 전속이, (+)2[C]의 전하에서 2[C]의 전속이 나온다고 말할 수 있다.

그리고 단위면적당 전속의 수를 **전속밀도**electric flux density라고 하며, 단위로는 $[\mathrm{C/m^2}]$를 사용한다. 이제부터는 어떤 점의 전계의 세기 E를 구할 때, 먼저 그 점의 전속밀도 D를 구하고 전계의 세기의 방향은 그 전속밀도의 방향으로, 그리고 전계의 세기의 크기는 그 전속밀도의 크기에 $1/\epsilon_0$을 곱하여 정한다. 이 전계의 세기와 전속밀도의 관계를 식으로 간단히 표현하면 다음과 같이 된다.

$$\mathrm{E} = \frac{1}{\epsilon_0}\mathrm{D} \quad (3.4)$$

$$\mathrm{D} = \epsilon_0 \mathrm{E} \quad (3.5)$$

예제 3-3 **전계의 세기에 의한 전속밀도**

z축을 따라 선전하밀도가 $\rho_L = 16[\text{nC/m}]$인 무한히 긴 직선 도체가 있다. 전속밀도의 정의를 이용하여 $\rho = 0.2[\text{m}]$인 지점의 전속밀도 $\mathbf{D}$를 구하라.

풀이

$\rho = 0.2[\text{m}]$인 지점의 전계의 세기를 구하면 식 (2.13)에 의해 다음과 같이 된다.

$$\begin{aligned} \mathbf{E} &= \frac{\rho_L}{2\pi\epsilon_0 \rho}\, \mathbf{a}_\rho = \frac{16 \times 10^{-9}}{2\pi\epsilon_0 \times 0.2}\, \mathbf{a}_\rho \\ &= 9 \times 10^{10} \times 16 \times 10^{-9}\, \mathbf{a}_\rho = 1.44 \times 10^3\, \mathbf{a}_\rho\ [\text{V/m}] \end{aligned}$$

따라서 그 점의 전속밀도는 다음과 같다.

$$\begin{aligned} \mathbf{D} &= \epsilon_0 \mathbf{E} = \frac{1}{4\pi \times 9 \times 10^9} \times 1.44 \times 10^3\, \mathbf{a}_\rho \\ &\fallingdotseq 1.27 \times 10^{-8}\, \mathbf{a}_\rho\ [\text{C/m}^2] \end{aligned}$$

SECTION 3.3 가우스의 법칙

여기에서는 전계를 다루는 문제에서 가장 중요한 가우스의 법칙을 소개하고자 한다. 그 전에 이해를 돕기 위해 [그림 3-5]의 어떤 도체 단면을 통과하는 전류 I와 전류밀도current density $\mathrm{J}\,[\mathrm{A/m^2}]$를 먼저 생각해보자. 그림에서 도체에 비스듬한 단면적 S_2의 면적은 도체에 수직인 단면적 S_1의 면적보다 크다. 그러나 이 단면적들을 지나는 전류의 값은 서로 같다. 즉 다음과 같이 나타낼 수 있다.

$$I = JS_1 = JS_2\cos\theta \tag{3.6}$$

이를 면적벡터를 이용해 다시 표현하면 다음과 같이 간단히 표현된다.

$$I = \mathrm{J} \cdot \mathrm{S}_1 = \mathrm{J} \cdot \mathrm{S}_2 \tag{3.7}$$

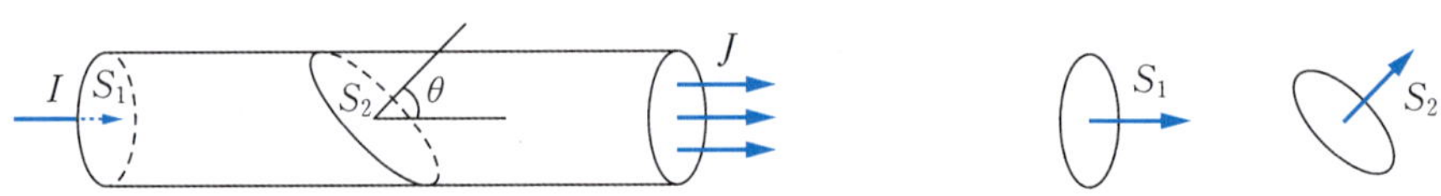

(a) 도체에 흐르는 전류와 전류밀도 (b) 면적벡터 표시

그림 3-5 전류밀도와 단면적

이 예에서 알 수 있듯이 어떤 단면을 흘러나가는 전류는 전류밀도와 그 면적의 내적으로 구할 수 있다. 이와 같이 어떤 점에서 그 점의 전속밀도를 D 라고 할 때, 그 점에서 조그만 면적 $\Delta \mathrm{S}$를 통해 지나가는 전속의 수 $\Delta\psi$는 다음과 같다.

$$\Delta\psi = \mathrm{D} \cdot \Delta\mathrm{S} \tag{3.8}$$

[그림 3-6]과 같은 폐곡면에서 밖으로 나가는 총 전속은 다음과 같이 폐곡면을 n개의 조그만 면적들로 나누고, 그 조그만 면적들을 지나는 전속들을 각각 구하여 합한 것과 대략 같다고 할 수 있다.

$$\Psi \fallingdotseq \sum_{i=1}^{n} \mathrm{D}_{si} \cdot \Delta\mathrm{S}_i \tag{3.9}$$

좀 더 정확한 값을 구하기 위해서는 전체 폐곡면을 좀 더 많이 작은 면적으로 나누어 다음과 같이 구하면 된다.

$$\Psi = \lim_{n\to\infty}\sum_{i=1}^{n} \mathrm{D}_{si} \cdot \triangle \mathrm{S}_i \equiv \oint_S \mathrm{D}_s \cdot d\mathrm{S} \tag{3.10}$$

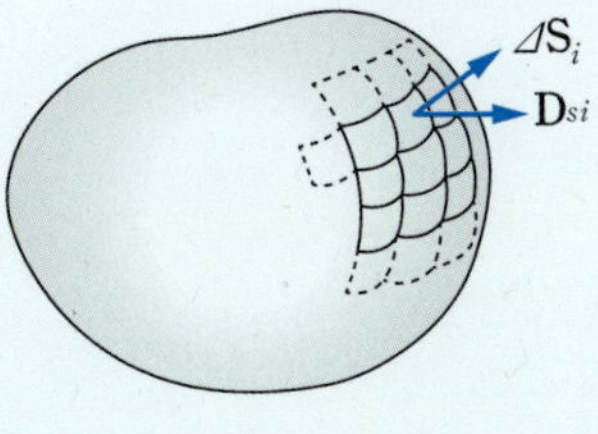

그림 3-6 폐곡면을 지나 밖으로 나가는 전속

[그림 3-6]의 폐곡면 안에 1[C]의 (+)전하가 있다고 하면 폐곡면 밖으로 나가는 총 전속은 1[C]일 것이고, 폐곡면 안에 (+)2[C]의 전하가 있다고 하면 폐곡면 밖으로 나가는 총 전속은 2[C]일 것이다. 다시 말해, 폐곡면 안에 Q_{in}[C]의 (+)전하가 있다고 하면, 이 폐곡면을 통과하여 밖으로 나가는 총 전속 Ψ[C]은 Q_{in}[C]과 같다.

$$\Psi = Q_{in}$$

지금까지의 설명을 종합하면 '**어떤 폐곡면을 지나 밖으로 나가는 총 전속은 그 폐곡면 안에 있는 총 전하량과 같다**'고 정의할 수 있고, 이를 식으로 표시하면 다음과 같다.

$$\oint_S \mathrm{D}_s \cdot d\mathrm{S} = Q_{in} \tag{3.11}$$

식 (3.11)을 **가우스의 법칙**Gauss's law이라고 한다. 여기에서 우리가 특별히 주의할 점은 식 (3.11)의 모양만 봐서는 이 식이 전하 Q_{in}을 구하기 위한 식으로 보기 쉽지만 사실은 전속밀도 D_s를 구하기 위한 식이라는 것이다. 다시 말하면, 전속밀도가 주어졌을 때 그것을 어떤 폐곡면에 대해 적분하여 그 폐곡면 안에 있는 전하량을 구하기 위한 식이 아니라, 전하량이 주어졌을 때 그 전하량에 의한 어떤 지점의 전속밀도를 구하기 위한 식이라는 의미이다. 궁극적으로는 구한 그 전속밀도로 그 지점의 **전계의 세기를 구하기 위한 식**이라고 할 수 있다.

Q&A 전류밀도란?

단위면적당 전류량을 나타내는 벡터이다. 단위로는 $[\mathrm{A/m^2}]$를 사용하고, 방향은 전류가 흐르는 방향과 같으며, 주로 J로 표시한다. 그리고 도체에 전류가 흐를 때 전류량을 도체의 단면적으로 나눈 값이 전류밀도의 크기가 된다.

어떤 금속 도선에 전류가 흐를 때 전류량은 도선의 굵기와 관계없이 단위시간당 도선의 단면을 지나가는 전하량으로 결정한다. 그런데 전류의 크기가 같더라도 단면적이 큰 도선으로 흐르면 전류밀도가 작고, 단면적이 작은 도선으로 흐르면 전류밀도가 크다.

여기서 잠깐 **면적적분**

[그림 3-7(a)]와 같은 영역 S에서, 위치에 의해 그 값이 정의되는 함수 $f(x, y)$에 대한 면적적분은 다음과 같이 정의된다.

$$\int_S f(x,y)\,dS = \lim_{n\to\infty}\sum_{k=1}^{n} f(x_k, y_k)\,\triangle S_k \qquad \cdots ①$$

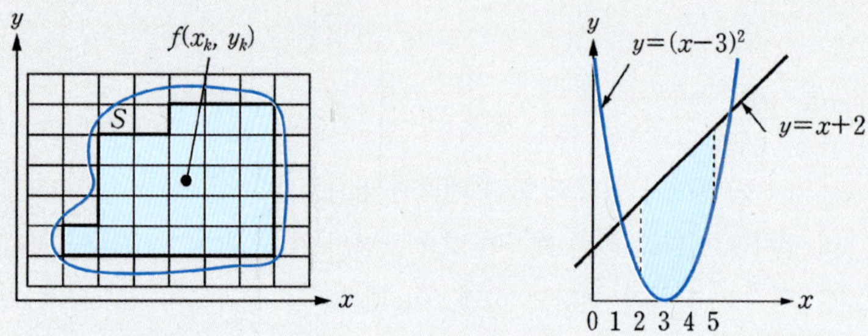

(a) 조그만 면적으로 나누어 값 계산

(b) 면적적분에 의한 땅값 계산의 예

그림 3-7 면적적분

예를 들어, 단위면적당 땅값이 다음과 같은 지역이 있다고 하자.

$$f(x,y) = 100 - x + 2y\ [\text{만원}/\text{m}^2] \qquad \cdots ②$$

[그림 3-7(b)]와 같이 $x=2$, $x=5$, $y=(x-3)^2$, $y=x+2$로 둘러싸인 땅값 M은 면적적분을 이용하여 다음과 같이 구할 수 있다.

$$M = \int_{x=2}^{x=5}\int_{y=(x-3)^2}^{y=x+2}(100-x+2y)\,dy\,dx \qquad \cdots ③$$

$$\int_{y=(x-3)^2}^{y=x+2}(100-x+2y)\,dy \qquad \cdots ④$$

$$= \left[100y - xy + y^2\right]_{y=(x-3)^2}^{y=x+2}$$

$$= \left[\begin{aligned}&100(x+2) - x(x+2) + (x+2)^2 \\ &\quad -\{100(x-3)^2 - x(x-3)^2 + (x-3)^4\}\end{aligned}\right]$$

$$= -x^4 + 13x^3 - 160x^2 + 819x - 777$$

$$\int_{x=2}^{x=5}(-x^4 + 13x^3 - 160x^2 + 819x - 777)\,dx \qquad \cdots ⑤$$

$$= \left[-\frac{1}{5}x^5 + \frac{13}{4}x^4 - \frac{160}{3}x^3 + \frac{819}{2}x^2 - 777x\right]_{x=2}^{x=5}$$

$$= 1{,}389.15\,[\text{만원}] \qquad \cdots ⑥$$

☞ 여기서는 연습으로 면적적분을 구해봤으나, 가우스의 법칙을 이용해서 전속밀도를 구할 때는 이러한 면적적분을 실제로 구할 필요가 없다.

SECTION 3.4

가우스의 법칙의 응용

지금까지는 2장에서 배운 쿨롱의 법칙을 이용해 점전하, 선전하, 면전하에 의한 전계의 세기를 구했다. 이 과정에서 우리는 어려운 선적분 또는 면적적분을 해야 했다. 그러나 이 절에서는 이들 전계의 세기를 가우스의 법칙을 이용하여 (복잡한 적분 계산 없이) 좀 더 쉽게 구하고자 한다.

3.4.1 점전하에 의한 전계의 세기

[그림 3-8]에서 점전하 $(+)Q[\mathrm{C}]$으로부터 $r[\mathrm{m}]$만큼 떨어진 점 P의 전계의 세기 $\mathbf{E}_P$를 구해보자. 이를 위해 점전하를 원점으로 하는 반지름 r인 구를 생각한다. 이 구 표면에 가우스의 법칙

$$\oint_S \mathbf{D}_s \cdot d\mathbf{S} = Q_{in} \tag{3.12}$$

을 적용하면, 점전하 $Q[\mathrm{C}]$로부터 똑같은 거리만큼 떨어진 구 표면의 모든 점들은 대칭성에 의해 전계의 세기의 크기가 같다. 그리고 방향은 방사상, 즉 $\mathbf{a}_r$ 방향이 된다.

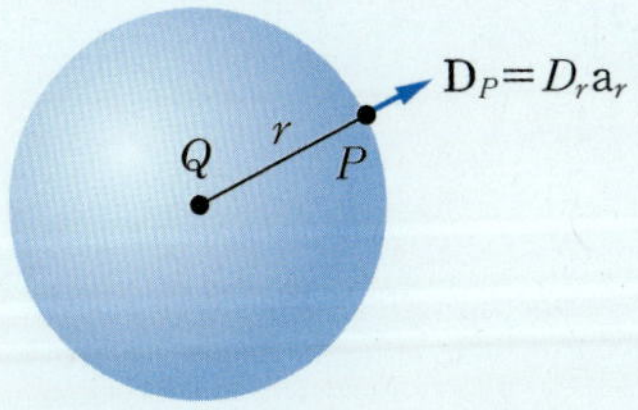

그림 3-8 점전하에 의한 전속밀도

따라서 식 (3.12)는 다음과 같이 전개된다.

$$\oint_S \mathbf{D}_s \cdot d\mathbf{S} = \oint_S D_r \mathbf{a}_r \cdot dS\mathbf{a}_r \tag{3.13}$$

$$= \oint_S D_r\, dS$$

$$= D_r \times 4\pi r^2 = Q \;\Rightarrow\; D_r = \frac{Q}{4\pi r^2} \tag{3.14}$$

따라서 전속밀도 $\mathbf{D}_P$는

$$\mathbf{D}_P = D_r\,\mathbf{a}_r = \frac{Q}{4\pi r^2}\,\mathbf{a}_r$$

이므로, 전계의 세기 $\mathbf{E}_P$는 다음과 같이 된다.

$$\mathbf{E}_P = \frac{1}{\epsilon_0}\mathbf{D}_P = \frac{Q}{4\pi\epsilon_0 r^2}\,\mathbf{a}_r \tag{3.15}$$

예제 3-4 가우스의 법칙의 응용 – 점전하에 의한 전계의 세기

원점에 놓여 있는 반지름이 0.01[m]인 도체구에 2[C]의 전하가 있다. 가우스의 법칙을 이용해 이 도체구의 중심에서 0.3[m] 떨어진 지점 P에 대해 다음을 구하라.

(a) 전속밀도 $\mathbf{D}_P$

(b) 전기력선 밀도

(c) 전계의 세기 $\mathbf{E}_P$

풀이

(a) 가우스의 법칙 식 (3.12)를 적용하여 전개하면 다음과 같다.

$$\oint_S \mathbf{D}_s \cdot d\mathbf{S} = Q_{in}$$

$$D_r \times 4\pi r^2 = Q_{in}$$

$$D_r \times 4\pi \times 0.3^2 = 2$$

$$\Rightarrow D_r = \frac{2}{4\pi \times 0.3^2} = \frac{2}{0.36\pi}\ [\mathrm{C/m^2}]$$

따라서 전속밀도 $\mathbf{D}_P$는 다음과 같이 된다.

$$\mathbf{D}_P = \frac{2}{0.36\pi}\,\mathbf{a}_r\ [\mathrm{C/m^2}]$$

(b) 3.2절 전속밀도의 정의에 의해 다음과 같이 구할 수 있다.

$$\text{전기력선 밀도} = \frac{1}{\epsilon_0}\mathbf{D}_P = 4\pi \times 9 \times 10^9 \times \frac{2}{0.36\pi}\,\mathbf{a}_r$$

$$= 1.8 \times 10^{12}\,\mathbf{a}_r\ [\mathrm{lines/m^2}]$$

(c) '전계의 세기=전기력선 밀도'이므로 전계의 세기 $\mathbf{E}_P$는 다음과 같이 된다.

$$\mathbf{E}_P = 1.8 \times 10^{12}\,\mathbf{a}_r\ [\mathrm{V/m}]$$

3.4.2 선전하에 의한 전계의 세기

[그림 3-9]에서 선전하밀도가 $\rho_L[\mathrm{C/m}]$인 무한히 긴 선전하로부터 $\rho[\mathrm{m}]$만큼 떨어진 점 P의 전계의 세기 E_P를 구해보자. 선전하를 축으로 하고 반지름 $\rho[\mathrm{m}]$, 높이 $h[\mathrm{m}]$인 원통을 생각한다. 이 원통면에 가우스의 법칙

$$\oint_S \mathrm{D}_s \cdot d\mathrm{S} = Q_{in} \tag{3.16}$$

을 적용하면, 선전하로부터 똑같은 거리만큼 떨어진 원통 옆면의 모든 점들은 대칭성에 의해 전계의 세기의 크기가 같고, a_ρ 방향이 된다.

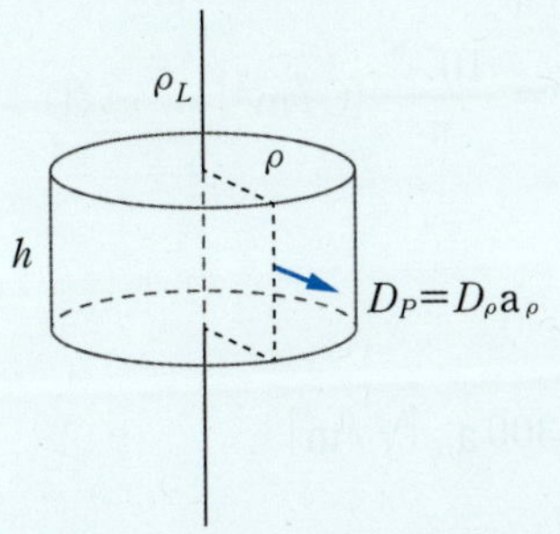

그림 3-9 선전하에 의한 전속밀도

따라서 식 (3.16)은 다음과 같이 전개된다(이때 위, 아래 면 방향으로는 전계의 세기가 없으므로 위, 아래 방향으로는 전속밀도도 없다. 그러므로 폐곡면에 대한 적분에서 위, 아래 면에 대한 적분은 생략한다).

$$\oint_S \mathrm{D}_s \cdot d\mathrm{S} = \int_S D_\rho \mathrm{a}_\rho \cdot dS\mathrm{a}_\rho \tag{3.17}$$

$$= \int_S D_\rho dS$$

$$= D_\rho \times 2\pi\rho h = Q_{in}$$

$$\Rightarrow D_\rho = \frac{Q_{in}}{2\pi\rho h} = \frac{\rho_L \times h}{2\pi\rho h} = \frac{\rho_L}{2\pi\rho} \tag{3.18}$$

따라서 전속밀도 D_P는

$$\mathrm{D}_P = D_\rho \mathrm{a}_\rho = \frac{\rho_L}{2\pi\rho}\mathrm{a}_\rho$$

이므로, 전계의 세기 E_P는 다음과 같이 된다.

$$\mathrm{E}_P = \frac{1}{\epsilon_0}\mathrm{D}_P = \frac{\rho_L}{2\pi\epsilon_0\rho}\mathrm{a}_\rho \tag{3.19}$$

예제 3-5 **가우스의 법칙의 응용 – 선전하에 의한 전계의 세기**

z축상에 무한히 긴 선전하가 있다. 선전하밀도를 $\rho_L = 20[\mathrm{nC/m}]$라고 할 때, 가우스의 법칙을 이용하여 점 $P(0.8, 0.6, 0.5)$에서의 전계의 세기를 구하라.

풀이

선전하의 총 길이를 $l[\mathrm{m}]$라 하고, 가우스의 법칙 식 (3.16)을 적용하여 전개하면 다음과 같다.

$$\oint_S \mathbf{D}_s \cdot d\mathbf{S} = Q_{in}$$

$$D_\rho \mathbf{a}_\rho \cdot 2\pi\rho l \mathbf{a}_\rho = \rho_L \times l$$

$$D_\rho \times 2\pi\rho l = \rho_L \times l$$

$$\Rightarrow D_\rho = \frac{\rho_L \times l}{2\pi\rho l} = \frac{\rho_L}{2\pi\rho} = \frac{20\times 10^{-9}}{2\pi\times\sqrt{0.8^2+0.6^2}} = \frac{10^{-8}}{\pi}[\mathrm{C/m^2}] \quad \cdots ①$$

따라서 전계의 세기 $\mathbf{E}_P$를 구하면 다음과 같이 된다.

$$\mathbf{E}_P = \frac{1}{\epsilon_0}\times \mathbf{D}_P = 4\pi\times 9\times 10^9 \times \frac{10^{-8}}{\pi}\mathbf{a}_\rho = 360\,\mathbf{a}_\rho\ [\mathrm{V/m}] \quad \cdots ②$$

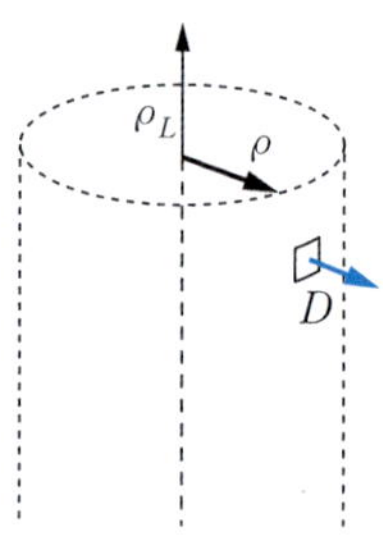

그림 3-10 선전하에 의한 전속밀도

3.4.3 면전하에 의한 전계의 세기

[그림 3-11]에서 면전하밀도가 $\rho_S[\mathrm{C/m^2}]$인 무한히 넓은 면전하로부터 위로 $h[\mathrm{m}]$만큼 떨어진 점 P의 전계의 세기 $\mathbf{E}_P$를 구해보자. 면전하의 위, 아래로 밑넓이 $S[\mathrm{m^2}]$, 높이 $h[\mathrm{m}]$인 직육면체 체적을 생각한다. 이 직육면체의 체적에 가우스의 법칙

$$\oint_S \mathbf{D}_s \cdot d\mathbf{S} = Q_{in} \tag{3.20}$$

을 적용하면, 면전하로부터 똑같은 거리만큼 떨어진 위, 아래 면의 모든 점들은 대칭성에 의해 전계의 세기의 크기는 같고, 방향만 $\mathbf{a}_n$, $-\mathbf{a}_n$이 된다.

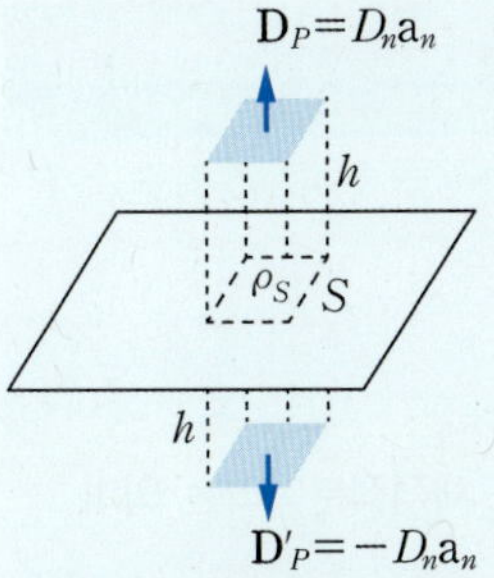

그림 3-11 면전하에 의한 전속밀도

따라서 식 (3.20)은 다음과 같이 전개된다(이때 직육면체의 옆면 방향으로는 전계의 세기가 없으므로 옆면 방향으로는 전속밀도도 없다. 그러므로 폐곡면에 대한 적분에서 옆면에 대한 적분은 생략한다).

$$\oint_S D_s \cdot dS = \int_{윗면} D_s \cdot dS + \int_{아랫면} D_s \cdot dS \tag{3.21}$$

$$= \int_{윗면} D_n a_n \cdot dS a_n + \int_{아랫면} D_n(-a_n) \cdot dS(-a_n)$$

$$= 2\int_{윗면} D_n dS = 2 \times D_n \times S = Q_{in}$$

$$\Rightarrow D_n = \frac{Q_{in}}{2S} = \frac{\rho_S \times S}{2S} = \frac{\rho_S}{2} \tag{3.22}$$

따라서 전속밀도 D_P는

$$D_P = D_n a_n = \frac{\rho_S}{2} a_n$$

이므로, 전계의 세기 E_P는 다음과 같이 된다.

$$E_P = \frac{1}{\epsilon_0} D_P = \frac{\rho_S}{2\epsilon_0} a_n \tag{3.23}$$

이상에서 우리는 가우스의 법칙을 이용해 점전하, 선전하, 면전하에 의한 전계의 세기를 구해보았다. 이 과정에서 알 수 있듯이, 가우스의 법칙을 이용하면 2장에서 복잡한 적분으로 구했던 것보다 훨씬 쉽게 전계의 세기를 구할 수 있다. 이는 가우스의 법칙에서 면적적분을 실행할 때 대칭성을 이용하여 우리가 구하고자 하는 전속밀도와 같은 전속밀도를 갖는 폐곡면을 취하고 적분함으로써 적분식을 마치 대수식을 푸는 것처럼 할 수 있어, 원하는 전속밀도를 쉽게 구할 수 있었기 때문이다. 앞으로 어떤 지점의 전계의 세기를 구할 때는 대부분 가우스의 법칙을 이용하여 먼저 그 점의 전속밀도를 구하고, 그 전속밀도에 $1/\epsilon_0$을 곱해 전계의 세기를 얻을 것이다. 그러나 이때 주의할 점은 전하의 분포가 복잡하여 대칭성을 쉽게 이용할 수 없는 경우에는 이 방법을 사용할 수 없다는 것이다.

Q&A 가우스의 법칙의 적분식에서 기호와 첨자가 나타내는 의미는?

$\oint_S \mathrm{D}_s \cdot d\mathrm{S} = Q_{in}$에서 기호와 첨자의 의미는 다음과 같다.

- 적분기호의 원$\left(\oint\right)$은 폐곡선이나 폐곡면에 대한 적분이라는 의미이다.
- 적분기호 밑의 S 첨자$\left(\int_S\right)$는 면적적분이라는 의미이다. vol 첨자$\left(\int_{vol}\right)$는 체적적분이라는 의미로, c 첨자$\left(\int_c\right)$는 선적분이라는 의미로 사용한다. 그러나 다른 방법으로, 면적적분은 적분기호 2개를, 체적적분은 적분기호 3개를 사용하는 경우도 있다.
- 전속밀도에 붙은 S 첨자(D_s)는 폐곡면 안에 있는 전속밀도가 아니라, 폐곡면 표면의 전속밀도라는 의미이다.
- 전하량에 붙은 in이라는 첨자(Q_{in})는 폐곡면 안에 있는 전하라는 의미이다.

예제 3-6 동심구도체에서의 전계의 세기

[그림 3-12]와 같은 동심구도체가 있다. 내부 도체와 외부 도체 안과 밖의 반지름이 각각 a[m], b[m], c[m]이고, 내부 도체와 외부 도체 구는 공기로 절연되어 있다고 한다. 외부 도체구에 전하량 Q_2[C]을 대전charging시키고, 다시 내부 도체구에 전하량 Q_1[C]을 대전시켰을 때 다음 각 영역에서의 전계의 세기를 구하라.

(a) $0 < r < a$ (b) $a < r < b$

(c) $b < r < c$ (d) $c < r$

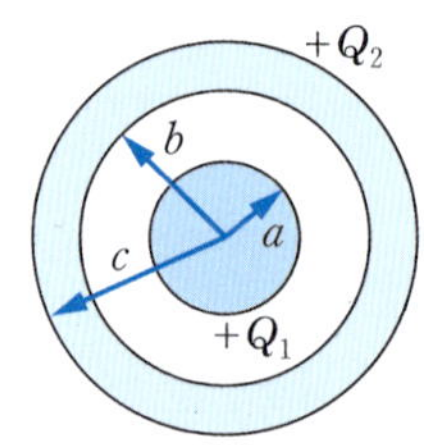

그림 3-12 동심구도체

풀이

동심구도체 내부 도체에 (+)전하를 놓으면 [그림 3-13]과 같이 정전유도현상에 의해 외부 구도체 안쪽에 같은 크기의 (−)전하량이 유도되고, 바깥쪽에 같은 크기의 (+)전하량이 생긴다.

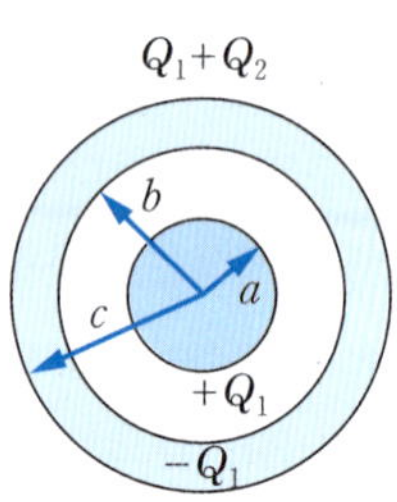

그림 3-13 동심구도체의 정전유도현상

(a) $0 < r < a$

금속 도체에 전하를 갖다 놓으면 모든 전하는 외부 표면으로 이동하고 내부에는 전하가 존재하지 않는다. 따라서 내부의 어떤 영역에도 전속밀도가 존재하지 않으며 전계의 세기도 0이다.

$$\mathrm{E} = 0 \ [\mathrm{V/m}]$$

(b) $a < r < b$

폐곡면 안에 전하는 Q_1뿐이므로 $D_r = \dfrac{Q_1}{4\pi r^2}$이다. 따라서 전계의 세기는 다음과 같이 된다.

$$\mathrm{E} = \frac{1}{\epsilon_0}\mathrm{D} = \frac{Q_1}{4\pi\epsilon_0 r^2}\mathbf{a}_r$$

(c) $b < r < c$

이 범위에서 동심구도체를 나타내면 [그림 3-14]와 같다.

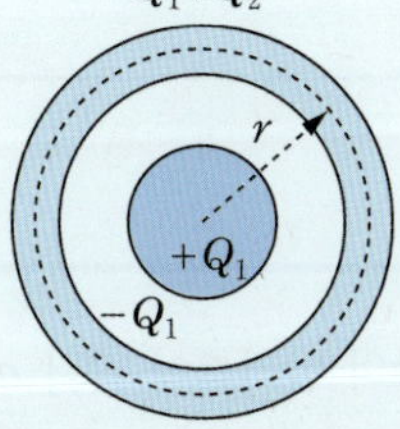

그림 3-14 동심구도체 $b \le r \le c$

가우스의 법칙을 적용하여 전개하면 다음과 같다.

$$\oint_S \mathrm{D}_s \cdot d\mathrm{S} = Q_{in}$$

$$D_r \times 4\pi r^2 = Q_1 + (-)Q_1 = 0$$

$$\Rightarrow \ D_r = 0$$

따라서 전계의 세기는 다음과 같이 된다.

$$\mathrm{E} = 0$$

(d) $c < r$

가우스의 법칙을 적용하여 전개하면 다음과 같다.

$$\oint_S \mathrm{D}_s \cdot d\mathrm{S} = Q_{in}$$

$$D_r \times 4\pi r^2 = Q_1 + (-)Q_1 + Q_1 + Q_2 = Q_1 + Q_2$$

$$\Rightarrow \ D_r = \frac{Q_1 + Q_2}{4\pi r^2}$$

따라서 전계의 세기는 다음과 같이 된다.

$$\mathrm{E} = \frac{1}{\epsilon_0}\mathrm{D} = \frac{Q_1 + Q_2}{4\pi\epsilon_0 r^2}\,\mathrm{a}_r$$

이상의 결과를 그림으로 나타내면 [그림 3-15]와 같이 된다.

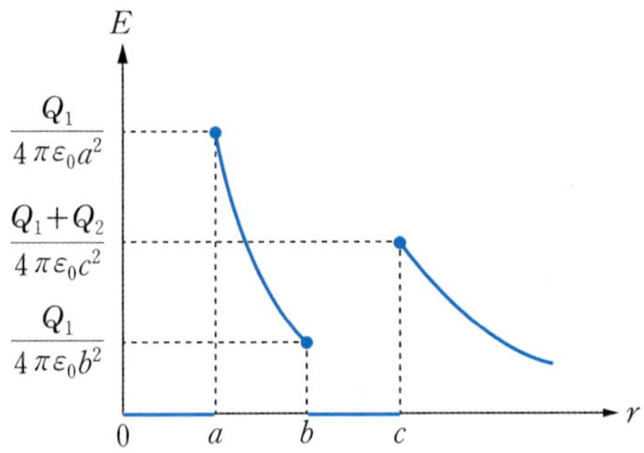

그림 3-15 동심구도체의 영역별 전계의 세기의 크기

예제 3-7 동축케이블에서의 전계의 세기

[그림 3-16]과 같은 동축케이블이 있다. 내부 도체와 외부 도체 안과 밖의 반지름이 각각 a[m], b[m], c[m]이고 내부 도체와 외부 도체는 공기로 절연되어 있다고 한다. 내부 도체의 선전하밀도가 ρ_L[C/m]일 때, 다음 각 영역에서의 전계의 세기를 구하라.

(a) $0 < \rho < a$ (b) $a < \rho < b$ (c) $b < \rho < c$ (d) $c < \rho$

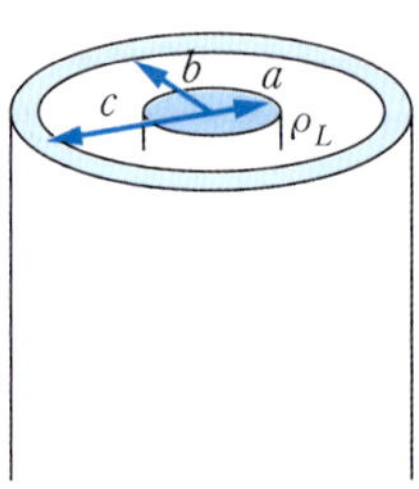

그림 3-16 동축케이블

풀이

동축케이블 내부 도체에 (+)전하를 놓으면 [그림 3-17]과 같이 정전유도현상에 의해 외부 도체 안쪽에 같은 크기의 (−)전하량이 유도되고, 바깥쪽에 같은 크기의 (+)전하량이 생긴다.

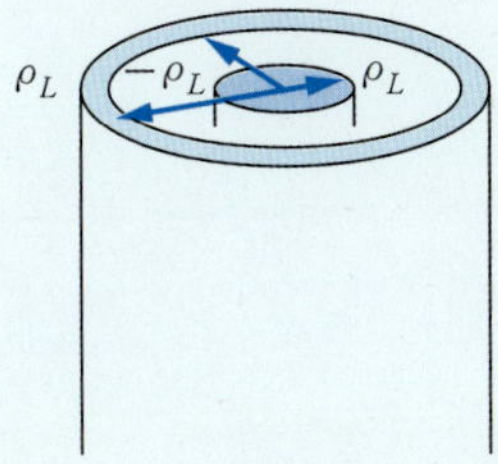

그림 3-17 동축케이블의 정전유도현상

(a) $0 < \rho < a$

금속 도체에 전하를 갖다 놓으면 모든 전하는 외부 표면으로 이동하고 내부에는 전하가 존재하지 않는다. 따라서 내부의 어떤 영역에도 전속밀도가 존재하지 않으며 전계의 세기도 0이다.

$$\mathrm{E} = 0\ [\mathrm{V/m}]$$

(b) $a < \rho < b$

폐곡면 안에 선전하밀도는 ρ_L뿐이므로 $D_\rho = \dfrac{\rho_L}{2\pi\rho}$이다. 따라서 전계의 세기는 다음과 같이 된다.

$$\mathrm{E} = \frac{1}{\epsilon_0}\mathrm{D} = \frac{\rho_L}{2\pi\epsilon_0\rho}\,\mathrm{a}_\rho$$

(c) $b < \rho < c$

가우스의 법칙을 적용하여 전개하면 다음과 같다.

$$\oint_S \mathrm{D}_s \cdot d\mathrm{S} = Q_{in}$$

$$D_\rho \times 2\pi\rho l = \rho_L \times l + (-)\rho_L \times l = 0 \ \Rightarrow\ D_\rho = 0$$

따라서 전계의 세기는 다음과 같이 된다.

$$\mathrm{E} = 0$$

(d) $c < \rho$

가우스의 법칙을 적용하여 전개하면 다음과 같다.

$$\oint_S \mathrm{D}_s \cdot d\mathrm{S} = Q_{in}$$

$$D_\rho \times 2\pi\rho l = \rho_L \times l + (-)\rho_L \times l + \rho_L \times l = \rho_L \times l \ \Rightarrow\ D_\rho = \frac{\rho_L}{2\pi\rho}$$

따라서 전계의 세기는 다음과 같이 된다.

$$\mathrm{E} = \frac{1}{\epsilon_0}\mathrm{D} = \frac{\rho_L}{2\pi\epsilon_0\rho}\,\mathrm{a}_\rho$$

이상의 결과를 그림으로 나타내면 [그림 3-16]과 같이 된다.

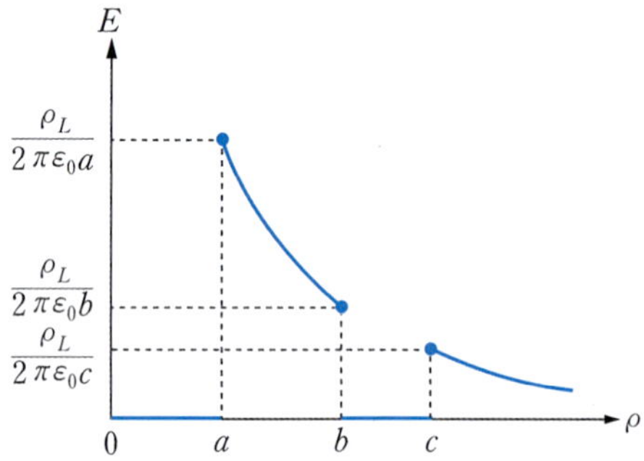

그림 3-18 동축케이블의 영역별 전계의 세기의 크기

☞ 동축케이블의 외부도체를 접지시키면, 정전유도현상에 의해 외부도체에 생기는 (+)전하가 땅으로 이동하고, 동심케이블의 외부는 전계의 세기가 0이 된다.

예제 3-8 구형 전자구름에서의 전계의 세기

[그림 3-19]와 같이 전자들이 둥근 구 모양으로 모여 있는 경우의 전계의 세기를 구하라. 단, 전자의 밀도는 균일하고 전체 전하량은 $(-)Q[\mathrm{C}]$이라고 한다.

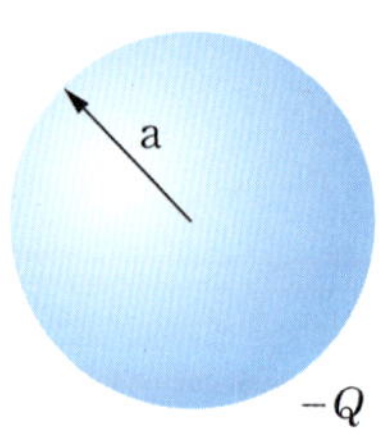

그림 3-19 구형 전자구름

풀이

영역을 전자구름 안과 밖으로 나누어 각각의 영역에서의 전계의 세기를 구해보자.

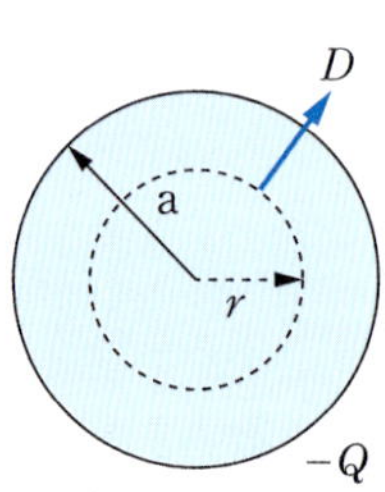

그림 3-20 전자구름 안에서의 전속밀도

• $0 < r \leq a$

가우스의 법칙을 적용하여 중심으로부터 $r\,[\mathrm{m}]$만큼 떨어진 점의 전속밀도를 구하면 다음과 같다.

$$\oint_S \mathrm{D}_s \cdot d\mathrm{S} = Q_{in}$$

$$D_r \times 4\pi r^2 = (-)Q\left(\frac{r}{a}\right)^3$$

$$\Rightarrow \quad D_r = \frac{-Q\left(\frac{r}{a}\right)^3}{4\pi r^2} = -\frac{Q}{4\pi a^3} \times r$$

따라서 전계의 세기는 다음과 같이 된다.

$$\mathrm{E} = \frac{1}{\epsilon_0}\mathrm{D} = -\frac{Q\,r}{4\pi\epsilon_0 a^3}\,\mathbf{a}_r$$

• $a < r$

전자구름 밖에 있는 점에서는 점전하의 경우와 같이 생각할 수 있어 전계의 세기는 다음과 같이 된다.

$$\mathrm{E} = -\frac{Q}{4\pi\epsilon_0 r^2}\,\mathbf{a}_r$$

이상의 결과를 그림으로 나타내면 [그림 3-21]과 같이 된다.

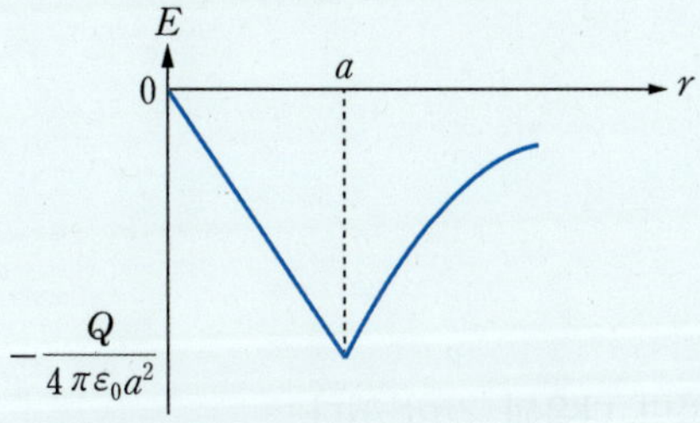

그림 3-21 전자구름의 영역별 전속밀도

결과에서 알 수 있듯이, 전계의 세기의 크기는 전자구름 중심에서 밖으로 갈수록 거리에 비례하여 커지다가 전자구름을 벗어나면 중심으로부터의 거리의 제곱에 반비례하게 된다. 이 전자구름에 의한 전계의 세기의 방향은 어느 곳에서든지 중심을 향한 방향이고, 이 전계에 의해 전자는 중심에서 밖으로 향하는 힘을 받으므로 자유공간에서는 점점 밖으로 팽창하게 될 것이다.

SECTION 3.5

발산정리

3.5.1 체적전하밀도

체적전하밀도volume charge density란 단위체적당, 즉 $1[\mathrm{m}^3]$당 전하량[C]이다. 어떤 점의 체적전하밀도는 그 점을 중심으로 하는 작은 체적을 취해 그 작은 체적 안에 있는 전하량을 그 작은 체적으로 나눈 것이며 $\rho_v[\mathrm{C/m^3}]$로 표시한다.

[그림 3-22]에서 이 체적 안에 있는 전체 전하량을 계산할 때 다음과 같은 적분을 사용한다.

$$Q_{in} = \lim_{n \to \infty} \sum_{i=1}^{n} \rho_{vi} \Delta v_i = \int_{vol} \rho_v \, dv$$

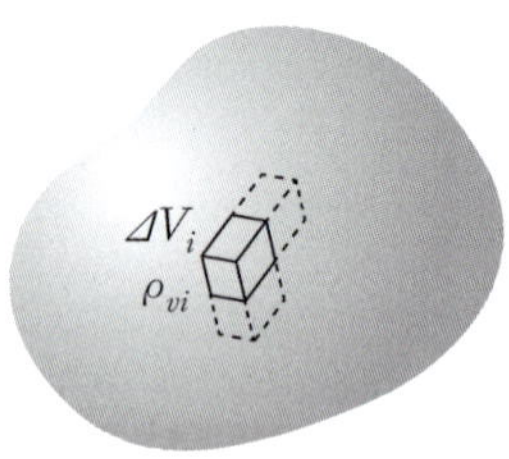

그림 3-22 체적전하밀도의 개념

이 체적전하밀도를 사용하여 가우스의 법칙을 다시 표현하면 다음과 같이 된다.

$$\oint_S \mathbf{D}_s \cdot d\mathbf{S} = Q_{in} = \int_{vol} \rho_v \, dv \tag{3.24}$$

예제 3-9 **체적전하밀도**

반지름이 3[cm]인 유리구슬 안에 전하가 있다. 이 전하의 체적전하밀도가 $\rho_v = 5e^{-10r}[\mu C/m^3]$ 라고 할 때, 이 유리구슬 전체의 전하량을 계산하라.

풀이

식 (3.24)에 의해 전하량을 다음과 같이 구할 수 있다.

$$Q = \int_{vol} \rho_v \, dv = \int_0^{2\pi}\int_0^{\pi}\int_0^{3\times10^{-2}} (5e^{-10r}) r^2 \sin\theta \, dr d\theta \, d\phi \qquad \cdots ①$$

편의를 위해 적분의 순서를 $d\theta$, $d\phi$, dr로 바꿔 계산하면 다음과 같다.

$$= \int_0^{3\times10^{-2}}\int_0^{2\pi}\int_0^{\pi} (5e^{-10r}) r^2 \sin\theta \, d\theta \, d\phi \, dr \qquad \cdots ②$$

$$= \int_0^{3\times10^{-2}}\int_0^{2\pi} (5e^{-10r})\, 2r^2 \, d\phi \, dr \qquad \cdots ③$$

$$= \int_0^{3\times10^{-2}} (5e^{-10r})\, 4\pi r^2 \, dr \qquad \cdots ④$$

$$= 20\pi \int_0^{3\times10^{-2}} r^2 \, e^{-10r} \, dr$$

$$\fallingdotseq 4.5 \times 10^{-4} \text{ [C]} \qquad \cdots ⑤$$

$$\int r^2 e^{-ar} dr = -e^{-ar}\left(\frac{1}{a}r^2 + \frac{2}{a^2}r + \frac{2}{a^3}\right)$$

☞ 구좌표계에서 예제의 체적전하밀도와 같이 r만의 함수 $f(r)$에 대한 체적적분은 식 ②와 식 ③의 과정 없이 식 ①에서 바로 식 ④로 넘어오는 것이 간편하다.

$$\int_{vol} f(r) dv = \int_0^{r_0} f(r)\, 4\pi r^2 \, dr$$

$$\int_{vol} 5e^{-10r} dv = \int_0^{3\times10^{-2}} 5e^{-10r}\, 4\pi r^2 \, dr = 20\pi \int_0^{3\times10^{-2}} r^2 \, e^{-10r} \, dr$$

$$= 20\pi \left[-e^{-10r}\left(\frac{1}{10}r^2 + \frac{2}{10^2}r + \frac{2}{10^3}\right)\right]_0^{3\times10^{-2}}$$

$$= 20\pi\left\{-e^{-0.3}(9\times10^{-5} + 6\times10^{-4} + 2\times10^{-3}) + 2\times10^{-3}\right\}$$

$$\fallingdotseq 4.523\times10^{-4}$$

3.5.2 벡터의 발산과 발산정리

[그림 3-23]과 같은 미소체적소differential volume element에 대해 가우스의 법칙을 적용해보자.

$$\oint_S \mathbf{D}_s \cdot d\mathbf{S} = Q_{in}$$

$$\oint_S \mathbf{D}_s \cdot d\mathbf{S} = \int_{앞면} + \int_{뒷면} + \int_{우측면} + \int_{좌측면} + \int_{윗면} + \int_{아랫면} \tag{3.25}$$

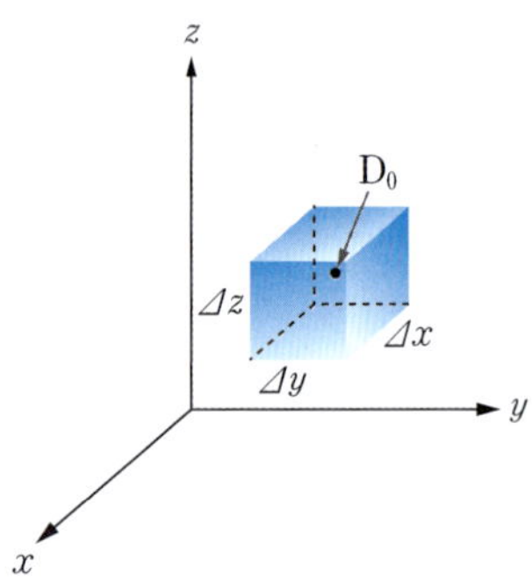

그림 3-23 미소체적소

식 (3.25)와 같이 폐곡면에 대한 전속밀도의 적분은 6개 평면에 대한 전속밀도의 적분으로 나누어 생각할 수 있다. 물론 전속밀도는 위치의 함수로서 다음과 같이 표시된다.

$$\mathbf{D}(x, y, z) = D_x(x, y, z)\mathbf{a}_x + D_y(x, y, z)\mathbf{a}_y + D_z(x, y, z)\mathbf{a}_z \tag{3.26}$$

미소체적소 중앙의 전속밀도를 다음과 같이 표시하자.

$$\mathbf{D}_0 = D_{0x}\mathbf{a}_x + D_{0y}\mathbf{a}_y + D_{0z}\mathbf{a}_z \tag{3.27}$$

그러면 앞면에 대한 전속밀도의 면적적분은 다음과 같이 쓸 수 있다.

$$\int_{앞면} \mathbf{D}_S \cdot d\mathbf{S} \fallingdotseq \mathbf{D}_f \cdot \Delta y \Delta z \mathbf{a}_x = D_{fx}\Delta y \Delta z \tag{3.28}$$

$$\fallingdotseq \left(D_{0x} + \frac{\partial D_x}{\partial x} \times \frac{\Delta x}{2}\right)\Delta y \Delta z \tag{3.29}$$

여기서 $\mathbf{D}_f$는 앞면 중앙의 전속밀도이고 D_{fx}는 $\mathbf{D}_f$의 x성분을 나타낸다. 이와 똑같이 뒷면에 대한 전속밀도의 면적적분을 구하면 다음과 같이 된다.

$$\int_{뒷면} \mathbf{D}_S \cdot d\mathbf{S} \fallingdotseq \mathbf{D}_b \cdot (-)\Delta y \Delta z \mathbf{a}_x = -D_{bx}\Delta y \Delta z \tag{3.30}$$

$$\fallingdotseq -\left(D_{0x} + \frac{\partial D_x}{\partial x} \times \frac{-\Delta x}{2}\right)\Delta y \Delta z \tag{3.31}$$

따라서 앞면과 뒷면에 대한 전속밀도의 면적적분을 합하면 다음과 같이 된다.

$$\int_{앞면} + \int_{뒷면} \fallingdotseq \left(D_{0x} + \frac{\partial D_x}{\partial x} \times \frac{\Delta x}{2}\right)\Delta y \Delta z - \left(D_{0x} + \frac{\partial D_x}{\partial x} \times \frac{-\Delta x}{2}\right)\Delta y \Delta z$$

$$\fallingdotseq \frac{\partial D_x}{\partial x}\Delta x \Delta y \Delta z \tag{3.32}$$

같은 방법으로 우측면과 좌측면, 윗면과 아랫면에 대해 면적적분을 구해서 합하면 다음과 같이 된다.

$$\int_{우측면} + \int_{좌측면} \fallingdotseq \frac{\partial D_y}{\partial y}\Delta x \Delta y \Delta z$$

$$\int_{윗면} + \int_{아랫면} \fallingdotseq \frac{\partial D_z}{\partial z}\Delta x \Delta y \Delta z$$

따라서 미소체적소의 폐곡면에 대한 전속밀도의 면적적분인 식 (3.25)는 다음과 같이 된다.

$$\oint_S \mathrm{D}_s \cdot d\mathrm{S} \fallingdotseq \left(\frac{\partial D_x}{\partial x} + \frac{\partial D_y}{\partial y} + \frac{\partial D_z}{\partial z}\right)\Delta x \Delta y \Delta z \tag{3.33}$$

$$\fallingdotseq \left(\frac{\partial D_x}{\partial x} + \frac{\partial D_y}{\partial y} + \frac{\partial D_z}{\partial z}\right)\Delta v = Q_{in}$$

식 (3.33)의 계산은 미소체적소의 체적이 작을수록 정확한 값이 될 것이므로, 양변을 Δv로 나누고 극한을 취하면 다음과 같이 된다.

$$\left(\frac{\partial D_x}{\partial x} + \frac{\partial D_y}{\partial y} + \frac{\partial D_z}{\partial z}\right) = \lim_{\Delta v \to 0} \frac{\oint_S \mathrm{D}_s \cdot d\mathrm{S}}{\Delta v} = \lim_{\Delta v \to 0} \frac{Q_{in}}{\Delta v} = \rho_v \tag{3.34}$$

벡터해석vector analysis에서는 어떤 벡터의 **발산**divergence을 다음과 같이 정의한다.

$$div\mathrm{A} = \lim_{\Delta v \to 0} \frac{\oint_S \mathrm{A} \cdot d\mathrm{S}}{\Delta v} \tag{3.35}$$

어떤 지점에서의 선속밀도flux density A의 발산은 그 지점을 포함하는 조그만 체적을 취하여 그 체적 밖으로 나가는 총 선속flux을 그 체적으로 나눈 것으로, 그 값은 체적을 작게 취할수록 정확하다.[2] 따라서 전속밀도에 대한 발산을 식으로 나타내면 다음과 같다.

$$div\,\mathrm{D} = \lim_{\Delta v \to 0} \frac{\oint_S \mathrm{D} \cdot d\mathrm{S}}{\Delta v} = \left(\frac{\partial D_x}{\partial x} + \frac{\partial D_y}{\partial y} + \frac{\partial D_z}{\partial z}\right) = \rho_v \tag{3.36}$$

---

2 『Engineering Electromagnetics』(Hayt, McGrawHill, 2018)에서 다음 문장을 인용했다. “The divergence of the vector flux density A is the outflow of flux from a small closed surface per unit volume as the volume shrinks to zero.”

어떤 점에서의 전속밀도의 발산은 그 지점을 내포하는 아주 작은 체적 밖으로 나가는 단위체적당 전속의 수로서, 그 점의 체적전하밀도와 일치한다. 그러므로 어떤 점에서의 전속밀도의 발산이 0이면, 그 점에는 전하가 존재하지 않는다. 그리고 전속밀도의 발산이 (+)이면 (+)전하가, (−)이면 (−)전하가 그 점에 존재한다고 말할 수 있다.

식 (3.36)의 전속밀도의 발산을 이용하면 가우스의 법칙으로부터 다음과 같은 발산정리를 자연스럽게 유도할 수 있다.

$$\oint_S \mathrm{D}_s \cdot d\mathrm{S} = Q_{in} = \int_{vol} \rho_v \, dv = \int_{vol} div\, \mathrm{D}\, dv \tag{3.37}$$

위치의 함수인 전속밀도의 발산을 직각좌표계, 원통좌표계, 구좌표계로 나타내면 다음과 같이 된다(유도과정 생략).

$$\text{직각좌표계}: \; div\, \mathrm{D} = \frac{\partial D_x}{\partial x} + \frac{\partial D_y}{\partial y} + \frac{\partial D_z}{\partial z} \tag{3.38}$$

$$\text{원통좌표계}: \; div\, \mathrm{D} = \frac{1}{\rho}\frac{\partial}{\partial \rho}(\rho D_\rho) + \frac{1}{\rho}\frac{\partial D_\phi}{\partial \phi} + \frac{\partial D_z}{\partial z} \tag{3.39}$$

$$\text{구좌표계}: \; div\, \mathrm{D} = \frac{1}{r^2}\frac{\partial}{\partial r}(r^2 D_r) + \frac{1}{r\sin\theta}\frac{\partial}{\partial \theta}(\sin\theta\, D_\theta) + \frac{1}{r\sin\theta}\frac{\partial D_\phi}{\partial \phi} \tag{3.40}$$

공업수학의 벡터 해석에는 다음과 같이 표현되는 중요한 **발산정리**divergence theorem [3]가 있다.

$$\oint_S \mathrm{A} \cdot d\mathrm{S} = \int_{vol} div\, \mathrm{A}\, dv \tag{3.41}$$

어떤 폐곡면에 대한 벡터의 면적적분은 그 벡터의 발산을 그 폐곡면이 싸고 있는 체적에 대해 체적적분한 것과 같다.

이를 이용하면 전속밀도에 대한 발산정리를 다음과 같이 나타낼 수 있다.

$$\oint_S \mathrm{D}_s \cdot d\mathrm{S} = \int_{vol} div\, \mathrm{D}\, dv \tag{3.42}$$

3 가우스 정리Gauss's theorem이라고도 한다.

예제 3-10 전속밀도의 발산

전계의 세기가 $\mathbf{E} = 10\,r\,\mathbf{a}_r\,[\mathrm{nV/m}]$인 자유공간이 있다.

(a) 체적전하밀도 ρ_v를 구하라.

(b) 반지름 $5 \times 10^{-2}\,[\mathrm{m}]$인 구 안에 있는 총 전하량을 구하라.

(c) 가우스의 법칙이 성립함을 보여라.

풀이

(a) 전속밀도를 구하면 $\mathbf{D} = \epsilon_0 \mathbf{E} = \epsilon_0 \times 10\,r \times 10^{-9}\,\mathbf{a}_r\,[\mathrm{C/m^2}]$이다. 식 (3.36)과 식 (3.40)에 의해 다음과 같이 구할 수 있다.

$$\rho_v = div\,\mathbf{D} = \frac{1}{r^2}\frac{\partial}{\partial r}\left(r^2 D_r\right) + \frac{1}{r\sin\theta}\frac{\partial}{\partial\theta}(\sin\theta\, D_\theta) + \frac{1}{r\sin\theta}\frac{\partial D_\phi}{\partial\phi}$$

$$= \frac{1}{r^2}\frac{\partial}{\partial r}\left(r^2 \times \epsilon_0 \times 10^{-8} r\right) = 3 \times 10^{-8}\epsilon_0\,[\mathrm{C/m^3}] \qquad \cdots ①$$

(b) 반지름 $5 \times 10^{-2}\,[\mathrm{m}]$인 구 안에 있는 총 전하량은 다음과 같다.

$$Q_{in} = \int_{vol} \rho_v\,dv = \int_{vol} 3 \times 10^{-8}\epsilon_0\,dv$$

$$= 3 \times 10^{-8}\epsilon_0 \times \frac{4}{3}\pi \times r^3$$

$$= 3 \times 10^{-8} \times \frac{1}{4\pi \times 9 \times 10^9} \times \frac{4}{3}\pi \times (5 \times 10^{-2})^3$$

$$= 1.389 \times 10^{-22}\,[\mathrm{C}] \qquad \cdots ②$$

(c) 반지름 $5 \times 10^{-2}\,[\mathrm{m}]$인 구 표면에서 밖으로 나가는 총 전속은 다음과 같다.

$$\oint_S \mathbf{D}_S \cdot d\mathbf{S} = D_S \times S$$

$$= \left(10^{-8}\epsilon_0 \times 5 \times 10^{-2}\right) \times 4\pi \times \left(5 \times 10^{-2}\right)^2$$

$$= \left(10^{-8} \times \frac{1}{4\pi \times 9 \times 10^9} \times 5 \times 10^{-2}\right) \times 4\pi \times \left(5 \times 10^{-2}\right)^2$$

$$= 1.389 \times 10^{-22}\,[\mathrm{C}] \qquad \cdots ③$$

폐곡면에서 밖으로 나가는 총 전속이 (b)에서 구한 폐곡면 안에 있는 총 전하량과 같으므로 가우스의 법칙이 성립함을 알 수 있다.

SECTION 3.6

제1 맥스웰 방정식

맥스웰 방정식은 4개의 벡터 미적분식으로 구성되어 있다. 이들 방정식에는 번호가 붙어 있지 않지만, 이 책에서는 편의를 위해 소개되는 순서에 따라 번호를 붙이려 한다. 앞에서 중요하게 소개된 가우스의 법칙을 제1 맥스웰 방정식이라고 하며, 다음과 같이 표시한다.

$$\oint_S \mathrm{D}_s \cdot d\mathrm{S} = Q_{in} \tag{3.43}$$

식 (3.43)에 발산정리를 적용하면 다음과 같이 된다.

$$\oint_S \mathrm{D}_s \cdot d\mathrm{S} = \int_{vol} div\,\mathrm{D}\,dv = Q_{in} = \int_{vol} \rho_v\,dv \tag{3.44}$$

따라서 식 (3.44)로부터 다음과 같은 식을 얻을 수 있다.

$$div\,\mathrm{D} = \rho_v \tag{3.45}$$

식 (3.45)는 제1 맥스웰 방정식의 또 다른 표현식이다. 식 (3.43)을 제1 맥스웰 방정식의 적분형이라고 하고, 식 (3.45)를 제1 맥스웰 방정식의 미분형이라고 한다.

Q&A 맥스웰 방정식은 몇 개의 방정식으로 구성되어 있는가?

4개의 방정식으로 구성되어 있으며, 각각 다음의 전자기적 현상을 나타내는 식들이다.

1. 전하에 의한 전계
2. 전자기 유도현상
3. 전류의 자기작용
4. 자력선의 연속성

예제 3-11 **미소체적의 전하**

전속밀도가 다음과 같다.

$$\mathrm{D} = (2y + x^2)\mathbf{a}_x + xy\mathbf{a}_y + 3z\mathbf{a}_z\ [\mathrm{C/m^2}]$$

(a) 점 $P(1, 2, 3)$에서의 체적전하밀도 ρ_v를 구하라.

(b) 점 P를 내포하고 있는 대단히 작은 체적 $5[\mu\mathrm{m}^3]$ 안에 있는 총 전하량 Q를 구하라.

풀이

(a) 제1 맥스웰 방정식의 미분형을 이용하여 체적전하밀도를 구하면 다음과 같다.

$$\rho_v(x, y, z) = div\,\mathrm{D} = \left(\frac{\partial D_x}{\partial x} + \frac{\partial D_y}{\partial y} + \frac{\partial D_z}{\partial z}\right) \quad \cdots ①$$

$$= \frac{\partial}{\partial x}(2y + x^2) + \frac{\partial}{\partial y}(xy) + \frac{\partial}{\partial z}3z = 2x + x + 3 \quad \cdots ②$$

따라서 점 $P(1, 2, 3)$에서의 체적전하밀도는 다음과 같이 구해진다.

$$\rho_v(1, 2, 3) = 2 + 1 + 3 = 6\ [\mathrm{C/m^3}] \quad \cdots ③$$

(b) 대단히 작은 체적 안에 있는 전하량은 적분하지 않고 다음과 같이 체적전하밀도와 체적을 곱해서 구해도 큰 오차가 없다.

$$Q \fallingdotseq \rho_v \times \Delta v = 6 \times 5 \times 10^{-6} = 30 \times 10^{-6} = 30\ [\mu\mathrm{C}]$$

예제 3-12 **제1 맥스웰 방정식의 증명**

다음 전계의 세기 E는 원점에 있는 점전하 $5[\mathrm{C}]$에 대한 것이다. 점 $P(3, 4, 5)$에서 제1 맥스웰 방정식의 미분형이 성립함을 증명하라.

$$\mathrm{E} = \frac{5}{4\pi\epsilon_0(x^2 + y^2 + z^2)^{3/2}}(x\,\mathbf{a}_x + y\,\mathbf{a}_y + z\,\mathbf{a}_z)$$

풀이

주어진 전계의 세기에 유전율을 곱하면 전속밀도가 얻어진다.

$$\mathrm{D} = \epsilon_0 \times \mathrm{E} = \frac{5}{4\pi(x^2 + y^2 + z^2)^{3/2}}(x\,\mathbf{a}_x + y\,\mathbf{a}_y + z\,\mathbf{a}_z) \quad \cdots ①$$

식 ①의 각 좌표별 편미분을 구하면 다음과 같다.

$$\frac{\partial D_x}{\partial x} = \frac{5}{4\pi}\frac{\partial}{\partial x}\frac{x}{(x^2+y^2+z^2)^{3/2}} = \frac{5}{4\pi}\frac{(x^2+y^2+z^2)^{3/2}-3x^2(x^2+y^2+z^2)^{1/2}}{(x^2+y^2+z^2)^3}$$

$$\frac{\partial D_y}{\partial y} = \frac{5}{4\pi}\frac{\partial}{\partial y}\frac{y}{(x^2+y^2+z^2)^{3/2}} = \frac{5}{4\pi}\frac{(x^2+y^2+z^2)^{3/2}-3y^2(x^2+y^2+z^2)^{1/2}}{(x^2+y^2+z^2)^3}$$

$$\frac{\partial D_z}{\partial z} = \frac{5}{4\pi}\frac{\partial}{\partial z}\frac{z}{(x^2+y^2+z^2)^{3/2}} = \frac{5}{4\pi}\frac{(x^2+y^2+z^2)^{3/2}-3z^2(x^2+y^2+z^2)^{1/2}}{(x^2+y^2+z^2)^3}$$

따라서 전속밀도의 발산은 다음과 같이 된다.

$$\begin{aligned}
div\,\mathrm{D} &= \frac{\partial D_x}{\partial x}+\frac{\partial D_y}{\partial y}+\frac{\partial D_z}{\partial z} \\
&= \frac{5}{4\pi}\frac{(x^2+y^2+z^2)^{3/2}-3x^2(x^2+y^2+z^2)^{1/2}}{(x^2+y^2+z^2)^3} \\
&\quad + \frac{5}{4\pi}\frac{(x^2+y^2+z^2)^{3/2}-3y^2(x^2+y^2+z^2)^{1/2}}{(x^2+y^2+z^2)^3} \\
&\quad + \frac{5}{4\pi}\frac{(x^2+y^2+z^2)^{3/2}-3z^2(x^2+y^2+z^2)^{1/2}}{(x^2+y^2+z^2)^3} \\
&= \frac{5}{4\pi}\frac{3(x^2+y^2+z^2)^{3/2}-3(x^2+y^2+z^2)(x^2+y^2+z^2)^{1/2}}{(x^2+y^2+z^2)^3} \\
&= \frac{5}{4\pi}\frac{3(x^2+y^2+z^2)^{3/2}-3(x^2+y^2+z^2)^{3/2}}{(x^2+y^2+z^2)^3} \qquad \cdots ②
\end{aligned}$$

전속밀도의 발산을 나타내는 식 ②에 점 $P(3,4,5)$의 좌표값을 넣으면 0이 된다. 제1 맥스웰 방정식의 미분형은 $div\,\mathrm{D} = \rho_v$로 체적전하밀도 ρ_v가 0인 점 P에서의 전속밀도 발산도 0이 되어 점 $P(3,4,5)$에서 제1 맥스웰 방정식의 미분형이 성립함을 알 수 있다.

☞ 식 ②는 체적전하밀도가 존재하는 원점 이외의 모든 점에서 전속밀도의 발산이 0이 됨을 나타낸다.

$$\frac{0}{a} = 0$$

$$\frac{0}{0} \neq 0 : undetermined$$

SECTION 3.7

벡터연산자 ∇

앞의 3.5절에서도 살펴본 바와 같이 전자기학을 공부할 때 우리는 벡터를 편미분하는 경우를 자주 접하게 된다. 이럴 때 유용하게 사용하기 위한 **벡터연산자**vector operator로 ∇ **연산자**가 있다.

$$\nabla = \frac{\partial}{\partial x}\mathbf{a}_x + \frac{\partial}{\partial y}\mathbf{a}_y + \frac{\partial}{\partial z}\mathbf{a}_z \tag{3.46}$$

'del(델)'이라고 불리는 이 연산자의 모양은 일반 벡터처럼 생겼으나 실제로는 크기도 방향도 없는, 그저 벡터를 편미분할 때 편리하게 표현하기 위한 하나의 수학적 연산도구에 불과하다.

벡터의 내적을 사용하면 다음과 같이 긴 식을 간단하게 표시할 수 있다.

$$\begin{aligned} &A_x B_x + A_y B_y + A_z B_z \\ &= (A_x \mathbf{a}_x + A_y \mathbf{a}_y + A_z \mathbf{a}_z) \cdot (B_x \mathbf{a}_x + B_y \mathbf{a}_y + B_z \mathbf{a}_z) = \mathbf{A} \cdot \mathbf{B} \end{aligned} \tag{3.47}$$

이와 같이 벡터의 발산도 ∇ 연산자를 이용하여 다음과 같이 쉽게 표시할 수 있다.

$$\begin{aligned} div\,\mathbf{D} &= \frac{\partial D_x}{\partial x} + \frac{\partial D_y}{\partial y} + \frac{\partial D_z}{\partial z} \\ &= \left(\frac{\partial}{\partial x}\mathbf{a}_x + \frac{\partial}{\partial y}\mathbf{a}_y + \frac{\partial}{\partial z}\mathbf{a}_z\right) \cdot (D_x \mathbf{a}_x + D_y \mathbf{a}_y + D_z \mathbf{a}_z) = \nabla \cdot \mathbf{D} \end{aligned} \tag{3.48}$$

∇ 연산자를 사용하면 발산정리와 제1 맥스웰 방정식의 미분형을 다음과 같이 표현할 수 있으며, 표현이 간단명료하여 이 표현식을 더 많이 사용한다.

$$\oint_S \mathbf{D}_s \cdot d\mathbf{S} = \int_{vol} \nabla \cdot \mathbf{D}\, dv \tag{3.49}$$

$$\nabla \cdot \mathbf{D} = \rho_v \tag{3.50}$$

그러나 여기에서 특별히 주의할 점은 ∇ 연산자가 직각좌표계에서만 사용된다는 사실이다. 따라서 식 (3.46)으로 정의되는 ∇ 연산자는 원통좌표계나 구좌표계에서 사용할 수 없다. 그리고 식 (3.46)은 원통좌표계나 구좌표계로 좌표변환도 할 수 없다. 다만, 표현의 편리상 모든 좌표계에서 $div\,\mathrm{D}$ 대신 $\nabla \cdot \mathrm{D}$ 라는 기호를 사용할 뿐이다.

예제 3-13 ∇ 연산자

$\mathrm{A} = x\,\mathbf{a}_x + 2y\,\mathbf{a}_y + 3z\,\mathbf{a}_z$, $\mathrm{B} = -\dfrac{\rho_v}{3} r\,\mathbf{a}_r$ 일 때, 다음을 구하라.

(a) $\nabla \cdot \mathrm{A}$

(b) $\nabla \cdot \mathrm{B}$

풀이

(a) 식 (3.48)에 의해 다음과 같이 구할 수 있다.

$$\nabla \cdot \mathrm{A} = \left(\frac{\partial}{\partial x}\mathbf{a}_x + \frac{\partial}{\partial y}\mathbf{a}_y + \frac{\partial}{\partial z}\mathbf{a}_z\right) \cdot (x\,\mathbf{a}_x + 2y\,\mathbf{a}_y + 3z\,\mathbf{a}_z)$$

$$= \frac{\partial}{\partial x}x + \frac{\partial}{\partial y}2y + \frac{\partial}{\partial z}3z_z$$

$$= 1 + 2 + 3 = 6$$

(b) 벡터 B가 구좌표계로 표시되어 있으므로 구좌표계의 벡터 발산식인

$$\nabla \cdot \mathrm{D} = \frac{1}{r^2}\frac{\partial}{\partial r}\left(r^2 D_r\right) + \frac{1}{r\sin\theta}\frac{\partial}{\partial \theta}(\sin\theta\, D_\theta) + \frac{1}{r\sin\theta}\frac{\partial D_\phi}{\partial \phi}$$

에 의해 다음과 같이 구할 수 있다.

$$\nabla \cdot \mathrm{B} = \frac{1}{r^2}\frac{\partial}{\partial r}\left(r^2 \times \frac{-\rho_v}{3} r\right) = -\frac{\rho_v}{3}\frac{1}{r^2}\frac{\partial}{\partial r} r^3 = -\rho_v$$

예제 3-14 **직각좌표계에서의 ∇ 연산자 사용**

벡터 $\mathrm{A} = x^2\,\mathbf{a}_x + 2xy\,\mathbf{a}_y + 3z\,\mathbf{a}_z$ 일 때, 다음을 구하라.

(a) $\nabla \cdot \mathrm{A}$ (b) $\nabla \times \mathrm{A}$ (c) $\nabla(\nabla \cdot \mathrm{A})$

풀이

(a)
$$\nabla \cdot \mathrm{A} = \left(\frac{\partial}{\partial x}\mathbf{a}_x + \frac{\partial}{\partial y}\mathbf{a}_y + \frac{\partial}{\partial z}\mathbf{a}_z\right) \cdot \left(x^2\,\mathbf{a}_x + 2xy\,\mathbf{a}_y + 3z\,\mathbf{a}_z\right)$$
$$= \frac{\partial}{\partial x}(x^2) + \frac{\partial}{\partial y}(2xy) + \frac{\partial}{\partial z}(3z)$$
$$= 2x + 2x + 3 \qquad \cdots ①$$
$$= 4x + 3$$

(b)
$$\nabla \times \mathrm{A} = \left(\frac{\partial}{\partial x}\mathbf{a}_x + \frac{\partial}{\partial y}\mathbf{a}_y + \frac{\partial}{\partial z}\mathbf{a}_z\right) \times \left(x^2\,\mathbf{a}_x + 2xy\,\mathbf{a}_y + 3z\,\mathbf{a}_z\right) \qquad \cdots ②$$

식 ②는 1장의 식 (1.37)을 이용하여 다음과 같이 구할 수 있다.

$$\nabla \times \mathrm{A} = \begin{vmatrix} \mathbf{a}_x & \mathbf{a}_y & \mathbf{a}_z \\ \frac{\partial}{\partial x} & \frac{\partial}{\partial y} & \frac{\partial}{\partial z} \\ A_x & A_y & A_z \end{vmatrix}$$
$$= \begin{vmatrix} \mathbf{a}_x & \mathbf{a}_y & \mathbf{a}_z \\ \frac{\partial}{\partial x} & \frac{\partial}{\partial y} & \frac{\partial}{\partial z} \\ x^2 & 2xy & 3z \end{vmatrix} \qquad \cdots ③$$
$$= 2y\,\mathbf{a}_z$$

(c) (a)에서 구한 $\nabla \cdot \mathrm{A}$ 를 이용하여 다음과 같이 구한다.

$$\nabla(\nabla \cdot \mathrm{A}) = \left(\frac{\partial}{\partial x}\mathbf{a}_x + \frac{\partial}{\partial y}\mathbf{a}_y + \frac{\partial}{\partial z}\mathbf{a}_z\right)(4x + 3) \qquad \cdots ④$$
$$= 4\,\mathbf{a}_x$$

■ 전기력선의 주요 성질

- 전기력선의 어떤 점에서의 밀도는 그 점의 전계의 세기의 크기와 일치한다.
- (+)전하 Q[C]으로부터 나오는 총 전기력선의 수는 $4\pi \times 9 \times 10^9 (= 1/\epsilon_0)\, Q$개이다.
- 전기력선은 등전위선 또는 등전위면과 직교하며, 도체 표면에 수직이고 도체 내부에는 존재하지 않는다.

■ 전계의 세기와 전속밀도

- (+)전하 Q[C]으로부터 나오는 총 전속은 Q[C]이다.
- 전속밀도가 $\mathrm{D}[\mathrm{C/m^2}]$인 점의 전계의 세기는 $\mathrm{E} = \frac{1}{\epsilon_0}\mathrm{D}\ [\mathrm{V/m}]$이다.

  단, $\frac{1}{\epsilon_0} = 4\pi \times 9 \times 10^9 \fallingdotseq 1.13 \times 10^{11}$이다.

■ 가우스의 법칙(=제1 맥스웰 방정식)

- 적분형 : $\oint_S \mathrm{D}_s \cdot d\mathrm{S} = Q_{in}$
- 미분형 : $\nabla \cdot \mathrm{D} = \rho_v$

■ 벡터의 발산

- 직각좌표계 : $\nabla \cdot \mathrm{D} = \frac{\partial D_x}{\partial x} + \frac{\partial D_y}{\partial y} + \frac{\partial D_z}{\partial z}$
- 원통좌표계 : $\nabla \cdot \mathrm{D} = \frac{1}{\rho}\frac{\partial}{\partial \rho}(\rho D_\rho) + \frac{1}{\rho}\frac{\partial D_\phi}{\partial \phi} + \frac{\partial D_z}{\partial z}$
- 구좌표계 : $\nabla \cdot \mathrm{D} = \frac{1}{r^2}\frac{\partial}{\partial r}(r^2 D_r) + \frac{1}{r\sin\theta}\frac{\partial}{\partial \theta}(\sin\theta\, D_\theta) + \frac{1}{r\sin\theta}\frac{\partial D_\phi}{\partial \phi}$

■ 발산정리

$$\oint_S \mathrm{D}_s \cdot d\mathrm{S} = \int_{vol} \nabla \cdot \mathrm{D}\, dv$$

■ ▽ 연산자

$$\nabla = \frac{\partial}{\partial x}\mathrm{a}_x + \frac{\partial}{\partial y}\mathrm{a}_y + \frac{\partial}{\partial z}\mathrm{a}_z$$

CHAPTER 03_연습문제

3.1 전기력선에 관한 다음 설명 중 틀린 것은?

㉮ 전기력선의 접선 방향은 전계의 세기의 방향과 일치한다.

㉯ 전기력선은 도체 표면과 나란하다.

㉰ 전기력선 밀도는 그 점의 전계의 세기와 일치한다.

㉱ (+)1[C] 전하에서 발산되어 나오는 전기력선의 총 수는 $36\pi\times10^9$개이다.

3.2 (+)1[C]의 점전하로부터 1[m] 떨어진 점에서의 전기력선 밀도는?

㉮ 1[개/m^2] ㉯ $4\pi\times10^9$[개/m^2] ㉰ 9×10^9[개/m^2] ㉱ 4π[개/m^2]

3.3 전속 1[C]은 전기력선 몇 개에 해당하는가?

㉮ 1 ㉯ $\frac{1}{4\pi}$ ㉰ 9×10^9 ㉱ $4\pi\times9\times10^9$

3.4 (+)1[C]의 전하로부터 나오는 총 전속의 수는?

㉮ 1[C] ㉯ 9×10^9[개] ㉰ 4π[개] ㉱ $\frac{1}{\epsilon_0}$[개]

3.5 전기력선 밀도가 1[line/m^2]인 점의 전계의 세기의 크기는 몇 [V/m]인가 ?

㉮ $\frac{1}{\epsilon_0}$ ㉯ $4\pi\times9\times10^9$ ㉰ 약 8.854×10^{-12} ㉱ 1

3.6 전속밀도 1[C/m^2]인 점의 전계의 세기의 크기는?

㉮ 1[V/m] ㉯ 6.24×10^{-2} ㉰ 약 13.57[V/m] ㉱ 약 1.13×10^{11}[V/m]

3.7 전계의 세기의 크기가 $\frac{5}{\epsilon_0}$[V/m]인 점의 전속밀도는 몇 [C/m^2]인가?

㉮ $\frac{5}{\epsilon_0}$ ㉯ 5 ㉰ $20\pi\times10^9$ ㉱ $180\pi\times10^9$

3.8 전자기학에서 가우스의 법칙은 주로 무엇을 구하기 위해 사용되는가?

㉮ 전류 ㉯ 전압 ㉰ 전계 ㉱ 전하

3.9 다음 벡터 적분식이 나타내는 법칙은?

$$\oint_S \mathrm{D}_s \cdot d\mathrm{S} = Q_{in}$$

㉮ 쿨롱의 법칙 ㉯ 가우스의 법칙
㉰ 암페어의 주회법칙 ㉱ 플레밍의 오른손법칙

3.10 반지름 a[m]인 금속 도체구에 Q[C]의 전하가 있다. 이 구의 중심에서 r[m] 떨어진 지점의 전계의 세기의 크기를 그림으로 바르게 나타낸 것은?

㉮
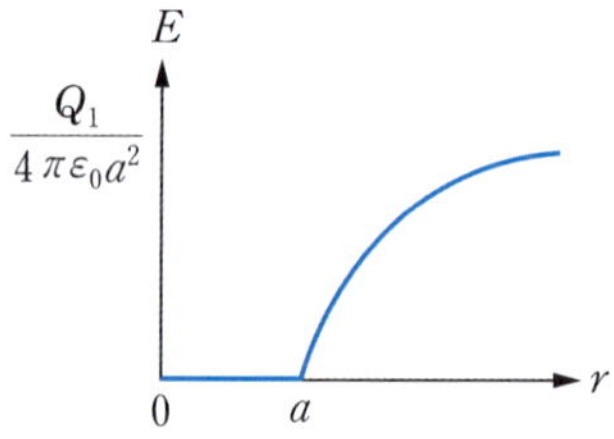

㉯
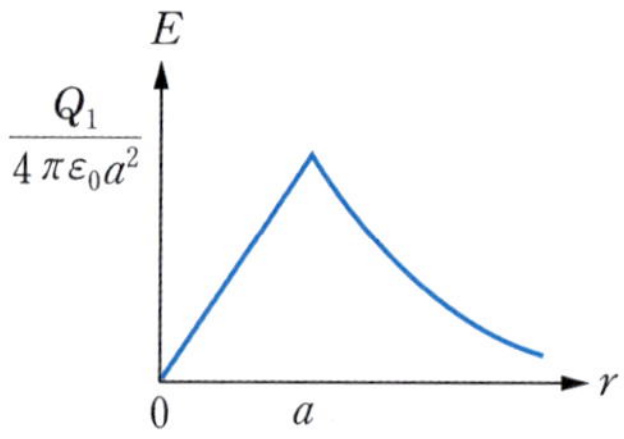

㉰
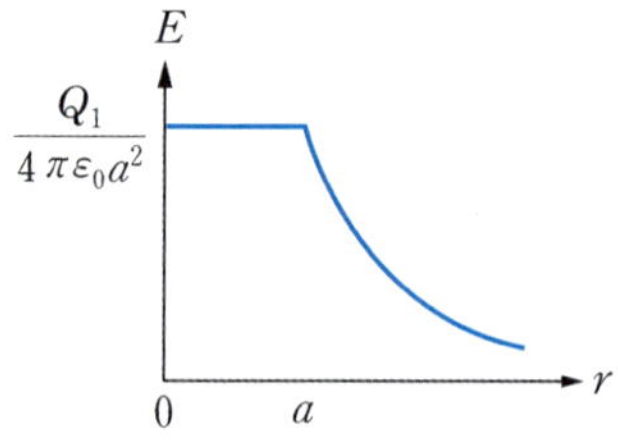

㉱
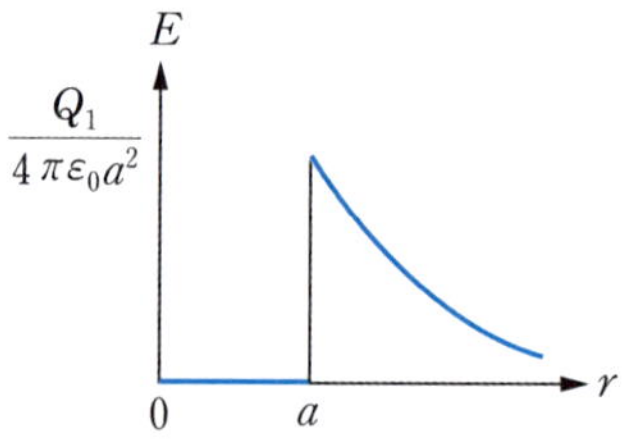

3.11 벡터 해석에서 발산정리를 나타내는 식은?

㉮ $\oint_S \mathrm{D}_s \cdot d\mathrm{S} = \int_{vol} \nabla \cdot \mathrm{D}\, dv$ ㉯ $\oint \mathrm{D}_s \cdot d\mathrm{L} = \int_S (\nabla \times \mathrm{D}) \cdot ds$

㉰ $\oint_S \mathrm{D}_s \cdot d\mathrm{S} = \int_{vol} \rho_v dv$ ㉱ $div\,\mathrm{D} = \frac{\partial D_x}{\partial x} + \frac{\partial D_y}{\partial y} + \frac{\partial D_z}{\partial z}$

3.12 제1 맥스웰 방정식의 미분형은?

㉮ $div\,\mathrm{A} = \lim_{\Delta v \to 0} \frac{\oint_S \mathrm{A} \cdot d\mathrm{S}}{\Delta v}$ ㉯ $\nabla \times \mathrm{D} = Q$

㉰ $\nabla \cdot \mathrm{D} = \rho_v$ ㉱ $div\,\mathrm{D} = \frac{\partial D_x}{\partial x} + \frac{\partial D_y}{\partial y} + \frac{\partial D_z}{\partial z}$

3.13 전속밀도가 $\mathbf{D}=5e^{-5y}x\,\mathbf{a}_x+e^{-5y}\mathbf{a}_y+10z\,\mathbf{a}_z$일 때, $\nabla\cdot\mathbf{D}$는?

㉮ 10 ㉯ $10e^{-5x}$ ㉰ $5e^{-5x}-5e^{-5y}$ ㉱ $5e^{-5x}-5e^{-5y}+10$

3.14 반지름이 a[m]인 대단히 긴 스티로폼 styrofoam 봉에 체적전하밀도가 ρ_v[C/m^3]인 (+)전하가 균일하게 분포되어 있을 때 중심축으로부터 ρ에 대한 전계의 세기의 크기를 영역별로 나누어 구하라.

3.15 [연습문제 3.14]에서 구한 영역별 전계의 세기를 이용하여, 다음 영역에서 제1 맥스웰 방정식의 미분형이 성립함을 보여라.

(a) $0<\rho<a$ (b) $a<\rho$

3.16 수평으로 놓인 두껍고 대단히 넓은 금속 도체판 윗면의 면전하밀도가 $\rho_s=80$[pC/m^2]이다. 이 도체판 위에 (+)5[nC]의 전하를 가지고 있는 작은 물방울들이 공중에 떠 있다. 이 물방울들의 반지름은 얼마 이하인가? 단, 중력 가속도는 9.8[m/sec^2]이다.

3.17 전속밀도가 $\mathbf{D}=xz\,\mathbf{a}_x+5x^2\mathbf{a}_z$일 때, $x=0$, $x=2$, $y=0$, $y=1$, $z=0$, $z=3$으로 둘러싸인 직육면체에 대해 발산정리가 성립함을 보여라.

3.18 오른쪽 그림과 같은 동심구도체가 있다. 다음과 같은 조건에서 각 영역의 전계의 세기의 크기를 구하라.

(a) $Q_1=Q,\ Q_2=0$ (b) $Q_1=0,\ Q_2=Q$

(c) $Q_1=Q,\ Q_2=Q$ (d) $Q_1=Q,\ Q_2=-Q$

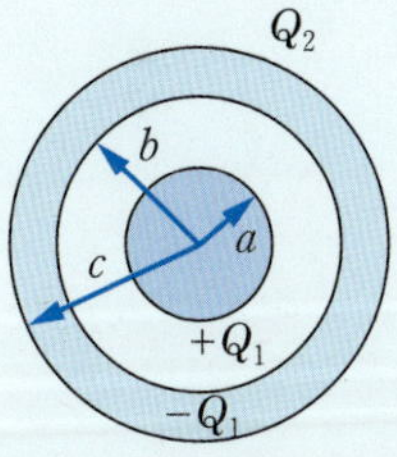

3.19 전속밀도가 $\mathbf{D}=x\,\mathbf{a}_x+y\,\mathbf{a}_y+z\,\mathbf{a}_z$일 때, $x^2+y^2+z^2=25$, $z=0$으로 둘러싸인 반구 hemisphere에 대해 발산정리가 성립함을 보여라.

3.20 지구 표면 근처에는 지구 중심을 향하는 약 300[V/m]의 전계의 세기가 있다. 지구를 완전 도체로 보고 지구 표면의 전하밀도와 지구 전체의 전하량을 구하라. 단, 지구의 반지름은 6.4×10^6[m]이다.

3.21 등전위선이 다음 그림과 같을 때 각 점을 지나는 전기력선을 그려라.

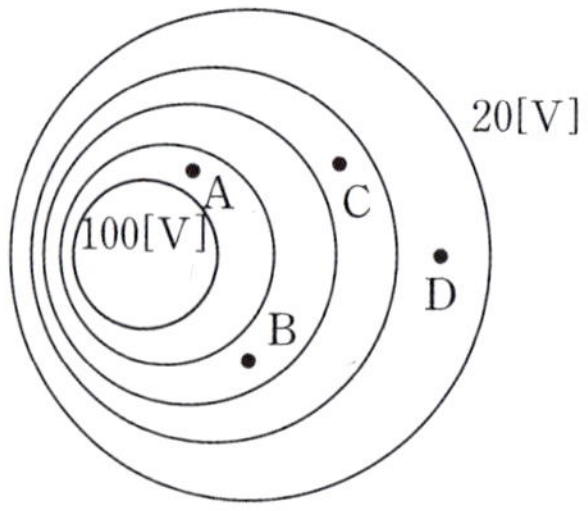

3.22 전계의 세기 E가 다음과 같을 때, 전기력선의 식을 구하고 점 $(1, 2)$를 지나는 식을 나타내라.

$$\mathrm{E} = xy\mathbf{a}_x + 4x^2\mathbf{a}_y$$

3.23 전기력선과 똑같이 자기력선도 그릴 수 있다. z축을 따라 무한 길이의 선전류 $10[\mathrm{A}]$가 흐르고 이 선전류에 의한 자계의 세기 H가 다음과 같을 때, 자기력선의 식을 구하라. 또한 점 $(3, 3)$을 지나는 자기력선의 식을 구하라.

$$\mathrm{H} = \frac{10}{2\pi\rho}\mathbf{a}_\phi$$

CHAPTER

04

위치에너지와 전위

Potential Energy and Electric Potential

학습목표

- 위치에너지와 운동에너지를 구분할 수 있다.
- 전위의 정의와 전위차를 이해할 수 있다.
- 점전하, 선전하, 면전하에 의한 전위를 계산할 수 있다.
- 제2 맥스웰 방정식을 유도하고 보존계의 의미를 알 수 있다.
- 주어진 전위식으로부터 전계의 세기를 구할 수 있다.
- 전기쌍극자에 의한 전계의 세기 및 전위를 계산할 수 있다.
- 전계가 있는 공간에 축적된 정전에너지를 계산할 수 있다.
- 전하를 가지고 있는 도체의 정전에너지를 알 수 있다.

앞의 2장과 3장에서는 정전하에 의해 형성되는 전계의 세기를 구했다. 이때 2장에서는 쿨롱의 법칙을, 3장에서는 가우스의 법칙을 이용했다. 가우스의 법칙이 훨씬 간단하고 편리한 것 같으나, 전하가 대칭적으로 분포되어 있어서 벡터의 적분방정식을 대수방정식을 푸는 것처럼 할 수 있는 경우가 아니면 사용할 수 없고, 오히려 쿨롱의 법칙을 사용할 수밖에 없다. 그러나 전하에 의한 전계의 세기가 벡터량이기 때문에 전하들의 분포가 조금만 복잡해지면 각 방향 성분을 따져가면서 쿨롱의 법칙을 사용하는 것이 너무 어렵다.

이 장에서는 정전계의 문제들을 좀 더 쉽게 해결하기 위해 전위라는 새로운 스칼라량을 도입한다. 먼저 전기적 위치에너지를 나타내는 전위를 구하고, 전위를 이용하여 벡터량인 전계의 세기를 구하는 것이 쉽고 편리하다. 왜냐하면 전계의 세기의 방향은 위치에너지 전위가 최대로 감소하는 방향이기 때문이다.

SECTION 4.1

위치에너지와 운동에너지

우리가 접하는 많은 물리적 현상들은 한 마디로 에너지 문제라고 말할 수 있다. 에너지는 일을 할 수 있는 능력으로, 사용하는 단위도 일과 똑같은 [Joule]을 사용한다. 에너지는 **위치에너지**potential energy와 **운동에너지**kinetic energy로 분류된다. 운동에너지는 움직이고 있는 물체가 갖는 에너지로, 질량 m[kg]인 물체가 v[m/sec]의 속력으로 움직이고 있을 때, 이 물체는 $\frac{1}{2}mv^2$[J]의 운동에너지를 갖고 있다고 말한다. 위치에너지는 운동에너지와 달리 물체가 어떤 상태에 있을 때 갖는 에너지로, 질량 m[kg]의 물체가 지표면에서 h[m]의 높이에 있을 때, 이 물체는 mgh[J]의 중력 위치에너지를 갖고 있다고 말한다. 또한 탄성계수가 K[N/m]인 스프링 탄성체가 x[m]만큼 늘어났을 때, 이 스프링은 $\frac{1}{2}Kx^2$[J]의 탄성 위치에너지를 갖고 있다고 한다.

이제 전기적 위치에너지에 대해 생각해보자. 전계에서 어떤 상태에 있는 전하 Q가 가진 위치에너지는 그 전하를 그 상태에 갖다 놓는 데 필요로 했던 일 W의 양과 같다. 1장의 [그림 1-6]에서 설명한 바와 같이 힘 F[N]을 가해 어떤 물체를 L[m]만큼 이동시키는 데 한 일은 다음과 같다.

$$W = \mathrm{F} \cdot \mathrm{L} \ [\mathrm{J}] \tag{4.1}$$

전계 내에 있는 전하 Q[C]이 받는 힘은 전계의 세기를 E[V/m]라고 할 때 다음과 같이 된다.

$$\mathrm{F} = Q\mathrm{E} \ [\mathrm{N}] \tag{4.2}$$

[그림 4-1]에서와 같이 전계의 세기가 E인 곳에서 전하가 받는 힘과 반대 방향으로 힘을 가하여 전하 Q를 $d\mathrm{L}$만큼 이동시키는 데 소요되는 일 dW는 다음과 같다.

$$dW = \mathrm{F} \cdot d\mathrm{L} = -Q\mathrm{E} \cdot d\mathrm{L} \tag{4.3}$$

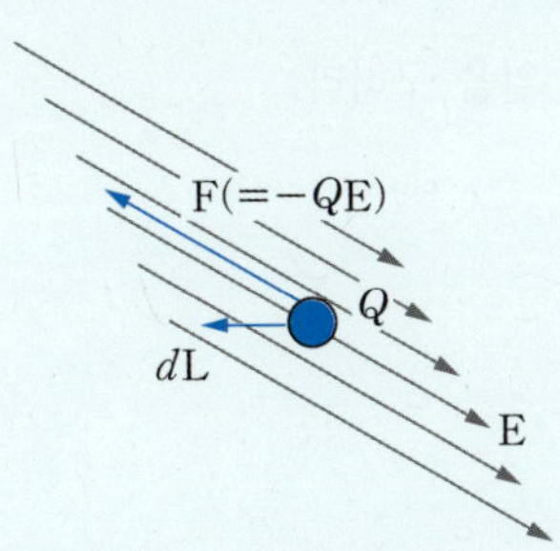

그림 4-1 전계의 세기와 반대 방향으로 힘을 가하여 전하를 이동시킬 때 소요되는 일

[그림 4-2]에서 전계의 세기 E에 의해 받는 힘과 반대의 힘을 전하 Q에 가하여 전하를 점 B에서 점 A까지 이동시켰을 때 한 일은 다음과 같다.

$$W \fallingdotseq -Q\mathrm{E}_1 \cdot \Delta\mathrm{L}_1 - Q\mathrm{E}_2 \cdot \Delta\mathrm{L}_2 - Q\mathrm{E}_3 \cdot \Delta\mathrm{L}_3 - Q\mathrm{E}_4 \cdot \Delta\mathrm{L}_4 - Q\mathrm{E}_5 \cdot \Delta\mathrm{L}_5 \quad (4.4)$$

$$= -Q(\mathrm{E}_1 \cdot \Delta\mathrm{L}_1 + \mathrm{E}_2 \cdot \Delta\mathrm{L}_2 + \mathrm{E}_3 \cdot \Delta\mathrm{L}_3 + \mathrm{E}_4 \cdot \Delta\mathrm{L}_4 + \mathrm{E}_5 \cdot \Delta\mathrm{L}_5) \quad (4.5)$$

만일 (특별한 경우이지만) 전계의 세기가 어느 점에서든지 일정하다면, 식 (4.5)는 다음과 같이 된다. 여기서 L_{BA}는 점 B를 시점으로, 점 A를 종점으로 하는 직선 벡터이다.

$$W = -Q\mathrm{E} \cdot (\Delta\mathrm{L}_1 + \Delta\mathrm{L}_2 + \Delta\mathrm{L}_3 + \Delta d\mathrm{L}_4 + \Delta\mathrm{L}_5) \quad (4.6)$$

$$W = -Q\mathrm{E} \cdot \mathrm{L}_{BA} \quad (4.7)$$

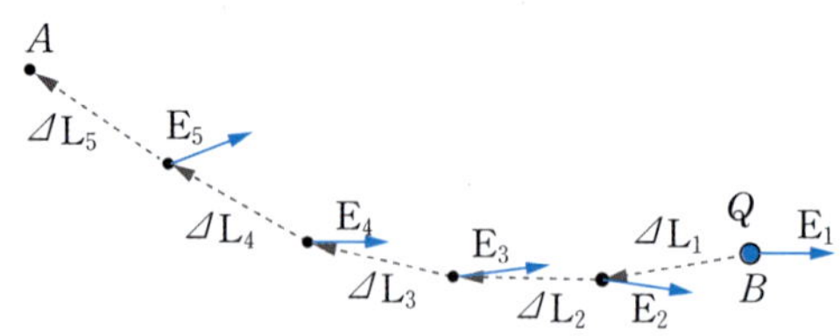

그림 4-2 전계의 세기와 반대 방향으로 힘을 가하여 전하 Q를 점 B에서 점 A로 이동

앞에서는 대략 점 B에서 점 A까지의 거리를 5개 구간으로 나누어 계산했지만, 정확한 값을 구하려면 B에서 A까지의 거리를 좀 더 많은 구간으로 나누어 각 구간에서 소요되는 일들을 각각 계산해서 합해야 한다. 이때 더 많은 구간으로 나누어 계산할수록 더 정확해질 것이다. 따라서 전하 Q를 점 B에서 점 A까지 운반하는 데 소요되는 일은 다음과 같이 된다.

$$W = -Q \lim_{n \to \infty} \sum_{k=1}^{n} \mathrm{E}_k \cdot \Delta\mathrm{L}_k = -Q\int_B^A \mathrm{E} \cdot d\mathrm{L} \quad (4.8)$$

예제 4-1 전계 내에서 전하의 이동에 필요한 일

원점에 있는 (+)전하 $Q=5[\mathrm{C}]$에 대해 다음을 구하라.
단, 전계의 세기는 $\mathrm{E}=-(y+2)\mathrm{a}_x - x\,\mathrm{a}_y[\mathrm{V/m}]$이다.

(a) 점 $P_1(6, 3)$을 거쳐 점 $P_3(10, 3)$까지 이동하는 데 소요되는 일을 구하라.

(b) 점 $P_2(10, 0)$을 거쳐 점 $P_3(10, 3)$까지 이동하는 데 소요되는 일을 구하라.

(c) 직선으로 점 $P_3(10, 3)$까지 이동하는 데 소요되는 일을 구하라.

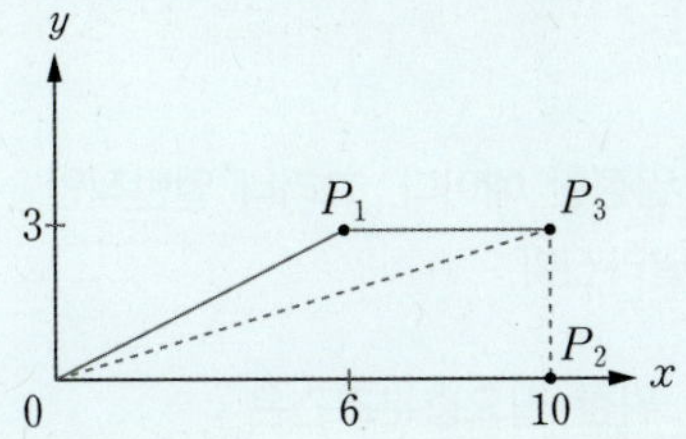

그림 4-3 전계의 세기와 반대 방향으로 힘을 가하여 전하를 원점으로부터 점 P_3로 이동

풀이

식 (4.8)에 의해 다음과 같이 구할 수 있다.

$$W = -Q\int_B^A \mathrm{E} \cdot d\mathrm{L} = -5\int_0^{P_3}\{-(y+2)\mathrm{a}_x - x\mathrm{a}_y\} \cdot (dx\,\mathrm{a}_x + dy\,\mathrm{a}_y) \quad \cdots ①$$

$$= 5\int_0^{P_3}(y+2)\,dx + x\,dy$$

(a) $$W = 5\left\{\int_0^{P_1}(y+2)\,dx + x\,dy + \int_{P_1}^{P_3}(y+2)\,dx + x\,dy\right\} \quad \cdots ②$$

$$= 5\left\{\int_{x=0}^{x=6}\left(\frac{1}{2}x+2\right)dx + \int_{y=0}^{y=3}2y\,dy + \int_{x=6}^{x=10}(3+2)\,dx + \int_{y=3}^{y=3}x\,dy\right\} \quad \cdots ③$$

$$= 250\ [\mathrm{J}] \quad \cdots ④$$

(b) $$W = 5\left\{\int_0^{P_2}(y+2)\,dx + x\,dy + \int_{P_2}^{P_3}(y+2)\,dx + x\,dy\right\} \quad \cdots ⑤$$

$$= 5\left\{\int_0^{10}(0+2)\,dx + \int_0^0 x\,dy + \int_{10}^{10}(y+2)\,dx + \int_0^3 10\,dy\right\} \quad \cdots ⑥$$

$$= 250\ [\mathrm{J}] \quad \cdots ⑦$$

(c) $$W = 5\int_0^{P_3}(y+2)\,dx + x\,dy \quad \cdots ⑧$$

$$= 5\left\{\int_0^{10}\left(\frac{3}{10}x+2\right)dx + \int_0^3 \frac{10}{3}y\,dy\right\} \quad \cdots ⑨$$

$$= 250\ [\mathrm{J}] \quad \cdots ⑩$$

☞ 이 정적분에서 주의할 점은 x로 적분할 때는 모든 변수 y를 x의 함수로 치환하고, y로 적분할 때는 모든 변수 x를 y의 함수로 치환해야 한다는 것이다. 그러나 식 ③과 식 ⑥에서 이와 같이 치환할 수 없는 x, y는 그대로 두었다.

여기서 잠깐 **경로와 무관한 선적분**

[예제 4-1]은 전계에 대한 선적분의 값이 적분경로와 상관없이 일정한 예이다. 그러나 일반적인 선적분의 경우에는 대부분 적분경로가 다를 경우 그 적분값도 달라진다.

선적분 $\int_C Pdx+Qdy+Rdz$ 가 적분경로의 영향을 받지 않기 위한 필요충분조건은

$$Pdx+Qdy+Rdz$$

가 완전미분exact differential이어야 한다는 것이다. 즉 다음을 만족하는 함수 $\phi(x,y,z)$ 가 존재해야 한다.

$$\begin{aligned} d\phi(x,y,z) &= \frac{\partial}{\partial x}\phi(x,y,z)dx+\frac{\partial}{\partial y}\phi(x,y,z)dy+\frac{\partial}{\partial x}\phi(x,y,z)dz \\ &= Pdx+Qdy+Rdz \end{aligned}$$

정전하에 의한 전계의 세기는 항상 이 조건을 만족한다(4.5절 전위경도 참조). [예제 4-1]은 다음에 해당한다.

$$d(-xy-2x)=\frac{\partial}{\partial x}(-xy-2x)dx+\frac{\partial}{\partial y}(-xy-2x)dy=-(y+2)dx-x\,dy$$

SECTION 4.2

전위 및 전위차

4.2.1 전위

전계에서 어떤 점에 (+)1[C]의 전하를 갖다 놓았을 때 그 전하가 받는 힘을 그 점의 전계의 세기라고 하듯이, 무한히 먼 곳으로부터 (+)1[C], 즉 단위전하를 어떤 점 A까지 운반하는 데 소요되는 일을 그 점의 **전위**electric potential라고 하며, V_A로 표기한다. 단위는 [V]를 사용한다. 이를 식으로 나타내면 다음과 같다.

$$V_A = -\int_{\infty}^{A} \mathrm{E} \cdot d\mathrm{L} \tag{4.9}$$

여기서 중요한 것은 식 (4.9)에서 전계의 세기의 적분값은 일반 선적분과 달리 적분경로에 무관하다는 사실이다(4.5절에서 증명).

전위를 구하는 한 예를 살펴보자. (+)5[C]을 무한히 먼 곳으로부터 점 P까지 운반하는 데 30[J]의 일이 필요하다면, 점 P의 전위 V_P는 단위전하량에 대한 것이므로 다음과 같이 전체 소요된 일을 전하량으로 나누면 된다.

$$V_P = \frac{W}{Q} = \frac{30}{5} = 6\,[\mathrm{J/C}] = 6\,[\mathrm{V}] \tag{4.10}$$

다만, 이때 단위는 [J/C] 대신 [V]가 주로 사용되는데, 이는 전계의 세기에서 [N/C] 대신 [V/m]를 사용하는 것과 같은 이야기이다.

4.2.2 전위차

어떤 점 A의 전위와 다른 점 B의 전위 차, 즉 V_A에서 V_B를 뺀 값을 점 A와 점 B의 **전위차**potential difference라고 하며, V_{AB}로 표기한다.

$$V_{AB} = V_A - V_B \tag{4.11}$$

식 (4.11)은 다음과 같이 전개시킬 수 있다.

$$\begin{aligned} V_{AB} = V_A - V_B &= \left(-\int_{\infty}^{A} \mathbf{E} \cdot d\mathbf{L}\right) - \left(-\int_{\infty}^{B} \mathbf{E} \cdot d\mathbf{L}\right) \\ &= -\left(\int_{\infty}^{A} \mathbf{E} \cdot d\mathbf{L} - \int_{\infty}^{B} \mathbf{E} \cdot d\mathbf{L}\right) \\ &= -\left(\int_{\infty}^{A} \mathbf{E} \cdot d\mathbf{L} + \int_{B}^{\infty} \mathbf{E} \cdot d\mathbf{L}\right) \\ &= -\left(\int_{B}^{\infty} \mathbf{E} \cdot d\mathbf{L} + \int_{\infty}^{A} \mathbf{E} \cdot d\mathbf{L}\right) \\ &= -\int_{B}^{A} \mathbf{E} \cdot d\mathbf{L} \end{aligned} \tag{4.12}$$

식 (4.12)에서 점 A와 점 B의 전위차 V_{AB}는 단위전하를 점 B에서 점 A로 이동시키는 데 필요한 일임을 알 수 있다. 또한 전위차의 정의를 나타내는 식 (4.11)에서 알 수 있는 바와 같이, 점 A와 점 B의 전위차 V_{AB}는 선적분을 이용하는 식 (4.12)에서 적분경로와는 무관함을 알 수 있다.

식 (4.12)에서 사용되는 미소길이 벡터 $d\mathbf{L}$을 각 좌표계별로 정리하면 다음과 같다(1.6절 참조).

$$d\mathbf{L} = dx\,\mathbf{a}_x + dy\,\mathbf{a}_y + dz\,\mathbf{a}_z \tag{4.13}$$

$$d\mathbf{L} = d\rho\,\mathbf{a}_\rho + \rho\,d\phi\,\mathbf{a}_y + dz\,\mathbf{a}_z \tag{4.14}$$

$$d\mathbf{L} = dr\,\mathbf{a}_r + r\,d\theta\,\mathbf{a}_\theta + r\sin\theta\,d\phi\,\mathbf{a}_\phi \tag{4.15}$$

예제 4-2 **전계 내에서 전하의 이동에 필요한 일**

원점의 전위를 기준($=0\,[\mathrm{V}]$)으로 할 때, 점 $P(3,4,2)$의 전위 V_P를 구하라. 단, 전계의 세기는 $\mathbf{E} = -2xy\,\mathbf{a}_x - x^2\,\mathbf{a}_y + 5\,\mathbf{a}_z\,[\mathrm{V/m}]$이다.

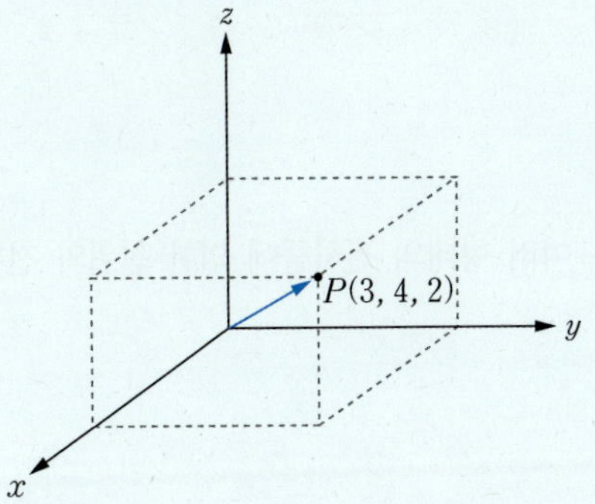

그림 4-4 전계의 세기에 의한 전위 구하기

풀이

전계의 세기에 대한 선적분을 실행할 때는 적분경로와 관계없으므로, 간단히 원점에서 점 P까지 직선을 따라 선적분하면 다음과 같은 결과를 얻는다.

$$
\begin{aligned}
V_P &= -\int_O^P \mathbf{E} \cdot d\mathbf{L} \\
&= -\int_O^P \left(-2xy\mathbf{a}_x - x^2\mathbf{a}_y + 5\mathbf{a}_z\right) \cdot \left(dx\,\mathbf{a}_x + dy\,\mathbf{a}_y + dz\,\mathbf{a}_z\right) && \cdots ① \\
&= \int_O^P \left(2xy\,dx + x^2\,dy - 5\,dz\right) && \cdots ② \\
&= \int_O^P 2xy\,dx + \int_O^P x^2\,dy - \int_O^P 5\,dz \\
&= \int_{x=0}^{x=3} 2x\frac{4}{3}x\,dx + \int_{y=0}^{y=4} \left(\frac{3}{4}y\right)^2 dy - \int_{z=0}^{z=2} 5\,dz \\
&= \int_{x=0}^{x=3} \frac{8}{3}x^2\,dx + \int_{y=0}^{y=4} \frac{9}{16}y^2\,dy - \int_{z=0}^{z=2} 5\,dz \\
&= \left[\frac{8}{9}x^3\right]_0^3 + \left[\frac{3}{16}y^3\right]_0^4 - [5z]_0^2 && \cdots ③ \\
&= 26\,[\mathrm{V}]
\end{aligned}
$$

SECTION

4.3 전하에 의한 전위

4.2절에서 전위와 전위차가 무엇인지 살펴보았다. 여기에서는 여러 형태의 전하들에 의한 전위와 전위차를 구해본다.

4.3.1 점전하에 의한 전위

먼저 [그림 4-5]와 같이 원점에 있는 전하 Q[C]에 의한 두 점 A, B 사이의 전위차를 구해보자.

$$V_{AB} = -\int_B^A \mathbf{E} \cdot d\mathbf{L} \tag{4.16}$$

$$= -\int_B^A \frac{Q}{4\pi\epsilon_0 r^2}\mathbf{a}_r \cdot (dr\,\mathbf{a}_r + r\,d\theta\,\mathbf{a}_\theta + r\sin\theta\,d\phi\,\mathbf{a}_\phi) \tag{4.17}$$

$$= -\int_{r_B}^{r_A} \frac{Q}{4\pi\epsilon_0 r^2}dr = \left[\frac{Q}{4\pi\epsilon_0 r}\right]_{r_B}^{r_A}$$

$$= \frac{Q}{4\pi\epsilon_0}\left(\frac{1}{r_A} - \frac{1}{r_B}\right) \tag{4.18}$$

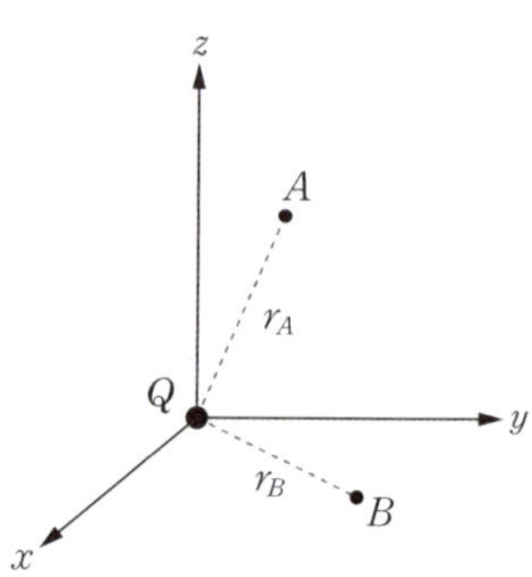

그림 4-5 점전하에 의한 전위차

무한히 먼 점에 대한 점 A의 전위 V_A는 식 (4.18)에서 $r_B = \infty$인 경우로 생각할 수 있으므로, 다음과 같이 된다.

$$V_A = \frac{Q}{4\pi\epsilon_0}\frac{1}{r_A} \tag{4.19}$$

또한, 전하로부터 무한히 멀리 떨어진 점의 전위는 0이 된다. 그리고 전위는 스칼라량이므로 여러 개의 전하 Q_1, Q_2, Q_3에 의한 어떤 점 P의 전위를 구할 때는 각각의 전하에 의한 점 P의 전위를 개별적으로 구한 후에 그 값들을 더하면 된다. 즉 중첩의 원리principle of superposition가 성립하는 선형시스템이다.

$$V = V_1 + V_2 + V_3 + \cdots = \frac{Q_1}{4\pi\epsilon_0 r_1} + \frac{Q_2}{4\pi\epsilon_0 r_2} + \frac{Q_3}{4\pi\epsilon_0 r_3} + \cdots \tag{4.20}$$

그러나 전하가 연속적으로 붙어 있는 경우에는 그 전하를 여러 개의 작은 전하들로 나눠서 각각을 하나의 점전하로 생각하여 계산한 후 그들을 합하는데, 작게 나눌수록 더 정확해지므로 결국 다음과 같은 체적적분이 된다.

$$\begin{aligned} V &\fallingdotseq \frac{\rho_1 \Delta v_1}{4\pi\epsilon_0 r_1} + \frac{\rho_2 \Delta v_2}{4\pi\epsilon_0 r_2} + \frac{\rho_3 \Delta v_3}{4\pi\epsilon_0 r_3} + \cdots \\ &\fallingdotseq \sum_{k=1}^{n} \frac{\rho_k \Delta v_k}{4\pi\epsilon_0 r_k} \\ &= \lim_{n\to\infty} \sum_{k=1}^{n} \frac{\rho_k \Delta v_k}{4\pi\epsilon_0 r_k} = \int_{vol} \frac{\rho\, dv}{4\pi\epsilon_0 r} \end{aligned} \tag{4.21}$$

이를 정리하면 다음과 같다.

$$V = \int_{vol} \frac{\rho\, dv}{4\pi\epsilon_0 r} \tag{4.22}$$

예제 4-3 점전하에 의한 전위

[그림 4-6]과 같이 원점과 점 $(4,0,0)$, 점 $(0,4,0)$에 각각 $30[\mathrm{C}]$, $20[\mathrm{C}]$, $10[\mathrm{C}]$의 전하가 놓여 있다. 이때 점 $P(0,0,3)$의 전위를 구하라.

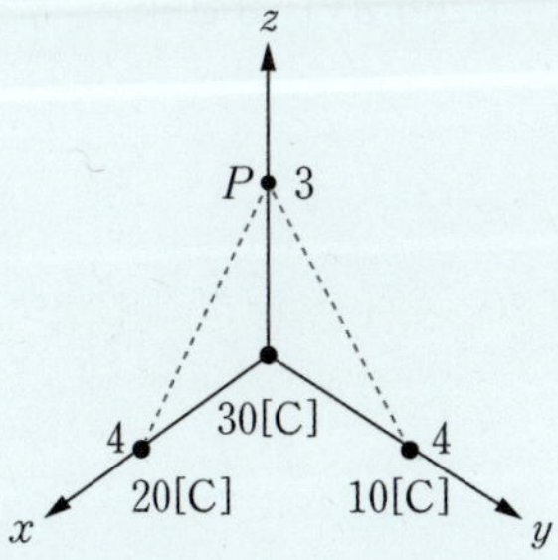

그림 4-6 점전하들에 의한 전위

풀이

식 (4.20)에 의해 각각의 전하에 의한 점 P의 전위를 구한 후 다음과 같이 합하면 된다.

$$V_P = \frac{30}{4\pi\epsilon_0 \times 3} + \frac{20}{4\pi\epsilon_0 \times 5} + \frac{10}{4\pi\epsilon_0 \times 5}$$

$$= 9 \times 10^9 (10 + 4 + 2)$$

$$= 144 \times 10^9 \ [\mathrm{V}]$$

예제 4-4 동심구도체에서의 전위

[그림 4-7]과 같은 동심구도체가 있다. 내부 도체와 외부 도체 안과 밖의 반지름이 각각 a[m], b[m], c[m]이고 내부 도체와 외부 도체구는 공기로 절연되어 있다고 한다. 내부 도체구의 전하량이 Q[C]이라고 할 때, 다음 각 영역에서의 전위를 구하라.

(a) $c < r$ (b) $b < r < c$ (c) $a < r < b$ (d) $0 < r < a$

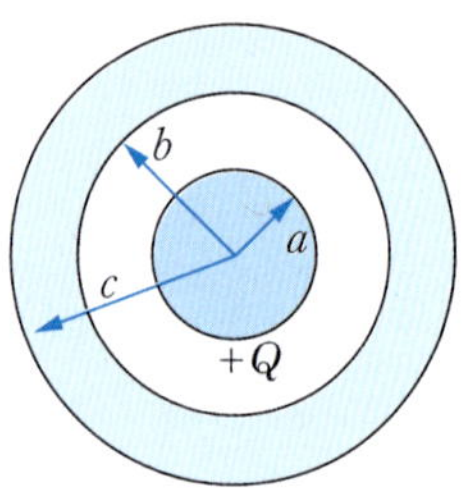

그림 4-7 동심구도체

풀이

동심구도체 내부 도체에 (+)전하를 놓으면 [그림 4-8]과 같이 정전유도현상에 의해 외부 구도체 안쪽에 같은 크기의 (−)전하량이 유도되고 바깥쪽에 같은 크기의 (+)전하량이 생긴다.

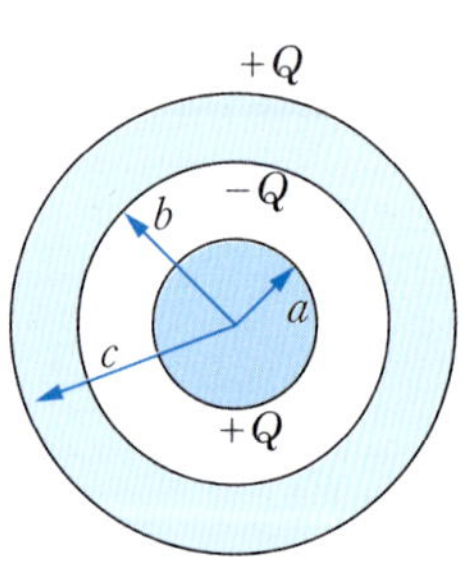

그림 4-8 동심구도체의 정전유도현상

(a) $c < r$

전계의 세기가

$$\mathbf{E} = \frac{Q}{4\pi\epsilon_0 r^2}\mathbf{a}_r \quad \cdots ①$$

이므로, 전위를 구하면 다음과 같다.

$$\begin{aligned} V_r &= -\int_{\infty}^{r} \mathbf{E} \cdot d\mathbf{L} \\ &= -\int_{\infty}^{r} \frac{Q}{4\pi\epsilon_0 r^2} dr = \left[\frac{Q}{4\pi\epsilon_0 r}\right]_{\infty}^{r} \\ &= \frac{Q}{4\pi\epsilon_0 r} \quad \cdots ② \end{aligned}$$

외부 도체 표면의 전위는 식 ②에 $r = c$를 대입하면 된다.

$$V_c = \frac{Q}{4\pi\epsilon_0 c} \quad \cdots ③$$

(b) $b < r < c$

금속 도체 내부에는 전계의 세기가 0이므로 등전위이며, 전위는 다음과 같이 된다.

$$V_r = V_c = V_b = \frac{Q}{4\pi\epsilon_0 c} \quad \cdots ④$$

(c) $a < r < b$

구 중심에서 r[m]만큼 떨어진 내구와 외구 사잇점에서의 전위는 다음과 같이 구해진다.

$$\begin{aligned} V_r = -\int_{\infty}^{r} \mathbf{E} \cdot d\mathbf{L} &= -\int_{\infty}^{c} \mathbf{E} \cdot d\mathbf{L} - \int_{c}^{b} \mathbf{E} \cdot d\mathbf{L} - \int_{b}^{r} \mathbf{E} \cdot d\mathbf{L} \\ &= V_b + \left(-\int_{b}^{r} \mathbf{E} \cdot d\mathbf{L}\right) = \frac{Q}{4\pi\epsilon_0 C} - \int_{b}^{r} \frac{Q}{4\pi\epsilon_0 r^2} dr \\ &= \frac{Q}{4\pi\epsilon_0 c} + \left[\frac{Q}{4\pi\epsilon_0 r}\right]_{b}^{r} \\ &= \frac{Q}{4\pi\epsilon_0}\left(\frac{1}{c} - \frac{1}{b} + \frac{1}{r}\right) \quad \cdots ⑤ \end{aligned}$$

따라서 내구의 전위는 다음과 같다.

$$V_a = \frac{Q}{4\pi\epsilon_0}\left(\frac{1}{c} - \frac{1}{b} + \frac{1}{a}\right) \qquad \cdots ⑥$$

(d) $0 < r < a$

금속 도체 내부는 등전위이므로, 전위는 다음과 같이 된다.

$$V_{in} = V_a = \frac{Q}{4\pi\epsilon_0}\left(\frac{1}{a} - \frac{1}{b} + \frac{1}{c}\right) \qquad \cdots ⑦$$

이상의 결과를 그림으로 나타내면 [그림 4-9]와 같이 된다.

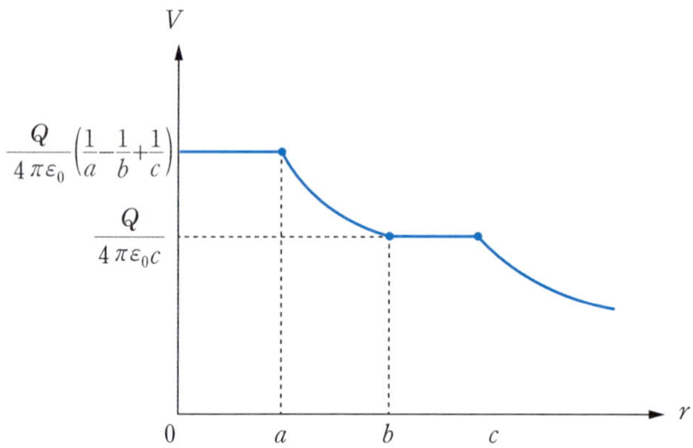

그림 4-9 동심구도체의 영역별 전위

4.3.2 무한길이의 선전하에 의한 전위

[그림 4-10]과 같이 선전하밀도가 ρ_L인 무한길이의 선전하에 의한 두 점 A, B 사이의 전위차를 구해보자.

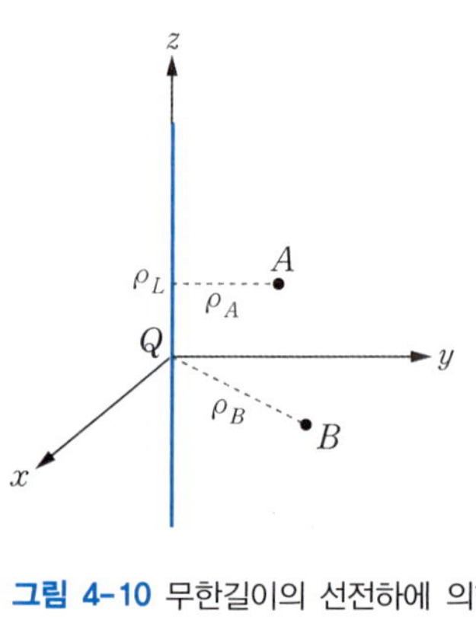

그림 4-10 무한길이의 선전하에 의한 전위차

$$V_{AB} = -\int_B^A \mathrm{E} \cdot d\mathrm{L}$$

$$= -\int_B^A \frac{\rho_L}{2\pi\epsilon_0\rho}\mathbf{a}_\rho \cdot (d\rho\,\mathbf{a}_\rho + \rho d\phi\,\mathbf{a}_y + dz\,\mathbf{a}_z) \tag{4.23}$$

$$= -\int_{\rho_B}^{\rho_A} \frac{\rho_L}{2\pi\epsilon_0\rho}d\rho = \left[-\frac{\rho_L}{2\pi\epsilon_0}\ln\rho\right]_{\rho_B}^{\rho_A}$$

$$= \frac{\rho_L}{2\pi\epsilon_0}(-\ln\rho_A + \ln\rho_B)$$

$$= \frac{\rho_L}{2\pi\epsilon_0}\ln\frac{\rho_B}{\rho_A} \tag{4.24}$$

여기서 주의해야 할 점은 앞의 점전하에 의한 전위에서는 점 A의 전위 V_A를 전위차 식에서 $r_B = \infty$인 경우로 생각할 수 있었으나, 무한길이의 선전하에 의한 전위는 식 (4.24)에서 점 A의 전위 V_A를 구하기 위해 ρ_B를 ∞로 놓으면 $\frac{\ln\infty}{\ln\rho_A} = \infty$가 되므로 어떤 점의 전위를 따로 구할 수 없다는 것이다. 다시 말해, 점전하에 의한 전계의 세기에서는 어떤 점의 전위를 구할 수 있었으나, 무한 선전하에 의한 전계의 세기에서는 두 점 사이의 전위차는 구할 수 있지만 어떤 점의 전위는 구할 수 없다. 굳이 전위라는 말을 사용하려면 '원점을 0[V]로 할 때 점 A의 전위' 또는 '점 B의 전위가 20[V]일 때 점 C의 전위'라는 말을 사용할 수 있다. 식 (4.24)는 '점 B에 대한 점 A의 전위', 즉 점 B의 전위를 0[V]로 했을 때 점 A의 전위식이다.

예제 4-5 무한길이 선전하에 의한 전위

[그림 4-11]과 같이 점 $(7, 0, 0)$을 지나며 z축과 나란한 선전하밀도 $\rho_{L1} = 14[\mathrm{nC/m}]$인 무한장 선전하와 점 $(0, 8, 0)$을 지나며 x축과 나란한 선전하밀도 $\rho_{L2} = 30[\mathrm{nC/m}]$인 무한장 선전하에 의한 점 $P(0, 0, 6)$의 전위를 다음 두 경우로 나누어 구하라.

(a) 점 $A(2, 0, 0)$의 전위를 0[V]로 하는 경우

(b) 원점 O의 전위를 0[V]로 하는 경우

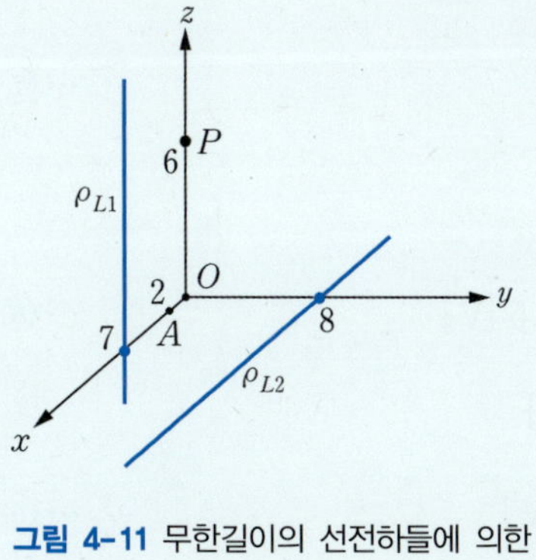

그림 4-11 무한길이의 선전하들에 의한 전위

풀이

(a) 선전하밀도 ρ_{L1}인 선전하에 의한 점 P와 점 A의 전위차는 식 (4.24)에 의해 다음과 같이 된다.

$$V_{PA1} = \frac{\rho_{L1}}{2\pi\epsilon_0}\ln\frac{\rho_A}{\rho_P}$$
$$= \frac{14\times10^{-9}}{2\pi\epsilon_0}\ln\frac{5}{7} \quad \cdots ①$$

그리고 선전하밀도 ρ_{L2}인 선전하에 의한 점 P와 점 A의 전위차는 다음과 같이 된다.

$$V_{PA2} = \frac{30\times10^{-9}}{2\pi\epsilon_0}\ln\frac{8}{10} \quad \cdots ②$$

따라서 A 점에 대한 P 점의 전위는 다음과 같이 식 ①과 식 ②를 합하면 된다.

$$V_{PA} = \frac{14\times10^{-9}}{2\pi\epsilon_0}\ln\frac{5}{7} + \frac{30\times10^{-9}}{2\pi\epsilon_0}\ln\frac{8}{10} \quad \cdots ③$$
$$= \frac{10^{-9}}{2\pi\epsilon_0}\left(14\times\ln\frac{5}{7}+30\times\ln\frac{8}{10}\right)$$
$$\fallingdotseq 18\times(-4.711-6.694) \fallingdotseq -205.3\,[\mathrm{V}] \quad \cdots ④$$

(b) 선전하밀도 ρ_{L1}인 선전하에 의한 점 P와 원점 O의 전위차는 식 (4.24)에 의해 다음과 같이 된다.

$$V_{PO1} = \frac{\rho_{L1}}{2\pi\epsilon_0}\ln\frac{\rho_O}{\rho_P} \quad \cdots ⑤$$
$$= \frac{14\times10^{-9}}{2\pi\epsilon_0}\ln\frac{7}{7}$$
$$= 0 \quad \cdots ⑥$$

그리고 선전하밀도 ρ_{L2}인 선전하에 의한 점 P와 원점 O의 전위차는 다음과 같이 된다.

$$V_{PO2} = \frac{30\times10^{-9}}{2\pi\epsilon_0}\ln\frac{8}{10} \quad \cdots ⑦$$
$$= \frac{10^{-9}}{2\pi\epsilon_0}\left(30\times\ln\frac{8}{10}\right)$$
$$\fallingdotseq 18\times(-)6.694 \fallingdotseq -120.5\,[\mathrm{V}] \quad \cdots ⑧$$

따라서 전위는 다음과 같이 식 ⑥과 식 ⑧을 합하면 된다.

$$V_{PO} \fallingdotseq 0 - 120.5 = -120.5\,[\mathrm{V}] \quad \cdots ⑨$$

4.3.3 무한평면의 면전하에 의한 전위

[그림 4-12]와 같이 면전하밀도가 ρ_s인 무한평면의 면전하에 의한 두 점 A, B 사이의 전위차를 구해보자.

$$\begin{aligned} V_{AB} &= -\int_B^A \mathbf{E} \cdot d\mathbf{L} \\ &= -\int_B^A \frac{\rho_S}{2\epsilon_0}\mathbf{a}_z \cdot (dx\,\mathbf{a}_x + dy\,\mathbf{a}_y + dz\,\mathbf{a}_z) \\ &= -\int_{z_B}^{z_A} \frac{\rho_S}{2\epsilon_0} dz = \left[-\frac{\rho_S}{2\epsilon_0} z\right]_{z_B}^{z_A} \\ &= \frac{\rho_S}{2\epsilon_0}(z_B - z_A) \end{aligned} \tag{4.25}$$

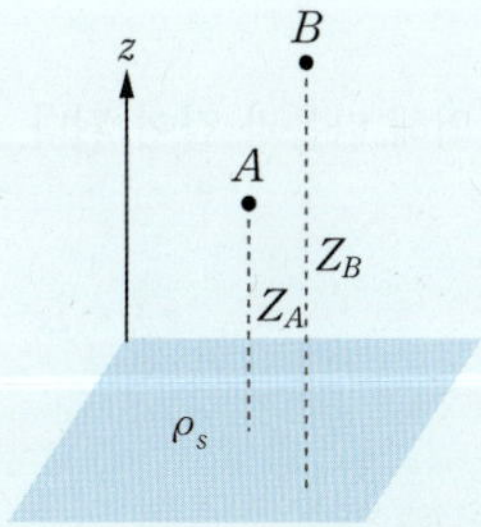

그림 4-12 무한평면의 면전하에 의한 전위차

식 (4.25)에서 알 수 있듯이, 무한평면에 가까운 곳의 전위가 먼 곳의 전위보다 높다. 그러나 무한선전하의 경우와 같이 무한평면 전하에 의한 전위도 무한 원점에 대한 전위는 ∞가 되므로 무한 원점에 대한 전위는 사용하지 않는다.

예제 4-6 무한평면의 면전하에 의한 전위

[그림 4-13]과 같이 면전하밀도가 $\rho_{S1} = 15[\mu\text{C}/\text{m}^2]$이고 $z=0$인 무한평면과 면전하밀도가 $\rho_{S2} = 40[\mu\text{C}/\text{m}^2]$이며 $z=10$인 무한평면 사이 점 $P(3,4,8)$의 전위를 구하라. 단, 점 $A(0,0,5)$의 전위를 $0[\text{V}]$로 한다.

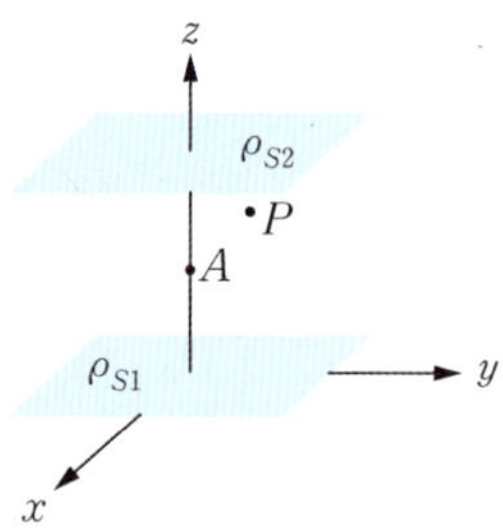

그림 4-13 무한평면의 면전하들에 의한 전위

풀이

면전하밀도가 ρ_{S1}인 면전하에 의한 점 P와 점 A의 전위차는 식 (4.25)에 의해 다음과 같이 된다.

$$V_{PA1} = \frac{\rho_{S1}}{2\epsilon_0}(z_A - z_P) \quad \cdots ①$$

$$= \frac{15\times10^{-6}}{2\epsilon_0}(5-8)$$

$$= \frac{10^{-6}}{2\epsilon_0}(-45)\ [\text{V}] \quad \cdots ②$$

그리고 면전하밀도가 ρ_{S2}인 면전하에 의한 점 P와 점 A의 전위차는 다음과 같이 된다.

$$V_{PA2} = \frac{\rho_{S2}}{2\epsilon_0}(z_P - z_A) \quad \cdots ③$$

$$= \frac{40\times10^{-6}}{2\epsilon_0}(5-2)$$

$$= \frac{10^{-6}}{2\epsilon_0}120\ [\text{V}] \quad \cdots ④$$

따라서 전위는 다음과 같이 식 ③과 식 ⑥을 합하면 된다.

$$V_{PA} = \frac{10^{-6}}{2\epsilon_0}(-45+120)$$

$$= \frac{10^{-6}}{2\epsilon_0}\times75 \fallingdotseq 4.24\times10^{6}\ [\text{V}] \quad \cdots ⑤$$

예제 4-7 **원형 선전하에 의한 전위**

[그림 4-14]와 같이 반지름 a[m]인 원형 선전하가 $z=0$인 평면에 놓여 있다. 선전하밀도가 ρ_L[C/m]라고 할 때, z축상에 있는 점 $P(0,0,z)$의 전위 V_P를 구하라.

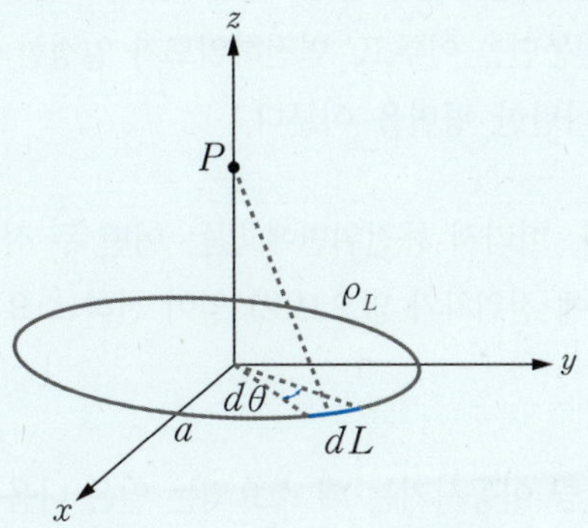

그림 4-14 원형 선전하에 의한 전위

풀이

[그림 4-14]에서 선소(=미소길이소) dL에 있는 점전하 $\rho_L dL$에 의한 점 P의 전위 dV_P는 식 (4.19)에 의해 다음과 같이 된다.

$$dV_P = \frac{\rho_L dL}{4\pi\epsilon_0}\frac{1}{r_P} \quad \cdots ①$$

$$= \frac{\rho_L}{4\pi\epsilon_0}\frac{1}{\sqrt{a^2+z^2}}dL \quad \cdots ②$$

따라서 전체 원형 선전하에 의한 전위는 다음과 같이 된다.

$$V_P = \oint_c dV_P = \oint_c \frac{\rho_L}{4\pi\epsilon_0}\frac{1}{\sqrt{a^2+z^2}}dL \quad \cdots ③$$

⬅ $dL = a\,d\phi$

$$= \int_0^{2\pi} \frac{\rho_L}{4\pi\epsilon_0}\frac{a}{\sqrt{a^2+z^2}}d\phi \quad \cdots ④$$

$$= \frac{\rho_L}{4\pi\epsilon_0}\frac{a}{\sqrt{a^2+z^2}}\times 2\pi \quad \cdots ⑤$$

$$= \frac{\rho_L a}{2\epsilon_0\sqrt{a^2+z^2}} \text{ [V]} \quad \cdots ⑥$$

4.3.4 등전위면

전위가 같은 점들로 이루어진 면을 **등전위면**equipotential surface이라고 한다. 예를 들어, 3차원 공간에서 원점에 점전하가 있을 때 원점에서 같은 거리만큼 떨어진 모든 지점의 전위는 값이 똑같다. 따라서 원점에 점전하가 있는 전계에서 원점에 중심을 둔 모든 구면은 등전위면이 된다. 선전하밀도가 일정한 무한길이의 직선전하로 이루어진 전계에서는 등전위면들이 원통면을 이루고, 면전하밀도가 일정한 무한평면의 면전하의 전계에서는 등전위면이 면전하 평면과 나란한 평면을 이룬다.

이 등전위면에 있는 선들을 **등전위선**equipotential line이라고 한다. 따라서 등전위면에 있는 어떤 두 점을 잇는 등전위선을 따라 전하를 이동시키는 데에는 (두 점 사이에 전위차가 없으므로) 일이 전혀 소요되지 않는다.

전계의 세기가 $\mathrm{E}[\mathrm{V/m}]$인 곳에서 전하 $Q[\mathrm{C}]$을 $\Delta \mathrm{L}[\mathrm{m}]$만큼 이동시키는 데 소요되는 일은 다음과 같다.

$$\Delta W = -Q\mathrm{E} \cdot \Delta \mathrm{L} = -Q \times E \times \Delta L \times \cos\theta \tag{4.26}$$

이때 전하나 전계의 세기의 크기, 이동거리가 0이 아닌데 일이 소요되지 않는다면, 즉 $\Delta W = 0$이라면 $\theta = 90°$여야 한다. 다시 말해, 전계의 세기 E와 이동거리 $\Delta \mathrm{L}$이 서로 직교한다. 즉 전계의 세기는 등전위면 또는 등전위선에 수직이다. 등전위선을 그릴 때는 전기력선을 그리고, 그 전기력선과 직교하도록 선을 그려나가면 등전위선이 된다.

3장의 [예제 3-2]에서 선전하밀도에 의한 전기력선의 식을 다음과 같은 전기력선 방정식을 이용하여 구했다.

$$\frac{E_y}{E_x} = \frac{dy}{dx} \quad \Rightarrow \quad \frac{dx}{E_x} = \frac{dy}{E_y} \tag{4.27}$$

이제 다시 선전하밀도에 의한 전계의 세기의 식이 다음과 같이 주어졌을 때 등전위선을 구해보자.

$$\mathrm{E} = \frac{\rho_L}{2\pi\epsilon_0\rho}\mathbf{a}_\rho = \frac{\rho_L}{2\pi\epsilon_0\sqrt{x^2+y^2}}\left(\frac{x}{\sqrt{x^2+y^2}}\mathbf{a}_x + \frac{y}{\sqrt{x^2+y^2}}\mathbf{a}_y\right) \tag{4.28}$$

등전위선은 전계의 세기와 수직이므로, 즉 전기력선과 수직이므로 등전위선의 방정식은 식 (4.29)와 같이 된다(직교하는 두 직선의 기울기의 곱은 -1이 된다).

$$\frac{dx}{dy} = -\frac{E_y}{E_x} \quad \Rightarrow \quad E_x\,dx = -E_y\,dy \tag{4.29}$$

따라서 이 등전위선의 방정식에 전계의 세기의 x 성분과 y 성분을 대입하면

$$\frac{\rho_L}{2\pi\epsilon_0\sqrt{x^2+y^2}}\frac{x}{\sqrt{x^2+y^2}}\,dx = -\frac{\rho_L}{2\pi\epsilon_0\sqrt{x^2+y^2}}\frac{y}{\sqrt{x^2+y^2}}\,dy$$

$$x\,dx = -y\,dy \tag{4.30}$$

이고, 양변을 적분하면 다음과 같은 등전위선의 식을 얻을 수 있다.

$$\frac{1}{2}x^2 = -\frac{1}{2}y^2 + C_1$$

$$x^2 + y^2 = C \tag{4.31}$$

이 원의 방정식을 이용해 3장의 [그림 3-4] 위에 등전위선을 그려보면 [그림 4-15]와 같이 된다. 이 그림에서 실선은 전기력선이고 점선은 등전위선이다.

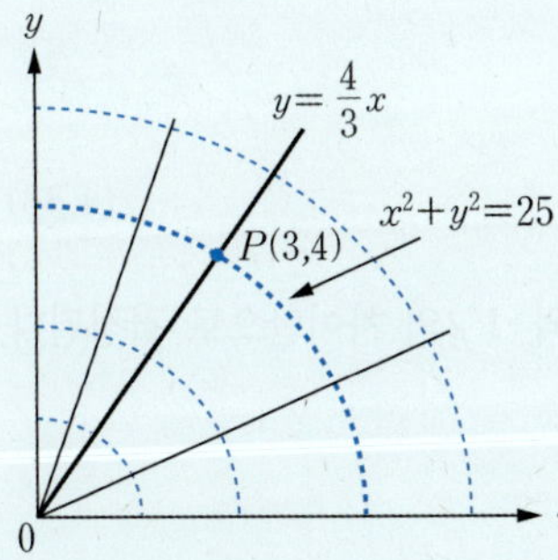

그림 4-15 선전하에 의한 등전위선과 전기력선

여기에서는 전계의 세기가 먼저 주어지고 그에 따라 전기력선식이 주어지며 그것을 이용해 등전위선을 그리는 작업을 수행했으나, 실제로는 일반적으로 등전위선을 그리는 것이 더 쉽기 때문에 등전위선을 먼저 그리고, 다음에 그 등전위선과 직교하도록 전기력선을 그리는 경우가 많다.

SECTION 4.4

정전계에 대한 제2 맥스웰 방정식

어떤 두 점 사이의 전위차는 단위전하를 그 두 점 사이로 이동시키는 데 소요되는 일과 같다. 즉 점 A와 점 B의 전위차는 다음 식으로 표시된다.

$$V_{AB} = -\int_B^A \mathbf{E} \cdot d\mathbf{L} \tag{4.32}$$

그러나 전위차 V_{AB}는 두 점의 전위 차이로,

$$V_{AB} = V_A - V_B \tag{4.33}$$

이므로 식 (4.32)의 적분식은 적분경로에 관계없이 두 점의 전위 V_A와 V_B의 차이만으로 결정된다.

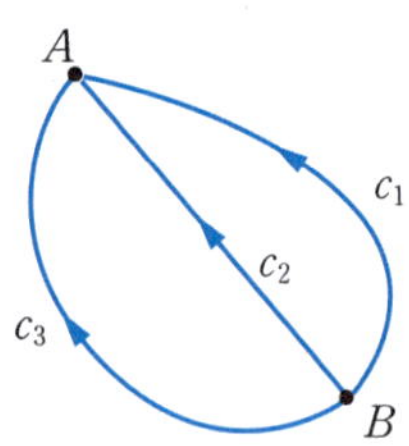

그림 4-16 경로에 따른 선적분

따라서 [그림 4-16]에서 다음이 성립한다.

$$-\int_B^A \mathbf{E} \cdot d\mathbf{L} = -\int_{c_1} \mathbf{E} \cdot d\mathbf{L} = -\int_{c_2} \mathbf{E} \cdot d\mathbf{L} = -\int_{c_3} \mathbf{E} \cdot d\mathbf{L} \tag{4.34}$$

그런데 정적분에서

$$\int_B^A \mathbf{E} \cdot d\mathbf{L} = -\int_A^B \mathbf{E} \cdot d\mathbf{L} \tag{4.35}$$

이므로 점 B에서 적분경로 c_1을 따라 점 A까지 선적분하고, 다시 점 A에서 적분경로 c_3을 따라 점 B까지 선적분하여 합하면 그 값은 0이 될 것이다. 즉 전계의 세기 $\mathbf{E}$를 폐회로를 따라 선적분하면 그 값은 0이 된다.

이를 식으로 표시하면 다음과 같다.

$$\oint_c \mathrm{E} \cdot d\mathrm{L} = 0 \tag{4.36}$$

식 (4.36)을 **제2 맥스웰 방정식**이라고 한다. 이 방정식은 전하의 공간적 이동이 없고, 또한 전계가 시간에 따라 변하지 않는 정전계electrostatic field에서만 사용 가능하며, 전계나 자계magnetic field가 시간에 따라 변하는 시변계time-varying field에서는 수정되어야 한다. 시변계에 대해서는 10장에서 설명한다.

식 (4.36)의 방정식과 같이 임의의 폐곡선에 대한 선적분의 값이 0이 되는 백터계를 **보존계**conservative field라고 한다. 이것은 어떤 물질을 이동시키는 데 소요되었던 일(= 에너지)은 그 물질을 본래의 위치로 옮겨 놓을 때 되돌려 받을 수 있음을 의미한다. 이러한 보존계로는 전계뿐만 아니라 우리가 무거운 물건을 들어올릴 때 했던 일을 그 물건을 내려놓을 때 되돌려 받게 되는 중력계gravitational field가 대표적인 예이다.

SECTION 4.5

전위경도

4.5.1 등전위선과 전계의 세기

2장에서는 쿨롱의 법칙을 이용하여 선적분이나 체적적분에 의해 전계의 세기를 구했으나, 대부분의 적분식은 값을 구하기 어려웠다. 반면에 제3장에서는 가우스의 법칙에서 대칭성을 이용하여 전속밀도를 구한 후 쉽게 전계의 세기를 구했다. 그러나 가우스의 법칙은 전하가 대칭적으로 분포되어 있지 않을 때는 적용할 수 없다. 그리고 실제 전기 문제에서 전하의 분포 상태가 미리 주어지는 경우는 극히 드물고, 많은 경우 전위분포 또는 등전위면이 주어진다. 따라서 이 절에서는 전위분포가 주어졌을 때, 이 전위분포의 식으로부터 전계의 세기를 구하는 방법을 소개한다.

[그림 4-17]에서 단위전하를 미소길이 $\Delta \mathrm{L}$만큼 이동할 때 소요되는 일, 즉 전위차 ΔV는

$$\Delta V \fallingdotseq -\mathrm{E} \cdot \Delta \mathrm{L} = -E \Delta L \cos\theta \tag{4.37}$$

가 된다. 극한을 취하면 다음과 같다.

$$dV = -\mathrm{E} \cdot d\mathrm{L} = -E\,dL\cos\theta \tag{4.38}$$

$$\frac{dV}{dL} = -E\cos\theta \tag{4.39}$$

여기서 $\frac{dV}{dL}$는 단위변위당 전위의 변화, 즉 변위에 대한 전위의 변화율을 의미하며, θ는 전계의 세기 E와 변위 $d\mathrm{L}$ 사이의 각이다.

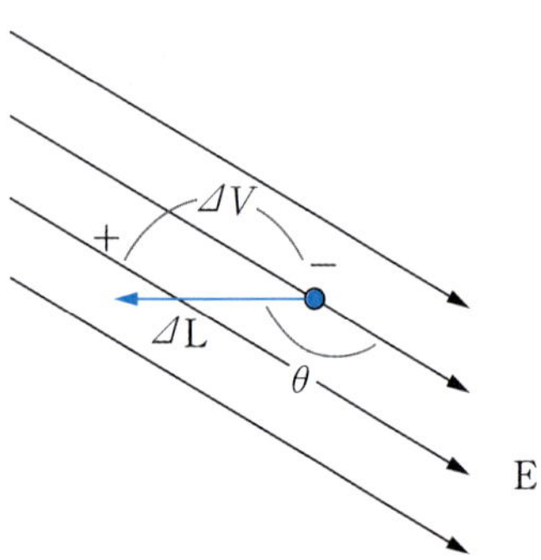

그림 4-17 미소길이에 대한 전위의 변화

식 (4.39)에서 변위에 대한 전위의 변화율이 최대가 되려면 $\theta = 180°$여야 하며, 그때의 최대 변화율은 다음과 같다.

$$\frac{dV}{dL}_{max} = E \tag{4.40}$$

즉 단위변위당 최대의 전위 변화가 일어나는 방향은 전계의 세기의 방향과 정반대이고, 그때의 최대 전위 변화율은 전계의 세기의 크기와 같다. 바꿔 말하면 **전계의 세기 E 의 방향은 전위 변화가 최대로 일어나는 방향과 정반대 방향이고, E 의 크기는 그때의 단위길이당 전위의 변화와 같다.**

[그림 4-18]의 등전위면에서 전계의 세기 E 와 전위차 $\triangle V$는 다음 식과 같다.

$$\triangle V \fallingdotseq -\mathrm{E} \cdot \triangle \mathrm{L} = -E \triangle L \cos\theta = 0 \tag{4.41}$$

식 (4.41)에서 E나 $\triangle L$이 0이 아닌데 $\triangle V = 0$이 되기 위해서는 $\theta = 90°$ 또는 $\theta = 270°$, 즉 전계의 세기 E 가 등전위선(또는 등전위면)에 수직이어야 한다.

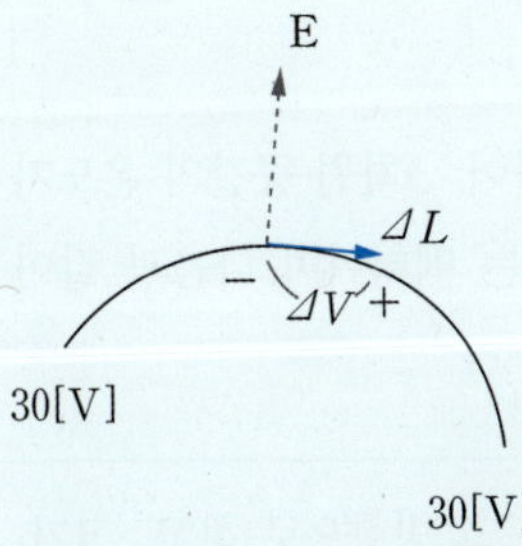

그림 4-18 등전위선과 전계의 세기

예제 4-8 등전위선과 전기력선

[그림 4-19]와 같은 등전위선을 이용하여 점 P를 지나는 전기력선을 그려라.

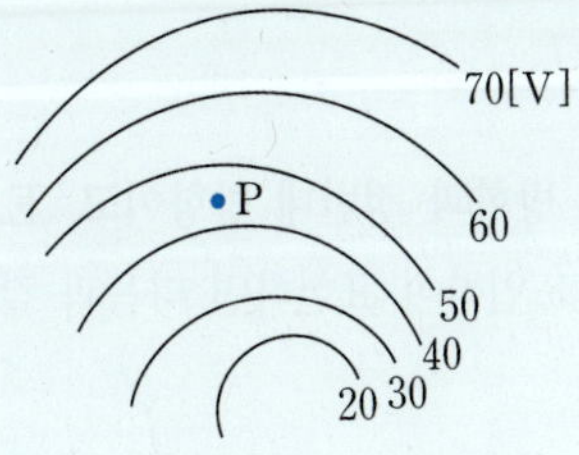

그림 4-19 등전위선

풀이

전계의 세기를 나타내는 전기력선의 방향은 전위 변화율이 최대로 일어나는 방향이므로 이웃 등전위선까지 제일 짧은 거리로 도달할 수 있도록, 그리고 등전위선과 수직으로 만나도록 그리면 된다. 이를 그리면 [그림 4-20]과 같다.

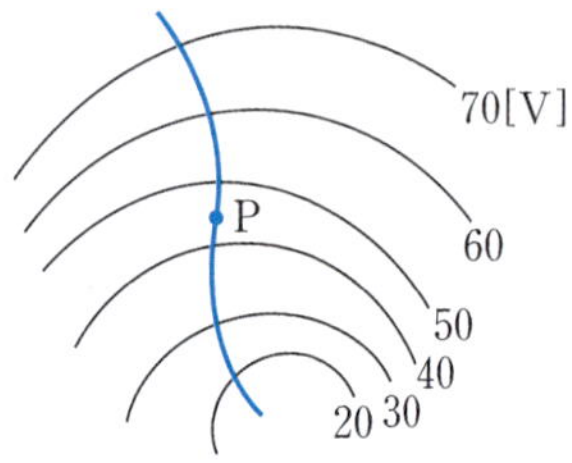

그림 4-20 등전위선과 전기력선

4.5.2 전위경도와 전계의 세기

전위경도에 대해 이야기하기 전에 **경도**gradient가 무엇인지 알아보자. 예를 들어, 3차원 공간의 온도가 위치의 함수 $T(x, y, z)$라고 하자. 스칼라량인 온도 T에 대해 T의 경도는 벡터이며 다음과 같이 정의한다.

> 온도 T의 경도는 단위변위에 대한 온도의 변화가 최대로 일어나는 방향을 그 방향으로 하고, 크기는 그때의 온도의 변화율이다. 변화율이 최대가 되는 방향의 단위벡터를 $\mathbf{a}_{max}$라고 하면, 다음과 같이 나타낼 수 있다.
>
> $$T\text{의 경도} = \text{grad}\, T = \left.\frac{dT}{dL}\right|_{max} \mathbf{a}_{max} \tag{4.42}$$
>
> 여기서 $\left.\frac{dT}{dL}\right|_{max}$는 최대 온도 변화율[$^\circ$/m]이다.

앞에서 정의한 **전계의 세기 E의 방향은 전위 변화가 최대로 일어나는 방향과 정반대 방향이고, E의 크기는 그 방향의 단위길이당 전위 변화와 같다**는 말을 경도의 개념을 도입하여 표현하면 다음과 같이 된다.

$$\mathbf{E} = -grad\, V \tag{4.43}$$

이 **전위경도**potential gradient를 식으로 표현하기 위해 전위 $V(x, y, z)$의 전미분total differential을 구해본다.

$$dV = \frac{\partial V}{\partial x}dx + \frac{\partial V}{\partial y}dy + \frac{\partial V}{\partial z}dz \tag{4.44}$$

식 (4.38)로부터 다음과 같이 된다.

$$\begin{aligned} dV &= -\mathbf{E} \cdot d\mathbf{L} & (4.45) \\ &= -(E_x \mathbf{a}_x + E_y \mathbf{a}_y + E_z \mathbf{a}_z) \cdot (dx\, \mathbf{a}_x + dy\, \mathbf{a}_y + dz\, \mathbf{a}_z) \\ &= -(E_x dx + E_y dy + E_z dz) & (4.46) \end{aligned}$$

식 (4.44)와 식 (4.46)을 비교해보면 다음과 같음을 알 수 있다.

$$E_x = -\frac{\partial V}{\partial x}, \quad E_y = -\frac{\partial V}{\partial y}, \quad E_z = -\frac{\partial V}{\partial z} \tag{4.47}$$

그러므로

$$\begin{aligned} \mathbf{E} &= E_x \mathbf{a}_x + E_y \mathbf{a}_y + E_z \mathbf{a}_z \\ &= -\left(\frac{\partial V}{\partial x}\mathbf{a}_x + \frac{\partial V}{\partial y}\mathbf{a}_y + \frac{\partial V}{\partial z}\mathbf{a}_z\right) & (4.48) \end{aligned}$$

이다. 여기서 식 (4.43)과 식 (4.48)에 의해 전위경도는 다음과 같이 정의된다.

$$grad\, V = \frac{\partial V}{\partial x}\mathbf{a}_x + \frac{\partial V}{\partial y}\mathbf{a}_y + \frac{\partial V}{\partial z}\mathbf{a}_z \tag{4.49}$$

식 (4.49)를 벡터 미분연산자 ∇을 이용해 다음과 같이 표시할 수 있다.

$$\begin{aligned} \nabla V &= \left(\frac{\partial}{\partial x}\mathbf{a}_x + \frac{\partial}{\partial y}\mathbf{a}_y + \frac{\partial}{\partial z}\mathbf{a}_z\right) V \\ &= \frac{\partial V}{\partial x}\mathbf{a}_x + \frac{\partial V}{\partial y}\mathbf{a}_y + \frac{\partial V}{\partial z}\mathbf{a}_z & (4.50) \end{aligned}$$

여기에서 경도의 물리적 의미를 명확히 하기 위해 앞에서 취급했던 위치함수 온도 $T(x, y, z)$를 다시 생각해보자. T의 전미분은 다음과 같다.

$$dT = \frac{\partial T}{\partial x}dx + \frac{\partial T}{\partial y}dy + \frac{\partial T}{\partial z}dz \tag{4.51}$$

양변을 미소길이 dL로 나누면 다음과 같다.

$$\begin{aligned} \frac{dT}{dL} &= \frac{\partial T}{\partial x}\frac{dx}{dL} + \frac{\partial T}{\partial y}\frac{dy}{dL} + \frac{\partial T}{\partial z}\frac{dz}{dL} \\ &= \left(\frac{\partial T}{\partial x}\mathbf{a}_x + \frac{\partial T}{\partial y}\mathbf{a}_y + \frac{\partial T}{\partial z}\mathbf{a}_z\right) \cdot \left(\frac{dx}{dL}\mathbf{a}_x + \frac{dy}{dL}\mathbf{a}_y + \frac{dz}{dL}\mathbf{a}_z\right) \\ &= \nabla T \cdot \mathbf{a}_L & (4.52) \end{aligned}$$

$d\mathbf{L} = dx\,\mathbf{a}_x + dy\,\mathbf{a}_y + dz\,\mathbf{a}_z$

$\mathbf{a}_L = \frac{d\mathbf{L}}{dL} = \frac{dx}{dL}\mathbf{a}_x + \frac{dy}{dL}\mathbf{a}_y + \frac{dz}{dL}\mathbf{a}_z$

$dL = \sqrt{dx^2 + dy^2 + dz^2}$

식 (4.52)로부터 다음과 같은 경도의 물리적 의미를 발견할 수 있다.

> 거리에 대한 온도 변화율 $\frac{dT}{dL}$가 최대가 되기 위해서는 ∇T의 방향과 $\mathbf{a}_L$의 방향이 일치해야 한다. 그런데 $T(x, y, z)$가 주어지면 ∇T의 방향은 정해져 버리기 때문에 같은 거리를 움직여도 가장 큰 온도 T의 변화를 얻기 위해서는 ∇T의 방향으로 움직여야 한다. 즉 ∇T의 방향은 온도 변화가 최대로 일어나는 방향이고, ∇T의 크기는 그때의 최대 온도 변화율이다.

이러한 의미를 앞에서 나온 식 (4.43)의 $\mathbf{E} = -\nabla V$에 적용하여 전계의 세기를 다시 정의하면 전계의 세기의 방향은 전위 변화가 최대로 일어나는 방향과 정반대이고, 즉 전위(=전기적 위치에너지)의 감소가 최대로 일어나는 방향이고, 그 크기는 그 방향으로의 단위길이당 전위 변화율의 크기와 같다.

직각좌표계에서 식 (4.50)으로 표시되는 전위경도를 원통좌표계와 구좌표계로 표시하면 다음과 같다(유도과정 생략).

$$\text{직각좌표계 : } \nabla V = \frac{\partial V}{\partial x}\mathbf{a}_x + \frac{\partial V}{\partial y}\mathbf{a}_y + \frac{\partial V}{\partial z}\mathbf{a}_z \tag{4.53}$$

$$\text{원통좌표계 : } \nabla V = \frac{\partial V}{\partial \rho}\mathbf{a}_\rho + \frac{1}{\rho}\frac{\partial V}{\partial \phi}\mathbf{a}_\phi + \frac{\partial V}{\partial z}\mathbf{a}_z \tag{4.54}$$

$$\text{구좌표계 : } \nabla V = \frac{\partial V}{\partial r}\mathbf{a}_r + \frac{1}{r}\frac{\partial V}{\partial \theta}\mathbf{a}_\theta + \frac{1}{r\sin\theta}\frac{\partial V}{\partial \phi}\mathbf{a}_\phi \tag{4.55}$$

예제 4-9 전위경도와 전계의 세기

전위가 다음과 같은 전계에서 점 $P(2, 3, 5)$의 전계의 세기 $\mathbf{E}_P$를 구하라.

$$V = 5x - 3y^2 z \text{ [V]}$$

풀이

$$\begin{aligned}\mathbf{E} &= -\nabla V = -\left(\frac{\partial V}{\partial x}\mathbf{a}_x + \frac{\partial V}{\partial y}\mathbf{a}_y + \frac{\partial V}{\partial z}\mathbf{a}_z\right)\\ &= -\left(5\,\mathbf{a}_x - 6yz\,\mathbf{a}_y - 3y^2\,\mathbf{a}_z\right)\end{aligned}$$

$$\mathbf{E}_P = -5\,\mathbf{a}_x + 90\,\mathbf{a}_y + 27\,\mathbf{a}_z \text{ [V/m]}$$

여기서 잠깐 **전위차는 적분경로와 무관하다.**

$$
\begin{aligned}
V_{AB} = -\int_B^A \mathbf{E} \cdot d\mathbf{L} &= -\int_B^A (E_x \mathbf{a}_x + E_y \mathbf{a}_y + E_z \mathbf{a}_z) \cdot (dx\, \mathbf{a}_x + dy\, \mathbf{a}_y + dz\, \mathbf{a}_z) \\
&= -\int_B^A E_x dx + E_y dy + E_z dz \\
&= \int_B^A \frac{\partial V}{\partial x} dx + \frac{\partial V}{\partial y} dy + \frac{\partial V}{\partial z} dz \\
&= \int_B^A dV = [V]_B^A \\
&= V_A - V_B
\end{aligned}
$$

☞ 여기서 $[V]_B^A \neq A - B$ 이다. 예를 들어, $V(x, y, z)$, $A(4, 5, 6)$, $B(1, 2, 3)$ 이면 $[V]_B^A = V(4, 5, 6) - V(1, 2, 3) = V_A - V_B$ 이다.

SECTION
4.6 전기쌍극자

전하량의 크기는 같으나 극성이 반대인 두 전하가 대단히 가깝게 위치해 있을 때 이 두 전하를 **전기쌍극자** electric dipole라고 한다. 여기서 말하는 가깝다는 말은 상대적인 것으로, 우리가 전계나 전위를 구하고자 하는 지점과의 거리에 비해 두 전하량의 거리가 대단히 가깝다는 말이다.

[그림 4-21]과 같이 전하 $(+)Q[\mathrm{C}]$과 $(-)Q[\mathrm{C}]$이 $d[\mathrm{m}]$만큼 떨어져 있을 때, 다음과 같이 **전기쌍극자 모멘트** electric dipole moment p를 정의한다.

$$\mathrm{p} = Q\mathrm{d}[\mathrm{C \cdot m}] \tag{4.56}$$

여기서 d는 $(-)$전하에서 $(+)$전하로 향하는 선분벡터이다.

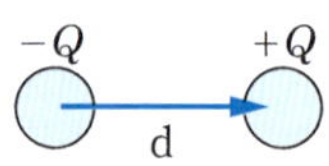

그림 4-21 전기쌍극자 모멘트

이제 이 전기쌍극자로부터 멀리 떨어진 점의 전위 및 전계의 세기를 구해보자.

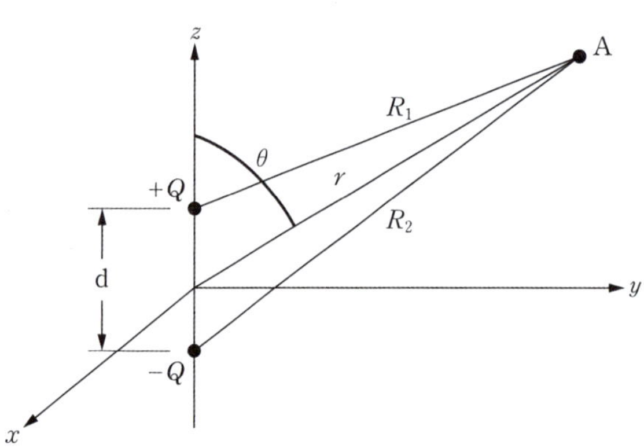

그림 4-22 전기쌍극자에 의한 전위

[그림 4-22]에서 점 A의 전위를 구하면 다음과 같다.

$$V_A = \frac{Q}{4\pi\epsilon_0}\left(\frac{1}{R_1} - \frac{1}{R_2}\right) = \frac{Q}{4\pi\epsilon_0}\left(\frac{R_2 - R_1}{R_1 R_2}\right) \tag{4.57}$$

$$\fallingdotseq \frac{Q\,d\cos\theta}{4\pi\epsilon_0 r^2} \tag{4.58}$$

$$= \frac{\mathbf{p} \cdot \mathbf{a}_r}{4\pi\epsilon_0 r^2} \tag{4.59}$$

$$R_1 \fallingdotseq r - \frac{d}{2}\cos\theta \qquad R_2 \fallingdotseq r + \frac{d}{2}\cos\theta$$

➡

$$R_2 - R_1 = d\cos\theta \qquad R_1 R_2 = r^2 - \left(\frac{d}{2}\cos\theta\right)^2 \fallingdotseq r^2$$

식 (4.43)과 식 (4.55), 식 (4.58)로부터 전기쌍극자에 의한 전계의 세기를 구하면 다음과 같다.

$$\begin{aligned}
\mathbf{E} = -\nabla V &= -\left(\frac{\partial V}{\partial r}\mathbf{a}_r + \frac{1}{r}\frac{\partial V}{\partial \theta}\mathbf{a}_\theta + \frac{1}{r\sin\theta}\frac{\partial V}{\partial \phi}\mathbf{a}_\phi\right) \\
&= -\frac{\partial}{\partial r}\frac{Q\,d\cos\theta}{4\pi\epsilon_0 r^2}\mathbf{a}_r - \frac{1}{r}\frac{\partial}{\partial \theta}\frac{Q\,d\cos\theta}{4\pi\epsilon_0 r^2}\mathbf{a}_\theta - \frac{1}{r\sin\theta}\frac{\partial}{\partial \phi}\frac{Q\,d\cos\theta}{4\pi\epsilon_0 r^2}\mathbf{a}_\phi \\
&= \frac{Q\,d\cos\theta}{2\pi\epsilon_0 r^3}\mathbf{a}_r + \frac{Q\,d\sin\theta}{4\pi\epsilon_0 r^3}\mathbf{a}_\theta \\
&= \frac{Q\,d}{4\pi\epsilon_0 r^3}(2\cos\theta\,\mathbf{a}_r + \sin\theta\,\mathbf{a}_\theta)
\end{aligned} \tag{4.60}$$

식 (4.58)과 식 (4.60)에서 전기쌍극자에 의한 전위는 점전하와 달리 거리의 제곱에, 그리고 전계의 세기는 거리의 세제곱에 반비례함을 알 수 있다.

예제 4-10 전기쌍극자에 의한 전위 및 전계의 세기

원점에 $100\,\mathbf{a}_z$ [pC • m]의 쌍극자 모멘트를 가진 전기쌍극자가 있다. 점 $P(5, 5, 5)$인 곳의 전위와 전계의 세기를 구하라.

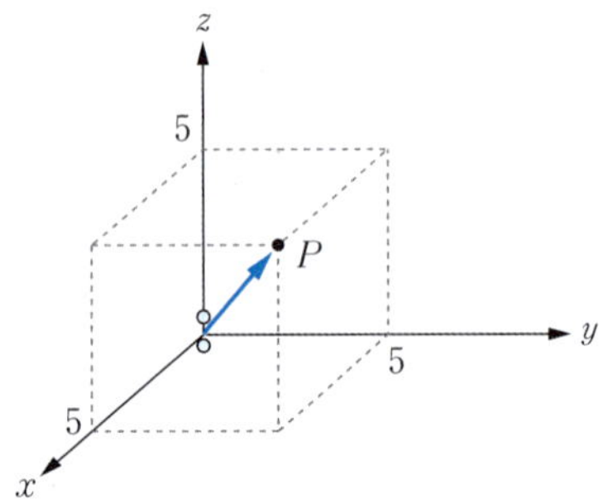

그림 4-23 전기쌍극자에 의한 전위 및 전계의 세기

풀이

먼저 식 (4.59)에 의해 전위는 다음과 같이 구해진다.

$$\begin{aligned} V_P &= \frac{\mathbf{p} \cdot \mathbf{a}_r}{4\pi\epsilon_0 r^2} \\ &= \frac{100 \times 10^{-9}\mathbf{a}_z \cdot \dfrac{1}{\sqrt{3}}(\mathbf{a}_x + \mathbf{a}_y + \mathbf{a}_z)}{4\pi\epsilon_0 (5\sqrt{3})^2} \\ &= 9 \times 10^9 \times 100 \times 10^{-9} \times \frac{1}{75\sqrt{3}} \\ &\fallingdotseq 6.93\ [\mathrm{V}] \end{aligned}$$

그리고 전계의 세기는 식 (4.60)에 의해 다음과 같이 구할 수 있다.

$$\begin{aligned} \mathbf{E}_P &= \frac{Qd}{4\pi\epsilon_0 r^3}(2\cos\theta\,\mathbf{a}_r + \sin\theta\,\mathbf{a}_\theta) \\ &= \frac{100 \times 10^{-9}}{4\pi\epsilon_0 (5\sqrt{3})^3}\left(2 \times \frac{1}{\sqrt{3}}\,\mathbf{a}_r + \frac{\sqrt{2}}{\sqrt{3}}\,\mathbf{a}_\theta\right) \\ &= 9 \times 10^9 \times 100 \times 10^{-9} \times \frac{1}{125 \times 9}(2\,\mathbf{a}_r + \sqrt{2}\,\mathbf{a}_\theta) \\ &= 1.6\,\mathbf{a}_r + 0.8\sqrt{2}\,\mathbf{a}_\theta \fallingdotseq 1.96(0.82\,\mathbf{a}_r + 0.58\,\mathbf{a}_\theta)\ [\mathrm{V/m}] \end{aligned}$$

SECTION 4.7

정전에너지

어떤 점의 전위란 그 지점에 단위 점전하를 놓았을 때, 그 단위전하가 갖는 위치에너지를 의미한다. 예를 들어 어떤 점의 전위가 100[V]라고 하면 그 지점에 (+)1[C]의 점전하를 갖다 놓기 위해서는 100[J]의 일이 필요하고, 따라서 그 점에 있는 (+)1[C]의 점전하는 100[J]의 위치에너지를 갖고 있다고 말할 수 있다. [그림 4-24]와 같이 전위차가 V[V]인 두 단자 사이에서 전위가 낮은 (−)단자로부터 전위가 높은 (+)단자로 전하 Q[C]을 이동시키는 데에는 VQ[J]의 에너지가 필요하고, 따라서 (+)단자에 있는 전하 Q[C]은 $W_E = VQ$[J]의 위치에너지를 갖고 있다고 말한다. 이때 전하 Q[C]이 (+)단자로 이동하더라도 전위차 V[V]는 변하지는 않는다고 가정한다.

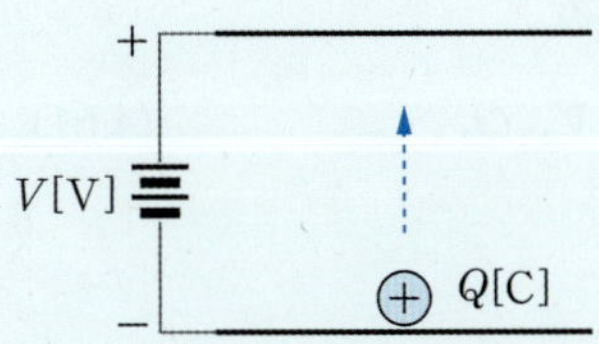

그림 4-24 전하 이동에 필요한 에너지

4.7.1 점전하들에 의한 정전에너지

[그림 4-25]와 같이 4개의 지점 번호 1, 2, 3, 4에 Q_1, Q_2, Q_3, Q_4[C]의 점전하가 놓여 있을 때, 이들이 갖는 전체 위치에너지, 즉 **정전에너지**electrostatic energy W_E를 구해보자.

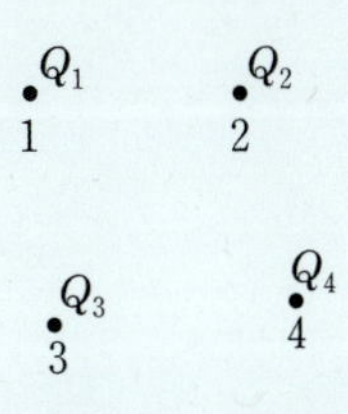

그림 4-25 정전에너지

4개의 점전하가 갖고 있는 전체 에너지를 구하기 위해서는, 이들 점전하를 이곳에 이동시켜 놓는 데 필요했던 전체 에너지를 구하면 된다. 4개의 점전하를 번호 순서대로 순차적으로 이동시켜 놓았다고 가정하자.

❶ 아무 전하도 없는 상태에서 점 1에 점전하 Q_1을 이동시켜 놓는 데에는 아무 일도 필요하지 않다.

❷ 점전하 Q_1이 있는 상태에서 점 2에 점전하 Q_2를 이동시켜 놓는 데에는 $V_{21}Q_2$의 일이 필요하다. 단, V_{21}은 점전하 Q_1에 의한 점 2의 전위이다.

❸ 이제 점전하 Q_3를 점 3에 이동시켜 놓는 경우를 생각해보자. 점전하 Q_1만에 의한 점 3의 전위를 V_{31}, 점전하 Q_2만에 의한 점 3의 전위를 V_{32}라고 하면, 점전하 Q_3를 점 3에 갖다 놓기 위해서는 $(V_{31}+V_{32})Q_3$의 일이 필요하다.

❹ 이제 마지막으로 점전하 Q_4를 점 4에 이동시켜 놓는 경우를 생각해보자. 점전하 Q_1만에 의한 점 4의 전위를 V_{41}, 점전하 Q_2만에 의한 점 4의 전위를 V_{42}, 점전하 Q_3만에 의한 점 4의 전위를 V_{43}라고 하면, 점전하 Q_4를 점 4에 이동시키기 위해서는 $(V_{41}+V_{42}+V_{43})Q_4$의 일이 필요하다.

따라서 4개의 점전하들을 이곳에 갖다 놓기 위해 필요한 전체 일 W_E는 다음과 같이 된다.

$$\begin{aligned} W_E &= V_{21}Q_2+(V_{31}+V_{32})Q_3+(V_{41}+V_{42}+V_{43})Q_4 \\ &= V_{21}Q_2+V_{31}Q_3+V_{32}Q_3+V_{41}Q_4+V_{42}Q_4+V_{43}Q_4 \end{aligned} \tag{4.61}$$

그런데

$$V_{21}Q_2=\frac{Q_1}{4\pi\epsilon_0 R_{12}}\times Q_2=\frac{Q_2}{4\pi\epsilon_0 R_{21}}\times Q_1=V_{12}Q_1 \tag{4.62}$$

$$V_{31}Q_3=\frac{Q_1}{4\pi\epsilon_0 R_{13}}\times Q_3=\frac{Q_3}{4\pi\epsilon_0 R_{31}}\times Q_1=V_{13}Q_1$$

$$V_{32}Q_3=\frac{Q_2}{4\pi\epsilon_0 R_{23}}\times Q_3=\frac{Q_3}{4\pi\epsilon_0 R_{32}}\times Q_2=V_{23}Q_2$$

$$\vdots$$

$$V_{41}Q_4=V_{14}Q_1,\ V_{42}Q_4=V_{24}Q_2,\ V_{43}Q_4=V_{34}Q_3$$

이므로, 식 (4.61)은 다음과 같이 바꾸어 쓸 수 있다.

$$W_E=V_{12}Q_1+V_{13}Q_1+V_{23}Q_2+V_{14}Q_1+V_{24}Q_2+V_{34}Q_3 \tag{4.63}$$

식 (4.61)과 식 (4.63)을 더하면 다음과 같이 된다.

$$\begin{aligned} 2W_E &= V_{21}Q_2 + V_{31}Q_3 + V_{32}Q_3 + V_{41}Q_4 + V_{42}Q_4 + V_{43}Q_4 \\ &\quad + V_{12}Q_1 + V_{13}Q_1 + V_{23}Q_2 + V_{14}Q_1 + V_{24}Q_2 + V_{34}Q_3 \\ &= (V_{12} + V_{13} + V_{14})Q_1 + (V_{21} + V_{23} + V_{24})Q_2 \\ &\quad + (V_{31} + V_{32} + V_{34})Q_3 + (V_{41} + V_{42} + V_{43})Q_4 \end{aligned} \tag{4.64}$$

$$2W_E = V_1Q_1 + V_2Q_2 + V_3Q_3 + V_4Q_4$$

$$W_E = \frac{1}{2}(V_1Q_1 + V_2Q_2 + V_3Q_3 + V_4Q_4) \tag{4.65}$$

여기서 주의해야 할 점은 식 (4.65)의 V_1, V_2, V_3, V_4는 자기 자신의 전하는 뺀 나머지 점전하들에 의한 그 지점의 전위라는 사실이다. 점전하들에 의한 정전에너지를 나타내는 식 (4.65)를 일반화해서 다시 표시하면 다음과 같다.

$$W_E = \frac{1}{2}\sum_{k=1}^{n} V_k Q_k \tag{4.66}$$

전하가 체적전하밀도 $\rho_v\,[\mathrm{C/m^3}]$로 자유공간에 연속적으로 분포되어 있을 때는 식 (4.66)이 다음과 같이 변경된다.

$$W_E = \frac{1}{2}\int_{vol} V\rho_v\,dv \tag{4.67}$$

예제 4-11 전하분포에 축적된 에너지

한 변의 길이가 1[m]인 정사각형의 각 꼭지점에 각각 1[C], 2[C], 3[C], 4[C]의 점전하가 있다. 이들 전하가 갖고 있는 총 정전에너지를 구하라.

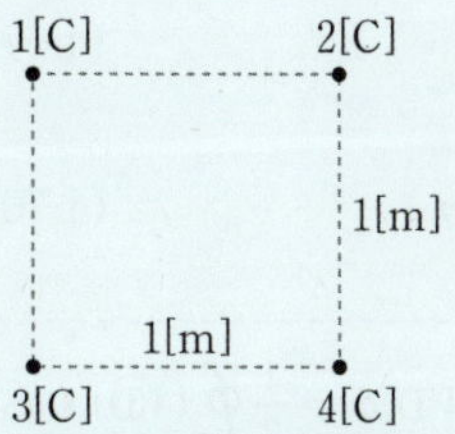

그림 4-26 정전에너지

풀이

자기 자신의 전하를 뺀 나머지 전하들에 의한 각 점의 전위를 구하면 다음과 같다.

$$V_1 = \frac{1}{4\pi\epsilon_0}\left(\frac{2}{1}+\frac{3}{1}+\frac{4}{\sqrt{2}}\right) \fallingdotseq 70.46\times 10^9\ [\mathrm{V}]$$

$$V_2 = \frac{1}{4\pi\epsilon_0}\left(\frac{1}{1}+\frac{3}{\sqrt{2}}+\frac{4}{1}\right) \fallingdotseq 64.09\times 10^9\ [\mathrm{V}]$$

$$V_3 = \frac{1}{4\pi\epsilon_0}\left(\frac{1}{1}+\frac{2}{\sqrt{2}}+\frac{4}{1}\right) \fallingdotseq 57.73\times 10^9\ [\mathrm{V}]$$

$$V_4 = \frac{1}{4\pi\epsilon_0}\left(\frac{1}{\sqrt{2}}+\frac{2}{1}+\frac{3}{1}\right) \fallingdotseq 51.36\times 10^9\ [\mathrm{V}]$$

따라서 이들 전하가 갖고 있는 총 정전에너지는 다음과 같이 된다.

$$\begin{aligned} W_E &= \frac{1}{2}(70.46\times 1+64.09\times 2+57.73\times 3+51.36\times 4)\times 10^9 \\ &= \frac{1}{2}\times 577.27\times 10^9 \fallingdotseq 2.89\times 10^{11}\ [\mathrm{J}] \end{aligned}$$

4.7.2 전계의 세기에 의해 축적되는 정전에너지

체적전하밀도 ρ_v에 제1 맥스웰 방정식의 미분형을 대입하면 식 (4.67)은 다음과 같이 된다.

$$W_E = \frac{1}{2}\int_{vol} V\rho_v dv = \frac{1}{2}\int_{vol} V(\nabla\cdot \mathrm{D})dv \tag{4.68}$$

> $\nabla\cdot(V\mathrm{D}) \equiv V(\nabla\cdot\mathrm{D})+\mathrm{D}\cdot(\nabla V)$
>
> $\therefore V(\nabla\cdot\mathrm{D}) = \nabla\cdot(V\mathrm{D})-\mathrm{D}\cdot(\nabla V)$

$$= \frac{1}{2}\int_{vol}\{\nabla\cdot(V\mathrm{D})-\mathrm{D}\cdot(\nabla V)\}dv \tag{4.69}$$

$$= \frac{1}{2}\int_{vol}\nabla\cdot(V\mathrm{D})dv-\frac{1}{2}\int \mathrm{D}\cdot(\nabla V)dv \tag{4.70}$$

> 발산정리 : $\frac{1}{2}\int_{vol}\nabla\cdot(V\mathrm{D})dv = \frac{1}{2}\oint_S (V\mathrm{D})\cdot d\mathrm{S}$

$$= \frac{1}{2}\oint_S (V\mathrm{D})\cdot d\mathrm{S}-\frac{1}{2}\int_{vol}\mathrm{D}\cdot(\nabla V)dv \tag{4.71}$$

식 (4.71)의 첫 번째 식에서 점전하에 의한 전위 V는 $\frac{1}{r}$에 비례하고 전속밀도 D는 $\frac{1}{r^2}$에 비례한다. 그리고 전하에 의한 전체 에너지를 구하는 공간은 크게 잡을수록 빠짐없이 모두 포함할 것이므로 적분 공간을 크게 잡으면, 즉 $r=\infty$를 취하면 $V\mathrm{D}$는 $\frac{1}{r^3}$에 비례하는데 적분 표면적 $S(=4\pi r^2)$는 r^2에 비례하므로 이 면적적분은 그 값이 0이 된다. 그러므로 식 (4.71)은 첫 번째 식이 0이 되어 다음과 같이 된다.

$$W_E = -\frac{1}{2}\int \mathrm{D} \cdot (\nabla V)dv \tag{4.72}$$

$-\nabla V = \mathrm{E}$ 이므로, 식 (4.72)는 다음과 같이 된다.

$$W_E = \int_{vol} \frac{1}{2}\mathrm{D} \cdot \mathrm{E}\, dv \tag{4.73}$$

$$= \int_{vol} \frac{1}{2}\epsilon_0 E^2 dv \tag{4.74}$$

식 (4.74)에서 전계의 세기의 크기가 $E[\mathrm{V/m}]$인 곳에는 단위체적당 $\frac{1}{2}\epsilon_0 E^2[\mathrm{J/m^3}]$의 에너지가 축적되어 있음을 알 수 있다. 즉 단위체적당 정전에너지는 다음과 같이 된다.

$$w_E = \frac{1}{2}\mathrm{D} \cdot \mathrm{E} = \frac{1}{2}\epsilon_0 E^2 \ [\mathrm{J/m^3}] \tag{4.75}$$

예제 4-12 전계의 세기에 의해 축적된 에너지

공기 중에서 구좌표계의 원점에 있는 점전하에 의한 전위가 다음 식으로 표현되는 전계가 있다. $0.2[\mathrm{m}] < r < 0.5[\mathrm{m}]$로 표시되는 (속의 일부가 비어 있는 구 모양의) 체적에 축적되어 있는 총 에너지를 구하라.

$$V = \frac{1}{r}\ [\mathrm{V}]$$

풀이

전계를 구하면 다음과 같다.

$$\mathrm{E} = -\nabla V = -\left(\frac{\partial V}{\partial r}\mathrm{a}_r + \frac{1}{r}\frac{\partial V}{\partial \theta}\mathrm{a}_\theta + \frac{1}{r\sin\theta}\frac{\partial V}{\partial \phi}\mathrm{a}_\phi\right) \quad \cdots ①$$

$$= \frac{1}{r^2}\mathrm{a}_r \quad \cdots ②$$

따라서 축적된 정전에너지는 다음과 같이 구할 수 있다.

$$W_E = \int_{vol} \frac{1}{2}\epsilon_0 E^2 dv = \int_{0.2}^{0.5} \frac{1}{2}\epsilon_0 \left(\frac{1}{r^2}\right)^2 4\pi r^2 dr \quad \cdots ③$$

$$= \frac{1}{2} \times \epsilon_0 \times 4\pi \int_{0.2}^{0.5} \frac{1}{r^2} dr$$

$$= \frac{1}{2} \times \epsilon_0 \times 4\pi \left[-\frac{1}{r}\right]_{0.2}^{0.5}$$

$$= \frac{1}{2} \times \epsilon_0 \times 4\pi \left[-\frac{1}{0.5} + \frac{1}{0.2}\right]$$

$$= \frac{1}{2} \times \frac{1}{4\pi \times 9 \times 10^9} \times 4\pi \times (-2+5)$$

$$\fallingdotseq 1.67 \times 10^{-10} \text{ [J]}$$

예제 4-13 전위식으로부터 전계의 세기와 축적된 에너지

전위가 다음 식으로 표현되는 전계가 있다.

$$V = 4xy^2z \text{ [V]}$$

(a) 전계의 세기 $\mathbf{E}$를 구하라.

(b) 전계의 세기를 이용하여 원점에 대한 점 $P(1, 2, 3)$의 전위 V_P를 구하라.

(c) $0 < x, y, z < 2$인 정육면체 안에 축적되어 있는 정전에너지 W_E를 구하라.

풀이

(a) 전계의 세기를 구하면 다음과 같다.

$$\mathbf{E} = -\nabla V = -\left(\frac{\partial V}{\partial x}\mathbf{a}_x + \frac{\partial V}{\partial y}\mathbf{a}_y + \frac{\partial V}{\partial z}\mathbf{a}_z\right) \quad \cdots ①$$

$$= -\left(4y^2z\,\mathbf{a}_x + 8xyz\,\mathbf{a}_y + 4xy^2\,\mathbf{a}_z\right)$$

(b) 선적분으로 전위를 구하면 다음과 같이 된다.

$$V_p = -\int_O^P \mathbf{E} \cdot d\mathbf{L} \qquad \cdots ②$$

$$= -\int_O^P -\left(4y^2z\,\mathbf{a}_x + 8xyz\,\mathbf{a}_y + 4xy^2\,\mathbf{a}_z\right) \cdot \left(dx\,\mathbf{a}_x + dy\,\mathbf{a}_y + dz\,\mathbf{a}_z\right)$$

$$= \int_0^1 4(2x)^2 3x\,dx + \int_0^2 8\left(\frac{1}{2}y\right)y\left(\frac{3}{2}y\right)dy + \int_0^3 4\left(\frac{1}{3}z\right)\left(\frac{2}{3}z\right)^2 dz \qquad \cdots ③$$

$$= \left[12x^4\right]_0^1 + \left[\frac{3}{2}y^4\right]_0^2 + \left[\frac{4}{27}z^4\right]_0^3$$

$$= 48\ [\mathrm{V}]$$

☞ 이 값은 문제에서 주어진 전위식으로부터 직접 원점과 점 P의 전위차를 구한 것과 같다.

$$V_{PO} = V_P - V_O = 4 \times 1 \times 2^2 \times 3 - 0 = 48\ [\mathrm{V}]$$

(c) 축적된 정전에너지는 다음과 같이 얻어진다.

$$W_E = \int_{vol} \frac{1}{2}\epsilon_0 E^2\,dv$$

$$= \int_0^2\int_0^2\int_0^2 \frac{1}{2}\epsilon_0 \times 16\left(y^4z^2 + 4x^2y^2z^2 + x^2y^4\right)dx\,dy\,dz$$

$$= 8\,\epsilon_0 \int_0^2\int_0^2 \left[y^4z^2x + \frac{4}{3}x^3y^2z^2 + \frac{1}{3}x^3y^4\right]_0^2 dy\,dz \qquad \cdots ④$$

$$= 8\,\epsilon_0 \int_0^2\int_0^2 \left[2y^4z^2 + \frac{32}{3}y^2z^2 + \frac{8}{3}y^4\right] dy\,dz \qquad \cdots ⑤$$

$$= 8\,\epsilon_0 \int_0^2 \left[\frac{2}{5}y^5z^2 + \frac{32}{9}y^3z^2 + \frac{8}{15}y^5\right]_0^2 dz \qquad \cdots ⑥$$

$$= 8\,\epsilon_0 \int_0^2 \left[\frac{64}{5}z^2 + \frac{256}{9}z^2 + \frac{256}{15}\right] dz$$

$$= 8\,\epsilon_0 \left[\frac{64}{15}z^3 + \frac{256}{27}z^3 + \frac{256}{15}z\right]_0^2$$

$$= 8\,\epsilon_0 \left[\frac{512}{15} + \frac{2048}{27} + \frac{512}{15}\right]$$

$$\fallingdotseq 10.2\ [\mathrm{nJ}]$$

4.7.3 도체의 전하에 의한 정전에너지

앞에서는 점전하에 대한 정전에너지를 살펴보았다. 이제 도체에 있는 전하에 대한 정전에너지를 구해 보자. 여기에 반지름이 a[m]인 금속 구도체가 있다. 처음에는 전하가 전혀 없기 때문에 이 도체의 전위도 0일 것이다. 따라서 처음에 미소전하 ΔQ를 갖다 놓는 데는 아무 일도 필요 없다. 그러나 조금씩 미소전하를 더 옮겨 놓으면 그에 따라 전위가 점점 높아지고, 따라서 같은 미소량의 전하 ΔQ를 갖다 놓더라도 갈수록 점점 더 힘들어져 더 많은 일을 요구하게 된다. 결국 이 도체에 Q_1[C]의 전하가 다 옮겨질 때까지 소요되는 정전에너지는 다음과 같이 구해진다.

$$W_E = \int_0^{Q_1} V dQ \tag{4.76}$$

$$= \int_0^{Q_1} \frac{Q}{4\pi\epsilon_0 a} dQ = \frac{1}{4\pi\epsilon_0 a}\left[\frac{1}{2}Q^2\right]_0^{Q_1}$$

$$= \frac{1}{2} \times \frac{Q_1^2}{4\pi\epsilon_0 a} = \frac{1}{2} \times \frac{Q_1}{4\pi\epsilon_0 a} \times Q_1$$

$$= \frac{1}{2} V_1 Q_1 \text{ [J]} \tag{4.77}$$

단, 식 (4.77)의 V_1은 전하 Q_1으로 대전되어 있는 도체의 전위이다. 그러므로 전위가 V[V]인 도체가 Q[C]의 전하를 갖고 있을 때, 이 도체에 축적되어 있는 정전에너지는 다음과 같다.

$$W_E = \frac{1}{2} V Q \text{ [J]} \tag{4.78}$$

예제 4-14 도체구의 전하에 대한 정전에너지

반지름 $r = a$[m]인 금속 도체구에 Q_1[C]의 전하가 있다.

(a) 이 도체구가 갖고 있는 정전에너지를 구하라.

(b) 이 도체구에 추가로 Q_2[C]의 전하를 갖다 놓을 때 소요되는 에너지를 구하라.

풀이

(a) 식 (4.78)에 의해 정전에너지를 구하면 다음과 같이 된다.

$$W_E = \frac{1}{2} V_1 Q_1 = \frac{1}{2}\frac{Q_1}{4\pi\epsilon_0 a} \times Q_1 = \frac{1}{2} \times \frac{Q_1^2}{4\pi\epsilon_0 a} \text{ [J]} \qquad \cdots ①$$

(b) 추가로 전하를 갖다 놓는 데 필요한 정전에너지는 식 (4.76)에 의해 다음과 같이 구할 수 있다.

$$W_{E2} = \int_0^{Q_2} V\,dQ = \int_0^{Q_2} \frac{Q_1 + Q}{4\pi\epsilon_0 a}\,dQ = \frac{1}{4\pi\epsilon_0 a}\int_0^{Q_2}(Q_1 + Q)\,dQ \qquad \cdots ②$$

$$= \frac{1}{4\pi\epsilon_0 a}\left[Q_1 Q + \frac{1}{2}Q^2\right]_0^{Q_2}$$

$$= \frac{1}{4\pi\epsilon_0 a}\left(Q_1 Q_2 + \frac{1}{2}Q_2^2\right)\ [\mathrm{J}] \qquad \cdots ③$$

☞ 전하 $Q_1 + Q_2$를 갖고 있는 반지름 a의 금속 도체구가 가진 전체 정전에너지를 구하면 다음과 같이 된다.

$$W_E = \frac{1}{2}VQ = \frac{1}{2}\times\frac{(Q_1 + Q_2)}{4\pi\epsilon_0 a}\times(Q_1 + Q_2)$$

$$= \frac{1}{2}\times\frac{(Q_1 + Q_2)^2}{4\pi\epsilon_0 a}\ [\mathrm{J}] \qquad \cdots ④$$

식 ①과 식 ③을 합하면 식 ④가 됨을 알 수 있다.

예제 4-15 공기 중에 축적되는 정전에너지

공기 중의 반지름 $r = a[\mathrm{m}]$인 금속 도체구에 $Q_1[\mathrm{C}]$의 전하가 있다. 이 도체구의 전하에 의해 공기 중에 축적되는 정전에너지를 구하라.

풀이

이 전하에 의한 도체구 중심에서 $r(r > a)[\mathrm{m}]$만큼 떨어진 점의 전계의 세기의 크기는 다음과 같다.

$$E = \frac{Q_1}{4\pi\epsilon_0 r^2} \qquad \cdots ①$$

따라서 식 (4.80)에 의해 이 도체구 밖의 모든 공간에 축적된 정전에너지는 다음과 같이 된다.

$$W_E = \int_{vol}\frac{1}{2}\epsilon_0 E^2 dv = \int_{vol}\frac{1}{2}\epsilon_0\left(\frac{Q_1}{4\pi\epsilon_0 r^2}\right)^2 dv \qquad \cdots ②$$

$$= \frac{1}{2}\frac{Q_1^2}{(4\pi)^2\epsilon_0}\int_a^\infty \frac{1}{r^4}4\pi r^2\,dr$$

$$= \frac{1}{2}\frac{Q_1^2}{4\pi\epsilon_0}\int_a^\infty \frac{1}{r^2}\,dr = \frac{1}{2}\frac{Q_1^2}{4\pi\epsilon_0}\left[-\frac{1}{r}\right]_a^\infty$$

$$= \frac{1}{2}\frac{Q_1^2}{4\pi\epsilon_0}\frac{1}{a}$$

$$= \frac{1}{2}V_1 Q_1\ [\mathrm{J}] \qquad \cdots ③$$

여기서 잠깐 **도체에 축적되는 정전에너지의 형태**

[예제 4-14]의 (a)와 [예제 4-15]를 비교해보면, Q_1[C]의 전하량을 갖고 있는 반지름 $r=a$[m]인 금속 도체구가 지닌 정전에너지와 이 전하 Q_1[C]으로 인해 공기 중에 축적되는 정전에너지가 서로 같은 값 $\frac{1}{2}\frac{Q_1^2}{4\pi\epsilon_0 a}\left(=\frac{1}{2}V_1Q_1\right)$임을 알 수 있다.

그렇다면 무한히 먼 곳으로부터 Q_1[C]의 전하를 반지름 $r=a$[m]인 금속 도체구까지 이동하는 데 소요된 총 정전에너지 $\frac{1}{2}\frac{Q_1^2}{4\pi\epsilon_0 a}$은 금속 도체구도 이 에너지를 갖고 있고, 도체구 밖에도 이와 똑같은 크기의 에너지가 있다는 의미일까?

아니, 그렇지 않다. 총 정전에너지는 $\frac{1}{2}\frac{Q_1^2}{4\pi\epsilon_0 a}\left(=\frac{1}{2}V_1Q_1\right)$인 것이 맞지만, 이것이 도체구에 있는지, 공기 중에 있는지를 구분하여 말할 수는 없다. 마치 10[kg]의 물체를 5[m] 높이로 들어 올리면 이 물체는 490[J]의 위치에너지를 갖게 되지만, 이것이 어디에 어떤 형태로 축적되는지 말할 수 없는 것과 같다. 이 물체 자체의 원자 구조에 변화가 생기는지, 아니면 이 물체와 지면 사이의 공간에 축적되는지 우리는 알 수 없다.

탄성체를 x[m]만큼 늘리면 $\frac{1}{2}Kx^2$의 위치에너지를 탄성체가 갖게 되는데, 이런 경우는 위치에너지가 탄성체의 변형된 구조에 축적된다고 말할 수 있다. 그러나 정전계의 위치에너지나 중력계의 위치에너지는 '어디에 어떻게'라고 말하기 어렵다.

CHAPTER 04_핵심요약

■ 전하를 운반하는 데 소요되는 일

$$W = -Q\int_{B}^{A} \mathbf{E} \cdot d\mathbf{L}$$

■ 전위와 전위차

- 점 A의 전위 : $V_A = -\int_{\infty}^{A} \mathbf{E} \cdot d\mathbf{L}$
- 점 A와 점 B 사이의 전위차 : $V_{AB} = -\int_{B}^{A} \mathbf{E} \cdot d\mathbf{L}$

■ 전하에 의한 전위

- 점전하 Q에 의한 점 A의 전위 : $V_A = \dfrac{Q}{4\pi\epsilon_0}\dfrac{1}{r_A}$
- 무한길이 선전하에 의한 점 A, B 사이의 전위차 : $V_{AB} = \dfrac{\rho_L}{2\pi\epsilon_0}\ln\dfrac{\rho_B}{\rho_A}$
- 무한평면 면전하에 의한 점 A, B 사이의 전위차 : $V_{AB} = \dfrac{\rho_S}{2\epsilon_0}(z_B - z_A)$

■ 제2 맥스웰 방정식(정전계에 대한)

$\oint_c \mathbf{E} \cdot d\mathbf{L} = 0$: 보존계

■ 전위경도와 전기쌍극자 모멘트

- 전위경도 : $\mathbf{E} = -\nabla V$
- 전기쌍극자 모멘트 : $\mathbf{p} = Q\mathbf{d}$

■ 정전에너지

- 점전하 분포에 의한 정전에너지 : $W_E = \dfrac{1}{2}\sum_{k=1}^{n} V_k Q_k$
- 전계의 세기에 의한 정전에너지 : $W_E = \int_{vol} \dfrac{1}{2}\epsilon_0 E^2 dv$
- 도체의 전하에 의한 정전에너지 : $W_E = \dfrac{1}{2}VQ$

4.1 전계 내에서 (−)전하를 이동시킬 때 가장 힘이 많이 드는 방향은?

㉮ 전계의 세기의 방향

㉯ 전계의 세기와 정반대 방향

㉰ 전계의 세기의 방향에 수직인 방향

㉱ 전계의 세기의 방향과 관계없음

4.2 크기가 3[V/m]인 전계의 세기에 의해 (+)5[C]의 전하가 힘을 받아 2[m]만큼 이동했다. 이때 전계의 세기가 한 일은 몇 [J]인가?

㉮ 30 ㉯ 15 ㉰ 10 ㉱ 6

4.3 전위가 100[V]인 지점에 무한히 먼 곳으로부터 전하 (+)2[C]을 갖다 놓는 데 필요한 일은 몇 [J]인가?

㉮ 0.02 ㉯ 50 ㉰ 100 ㉱ 200

4.4 어떤 지점에 (−)5[C]의 전하를 갖다 놓는 데 100[J]의 일이 필요했다. 이 지점의 전위는 몇 [V]인가?

㉮ 500 ㉯ 0.05 ㉰ −20 ㉱ 20

4.5 한 변의 길이가 1[m]인 정사각형의 네 꼭짓점에 각각 1[C]의 점전하가 있다. 정사각형 중심의 전위는 몇 [V]인가?

㉮ $\frac{1}{4\pi\epsilon_0}$ ㉯ $\frac{1}{\pi\epsilon_0}$ ㉰ $\frac{\sqrt{2}}{\pi\epsilon_0}$ ㉱ 0

4.6 반지름이 0.2[m]인 속이 빈 플라스틱 공이 있다. 이 공의 표면 전하밀도가 5[C/m^2]일 때, 중심의 전위는 약 몇 [V]인가?

㉮ $\frac{1}{\epsilon_0}$ ㉯ $\frac{1}{4\pi\epsilon_0}$ ㉰ $\frac{5}{0.8\pi\epsilon_0}$ ㉱ 0

4.7 한 변의 길이가 1[m]인 정사각형의 네 꼭짓점에 각각 1[C]의 점전하가 있다. 이 전하들이 갖고 있는 전체 에너지는 몇 [J]인가?

㉮ $\frac{1}{4\pi\epsilon_0}(8+2\sqrt{2})$ ㉯ $\frac{1}{4\pi\epsilon_0}(4+\sqrt{2})$ ㉰ $\frac{1}{\pi\epsilon_0}$ ㉱ $\frac{\sqrt{2}}{\pi\epsilon_0}$

4.8 반지름이 $5[\mathrm{m}]$인 금속 구도체가 있다. 이 구도체의 전위가 $30[\mathrm{kV}]$라면 이 구도체가 갖고 있는 전하량은 약 몇 $[\mathrm{C}]$인가?

㉮ 16.67×10^{-6} ㉯ 8.35×10^{-6} ㉰ $\dfrac{8.35\times10^{-6}}{4\pi\epsilon_0}$ ㉱ $8.35\times10^{3}\epsilon_0$

4.9 다음 맥스웰 방정식이 나타내는 것은?

$$\oint_c \mathrm{E}\cdot d\mathrm{L}=0$$

㉮ 가우스의 법칙 ㉯ 보존계 ㉰ 전위경도 ㉱ 전류의 연속성

4.10 다음 그림에서 전계의 세기가 균일할 때, 점 A의 전위가 $100[\mathrm{V}]$라고 한다. 점 A로부터 전계의 세기 방향으로 $10[\mathrm{m}]$ 떨어져 있는 점 B의 전위는 얼마인가? 단, 전계의 세기의 크기는 $5[\mathrm{V/m}]$이다.

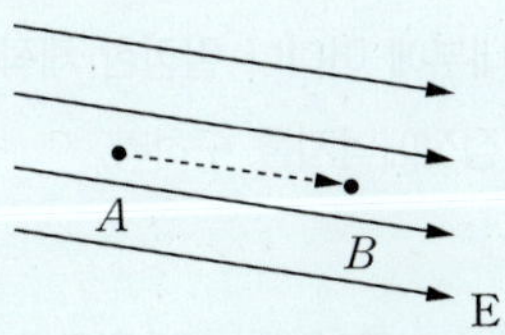

㉮ $-50[\mathrm{V}]$ ㉯ $30[\mathrm{V}]$ ㉰ $50[\mathrm{V}]$ ㉱ $150[\mathrm{V}]$

4.11 전기쌍극자로부터의 거리를 r, 쌍극자에 의한 전계의 세기의 크기를 E, 전위를 V라고 할 때, 거리와 이들 값의 관계를 바르게 표시한 것은?

㉮ $E\propto\dfrac{1}{r},\ V\propto\dfrac{1}{r^2}$ ㉯ $E\propto\dfrac{1}{r^2},\ V\propto\dfrac{1}{r^2}$

㉰ $E\propto\dfrac{1}{r^2},\ V\propto\dfrac{1}{r}$ ㉱ $E\propto\dfrac{1}{r^3},\ V\propto\dfrac{1}{r^2}$

4.12 전위경도에 관한 설명 중 옳지 않은 것은?

㉮ 전계의 세기는 전위경도와 일치한다.
㉯ 전위의 변화가 가장 크게 일어나는 방향은 전위경도의 방향과 일치한다.
㉰ 전위경도의 크기는 전계의 세기의 크기와 일치한다.
㉱ 전위경도는 등전위면에 수직이다.

4.13 원점에 $5\mathbf{a}_z$[C • m]의 쌍극자모멘트를 가진 전기쌍극자가 있다. 점 $P(0,2,0)$의 전위 V와 전계의 세기의 크기 E를 바르게 표시한 것은?

㉮ $V=\dfrac{5}{8\pi\epsilon_0}$[V], $E=\dfrac{5}{16\pi\epsilon_0}$[V/m]　　㉯ $V=\dfrac{5}{16\pi\epsilon_0}$[V], $E=\dfrac{5}{32\pi\epsilon_0}$[V/m]

㉰ $V=0$[V], $E=\dfrac{5}{32\pi\epsilon_0}$[V/m]　　㉱ $V=0$[V], $E=0$[V/m]

4.14 전계의 세기가 $\mathrm{E}=y\mathbf{a}_x+x\mathbf{a}_y$[V/m]일 때, 점 $P(2,3)$을 지나는 전기력선의 식과 등전위선의 식, 그리고 점 $P(2,3)$의 전계의 세기와 전위를 구하라. 단, 원점의 전위는 0[V]이다.

4.15 점 $P_1(3,0,0)$, $P_2(0,4,0)$, $P_3(0,0,5)$에 각각 $Q_1=5$[C], $Q_2=3$[C], $Q_3=-2$[C]의 점전하가 놓여 있을 때, 이 전계 전체에 축적되어 있는 전체 에너지 W_E를 구하라.

4.16 반지름이 1[m]인 절연체구의 내부에 어디나 일정한 체적전하밀도가 $\rho_v=400$[nC/m^3]라고 한다. 이 절연체구에 축적되어 있는 총 정전에너지를 구하라.

4.17 다음 그림과 같이 $z=0$ 평면에 반지름이 a[m]인 원판 면전하가 있다. 점 $P(0,0,h)$의 전위 V_P를 구하라. 단, 면전하밀도는 ρ_S[c/m^2]이다.

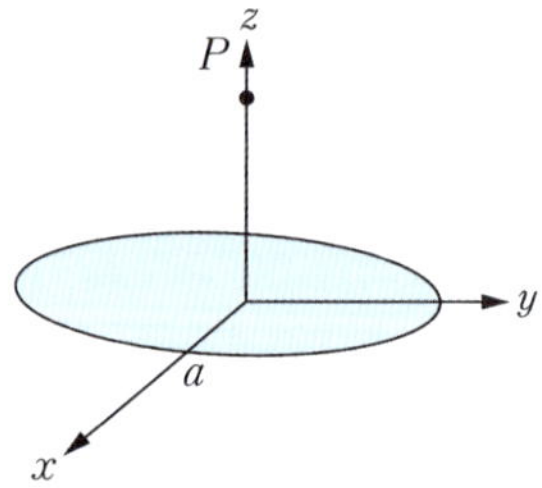

4.18 다음 그림과 같이 평행한 두 평면 도체에 6[V]의 건전지를 연결했다. 아래 도체판에 있던 한 개의 전자가 위의 도체판에 도달할 때의 속도를 구하라. 단, 전자 하나의 전하량은 $(-)1.602\times10^{-19}$[C]이고, 질량은 9.1×10^{-31}[kg]이다. 중력의 영향은 무시한다.

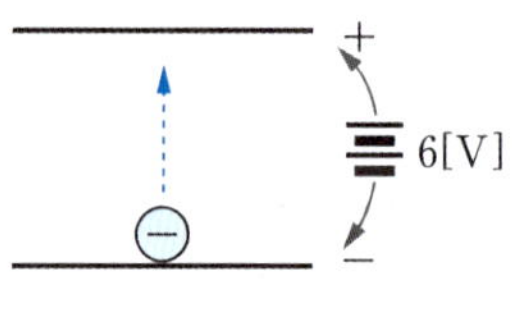

4.19 다음 그림과 같은 동심구도체가 있다. 다음과 같은 조건에서 각 영역의 전위를 구하라. 단, 외부 도체구의 안쪽에는 정전유도현상에 의해 $-Q_1$의 전하가 유도된다.

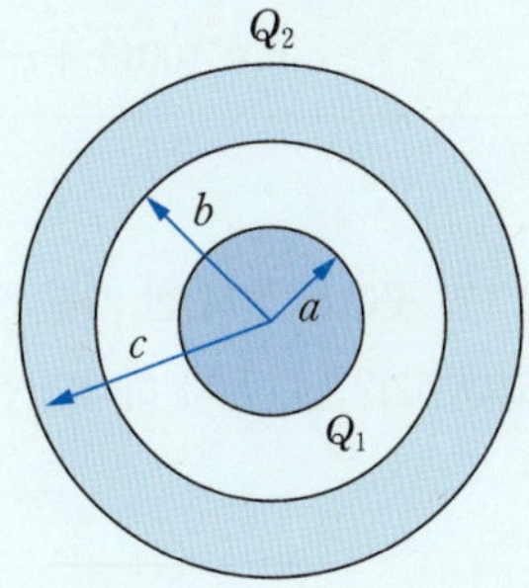

(a) $Q_1 = Q,\ Q_2 = 0$ (b) $Q_1 = 0,\ Q_2 = Q$

(c) $Q_1 = Q,\ Q_2 = Q$ (d) $Q_1 = Q,\ Q_2 = -Q$

4.20 자유공간에서 전위가 다음 식과 같을 때, 점 $P(1, 2, 3)$에서의 전위 V_P와 전계의 세기 E_P를 구하라.

$$V = 10x^3yz^2 + 5\ln(2x + y^3 + 3z^2)$$

4.21 유전율이 공기와 같은 절연체로 만들어진 반지름 $a[\mathrm{m}]$의 구(=공)가 있다. 이 구가 갖고 있는 총 전하량은 $Q[\mathrm{C}]$이고, 체적전하밀도는 전체 체적 내에서 균일하다고 한다.

(a) 각 영역에서의 전계의 세기의 크기를 구하라.

(b) 각 영역에서의 전위를 구하라. 그리고 구심의 전위는 얼마인가?

4.22 공기 중에 있는 반지름 $r = 0.3[\mathrm{m}]$인 금속 도체구가 전하 $20[\mathrm{C}]$으로 대전되어 있다.

(a) 각 영역에서의 전위를 구하라. 그리고 구심의 전위는 얼마인가?

(b) 도체구 외부에서의 전속밀도 D를 구하라.

(c) 정전계에 저장된 총 에너지를 구하라.

(d) $W_E = \dfrac{1}{2}\dfrac{Q^2}{C}$이라는 커패시터에 축적되는 에너지식을 이용하여 이 도체구의 정전용량 C를 구하라.

4.23 자유공간에서 전위의 식이 다음 식과 같을 때, 정육면체 $1 < x, y, z < 3\,[\mathrm{m}]$에 축적되는 총 에너지를 구하라.

$$V = 100(x + y + z)\ [\mathrm{V}]$$

4.24 다음 그림과 같이 전위차가 $1[\mathrm{V}]$인 곳에서 전자 한 개를 $(+)$전위 측에서 $(-)$전위 측으로 이동시키는 데 필요한 에너지는 몇 $[\mathrm{J}]$이 되겠는가? 단, 전자 하나의 전하량은 $(-)1.602 \times 10^{-19}[\mathrm{C}]$이다. 이때 소요되는 일을 $1[\mathrm{eV}]$라고 한다.

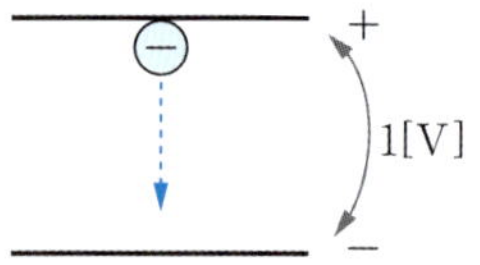

4.25 다음 그림과 같이 $z=0$ 평면에 부채꼴 면전하가 있다. 그리고 전체 원둘레의 $1/4$인 원호에 선전하가 있고, z축을 따라 유한 길이의 또 하나의 선전하가 있다. 이들에 의한 점 $P(0, 0, h)$의 전위를 구하라.

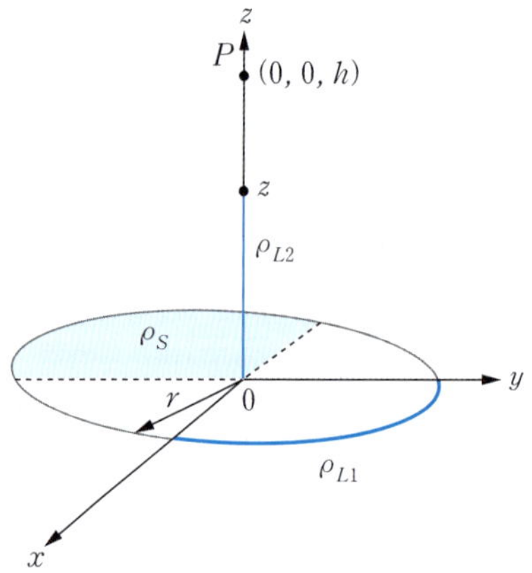

4.26 전위가 $V = 2x^2y - 5z$로 표시되는 전계가 있다. 자유공간의 점 $P(-4, 3, 6)$에서의 다음 값들을 구하라.

(a) 전위 V_P

(b) 전계의 세기 $\mathbf{E}_P$

(c) 전속밀도 $\mathbf{D}_P$

(d) 체적전하밀도 ρ_{vp}

4.27 전속밀도가 $\mathbf{D} = (2y + x^2)\mathbf{a}_x + xy\,\mathbf{a}_y + 3z\,\mathbf{a}_z\,[\mathrm{C/m^2}]$인 자유공간이 있다.

(a) 점 $P(1, 2, 3)$에서의 체적전하밀도 ρ_v를 구하라.

(b) 점 $P(1, 2, 3)$를 내포하고 있는 대단히 작은 체적 $5\,[\mu\mathrm{m}^3]$ 안의 총 전하량 Q를 구하라.

CHAPTER

05

도체와 유전체

Conductors and Dielectrics

학습목표

- 대류전류와 전도전류를 구분할 수 있다.
- 도체와 반도체, 부도체(절연체)를 분류할 수 있다.
- 도체의 전류 흐름을 이해하고, 전도전류를 구할 수 있다.
- 도체의 저항과 옴의 법칙을 이해하고, 전류와 전력을 구할 수 있다.
- 반도체의 구조와 전도도를 이해할 수 있다.
- 유전체의 개념을 이해하고, 유전체의 분극 현상을 이해할 수 있다.
- 커패시터의 정전용량과 정전에너지를 구할 수 있다.
- 여러 커패시터의 정전용량을 구할 수 있다.

이 장에서는 대류전류와 대류전류밀도, 전도전류와 전도전류밀도를 비교하여 살펴보고 전기전자공학을 공부할 때 중요하게 사용되는 옴의 법칙과 전력 계산식을 익힌다. 그리고 전기적 특성에 따라 물질을 도체, 반도체, 부도체(절연체)로 구분하고 이를 에너지 밴드 다이어그램을 통해 확인한다.

또한 유전체의 개념을 이해하고 유전체 안에서 발생하는 분극 현상을 고찰한다. 도체의 경계조건과 서로 다른 유전체의 경계조건에 대해 학습한 후, 마지막으로 정전용량과 커패시터에 축적되는 정전에너지에 대해 살펴본다. 특히 케이블, 송전선 등 여러 종류의 커패시터와 그들의 정전용량을 계산해본다.

SECTION

5.1 전류와 전류밀도

4장까지는 전하가 공간적으로 움직이지 않고 고정 상태에 있는 정전계에 대해서만 이야기했다. 이제 공간적으로 이동하는 전하에 대해 생각해보자.

5.1.1 전류의 정의

전하가 공간적으로 이동할 때 우리는 **전류**electric current가 흐른다고 말한다. 전류의 크기는 단위시간, 즉 1[sec] 동안 얼마만 한 양의 전하가 이동하느냐로 결정한다. 예를 들어, 어떤 단면cross section을 5[sec] 동안 10[C]의 전하가 지나가면 2[A]의 전류가 흐른다고 말한다. 따라서 어떤 단면을 Δt[sec] 동안 ΔQ[C]의 전하가 이동하면 그때의 전류 I는 다음과 같이 표현된다.

$$I = \frac{\Delta Q}{\Delta t} \text{ [A]} \tag{5.1}$$

식 (5.1)에서 Δt가 긴 시간이면 전류 I를 평균전류average current라고 하고, Δt가 대단히 작으면 순간전류instantaneous current라고 하며, 다음과 같이 표현한다.

$$I = \frac{dQ}{dt} \text{ [A]} \tag{5.2}$$

일반적으로 전류라고 하면 순간전류를 말하며, 전류는 스칼라량이다.

5.1.2 대류전류와 대류전류밀도

본래 전류량은 그 전류가 흐르는 매질의 단면적cross sectional area과는 관계가 없으나, 우리는 때로 전류가 흐르는 단면적에 관심을 갖는다. 그래서 같은 양의 전류라도 작은 단면적을 가진 매질을 통해 흐르면 전류밀도가 크다고 하고, 큰 단면적을 가진 매질을 통해 흐르면 전류밀도가 작다고 한다. 전류밀도는 단위면적당 전류량$[\text{A/m}^2]$을 말하며, 흐르는 전류량을 그 전류가 흐르는 매질의 단면적으로 나눈 값이다. 이때 주의할 점은 전류량을 나누는 단면적은 그 전류가 흐르는 방향에 수직인 단면적이라는 것이다. 그리고 전류는 스칼라량이지만 전류밀도는 벡터량으로, 전류가 흐르는 방향을 그 방향으로 한다.

예를 들어, y 축에 놓인 단면적 $0.05[\mathrm{m}^2]$의 도체에 $20[\mathrm{A}]$ 전류가 y 축의 $(+)$방향으로 흐르고 있다면 전류밀도 $\mathbf{J}$는 다음과 같이 된다.

$$\mathbf{J} = 400\,\mathbf{a}_y\,[\mathrm{A/m^2}]$$

반대로 전류밀도를 알면 그 전류밀도의 크기 $J[\mathrm{A/m^2}]$와 전류가 흐르는 단면적 $S[\mathrm{m^2}]$를 곱하여 전류량을 계산할 수 있다.

$$I = JS \tag{5.3}$$

그러나 [그림 5-1]과 같이 단면적이 전류가 흐르는 방향과 수직이 아니면 식 (5.3)과 같이 계산할 수 없고, 3.3절에서 잠깐 언급했던 것처럼 전류밀도와 면적벡터와의 내적으로 구해야 한다.

$$I = \mathbf{J} \cdot \mathbf{S} \tag{5.4}$$

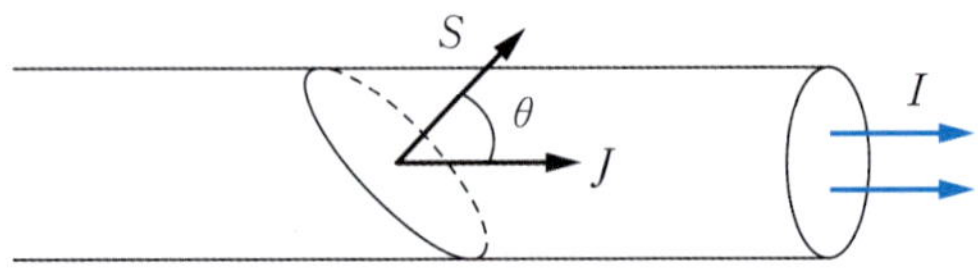

그림 5-1 전류밀도와 전류

그리고 전류밀도가 어디든지 일정하면 식 (5.4)로 전류량을 얻을 수 있지만, 같은 단면이라도 전류밀도가 위치에 따라 그 값이 다르면, 다시 말해 위치함수면 다음과 같이 적분해야 한다.

$$I = \int_S \mathbf{J} \cdot d\mathbf{S} \tag{5.5}$$

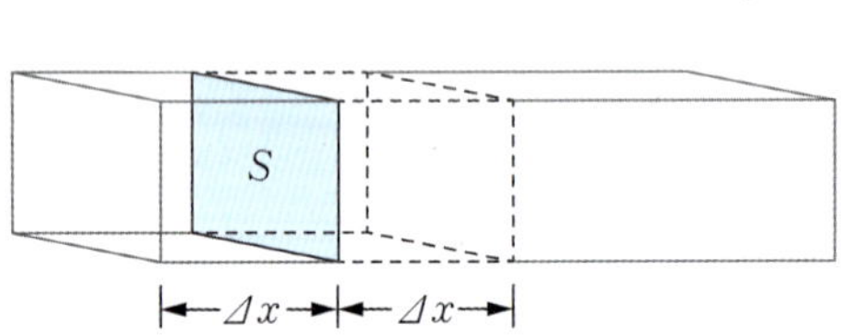

그림 5-2 Δt 시간에 단면 S를 지나는 전하들의 이동

그런데 전류밀도는 전하밀도의 속도와 관계가 있다. [그림 5-2]에서 전하들이 일정한 $v[\mathrm{m/sec}]$의 속력으로 이동하고, 시간 $\Delta t[\mathrm{sec}]$ 동안 $\Delta x[\mathrm{m}]$만큼씩 이동했다고 하자. 그러면 $\Delta t[\mathrm{sec}]$ 동안 수직 단면적 $S[\mathrm{m^2}]$를 지나간 전체 전하들은 그림에서 점선으로 표시된 체적 $S \times \Delta x[\mathrm{m^3}]$ 안에 있는 전하들일 것이다. 따라서 체적전하밀도를 $\rho_v[\mathrm{C/m^2}]$라고 할 때, $\Delta t[\mathrm{sec}]$ 동안 단면 S를 지나간 전체 전하량 ΔQ는 다음과 같다.

$$\Delta Q = \rho_v S \Delta x\,[\mathrm{C}]$$

이때 단면 S를 지나는 전류 I는

$$I = \frac{\triangle Q}{\triangle t} = \frac{\rho_v S \triangle x}{\triangle t} = \rho_v S \frac{\triangle x}{\triangle t} = \rho_v S v \,[\mathrm{A}] \tag{5.6}$$

가 된다. 따라서 단위면적당 전류, 즉 전류밀도 J는 다음과 같이 된다.

$$J = \frac{I}{S} = \frac{\rho_v S v}{S} = \rho_v v \,[\mathrm{A/m^2}]$$

$$\therefore\ \mathbf{J} = \rho_v \mathbf{v} \,[\mathrm{A/m^2}] \tag{5.7}$$

지금까지 살펴본 전류는 전하가 어떤 속도를 가지고 공기 중을 직접 이동함으로써 형성되는 전류를 말하며, 이러한 전류를 **대류전류**convection current라고 한다. 그리고 식 (5.7)로 표시되는 전류밀도를 **대류전류밀도**convection current density라고 한다. 또한 그동안(2~4장) 우리가 일반적으로 말한 전하는 다음 절에서 살펴볼 자유전자와 혼동되지 않도록 특별히 체적전하volume charge라고 구분하여 부르기도 한다.

예제 5-1 대류전류밀도

진공관 안에서 $y=0$인 평면에 넓이 $2\times10^{-4}[\mathrm{m^2}]$의 음극이 있다. 이 음극에 균일한 전계의 세기 $\mathbf{E} = -5\times10^5 \mathbf{a}_y [\mathrm{V/m}]$가 가해져 전자들이 $y>0$ 공간으로 튀어나와 빔을 형성하여 이동하고 있다고 할 때 다음을 구하라. 단, 흐르는 전류는 $100[\mu\mathrm{A}]$, 전자의 전하량은 $1.6\times10^{-19}[\mathrm{C}]$, 질량은 $9.1\times10^{-31}[\mathrm{kg}]$이다.

(a) 전자 하나가 받는 힘 $\mathbf{F}$

(b) 전자의 속도 $\mathbf{v}(t)$

(c) 위치에 따른 전자의 속도 $\mathbf{v}(y)$

(d) 대류전류밀도 $\mathbf{J}$

(e) 원점으로부터의 거리 $y[\mathrm{m}]$에 대한 체적전하밀도 $\rho_v(y)$

풀이

(a) $\mathbf{F} = Q\mathbf{E} = 1.6\times10^{-19}\times(-5\times10^5)\mathbf{a}_y = -8\times10^{-14}\mathbf{a}_y\,[\mathrm{N}]$ ⋯ ①

(b) $\mathbf{F} = m\boldsymbol{\alpha}$이므로 가속도는 다음과 같이 계산할 수 있다.

$$\boldsymbol{\alpha} = \frac{\mathbf{F}}{m} = \frac{-8\times10^{-14}\mathbf{a}_y}{9.1\times10^{-31}} ≒ 8.79\times10^{16}\,\mathbf{a}_y\,[\mathrm{m/sec^2}]$$

따라서 전자의 속도는 다음과 같이 구해진다.

$$\mathbf{v}(t) = \boldsymbol{\alpha} t + \mathbf{v}_0 = 8.79\times10^{16}\, t\,\mathbf{a}_y\,[\mathrm{m/sec}] \quad \cdots ②$$

(c) 먼저 시간에 따른 전자의 위치를 구해보면

$$y(t) = \int v\,dt + y_0 = \int 8.79 \times 10^{16} t\,dt + y_0 = \frac{1}{2} 8.79 \times 10^{16} t^2$$

이므로

$$t = \sqrt{\frac{2y}{8.79 \times 10^{16}}} = \sqrt{\frac{2}{8.79}} \times 10^{-8} \sqrt{y} \fallingdotseq 4.77 \times 10^{-9} \sqrt{y}\ [\mathrm{sec}] \qquad \cdots ③$$

가 된다. 식 ③을 식 ②에 대입하면 위치에 따른 전자의 속도는 다음과 같다.

$$\mathrm{v}(y) = 8.79 \times 10^{16} \times 4.77 \times 10^{-9} \sqrt{y}\ \mathrm{a_y} \fallingdotseq 4.19 \times 10^{8} \sqrt{\mathrm{y}}\ \mathrm{a_y}\ [\mathrm{m/sec}] \qquad \cdots ④$$

(d) $\mathrm{J} = \dfrac{I}{S} \mathrm{a}_y = \dfrac{100 \times 10^{-6}}{2 \times 10^{-4}} \mathrm{a}_y = 0.5\,\mathrm{a}_y\ [\mathrm{A/m^2}] \qquad \cdots ⑤$

(e) 식 (5.7)을 이용해 다음과 같이 구할 수 있다.

$$0.5\mathrm{a_y} = \rho_{\mathrm{v}} \times 4.19 \times 10^{8} \sqrt{\mathrm{y}}\,\mathrm{a_y}$$

$$\rho_v = \frac{0.5}{4.19 \times 10^{8} \sqrt{y}} = 1.19 \times 10^{-9} \frac{1}{\sqrt{y}}\ [\mathrm{C/m^3}] \qquad \cdots ⑥$$

5.1.3 전류의 연속성

[그림 5-3]과 같이 단면적 $S_1[\mathrm{m^2}]$를 통해 들어온 모든 체적전하가 같은 속도로 단면적 $S_2[\mathrm{m^2}]$를 통해 나가는 경우를 생각해보자. 전하가 지나가는 단면적의 크기는 다르더라도 단위시간에 지나가는 전류량은 서로 같다. 따라서 다음 적분식이 성립한다.

$$I = \int_{S_2} \mathrm{J} \cdot d\mathrm{S} = \int_{S_1} \mathrm{J} \cdot d\mathrm{S} \quad \Rightarrow \quad \int_{S_2} \mathrm{J} \cdot d\mathrm{S} - \int_{S_1} \mathrm{J} \cdot d\mathrm{S} = 0 \qquad (5.8)$$

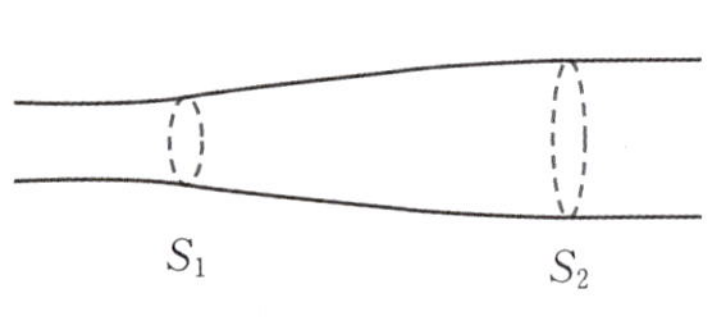

그림 5-3 단면적이 다른 전선

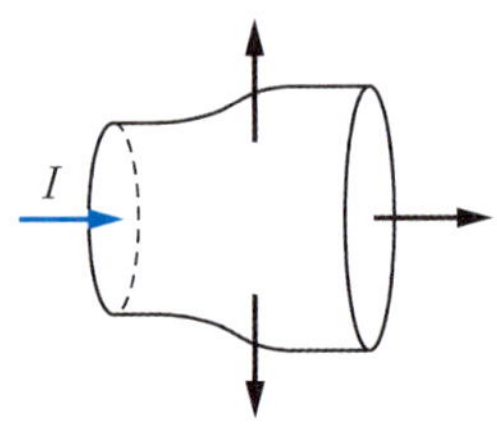

그림 5-4 폐곡면에서의 전류

[그림 5-4]와 같은 폐곡면을 생각해보자. 좌측면으로 흘러들어온 대류전류 $I[\mathrm{A}]$가 우측면과 옆면을 통해 다 흘러 나간다고 하면 다음과 같이 될 것이다.

$$\int_{\text{우측면}} \mathrm{J} \cdot d\mathrm{S} + \int_{\text{옆면}} \mathrm{J} \cdot d\mathrm{S} = \int_{\text{좌측면}} \mathrm{J} \cdot d\mathrm{S}$$

$$\Rightarrow \int_{\text{우측면}} \mathrm{J} \cdot d\mathrm{S} + \int_{\text{옆면}} \mathrm{J} \cdot d\mathrm{S} - \int_{\text{좌측면}} \mathrm{J} \cdot d\mathrm{S} = 0$$

실제로 전류는 축적되지 않으므로 어떤 폐곡면으로 흘러들어온 전류는 다시 다 폐곡면 밖으로 흘러 나간다. 따라서 폐곡면으로 들어오는 전류를 (−)로, 나가는 전류를 (+)로 생각하면 어떤 폐곡면을 통해 밖으로 나가는 전류의 총합은 항상 0이 된다. 이를 **전류의 연속성**continuity of current이라고 말하고 식으로 표시하면 다음과 같다.

$$\oint_S \mathrm{J} \cdot d\mathrm{S} = 0 \tag{5.9}$$

앞에서는 폐곡면 안에 체적전하가 있는 경우를 고려하지 않았는데, 이제 특별한 경우로 어떤 폐곡면 안에 체적전하 $Q_{in}[\mathrm{C}]$이 있는 경우를 생각해보자.

비록 어떤 폐곡면 안에 전하가 있다고 해도 식 (5.9)가 성립하면 단위시간당 폐곡면 안으로 들어오는 전하량과 나가는 전하량이 같으므로, 그 폐곡면 안에 본래 있던 전하량 $Q_{in}[\mathrm{C}]$에는 변화가 없을 것이다. 그러나 폐곡면 안의 전하량 $Q_{in}[\mathrm{C}]$이 점점 감소한다면 폐곡면 안으로 들어오는 전하량보다 밖으로 나가는 전하량이 많다는 의미이며, 이때 폐곡면 밖으로 나가는 (들어온 것을 뺀) 순수한 전류 $I[\mathrm{A}]$는 단위시간당 $Q_{in}[\mathrm{C}]$의 감소량과 같아서 다음과 같이 표시된다.

$$I = \oint_S \mathrm{J} \cdot d\mathrm{S} = -\frac{dQ_{in}}{dt} \tag{5.10}$$

☞ 식 (5.10)에 (−)부호가 붙은 것은 전하의 감소$\left(\frac{dQ_{in}}{dt} < 0\right)$가 밖으로 나가는 전류 I의 (+)값이기 때문이다.

식 (5.10) 좌변에 발산정리를 적용하여 다음과 같이 정리할 수 있다.

$$\int_{vol} \nabla \cdot \mathrm{J}\, dv = -\frac{d}{dt}\int_{vol} \rho_v\, dv \tag{5.11}$$

$$= -\int_{vol} \frac{\partial}{\partial t}\rho_v\, dv \tag{5.12}$$

$$\therefore \quad \nabla \cdot \mathrm{J} = -\frac{\partial \rho_v}{\partial t} \tag{5.13}$$

식 (5.10)을 **전류 연속방정식의 적분형**integral form of current continuity equation이라 하고, 식 (5.13)을 **미분형**point form이라고 한다.

Q&A 왜 식 (5.11)에서 식 (5.12)로 넘어갈 때 상미분이 편미분으로 바뀌었는가?

일반적으로 체적전하밀도 ρ_s는 위치와 시간의 함수이다. 즉 x, y, z, t의 함수이다. 식 (5.11)에서 먼저 체적적분을 하면 변수 x, y, z는 다 숫자로 채워진다. 즉 적분 결과가 변수 t만의 함수가 되므로 상미분을 할 수 있다. 그런데 식 (5.12)처럼 체적적분을 하기 전에 먼저 시간 t로 미분하려면 ρ_s가 x, y, z, t의 함수이므로 상미분은 할 수 없고 편미분을 해야 한다.

예제 5-2 전류의 연속성

[그림 5-5]와 같은 2극진공관의 음극과 양극 사이 공간에서 전류밀도가 다음과 같다.

$$\mathrm{J} = -\frac{5e^{-3t}}{2\pi\rho}\mathbf{a}_\rho\ [\mathrm{mA/m^2}]$$

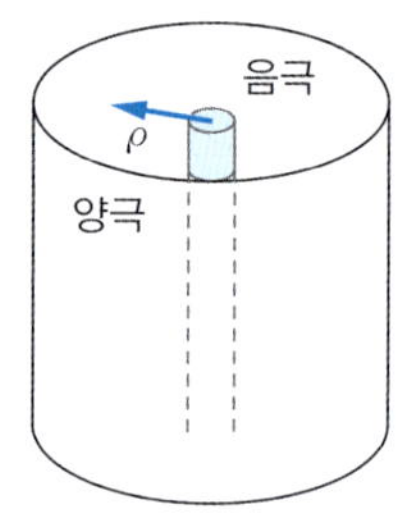

그림 5-5 2극진공관

(a) 체적전하밀도 ρ_v의 식을 구하라.

(b) $\rho_v = -40[\mathrm{nC/m^3}]$라고 할 때, 전하의 속도 v의 식을 구하라.

(c) $t = 0.1[\mathrm{sec}]$일 때, $\rho = 1[\mathrm{cm}]$에서 전하의 속도를 구하라.

풀이

(a) 식 (5.13)의 $\nabla \cdot \mathrm{J} = -\frac{\partial \rho_v}{\partial t}$에 의해 다음과 같이 구할 수 있다.

$$\begin{aligned}\nabla \cdot \mathrm{J} &= \frac{1}{\rho}\frac{\partial}{\partial \rho}(\rho J_\rho) + \frac{1}{\rho}\frac{\partial J_\phi}{\partial \phi} + \frac{\partial J_z}{\partial z} \\ &= \frac{1}{\rho}\frac{\partial}{\partial \rho}\left(\rho \times \frac{5e^{-3t}}{2\pi\rho}\right) = 0 \qquad \cdots ①\end{aligned}$$

$$\therefore\ -\frac{\partial}{\partial t}\rho_v = 0 \ \Rightarrow\ \rho_v = A(\rho, \phi, z)\ [\mathrm{C/m^3}] \qquad \cdots ②$$

(b) 식 (5.7)의 $\mathrm{J} = \rho_v \mathrm{v}$에 의해 다음과 같이 구할 수 있다.

$$-\frac{5e^{-3t}}{2\pi\rho} \times 10^{-3}\mathbf{a}_\rho = -40 \times 10^{-9}\mathrm{v}$$

$$\begin{aligned}\therefore\ \mathrm{v} &= -\frac{5e^{-3t}}{2\pi\rho} \times 10^{-3}\mathbf{a}_\rho \times (-)\frac{1}{40 \times 10^{-9}} \\ &= \frac{1.25 \times 10^5 e^{-3t}}{2\pi\rho}\mathbf{a}_\rho\ [\mathrm{m/sec}] \qquad \cdots ③\end{aligned}$$

(c) $\mathrm{v} = \frac{1.25 \times 10^5 e^{-3t}}{2\pi\rho}\mathbf{a}_\rho = \frac{1.25 \times 10^5 e^{-3 \times 0.1}}{2\pi \times 0.01}\mathbf{a}_\rho = 1.47 \times 10^6 \mathbf{a}_\rho\ [\mathrm{m/sec}]$ $\cdots ④$

SECTION 5.2

도체

5.2.1 전기적 특성에 따른 물질 분류

어떤 물질의 양 끝에 전압을 가하면 전류가 잘 흐르는 물질이 있고 잘 흐르지 않는 물질이 있다. 이렇게 전기적 특성에 따라 물질을 도체, 부도체, 반도체로 구분한다. 전기가 잘 통하는 물질을 **도체** conductor, 잘 안 통하는 물질을 **부도체** nonconductor 라고 한다. 그리고 그 중간에 **반도체** semiconductor 가 있다. 전류를 흘려주는 성질을 **도전성** conductive property 이라고 하는데, 이 도전성은 도체와 부도체 사이에 $10^{10} \sim 10^{20}$ 배 차이가 난다. 전류가 잘 통하지 않는 이 성질이 잘 드러나도록 표현하기 위해 부도체를 **절연체** insulator 라고도 부른다. 이러한 전기적 성질은 원자의 구조에 의해 결정되는데, 주로 원자핵 주변을 돌고 있는 전자들의 에너지 상태를 나타내는 에너지 밴드로 설명할 수 있다.

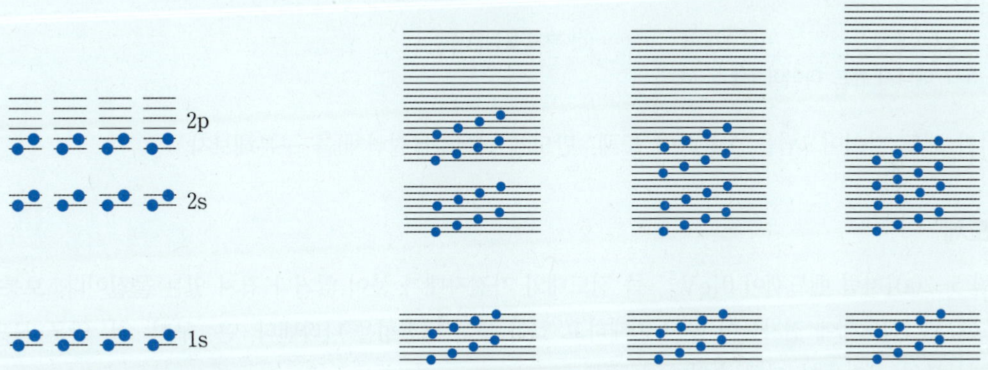

(a) 각각 떨어진 탄소원자들의 에너지 준위 (b) 에너지 밴드 형성 (c) 흑연(도체) (d) 다이아몬드(절연체)

그림 5-6 탄소원자들 사이의 거리가 가까워짐에 따른 에너지 준위 변화

보어 N. Bohr 의 원자모델에서 전자들은 위치에너지와 운동에너지를 합한 특정한 에너지를 각각 가지며 그 에너지에 해당하는 원형 궤도를 돌고 있다. 이 궤도를 **에너지 준위** energy level 라고 부르며, [그림 5-6(a)]와 같이 파울리 배타원리 Pauli exclusion principle 에 의해 한 에너지 준위에는 하나의 전자만 존재할 수 있다. 그런데 [그림 5-6(b)]와 같이 이들 원자들이 밀접하게 붙으면 한 에너지 준위에 여러 개의 전자가 같이 존재할 수 없다. 그래서 이 에너지 준위는 서로 크기가 약간씩 다른 값을 갖게 되며 하나의 밴드(= 띠)를 형성하게 된다. 다시 말해, 에너지 밴드는 전자들이 가진 비슷한 크기의 에너지 준위들이 모여 하나의 띠를 형성하고 있는 것이다.

에너지 밴드는 [그림 5-6]과 같이 에너지 밴드 내의 모든 에너지 준위가 전자들로 다 채워진 **가전자대**(=충만대)valence band, 에너지 준위가 전자들로 다 채워지지 않은 **전도대**conduction band, 그리고 에너지 준위가 없어서 전자가 들어갈 수 없는 **금지대**forbidden band로 구분된다. 이때 금지대의 에너지 폭을 **에너지 밴드갭**energy band gap 또는 간략히 **밴드갭**이라고 부른다.

에너지 준위는 원자핵에서 무한히 멀리 떨어져 있는 전자가 가진 에너지를 0[eV]로 하고, 원자핵에 가까운 전자일수록 0[eV]보다 작은 값, 즉 더 큰 (−)값을 가진다. 제일 작은 에너지 준위는 수소원자의 전자가 가진 (−)13.6[eV]($\fallingdotseq -21.8 \times 10^{-19}$[J])이다. 어떤 전자가 자기의 에너지 준위에서 다른 에너지 준위로 올라가려면 그 에너지 차이만큼의 에너지를 외부로부터 받아야 하는데, 하나의 밴드 안에서는 에너지 준위들 사이의 에너지 차이가 대단히 작기 때문에 빈 에너지 준위만 있으면 전자가 쉽게 이동할 수 있다.

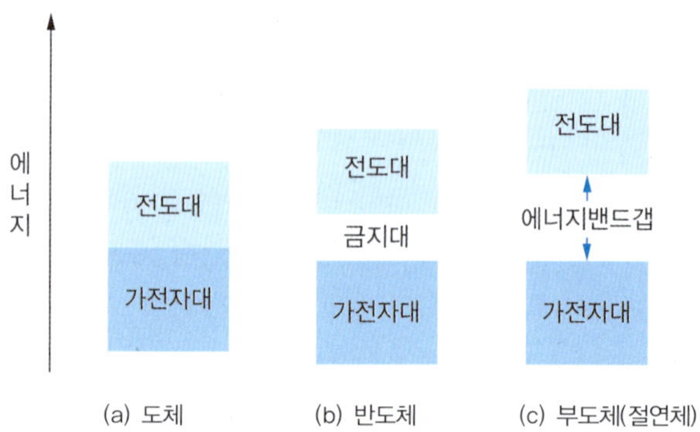

그림 5-7 에너지 밴드 다이어그램

에너지 밴드 다이어그림을 이용하여 도체, 반도체, 부도체(절연체)를 구분해보자.

■ 도체

[그림 5-7(a)]처럼 밴드갭이 0[eV], 즉 전도대와 가전자대가 붙어 있거나 겹쳐 있는 물질이다. 보통 온도에서도 전도대에 전자들이 많이 존재하고 있어 좋은 도전성을 나타낸다. 은, 구리, 철, 알루미늄 등 대부분의 금속들이 이에 속한다.

■ 반도체

[그림 5-7(b)]처럼 밴드갭이 보통 1 ~ 3[eV] 정도로 작아, 온도가 상승하면 가전자대에 있는 일부 전자들이 열에너지를 받아 전도대로 올라가게 되어 쉽게 전류가 흐를 수 있다. 열에너지를 가하는 것 외에도 다른 물질을 주입시켜 도전성을 마음대로 조절할 수 있다.

■ 부도체(절연체)

[그림 5-7(c)]처럼 밴드갭이 약 5[eV] 이상 대단히 커서 모든 전자들이 가전자대에만 존재하고, 전도대에는 하나도 존재하지 않는 물질이다. 가전자대에 존재하는 전자들에게 이 밴드갭을 뛰어넘을 만큼 충분히 큰 에너지를 공급하지 않는 한 전류는 전혀 흐르지 않는다.

이 절연체에 대단히 큰 전계의 세기를 가하여 가전자대에 있는 전자들이 (충분한 에너지를 받아) 밴드갭을 넘어 전도대로 들어가면 전류가 흐르며, 이때 우리는 이 절연체의 절연이 파괴되었다고 말한다.

5.2.2 도체의 전류 흐름

이제 도체 내에서의 전류 흐름에 대해 생각해보자. 도체의 전도대에 있는 이런 전자들을 (가전자대에 갇혀 있어 외부에서 전계를 가해도 자유롭게 움직이지 못하는 절연체의 속박전자들과 구분하여) **자유전자** free electron라고 한다. 자유전자들은 평소 자기의 원자핵을 중심으로 결정격자 lattice structure들 사이를 빠른 속도($\fallingdotseq 10^6$[m/sec])로 돌아다닌다. 그러다 외부에서 전계가 가해지면 힘을 받아 전계의 세기와 반대 방향으로 이동하게 된다. 이때 전자가 받는 힘은 다음과 같다.

$$\mathrm{F} = -e\mathrm{E} \tag{5.14}$$

이 힘을 계속 받으면 가속도에 의해 전자의 속도가 계속 증가할 것 같지만, 다른 결정격자(= 원자나 전자)들과의 끊임없는 충돌로 인해 한정된 약 10^{-4}[m/sec] 정도의 대단히 작은 속도를 갖고 이동하게 된다. 이 속도를 **이동속도**drift velocity v_d라고 부르며, 외부에서 가해지는 전계의 세기에 비례한다.

$$\mathrm{v}_d = -\mu_e \mathrm{E} \tag{5.15}$$

이때 비례상수 μ_e를 **이동도**mobility라고 한다. 이동도의 값은 구리가 0.0032[m^2/V · sec], 은이 0.0056[m^2/V · sec] 등이며 물질에 따라 다르다.

전계의 세기와 전류밀도와의 관계를 얻기 위해 식 (5.15)를 식 (5.7)에 대입하면

$$\mathrm{J} = -\rho_e \mu_e \mathrm{E} \tag{5.16}$$

를 얻을 수 있다. 여기에서 ρ_e는 자유전자의 단위체적당 전하밀도[$\mathrm{C/m^3}$]로 (−)값을 가지며, 이동도 μ_e와 함께 물질마다 그 값이 다르고 온도의 함수이다. 이들의 곱을 하나로 묶어서

$$\sigma = -\rho_e \mu_e \tag{5.17}$$

로 표시하고 그 물질의 **전도도**conductivity라고 부른다. 단위는 [1/Ω · m] 또는 [℧/m]를 사용하는데, 최근에는 독일 물리학자 지멘스W. Siemens의 이름을 딴 [S/m]를 많이 사용한다. 전도도를 사용하면 식 (5.16)은 다음과 같이 된다.

$$\mathrm{J} = \sigma \mathrm{E} \tag{5.18}$$

식 (5.18)을 **옴의 법칙의 미분형**point form of Ohm's law이라고 부른다(옴의 법칙에 대한 설명은 조금 뒤에 나온다). 식 (5.18)로 표시되는 전류밀도는 대류전류밀도의 식으로부터 유도되었지만, 9장에 나오는 변위전류밀도와 구분하여 **전도전류밀도** conduction current density라고 부르기도 한다.

예제 5-3 전도전류

상온에서 구리 안에 있는 자유전자에 의한 전하밀도는 $\rho_e = -1.81 \times 10^{10}$[C/m^3]이다. 어떤 구리 전선에 흐르는 전류의 전류밀도 크기가 $J = 8 \times 10^6$[A/m^2]라고 할 때 다음을 구하라. 단, 구리의 전도도는 $\sigma = 5.80 \times 10^7$[S/m]이다.

(a) 전계의 세기의 크기 E

(b) 구리 도체 안에 있는 전자의 이동속도의 크기 v_d

풀이

(a) 식 (5.18)의 $\mathrm{J} = \sigma\mathrm{E}$에 의해 다음과 같이 구할 수 있다.

$$8 \times 10^6 = 5.80 \times 10^7 \times E \quad \Rightarrow \quad E = \frac{8 \times 10^6}{5.80 \times 10^7} = 0.138 \text{ [V/m]}$$

(b) 식 (5.17)의 $\sigma = -\rho_e \mu_e$에 의해 다음과 같이 구할 수 있다.

$$5.80 \times 10^7 = 1.81 \times 10^{10} \mu_e$$

$$\Rightarrow \quad \mu_e = \frac{5.80 \times 10^7}{1.81 \times 10^{10}} = 3.2 \times 10^{-3} \text{ [m}^2\text{/V} \cdot \text{sec]}$$

따라서 v_d를 구하면 다음과 같다.

$$v_d = \mu_e E = 3.2 \times 10^{-3} \times 0.138 = 4.42 \times 10^{-4} \text{ [m/sec]}$$

5.2.3 도체의 저항과 옴의 법칙

전도도는 유전율, 투자율과 함께 전기전자공학을 공부하는 데 있어서 대단히 중요한 물리상수이다. 전도도가 크면 도체이고 작으면 부도체(절연체)이다. 대표적인 도체로는 전도도가 가장 큰 은 6.17×10^7[S/m]을 비롯해 구리 5.80×10^7[S/m], 알루미늄 3.82×10^7[S/m] 등이 있으며 절연체로는 수정 10^{-17}[S/m], 폴리스타이렌 10^{-16}[S/m], 고무 10^{-15}[S/m] 등이 있다.

전도도는 어떤 물질의 도전성을 나타내는 것이지만, 보통 도전성이 좋다는 표현보다는 **저항** resistance 이 작다는 표현을 더 많이 사용한다. 그에 따라 전도도의 역수 $1/\sigma$을 **체적고유저항** volume resistivity 또는 **저항률** resistivity 이라고 하고, 기호 ρ와 단위 [$\Omega \cdot$ m]를 사용한다. 금속 도체의 저항률은 온도가 오르면 따라서 증가하는데, 좋은 도체들은 상온에서 온도가 1[℃] 오르면 약 0.4[%]씩 증가한다. 금속 도체에서의 이런 현상은 온도가 오르면 결정격자들의 활동이 더 활발해져 외부 전계에 의해 이동하려는 전자들과 더 자주 충돌하기 때문이다.

온도에 따른 저항률의 변화는 선형적이지 않지만, 일반적으로 다음과 같은 1차식으로 표시한다.

$$\rho_2 = \rho_1\{1 + \alpha_1(t_2 - t_1)\} \tag{5.19}$$

여기서 α_1은 온도 $t_1[℃]$에서의 **온도계수** temperature coefficient 로, [표 5-1]과 같이 물질에 따라 다르다. 또한 같은 구리라도 [표 5-2]와 같이 온도에 따라 다르다.

표 5-1 물질에 따른 저항률의 온도계수($t_1 = 20[℃]$)

금속의 종류	α
은	0.0038
구리	0.00393
철	0.0050
알루미늄	0.0039
수은	0.0089
마그네슘	0.004
백금	0.003

표 5-2 온도에 따른 저항률의 온도계수(구리)

온도 t_1	0[℃]	15[℃]	20[℃]	25[℃]	50[℃]	100[℃]
α_1	0.00427	0.00401	0.00393	0.00385	0.00352	0.00299

식 (5.20)으로 표시되는 온도에 의한 저항의 변화는 온도에 의한 부피의 증가 때문에 식 (5.19)의 온도에 대한 저항률의 변화와 정확하게 일치하지는 않는다. 그러나 온도에 대한 열팽창계수는 저항률의 온도계수에 비해 대단히 작으므로 저항률의 온도계수 α를 저항의 온도계수로 사용한다.

$$R_2 = R_1\{1 + \alpha_1(t_2 - t_1)\} \tag{5.20}$$

예제 5-4 저항의 온도계수

$200[V] - 100[W]$의 텅스텐 전구를 점등했을 때 텅스텡 필라멘트의 온도는 약 $2,500[℃]$이고, 이때 전구의 저항값은 $400[\Omega]$이다. 상온($= 27[℃]$)에서 이 전구 텅스텐 필라멘트의 저항값을 구하라. 단, 상온에서 텅스텐 저항의 온도계수는 0.00338이다.

풀이

식 (5.20)에 의해 다음과 같이 구한다.

$$400 = R_1\{1 + 0.00338 \times (2500 - 27)\}$$

$$R_1 = \frac{400}{1 + 0.00338 \times (2500 - 27)} \fallingdotseq 42.74\ [\Omega]$$

[그림 5-8]과 같이 단면적 $S[\mathrm{m}^2]$, 길이 $l[\mathrm{m}]$인 도체 양 끝에 기전력 $V[\mathrm{V}]$를 인가했을 때 흐르는 전류 $I[\mathrm{A}]$를 구해보자.

$$I = \int_S \mathbf{J} \cdot d\mathbf{S} = JS \tag{5.21}$$

$$V = -\int_B^A \mathbf{E} \cdot d\mathbf{L} = El \tag{5.22}$$

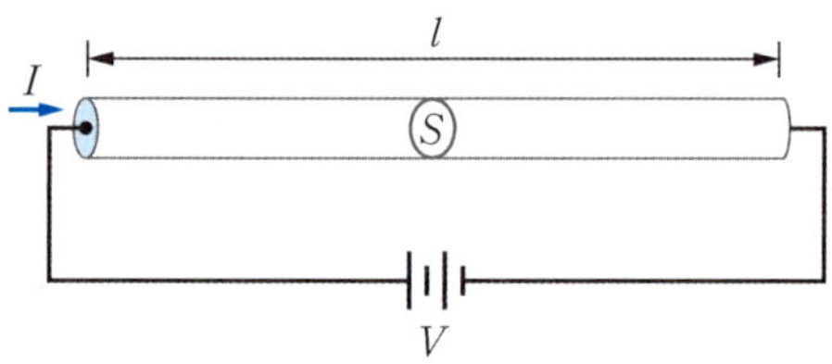

그림 5-8 도체에 인가된 기전력과 흐르는 전류

식 (5.22)에서 전계의 세기의 크기 E를 구하여 전류밀도의 식 (5.18)에 대입시킨 후, 전류밀도 J를 식 (5.21)에 대입시키면 다음과 같이 된다.

$$J = \sigma E = \sigma \frac{V}{l}$$

$$I = JS = \sigma \frac{V}{l} S = \frac{V}{\frac{l}{\sigma S}} \tag{5.23}$$

식 (5.23)에서 분모를 저항 $R[\Omega]$으로 표시하면 다음과 같이 된다.

$$R = \frac{l}{\sigma S} \tag{5.24}$$

따라서 도체에 가해진 기전력과 전류와의 관계를 규정하는 다음 식을 얻게 된다.

$$I = \frac{V}{R} \tag{5.25}$$

식 (5.25)를 **옴의 법칙** Ohm's law 이라고 한다. 옴의 법칙을 보면 저항값 R이 작을수록 큰 전류가 흐르게 된다. 따라서 저항값이 작은 **부하** load 를 큰 부하라고 부른다. 또한 식 (5.24)에서 저항값은 길이에 비례하고 단면적에 반비례함을 알 수 있다.

저항의 역수$(=1/R)$는 **컨덕턴스**conductance라고 하며, G로 표시한다. 단위는 [℧] 또는 [S]를 사용한다. (어떤 저항체의 컨덕턴스가 0.5[S]라는 말은 그 저항체의 저항값이 $2[ohm]$이라는 말과 같다.) 이 컨덕턴스를 사용하여 식 (5.25)를 다음과 같이 표시하기도 한다.

$$I = GV$$

[그림 5-9]와 같이 반지름이 각각 a, b이고 두 원통 사이 내부에 있는 물질의 전도도가 σ[S/m]라고 할 때, 이 원통의 내부와 외부 사이의 저항을 생각해보자.

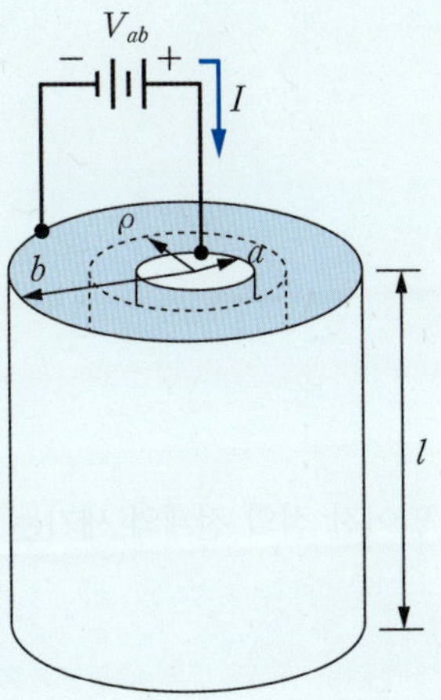

그림 5-9 원통 도체 사이의 저항값

두 원통 사이에 V_{ab}라는 전압을 가하고 이때 흐르는 전류를 I라고 하면, 저항은

$$R = \frac{V_{ab}}{I}$$

라고 할 수 있다. 그리고 중심축으로부터 ρ만큼 떨어진 점의 전계의 세기를 E 라고 하고 그 점의 전류밀도를 J 라고 하면, 전압과 전류는 다음과 같이 된다.

$$V_{ab} = \int_b^a \mathrm{E} \cdot d\mathrm{L}$$

$$I = \int_S \mathrm{J} \cdot d\mathrm{S} = \int_S \sigma\mathrm{E} \cdot d\mathrm{S}$$

따라서 두 원통 사이의 저항은 다음과 같이 나타낼 수 있다.

$$R = \frac{V_{ab}}{I} = \frac{\int_b^a \mathrm{E} \cdot d\mathrm{L}}{\int_S \sigma\mathrm{E} \cdot d\mathrm{S}} \tag{5.26}$$

예제 5-5 동축 원통 사이의 저항

[그림 5-10]과 같이 내부, 외부 반지름이 각각 a[m], b[m]이고, 길이가 l[m]인 동축 원통의 내부와 외부 도체 사이의 저항을 구하라. 단, 내부와 외부 원통 사이 물질의 전도도는 σ[S/m]이다.

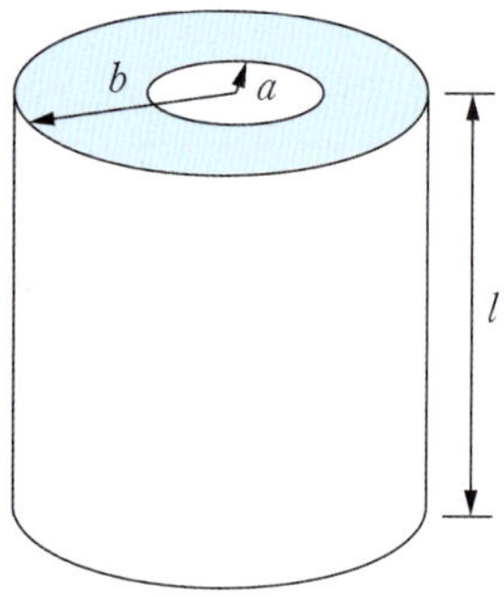

그림 5-10 원통 도체 사이의 저항값

풀이

내부 원통의 선전하밀도를 ρ_L[C/m]라고 하면, 중심축에서 ρ[m]만큼 떨어진 점의 전계의 세기는

$$\mathbf{E} = \frac{\rho_L}{2\pi\epsilon\rho}\mathbf{a}_\rho \,[\text{V/m}]$$

이므로, 식 (5.26)에 의해 저항은 다음과 같이 구할 수 있다.

$$R = \frac{-\int_b^a \mathbf{E} \cdot d\mathbf{L}}{\int_S \sigma\mathbf{E} \cdot d\mathbf{S}} = \frac{-\int_b^a \frac{\rho_L}{2\pi\epsilon\rho}\mathbf{a}_\rho \cdot (d\rho\,\mathbf{a}_\rho + \rho\, d\phi\,\mathbf{a}_\phi + dz\,\mathbf{a}_z)}{\int_0^l \sigma\frac{\rho_L}{2\pi\epsilon\rho}\mathbf{a}_\rho \cdot 2\pi\rho\, dl\,\mathbf{a}_\rho}$$

$$= \frac{-\int_b^a \frac{\rho_L}{2\pi\epsilon\rho}d\rho}{\frac{\rho_L\sigma l}{\epsilon}} = \frac{\ln\frac{b}{a}}{\sigma 2\pi l}\,[\Omega]$$

5.2.4 도체의 소모 전력

금속 도체에 전류가 흐르면 열이 발생한다. 이는 전자가 전계에 의해 도체 내를 이동할 때 다른 결정격자(= 원자나 전자)들과 계속 충돌하게 되는데, 이때 소모되는 운동에너지 때문이다. 이 열을 영국의 물리학자 줄의 이름을 따서 **줄열**Joule's heat이라고 한다.

[그림 5-8]과 같은 금속 도체의 전체 체적에서 줄열에 의해 소모되는 단위시간당 에너지, 즉 전력은 다음 식과 같이 표현되며, 이를 **줄의 법칙** Joule's law 이라고 한다.

$$P = \int_{vol} \mathbf{E} \cdot \mathbf{J}\, dv \ [\mathrm{W}] \tag{5.27}$$

따라서 전류가 흐르고 있는 도체에서 단위체적당 소모되는 전력은

$$\begin{aligned} p &= \mathbf{E} \cdot \mathbf{J} \ [\mathrm{W/m^3}] \\ &= \sigma E^2 \\ &= \frac{1}{\sigma} J^2 \end{aligned} \tag{5.28}$$

가 되며, [그림 5-8]과 같은 금속 도체에서 소모되는 전체 전력은 식 (5.21)과 식 (5.22)에 의해 다음과 같이 표현된다.

$$P = \int_{vol} \mathbf{E} \cdot \mathbf{J}\, dv = \left(\int_{l} \mathbf{E} \cdot d\mathbf{L}\right)\left(\int_{S} \mathbf{J} \cdot d\mathbf{S}\right) = VI$$

$$(\mathbf{E} \cdot \mathbf{J})dv = (\mathbf{E} \cdot \mathbf{J})(d\mathbf{L} \cdot d\mathbf{S}) = (\mathbf{E} \cdot d\mathbf{L})(\mathbf{J} \cdot d\mathbf{S})$$

그리고 옴의 법칙을 이용하여 앞의 식을 (5.29)의 식처럼 표현할 수 있으며, 줄의 법칙을 나타내는 식으로 식 (5.27)보다 더 많이 사용한다.

$$P = VI = I^2 R = \frac{V^2}{R} \ [\mathrm{W}] \tag{5.29}$$

예제 5-6 도체의 저항 및 소모 전력

전류 20[A]가 흐르는 직경 1[cm]의 구리 전선 1[km]에 대해 다음을 구하라. 단, 구리의 전도도는 $\sigma = 5.80 \times 10^7$[S/m], 열의 일당량은 4.2[J/cal]이다.

(a) 저항값 R

(b) 전류밀도의 크기 J

(c) 전선 안에서 전계의 세기의 크기 E

(d) 전선 양 끝의 전위차 V

(e) 전선에서 발생하는 단위시간당 열량 Q

풀이

(a) $R = \dfrac{l}{\sigma S} = \dfrac{1000}{5.8\times10^7 \times \pi \times (5\times10^{-3})^2} = \dfrac{1000}{58\times\pi\times25} \fallingdotseq 0.22\ [\Omega]$

(b) $J = \dfrac{I}{S} = \dfrac{20}{\pi\times(5\times10^{-3})^2} \fallingdotseq 2.55\times10^5\ [\mathrm{A/m^2}]$

(c) $J = \sigma E$ ➡ $E = \dfrac{J}{\sigma} = \dfrac{2.55\times10^5}{5.8\times10^7} \fallingdotseq 4.4\times10^{-3}\ [\mathrm{V/m}]$

(d) $V_{AB} = -\displaystyle\int_B^A \mathrm{E}\cdot d\mathrm{L} = 4.4\times10^{-3}\times10^3 = 4.4\ [\mathrm{V}]$

(e) 먼저 소모 전력을 구하면

$$P = I^2R = 20^2\times0.22 = 88\,[\mathrm{W}]$$

이므로, 단위시간당 소모되는 에너지는 88[J]이다. 따라서 단위시간당 이 에너지가 열로 변하는 열량은 다음과 같이 구해진다.

$$Q = \frac{1}{4.2}\times P = \frac{1}{4.2}\times88 \fallingdotseq 21\ [\mathrm{cal/sec}]$$

전류가 흐르지 않는(= 전하의 이동이 없는) 정전계에서 전도도가 큰 도체는 다음과 같은 특성을 가진다.

❶ 도체 내부에는 전하가 존재하지 않는다.
여기서 말하는 전하는 체적전하를 의미하며 자유전자가 없다는 뜻은 아니다. 도체 내부에 전하를 갖다 놓으면 서로 밀어서 도체 표면까지 밀려가 버린다. 따라서 도체 표면에는 전하가 존재할 수 있지만 도체 내부에는 전하가 없다.

❷ 도체 내부에는 전계의 세기가 존재하지 않는다.
만일 전도도가 대단히 큰 도체 내부에 전계의 세기가 존재한다면 $\mathrm{J} = \sigma\mathrm{E}$ 로 표시되는 전도전류가 흐르게 될 것이다.

❸ 도체 표면에서의 전계의 세기는 도체 표면에 수직이다.
만일 표면에 수직이지 않다면 이 전계의 세기를 수직성분(= 법선성분)과 접선성분으로 분해할 수 있으며, 이 접선 성분에 의해 표면에는 전도전류가 흐를 것이기 때문이다.

❹ 전속밀도도 표면에 수직이며, 그 크기는 표면 면전하밀도와 같다. 즉 $D_n = \rho_S$이다.

❺ 도체는 전체의 모든 점이 등전위이다.
이 말은 예를 들어 도체 표면에 있는 어떤 점의 전위가 5[V]면 도체 전체 표면뿐 아니라 내부의 모든 점도 전위가 5[V]라는 의미이다.

SECTION 5.3

반도체

5.3.1 반도체의 구조와 전도도

실리콘, 탄소, 게르마늄과 같은 4가 원소들은 최외각에 4개의 전자를 가지며 이들이 서로 공유결합을 이루고 있다. 그리고 이들은 모든 전자들이 가전자대에만 존재하고 전도대에는 존재하지 않으므로 외부의 전계에 대해 전류를 흘리지 않는다. 그러나 가전자대와 전도대 사이의 에너지 간극, 즉 에너지 밴드갭이 절연체에 비해 그리 크지 않기 때문에 상온(= 27[℃])에서 가전자대를 채우고 있는 전자들 중 약간의 전자들이 열에너지를 받아 전도대로 올라가 자유전자가 된다. 그리고 본래 그 전자들이 있던 가전자대의 에너지 준위는 비게 되는데, 이처럼 전자가 비어 있는 에너지 준위를 **정공**hole이라고 한다.

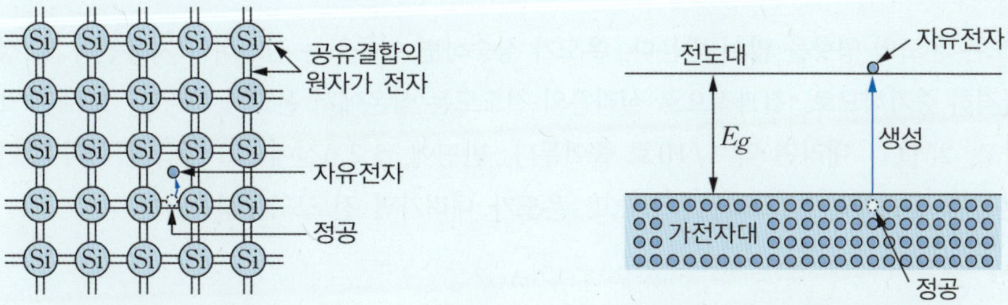

(a) 실리콘 반도체의 공유결합 (b) 반도체의 자유전자와 정공 생성

그림 5-11 반도체의 구조

여기에 외부에서 전계가 가해지면, 열에 의해 전도대에 올라가 있는 자유전자들이 전계의 세기의 반대 방향으로 쉽게 이동한다. 그리고 전자가 비어 있는 가전자대의 정공은 옆의 원자에 있는 전자가 이동해서 채우며, 그렇게 생긴 옆의 원자의 새로운 빈자리(= 정공)는 또 그 옆의 전자가 와서 채우므로 정공이 전계의 세기 방향으로 이동하는 것처럼 보인다. 여기에서 알 수 있듯이, 열에 의해 전도대에 올라가 있는 자유전자들이 많고 가전자대에 정공들의 숫자가 많으면, 작은 외부 전계에도 많은 전류가 흐른다. 이때 이 자유전자와 정공들을 전류 **반송자**carrier라고 한다.

많은 반도체 해석에서, 정공을 전자와 같은 질량과 전하량을 갖고 있으며 전기적 극성만 (+)인, 다시 말해 (+)전하를 가진 전자로 취급한다. 그래서 (−)전하의 전자는 전계의 세기의 반대 방향으로 이동도 μ_e로 이동하고, (+)전하의 정공은 전계의 세기의 방향으로 이동도 μ_h로 이동한다고 생각한다.

그러나 사실 (+)전하의 이동이란 없으며, 정확히 말해 (+)전하를 가진 원자의 이동은 없다. 모든 전기적 현상은 (−)전하를 가진 전자에 의해 이루어진다는 사실에 유념해야 한다.

전도대에서의 전자의 이동속도와 가전자대에서 정공을 채워가면서 이동하는 전자의 이동속도는 서로 다르다. 상온에서 실리콘은 $\mu_e = 0.14$, $\mu_h = 0.045$이다. 그리고 게르마늄은 $\mu_e = 0.39$, $\mu_h = 0.19$ $[m^2/V \cdot sec]$이다. 정공의 이동도 μ_h는 자유전자의 이동도 μ_e보다 그 값이 항상 작다.

도체에서 전계의 세기와 전류밀도의 관계를 나타내는 식 (5.16)을 반도체에 적용하면 다음과 같이 된다.

$$J = -\rho_e \mu_e E + \rho_h \mu_h E = \sigma E \tag{5.30}$$

따라서 반도체의 전도도는 다음과 같이 표현된다.

$$\sigma = -\rho_e \mu_e + \rho_h \mu_h \tag{5.31}$$

여기서 ρ_e와 ρ_h는 각각 자유전자와 정공의 농도$[C/m^3]$를 가리키며, 불순물이 섞이지 않은 순수한 반도체에서는 그 값이 항상 같다. 즉 $-\rho_e = \rho_h$이다. 또한 이 농도는 온도의 영향을 많이 받으며, 상온에서 전자와 정공의 농도의 크기는 순수 실리콘의 경우 $0.0024[C/m^3]$, 게르마늄의 경우 $3.8[C/m^3]$이다. 이 값들을 이용하여 식 (5.31)로부터 전도도를 계산하면 실리콘의 경우 $4.44 \times 10^{-4}[S/m]$, 게르마늄의 경우 $2.20[S/m]$를 얻는다(계산 생략).

반도체의 전도도는 온도의 영향을 많이 받는다. 온도가 상승하면 이동도는 감소하나 자유전자 및 정공의 농도가 급격히 증가하므로, 결과적으로 실리콘의 전도도는 상온에서 온도가 30[℃] 오르면 약 10배로 증가하고, 25[℃] 내리면 약 1/10로 줄어든다. 반면에, 5.2.3절에서도 언급한 바와 같이 금속 도체는 온도가 상승하면 전도도가 감소하고, 온도가 내려가면 전도도는 상승한다.

예제 5-7 반도체의 전도도

상온에서 순수한 반도체 GaAs는 전자 이동도가 $\mu_e = 0.85[m^2/V \cdot sec]$이고, 정공 이동도가 $\mu_h = 0.045[m^2/V \cdot sec]$이다. GaAs의 자유전자 농도는 $\rho_e = -1.12 \times 10^{-6}[C/m^3]$라고 할 때, GaAs의 전도도를 구하라. 순수 반도체에서는 항상 $-\rho_e = \rho_h$이다.

풀이

식 (5.31)에 의해 다음과 같이 구할 수 있다.

$$\begin{aligned}\sigma &= -\rho_e\mu_e + \rho_h\mu_h = 1.12 \times 10^{-6} \times 0.85 + 1.12 \times 10^{-6} \times 0.045 \\ &= 10^{-6}\,[S/m]\end{aligned}$$

5.3.2 반도체 종류

반도체는 구성 성분에 따라 **원소 반도체**[elemental semiconductor]와 **화합물 반도체**[compound semiconductor]로 나눌 수 있다. 원소 반도체는 한 가지 원소로만 공유결합을 이루고 있는 반도체로, 4가 원소인 탄소(C), 실리콘(Si), 게르마늄(Ge) 등이 이에 속한다. 반면에, 화합물 반도체는 서로 다른 3가 원소와 5가 원소 또는 2가 원소와 6가 원소들이 공유결합을 이루고 있는 반도체로 GaAs[gallium arsenide], GaN[gallium nitride], ZnSe[zinc selenide], CdTe[cadmium telluride] 등 2원소 화합물 반도체와 AlGaAs, InGaN, CdZnTe와 같은 3원소 화합물 반도체, InGaAsP[indium gallium arsenide phosphide], InGaAlP와 같은 4원소 화합물 반도체도 있다. 반도체 중에 불순물이 전혀 첨가되지 않은 순수한 단결정 반도체를 **순수 반도체**(=진성 반도체)[intrinsic semiconductor]라고 하고, 전도도를 높이기 위해 약간의 5가 원소나 3가 원소 등이 첨가된 반도체를 **불순물 반도체**(=외인성 반도체)[extrinsic semiconductor]라고 한다.

[그림 5-12]에서 공유결합을 하고 있는 순수 반도체 실리콘에 인(P)이나 안티몬(Sb), 비소(As) 같은 5가 원소를 첨가하면, 5가 원소는 4가 원소인 실리콘보다 원자가전자가 하나 더 많아 공유결합을 하고 하나의 전자가 남게 된다. 이 공유결합에 참여하지 못하고 남은 전자는 원자핵의 구속력이 약해져 외부 전계에 의해 쉽게 이동하는 자유전자가 된다.

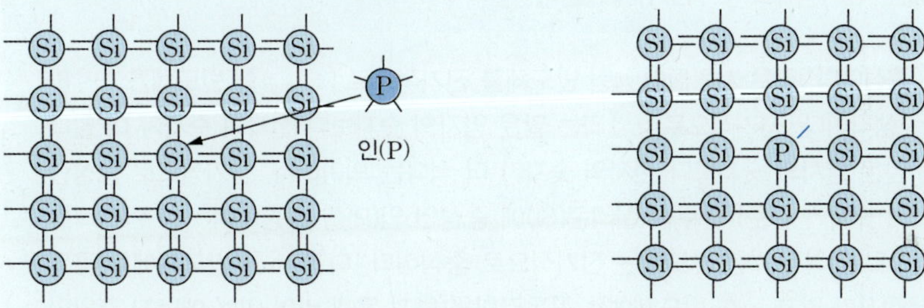

(a) 실리콘에 인 첨가 (b) n형 반도체

그림 5-12 불순물 반도체(n형)

반면에, [그림 5-13]과 같이 실리콘에 붕소(B), 갈륨(Ga), 인디움(In)과 같은 3가 원소를 첨가하면 공유결합이 이루어지지 않은 공유결합의 빈자리, 즉 정공이 생기고 외부 전계에 의해 이 정공의 자리에 옆의 원자에 있는 전자가 쉽게 이동해온다. 그리고 그 전자가 본래 있던 자리에는 정공이 새로 생기며, 새로 생긴 정공 자리에는 또다시 그 옆의 원자에서 전자가 쉽게 이동해온다.

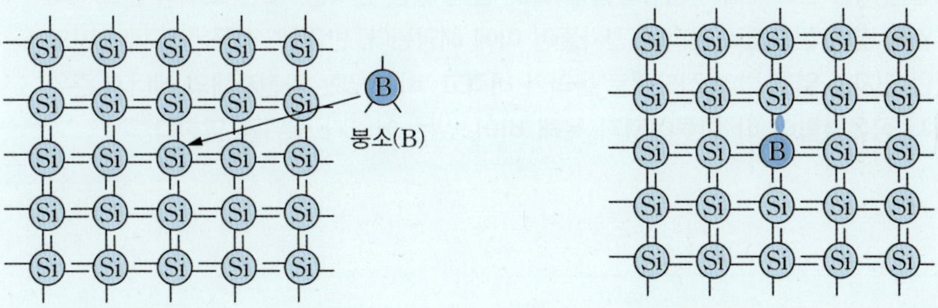

(a) 실리콘에 붕소 첨가 (b) p형 반도체

그림 5-13 불순물 반도체(p형)

이렇게 순수한 반도체에 5가나 3가 원소를 첨가하는 작업을 **도핑**doping이라 하며, 이때 첨가되는 불순물 5가나 3가 원소를 **도펀트**dopant라고 한다. 그리고 도펀트 중에 5가 원소들은 자유전자를 제공한다고 해서 **도너**donor라고 하고, 3가 원소는 전자를 받아들일 수 있는 자리를 만든다고 해서 **억셉터**acceptor라고 한다. 또한 불순물 반도체에서 5가 원소가 도핑되어 많은 자유전자를 갖게 된 불순물 반도체를 n형 반도체, 3가 원소가 도핑되어 많은 정공을 갖게 된 불순물 반도체를 p형 반도체라고 한다.

순수 반도체에서는 열에 의해 전류 반송자(자유전자나 정공)가 생기기 때문에 상온에서 반송자의 숫자는 얼마 되지 않는다. 그러나 불순물 반도체에는 불순물을 아주 조금만 도핑해도 반송자가 대단히 많이 생긴다. 예를 들어, 10^9개의 원자가 있는 실리콘 단결정에 비소(As) 원자 하나를 도핑하면 이 n형 실리콘 반도체의 전도도는 순수 실리콘 반도체의 전도도에 비해 약 4,000배가 되고, 붕소(B) 원자 하나를 도핑하면 이 p형 실리콘 반도체의 전도도는 순수 실리콘 반도체의 전도도에 비해 약 1,300배가 된다(같은 불순물 농도의 도핑인데 n형 반도체보다 p형 반도체의 전도도가 작은 것은 $\mu_h < \mu_e$이기 때문이다). 참고로 체적 $1\,[\mathrm{cm}^3]$의 실리콘에는 원자가 5.0×10^{22}개, 게르마늄이나 GaAs에는 4.42×10^{22}개가 있다.

Q&A n형 반도체는 전기적으로 (−)인가, (+)인가?

(−)도 (+)도 아니고 중성이다. 많은 사람들이 n형 반도체를 전기적으로 (−), p형 반도체를 (+)라고 생각하는데, 잘못된 생각이다. 전기적으로 (−)라는 말은 양자의 숫자보다 전자의 숫자가 더 많다는 의미이고 (+)라는 말은 양자의 숫자보다 전자의 숫자가 더 적다는 의미이다. 전기적으로 중성인 (=양자의 숫자와 전자의 숫자가 같은) 순수한 실리콘(Si)에 중성인 인(P)를 도핑하여 n형 반도체를 만들기 때문에 결과적으로 얻어진 n형 반도체는 전기적으로 중성이다. 다만, n형 반도체에는 공유결합을 하고 남은 자유전자가 많고, p형 반도체에는 공유결합을 하지 못해 비어 있는 에너지 준위인 정공이 많아 외부에서 전계를 가하면 쉽게 전자들이 움직여 많은 전류가 흐르게 될 뿐이다.

Q&A 자유전자는 도체 내에서 마음대로 돌아다니는 전자인가?

아니다. 평소에는 원자핵 주변의 자기 궤도를 정상적으로 돌지만(때로는 열을 받아 약간 이탈하여), 외부에서 전계가 가해지면 전계의 세기의 반대 방향으로 쉽게 이동하는 전자들을 말한다. 도체에서 전도대에 있는 전자들과 n형 반도체에서 공유결합을 하고 남아 있는 전자들, 또는 도체나 반도체의 가전자대에 있다가 열을 받아 전도대로 올라온 전자들이 이에 해당된다. 반면에, 정공은 도체나 반도체의 가전자대에 있던 전자가 열을 받아 전도대로 올라가 버리고, 비어 있는 가전자대의 에너지 준위 또는 p형 반도체에서 공유결합이 다 이루어지지 못해 비어 있는 에너지 준위를 말한다.

SECTION 5.4 유전체

모든 물질들은 전기적 성질에 의해 도체, 반도체, 부도체(절연체)로 구분되며, 앞의 5.2절과 5.3절에서 도체와 반도체에 대해 살펴보았다. 이제 절연체에 대해 살펴보자. 이때 절연체란 전도대에 자유전자가 하나도 없으며, 전도대와 가전자대 사이의 에너지 밴드갭이 대단히 크기 때문에 상온에서 열을 받아 가전자대로부터 전도대로 올라온 전자도 거의 없고, 따라서 가전자대에 정공도 없어서 외부에서 전계가 가해지더라도 전류가 전혀 흐르지 않는 물질이다. 이러한 절연체에 외부에서 전계를 가하면 그 내부에는 어떤 현상이 일어날까?

5.4.1 분극 현상

[그림 5-14(a)]와 같이 4개의 전자들이 점 O를 중심으로 원을 그리며 균일하게 배치되어 있다고 할 때, 우리는 거시적으로 이 4개의 전자들이 모두 점 O에 모여 있다고 말할 수 있다. 즉 점 O에 $(-)4\times1.6\times10^{-19}$[C]의 전하가 있다고 말한다.

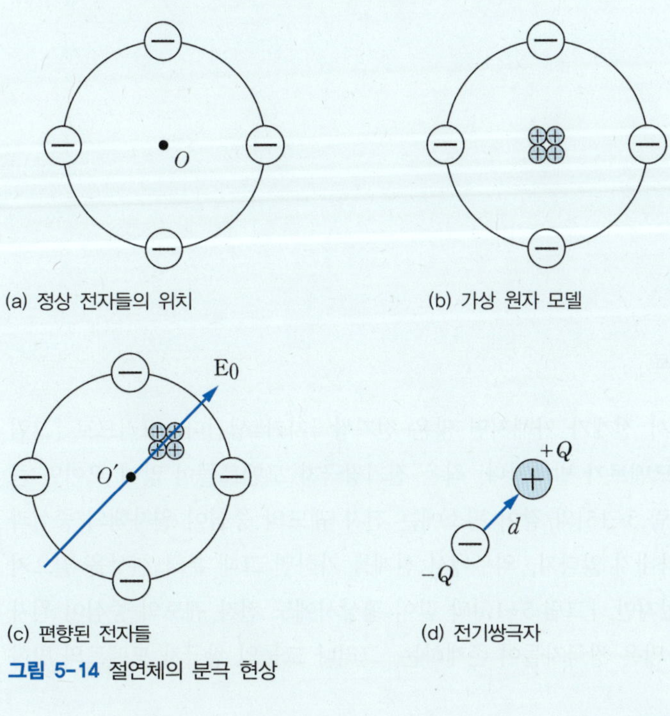

그림 5-14 절연체의 분극 현상

이제 가상적으로 어떤 절연체의 원자 구조가 [그림 5-14(b)]와 같다고 하자. 가운데에 4개의 양자가 있고, 그 주위에 4개의 전자가 양자를 중심으로 원형 궤도를 따라 빠르게 회전하고 있다. 이때 우리는 4개의 전자들이 양자들과 같은 위치에 있다고 말할 수 있을 것이다. 이제 여기에 전계를 가하면 [그림 5-14(c)]와 같이 절연체 속의 전자들이 원형 궤도를 계속 돌기는 해도 외부로부터 가해진 이 전계에 의해 힘을 받아 전계의 세기와 반대 방향으로 약간 편향되고 점 O'를 중심으로 돌게 된다. 따라서 우리는 4개의 전자들이 점 O'에 모여 있다고 말할 수 있으며, 양자들과 중심점이 어긋나 [그림 5-14(d)]와 같이 하나의 전기쌍극자를 형성하게 된다.

외부 전계에 의해 절연체 내부에 일어나는 이러한 현상을 **분극 현상** 또는 **분극화**polarizing라고 한다. 여기에서 양자들의 중심과 전자들의 중심 사이의 거리를 d[m]라고 하고 양자들의 전하량(= 전자들의 전하량)을 Q[C]이라고 하면, 분극 현상에 의해 생긴 하나의 **전기쌍극자 모멘트**electric dipole moment p는 다음과 같이 나타낼 수 있다.

$$\mathrm{p} = Q\,\mathrm{d}\ [\mathrm{C} \cdot \mathrm{m}] \tag{5.32}$$

[그림 5-14]에서는 가상적인 절연체 원자에서의 분극 현상에 대해 고찰해보았다. 실제 절연체에서의 분극 현상도 이와 크게 다르지 않은데, [그림 5-15]와 같이 외부에서 절연체에 강한 전계를 가하면 절연체 내부 전체에 광범위하게 분극 현상이 일어난다. 절연체 중에서 이러한 분극 현상이 잘 일어나는 절연체를 특히 **유전체**dielectric material라고 부른다. 그리고 외부 전계에 의해 자기가 속해 있던 원자를 떠나 쉽게 멀리 이동하는 자유전자와 구분하여 전계가 가해져도 분극 현상만 일으키고 자기가 속한 원자를 절대 떠나지 않는 전자를 **속박전자**bounded electron라고 한다.

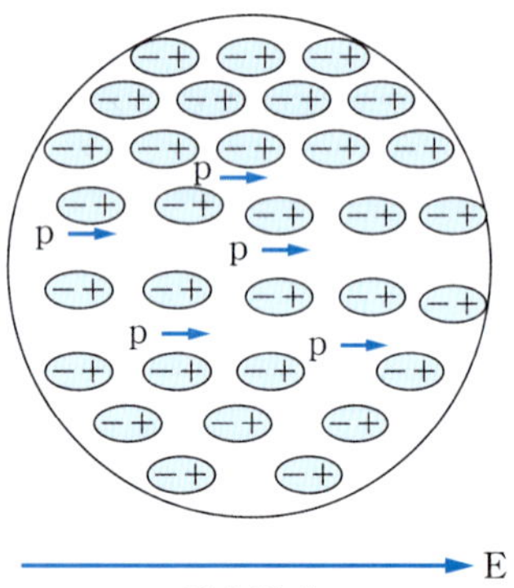

그림 5-15 분극 현상에 의한 쌍극자 모멘트

분극 현상에 의해 유전체에 외부에서 전계가 가해지면 많은 전기쌍극자가 생긴다. 그러므로 [그림 5-14(d)]와 같이 많은 전기쌍극자 모멘트가 발생한다. 작은 전기쌍극자 모멘트들이 많이 모이면 큰 전기쌍극자 모멘트가 형성된다. [그림 5-15]와 같이 평소에는 전자 궤도의 중심이 원자핵의 중심과 일치하여 전혀 쌍극자 모멘트를 나타내지 않다가, 외부에서 전계를 가하면 그때 분극 현상을 일으켜 쌍극자 모멘트를 형성하는 물질도 있지만, [그림 5-16]과 같이 평상시에도 전자 궤도의 중심이 원자핵 중심과 일치하지 않아 물질 안에 많은 쌍극자들이 존재하는, 그러나 그들의 쌍극자 모멘트의 방향이 무질서random하여 그 합이 0인, 그래서 평소에는 쌍극자가 없는 것처럼 보이다가 외부에서 전계를 가하면 그 전계의 방향으로 돌아서서 큰 전기쌍극자 모멘트를 형성하는 물질들도 있다. 전자를 비극성물질이라고 하고 후자를 극성물질polar material이라고 한다.

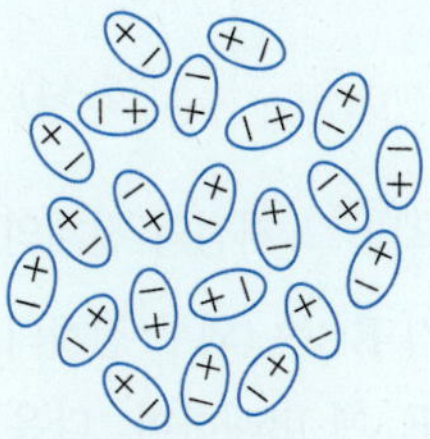

(a) 극성물질

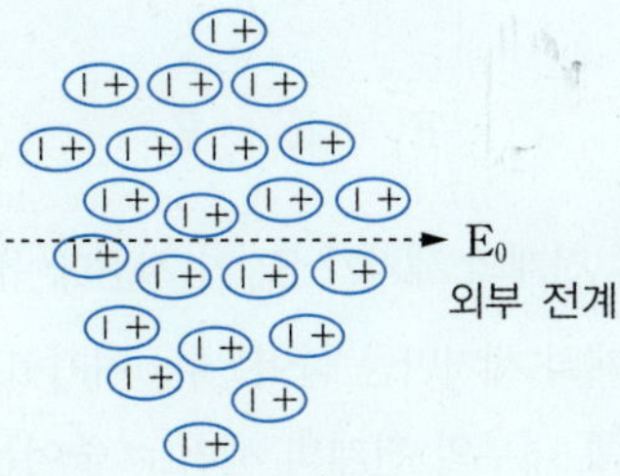

(b) 외부 전계에 의한 정렬

그림 5-16 극성물질의 분극 현상

단위체적당 전기쌍극자 모멘트를 **분극** polaization 또는 **분극백터** polaization vector라고 정의하며, 다음과 같이 표현한다.

$$P = \lim_{\Delta v \to 0} \frac{1}{\Delta v} \sum_{i=1}^{n \Delta v} \mathbf{p}_i \ [\mathrm{C/m^2}] \tag{5.33}$$

단, n은 단위체적당 쌍극자 수$[\mathrm{ea/m^3}]$이다. 비극성물질에서든 극성물질에서든 내부에 발생하는 분극 벡터의 크기와 방향은 외부 전계에 비례한다.

5.4.2 유전체 내의 전계의 세기

분극 현상에 대해 좀 더 자세히 살펴보자. 원래 전기적으로 전혀 (+), (−) 극성을 갖고 있지 않은 유전체에 외부에서 전계를 가하면 [그림 5-17]과 같이 분극 현상이 일어나 많은 전기쌍극자들이 생긴다. 따라서 이런 전기쌍극자들의 (+)전하에서 (−)전하 쪽으로 새로운 전계가 발생하며, 이를 **분극 전계** polarization field라 한다.

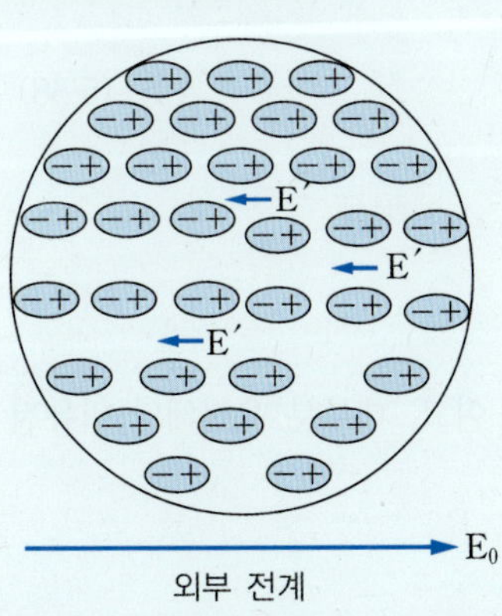

그림 5-17 분극 현상에 의한 분극 전계

따라서 분극 현상이 일어난 유전체 내부의 전계는 외부 전계의 세기에서 분극 현상에 의해 생긴 분극 전계의 세기를 뺀 전계의 세기를 갖게 된다. 다시 말해, 그만큼 전계의 세기가 줄어든다. 그러므로 외부에서 절연체에 가한 전계의 세기를 E_0, 분극 전계의 세기를 E'라고 하고, 줄어든 전계의 세기를 E_t라고 하면 다음과 같이 된다.

$$E_t = E_0 - E' \tag{5.34}$$

이는 다음과 같이 말할 수도 있다. 전계의 세기가 E_0인 지점에 유전체를 갖다 놓으면 그 지점의 전계의 세기는 분극 현상에 의한 분극 전계의 세기만큼 줄어든다. 여기서 분극 전계의 세기 E'는 (외부 전계의 세기에 비례하기도 하지만) 유전체 내부의 전계의 세기(=줄어든 전계의 세기) E_t에 비례하며, 다음 식과 같이 표시된다.

$$E' = \chi_e E_t \tag{5.35}$$

이때 비례상수 χ_e를 유전체의 **전화율**electric susceptibility이라고 한다. 또한 외부 전계의 강약에 영향을 받는 분극벡터 P와 분극 전계의 세기 E'는 서로 다음과 같은 비례 관계가 있다(증명 생략).

$$P = \epsilon_0 E' \tag{5.36}$$

따라서 분극벡터 P와 내부 전계의 세기 E_t는 다음과 같은 비례 관계로 표시된다.

$$P = \epsilon_0 \chi_e E_t \; [\mathrm{C/m^2}] \tag{5.37}$$

식 (5.34)에서 다음과 같이 E_0에 대한 식을 얻는다.

$$E_t = E_0 - E' \quad \Rightarrow \quad E_0 = E_t + E'$$

식 (5.35)를 이용하여 정리하면

$$E_0 = E_t + E' = E_t + \chi_e E_t = (1 + \chi_e) E_t$$

가 된다. 여기에서

$$1 + \chi_e = \epsilon_r \tag{5.38}$$

이라고 놓으면 다음 식을 얻는다.

$$E_0 = \epsilon_r E_t \tag{5.39}$$

이때 ϵ_r을 **비유전율**relative permittivity이라고 한다. 공기의 비유전율은 1이고, 대부분 유전체의 비유전율은 100 미만이다.

외부 전계의 세기 E_0에 대한 전속밀도 D_0는

$$D_0 = \epsilon_0 E_0 = \epsilon_0 \epsilon_r E_t = \epsilon E_t \tag{5.40}$$

로 표시되며, 여기서 ϵ을 **유전율** permittivity이라고 한다. 일반적으로 식 (5.40)을 다음과 같이 표시한다 (D_0에서 0을, E_t에서 t를 떼고).

$$D = \epsilon_0 \epsilon_r E = \epsilon E \tag{5.41}$$

여기서 특히 주의할 점은, 전속밀도 D는 어떤 지점에 유전체를 갖다 놓기 전의 전속밀도이고 전계의 세기 E는 그 지점에 유전체를 갖다 놓음으로써 (분극 현상이 일어나) 줄어든 전계의 세기라는 사실이다. 또한 어떤 점에 유전체를 갖다 놓으면 유전체가 없을 때의 전계의 세기보다 유전체의 비유전율만큼 전계의 세기가 줄어든다는 사실도 주의해야 한다. 예를 들어, 어떤 지점에 비유전율이 2인 테프론을 갖다 놓으면 테프론이 없을 때보다 전계의 세기가 반으로 줄어든다.

[그림 5-18]과 같이 전하 Q[C]으로부터 R[m]만큼 떨어져 있는 점 p에 유전율이 $\epsilon(=\epsilon_0\epsilon_r)$인 유전체가 놓여 있다고 할 때, 점 p의 전계의 세기를 다음과 같이 구할 수 있다.

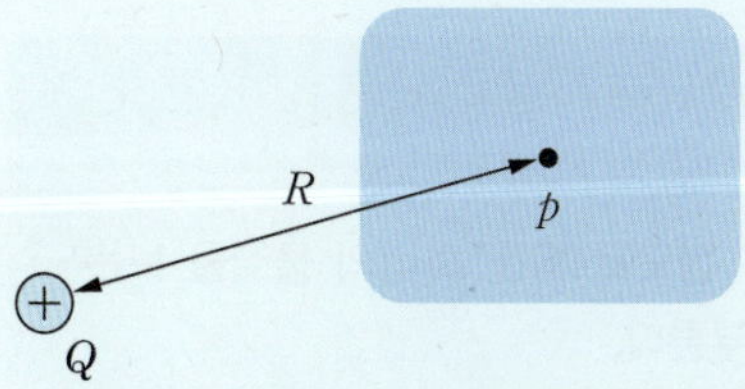

그림 5-18 유전체 내의 전계의 세기

먼저 전하 Q[C]에 의한 점 p의 전속밀도를 구하면

$$D = \frac{Q}{4\pi R^2} a_R$$

이 되고, 식 (5.41)에 의해 유전체 내의 전계의 세기는 다음과 같이 된다.

$$E = \frac{D}{\epsilon} = \frac{Q}{4\pi\epsilon R^2} a_R \ [V/m] \tag{5.42}$$

예제 5-8 유전체 내의 전계의 세기

점전하 30[C]으로부터 4[m] 떨어진 점 p에 비유전율 $\epsilon_r = 25$인 알코올이 있을 때, 다음을 구하라.

(a) 점 p의 전속밀도 D

(b) 알코올이 없을 때, 점 p의 전계의 세기 E_0

(c) 알코올이 있을 때, 점 p의 전계의 세기 E

풀이

(a) $\mathrm{D} = \dfrac{Q}{4\pi R^2}\mathbf{a}_R = \dfrac{30}{4\pi \times 4^2}\mathbf{a}_R \fallingdotseq 0.149\,\mathbf{a}_R\,[\mathrm{C/m^2}]$

(b) $\mathrm{E}_0 = \dfrac{\mathrm{D}}{\epsilon_0} = \dfrac{0.149}{8.854 \times 10^{-12}}\mathbf{a}_R \fallingdotseq 1.682 \times 10^{10}\,\mathbf{a}_R\,[\mathrm{V/m}]$

(c) $\mathrm{E} = \dfrac{\mathrm{E}_0}{\epsilon_r} = \dfrac{1.682 \times 10^{10}}{25}\mathbf{a}_R \fallingdotseq 6.73 \times 10^8\,\mathbf{a}_R\,[\mathrm{V/m}]$

Q&A 부도체, 절연체, 유전체는 어떻게 다른가?

서로 다른 물질이 아니다. 전도도가 약 $\sigma = 10^{-5} \sim 10^{-17}$[S/m] 정도로 작은 하나의 물질을 보는 관점에 따라 부도체라고도 부르고, 절연체 또는 유전체라고도 부른다.

- 부도체 : 전계를 가했을 때 전류가 잘 흐르는 도체에 대한 반대 개념으로, 전류를 잘 못 흘린다는 의미로 붙여진 이름이다.
- 절연체 : 전류를 잘 못 흘린다는 의미를 넘어 전류를 안 흘려주는, 나아가 전류의 흐름을 차단한다는 적극적 개념으로 붙여진 이름이다.
- 유전체 : 절연체 중에서 일반 절연체와 구분하여 외부 전계에 의한 분극 현상을 잘 일으키는 절연체에 붙여진 이름이다.

SECTION 5.5

유전체 경계면에서의 전계의 세기

앞에서는 유전체 내부에서의 전계에 대해 공부했다. 이 절에서는 유전율이 서로 다른 유전체들의 경계면에서의 전계에 대해 살펴본다.

공기 중을 직진해 오던 빛이 공기보다 밀도가 큰 물을 만나 굴절하듯이, 유전체 안에서 방향이 일정한 전계도 유전율이 다른 유전체와의 경계면에서는 [그림 5-19(a)]와 같이 굴절하게 된다.

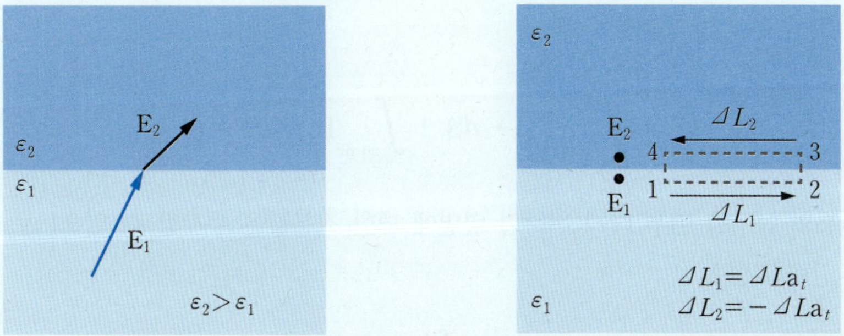

(a) 경계면에서의 굴절 (b) 경계면에서 전계의 적분

그림 5-19 유전체 경계면에서의 전계의 세기

이제 [그림 5-19(b)]와 같이 경계면에 인접한 아래위의 전계의 세기를 E_1, E_2라고 하고, 이들 전계를 폐경로 1 − 2 − 3 − 4 − 1을 따라 선적분하면 다음과 같이 된다.

$$\oint E \cdot dL = \int_{1-2} E \cdot dL + \int_{2-3} E \cdot dL + \int_{3-4} E \cdot dL + \int_{4-1} E \cdot dL = 0 \tag{5.43}$$

[그림 5-19(b)]의 적분경로에서 2 − 3과 4 − 1의 길이가 대단히 짧다고 하면, 식 (5.43)은 다음과 같이 근사화할 수 있다.

$$\oint E \cdot dL \fallingdotseq \int_{1-2} E \cdot dL + \int_{3-4} E \cdot dL \fallingdotseq E_1 \cdot \Delta L_1 + E_2 \cdot \Delta L_2$$

$$= E_1 \cdot \Delta L \mathrm{a}_t + E_2 \cdot (-\Delta L \mathrm{a}_t) = E_{1t}\Delta L - E_{2t}\Delta L = 0$$

$$\therefore \ E_{1t} = E_{2t} \tag{5.44}$$

즉 유전율이 서로 다른 경계면에서 전계의 세기의 접선성분은 서로 같다.

이제 경계면에 수직한 법선성분 관계를 알아보기 위해 [그림 5-20(a)]와 같은 원통에서 밖으로 나가는 전속을 구해보자.

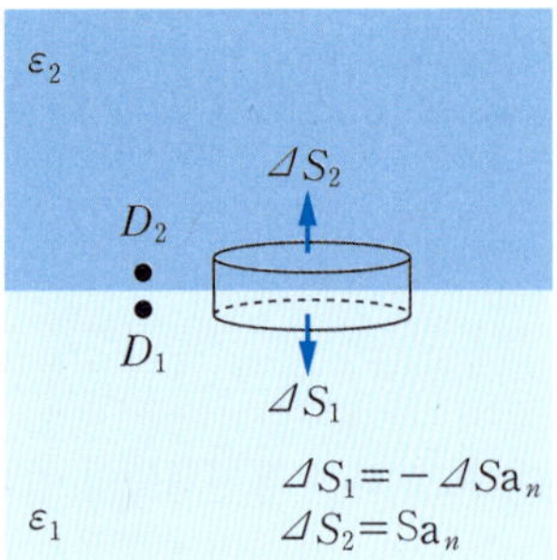

(a) 전속밀도의 연속성

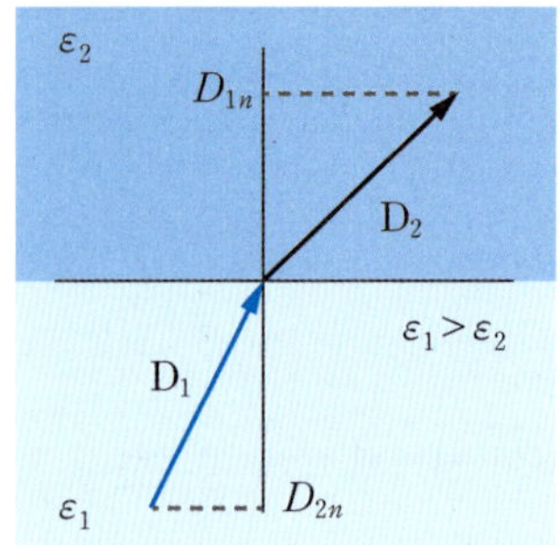

(b) 전속밀도의 법선성분

그림 5-20 유전체 경계면의 전속밀도

경계면에 인접한 아래위의 전속밀도를 D_1, D_2라고 하고 이들 전속밀도를 폐곡면 윗면, 아랫면, 옆면에 대해 면적적분을 하면 다음과 같이 된다.

$$\oint_S \mathrm{D} \cdot d\mathrm{S} = \int_{\text{윗면}} \mathrm{D} \cdot d\mathrm{S} + \int_{\text{아랫면}} \mathrm{D} \cdot d\mathrm{S} + \int_{\text{옆면}} \mathrm{D} \cdot d\mathrm{S} = Q_{in} \tag{5.45}$$

[그림 5-20(a)]에 있는 원통의 높이를 매우 작게 취하면 옆면에 대한 적분값은 무시할 수 있으므로, 식 (5.45)는 다음과 같이 간략화된다.

$$\begin{aligned}\oint_S \mathrm{D} \cdot d\mathrm{S} &\fallingdotseq \int_{\text{윗면}} \mathrm{D} \cdot d\mathrm{S} + \int_{\text{아랫면}} \mathrm{D} \cdot d\mathrm{S} \\ &\fallingdotseq \mathrm{D}_2 \cdot \triangle \mathrm{S}_2 + \mathrm{D}_1 \cdot \triangle \mathrm{S}_1 \\ &\fallingdotseq \mathrm{D}_2 \cdot \triangle S\mathbf{a}_n + \mathrm{D}_1 \cdot (-\triangle S_1 \mathbf{a}_n) \\ &= D_{2n}\triangle S - D_{1n}\triangle S = Q_{in}\end{aligned}$$

일반적으로 유전체 경계면에는 전하(=체적전하)가 없으므로 앞의 마지막 식은 $D_{2n}\triangle S - D_{1n}\triangle S = 0$이 되어 다음과 같은 결과식을 얻을 수 있다.

$$D_{1n} = D_{2n} \tag{5.46}$$

전속밀도에 대한 식 (5.46)으로부터 다음과 같은 결과를 얻을 수 있다.

$$D_{1n} = \epsilon_1 E_{1n}, \quad D_{2n} = \epsilon_2 E_{2n}$$

$$\therefore \ \epsilon_1 E_{1n} = \epsilon_2 E_{2n} \ \Rightarrow \ E_{2n} = \frac{\epsilon_1}{\epsilon_2} E_{1n} \tag{5.47}$$

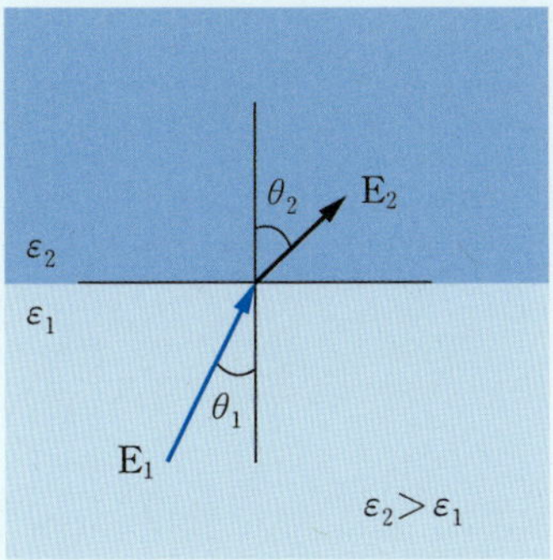

그림 5-21 경계면 법선과 전계의 세기 각도

[그림 5-21]에서 $\tan\theta_1 = \frac{E_{1t}}{E_{1n}}$, $\tan\theta_2 = \frac{E_{2t}}{E_{2n}}$ 이므로

$$\frac{\tan\theta_2}{\tan\theta_1} = \frac{E_{2t}}{E_{2n}} \times \frac{E_{1n}}{E_{1t}} = \frac{E_{1n}}{E_{2n}} \qquad (\because E_{1t} = E_{2t})$$

이다. 따라서 식 (5.47)에 의해 다음과 같은 결과를 얻을 수 있다.

$$\frac{\tan\theta_2}{\tan\theta_1} = \frac{E_{1n}}{E_{2n}} = \frac{E_{1n}}{\frac{\epsilon_1}{\epsilon_2}E_{1n}} = \frac{\epsilon_2}{\epsilon_1} \tag{5.48}$$

예제 5-9 서로 다른 유전체 경계면에서의 전계의 세기

[그림 5-22]와 같이 $y < 0$ 인 영역은 공기이고, $y > 0$ 인 영역은 비유전율 5 인 유리이다. 유리와 공기의 경계면에서 공기의 전계의 세기가 다음과 같을 때, 유리에서 다음을 구하라.

$$\mathrm{E}_1 = 10\mathbf{a}_y - 10\mathbf{a}_z\,[\mathrm{V/m}]$$

(a) 전계의 세기 E_2 (b) 법선과의 각도 θ_2 (c) 전속밀도 D_2

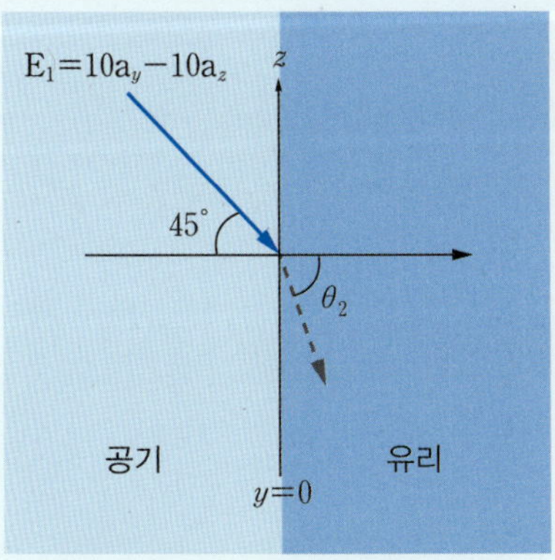

그림 5-22 유리면에서 굴절된 전계의 세기

풀이

(a) $E_{2z} = E_{1z} = -10$ [V/m] $(\because\ E_{2t} = E_{1t})$

$$E_{2y} = \frac{\epsilon_1}{\epsilon_2}E_{1y} = \frac{\epsilon_0\epsilon_{r1}}{\epsilon_0\epsilon_{r2}}E_{1y} = \frac{1}{5}\times 10 = 2\ [\mathrm{V/m}]\ \left(\because\ E_{2n} = \frac{\epsilon_1}{\epsilon_2}E_{1n}\right)$$

따라서 전계의 세기 $\mathbf{E}_2$는 다음과 같이 된다.

$$\mathbf{E}_2 = 2\mathbf{a}_y - 10\mathbf{a}_z\ [\mathrm{V/m}]$$

(b) 식 (5.48)에 의해 다음과 같이 구할 수 있다.

$$\tan\theta_2 = \frac{\epsilon_2}{\epsilon_1}\tan\theta_1 = 5 \Rightarrow \theta_2 = \tan^{-1}5 = 78.7^\circ$$

(c) $\mathbf{D}_2 = \epsilon_2\mathbf{E}_2 = 5\epsilon_0(2a_y - 10a_z)\ [\mathrm{C/m^2}]$

SECTION 5.6

정전용량

5.6.1 커패시터와 정전용량

두 금속 도체 사이에 유전체를 넣은 것을 **커패시터**capacitor 또는 **콘덴서**condenser라고 한다. 커패시터는 전압을 인가했을 때 전하를 축적하는 능력이 있다. 저항 및 나중에 살펴볼 인덕터와 함께 회로에서 매우 중요하게 사용되는 요소이다.

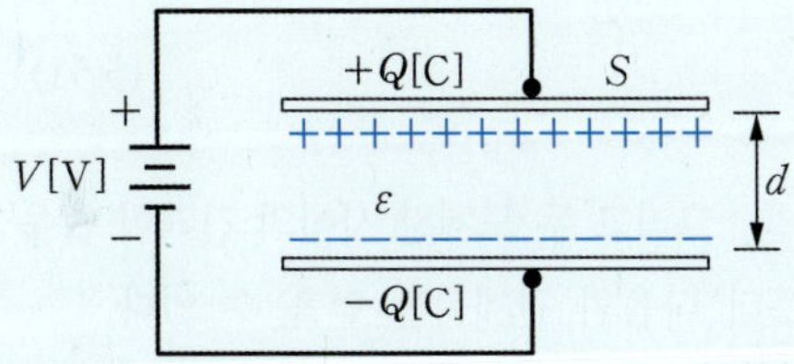

그림 5-23 커패시턴스의 정의

[그림 5-23]과 같이 서로 마주보는 대단히 넓은 두 금속 도체에서 도체판의 면적이 $S[\mathrm{m}^2]$, 두 도체판 사이의 간격이 $d[\mathrm{m}]$이며, 두 도체판 사이에는 비유전율 ϵ_r인 유전체가 채워져 있다고 하자. 두 도체판에 $V[\mathrm{V}]$의 직류전압을 인가하면 두 도체판 사이에는 다음과 같은 크기의 전계가 생긴다.

$$E = \frac{V}{d}\ [\mathrm{V/m}]$$

이 전계로 인해 (−)전원이 연결된 금속 도체 표면에 전자들이 모이고, (+)전원이 연결된 금속 표면에 (+)전하가 모인다(엄밀히 말하면, 전자를 잃어버린 원자들이 (+)전하로 남는다). 이 전하량 Q는 다음과 같이 계산할 수 있다. 전계에 대한 전속밀도의 크기는

$$D = \epsilon E = \frac{\epsilon V}{d}\ [\mathrm{C/m^2}], \quad \epsilon = \epsilon_0 \epsilon_r$$

이며, 전속밀도는 도체 표면의 전하밀도와 같다.

$$\rho_S = D = \frac{\epsilon V}{d}\ [\mathrm{C/m^2}]$$

따라서 위에 있는 금속 도체에 나타나는 (+)전하는

$$Q = \rho_S S = \frac{\epsilon S V}{d} \ [\mathrm{C}] \tag{5.49}$$

가 되며, 아래에 있는 금속 도체에는 같은 크기의 (−)전하가 나타난다. 이 전하를 전압에 의해 커패시터에 축적된 충전전하라고 부른다.

어떤 커패시터에 $V[\mathrm{V}]$의 직류전압을 인가했을 때 충전전하가 $Q[\mathrm{C}]$이면 이 커패시터의 **정전용량** capacitance을 다음과 같이 정의하며, 기호 C로 표시한다. 단위는 [Farad]이며 약자로 [F]를 사용한다.

$$C = \frac{Q}{V} \ [\mathrm{F}] \tag{5.50}$$

따라서 앞에서 살펴본 도체판의 면적이 $S[\mathrm{m}^2]$, 두 도체판 사이의 간격이 $d[\mathrm{m}]$, 두 도체판 사이 유전체의 유전율이 ϵ인 커패시터의 정전용량은 식 (5.49)로부터 다음과 같이 된다.

$$C = \frac{Q}{V} = \frac{\epsilon S}{d} \ [\mathrm{F}] \tag{5.51}$$

식 (5.51)로부터 평행평판 커패시터는 도체판의 면적이 클수록, 그리고 두 도체판 사이의 간격이 좁을수록 정전용량이 커짐을 알 수 있다. 또한 식 (5.50)으로부터 다음의 관계식을 얻을 수 있다.

$$Q = CV \ [\mathrm{C}] \tag{5.52}$$

$$V = \frac{Q}{C} \ [\mathrm{V}] \tag{5.53}$$

앞에서 커패시터에 기전력을 인가했을 때 충전되는 전하를 구했는데, 비슷한 방법으로 커패시터에 전하가 충전되었을 때 커패시터 양단에 나타나는 전압을 구할 수 있다. 다시 말해서 커패시터의 정전용량을 알고 있으면 식 (5.53)을 이용하여 커패시터에 $Q[\mathrm{C}]$의 전하를 충전시켰을 때 커패시터 양단에 나타나는 전압을 구할 수 있다.

예제 5-10 평행평판 커패시터의 정전용량

[그림 5-24]와 같은 두 금속 도체판 사이에 비유전율 $\epsilon_r = 5.4$인 운모mica가 들어 있는 커패시터가 있을 때, 다음을 구하라. 단, 면적은 $S = 0.1[\mathrm{m}^2]$, 간극은 $d = 0.05[\mathrm{m}]$이다.

(a) 정전용량 C

(b) 두 도체판에 $100[\mathrm{V}]$의 전압을 인가했을 때, 이 커패시터에 충전되는 전하 Q

(c) 이 커패시터에 $0.5[\mu\mathrm{C}]$의 전하를 충전시켰을 때, 커패시터 양단의 전압 V

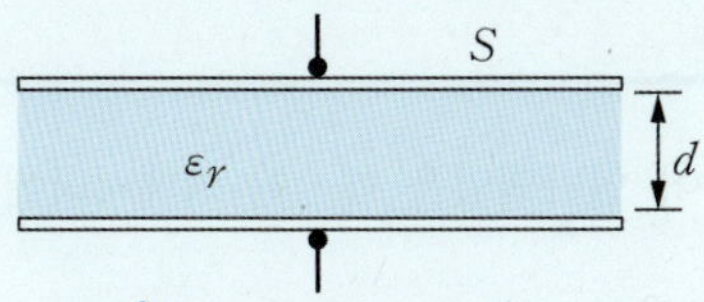

그림 5-24 평행평판 커패시터

풀이

(a) $C = \dfrac{\epsilon S}{d} = \dfrac{8.854\times 10^{-12}\times 5.4\times 0.1}{0.05} \fallingdotseq 95.6\times 10^{-12}\,[\mathrm{F}] = 95.6\,[\mathrm{pF}]$

(b) 식 (5.52)에 의해 $Q = CV = 95.6\times 10^{-12}\times 100 = 9.56\times 10^{-9}\,[\mathrm{C}] = 9.56\,[\mathrm{nC}]$

(c) 식 (5.53)에 의해 $V = \dfrac{Q}{C} = \dfrac{5\times 10^{-7}}{95.6\times 10^{-12}} = 5.23\,[\mathrm{kV}]$

5.6.2 커패시터의 정전에너지

커패시터에 전압을 가하여 전하를 충전하는 것은 전위가 낮은 곳에 있는 전하를 전위가 높은 곳으로 이동시키는 것과 같아서 일종의 에너지 축적에 해당된다. 이 에너지는 4.7절에서 살펴본 정전에너지에 속하며, 다음과 같은 방법으로 계산할 수 있다.

[그림 5-25]와 같은 평행평판 커패시터에서 유전체 내에 축적된 에너지를 식 (4.74)를 이용하여 구하면 다음과 같다.

$$\begin{aligned} W_E &= \frac{1}{2}\int_{vol}\epsilon E^2 dv = \frac{1}{2}\epsilon E^2\times S\,d = \frac{1}{2}\epsilon\left(\frac{V}{d}\right)^2\times S\,d \\ &= \frac{1}{2}\frac{\epsilon S}{d}V^2 = \frac{1}{2}CV^2\ [\mathrm{J}] \end{aligned}$$

이 식에서 커패시터에 축적되는 에너지를 정리하면 다음과 같다.

$$W_E = \frac{1}{2}CV^2 = \frac{1}{2}QV = \frac{1}{2}\frac{Q^2}{C}\ [\mathrm{J}] \qquad (5.54)$$

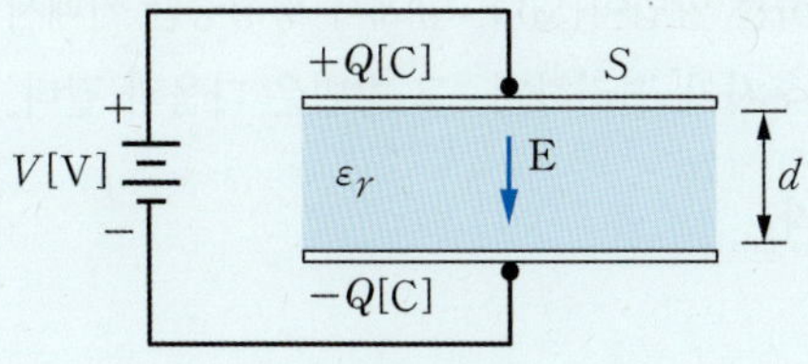

그림 5-25 커패시터에 축적된 에너지

예제 5-11 커패시터의 정전에너지

정전용량이 $C = 100[\mu\text{F}]$인 커패시터에 $500[\text{V}]$의 직류전압이 인가되었을 때, 이 커패시터에 축적되는 에너지를 구하라.

풀이

식 (5.54)에 의해 다음과 같이 구할 수 있다.

$$W_E = \frac{1}{2}CV^2 = \frac{1}{2}100 \times 10^{-6} \times 500^2 = 12.5\,[\text{J}]$$

5.6.3 여러 커패시터의 정전용량

여기에서는 몇 가지 간단한 구조의 정전용량을 구해본다.

동축케이블의 정전용량

[그림 5-26]과 같이 내부와 외부 도체의 반지름이 각각 $a[\text{m}]$, $b[\text{m}]$이고 길이가 $l[\text{m}]$인 동축케이블의 정전용량을 구해보자. 단, 내부와 외부 도체 사이에는 유전율 $\epsilon[\text{F/m}]$인 유전체로 채워져 있다고 하자.

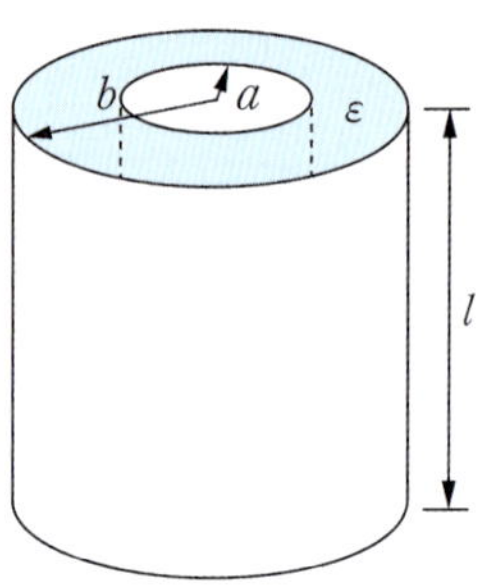

그림 5-26 동축케이블의 커패시턴스

정전용량은 전압에 대한 전하의 비이기 때문에 정전용량을 구하기 위해서는 전압과 전하의 값을 알아야 한다. 이때 커패시터에 전압을 먼저 인가하여 그때 커패시터에 충전되는 전하를 구하는 방법이 있고, 전하를 먼저 주고 그때 커패시터 양단에 나타나는 전압을 구하는 방법이 있다. 앞에서 평행평판 커패시터의 정전용량을 구할 때는 전자를 택했지만 일반적으로는 후자가 편리하며, 그 방법은 다음과 같다.

❶ 내부 도체에 $(+)Q[\text{C}]$, 외부 도체에 $(-)Q[\text{C}]$을 준다.
❷ 두 도체 사이의 전계의 세기 $\mathbf{E}$를 구한다.
❸ 두 도체 사이의 전위차 V_{ab}를 구한다.
❹ $C = \dfrac{Q}{V_{ab}}$에 대입하여 정전용량을 구한다.

이 방법에 의해 먼저 내부 도체에 전하 $(+)Q$[C], 외부 도체에 $(-)Q$[C]을 부여하면, 내부 도체의 선전하밀도는

$$\rho_L = \frac{Q}{l} \text{ [C/m]}$$

이므로, 유전체 내에 케이블의 중심축으로부터 ρ[m]만큼 떨어진 점의 전계의 세기는

$$\mathrm{E} = \frac{1}{\epsilon}\mathrm{D} = \frac{\rho_\mathrm{L}}{2\pi\epsilon\rho}\mathrm{a}_\rho = \frac{Q}{2\pi\epsilon l\rho}\mathrm{a}_\rho$$

이다. 따라서 두 도체 사이의 전위차는

$$V_{ab} = -\int_b^a \mathrm{E}\cdot d\mathrm{L} = -\frac{Q}{2\pi\epsilon l}\int_b^a \frac{1}{\rho}d\rho = \frac{Q}{2\pi\epsilon l}\ln\frac{b}{a} \text{ [V]} \tag{5.55}$$

이다. 그러므로 정전용량은 다음과 같이 된다.

$$C = \frac{Q}{V_{ab}} = \frac{2\pi\epsilon l}{\ln\frac{b}{a}} \text{ [F]} \tag{5.56}$$

동심구도체의 정전용량

[그림 5-27]과 같이 내부와 외부 도체의 반지름이 각각 a[m], b[m]인 동심구도체의 정전용량을 구해보자. 단, 내부와 외부 도체 사이에는 유전율 ϵ[F/m]인 유전체로 채워져 있다고 한다.

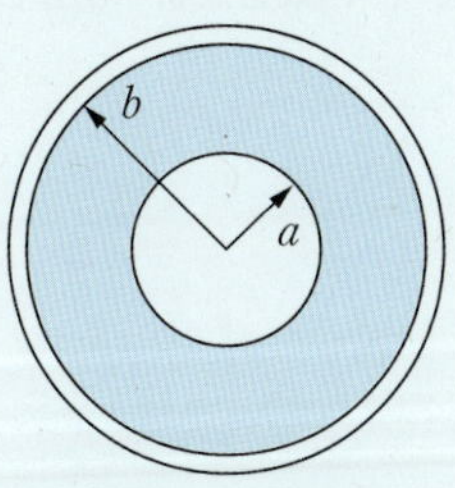

그림 5-27 동심구도체의 커패시턴스

먼저 내부 도체에 전하 $(+)Q$[C], 외부 도체에 $(-)Q$[C]을 부여하면, 유전체 내 중심으로부터 r[m]만큼 떨어진 점의 전계의 세기는

$$\mathrm{E} = \frac{Q}{4\pi\epsilon r^2}\mathrm{a}_\rho$$

이다. 따라서 두 도체 사이의 전위차는 다음과 같다.

$$V_{ab} = -\int_b^a \mathrm{E}\cdot d\mathrm{L} = -\frac{Q}{4\pi\epsilon}\int_b^a \frac{1}{r^2}dr = \frac{Q}{4\pi\epsilon}\left(\frac{1}{a} - \frac{1}{b}\right) \text{ [V]}$$

그러므로 정전용량은 다음과 같이 된다.

$$C = \frac{Q}{V_{ab}} = \frac{4\pi\epsilon}{\left(\frac{1}{a} - \frac{1}{b}\right)}\ [\mathrm{F}] \tag{5.57}$$

식 (5.57)을 보면 동심구도체의 정전용량은 내부 도체구의 반지름이 클수록, 외부 도체구의 반지름이 작을수록 커지는 것을 알 수 있다. 반대로 외부 도체구의 반지름이 커지면 정전용량은 점점 작아지며, 외부 도체구의 반지름이 아주 커 무한대가 되어 내부 도체구만 홀로 남았다고 하면, 그때의 정전용량은 식 (5.57)로부터 다음과 같이 됨을 알 수 있다.

$$C = 4\pi\epsilon\, a\ [\mathrm{F}] \tag{5.58}$$

평행평판 커패시터나 동축케이블 커패시터의 경우 도체가 하나뿐이면 정전용량이 0이 되지만, 구형 커패시터에서는 구형 금속 도체 하나만으로도 정전용량을 갖는다는 것을 알 수 있다. 따라서 식 (5.58)에 의해 반지름이 약 6,400[km]인 지구의 정전용량을 계산하면 다음과 같다.

$$\begin{aligned} C &= 4\pi\epsilon\, a = 4\pi\epsilon_0 \times 6.4 \times 10^6 \\ &= 4\pi \times 8.854 \times 10^{-12} \times 6.4 \times 10^6 \fallingdotseq 712\ [\mu\mathrm{F}] \end{aligned}$$

평행 왕복선의 정전용량

[그림 5-28]과 같이 반지름 a[m], 길이 l[m]인 송전선이 d[m] 거리만큼 떨어져 있을 때, 평행한 이 두 전선이 만드는 단위길이당 정전용량을 구해보자.

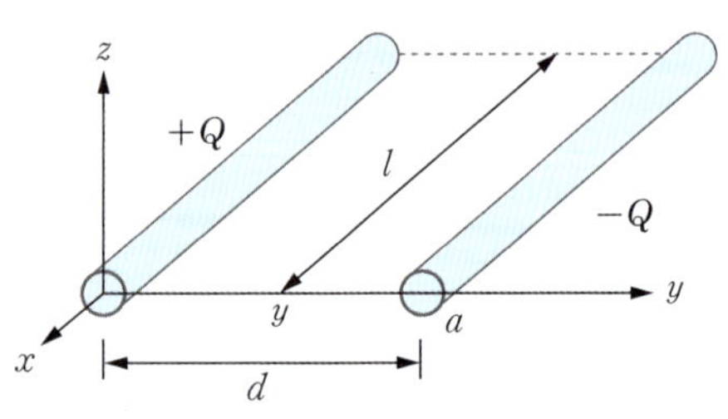

그림 5-28 평행 왕복선의 커패시턴스

먼저 두 전선에 각각 전하 (+)Q[C], (−)Q[C]을 부여하면, 전선의 선전하밀도는

$$\rho_L = \frac{Q}{l}\ [\mathrm{C/m}]$$

이고, (+)전선의 중심축으로부터 y[m]만큼 떨어진 점의 전계의 세기는 다음과 같다.

$$\mathrm{E} = \frac{Q}{2\pi\epsilon l}\left(\frac{1}{y} + \frac{1}{d-y}\right)\mathrm{a}_y \tag{5.59}$$

따라서 두 도체 사이의 전위차는

$$V_{ab} = -\int_{d-a}^{a} \mathrm{E} \cdot d\mathrm{L} = -\frac{Q}{2\pi\epsilon l}\int_{d-a}^{a}\left(\frac{1}{y}+\frac{1}{d-y}\right)dy$$
$$= -\frac{Q}{2\pi\epsilon l}\times 2\ln\left(\frac{a}{d-a}\right) = \frac{Q}{\pi\epsilon l}\times\ln\frac{d-a}{a}\ [\mathrm{V}]$$

이다. 그러므로 길이 l[m]의 정전용량은

$$C = \frac{Q}{V_{ab}} = \frac{\pi\epsilon l}{\ln\dfrac{d-a}{a}}\ [\mathrm{F}]$$

이 되며, 단위길이당 정전용량은

$$C = \frac{\pi\epsilon}{\ln\dfrac{d-a}{a}}\ [\mathrm{F/m}] \tag{5.60}$$

가 된다. 일반적으로는 $a \ll d$이므로 식 (5.60)는 다음과 같이 표현된다.

$$C = \frac{\pi\epsilon}{\ln\dfrac{d}{a}}\ [\mathrm{F/m}] \tag{5.61}$$

지금까지 살펴본 여러 커패시터의 정전용량 식을 정리하면 다음과 같다. 여기서 공통적으로 알 수 있는 것은 커패시터를 만드는 두 도체 간의 거리가 짧을수록, 그리고 도체 표면이 넓을수록 정전용량이 더 커진다는 사실이다.

- 평행평면 도체판의 정전용량 : $C = \dfrac{\epsilon S}{d}$
- 동축케이블의 정전용량 : $C = \dfrac{2\pi\epsilon l}{\ln\dfrac{b}{a}}$
- 동심구도체의 정전용량 : $C = \dfrac{4\pi\epsilon}{\left(\dfrac{1}{a}-\dfrac{1}{b}\right)}$
- 평행 왕복선의 정전용량 : $C = \dfrac{\pi\epsilon l}{\ln\dfrac{d}{a}}$

소형의 콘덴서로 큰 값의 정전용량을 얻기 위해서는 두 도체 간의 간격을 극히 작게 할 필요가 있다. 전기 분해를 이용하여 (+)금속 도체의 표면에 아주 얇은 산화 피막을 입혀서 용량이 큰 콘덴서를 만든다. 이렇게 만든 콘덴서를 전해콘덴서[electrolytic condenser]라고 한다(일반적으로 금속의 산화물은 대단히 좋은 절연체이다).

예제 5-12 **평행왕복선의 정전용량**

반지름이 0.5[cm]이고, 평행한 두 전선이 2[m] 떨어져 공중에 설치되어 있다. 이들 전선 사이의 단위길이당 정전용량을 구하라.

풀이

식 (5.61)에 의해 다음과 같이 구할 수 있다.

$$C = \frac{\pi\epsilon}{\ln\frac{d}{a}} = \frac{\pi\epsilon_0}{\ln\frac{2}{0.5\times10^{-2}}} = \frac{\pi\times8.854\times10^{-12}}{\ln400}$$

$$= \frac{\pi\times8.854\times10^{-12}}{5.99} = 4.64\ [\mathrm{pF/m}]$$

다른 두 유전체를 가진 평행평판 도체의 정전용량

[그림 5-29(a)]와 같이 하나의 커패시터 극판 사이에 서로 다른 유전율을 가진 두 유전체가 나란히 채워져 있는 커패시터의 정전용량을 구해보자.

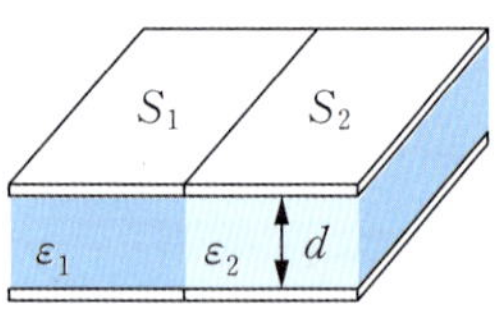

(a) 병렬 유전체 커패시터

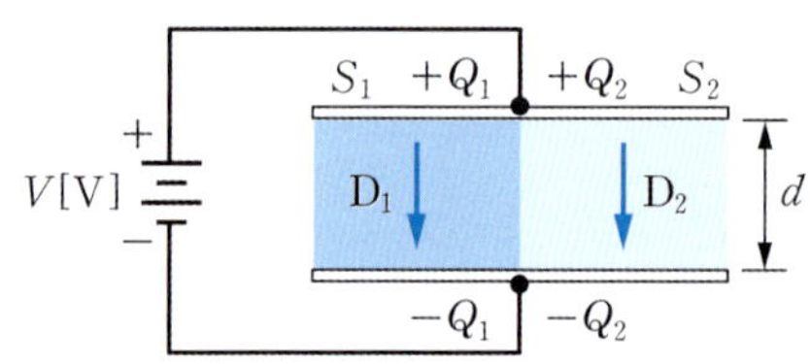

(b) 병렬 유전체 커패시터의 충전전하

그림 5-29 병렬 유전체 커패시터의 정전용량

두 극판 양단에 전압이 V[V]인 직류전압을 인가했을 때 면적 S_1에 충전된 전하와 면전하밀도를 각각 Q_1, ρ_{1s}, 면적 S_2에 충전된 전하와 면전하밀도를 각각를 Q_2, ρ_{2s}, 커패시터 전체 충전전하를 Q[C]이라고 하면

$$\rho_{S1} = \frac{Q_1}{S_1} = D_1,\quad \rho_{S2} = \frac{Q_2}{S_2} = D_2,\quad E_1 = E_1 = E = \frac{V}{d}$$

이므로, 다음과 같이 된다.

$$Q = Q_1 + Q_2 = \rho_{S1}S_1 + \rho_{S2}S_2$$

$$= D_1S_1 + D_2S_2 = \epsilon_1E_1S_1 + \epsilon_2E_2S_2$$

$$= (\epsilon_1S_1 + \epsilon_2S_2)E = (\epsilon_1S_1 + \epsilon_2S_2)\frac{V}{d}$$

그러므로 이 커패시터의 정전용량은 다음과 같이 된다.

$$C = \frac{Q}{V} = \frac{\epsilon_1 S_1}{d} + \frac{\epsilon_2 S_2}{d} = C_1 + C_2 \tag{5.62}$$

식 (5.62)에서 C_1과 C_2는 각각 서로 다른 유전체를 가진 별도 커패시터들의 정전용량이며, [그림 5-29(a)]와 같은 커패시터는 마치 2개의 서로 다른 커패시터들의 병렬연결처럼 취급할 수 있다. 이제 [그림 5-30(a)]와 같이 하나의 커패시터 극판 사이에 서로 다른 유전율을 가진 두 유전체가 적층된(포개진) 커패시터의 정전용량을 구해보자.

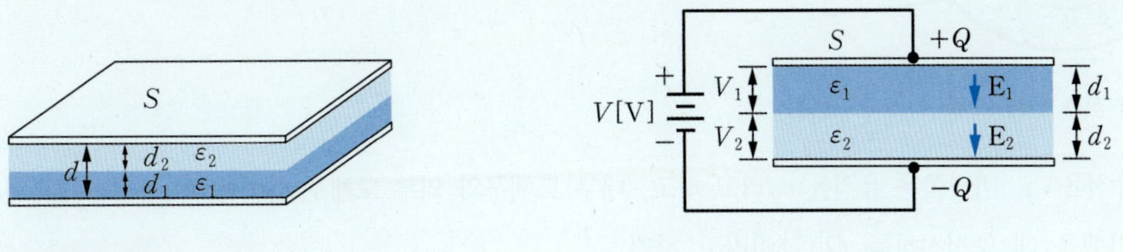

(a) 적층 커패시터 (b) 적층 커패시터의 층간 전압

그림 5-30 적층 커패시터의 정전용량

[그림 5-30(b)]와 같이 커패시터의 양 극판 사이에 V[V]의 직류전압을 인가했을 때 충전전하를 Q[C]이라고 하면, 면전하밀도 ρ_S는 다음과 같이 된다.

$$\rho_S = \frac{Q}{S}\ [\mathrm{C/m^2}]$$

각 유전체에서의 전속밀도 D_1, D_2는 경계면에 수직이므로 유전율에 관계없이 서로 같다. 따라서

$$D_1 = D_2 = D = \rho_S = \frac{Q}{S}\ [\mathrm{C/m^2}]$$

이다. 그러므로

$$\begin{aligned} V &= V_1 + V_2 = E_1 d_1 + E_2 d_2 \\ &= \frac{D_1}{\epsilon_1} d_1 + \frac{D_2}{\epsilon_2} d_2 = \frac{D}{\epsilon_1} d_1 + \frac{D}{\epsilon_2} d_2 \quad \Leftarrow \quad D = \rho_S = \frac{Q}{S} \\ &= \frac{Q}{\epsilon_1 S} d_1 + \frac{Q}{\epsilon_2 S} d_2 = \left(\frac{1}{\epsilon_1 S} d_1 + \frac{1}{\epsilon_2 S} d_2 \right) Q \end{aligned}$$

가 되고, 이 적층 커패시터의 정전용량은 다음과 같이 된다.

$$C = \frac{Q}{V} = \frac{1}{\dfrac{1}{\epsilon_1 S} d_1 + \dfrac{1}{\epsilon_2 S} d_2} = \frac{1}{\dfrac{1}{\left(\dfrac{\epsilon_1 S}{d_1}\right)} + \dfrac{1}{\left(\dfrac{\epsilon_2 S}{d_2}\right)}} = \frac{1}{\dfrac{1}{C_1} + \dfrac{1}{C_2}} \tag{5.63}$$

식 (5.63)을 보면 서로 다른 유전체의 적층 커패시터는 서로 다른 유전율을 가진 두 커패시터의 직렬연결로 생각할 수 있다.

적층 구형 커패시터

[그림 5-31]과 같이 서로 다른 유전체가 적층된 구형 커패시터에 대해 고찰해보자.

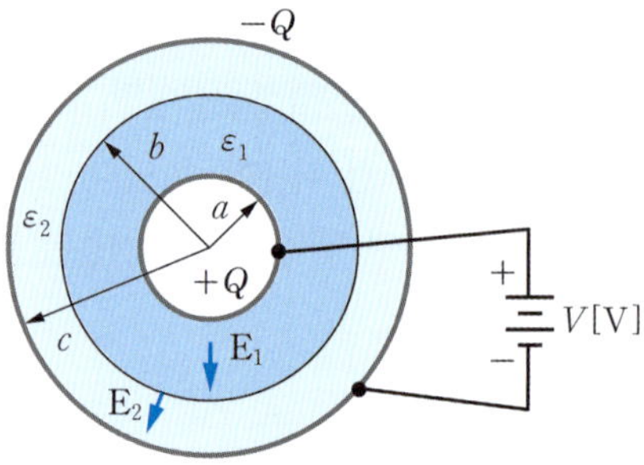

그림 5-31 적층 구형 커패시터의 정전용량

안쪽은 유전율 ϵ_1, 바깥쪽은 유전율 ϵ_2라고 하고, 내부 도체구와 외부 도체구 사이에 V[V]의 직류전압을 인가했을 때 충전전하를 Q[C]이라고 하면

$$E_1 = \frac{Q}{4\pi\epsilon_1 r^2}, \quad E_2 = \frac{Q}{4\pi\epsilon_2 r^2}$$

$$V_{ab} = \frac{Q}{4\pi\epsilon_1}\left(\frac{1}{a} - \frac{1}{b}\right), \quad V_{bc} = \frac{Q}{4\pi\epsilon_2}\left(\frac{1}{b} - \frac{1}{c}\right)$$

이 된다. 따라서

$$\begin{aligned} V = V_{ab} + V_{bc} &= \frac{Q}{4\pi\epsilon_1}\left(\frac{1}{a} - \frac{1}{b}\right) + \frac{Q}{4\pi\epsilon_2}\left(\frac{1}{b} - \frac{1}{c}\right) \\ &= \left\{\frac{1}{4\pi\epsilon_1}\left(\frac{1}{a} - \frac{1}{b}\right) + \frac{1}{4\pi\epsilon_2}\left(\frac{1}{b} - \frac{1}{c}\right)\right\}Q \\ &= \left(\frac{\frac{1}{a} - \frac{1}{b}}{4\pi\epsilon_1} + \frac{\frac{1}{b} - \frac{1}{c}}{4\pi\epsilon_2}\right)Q \end{aligned}$$

이다. 그러므로 이 적층 구형 커패시터의 정전용량은 다음과 같이 된다.

$$C = \frac{Q}{V} = \frac{1}{\left(\frac{\frac{1}{a} - \frac{1}{b}}{4\pi\epsilon_1} + \frac{\frac{1}{b} - \frac{1}{c}}{4\pi\epsilon_2}\right)} = \frac{1}{\frac{1}{C_1} + \frac{1}{C_2}} \tag{5.64}$$

식 (5.64)를 보면 서로 다른 두 커패시터의 직렬연결과 같음을 알 수 있다.

CHAPTER 05_핵심요약

■ 전류밀도

- 대류전류밀도 : $\mathrm{J} = \rho_v \mathrm{v}$
- 전도전류밀도 : $\mathrm{J} = \sigma \mathrm{E}$

■ 전류 연속방정식

- 적분형 : $I = \oint_S \mathrm{J} \cdot d\mathrm{S} = -\dfrac{dQ_{in}}{dt}$
- 미분형 : $\nabla \cdot \mathrm{J} = -\dfrac{\partial \rho_v}{\partial t}$

■ 도체, 반도체, 부도체(절연체)의 에너지 밴드

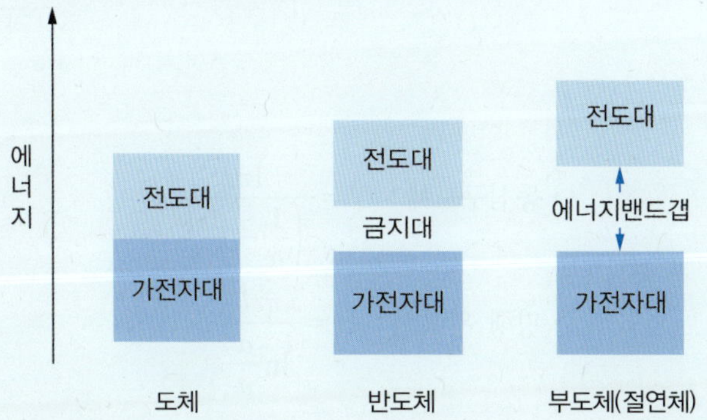

■ 옴의 법칙

- $I = \dfrac{V}{R}$
- $\mathrm{J} = \sigma \mathrm{E}$ (미분형)

■ 도체의 성질(정전계에서)

❶ 도체 내부에는 체적전하가 존재하지 않는다.
❷ 도체 내부에는 전계의 세기가 존재하지 않는다.
❸ 도체 표면에서의 전계의 세기는 도체 표면에 수직이다.
❹ 전속밀도는 표면 면전하밀도와 같다($D_n = \rho_S$).
❺ 도체는 전체의 모든 점이 등전위이다.

■ 반도체의 종류

- 반도체에는 순수 반도체와 불순물 반도체가 있다.
- 불순물 반도체에는 n형 반도체와 p형 반도체가 있다.
- n형 반도체에서는 자유전자가 주반송자이고, p형 반도체에서는 정공이 주반송자이다.

■ 분극 현상

외부에서 유전체에 전계를 가하면 분극 현상이 일어나 비유전율만큼 전계의 세기가 줄어든다.

■ 유전율이 서로 다른 유전체들의 경계면에서의 전계

$$E_{1t} = E_{2t},\ D_{1n} = D_{2n},\ \frac{\tan\theta_2}{\tan\theta_1} = \frac{\epsilon_2}{\epsilon_1}$$

■ 커패시터의 정전용량 : $C = \frac{Q}{V}$

- 평행평면 도체판 : $C = \frac{\epsilon S}{d}$
- 동심구도체 : $C = \frac{4\pi\epsilon}{\left(\frac{1}{a} - \frac{1}{b}\right)}$
- 동축케이블 : $C = \frac{2\pi\epsilon l}{\ln\frac{b}{a}}$
- 평행 왕복선 : $C = \frac{\pi\epsilon l}{\ln\frac{d}{a}}$

■ 커패시터의 정전에너지

$$W_E = \frac{1}{2}CV^2 = \frac{1}{2}QV = \frac{1}{2}\frac{Q^2}{C}\ [\mathrm{J}]$$

CHAPTER 05_ 연습문제

5.1 구리의 전도도는 $\sigma = 5.80 \times 10^7$[S/m]이고, 20[℃]의 저항률의 온도계수는 0.00393이다. 35[℃]에서 반지름 1[cm]인 구리 전선 1[km]의 저항은 약 몇 [Ω]인가?

㉮ 0.014　㉯ 0.215　㉰ 0.823　㉱ 0.058

5.2 저항이 10[Ω]인 전선의 양 끝을 잡아 늘여서 길이를 2배로 하면 저항은 몇 [Ω]이 되겠는가?

㉮ 5　㉯ 10　㉰ 20　㉱ 40

5.3 어떤 금속 도체에서 자유전자의 체적전하밀도가 $-\rho_e = 2 \times 10^9$[C/m^3], 전자의 이동도가 $\mu_e = 1.5 \times 10^{-2}$[m^2/V]이다. 이 물질 내부에 전계의 세기 0.5[V/m]가 가해질 때, 이때 전도전류밀도 J[A/m^2]는 약 얼마인가?

㉮ 1.5×10^7　㉯ 6×10^7　㉰ 10^7　㉱ 3.75×10^{-11}

5.4 다음 중에 가장 큰 부하는?

㉮ $G = 0.05$[℧]　㉯ $R = 125$[Ω]　㉰ $R = 5$[Ω]　㉱ $R = 5$[$k\Omega$]

5.5 전하 2[C]이 반지름 1[cm]인 고정된 원을 그리며 1초에 100번씩 회전하고 있다. 이때 얼마의 전류가 흐른다고 말할 수 있는가?

㉮ 20,000[A]　㉯ 200[A]　㉰ 3,183[A]　㉱ 2[A]

5.6 반지름이 0.5[cm]인 구리 전선에 1[A] 전류가 흐르고 있다. 단위시간 1초당 전선 단면을 지나가는 전자의 개수는? 단, 전자의 전하량은 $e = 1.602 \times 10^{-19}$[C]이다.

㉮ 6.24×10^{18}　㉯ 1　㉰ 7.95×10^4　㉱ 712.48

5.7 n형 반도체는 전기적으로 (+)인가, (−)인가?

㉮ (−)　㉯ (+)　㉰ 중성　㉱ (+) 또는 (−)

5.8 평판 콘덴서 내부의 전속밀도가 5[μC/m^2]일 때 단위체적당 정전에너지가 6×10^{-3}[J/m^3]라고 한다. 이 콘덴서 내부 유전체의 유전율은 몇 [F/m]인가?

㉮ 2.08×10^{-9}　㉯ 4.12×10^{-12}　㉰ 2.4×10^9　㉱ 4.32×10^{-8}

5.9 전계의 세기의 크기가 $100[\mathrm{V/m}]$인 곳에 비유전율 50인 유전체를 갖다 놓았다. 그곳의 전계의 세기는 몇 $[\mathrm{V/m}]$가 되겠는가?

㉮ 5000　　㉯ 0.5　　㉰ 2　　㉱ 100

5.10 폴리에틸렌 평판 커패시터에서 내부의 전계의 세기의 크기가 $5000[\mathrm{V/m}]$일 때, 유전체 폴리에틸렌의 분극벡터 P의 크기는 몇 $[\mathrm{C/m^2}]$인가? 단, 폴리에틸렌의 비유전율은 2.26이다.

㉮ 10^{-7}　　㉯ 4.52×10^{-4}　　㉰ 11.3×10^{3}　　㉱ 5.6×10^{-8}

5.11 다음 그림에서 입사각이 $\theta_2=45^\circ$일 때 굴절각 $\theta_1{}^\circ$는 얼마인가? 단, 비유전율은 $\epsilon_{2r}=3$, $\epsilon_{1r}=6$이다.

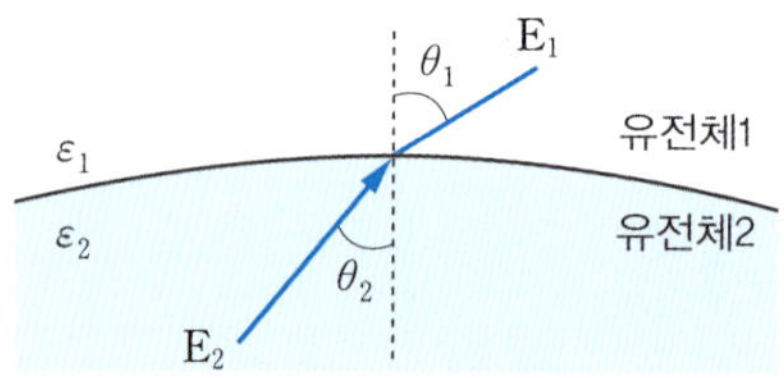

㉮ 54.5　　㉯ 63.4　　㉰ 76.6　　㉱ 77.3

5.12 평행판 공기콘덴서의 도체 극판의 면전하밀도가 $\rho_S[\mathrm{C/m^2}]$이다. 두 극판 사이에 유전체를 넣었을 때, 유전체 내의 전계의 세기의 크기는 몇 $[\mathrm{V/m}]$인가? 단, 분극 전하밀도는 $\rho_p[\mathrm{C/m^2}]$이다.

㉮ $\dfrac{\rho_S}{\epsilon_0}$　　㉯ $\dfrac{\rho_S+\rho_p}{\epsilon_0}$　　㉰ $\dfrac{\rho_S-\rho_p}{\epsilon_0}$　　㉱ $\dfrac{\rho_S+\rho_p}{\epsilon_0\epsilon_r}$

5.13 내외부 반지름이 각각 $5[\mathrm{cm}]$, $10[\mathrm{cm}]$인 동심구도체가 있다. 내외부 도체 사이가 비유전율 20인 유전체로 채워져 있다면, 이 동심구도체의 정전용량은 몇 $[\mathrm{pF}]$인가?

㉮ 222.5　　㉯ 3.45　　㉰ 50.78　　㉱ 25.05

5.14 정전용량이 $10[\mu\mathrm{F}]$인 공기콘덴서가 있다. 두 극판 간격의 1/2이 되는 두께의 유전체 판을 오른쪽 그림과 같이 삽입하면, 정전용량이 약 몇 $[\mu\mathrm{F}]$가 되는가? 단, 유전체의 비유전율은 $\epsilon_r=5$이다.

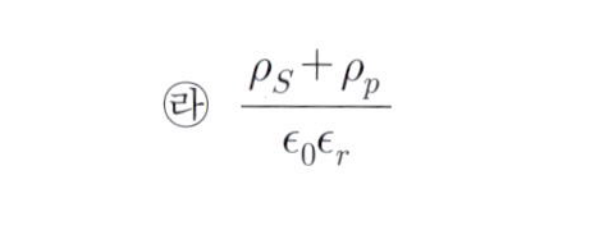

㉮ 30.8　　㉯ 25

㉰ 16.7　　㉱ 4.2

5.15 정전용량이 $50[\mu\mathrm{F}]$인 공기콘덴서가 있다. 이 콘덴서의 반을 오른쪽 그림과 같이 유전체로 채우면 정전용량이 몇 $[\mu\mathrm{F}]$인가? 단, 유전체의 비유전율은 $\epsilon_r = 2$이다.

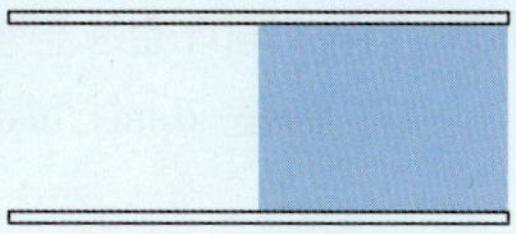

㉮ 55　　㉯ 75

㉰ 16.67　　㉱ 125

5.16 비유전율이 각각 $\epsilon_{r1} = 4$, $\epsilon_{r2} = 10$인 서로 다른 두 유전체가 서로 접하고 있다. 유전율이 작은 유전체 쪽의 전계의 세기 E_1의 크기는 $20[\mathrm{V/m}]$이고 방향은 경계면에 수직이다. 유전율이 큰 쪽에서의 전계의 세기의 크기와 방향은?

㉮ $20[\mathrm{V/m}]$, E_1과 직각 방향　　㉯ $50[\mathrm{V/m}]$, 굴절각 $\theta = \tan^{-1}0.4$

㉰ $8[\mathrm{V/m}]$, E_1과 같은 방향　　㉱ $20[\mathrm{V/m}]$, E_1과 반대 방향

5.17 비유전율 ϵ_r인 유전체에 외부에서 크기가 $E_0[\mathrm{V/m}]$인 전계를 가했을 때 분극전하에 의한 전계, 즉 분극전계 E'의 크기는?

㉮ $-\dfrac{\epsilon_r + 1}{\epsilon_r}E_0$　　㉯ $\dfrac{\epsilon_r - 1}{\epsilon_r}E_0$　　㉰ $\dfrac{\epsilon_r}{\epsilon_r + 1}E_0$　　㉱ $\dfrac{1}{\epsilon_0\epsilon_r}E_0$

5.18 비유전율이 $\epsilon_r = 50$인 유전체 내부 전계의 세기의 크기가 $E = 400[\mathrm{V/m}]$일 때, 유전체 체적 $30[\mathrm{cm}^3]$ 내에 축적되어 있는 전체 정전에너지는 몇 $[\mathrm{J}]$인가?

㉮ $2.12[\mathrm{pJ}]$　　㉯ $22.56[\mu\mathrm{J}]$　　㉰ $60[\mathrm{kJ}]$　　㉱ $1.06[\mathrm{nJ}]$

5.19 공기콘덴서의 두 극판 사이를 비유전율 10인 유전체로 채워 넣으면, 같은 전압을 가했을 때 충전되는 전하량이 어떻게 되겠는가?

㉮ 10배로 증가한다.　　㉯ 5배로 증가한다.

㉰ 변함이 없다.　　㉱ 1/10로 감소한다.

5.20 금속 도체 위에 비유전율 $\epsilon_r = 50$인 유전체가 놓여 있다. 금속 도체 표면 점 P의 면전하밀도가 $\rho_S = 0.2$ $[\mu\mathrm{C/m^2}]$라면, 점 P의 전계의 세기의 크기 $E[\mathrm{V/m}]$는 얼마인가?

㉮ 452　　㉯ 1130　　㉰ 4×10^{-8}　　㉱ 8.854×10^{-11}

5.21 다음 그림과 같은 평행판 콘덴서가 있다. 극판 면적이 $S[\mathrm{m}^2]$이고, 두 극판 사이에 있는 두 유전체 각각의 두께는 $d_1[\mathrm{m}]$, $d_2[\mathrm{m}]$이며 유전율은 $\epsilon_1[\mathrm{F/m}]$, $\epsilon_2[\mathrm{F/m}]$이다. 이 평행판 콘덴서의 정전용량은?

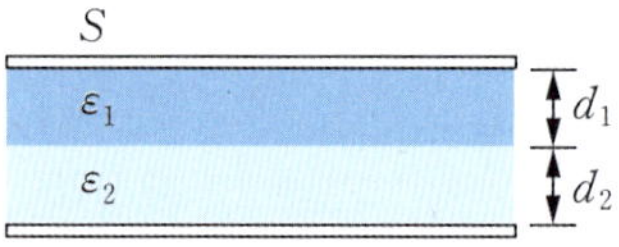

㉮ $\dfrac{\epsilon_1 S}{d_1}+\dfrac{\epsilon_2 S}{d_2}$　㉯ $\dfrac{1}{\dfrac{\epsilon_1 S}{d_1}+\dfrac{\epsilon_2 S}{d_2}}$　㉰ $\dfrac{\epsilon_1\epsilon_2 S}{\epsilon_1 d_1+\epsilon_2 d_2}$　㉱ $\dfrac{\epsilon_1\epsilon_2 S}{\epsilon_2 d_1+\epsilon_1 d_2}$

5.22 공기 중에 놓인 반지름 30[cm]의 금속 구도체에 줄 수 있는 최대 전하량은 얼마인가? 단, 공기의 절연내력은 30[kV/cm]이다.

㉮ 452[C]　㉯ 2.5[C]　㉰ 30[μC]　㉱ 428[μC]

5.23 200[V]로 충전된 어떤 콘덴서의 정전에너지가 6[J]일 때, 이 콘덴서의 정전용량은 몇 [μF]인가?

㉮ 6×10^4　㉯ 300　㉰ 3300　㉱ 7.2

5.24 [F/m]와 같은 단위는?

㉮ [V/C]　㉯ [N/m^2]　㉰ [C/m]　㉱ [C/V • m]

5.25 Q[C]의 전하를 가진 반지름 a[m]의 금속 도체구를 비유전율 ϵ_r인 절연유 속에서 바깥 공기 중으로 빼내는 데 소요되는 에너지 계산식은?

㉮ $4\pi\epsilon_0\epsilon_r a Q^2$　㉯ $\dfrac{Q^2}{4\pi\epsilon_0\epsilon_r a}$　㉰ $\dfrac{Q^2}{8\pi\epsilon_0 a}\left(1-\dfrac{1}{\epsilon_r}\right)$　㉱ $\dfrac{Q^2}{4\pi a}(\epsilon_0\epsilon_r-\epsilon_0)$

5.26 비어 있는 유리병 속에 두 전극이 있고, 그 두 전극 사이의 어떤 점 P의 전계의 세기의 크기가 10[V/m]이다. 이 병 속에 증류수를 채우면, 그 점 P의 전계의 세기의 크기는 몇 [V/m]가 되겠는가? 단, 증류수의 비유전율은 81이다.

㉮ 0.12　㉯ 810　㉰ 1.11　㉱ 9.0

5.27 각각 W_1, W_2의 에너지를 가진 두 콘덴서를 병렬로 연결하면 전체 에너지 W_t는 본래 에너지들과 어떤 관계에 있겠는가? 단, $W_1 \neq W_2$이다.

㉮ $W_1 + W_2 = W_t$　　㉯ $W_1 + W_2 > W_t$

㉰ $W_1 + W_2 < W_t$　　㉱ $W_1 - W_2 = W_t$

5.28 유전율이 각각 ϵ_1[F/m], ϵ_2[F/m]인 두 유전체의 경계면에 수직으로 전계가 가해질 때, 경계면의 단위 면적당 작용하는 힘[N/m^2]을 나타내는 식은? 단, D는 전속밀도의 크기이다.

㉮ $2\left(\frac{1}{\epsilon_1} - \frac{1}{\epsilon_2}\right)D^2$　　㉯ $\frac{1}{2}(\epsilon_1 - \epsilon_2)D^2$

㉰ $\frac{1}{2}\left(\frac{1}{\epsilon_1} + \frac{1}{\epsilon_2}\right)D^2$　　㉱ $\frac{1}{2}\left(\frac{1}{\epsilon_2} - \frac{1}{\epsilon_1}\right)D^2$

5.29 단면적의 반지름 $r = 2$[mm], 전도도 $\sigma = 1.5 \times 10^7$[S/m]인 전선이 있다. 상온에서 단위체적당 자유전자의 농도는 $n = 4 \times 10^{22}$[ea/cm^3]이다. 이 전선 내부에 $E = 0.03$[V/m]의 전계가 가해질 때, 다음을 구하라.

(a) 단위체적당 전하밀도 ρ_e

(b) 전류밀도의 크기 J

(c) 전선에 흐르는 전류 I

(d) 전자의 이동속도의 크기 v_d

5.30 원형 단면적의 반지름이 5[mm]이고, 길이가 $l = 3$[km], 저항이 $R = 10$[Ω]인 원주형 금속 도체에 전류 $I = 10$[A]가 흐르고 있을 때, 다음을 구하라. 단, 자유전자의 농도는 $n = 5 \times 10^{20}$[ea/m^3]이다.

(a) 이 도체의 도전율

(b) 이동도

(c) 자유전자의 이동속도

5.31 순수한 실리콘 결정 1[cm^3]의 저항을 구하라. 이 결정 내에 10^9개의 원자당 1개의 비소를 도핑하면 저항은 얼마로 변하겠는가? 이 n형 반도체 내의 정공 농도는 무시할 정도로 대단히 작다고 한다. 단, 실리콘 원자의 농도는 5×10^{22}[ea/cm^3]이고, 상온에서 자유전자의 농도는 $n = 10^{10}$[ea/cm^3], 이동도는 $\mu_e = 1350$[cm^2/V • sec], $\mu_h = 450$[cm^2/V • sec], 전자의 전하량은 $e = -1.602 \times 10^{-19}$[C]이다.

5.32 다음 용어들을 비교 설명하라.

(a) 대류전류와 전도전류

(b) 자유전자와 체적전하

(c) 정공과 (+) 전하

(d) 절연체와 유전체

(e) 저항과 컨덕턴스

5.33 다음 그림과 같이 외부 도체구의 반지름이 10[cm], 내부 도체구의 반지름이 r[cm]인 커패시터가 있다. 이 동심구 커패시터에 100[V]의 전압을 가했을 때, 전계의 세기가 최대이기 위한 r값은 얼마이며, 그때의 최대 전계의 세기의 크기는 얼마인지 구하라.

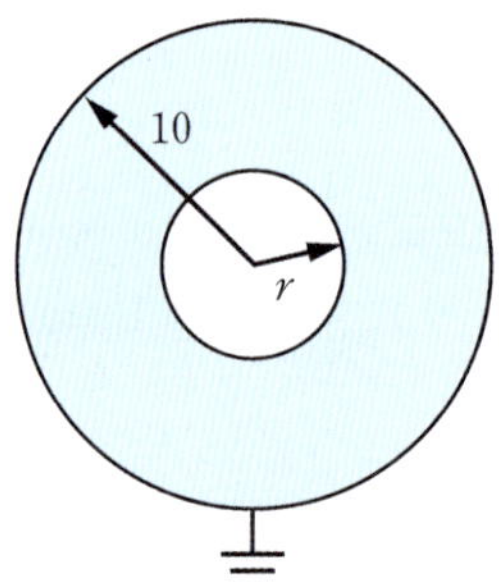

5.34 다음 그림에서 전계의 세기의 크기 $E_2 = 20$[V/m]이고, 입사각 $\theta_2 = 50^\circ$일 때, 굴절각 θ_1과 전계의 세기의 크기 E_1을 구하라. 단, 비유전율은 $\epsilon_{r1} = 3$, $\epsilon_{r2} = 2$이다.

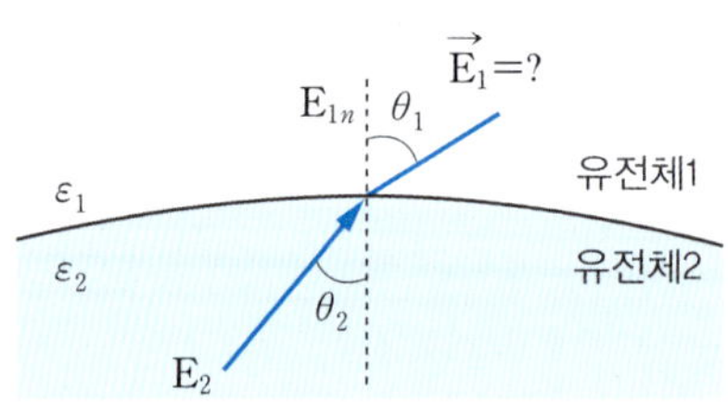

5.35 서로 다른 유전율을 가진 두 유전체가 $z=0$인 평면에서 접하고 있다. $z<0$인 영역 1에는 비유전율 $\epsilon_{r1} = 5$인 유전체 1이 있고, $z>0$인 영역 2에는 비유전율 $\epsilon_{r2} = 8$인 유전체 2가 있다. 영역 1에 균일한 전계의 세기 $\mathbf{E}_1 = -4\mathbf{a}_x + 3\mathbf{a}_y + 5\mathbf{a}_z$[V/m]가 있을 때, 다음을 구하라.

(a) 영역 2에서의 전계의 세기 $\mathbf{E}_2$

(b) $\mathbf{D}_1$과 $\mathbf{D}_2$

(c) $\mathbf{E}_1$과 $\mathbf{E}_2$가 z축과 만나는 각도 θ_1, θ_2

(d) 영역 1, 2의 정전에너지밀도 w_{E1}, w_{E2}

5.36 극판 면적이 $S=25[\mathrm{cm}^2]$이고, 전극의 간극이 $d=2[\mathrm{mm}]$인 평판평행 커패시터가 있다. 이 커패시터에 $12[\mathrm{V}]$의 직류전압을 인가했을 때, 다음을 구하라(단위를 명기하라). 단 전극 사이에 있는 유전체의 비유전율 $\epsilon_r=4$라고 한다.

(a) 유전체의 유전율 ϵ

(b) 이 커패시터의 정전용량 C

(c) 충전된 전하량 Q

(d) 극판의 면전하밀도 ρ_S

(e) 유전체 내의 전속밀도의 크기 D

(f) 유전체 내의 전계의 세기의 크기 E

(g) 전화율 χ_e

(h) 분극 전계의 세기의 크기 E'

(i) 분극벡터의 크기 P

5.37 다음 단위체적당 정전에너지의 식과 커패시터에 축적되는 에너지의 식을 이용하여 평행평판 커패시터의 정전용량식 $C=\epsilon S/d$를 유도하라.

$$w_E=\frac{1}{2}\frac{D^2}{\epsilon}\ [\mathrm{J/m^3}],\quad W_E=\frac{1}{2}\frac{Q^2}{C}\ [\mathrm{J}]$$

5.38 다음 그림과 같이 비유전율이 다른 세 종류의 유전체를 가지고 병렬 유전체 커패시터와 적층 커패시터를 만들었다. 단, 세 유전체들의 전체 체적은 똑같다. 병렬 유전체 커패시터에서 다음을 구하라.

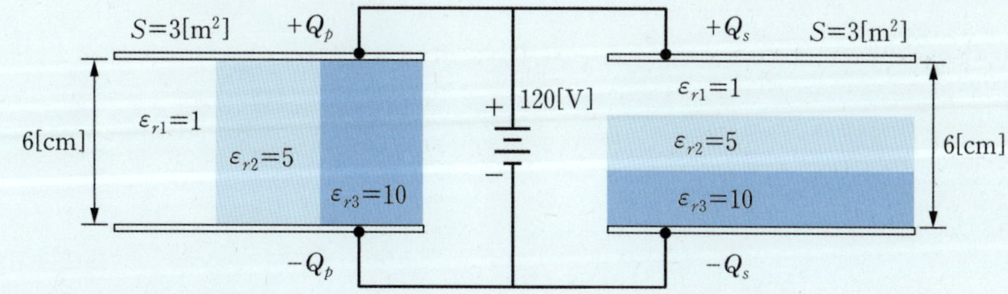

(a) 전계의 세기의 크기 E

(b) 전속밀도의 크기 D_1, D_2, D_3

(c) 면전하밀도 ρ_{S1}, ρ_{S2}, ρ_{S3}

(d) 전체 충전전하 Q_p

(e) 커패시터의 전체 정전용량 C_p

5.39 [연습문제 5.38]에 대해 적층 커패시터에서 다음을 구하라.

(a) 각 유전체에 걸리는 전압 V_1, V_2, V_3

(b) 각 유전체 내의 전계의 세기의 크기 E_1, E_2, E_3

(c) 전속밀도의 크기 D

(d) 면전하밀도 ρ_S

(e) 전체 충전전하 Q_s

(f) 적층 커패시터의 정전용량 C_s

5.40 반지름 $5[\mathrm{cm}]$의 도체구 표면에 $24[\mu\mathrm{C}]$의 전하가 있다. 이 도체구에 반지름이 $3[\mathrm{cm}]$인 작은 도체구를 잠시 붙여놓았다가 떼었을 때, 작은 도체구에 충전되는 전하량은 얼마가 되는가?

5.41 공기 중에 각각 반지름이 $5[\mathrm{cm}]$, $10[\mathrm{cm}]$인 도체구가 있다. 전자는 $20[\mathrm{V}]$로, 후자는 $40[\mathrm{V}]$로 대전되어 있다고 할 때, 두 도체구를 가는 도선conducting wire으로 이으면 두 도체구의 공통 전위는 얼마가 되겠는가?

CHAPTER

06

라플라스 방정식 및 특수 해법

Laplace's Equation and Special Solution

학습목표

- 라플라스 방정식과 푸아송 방정식을 이해하고, 이 방정식들을 이용하여 전위를 구할 수 있다.
- 라플라스 방정식과 푸아송 방정식을 풀어 정전용량을 구할 수 있다.
- 라플라스 방정식을 푸는 대신에 반복적인 계산으로 각 지점의 개략적인 전위값을 구할 수 있다.
- 전류상사법을 이용하여 비대칭 구조를 가지고 있는 커패시터의 정전용량을 구할 수 있다.
- 영상법을 이용하여 여러 가지 모양의 접지 도체와 전하 사이의 전기적 현상을 해석할 수 있다.

그동안 우리는 전계의 세기 E를 구하기 위해 전하의 분포를 아는 경우에는 쿨롱의 법칙이나 가우스의 법칙을 사용하고, 어떤 영역에서의 전위 식이 주어졌을 때는 식 $\mathrm{E}=-\nabla V$를 사용했다. 그러나 실제로 대부분의 경우에는 전하의 분포나 전위 식들이 주어지지 않는다.

이 장에서는 어떤 경계에서의 전위에 대한 경계조건을 이용해 자유공간의 전위를 구하는 라플라스 방정식과 체적전하밀도를 이용해 전위를 구하는 푸아송 방정식을 알아본다. 그리고 수학적 계산이 복잡한 라플라스 방정식을 풀지 않고 개략적으로 전위를 알아보는 반복계산법과 모양이 대칭적이지 않아 정전용량을 계산하기 어려운 커패시터에 대하여 전류상사법을 이용해 실험적으로 구하는 방법을 소개하고, 접지 도체와 전하로 형성되는 전계에서의 전위와 전계의 세기를 구하는 영상법을 알아본다.

SECTION

6.1 푸아송 방정식과 라플라스 방정식

그동안 우리는 전위의 식이 주어지면 다음 식들을 이용하여 전계의 세기, 전속밀도, 체적전하밀도 등을 구했다.

$$\mathrm{E} = -\nabla V \tag{6.1}$$

$$\mathrm{D} = \epsilon \mathrm{E} \tag{6.2}$$

$$\nabla \cdot \mathrm{D} = \rho_v \tag{6.3}$$

또한 두 도체 사이에 있는 유전체 내의 전위 식이 주어지면, 도체 표면의 면전하밀도와 전하량을 다음과 같이 계산하여 두 금속 도체가 만드는 커패시턴스를 쉽게 구할 수 있다.

$$\begin{aligned} \rho_S &= D_n \\ Q &= \rho_S S \\ C &= \frac{Q}{V} \end{aligned} \tag{6.4}$$

그러므로 전위의 식을 먼저 구하면 편리하다. 그리고 전하의 분포를 알면 전계의 세기보다 쉽게 전위를 구할 수 있는데, 이는 전계의 세기가 벡터인데 반해 전위는 스칼라이기 때문이다. 그러나 실제 문제에서 정확한 전하의 분포가 주어지는 경우는 많지 않고, 도체들과 그들 사이의 전위나 경계조건 등이 주어지는 경우가 많다. 이 절에서는 이러한 조건을 가지고 전위의 식을 구하는 방법을 알아본다.

먼저 가우스의 법칙의 미분형으로부터 시작한다.

$$\begin{aligned} \nabla \cdot \mathrm{D} &= \rho_v \\ \nabla \cdot \mathrm{D} &= \nabla \cdot \epsilon \mathrm{E} \\ &= \nabla \cdot \epsilon (-\nabla V) \\ &= -\epsilon \nabla \cdot \nabla V = \rho_v \end{aligned}$$

$$\therefore \ \nabla \cdot \nabla V = -\frac{\rho_v}{\epsilon} \tag{6.5}$$

식 (6.5)를 **푸아송 방정식**Poisson's equation이라고 하며, 전위경도와 벡터의 발산은

$$\nabla V = \frac{\partial V}{\partial x}\mathrm{a}_x + \frac{\partial V}{\partial y}\mathrm{a}_y + \frac{\partial V}{\partial z}\mathrm{a}_z$$

$$\nabla \cdot \mathrm{A} = \frac{\partial A_x}{\partial x} + \frac{\partial A_y}{\partial y} + \frac{\partial A_z}{\partial z}$$

이므로, 식 (6.5)는 다음과 같이 표현된다.

$$\begin{aligned}\nabla \cdot \nabla V &= \frac{\partial}{\partial x}\left(\frac{\partial V}{\partial x}\right) + \frac{\partial}{\partial y}\left(\frac{\partial V}{\partial y}\right)\frac{\partial}{\partial z}\left(\frac{\partial V}{\partial z}\right) \\ &= \frac{\partial^2 V}{\partial x^2} + \frac{\partial^2 V}{\partial y^2} + \frac{\partial^2 V}{\partial z^2} = -\frac{\rho_v}{\epsilon}\end{aligned}$$

이때 간략하게 $\nabla \cdot \nabla = \nabla^2$으로 표시하며, 'del squared(델 스퀘어드)'라고 읽는다. 따라서 푸아송 방정식은 다음과 같이 정리된다.

$$\nabla^2 V = \frac{\partial^2 V}{\partial x^2} + \frac{\partial^2 V}{\partial y^2} + \frac{\partial^2 V}{\partial z^2} = -\frac{\rho_v}{\epsilon} \tag{6.6}$$

식 (6.6)은 어떤 영역의 전하밀도의 식을 알 때, 전위의 식을 구하는 방정식이다. 일반적으로 우리가 전위의 식을 구하려고 하는 영역에는 전하가 없는 경우가 대부분이므로(경계면 도체에는 전하가 있지만), 이러한 곳에서는 푸아송 방정식이 다음과 같이 바뀌어 적용된다.

$$\nabla^2 V = \frac{\partial^2 V}{\partial x^2} + \frac{\partial^2 V}{\partial y^2} + \frac{\partial^2 V}{\partial z^2} = 0 \tag{6.7}$$

식 (6.7)을 **라플라스 방정식**Laplace's equation이라고 한다. ($\nabla^2 V$는 'del squared V' 또는 'Laplacian of V'라고 읽는다.) Laplacian of V를 원통좌표계와 구좌표계로 나타내면 각각 다음과 같다(유도과정 생략).

$$\text{원통좌표계 : } \nabla^2 V = \frac{1}{\rho}\frac{\partial}{\partial \rho}\left(\rho\frac{\partial V}{\partial \rho}\right) + \frac{1}{\rho^2}\left(\frac{\partial^2 V}{\partial \phi^2}\right) + \frac{\partial^2 V}{\partial z^2} \tag{6.8}$$

$$\text{구좌표계 : } \nabla^2 V = \frac{1}{r^2}\frac{\partial}{\partial r}\left(r^2\frac{\partial V}{\partial r}\right) + \frac{1}{r^2 \sin\theta}\frac{\partial}{\partial \theta}\left(\sin\theta\frac{\partial V}{\partial \theta}\right) + \frac{1}{r^2\sin^2\theta}\frac{\partial^2 V}{\partial \phi^2} \tag{6.9}$$

예제 6-1 푸아송 방정식

자유공간에서 전위가 다음과 같이 표시될 때, 각 지점 P에서의 전위 V_P와 전계의 세기 E_P, 체적전하밀도 ρ_v를 구하라.

(a) $V = 5xy - 10z^2$, $P(3, 4, 2)$

(b) $V = 10\rho^2 \cos 5\phi$, $P\left(5, \frac{\pi}{6}, 4\right)$

(c) $V = \frac{3\sin\phi}{r^2}$, $P\left(2, \frac{\pi}{3}, \frac{\pi}{4}\right)$

풀이

(a) $V_P = 5\times3\times4 - 10\times2^2 = 20\,[\mathrm{V}]$ … ①

$$\mathbf{E}_P = -\nabla V = -\left(\frac{\partial V}{\partial x}\mathbf{a}_x + \frac{\partial V}{\partial y}\mathbf{a}_y + \frac{\partial V}{\partial z}\mathbf{a}_z\right)$$

$$= -5y\,\mathbf{a}_x - 5x\,\mathbf{a}_y + 20z\,\mathbf{a}_z = -20\mathbf{a}_x - 15\,\mathbf{a}_y + 40\,\mathbf{a}_z\,[\mathrm{V/m}] \quad \cdots ②$$

체적전하밀도는 식 (6.6)의 푸아송 방정식을 이용하여 다음과 같이 구할 수 있다.

$$\nabla^2 V = \frac{\partial^2 V}{\partial x^2} + \frac{\partial^2 V}{\partial y^2} + \frac{\partial^2 V}{\partial z^2} = 0 + 0 - 20$$

$$\therefore\ \rho_v = -\epsilon\nabla^2 V = -8.854\times10^{-12}\times(-20) = 177\,[\mathrm{pC/m^3}] \quad \cdots ③$$

(b) $V_p = 10\times5^2\times\cos\left(\frac{5\pi}{6}\right) = -216.5\,[\mathrm{V}]$ … ④

$$\mathbf{E}_P = -\nabla V = -\frac{\partial V}{\partial \rho}\mathbf{a}_\rho - \frac{1}{\rho}\frac{\partial V}{\partial \phi}\mathbf{a}_\phi - \frac{\partial V}{\partial z}\mathbf{a}_z$$

$$= -20\rho\cos5\phi\,\mathbf{a}_\rho + 50\rho\sin\phi\,\mathbf{a}_\phi = 86.6\,\mathbf{a}_\rho + 125\,\mathbf{a}_\phi\,[\mathrm{V/m}] \quad \cdots ⑤$$

체적전하밀도는 식 (6.8)과 푸아송 방정식을 이용하여 다음과 같이 구할 수 있다.

$$\nabla^2 V = \frac{1}{\rho}\frac{\partial}{\partial \rho}\left(\rho\frac{\partial V}{\partial \rho}\right) + \frac{1}{\rho^2}\left(\frac{\partial^2 V}{\partial \phi^2}\right) + \frac{\partial^2 V}{\partial z^2}$$

$$= 40\cos5\phi - 250\cos5\phi \quad \cdots ⑥$$

$$\therefore\ \rho_v = -\epsilon\nabla^2 V = -8.854\times10^{-12}\{40\times(-0.866) - 250\times(-0.866)\}$$

$$= -1.61\,[\mathrm{nC/m^3}] \quad \cdots ⑦$$

(c) $V_P = \dfrac{3\sin\frac{\pi}{4}}{2^2} = 0.53\,[\mathrm{V}]$ … ⑧

$$\mathbf{E}_P = -\nabla V = -\frac{\partial V}{\partial r}\mathbf{a}_r - \frac{1}{r}\frac{\partial V}{\partial \theta}\mathbf{a}_\theta - \frac{1}{r\sin\theta}\frac{\partial V}{\partial \phi}\mathbf{a}_\phi$$

$$= \frac{6\sin\phi}{r^3}\mathbf{a}_r - \frac{3\cos\phi}{r^3\sin\phi}\mathbf{a}_\phi = 0.53\mathbf{a}_r - 0.38\,\mathbf{a}_\phi \quad \cdots ⑨$$

체적전하밀도는 식 (6.9)와 푸아송 방정식을 이용하여 다음과 같이 구할 수 있다.

$$\nabla^2 V = \frac{1}{r^2}\frac{\partial}{\partial r}\left(r^2\frac{\partial V}{\partial r}\right) + \frac{1}{r^2\sin\theta}\frac{\partial}{\partial \theta}\left(\sin\theta\frac{\partial V}{\partial \theta}\right) + \frac{1}{r^2\sin^2\theta}\frac{\partial^2 V}{\partial \phi^2}$$

$$= \frac{6\sin\phi}{r^4} - \frac{3\sin\phi}{r^4\sin^2\theta} \quad \cdots ⑩$$

$$\therefore\ \rho_v = -\epsilon\nabla^2 V = -8.854\times10^{-12}\left\{\frac{6\times0.707}{2^4} - \frac{3\times0.707}{2^4\times0.75}\right\} = -0.782\,[\mathrm{pC/m^3}]$$

[예제 6-1]에서 전위의 식이 주어졌을 때 체적전하밀도를 구하는 문제를 풀어보았다. 하지만 실제로는 이런 경우보다 그 역으로 체적전하가 주어졌을 때 전위의 식을 구해야 하는 경우가 많다. 푸아송 방정식은 전하의 분포가 주어졌을 때 전위를 구하기 위한 방정식이다. 이와 마찬가지로 라플라스 방정식도 도체들 간의 전위차가 주어졌을 때, 그 경계조건을 이용하여 전하가 없는 도체들 사이의 자유공간(=공기 중)이나 유전체 내의 전위의 식을 구하기 위한 방정식이다.

그러나 변수가 3개인 2차 편미분방정식인 푸아송 방정식이나 라플라스 방정식을 풀기는 쉽지 않다. 그래도 라플라스 방정식은 입력이 없는 제차미분방정식homogeneous differential equation이므로, 우선 라플라스 방정식의 풀이부터 살펴보자.

SECTION 6.2

라플라스 방정식의 풀이

여러 변수의 함수에 대한 라플라스 방정식을 풀기는 쉽지 않다. 여기에서는 전위가 하나의 변수만으로 표시되는 함수인 경우의 전위의 식을 구해본다.

x 만의 함수인 경우

[그림 6-1(a)]와 같이 $x=0[\mathrm{m}]$, $x=d[\mathrm{m}]$인 곳에 x축에 수직인 대단히 넓은 도체판이 있다. $x=0[\mathrm{m}]$의 도체판이 $0[\mathrm{V}]$, $x=d[\mathrm{m}]$의 도체판이 $V_0[\mathrm{V}]$라고 하면, 대칭성에 의해 두 도체판 사이 공간의 전위는 x만의 함수가 될 것이다. 따라서 라플라스 방정식은 다음과 같이 된다.

$$\frac{\partial^2 V}{\partial x^2}=0 \tag{6.10}$$

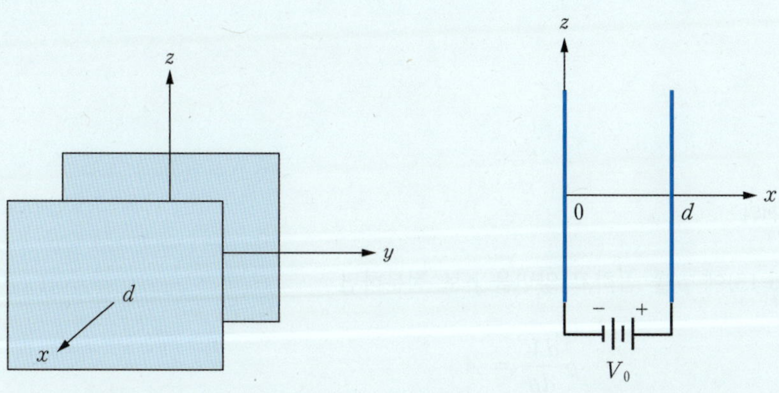

(a) 두 도체판의 입체도 (b) 두 도체판의 단면도

그림 6-1 두 평행 도체판 사이의 전위

x만의 함수이므로 식 (6.10)을 x로 적분하면 다음과 같다.

$$\frac{dV}{dx}=A$$

가 되고, 한 번 더 적분하면 다음과 같다.

$$V=Ax+B \tag{6.11}$$

여기에 경계조건

$$x = 0\text{에서} \quad V = 0$$
$$x = d\text{에서} \quad V = V_0$$

을 대입하면, 식 (6.11)은 다음과 같이 된다.

$$V = \frac{V_0}{d}x \tag{6.12}$$

ρ만의 함수인 경우

[그림 6-2]와 같이 반지름이 $\rho = a[\mathrm{m}]$, $\rho = b[\mathrm{m}]$인 동축케이블이 있다. 내부와 외부 도체 간의 전위차를 $V_0[\mathrm{V}]$라고 하면, 대칭성에 의해 두 도체 사이 공간의 전위는 ρ만의 함수가 될 것이다. 따라서 원통좌표계에서 라플라스 방정식은 다음과 같이 된다.

$$\frac{1}{\rho}\frac{\partial}{\partial\rho}\left(\rho\frac{\partial V}{\partial\rho}\right) = 0 \tag{6.13}$$

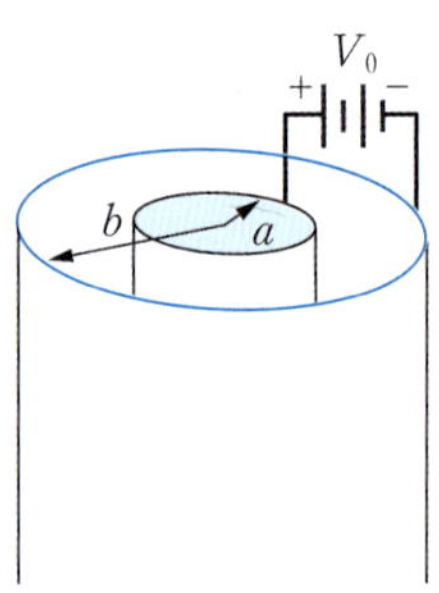

그림 6-2 동축케이블 내의 전위

ρ만의 함수이므로 식 (6.13)에 ρ를 곱하고 양변을 ρ로 적분하면

$$\rho\frac{dV}{d\rho} = A$$

가 되고, 양변을 ρ로 나누고 한 번 더 적분하면

$$V = A\ln\rho + B \tag{6.14}$$

가 된다. 여기에 경계조건

$$\rho = a\text{에서} \quad V = V_0$$
$$\rho = b\text{에서} \quad V = 0$$

을 대입하면, 식 (6.14)는 다음과 같이 된다.

$$\left.\begin{aligned} V_0 &= A\ln a + B \\ 0 &= A\ln b + B \end{aligned}\right\} \Rightarrow A = \frac{V_0}{\ln\frac{a}{b}}, \quad B = -\frac{V_0}{\ln\frac{a}{b}}\ln b$$

$$\therefore \; V = \frac{V_0}{\ln\frac{a}{b}}\ln\rho - \frac{V_0}{\ln\frac{a}{b}}\ln b = \frac{V_0}{\ln\frac{a}{b}}\ln\frac{\rho}{b} \tag{6.15}$$

ϕ 만의 함수인 경우

[그림 6-3(a)]와 같이 z축에 나란하며 각이 $\phi = \alpha$만큼 떨어져 있는 넓은 평판 도체 간 전위차가 V_0[V]라고 하면, 대칭성에 의해 두 도체 사이 공간의 전위는 ϕ만의 함수가 될 것이다. 따라서 원통좌표계에서 라플라스 방정식은 다음과 같이 된다.

$$\frac{1}{\rho^2}\frac{\partial^2 V}{\partial \phi^2} = 0 \tag{6.16}$$

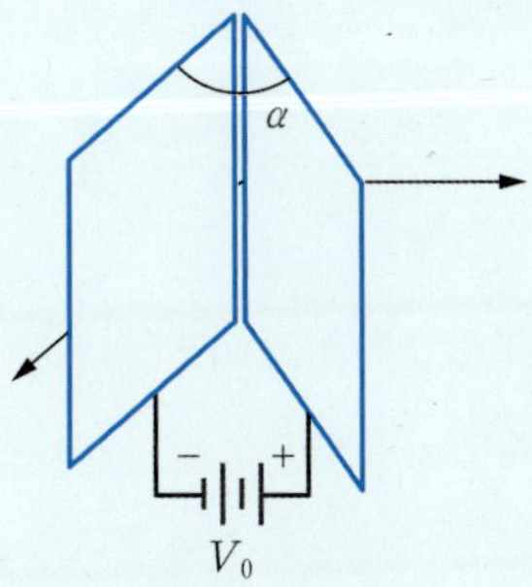

(a) 두 도체판의 입체도

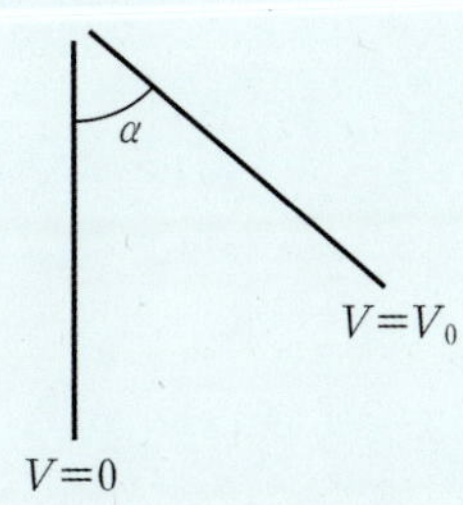

(b) 두 도체판의 단면도

그림 6-3 $\phi = \alpha$만큼 떨어진 두 도체판 사이의 전위

ϕ만의 함수이므로 식 (6.16)의 양변에 ρ^2을 곱하고 ϕ로 적분하면

$$\frac{dV}{d\phi} = A$$

가 되고, 양변을 ϕ로 한 번 더 적분하면

$$V = A\phi + B \tag{6.17}$$

가 된다.

여기에 경계조건

$$\phi = 0 \text{에서} \quad V = 0$$
$$\phi = \alpha \text{에서} \quad V = V_0$$

를 대입하면, 식 (6.17)은 다음과 같이 된다.

$$V = \frac{V_0}{\alpha}\phi \tag{6.18}$$

이 문제에서 주의할 것은 두 도체판이 z축에서 서로 접해 있는 것이 아니라 미세하게 떨어져 있다는 사실이다.

예제 6-2 라플라스 방정식의 풀이 – 정전용량

[그림 6-4]와 같은 두 도체판이 형성하는 커패시턴스를 구하라. 도체판의 크기는 $\rho = a \sim b$[m], $z = 0 \sim l$[m]라고 한다. 단, 각 α는 대단히 작다.

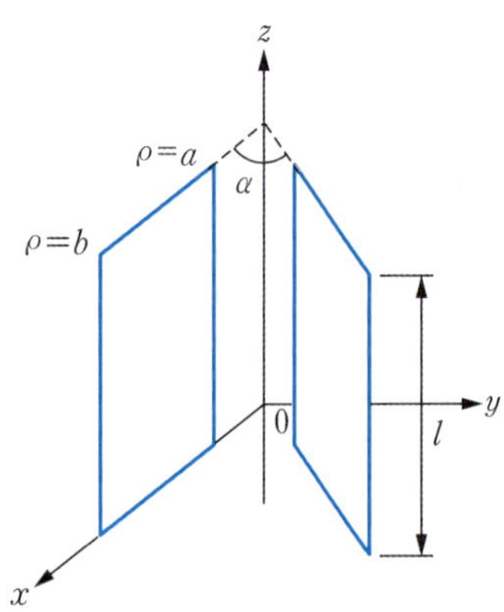

그림 6-4 $\phi = \alpha$만큼 떨어진 두 도체판 사이의 정전용량

풀이

$V = \dfrac{V_0}{\alpha}\phi$이므로

$$\mathbf{E} = -\nabla V = -\frac{\partial V}{\partial \rho}\mathbf{a}_\rho - \frac{1}{\rho}\frac{\partial V}{\partial \phi}\mathbf{a}_\phi - \frac{\partial V}{\partial z}\mathbf{a}_z = -\frac{1}{\rho}\frac{V_0}{\alpha}\mathbf{a}_\phi \quad \cdots ①$$

$$\mathbf{D} = \epsilon\mathbf{E} = -\frac{\epsilon}{\rho}\frac{V_0}{\alpha}\mathbf{a}_\phi \quad \cdots ②$$

가 된다. 그러면 $\rho_S = D_n = \dfrac{\epsilon}{\rho}\dfrac{V_0}{\alpha}$가 되므로

$$Q = \int_S \rho_S \, dS = \int_{z=0}^{l} \int_{\rho=a}^{b} \rho_S \, dS \qquad \cdots ③$$

$$= \int_{z=0}^{l} \int_{\rho=a}^{b} \frac{\epsilon}{\rho} \frac{V_0}{\alpha} d\rho \, dz = V_0 \frac{\epsilon l}{\alpha} \ln \frac{b}{a}$$

가 된다. 따라서 구하고자 하는 커패시턴스는 다음과 같이 된다.

$$C = \frac{\epsilon l}{\alpha} \ln \frac{b}{a} \qquad \cdots ④$$

r 만의 함수인 경우

[그림 6-5]와 같이 반지름이 $r = a[\mathrm{m}]$, $r = b[\mathrm{m}]$ 인 동심구도체가 있다. 내부와 외부 도체 간의 전위차를 $V_0[\mathrm{V}]$ 라고 하면, 대칭성에 의해 두 도체 사이 공간의 전위는 r만의 함수가 될 것이다. 따라서 구좌표계에서 라플라스 방정식은 다음과 같이 된다.

$$\frac{1}{r^2} \frac{\partial}{\partial r}\left(r^2 \frac{\partial V}{\partial r}\right) = 0 \qquad (6.19)$$

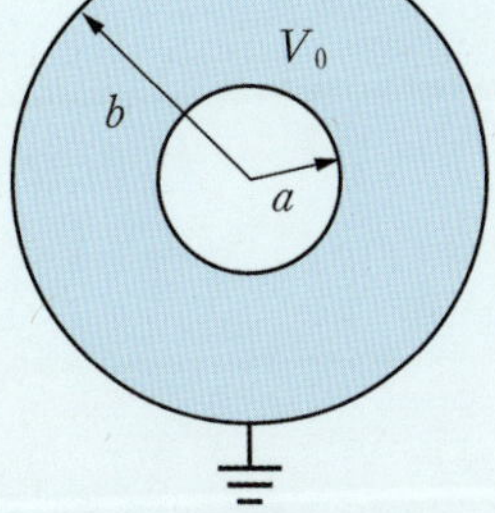

그림 6-5 동심구도체 사이의 전위

r만의 함수이므로 식 (6.19)의 양변에 r^2을 곱하고 r로 적분하면

$$r^2 \frac{dV}{dr} = A$$

가 되고, 양변을 r^2으로 나누고 한 번 더 r로 적분하면

$$V = -\frac{A}{r} + B \qquad (6.20)$$

가 된다.

여기에 경계조건

$$r = a \text{에서} \quad V = V_0$$
$$r = b \text{에서} \quad V = 0$$

을 식 (6.20)에 대입하면 상수 A, B는 다음과 같이 구해진다.

$$\left.\begin{aligned} V_0 &= -\frac{A}{a} + B \\ 0 &= -\frac{A}{b} + B \end{aligned}\right\} \Rightarrow A = \frac{V_0}{\frac{1}{b} - \frac{1}{a}}, \quad B = \frac{V_0}{\left(\frac{1}{b} - \frac{1}{a}\right)} \frac{1}{b}$$

따라서 식 (6.20)은 다음과 같이 된다.

$$V = \frac{V_0}{\frac{1}{a} - \frac{1}{b}} \left(\frac{1}{r} - \frac{1}{b}\right) \tag{6.21}$$

θ 만의 함수인 경우

[그림 6-6]과 같이 z축으로부터 각이 $\theta = \alpha$ 만큼 기울어진 원추형 도체와 $\theta = \pi/2$ 평면 간의 전위차가 V_0[V]라고 하면, 대칭성에 의해 두 도체 사이 공간의 전위는 θ만의 함수가 될 것이다. 따라서 구좌표계에서 라플라스 방정식은 다음과 같이 된다.

$$\frac{1}{r^2 \sin\theta} \frac{\partial}{\partial \theta} \left(\sin\theta \frac{\partial V}{\partial \theta}\right) = 0 \tag{6.22}$$

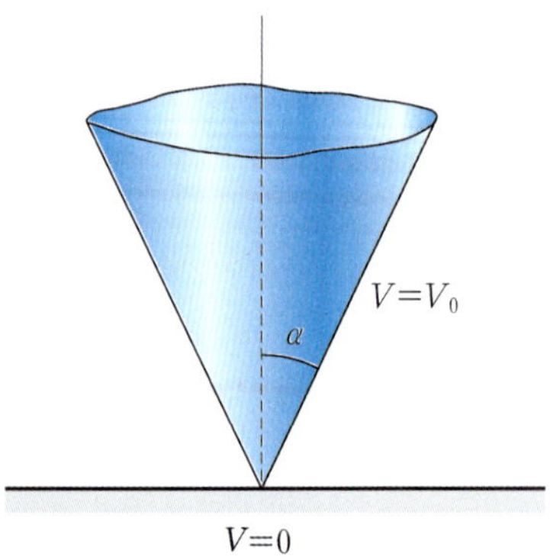

그림 6-6 원추형 도체와 평면 간의 전위

θ만의 함수이므로 식 (6.16)의 양변에 $\dfrac{1}{r^2 \sin\theta}$을 곱하고 θ로 적분하면

$$\sin\theta \frac{dV}{d\theta} = A$$

가 되고, 양변을 $\sin\theta$로 나누면

$$\frac{dV}{d\theta} = \frac{A}{\sin\theta}$$

가 되며, θ로 한 번 더 적분하면 다음과 같이 된다.

$$V = A \ln\left(\tan\frac{\theta}{2}\right) + B \tag{6.23}$$

$$\frac{d}{d\theta}\ln\left(\tan\frac{\theta}{2}\right) = \frac{\frac{1}{2}\sec^2\frac{\theta}{2}}{\tan\frac{\theta}{2}} = \frac{1}{2}\frac{1}{\cos^2\frac{\theta}{2}} \times \frac{\cos\frac{\theta}{2}}{\sin\frac{\theta}{2}}$$
$$= \frac{1}{2\cos\frac{\theta}{2}\sin\frac{\theta}{2}} = \frac{1}{\sin\theta}$$

여기에 경계조건

$$\theta = \frac{\pi}{2}\text{에서 } V = 0$$
$$\theta = \alpha\text{에서 } V = V_0$$

을 대입하여 상수 A, B를 구하고, 다시 식 (6.23)에 대입하면 다음과 같이 된다.

$$V = \frac{V_0}{\ln\left(\tan\frac{\alpha}{2}\right)} \ln\left(\tan\frac{\theta}{2}\right) \tag{6.24}$$

이 문제에서 주의할 것은 원추형 도체가 평면에 접해 있는 것이 아니라 미세하게 떨어져 있다는 사실이다.

예제 6-3 라플라스 방정식의 풀이 – θ만의 함수인 경우

[그림 6-7]과 같이 z축으로부터 80°만큼 기울어진 넓은 원추형 도체와 $z=0$인 넓은 평면 도체 사이에 100[V]의 전압이 걸려 있다. 점 $P(0.2, 85°, 90°)$의 전위 V_P와 전계의 세기 $\mathbf{E}_P$를 구하라.

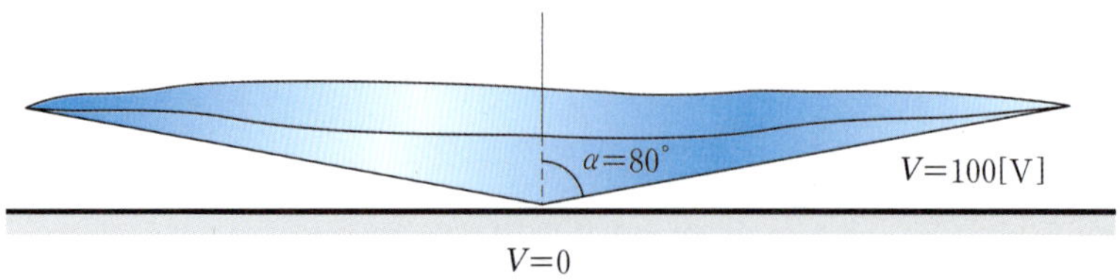

그림 6-7 $\alpha=80°$인 원추형 도체와 평면 도체판 사이에 있는 점 $P(0.2, 85°, 90°)$의 전계의 세기

풀이

식 (6.24)에 의해 두 도체 사이의 전위의 식은 다음과 같이 된다.

$$V = V_0 \frac{\ln\left(\tan\frac{\theta}{2}\right)}{\ln\left(\tan\frac{\alpha}{2}\right)} = 100\frac{\ln\left(\tan\frac{\theta}{2}\right)}{\ln(\tan 40°)} = -570\ln\left(\tan\frac{\theta}{2}\right) \qquad \cdots ①$$

$$\therefore\ V_P = -570\ln\left(\tan\frac{85°}{2}\right) = 49.8\ [\mathrm{V}] \qquad \cdots ②$$

식 ①로부터 전계의 세기의 식을 구하면 다음과 같이 된다.

$$\begin{aligned}\mathbf{E} &= -\nabla V = -\frac{\partial V}{\partial r}\mathbf{a}_r - \frac{1}{r}\frac{\partial V}{\partial\theta}\mathbf{a}_\theta - \frac{1}{r\sin\theta}\frac{\partial V}{\partial\phi}\mathbf{a}_\phi \\ &= -\frac{1}{r}\frac{\partial}{\partial\theta}\left(-570\ln\tan\frac{\theta}{2}\right)\mathbf{a}_\theta = \frac{570}{r\sin\theta}\mathbf{a}_\theta \qquad \cdots ③\end{aligned}$$

식 ③으로부터 다음과 같이 점 P의 전계의 세기를 구할 수 있다.

$$\mathbf{E}_P = \frac{570}{0.2\sin 85°}\mathbf{a}_\theta = 2.86\mathbf{a}_\theta\ [\mathrm{kV/m}] \qquad \cdots ④$$

지금까지 전위가 하나의 변수만의 함수인 경우 라플라스 방정식을 이용해 전위의 식을 구하는 문제를 풀어보았다. 그러나 실제로는 전위가 하나의 변수만이 아니라 2개, 3개 변수들의 함수인 경우가 더 많다. 그러나 이러한 라플라스 방정식을 풀기 위해서는 변수분리법separation of variables이나 푸리에 급수 등을 이용해야 하므로 여기서는 취급하지 않는다.

SECTION
6.3 푸아송 방정식의 풀이

6.1절에서는 가우스의 법칙의 미분형에서 시작해 체적전하밀도가 주어졌을 때 그에 의한 전위의 식을 구하는, 다음과 같은 푸아송 방정식을 유도했다.

$$\nabla^2 V = \frac{\partial^2 V}{\partial x^2} + \frac{\partial^2 V}{\partial y^2} + \frac{\partial^2 V}{\partial z^2} = -\frac{\rho_v}{\epsilon} \tag{6.25}$$

푸아송 방정식의 한 예로 [그림 6-8]과 같은 pn 접합 다이오드를 생각해보자.

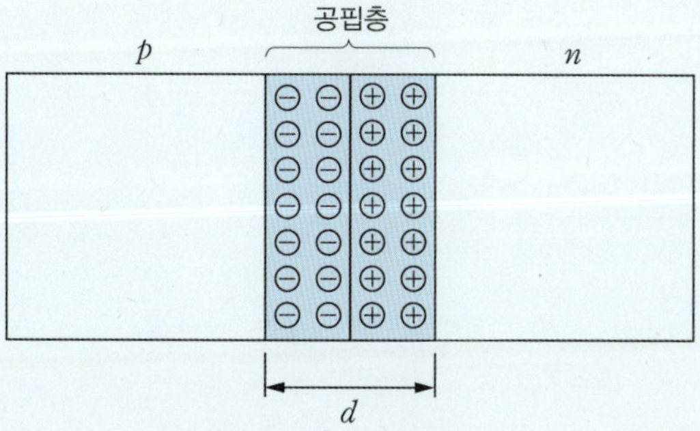

그림 6-8 pn 접합 다이오드의 공핍층

본래 p형 반도체나 n형 반도체는 전기적으로 중성이다(= 양자의 숫자와 전자의 숫자가 같다). p형 반도체와 n형 반도체를 접합시키면, 확산 현상에 의해 n형 반도체에 있는 자유전자들이 p형 반도체로 넘어가 p형 반도체에 있는 정공을 채움으로써 정공 자리가 $(-)$전하를 갖게 되고, n형 반도체의 자유전자가 있던 자리는 전자를 잃어버려 $(+)$전하가 된다. 그러나 이러한 현상이 계속 일어나지는 못한다. 이렇게 형성된 전하들에 의해 $(+)$전하 측에서 $(-)$전하 측으로 전계가 발생하여 확산 현상에 의한 전자의 이동을 차단하기 때문이다. p형 반도체와 n형 반도체의 접합면 좌우에 $(-)$전하와 $(+)$전하가 생기지만, 이 전하들에 의해 이 지역에는 정공과 자유전하들이 다 없어져버려 전류의 흐름이 전혀 일어나지 않는다. 따라서 이 지역을 전류 반송자가 없다는 의미에서 **공핍층**depletion layer이라고 부르며, 절연체와 같은 역할을 한다. 이 공핍층의 체적전하밀도는 조금 복잡하지만, 공핍층 전체가 똑같은 밀도를 가진다고 가정하고 [그림 6-9]의 접합면 우측이 $(+)q\,[\mathrm{C/m^3}]$, 좌측이 $(-)q\,[\mathrm{C/m^3}]$라고 하면, 대칭성에 의해 이 전하들에 의한 전위의 식은 x만의 함수가 된다. 따라서 식 (6.25)는 다음과 같이 된다.

$$\frac{\partial^2 V}{\partial x^2} = -\frac{q}{\epsilon} \tag{6.26}$$

식 (6.26)을 x에 대해 두 번 적분하면

$$V = -\frac{1}{2}\frac{q}{\epsilon}x^2 + Ax + B$$

가 된다. 여기에 경계조건

$$x = 0 \text{에서 } V = 0$$
$$x = \frac{d}{2} = a \text{에서 } \frac{dV}{dx} = 0$$

을 대입하면(두 번째 조건은 $x = a$에서 전계의 세기가 없다는, 즉 공핍층 이외는 등전위라는 의미)

$$V = -\frac{q}{\epsilon}\left(\frac{1}{2}x^2 - ax\right) \tag{6.27}$$

와 같이 된다. 또한 전계의 세기는 다음과 같이 된다.

$$\mathbf{E} = -\nabla V = \frac{q}{\epsilon}(x-a)\,\mathbf{a}_x$$

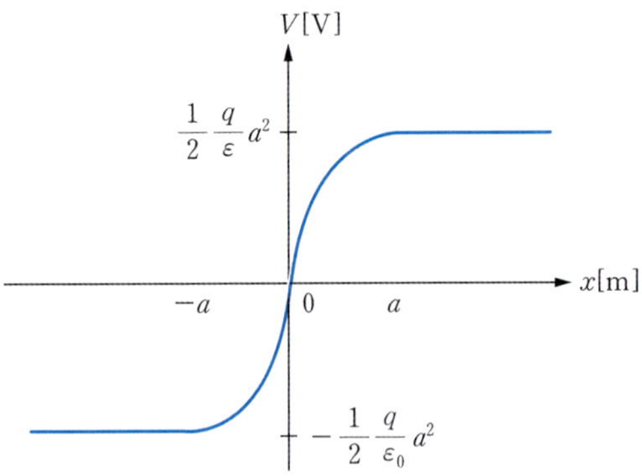

그림 6-9 pn 접합 다이오드 공핍층의 전위

이 pn 접합 다이오드는 공핍층이 절연체와 같으므로 p형 반도체와 n형 반도체를 도체로 하고 그 사이에 절연체가 있는 하나의 커패시터 역할을 하는데, 접합 단면적을 $S[\text{m}^2]$라고 하고 공핍층의 폭을 $d(=2a)$라고 하면 커패시터 극판에 충전된 전하 Q와 양 극판의 전위차 V는 다음과 같다고 할 수 있다.

$$Q = qSa = qS \times \frac{d}{2}\ [\text{C}]$$
$$V = 2 \times \frac{1}{2}\frac{q}{\epsilon}a^2 = 2 \times \frac{1}{2}\frac{q}{\epsilon}\left(\frac{d}{2}\right)^2 = \frac{1}{4}\frac{qd^2}{\epsilon}\ [\text{V}]$$

따라서 정전용량은 다음과 같이 된다.

$$C = \frac{Q}{V} = \frac{\dfrac{qSd}{2}}{\dfrac{qd^2}{4\epsilon}} = \frac{2\epsilon S}{d}\ [\text{F}] \tag{6.28}$$

SECTION 6.4

반복계산법과 전류상사법

6.4.1 반복계산법

6.2절에서 전위가 2개, 3개 변수들의 함수인 경우 수학적으로 계산하기가 조금 복잡하여 다루지 않았다. 그러나 **반복계산법**iteration method을 이용하면 변수분리법이나 푸리에 급수를 사용하지 않고도 전위의 개략적인 모습을 유추할 수 있다.

전하가 없는 자유공간에서 전위의 식은 항상 라플라스 방정식을 만족한다. 전위가 x와 y만의 함수라고 하면, 라플라스 방정식은 다음과 같이 된다.

$$\frac{\partial^2 V}{\partial x^2}+\frac{\partial^2 V}{\partial y^2}=0$$

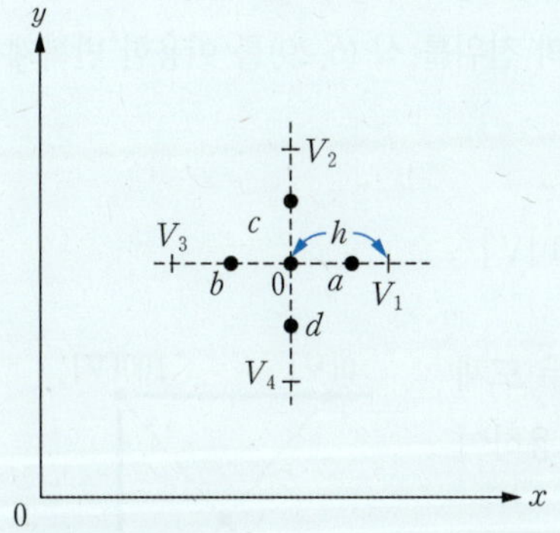

그림 6-10 반복계산법

[그림 6-10]의 점 0에서 x와 y에 대한 2차 편미분을 구하면 다음과 같다.

$$\left.\frac{\partial^2 V}{\partial x^2}\right|_0 \fallingdotseq \frac{\left.\frac{\partial V}{\partial x}\right|_a-\left.\frac{\partial V}{\partial x}\right|_b}{h} \fallingdotseq \frac{\frac{V_1-V_0}{h}-\frac{V_0-V_3}{h}}{h}=\frac{V_1+V_3-2V_0}{h^2}$$

$$\left.\frac{\partial^2 V}{\partial y^2}\right|_0 \fallingdotseq \frac{\left.\frac{\partial V}{\partial y}\right|_c-\left.\frac{\partial V}{\partial y}\right|_d}{h} \fallingdotseq \frac{\frac{V_2-V_0}{h}-\frac{V_0-V_4}{h}}{h}=\frac{V_2+V_4-2V_0}{h^2}$$

따라서 다음과 같이 된다.

$$\frac{\partial^2 V}{\partial x^2}+\frac{\partial^2 V}{\partial y^2} \fallingdotseq \frac{V_1+V_3-2V_0}{h^2}+\frac{V_2+V_4-2V_0}{h^2}=0$$

$$V_1+V_3+V_2+V_4-4V_0 \fallingdotseq 0$$

$$\therefore\ V_0 \fallingdotseq \frac{V_1+V_2+V_3+V_4}{4} \qquad (6.29)$$

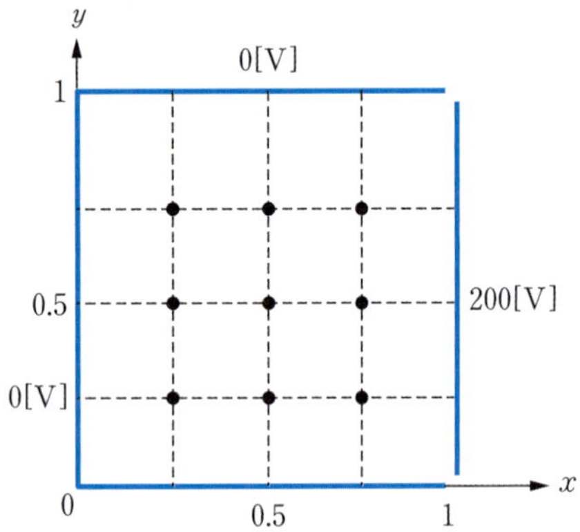

그림 6-11 정사각형을 이루는 두 도체 사이의 전위

한 예로 [그림 6-11]과 같이 한 변의 길이가 1[m]인 정사각형 도체를 생각해보자. 한 변은 200[V]이고 나머지 세 변은 0[V]라고 하고, 정사각형 안에 있는 9개 지점의 전위를 식 (6.29)를 이용한 반복계산법으로 구해보자. 먼저 한가운데 있는 점 (0.5, 0.5)는

$$V_{(0.5,\,0.5)}=\frac{200+0+0+0}{4}=50\ [\mathrm{V}]$$

로 정한다. 오른쪽 위의 점 (0.75, 0.75)의 전압은 그림과 같이 두 도체 간극의 전압을 100[V]라고 가정하고, 식 (6.29)를 대각선으로 적용하여 다음과 같이 임시로 구한다.

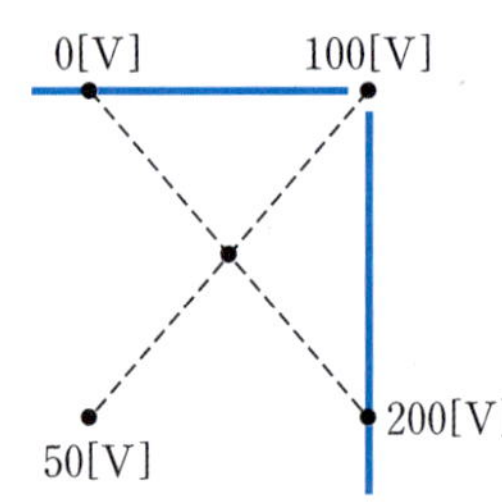

$$V_{(0.75,\,0.75)}=\frac{200+100+50+0}{4} \fallingdotseq 88\ [\mathrm{V}]$$

점 (0.25, 0.75)도 이와 같이 대각선으로 반복계산법을 적용하면

$$V_0=\frac{0+0+50+0}{4} \fallingdotseq 13\ [\mathrm{V}]$$

과 같이 구해진다. 그 다음 나머지 점들에 대해서는 정사각형을 취한 후, 식 (6.29)를 염두에 두고 [그림 6-12]와 같이 9곳의 전위를 개략적으로 정해놓는다.

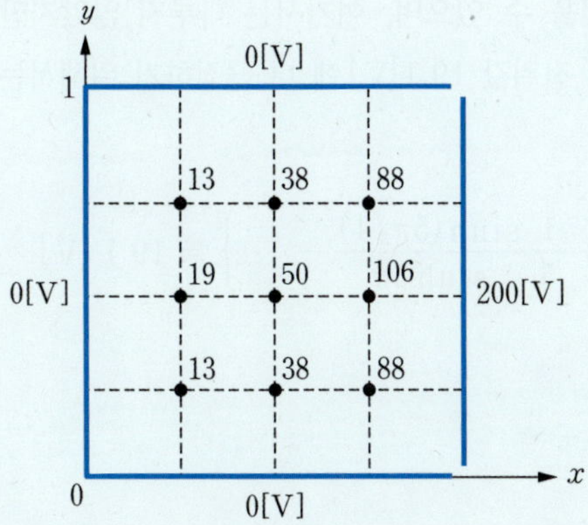

그림 6-12 정사각형을 이루는 두 도체 사이의 개략적인 전위

이렇게 정해놓은 전위는 식 (6.29)를 완전히 만족한다고 할 수 없다. 이제 개략적으로 정해놓은 각 점들의 전위가 식 (6.29)를 만족시키는지 점 $(0.75, 0.75)$부터 다시 계산해본다. [그림 6-12]에서 계산하면

$$V_{(0.75,\,0.75)} = \frac{200+106+38+0}{4} = 86$$

이 된다. 이 점의 전위가 $86[\mathrm{V}]$이므로 대칭성에 의해 점 $(0.75, 0.25)$도 $86[\mathrm{V}]$로 변해야 하며, 따라서 점 $(0.75, 0.5)$의 전위도 다시 계산하면

$$V_{(0.75,\,0.5)} = \frac{200+86+86+50}{4} = 105.5$$

가 된다. 이렇게 계속 반복적으로 계산하고 또 계산하면 [그림 6-13]과 같이 안정된 값을 얻을 수 있다.

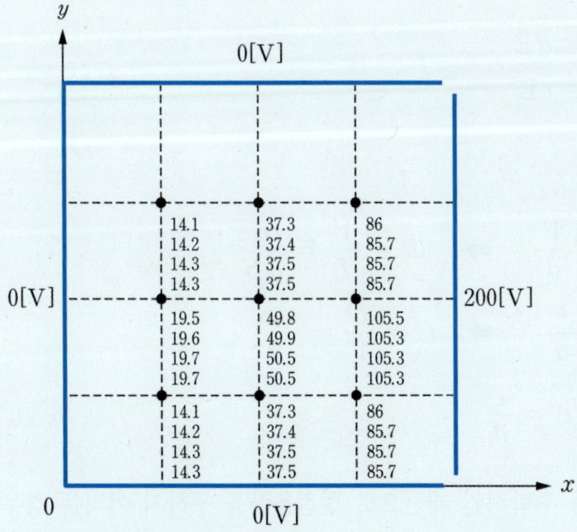

그림 6-13 반복계산법으로 얻은 전위

[그림 6-13]에서 점 $(0.25, 0.5)$의 전위로 $19.7[\mathrm{V}]$를 얻을 수 있으며, 여기서는 다루지 않았지만 수학적으로 라플라스 방정식을 정확히 풀어서 구한 아래의 전위값 $19.1[\mathrm{V}]$에 더 근접하기 위해서는 정사각형 안의 점들을 좀 더 많이 취해 계산하면 된다.

$$V_{(0.25,\ 0.5)} = \frac{800}{\pi}\left\{\frac{\sinh(\pi/4)}{\sinh\pi} - \frac{1}{3}\frac{\sinh(3\pi/4)}{\sinh 3\pi} + \frac{1}{5}\frac{\sinh(5\pi/4)}{\sinh 5\pi} - \cdots\right\} \fallingdotseq 19.1\ [\mathrm{V}]$$

6.4.2 전류상사법

앞에서 설명한 반복계산법 외에 또 하나의 유용한 실험적 방법으로 **전류상사법**current analogy이 있다. [그림 6-14]와 같이 넓이 $S[\mathrm{m}^2]$인 두 금속 평행평판이 있다. 두 도체판의 간격은 $d[\mathrm{m}]$이고, [그림 6-14(a)]에는 전도도가 $\sigma[\mathrm{S/m}]$인 저항체가 채워져 있으며, [그림 6-14(b)]에는 유전율 $\epsilon[\mathrm{F/m}]$인 유전체가 채워져 있다.

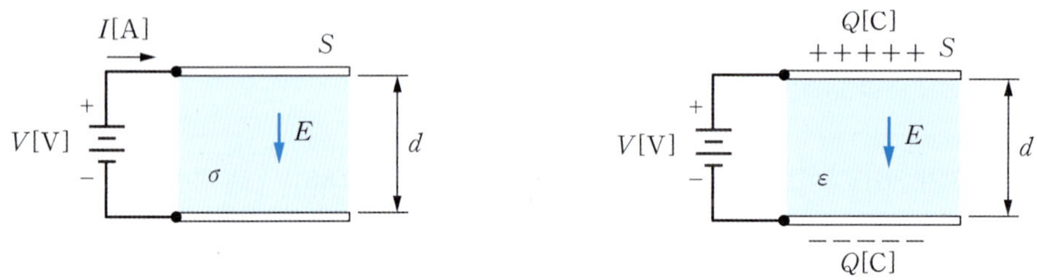

(a) 저항체에 흐르는 전류 (b) 커패시터에 축적되는 전하

그림 6-14 저항과 정전용량과의 관계

[그림 6-14]의 (a)와 (b)에서 전계의 세기 $\mathrm{E}\left(=\frac{V}{d}\mathrm{a}_n\right)$는 물질에 관계없이 똑같다. 그리고 저항체에서의 전류밀도와 유전체의 전속밀도는 각각 다음과 같이 표시된다.

$$\mathrm{J} = \sigma\mathrm{E}$$
$$\mathrm{D} = \epsilon\mathrm{E}$$

따라서 전류와 전하는 각각 다음과 같다.

$$I = JS = \sigma SE = \sigma S\frac{V}{d} \quad \Rightarrow \quad R = \frac{V}{I} = \frac{d}{\sigma S}$$

$$Q = \rho_S S = DS = \epsilon SE = \epsilon S\frac{V}{d} \quad \Rightarrow \quad C = \frac{Q}{V} = \frac{\epsilon S}{d}$$

$$\therefore\ RC = \frac{\epsilon}{\sigma} \qquad (6.30)$$

식 (6.30)은 커패시터의 모양이 대칭적이지 않아 수학적인 계산으로 정전용량을 구하기 어려운 경우 실험적인 방법으로 전압과 전류에 의해 쉽게 저항을 구하고, 그 저항값을 이용하여 정전용량을 구하는 데 유용하게 사용된다.

예를 들어, [그림 6-15]와 같은 비대칭 구조의 커패시터는 그 정전용량을 수학적으로 풀어서 구할 수 없다. 이때 전도도 σ를 알고 있는 물질로 내외부 도체 사이를 채우고, 두 도체 사이에 전압을 가해 그때 흐르는 전류를 측정하여 저항 R을 구한다. 그리고 본래 커패시터에 있던 유전체의 유전율 ϵ을 식 (6.30)에 대입하면 정전용량을 쉽게 구할 수 있다. 때에 따라서 계산식에 의해 정전용량을 구하는 것이 더 쉬운 경우, 정전용량을 먼저 구하고 식 (6.30)을 이용하여 저항을 구하기도 한다.

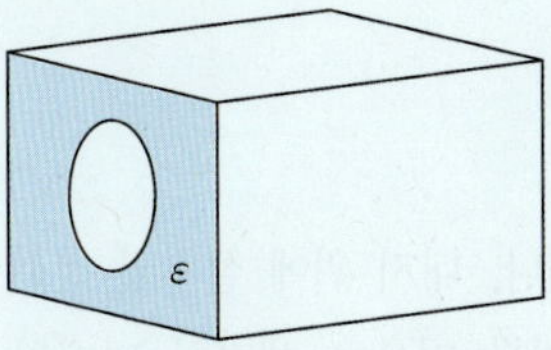

그림 6-15 비대칭 구조의 커패시터

예제 6-4 전류상사법

[그림 6-16]과 같이 반지름이 $\rho = a[\mathrm{m}]$, $\rho = b[\mathrm{m}]$, 길이가 $l[\mathrm{m}]$인 동축케이블의 내부와 외부 도체 사이에 채워진 절연체의 유전율이 $\epsilon[\mathrm{F/m}]$이고 전도도는 $\sigma[\mathrm{S/m}]$라고 할 때, 내부와 외부 도체 간의 저항 R을 구하라.

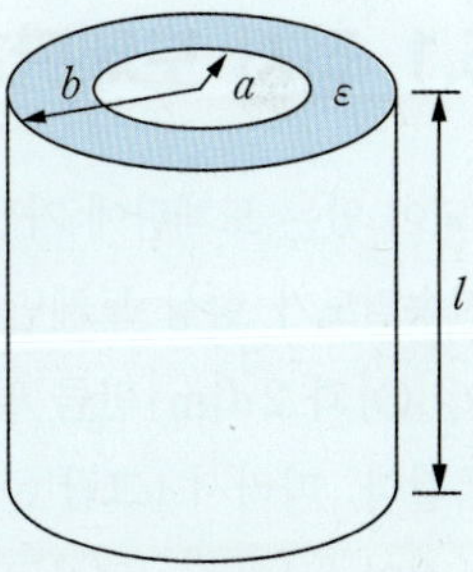

그림 6-16 동축케이블의 저항

풀이

단위길이당 정전용량은 식 (5.56)에 의해

$$C = \frac{2\pi\epsilon\, l}{\ln\dfrac{b}{a}}\ [\mathrm{F}] \qquad \cdots ①$$

이다. 그러므로 식 (6.30)에 의해 다음과 같이 저항을 구할 수 있다.

$$R = \frac{1}{C} \times \frac{\epsilon}{\sigma} = \frac{\ln\dfrac{b}{a}}{2\pi\epsilon l} \times \frac{\epsilon}{\sigma} = \frac{\ln\dfrac{b}{a}}{2\pi\,\sigma l}\ [ohm] \qquad \cdots ②$$

[예제 6-4]와 같이 $\sigma \neq 0$인 유전체(절연체)를 손실이 있는 유전체라고 부르며, 일반적으로 이런 경우에 구해지는 저항은 누설저항이라고 한다. 누설저항을 갖는 저항체는 우리가 전혀 원하지 않는 누설전류를 흐르게 하는 저항체로, 그 저항값이 작을수록 큰 누설전류가 흐른다.

SECTION 6.5

영상법

무한히 넓은 도체판과 도체판에 가까이 있는 전하 사이의 전계의 세기 문제나, 대지 위에 설치된 전선과 대지 사이의 정전용량 등을 구하는 문제를 다룰 때는 도체판이나 대지를 거울로 생각한 면대칭점에 전하나 전선이 있는 것으로 생각하여 문제를 풀면 복잡한 문제도 쉽게 풀 수 있다. 이러한 방법을 **영상법**method of images이라고 한다.

6.5.1 접지 도체판과 점전하

접지되어 있는 도체판에 가깝게 거리 d[m]만큼 떨어진 (+)점전하 Q[C]과 도체판 사이의 전기력선은 전속밀도가 항상 도체면에 수직이므로 [그림 6-17(a)]와 같이 그려진다. 이 전기력선은 점전하 (+)Q[C]과 $2d$[m]만큼 떨어진 점전하 (−)Q[C](= 영상전하) 사이의 전기력선인 [그림 6-17(b)]와 똑같다. 따라서 [그림 6-17(b)]에서 전위가 0[V]인, 즉 두 점전하 사이의 중간에 얇은 도체를 놓은 것이 [그림 6-17(a)]라고 할 수 있다. 따라서 [그림 6-17(a)]의 문제는 [그림 6-17(b)]로 푼 다음에 0[V] 등전위면 위만 사용하면 된다.

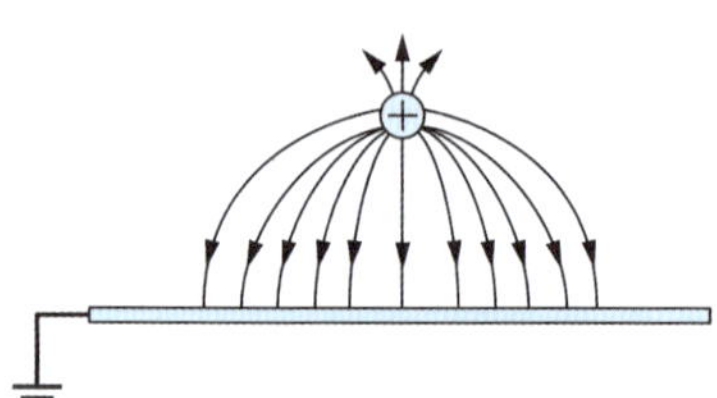

(a) 도체판과 점전하에 의한 전기력선

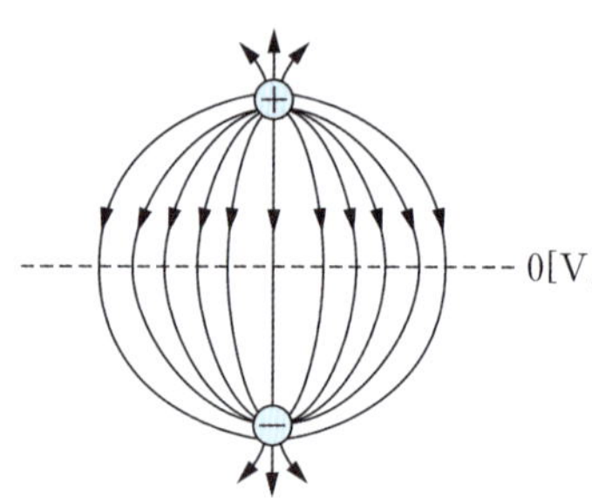

(b) 점전하와 영상전하에 의한 전기력선

그림 6-17 접지 도체판과 점전하

[그림 6-17(a)]에서 점전하 (+)Q[C]에 의해 도체면에 (−)전하가 유도되어 나타나는데, 그 면전하밀도는 그 지점의 전속밀도의 크기와 일치하며, 그 전속밀도는 [그림 6-17(b)]에서 쉽게 구할 수 있다.

예제 6-5 접지 도체판과 점전하에 대한 면전하밀도

$z=0$[m]인 평면에 대단히 넓은 평면 도체가 있다. 점 $(0,0,5)$에 점전하 2[C]이 있을 때, 다음을 구하라. 단, 대단히 넓은 평면 도체는 정전용량이 매우 커서 (접지를 하지 않아도) 항상 전위가 0[V]이다.

(a) 점 $P(0,4,2)$의 전위 V_P

(b) 도체표면 $(0,\ y,\ 0)$인 점의 면전하밀도 ρ_s

(c) 면전하밀도 ρ_s의 개략적인 그래프

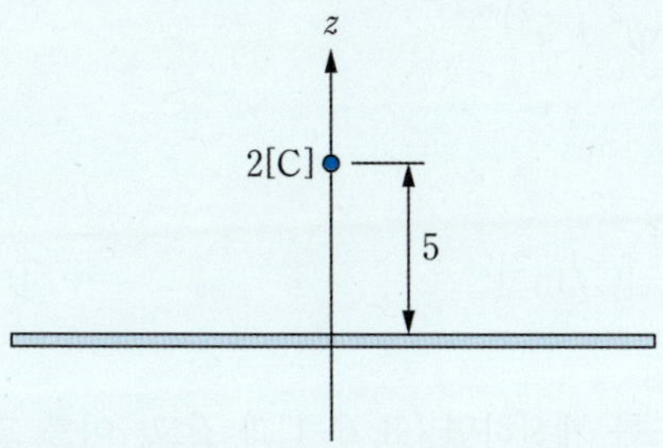

그림 6-18 접지 도체판과 점전하

풀이

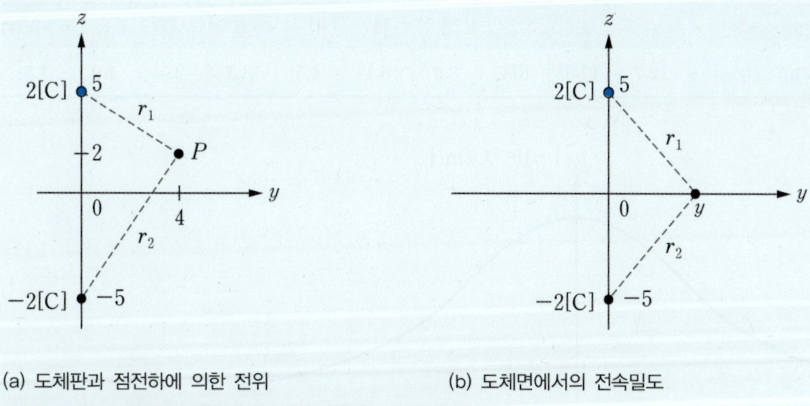

(a) 도체판과 점전하에 의한 전위　　(b) 도체면에서의 전속밀도

그림 6-19 도체판과 점전하에 의한 전위와 면전하밀도

(a) 대단히 넓은 도체판 대신 영상전하를 설치한 [그림 6-19(a)]에서 점 P의 전위는 다음과 같이 계산된다.

$$V_P = \frac{Q_1}{4\pi\epsilon_0 r_1} - \frac{Q_2}{4\pi\epsilon_0 r_2} = 9\times10^9\left(\frac{2}{\sqrt{4^2+3^2}} - \frac{2}{\sqrt{4^2+7^2}}\right)$$

$$= 9\times10^9\left(\frac{2}{5} - \frac{2}{\sqrt{65}}\right) \fallingdotseq 1.37\times10^9\ [\mathrm{V}] \qquad \cdots ①$$

(b) 도체판 대신 영상전하를 설치한 [그림 6-19(b)]에서 점 $(0, y, 0)$의 전계의 세기를 구하면

$$\mathrm{E} = \frac{Q_1}{4\pi\epsilon_0 r_1^2}\mathbf{a}_{r1} - \frac{Q_2}{4\pi\epsilon_0 r_2^2}\mathbf{a}_{r2} = \frac{2}{4\pi\epsilon_0(y^2+5^2)}\left(-2\times\frac{5}{\sqrt{y^2+5^2}}\mathbf{a}_z\right)$$

$$= -\frac{20}{4\pi\epsilon_0(y^2+5^2)^{3/2}}\mathbf{a}_z\,[\mathrm{V/m}] \qquad \cdots ②$$

가 되고, 전속밀도는 다음과 같이 된다.

$$\mathrm{D} = \epsilon_0\mathrm{E} = -\frac{20}{4\pi(y^2+5^2)^{3/2}}\mathbf{a}_z \fallingdotseq -\frac{1.59}{(y^2+5^2)^{3/2}}\mathbf{a}_z\,[\mathrm{V/m}] \qquad \cdots ③$$

따라서 도체 표면의 면전하밀도는 다음과 같다.

$$\rho_S = D_n = -\frac{1.59}{(y^2+5^2)^{3/2}}\,[\mathrm{C/m^2}] \qquad \cdots ④$$

(c) 식 ④에 의해 도체 표면의 각 위치에 대한 면전하밀도를 계산하면 [표 6-1]과 같고, 이를 그래프로 나타내면 [그림 6-20]과 같이 된다.

표 6-1 도체판 위치에 따른 전속밀도

위치 [m]	0	1	2	3	4	5	6	7	8	9
면전하밀도 $[-10^{-3}\mathrm{C/m^2}]$	12.7	12.0	10.2	8.0	6.1	4.5	3.3	2.5	1.9	1.5

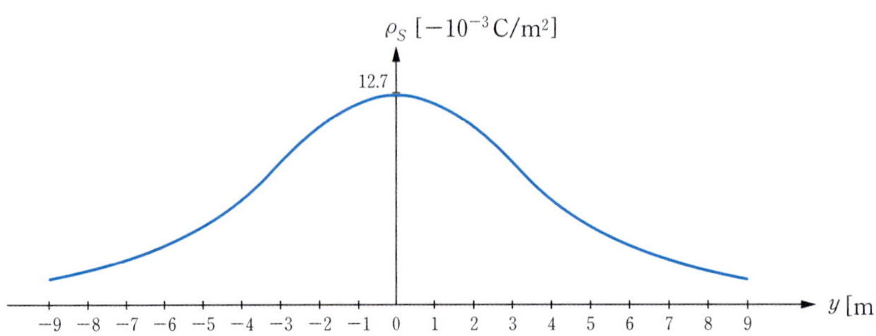

그림 6-20 도체판과 점전하에 의한 면전하밀도 그래프

6.5.2 송전선과 대지 사이의 정전용량

지상에 있는 송전선과 대지 사이의 정전용량도 영상법을 이용하여 쉽게 구할 수 있다. [그림 6-21(a)]와 같이 지상 h[m] 높이에 있는 반지름 a[m]의 송전선과 대지 사이의 단위길이당 정전용량을 구하는 문제는 [그림 6-21(b)]와 같이 $2h$[m]만큼 떨어져 있는 두 송전선 사이의 정전용량을 구하여, 그 값의 2배를 취하면 된다(왜냐하면 똑같은 2개의 정전용량을 직렬로 연결하면 합성 정전용량은 하나의 정전용량의 반이 되기 때문이다).

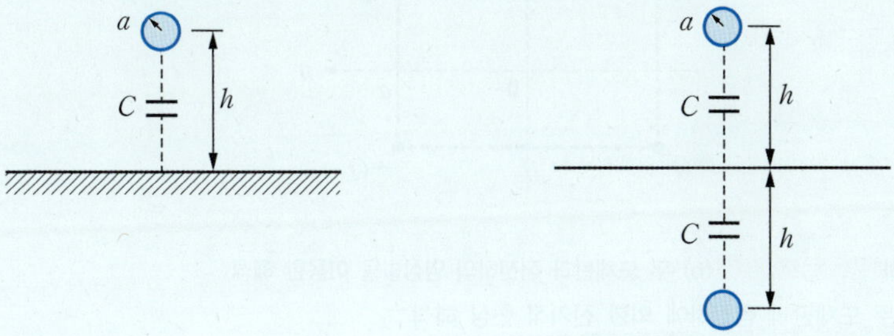

(a) 대지와 송전선 간의 정전용량 (b) 영상법을 이용한 정전용량 계산

그림 6-21 대지와 송전선

[그림 6-21(b)]의 두 송전선 사이의 단위길이당 정전용량은 식 (5.61)에 의해

$$C = \frac{\pi\varepsilon}{\ln\dfrac{2h}{a}} \text{ [F/m]}$$

이므로, 대지와 송전선 사이의 단위길이당 정전용량은 그 2배가 된다.

$$C = \frac{2\pi\varepsilon}{\ln\dfrac{2h}{a}} \text{ [F/m]} \tag{6.31}$$

6.5.3 직각으로 만난 접지 도체판과 점전하

[그림 6-22(a)]와 같이 접지된 2개의 넓은 도체판이 직각을 이루고 있는 경우에도, 영상법을 이용하면 도체와 점전하 사이 공간의 전기적 현상을 해석할 수 있다.

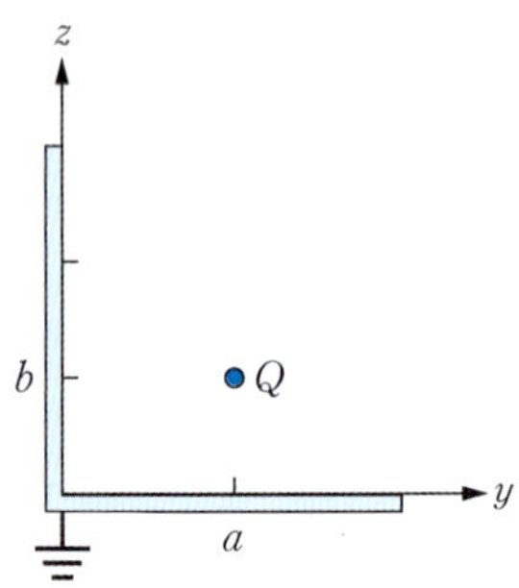

(a) 직각으로 만난 두 도체판과 점전하

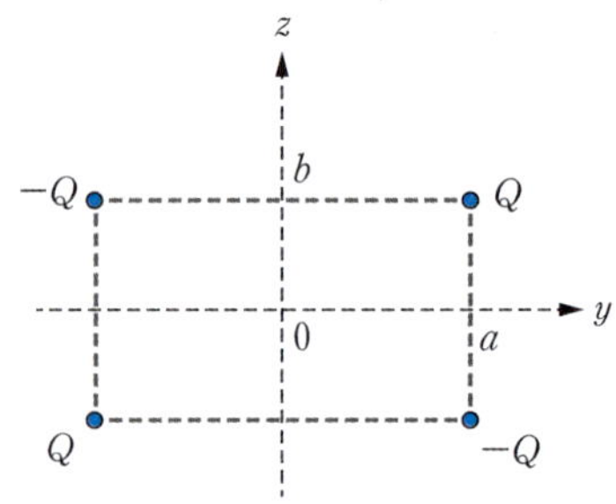

(b) 두 도체판과 점전하의 영상법을 이용한 해석

그림 6-22 직각으로 만난 접지된 두 도체판과 점전하에 의한 전기적 현상 해석

[그림 6-22(a)]에는 점 $(0,\ a,\ b)$에 점전하 $Q[\mathrm{C}]$이 있고, 경계조건은 다음과 같다.

$$z = 0,\ y \geq 0 \text{에서 } V = 0 \tag{6.32}$$

$$y = 0,\ z \geq 0 \text{에서 } V = 0 \tag{6.33}$$

영상법을 적용한 [그림 6-22(b)]에서 식 (6.32)를 만족하려면 점 $(0,\ a,\ -b)$에 $(-)Q[\mathrm{C}]$의 전하가 있어야 한다. 그리고 식 (6.33)을 만족하려면 점 $(0,\ -a,\ b)$에 $(-)Q[\mathrm{C}]$의 전하가 있어야 한다. 그러나 두 $(-)$전하들 사이의 영향을 제거하기 위해서는 추가로 점 $(0,\ -a,\ -b)$에 $(+)Q[\mathrm{C}]$을 놓아야 한다. 따라서 직각으로 만난 2개의 접지된 도체판과 점전하 사이 공간의 전기적인 해석은 [그림 6-22(b)]와 같은 4개의 전하들에 관한 해석과 일치한다.

예제 6-6 **직각으로 만난 접지 도체판과 점전하에 의한 전위**

[그림 6-23]과 같이 접지된 2개의 대단히 넓은 도체판이 직각으로 만나고 점 $(0, 4, 3)$에 점전하 $8[\mathrm{C}]$이 있을 때, 점 $P(0, 4, 6)$의 전위 V_P를 구하라.

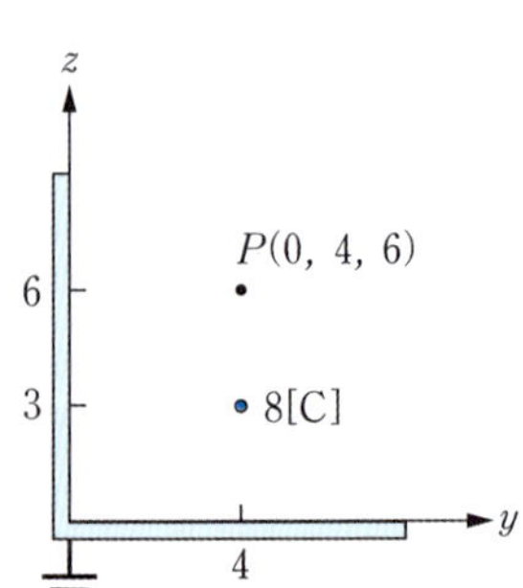

그림 6-23 두 접지 도체판과 점전하에 의한 전위

풀이

[그림 6-24]와 같이 영상법에 의해 3개의 전하를 추가하고 전위를 구하면 다음과 같이 된다.

$$V_P = \frac{8}{4\pi\epsilon_0}\left(\frac{1}{3} - \frac{1}{\sqrt{8^2+3^2}} - \frac{1}{9} + \frac{1}{\sqrt{8^2+9^2}}\right)$$
$$\fallingdotseq 9\times10^9\times8\times0.188 = 1.354\times10^{10}\,[\mathrm{V}]$$

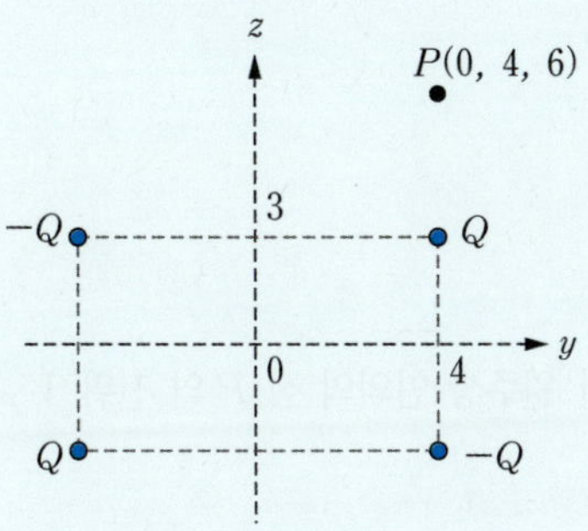

그림 6-24 영상법에 의한 두 접지 도체판과 점전하에 의한 전위

6.5.4 접지 구형 도체와 점전하

[그림 6-25(a)]와 같이 반지름이 a[m]인 접지된 구형 도체의 중심에서 d[m]만큼 떨어진 곳에 점전하 Q[C]이 있을 때, 자유공간에서의 전기적인 현상에 대해 영상법을 적용해보려고 한다. 접지된 구형도체의 전위가 0[V]이므로 영상법에서 사용하는 영상전하는 도체 내부의 도체 중심과 외부 전하를 잇는 선상에 있으면서, 외부 점전하와 함께 반지름 a[m]인 구의 전위를 0[V]로 하는 (−)전하량이어야 한다. 문제는 영상전하의 전하량과 그 위치를 어떻게 정할 수 있는가이다.

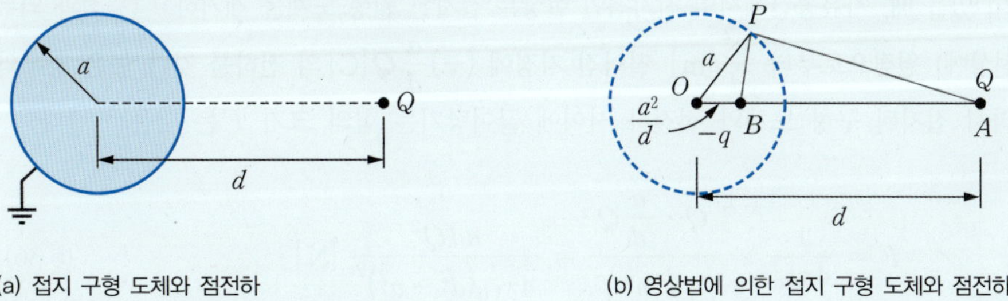

(a) 접지 구형 도체와 점전하

(b) 영상법에 의한 접지 구형 도체와 점전하에 의한 전위

그림 6-25 접지 구형 도체와 점전하에 의한 전위

먼저 [그림 6-25(b)]에서 외부 전하 Q[C]이 있는 점을 A, 원점 O로부터 a^2/d[m]만큼 떨어진 점을 B라고 하고 그 점에 $(-)q$[C]의 전하가 있다고 하자. 그리고 원점을 중심으로 반지름이 a[m]인 원을 그리고, 그 원 위에 있는 어떤 점을 P라고 하자.

$\triangle OPA$와 $\triangle OBP$에서

$$\left.\begin{aligned}&\angle O = \text{공통}\\&\overline{OA} : \overline{OP} = d : a\\&\overline{OP} : \overline{OB} = a : \frac{a^2}{d} = d : a\end{aligned}\right\} \Rightarrow \overline{OA} : \overline{OP} = \overline{OP} : \overline{OB}$$

이므로, $\triangle OPA \propto \triangle OBP$이다. 따라서 다음과 같이 된다.

$$\overline{PA} : \overline{BP} = d : a$$

점 A에 있는 점전하 Q[C]과 점 B에 있는 전하 $(-)q$[C]에 의한 원주상 임의의 점 P의 전위 V_P를 구하면 다음과 같이 표시된다.

$$V_P = \frac{Q}{4\pi\epsilon_0 \overline{PA}} - \frac{q}{4\pi\epsilon_0 \overline{BP}} = \frac{Q}{4\pi\epsilon_0 d} - \frac{q}{4\pi\epsilon_0 a}$$

만일

$$q = \frac{a}{d}Q \tag{6.34}$$

이면, 원점을 중심으로 한 반지름 a[m]의 원주상의 모든 점은 전위가

$$V_P = \frac{Q}{4\pi\epsilon_0 d} - \frac{\frac{a}{d}Q}{4\pi\epsilon_0 a} = 0 \tag{6.35}$$

이 된다. 따라서 결론적으로 반지름이 a[m]인 접지된 구형 도체의 중심에서 d[m]만큼 떨어진 곳에 점전하 Q[C]이 있을 때, 자유공간에서의 전기적인 현상은 접지된 원형 도체를 제거하고 (원점과 외부 전하를 잇는 선상에) **원점으로부터 $\frac{a^2}{d}$[m] 떨어진 지점에 $(-)\frac{a}{d}Q$[C]의 전하를 갖다 놓은 경우와 일치한다.** 따라서 접지된 구형 도체와 점전하 사이에 끌어당기는 힘의 크기 F는 다음과 같다.

$$F = \frac{1}{4\pi\epsilon_0} \times \frac{Q \times \frac{a}{d}Q}{\left(d - \frac{a^2}{d}\right)^2} = \frac{adQ^2}{4\pi\epsilon_0 (d^2 - a^2)^2} \text{ [N]} \tag{6.36}$$

예제 6-7 접지 구형 도체와 점전하에 의한 전위

[그림 6-26]과 같이 원점에 반지름 $a = 0.5$[m]인 접지된 구형 도체가 있다. 점 $A(4, 3, 0)$에 점전하 4[μC]이 있을 때, 다음을 구하라.

(a) 점 $P(0, 0, 5)$의 전위 V_P

(b) 구형 도체와 점전하가 서로 끌어당기는 힘의 크기 F

(c) 구형 도체 표면에서 가장 큰 면전하밀도 ρ_{Smax}

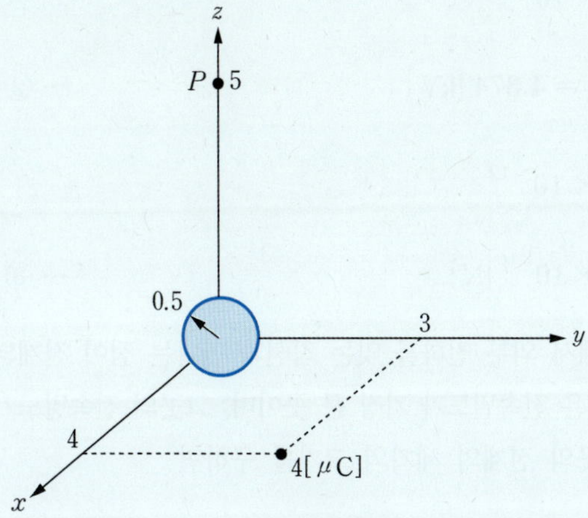

그림 6-26 접지 구형 도체와 점전하

풀이

점전하와 접지 구형 도체에 대한 영상전하의 크기와 위치는 [그림 6-27]과 같다.

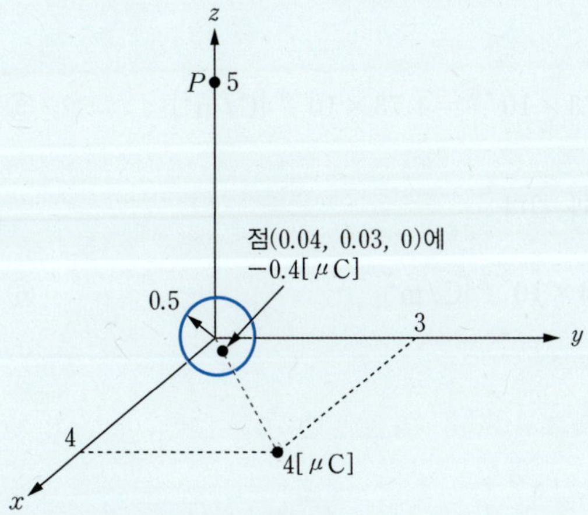

그림 6-27 영상전하에 의한 전위

영상법에 의한 영상전하의 크기는

$$-q = -\frac{a}{d}Q = -\frac{0.5}{5}\times 4\times 10^{-6} = -0.4\,[\mu\text{C}] \qquad \cdots ①$$

이다. 그리고 위치는 원점으로부터 $\frac{a^2}{d} = \frac{0.5^2}{5} = 0.05[\text{m}]$ 지점이므로 직각좌표로 나타내면 (0.04, 0.03, 0)이다.

(a) $V_P = \frac{1}{4\pi\epsilon_0}\left(\frac{4}{5\sqrt{2}} - \frac{0.4}{\sqrt{5^2+0.05^2}}\right)\times 10^{-6}$

$$= 9\times 10^9 \times (0.566 - 0.080)\times 10^{-6} = 4.374\,[\text{kV}] \qquad \cdots ②$$

(b) $F = \frac{Qq}{4\pi\epsilon_0 R_{ab}^2} = \frac{1}{4\pi\epsilon_0}\left\{\frac{4\times 0.4}{(5-0.05)^2}\right\}\times 10^{-12}$

$$= 9\times 10^9 \times 0.0653\times 10^{-12} = 5.877\times 10^{-4}\,[\text{N}] \qquad \cdots ③$$

(c) 반지름이 0.5 [m]인 구 표면과 구의 중심에서 외부 전하를 잇는 직선과 만나는 점이 전계의 세기의 크기가 최대인 점이다. 따라서 이 점은 전속밀도가 가장 큰 곳이며, 그곳의 전속밀도가 바로 최대의 면전하밀도가 된다. 먼저 그곳의 전계의 세기의 크기를 구하면

$$E = \frac{1}{4\pi\epsilon_0}\left\{\frac{4}{4.5^2} + \frac{0.4}{(0.5-0.05)^2}\right\}\times 10^{-6}$$

$$= \frac{1}{4\pi\epsilon_0}\times 2.173\times 10^{-6}\,[\text{V/m}] \qquad \cdots ④$$

가 되고, 전속밀도는

$$D = \epsilon_0 \times E = \epsilon_0 \times \frac{1}{4\pi\epsilon_0}\times 2.173\times 10^{-6} = 1.73\times 10^{-7}\,[\text{C/m}^2] \qquad \cdots ⑤$$

가 된다. 따라서 최대 면전하밀도는 다음과 같다.

$$\rho_{Smax} = D_n = 1.73\times 10^{-7}\,[\text{C/m}^2] \qquad \cdots ⑥$$

CHAPTER 06_핵심요약

■ 푸아송 방정식과 라플라스 방정식

- 푸아송 방정식 : $\nabla^2 V = -\dfrac{\rho_v}{\epsilon}$
- 라플라스 방정식 : $\nabla^2 V = 0$

■ 반복계산법과 전류상사법

- 반복계산법 : $V_0 \fallingdotseq \dfrac{V_1 + V_2 + V_3 + V_4}{4}$
- 전류상사법 : $RC = \dfrac{\epsilon}{\sigma}$

■ 영상법

- 접지 도체판과 점전하

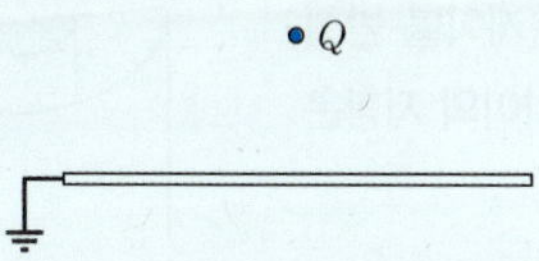

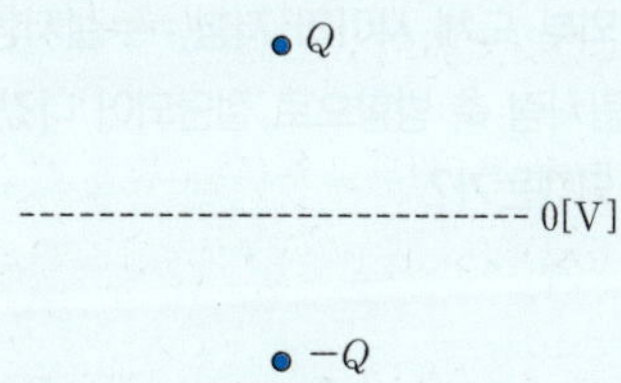

- 송전선과 대지 사이의 정전용량

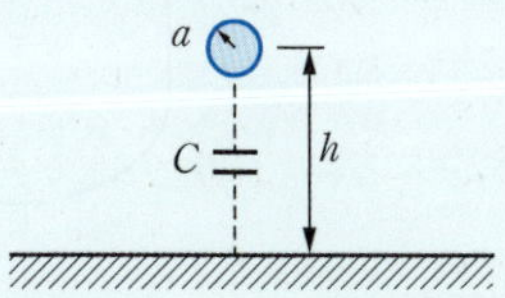

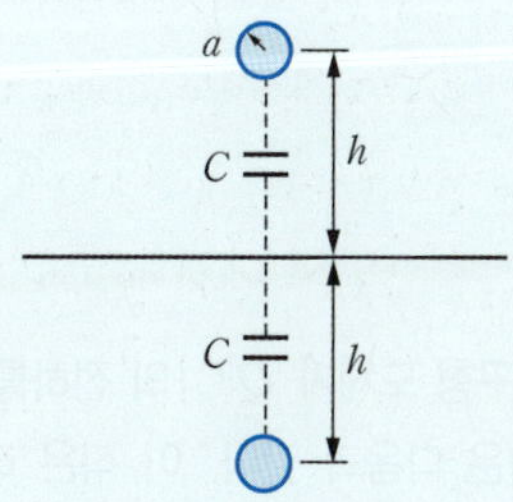

- 직각으로 만난 접지 도체판과 점전하

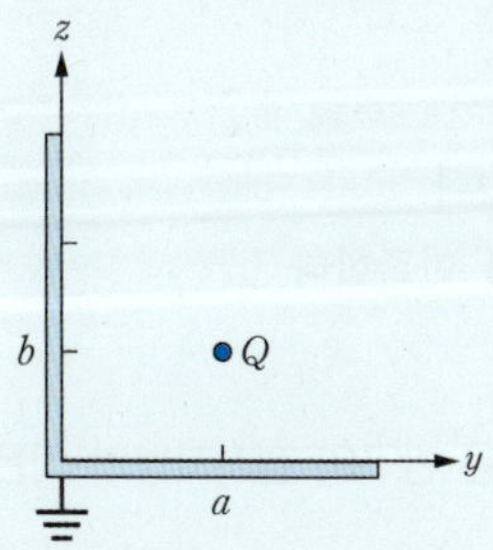

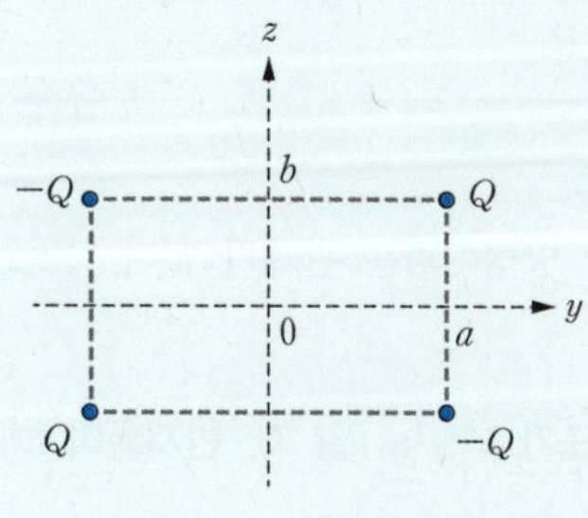

- 접지 구형 도체와 점전하

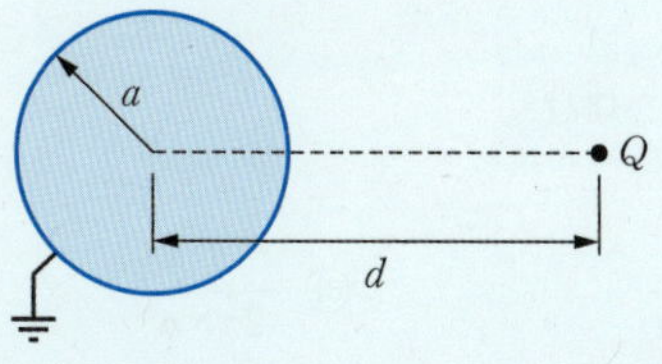

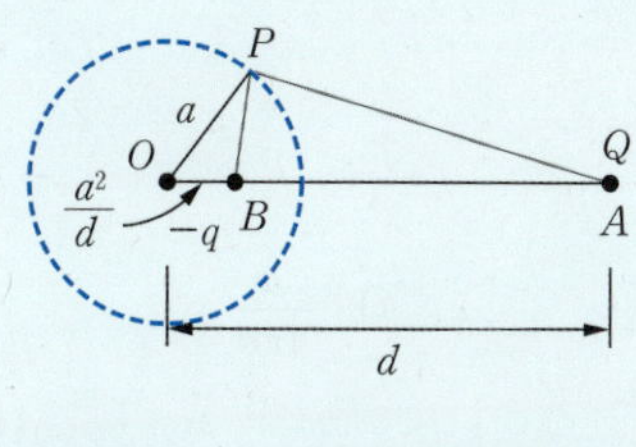

$$-q = -\frac{a}{d}Q$$

6.1 라플라스 방정식을 이용하여 유전체의 전위를 구하는 것이 편리한 경우는?

㉮ 전하의 분포가 확실하게 주어졌을 때 ㉯ 체적전하밀도가 주어졌을 때
㉰ 도체의 전위가 주어졌을 때 ㉱ 유전율이 0일 때

6.2 다음 전위의 식들 중에서 라플라스 방정식을 만족하는 것은?

㉮ $V = x^2 + y^2 + z^2$ ㉯ $V = xyz$
㉰ $V = \frac{1}{x}$ ㉱ $V = \ln x$

6.3 내부 도체와 외부 도체 사이의 저항(=누설저항)이 $4[\mathrm{M\Omega}]$인 동축케이블 반절이 오른쪽 그림처럼 축 방향으로 절단되어 나갔다면, 내외부 도체 사이의 저항은 몇 $[\mathrm{M\Omega}]$이 되겠는가?

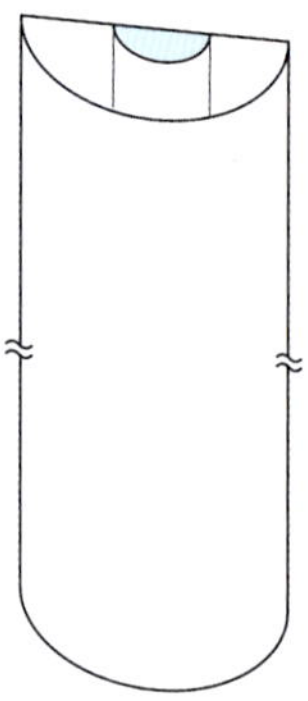

㉮ 2 ㉯ 4
㉰ 8 ㉱ 16

6.4 반지름이 $a[\mathrm{m}]$인 구형 도체가 $Q[\mathrm{C}]$의 전하를 갖고 있을 때, 이 구형 도체의 중심에서 $r[\mathrm{m}]$만큼 떨어진 곳의 전위의 식은 다음과 같다. 이 식은 라플라스 방정식을 만족하는가? 단, $r > a$이다.

$$V = \frac{Q}{4\pi\epsilon r}$$

㉮ 만족한다. ㉯ 만족하지 않는다.
㉰ 라플라스 방정식과는 관계가 없다. ㉱ $Q=0$일 때만 만족한다.

6.5 대지의 전도도가 $\sigma[\mathrm{S/m}]$일 때, 반지름이 $a[\mathrm{m}]$인 다음 그림과 같은 반구의 접지저항의 식은?

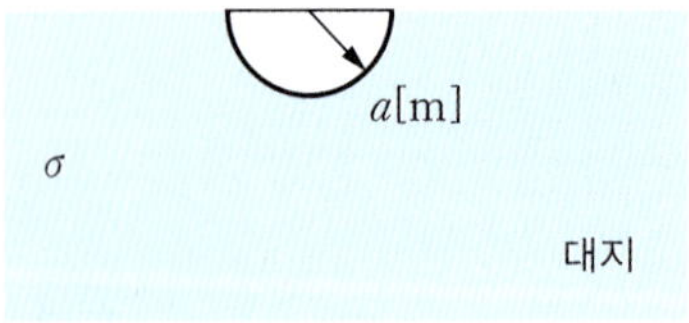

㉮ $\frac{\sigma}{4\pi a}$ ㉯ $\frac{a}{4\pi\sigma}$ ㉰ $\frac{\sigma}{2\pi a}$ ㉱ $\frac{1}{2\pi\sigma a}$

6.6 평행평판 커패시터의 정전용량이 $5[\mu\text{F}]$이다. 이 커패시터의 누설저항은 얼마인가? 단, 커패시터의 두 극판 간 절연체의 유전율과 전도도는 각각 $\epsilon = 1[\text{nF/m}]$, $\sigma = 10^{-9}[\text{S/m}]$이다.

㉮ $200[\text{k}\Omega]$　㉯ $40[\text{k}\Omega]$　㉰ $1[\text{M}\Omega]$　㉱ $5[\text{M}\Omega]$

6.7 자유공간에서 4점의 전위가 다음 그림과 같을 때, 그 한가운데의 $V_0[\text{V}]$값으로 가장 합리적인 값은? 단, 모든 값의 단위는 $[\text{V}]$이다.

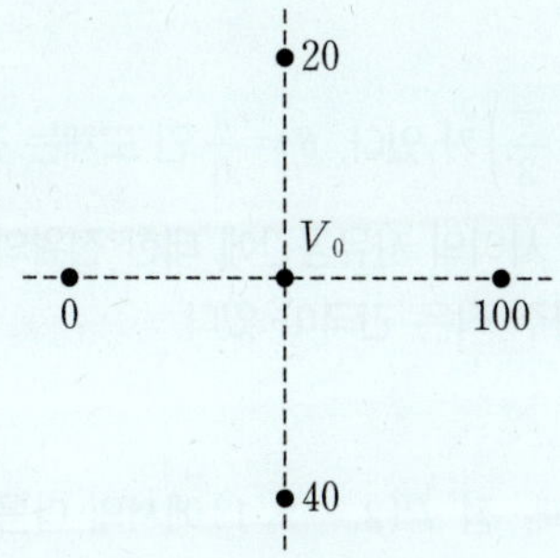

㉮ 50　㉯ 40　㉰ 53.3　㉱ 30

6.8 무한평면 도체의 표면으로부터 $h[\text{m}]$ 거리의 진공 중에 있는 전하 $Q[\text{C}]$이 갖는 위치에너지는 몇 $[\text{J}]$인가?

㉮ $-\dfrac{Q^2}{8\pi\epsilon_0 h}$　㉯ $\dfrac{Q^2}{4\pi\epsilon_0 h}$　㉰ $-\dfrac{Q^2}{16\pi\epsilon_0 h}$　㉱ $-\dfrac{Q^2}{4\pi\epsilon_0 h}$

6.9 무한평면 도체의 표면으로부터 $1[\text{m}]$ 거리의 진공 중에 있는 점전하 $1[\text{C}]$이 받는 힘은 얼마인가?

㉮ $2.25\times10^9[\text{N}]$　㉯ $4.5\times10^9[\text{N}]$　㉰ $9\times10^9[\text{N}]$　㉱ $1[\text{N}]$

6.10 무한평면 도체에서 $h[\text{m}]$만큼 떨어진 곳에 선전하밀도가 $\rho_L[\text{C/m}]$인 대단히 긴 직선 도체가 있다. 이 직선 도체가 받는 단위길이당 힘의 크기 $F[\text{N/m}]$는?

㉮ $\dfrac{\rho_L^2}{4\pi\epsilon_0 h}$　㉯ $\dfrac{\rho_L^2}{2\pi\epsilon_0 h}$　㉰ $\dfrac{\rho_L}{2\pi\epsilon_0 h}$　㉱ $\dfrac{2\rho_L}{\pi\epsilon_0 h}$

6.11 무한평면 도체의 표면에서 $3[\text{m}]$만큼 떨어진 곳에 점전하 $50[\mu\text{C}]$이 있다. 이 전하를 무한원점까지 이동시키는 데 필요한 일은 몇 $[\text{J}]$인가?

㉮ 6.25×10^{-7}　㉯ 9.375×10^{-6}　㉰ 7.5　㉱ 1.875

6.12 반지름이 $0.2[\mathrm{m}]$인 구형 도체를 접지시키고, 이 구형 도체의 중심에서 $1[\mathrm{m}]$만큼 떨어진 곳에 $500[\mu\mathrm{C}]$의 점전하를 갖다 놓았을 때, 구형 도체의 표면에 유도되는 총 전하량은 몇 $[\mu\mathrm{C}]$인가?

㉮ 0　　㉯ 20　　㉰ -100　　㉱ 100

6.13 체적전하밀도가 $\rho_v = 50x[\mu\mathrm{C/m^3}]$인 곳에서의 전위 V와 전계의 세기 $\mathbf{E}$를 구하라. 단, $x=0$에서 $\mathbf{E}=0$, $x=5[\mathrm{m}]$에서 $V=0$이다.

6.14 두 원추형 도체$\left(\theta=\frac{\pi}{6},\ \theta=\frac{\pi}{3}\right)$가 있다. $\theta=\frac{\pi}{6}$인 도체는 전위가 $100[\mathrm{V}]$이고 $\theta=\frac{\pi}{3}$인 도체는 접지되어 있다고 할 때, 두 도체 사이의 자유공간에 대한 전위의 식과 전계의 세기의 식을 구하라. 단, 두 원추형 도체는 $r=0$에서 아주 작은 간극이 있다.

6.15 전위가 $V=10x^2yz^3[\mathrm{V}]$일 때, 점 $P(2, -2, 1)$에서의 다음 값을 구하라.

(a) 전위 V_P

(b) 전계의 세기 $\mathbf{E}_P$

(c) 체적전하밀도 ρ_v

(d) 점 P를 지나는 등전위면의 방정식

(e) 점 P를 지나며, $z=1$인 평면에 그려지는 전기력선의 방정식

(f) 점 P를 지나며, $y=-2$인 평면에 그려지는 전기력선의 방정식

(g) 주어진 전위의 식은 라플라스 방정식을 만족하는가?

6.16 다음 그림과 같이 축 방향으로 3/4이 잘려 나간 동축케이블의 내부 도체와 외부 도체 사이의 저항을 구하라. 단, 내외부 사이의 절연체의 전도도는 $5\times10^{-3}[\mathrm{S/m}]$이다.

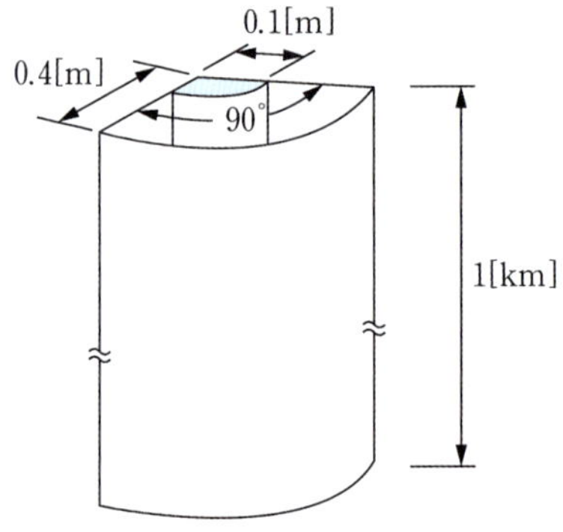

6.17 반복계산법을 이용하여 다음 그림의 점 P와 점 Q의 전위를 구하라.

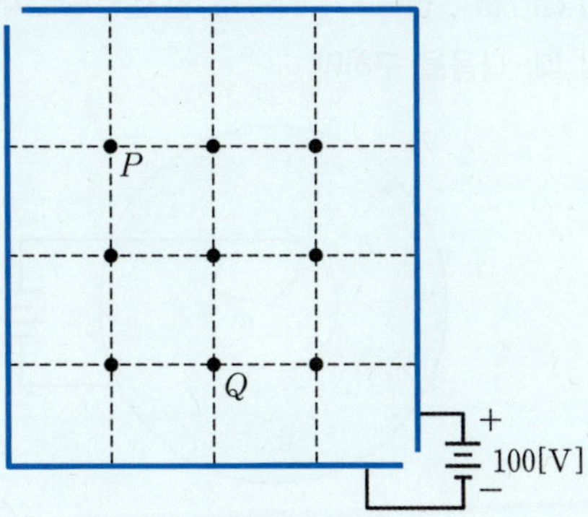

6.18 내외부 반지름이 각각 $2[\mathrm{cm}]$, $5[\mathrm{cm}]$인 동축케이블의 내외부 도체에 $1[\mathrm{kV}]$의 전압을 가했을 때, 원통좌표계의 점 $P(0.03, 0, 0)$의 전위 V_P와 전계의 세기 $\mathbf{E}_P$를 구하라. 또한 이 케이블의 절연에 사용된 절연체의 비유전율이 5이고 전도도가 $5\times10^{-10}[\mathrm{S/m}]$라고 하면, 이 케이블의 단위길이당 정전용량과 컨덕턴스는 얼마인가?

6.19 $\rho=5[\mathrm{cm}]$, $\rho=10[\mathrm{cm}]$의 두 원통형 도체가 있다. 내부 도체의 전위가 $100[\mathrm{V}]$, 외부 도체의 전위는 $0[\mathrm{V}]$, 내외부 도체 사이의 절연체의 비유전율은 $\epsilon_r=6$, 전도도는 $\sigma=2\times10^{-8}[\mathrm{S/m}]$라고 할 때, 다음을 구하라.

(a) 점 $P(5, 5, 0)[\mathrm{cm}]$인 점의 전위 V_P

(b) 점 $P(5, 5, 0)[\mathrm{cm}]$인 점의 전계의 세기 $\mathbf{E}_P$

(c) 내부도체의 면전하밀도 ρ_S

(d) 단위길이당 정전용량 C

(e) 내외부 도체 사이의 단위길이당 컨덕턴스 G

6.20 반지름이 각각 $r=4[\mathrm{cm}]$, $r=10[\mathrm{cm}]$인 동심구도체가 있다. 내부 도체구와 외부 도체구 사이에 비유전율은 $\epsilon_r=8$, 전도도는 $\sigma=5\times10^{-6}[\mathrm{S/m}]$인 절연체가 채워져 있다고 할 때, 정전용량과 내외부 도체 사이의 저항(=누설저항)값을 구하라.

6.21 다음 그림과 같이 내부 반지름이 $r = a$[m], 외부 반지름이 $r = b$[m]인 동심구형 도체가 있다. 내외부 도체 사이에는 유전율이 ϵ[F/m], 전도도가 σ[S/m]인 절연체로 채워져 있고 내외부 도체에 전압 V_0[V]가 인가되어 있다고 할 때, 다음을 구하라.

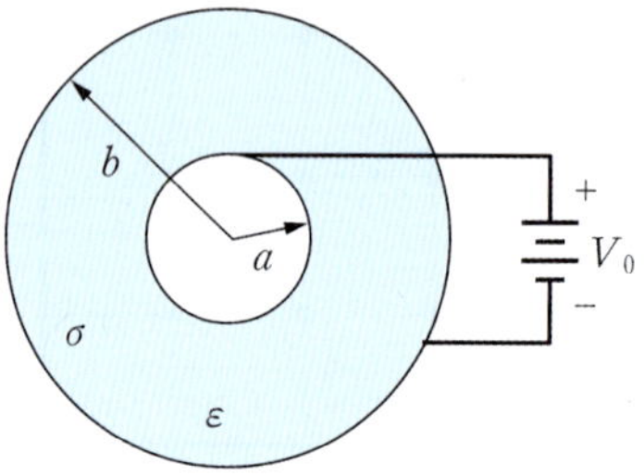

(a) $a \leq r \leq b$에서 전계의 세기 E

(b) 전류밀도 J

(c) 저항 R

(d) (c)에서 구한 저항 R이 전류상사성을 나타내는 식 (6.30)을 만족하는지 여부

CHAPTER

07

정상자계

The Steady Magnetic Field

학습목표

- 영구자석과 정상자계의 개념을 이해할 수 있다.
- 영구자석 사이에 작용하는 힘을 구할 수 있다.
- 비오-사바르의 법칙을 이용하여 선전류에 의한 자계의 세기를 구할 수 있다.
- 암페어의 주회법칙을 배우고, 대칭성이 있는 전류에 의한 자계를 구할 수 있다.
- 자속밀도의 개념을 이해하고, 자계의 세기로부터 자속밀도를 구할 수 있다.
- 정전계 및 정상자계에 대한 맥스웰 방정식을 유도하고, 그 미분형을 구할 수 있다.
- 자위와 전위의 유사성을 비교하여 자위의 개념을 확립할 수 있다.

전자기적인 현상은 전기와 자기로 나누어 생각할 수 있다. 이 장에서는 영구자석에 의한 자계와 직류전류에 의한 자계의 세기에 대해 살펴본다. 앞에서 배운 정전하에 의한 전계와 비교해보면 자계를 좀 더 쉽게 이해할 수 있을 뿐만 아니라 정전계에 대한 개념을 더욱 공고히 정립할 수 있을 것이다.

사실 영구자석에 의한 자계도 전자의 회전운동, 즉 전류에 의한 자계이므로 영구자석보다 전류의 자기작용에 더욱 비중을 두고 이론을 전개한다. 그리고 이 장의 뒷부분에서는 정전계와 정상자계에 국한하여 사용되는 맥스웰 방정식을 정리하여 소개한다.

SECTION
7.1 영구자석과 정상자계

인류에게 가장 먼저 나타난 전자기적인 현상은 전기보다 자기적인 것이었다. 일찍이 철광석의 일종인 자철광magnetite(Fe_3O_4)이 다른 금속을 끌어당기고, 매달아 놓았을 때 일정한 방향을 가리키는 성질이 있다는 것이 발견되어 B.C. 376년경 중국에서 나침판으로 사용되었다. 이 자철광이 가진 성질을 **자기**magnetism라고 하며, 이러한 성질을 가진 물체를 **자석**magnet이라고 한다. 자석은 그 모양에 따라 막대자석, 말굽자석, 자침magnetic needle 등으로 분류하며, 자기적인 성질을 일시적으로 가졌다가 잃어버리는 전자석 등과 구분하여 **영구자석**permanent magnet이라고 부른다.

막대자석을 실로 매달아 놓았을 때 북쪽을 가리키는 면을 N극(또는 $+$극), 남쪽을 가리키는 면을 S극(또는 $-$극)이라고 부른다. 그러나 전하와 달리 N극과 S극을 서로 분리시킬 수는 없으며 두 극은 항상 붙어 다닌다. 예를 들어, [그림 7-1(a)]의 N극과 S극을 분리시키기 위해 긴 막대자석의 중간을 잘라 2개로 나누면 [그림 7-1(b)]와 같이 자극의 세기가 같은 2개의 자석이 다시 생긴다.

(a) 하나의 자석 (b) 2개로 분리된 자석

그림 7-1 자석 분리

전하에 의해 정전유도현상이 일어나듯 자석에 의해서도 자기유도현상magnetic induction phenomena이 일어난다. 자기적인 성질을 전혀 나타내지 않았던 금속에 자석을 가까이 가져가면 [그림 7-2]와 같이 자기적인 성질을 갖게 된다. 물론 모든 물질이 다 그런 것은 아니며, 이런 현상을 나타내는 물질을 자성체magnetic material라고 부른다(자성체는 8.5절에서 자세히 설명한다). 이런 자기유도현상에 의해 자성체에 자석을 가까이 가져가면 자성체가 자석에 달라붙는다.

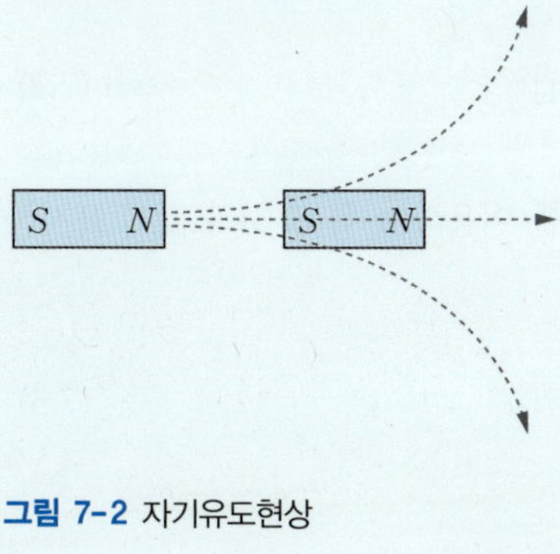

그림 7-2 자기유도현상

SECTION 7.2

자계에 대한 쿨롱의 법칙

전하와 같이 자석도 같은 극끼리는 서로 밀어내고, 서로 다른 극끼리는 잡아당기는 힘이 발생한다. 이때 **두 자극 사이에 작용하는 힘의 크기는 두 자극의 크기의 곱에 비례하고 두 자극 사이의 거리의 제곱에 반비례한다.** 이를 자계에 대한 쿨롱의 법칙Coulomb's Law이라고 하며, 다음과 같이 표시한다.

$$F = k\frac{m_1 m_2}{R^2} \tag{7.1}$$

7.2.1 자극의 크기

자극의 세기가 똑같은 2개의 자석을 [그림 7-3]과 같이 1[m] 거리로 떼어 놓았을 때, 두 자석 사이에 작용하는 힘이 6.33×10^4[N]이면 이 자석들이 갖고 있는 자극의 크기를 각각 1[Weber]라고 하고, 간략하게 1[Wb]라고 쓴다. 여기서 N극과 S극은 서로 멀리 떨어져서 측정에 영향을 미치지 않아야 정확한 값을 얻을 수 있으며, 이렇게 N극과 S극이 멀리 떨어져 있는 자석의 자극을 **점자극** point pole이라고 한다.

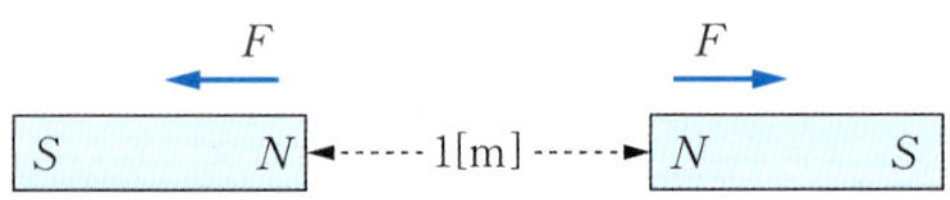

그림 7-3 자극의 세기 단위 측정

따라서 자극의 세기 m_1, m_2의 단위를 [Weber], 거리 R의 단위를 [m]로 하면, 식 (7.1)은 다음과 같이 된다.

$$F = 6.33 \times 10^4 \frac{m_1 m_2}{R^2} \text{ [Newton]} \tag{7.2}$$

쿨롱의 법칙을 나타내는 식 (7.2)는 진공(또는 공기)의 투자율 μ_0를 이용하여 식 (7.3)과 같이 표시하여 주로 사용한다.

$$F = \frac{1}{4\pi\mu_0}\frac{m_1 m_2}{R^2} \text{ [N]} \tag{7.3}$$

다만, 전계에서의 유전율에 비해 자계에서의 투자율이 조금 다르므로 이 식의 표현도 전계에서와 다른 면이 있음에 주의해야 한다. 식 (7.3)을 방향까지 포함하는 벡터식으로 나타내면 다음과 같이 된다.

$$\mathrm{F} = \frac{1}{4\pi\mu_0}\frac{m_1 m_2}{R^2}\,\mathrm{a}_R\,[\mathrm{N}] \tag{7.4}$$

식 (7.4)에서 a_R은 자극 m_1과 m_2를 잇는 방향의 단위벡터이다. 여기서 공기의 투자율은 $\mu_0 = \frac{1}{4\pi\times 6.33\times 10^4} = 4\pi\times 10^{-7}[\mathrm{H/m}]$이다.

7.2.2 자계의 세기

공기 중에 자석을 갖다 놓으면 이 자석에 의해 영향을 받는 하나의 장field이 형성되며, 이 자기적인 장을 그 자석에 의해 만들어진 **자계**magnetic field라고 한다.

어떤 지점의 **자계의 세기**magnetic field intensity H는 그 지점에 1[Wb]의 N극 점자극을 갖다 놓고 그 점자극이 받는 힘의 크기와 방향을 가지고 정의한다. 또한 이 자계의 세기는 벡터량이며, 크기뿐만 아니라 방향도 갖는다는 점에 유의해야 한다.

쿨롱의 법칙에 의해, 자극 m[Wb]에 의해 만들어진 자계에서 이 자극으로부터 R[m]만큼 떨어진 점에 있는 자극 m_1[Wb]가 받는 힘 F_1은 다음과 같다.

$$\mathrm{F}_1 = \frac{1}{4\pi\mu_0}\frac{m m_1}{R_1^2}\,\mathrm{a}_{R_1}\,[\mathrm{N}] \tag{7.5}$$

이 힘 F_1을 자극 m_1[Wb]로 나눈 것은 1[Wb]의 N극 점자극이 받는 힘과 같을 것이다. 따라서 그 지점의 자계의 세기 H_1은 다음과 같이 구할 수 있다.

$$\mathrm{H}_1 = \frac{\mathrm{F}_1}{m_1} = \frac{1}{4\pi\mu_0}\frac{m}{R_1^2}\,\mathrm{a}_{R_1}\,[\mathrm{N/Wb}] \tag{7.6}$$

반대로, 자계의 세기가 H[N/Wb]인 곳에 N극 점자극 m_1[Wb]를 갖다 놓으면 이 점자극이 받는 힘은 다음과 같이 된다.

$$\mathrm{F}_1 = m_1\mathrm{H}\,[\mathrm{N}] \tag{7.7}$$

자계의 세기는 N극 단위 점자극이 받는 힘으로 정의되므로 그 단위가 [N/Wb]가 되는 것이 당연하지만, 보통 실용적인 단위로 [Ampere · Turn/meter]를 더 많이 사용한다.

지금까지의 내용을 정리하면, N극 점자극 m[Wb]로부터 R[m]만큼 떨어진 점의 자계의 세기는 다음과 같다.

$$\mathrm{H} = \frac{1}{4\pi\mu_0}\frac{m}{R^2}\mathbf{a}_R\,[\mathrm{AT/m}] \tag{7.8}$$

예제 7-1 원점에 있는 점자극에 의한 자계의 세기

원점에 10[Wb]의 점자극이 놓여 있는 자계가 있다.

(a) 점 $P(1, 2, 3)$의 자계의 세기 H_P를 구하라.

(b) 점 P에 5[Wb]의 점자극을 갖다 놓았을 때, 이 점자극이 받는 힘의 크기를 구하라.

풀이

(a) 식 (7.8)에 의해 다음과 같이 구할 수 있다.

$$\mathrm{H}_P = \frac{1}{4\pi\mu_0}\frac{m}{R_1^2}\mathbf{a}_{R_1} = 6.33\times 10^4 \frac{10}{\left(\sqrt{1^2+2^2+3^2}\right)^2}\frac{(\mathbf{a}_x + 2\mathbf{a}_y + 3\mathbf{a}_z)}{\sqrt{1^2+2^2+3^2}} \quad \cdots ①$$

$$= \frac{6.33\times 10^5}{14}\frac{(\mathbf{a}_x + 2\mathbf{a}_y + 3\mathbf{a}_z)}{\sqrt{14}}\left(= \frac{6.33\times 10^5}{14}\mathbf{a}_r\right)$$

$$\fallingdotseq 4.5\times 10^4 (0.267\mathbf{a}_x + 0.535\mathbf{a}_y + 0.802\mathbf{a}_z)\,[\mathrm{AT/m}]$$

(b) 식 (7.7)에 의해 다음과 같이 구할 수 있다.

$$\mathrm{F} = m\mathrm{H} \fallingdotseq 5\times 4.5\times 10^4 (0.267\mathbf{a}_x + 0.535\mathbf{a}_y + 0.802\mathbf{a}_z)\,[\mathrm{N}] \quad \cdots ②$$

$$\therefore\ F \fallingdotseq 2.25\times 10^5\,[\mathrm{N}]$$

SECTION 7.3

전류에 의한 자계

전하에 의한 전계처럼, 우리는 앞에서 자석에 의한 자계에 대해 살펴보았다. 자석과 마찰전기가 발견된 후 오랜 시간 동안 자기와 전기는 서로 아무 관계가 없는 것처럼 따로따로 연구되었다. 그러다가 1820년 덴마크의 과학자 에르스텟H. C. Oersted이 전류가 자기를 만들어낸다는 놀라운 사실을 최초로 발표한 후, 이에 대한 연구가 활발히 진행됐다. 그리고 같은 해에 프랑스의 두 과학자 비오J. Biot와 사바르F. Savart에 의해 비오-사바르의 법칙이라는 실험식이 발표되었다. 이어서 영구자석뿐만 아니라 직류전류 또는 시간적으로 일정한 변화율을 가진 전계가 일정한 크기를 가진 정상자계steady magnetic field(또는 정자계magnetostatic field)를 만들어낸다는 사실을 알게 되었고, 그 후 자극의 세기를 마음대로 조절할 수 없는 영구자석보다 자계의 세기를 마음대로 조절할 수 있는, 전류 또는 전계의 변화에 의한 자계에 더 많은 관심을 갖게 되었다.

7.3.1 비오-사바르의 법칙

[그림 7-4]와 같이 전류가 흐르면 전류가 흐르는 도체 주변에 자계가 발생한다. 이때 전류값에 조그만 길이를 곱한 미소전류 선소 $I d\mathrm{L}$에 의한 점 P의 자계의 세기는 전류 크기와 선소의 길이에 비례하고, 선소와 점 P와의 거리의 제곱에 반비례하며, 전류 방향과 선소에서 점 P를 이은 선과의 사잇각의 사인sine 값에 비례한다. 이를 **비오-사바르의 법칙**Biot-Savart law이라고 하며, 자계의 세기의 방향까지 고려하여 식으로 나타내면 다음과 같다.

$$d\mathrm{H}_P = \frac{I d\mathrm{L} \times \mathbf{a}_R}{4\pi R^2} \tag{7.9}$$

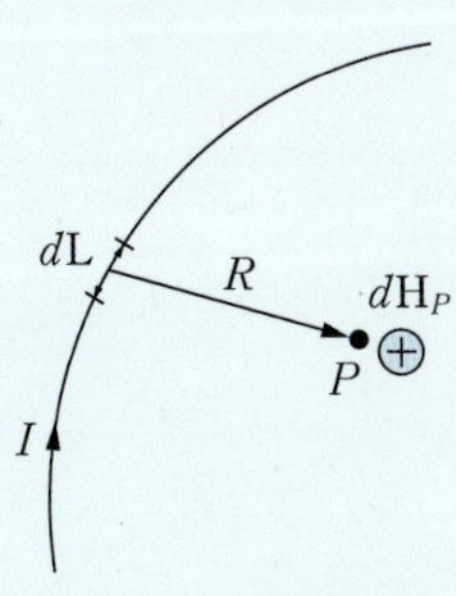

그림 7-4 미소전류 선소에 의한 자계의 세기

식 (7.9)는 2장에서 다룬 미소전하에 의한 전계의 세기와 비슷한 형태로, 자계에서도 선전류나 면전류 또는 체적전류에 의한 자계의 세기를 구할 때 동일한 방법이 적용될 수 있다.

전류는 항상 폐곡선을 따라 흐르므로 전류가 흐르는 전체 길이에 의한 어떤 점의 자계의 세기를 구하기 위해서는 다음과 같은 폐곡선에 대한 적분식이 되어야 한다.

$$\mathrm{H}_P = \oint_c \frac{Id\mathrm{L} \times \mathrm{a}_R}{4\pi R^2} \tag{7.10}$$

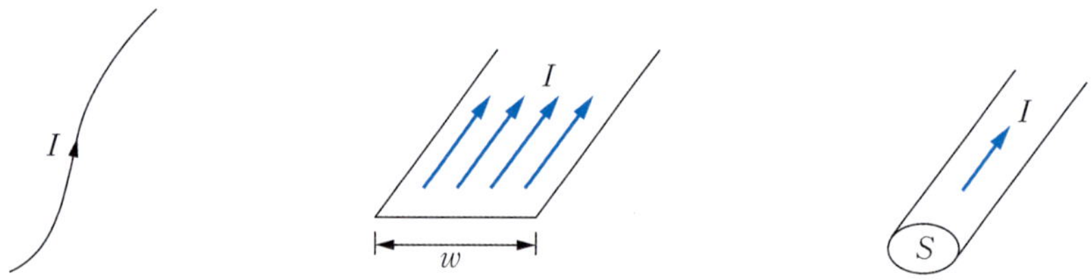

(a) 선전류 (b) 면전류 (c) 체적전류

그림 7-5 전류의 종류

전류는 흐르는 도체의 모양에 따라 [그림 7-5]와 같이 선전류, 면전류, 체적전류로 구분할 수 있으며 다음과 같이 면전류밀도 $\mathrm{K}\,[\mathrm{A/m}]$와 체적전류밀도 $\mathrm{J}\,[\mathrm{A/m^2}]$를 정의할 수 있다.

$$\text{면전류밀도 : } \mathrm{K} = \frac{I}{w}\mathrm{a}_I\,[\mathrm{A/m}] \tag{7.11}$$

$$\text{체적전류밀도 : } \mathrm{J} = \frac{I}{S}\mathrm{a}_I\,[\mathrm{A/m^2}] \tag{7.12}$$

길이 w나 면적 S는 전류에 수직이며, a_I는 전류 방향의 단위벡터이다. 그리고 일반적으로 전류밀도라 하면 체적전류밀도를 가리킨다. 이때 단위에 주의가 필요하다.

비오-사바르의 법칙을 이용하여 [그림 7-6]과 같은 전류 선소 $IL_{z_1 z_2}$만에 의한 점 $P(0, \rho, 0)$의 자계의 세기 H_P를 구해보자.

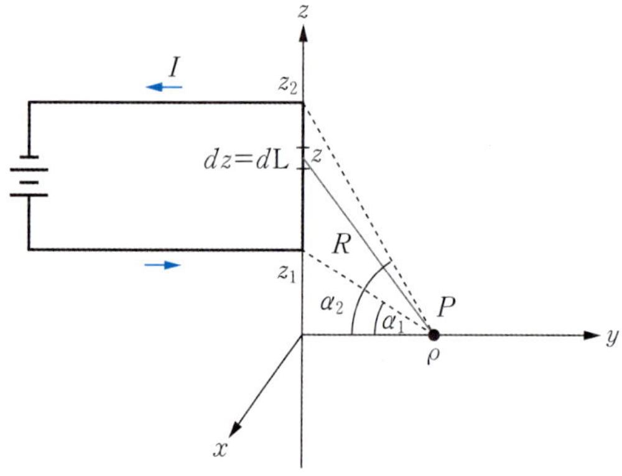

그림 7-6 유한한 전류 선소에 의한 자계의 세기

식 (7.9)를 이용하면 다음과 같이 된다.

$$\mathrm{H}_P = \int_{z_1}^{z_2} \frac{Id\mathrm{L}\times \mathrm{a}_R}{4\pi R^2} = \int_{z_1}^{z_2} \frac{Idz\mathrm{a}_z \times \mathrm{a}_R}{4\pi(z^2+\rho^2)} \tag{7.13}$$

$$= \int_{z_1}^{z_2} \frac{Idz\mathrm{a}_z \times (\rho\mathrm{a}_\rho - z\mathrm{a}_z)}{4\pi(z^2+\rho^2)\sqrt{z^2+\rho^2}} = \int_{z_1}^{z_2} \frac{I\rho dz}{4\pi(z^2+\rho^2)^{3/2}}\mathrm{a}_\phi$$

$$= \frac{I\rho}{4\pi}\mathrm{a}_\phi \times \int_{z_1}^{z_2} \frac{dz}{(z^2+\rho^2)^{3/2}} \tag{7.14}$$

$$\frac{d}{dx}\frac{x}{\sqrt{x^2+a^2}} = \frac{a^2}{(x^2+a^2)^{3/2}}$$

$$= \frac{I\rho}{4\pi}\mathrm{a}_\phi \times \left[\frac{z}{\rho^2\sqrt{z^2+\rho^2}}\right]_{z=z_1}^{z=z_2} \tag{7.15}$$

$$= \frac{I}{4\pi\rho}\left(\frac{z_2}{\sqrt{z_2^2+\rho^2}} - \frac{z_1}{\sqrt{z_1^2+\rho^2}}\right)\mathrm{a}_\phi \tag{7.16}$$

적분하는 과정에서 치환적분법을 이용해 식 (7.14)에 $z=\rho\tan\alpha$, $dz=\rho\sec^2\alpha\,d\alpha$를 대입하여 다음과 같이 구할 수도 있다.

$$\mathrm{H}_P = \frac{I\rho}{4\pi}\mathrm{a}_\phi \times \int_{\alpha_1}^{\alpha_2} \frac{\rho\sec^2\alpha\,d\alpha}{\rho^3\sec^3\alpha} \tag{7.17}$$

$$= \frac{I}{4\pi\rho}\mathrm{a}_\phi \times \int_{\alpha_1}^{\alpha_2} \cos\alpha\,d\alpha$$

$$= \frac{I}{4\pi\rho}(\sin\alpha_2 - \sin\alpha_1)\,\mathrm{a}_\phi \tag{7.18}$$

예제 7-2　무한히 긴 직선전류에 의한 자계의 세기

[그림 7-7]에서 z축을 따라 무한히 긴 직선 도체에 흐르는 전류에 의한 점 $P(0, \rho, 0)$의 자계의 세기 H_P를 구하라.

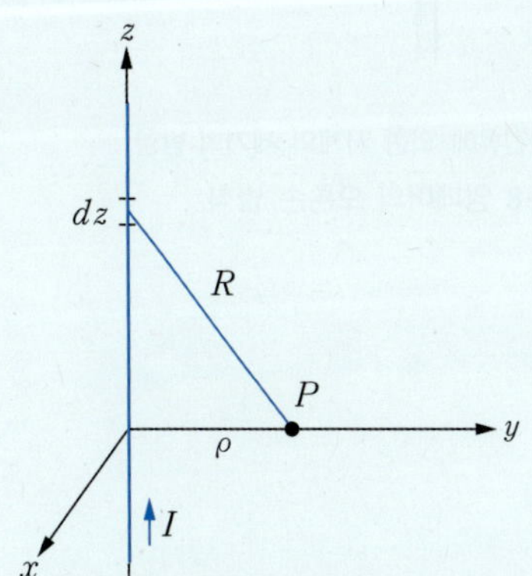

그림 7-7 무한 직선전류에 의한 자계의 세기

풀이

식 (7.16)에서 $z_1 = -\infty$, $z_2 = \infty$로 놓으면 다음과 같이 구할 수 있다.

$$\mathrm{H}_P = \lim_{\substack{z_2 \to \infty \\ z_1 \to -\infty}} \frac{I}{4\pi\rho}\left(\frac{z_2}{\sqrt{z_2^2+\rho^2}} - \frac{z_1}{\sqrt{z_1^2+\rho^2}}\right)\mathbf{a}_\phi \quad \cdots ①$$

$$= \frac{I}{2\pi\rho}\mathbf{a}_\phi \quad \cdots ②$$

7.3.2 암페어의 오른손 법칙

[예제 7-2]에서 알 수 있는 것처럼 직선전류에 의해 발생하는 자계는 다음과 같은 성질이 있다.

- 자계의 세기의 크기는 전류의 세기에 비례하고 거리에 반비례한다.
- 자계의 세기의 방향은 전류가 흐르는 도체를 포함하고 있는 평면에 수직이다.

전류에 의한 자계의 세기의 방향을 쉽게 설명하는 방법으로 **암페어의 오른손 법칙**Ampere's right hand rule이 있다. 직선전류에 의한 자계의 세기의 방향은 [그림 7-8(a)]와 같이 오른손 주먹의 엄지손가락이 전류의 방향이면, 전류를 감아 도는 다른 4개의 손가락이 가리키는 방향이 자계의 세기의 방향이다. 원형전류에 의한 자계의 세기의 방향은 [그림 7-8(b)]와 같이 오른손의 4개의 손가락이 원형으로 흐르는 전류의 방향을 가리키면 이때 주먹의 엄지손가락이 가리키는 방향이 자계의 세기의 방향이다.

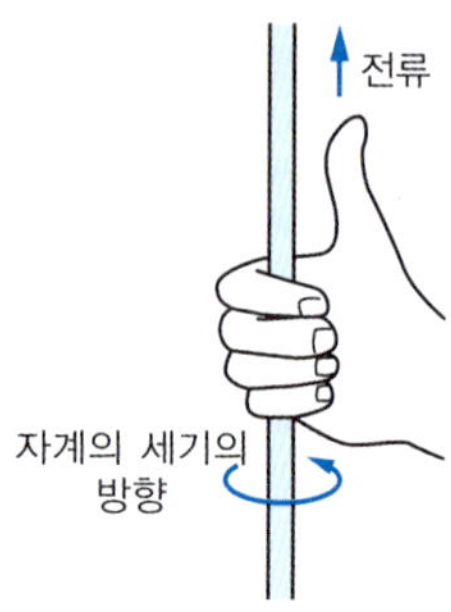

(a) 직선전류에 의한 자계의 세기의 방향

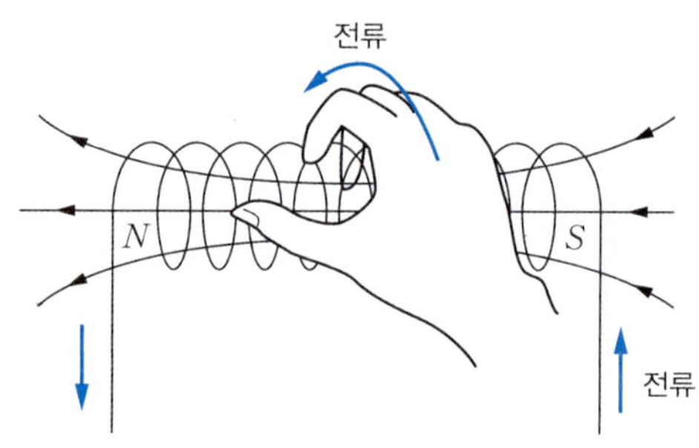

(b) 원형전류에 의한 자계의 세기의 방향

그림 7-8 암페어의 오른손 법칙

[그림 7-9]와 같이 반지름이 a[m]인 원형 도체를 따라 전류 I[A]가 흐르고 있을 때, 점 $P(0, 0, z)$에서의 자계의 세기를 구해보자.

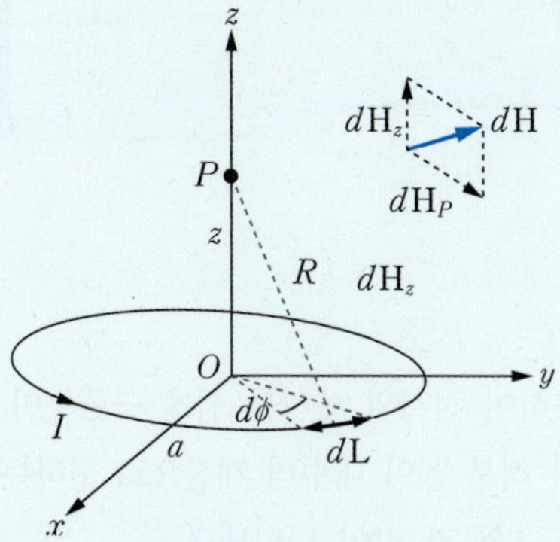

그림 7-9 원형전류에 의한 점 P에서의 자계의 세기

비오-사바르의 법칙에 의해

$$\mathrm{H}_P = \oint_c \frac{Id\mathrm{L}\times \mathbf{a}_R}{4\pi R^2} = \oint_c \frac{I a\, d\phi \mathbf{a}_\phi \times (-a\mathbf{a}_\rho + z\mathbf{a}_z)}{4\pi R^3}$$

$$= \oint_c \frac{I a\, d\phi (a\mathbf{a}_z + z\mathbf{a}_\rho)}{4\pi R^3}$$

가 되는데, 대칭성에 의해 ρ 방향 성분은 서로 상쇄되어 없어지고 z 방향 성분만 남는다. 따라서 점 P의 자계의 세기는 다음과 같이 된다.

$$\mathrm{H}_P = \int_0^{2\pi} \frac{I a^2 d\phi}{4\pi R^3}\,\mathbf{a}_z = \frac{a^2 I}{4\pi\left(\sqrt{a^2+z^2}\right)^3}\times 2\pi\ \mathbf{a}_z$$

$$= \frac{a^2 I}{2\left(\sqrt{a^2+z^2}\right)^3}\ \mathbf{a}_z \tag{7.19}$$

예제 7-3 원형전류에 의한 자계의 세기

반지름이 a[m]인 원형 도체를 따라 전류 I[A]가 흐르고 있을 때, 원형 중심에서의 자계의 세기를 구하라.

풀이

[그림 7-9]에서 $z=0$인 경우이며, 식 (7.19)에 의해 다음과 같이 구해진다.

$$\mathrm{H}_P = \frac{a^2 I}{2\left(\sqrt{a^2+z^2}\right)^3}\ \mathbf{a}_z = \frac{a^2 I}{2\left(\sqrt{a^2+0^2}\right)^3}\ \mathbf{a}_z = \frac{I}{2a}\ \mathbf{a}_z\ [\mathrm{AT/m}]$$

SECTION

7.4 암페어의 주회법칙

정전계에서 전하분포에 대칭성이 있을 때 가우스의 법칙을 이용하여 전계의 세기를 쉽게 구했듯이, 자계에서도 (비오-사바르의 법칙보다 좀 더 쉽게) 자계의 세기를 적분 없이 대수의 계산으로 구하는 **암페어의 주회법칙**Ampere's circuital law이 있으며(유도과정은 생략), 다음과 같이 나타낸다.

$$\oint_c \mathrm{H} \bullet d\mathrm{L} = I_{in} \tag{7.20}$$

어떤 폐회로를 따라 자계의 세기를 선적분한 값은 그 폐회로가 둘러싸고 있는(폐회로 안에 있는) 총 전류량과 같다.

여기서 주의해야 할 점은 식 (7.20)의 형태를 보면 주어진 자계의 세기를 적분하여 전류의 값을 구하는 식인 것 같지만, 이 암페어의 주회 적분식은 전류가 주어졌을 때 어떤 지점의 자계의 세기를 구하기 위한 식이라는 사실이다. 또 이 식은 위치적인 대칭성을 이용하면 실제로 적분할 필요 없이 대수식을 풀 듯 자계의 세기를 구할 수 있다.

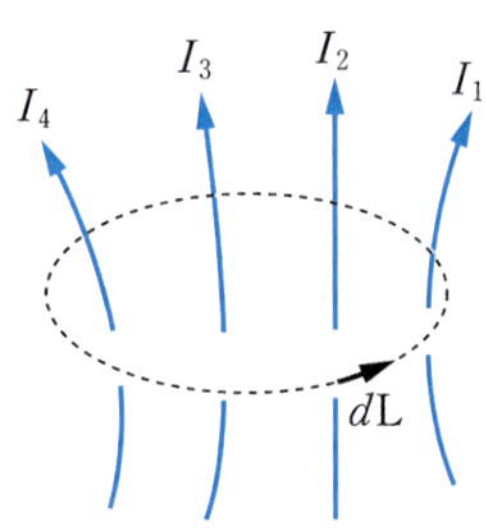

그림 7-10 암페어의 주회법칙

이제 여러 가지 전류에 의한 자계의 세기와 솔레노이드 및 토로이드에 의한 자계의 세기를 살펴보자.

7.4.1 무한 직선전류에 의한 자계의 세기

[그림 7-11]과 같이 $I[\mathrm{A}]$의 전류가 흐르는 직선 도체에서 $\rho[\mathrm{m}]$만큼 떨어져 있는 점 P의 자계의 세기를 구해보자. 직선 도체로부터 $\rho[\mathrm{m}]$만큼 떨어져 있는 모든 지점의 전계의 세기는 대칭성에 의해 똑같다고 할 수 있다. 따라서 암페어의 주회법칙을 이용해 다음과 같이 점 P의 자계의 세기를 구할 수 있다.

$$\oint_c \mathrm{H} \cdot d\mathrm{L} = I_{in}$$

$$\oint_c \left(H_\rho \mathbf{a}_\rho + H_\phi \mathbf{a}_\phi + H_z \mathbf{a}_z\right) \cdot \left(d\rho\, \mathbf{a}_\rho + \rho\, d\phi\, \mathbf{a}_\phi + dz\, \mathbf{a}_z\right) = I$$

$H_\rho = H_z = 0$이므로

$$\int_0^{2\pi} H_\phi \cdot \rho\, d\phi = I$$

가 된다. 대칭성에 의해 폐곡선 어디서든 자계의 세기 H_ϕ는 똑같으므로

$$H_\phi \times 2\pi\rho = I$$

$$H_\phi = \frac{I}{2\pi\rho}\ [\mathrm{AT/m}]$$

가 된다. 따라서 무한 직선전류에 의한 자계의 세기는 다음과 같다.

$$\mathrm{H} = \frac{I}{2\pi\rho}\mathbf{a}_\phi\ [\mathrm{AT/m}] \tag{7.21}$$

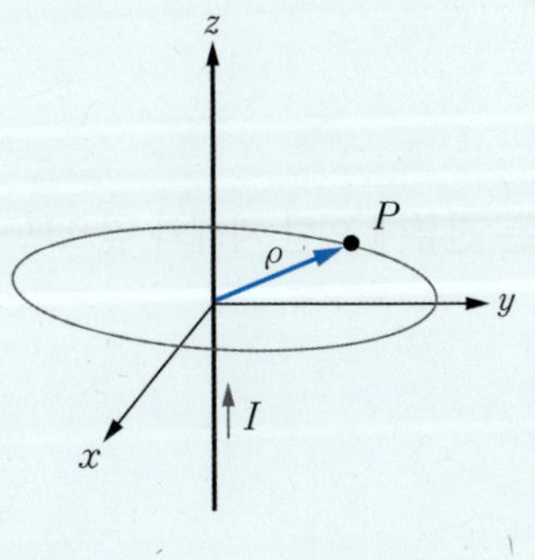

그림 7-11 무한 직선전류에 의한 자계의 세기

예제 7-4 직경이 큰 도체에 흐르는 전류에 의한 자계의 세기

[그림 7-12]와 같이 반지름이 a[m]인 무한히 긴 금속 도체에 전체 전류 I가 전체 단면적에 균등하게 흐르고 있을 때, 도체 내외의 자계의 세기의 크기를 구하라.

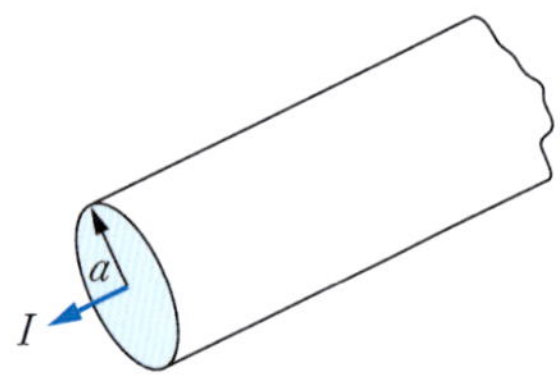

그림 7-12 직경이 큰 도체 내외의 자계의 세기

풀이

- $0 < \rho \le a$: 반지름이 ρ[m]인 단면적에 흐르는 전체 전류, 즉 반지름 ρ[m] 안에 흐르는 전류는 $I \times \dfrac{\rho^2}{a^2}$이고, 암페어의 주회법칙에 의해 도체 중심에서 ρ[m]인 지점 P의 자계의 세기의 크기는 다음과 같이 된다.

$$\oint_c \mathrm{H} \cdot d\mathrm{L} = I_{in}$$

$$H_P \times 2\pi\rho = \frac{I\rho^2}{a^2}$$

$$\therefore\ H_P = \frac{I\rho}{2\pi a^2}\ [\mathrm{AT/m}] \qquad \cdots ①$$

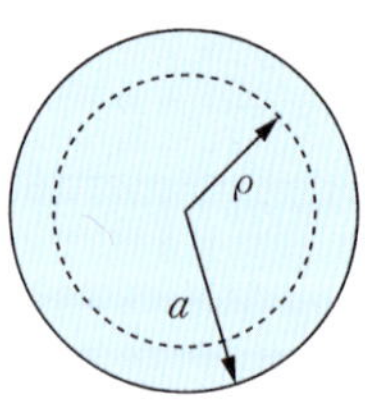

그림 7-13 반지름이 ρ인 단면적 안에 흐르는 전류

- $a < \rho$: 도체 밖의 자계의 세기는 앞에서 구했던 직선 도체에 흐르는 전류에 의한 자계와 같으므로, 식 (7.21)에 의해 다음과 같이 구할 수 있다.

$$H_P \times 2\pi\rho = I$$

$$\therefore\ H_P = \frac{I}{2\pi\rho}\ [\mathrm{AT/m}] \qquad \cdots ②$$

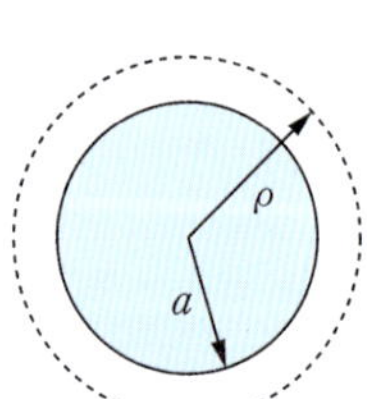

그림 7-14 도체 외부의 자계의 세기

이상의 결과를 그림으로 나타내면 [그림 7-15]와 같이 된다.

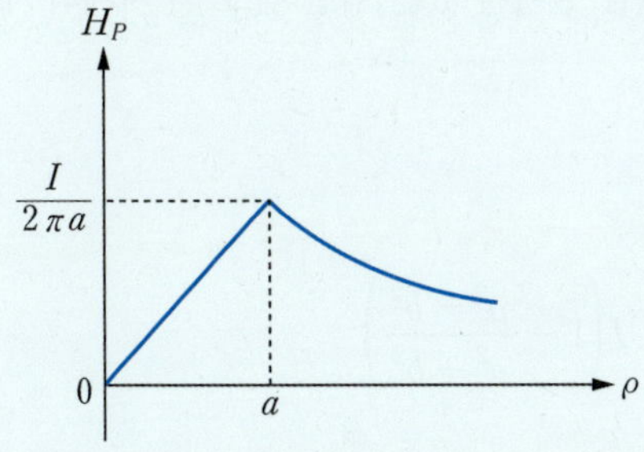

그림 7-15 도체 중심으로부터의 거리에 대한 자계의 세기의 크기

☞ 여기에서 알 수 있듯이 자계의 세기의 크기는 도체 중심에서 밖으로 나갈수록 거리에 비례해서 커지다가 도체를 벗어나면 중심으로부터의 거리에 반비례한다. 이 도체에 흐르는 전류에 의한 자계의 세기의 방향은 어느 곳에서든 암페어의 오른손 법칙을 따르며, 전류 방향과 수직 관계에 있다. 이때 기억해둘 것은 자계의 세기의 크기는 $\rho=a$에서, 즉 금속 도체 표면에서 최대가 된다는 것이다.

7.4.2 동축케이블에 흐르는 전류에 의한 자계의 세기

[그림 7-16]과 같은 동축케이블에서 내부 도체를 통해 I[A]의 전류가 단면적에 균등히 흐르고 그 전류가 부하를 거쳐 외부 도체로 흘러나간다고 할 때, 도체 내외 각 영역에서의 자계의 세기의 크기를 구해보자.

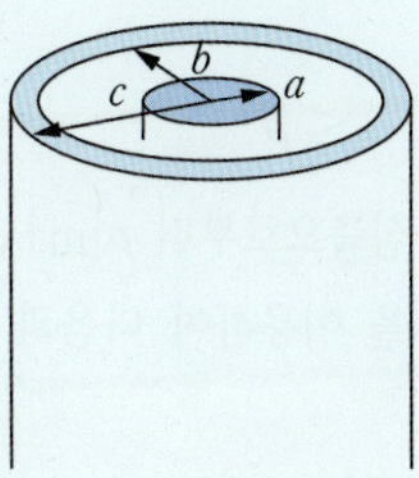

그림 7-16 동축케이블

■ $0<\rho<a$

동축케이블의 중심축으로부터 ρ[m]만큼 떨어져 있는 내부 도체 안의 어떤 점 P의 자계의 세기는 [예제 7-4]에서 다음과 같이 구했다.

$$H_P=\frac{I\rho}{2\pi a^2}\ [\mathrm{AT/m}] \tag{7.22}$$

■ $a\le\rho<b$

동축케이블의 내부 도체와 외부 도체 사이에 있는 중심축으로부터 ρ[m]만큼 떨어져 있는 어떤 점 P의 자계의 세기도 [예제 7-2]와 같으므로 다음과 같다.

$$H_P=\frac{I}{2\pi\rho}\ [\mathrm{AT/m}] \tag{7.23}$$

■ $b \le \rho < c$

동축케이블의 외부 도체 안에 있는, 중심축으로부터 ρ[m]만큼 떨어져 있는 어떤 점 P의 자계의 세기는 암페어의 주회법칙을 이용하여 다음과 같이 구한다.

$$\oint_c \mathrm{H} \cdot d\mathrm{L} = I_{in}$$

$$H_P \times 2\pi\rho = I - I \times \frac{\pi\rho^2 - \pi b^2}{\pi c^2 - \pi b^2} = I\left(1 - \frac{\rho^2 - b^2}{c^2 - b^2}\right)$$

$$= I \times \frac{c^2 - \rho^2}{c^2 - b^2}$$

$$\therefore \; H_P = \frac{I}{2\pi\rho} \times \frac{c^2 - \rho^2}{c^2 - b^2} \; [\mathrm{AT/m}] \qquad (7.24)$$

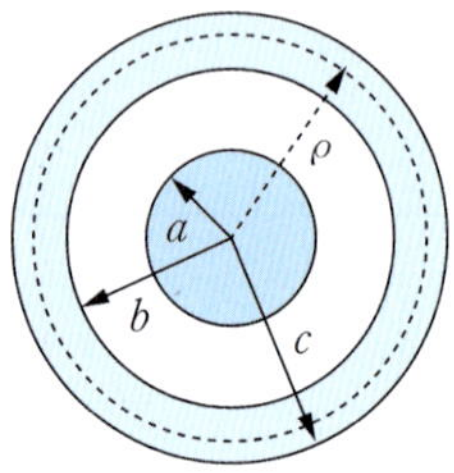

그림 7-17 동축케이블의 외부 도체 안의 자계의 세기

■ $c \le \rho$

중심축으로부터 ρ[m]만큼 떨어져 있는 외부 도체 밖의 어떤 점 P의 자계의 세기는 암페어의 주회법칙을 이용하여 다음과 같이 구한다.

$$\oint_c \mathrm{H} \cdot d\mathrm{L} = I_{in}$$

$$H_P \times 2\pi\rho = I - I = 0$$

$$\therefore \; H_P = 0 \; [\mathrm{AT/m}]$$

이상의 결과를 그림으로 나타내면 [그림 7-18]과 같다.

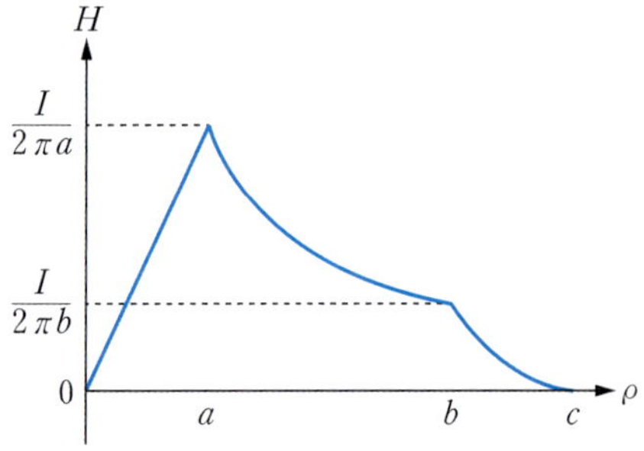

그림 7-18 동축케이블의 영역별 자계의 세기의 크기

7.4.3 면전류에 의한 자계의 세기

[그림 7-19]와 같이 $z = 0$인 무한평면 도체에 면전류밀도 $\mathrm{K} = K_y \mathrm{a}_y [\mathrm{A/m}]$인 전류가 흐르고 있을 때, 이 면전류에 의한 자계의 세기를 구해보자.

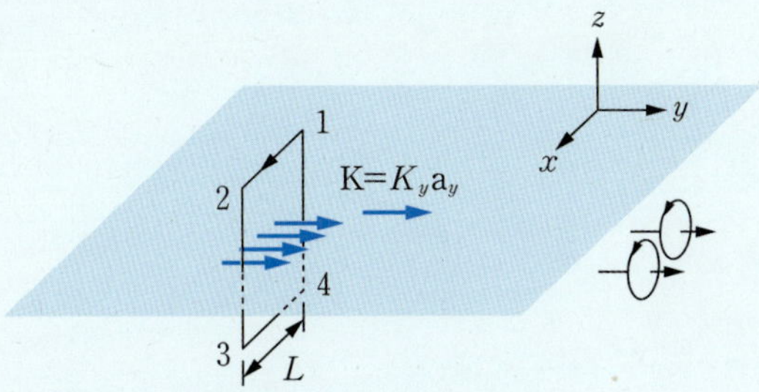

그림 7-19 면전류에 의한 자계의 세기

면전류는 무수히 많은 선전류의 집합으로 생각할 수 있다. 따라서 이들 선전류들에 의한 자계의 세기의 z 방향 성분은 서로 상쇄되어 존재하지 않으며, 비오-사바르의 법칙에 의해 전류 방향인 y 방향으로의 자계의 세기의 성분도 존재하지 않는다. 또한 대칭성에 의해 평면 도체에서 같은 거리에 있는 모든 곳의 자계의 세기의 크기는 같을 것이며, 암페어의 오른손 법칙을 생각하면 평면 도체 위와 아래에서의 자계의 세기의 방향은 서로 정반대일 것이다. [그림 7-19]와 같이 폐경로 1-2-3-4-1을 따라 자계의 세기를 선적분하면 다음과 같이 된다.

$$\oint_c \mathrm{H} \cdot d\mathrm{L} = I_{in}$$

$$\begin{aligned}\oint_c \mathrm{H} \cdot d\mathrm{L} &= \int_{1-2} \mathrm{H} \cdot d\mathrm{L} + \int_{2-3} \mathrm{H} \cdot d\mathrm{L} + \int_{3-4} \mathrm{H} \cdot d\mathrm{L} + \int_{4-1} \mathrm{H} \cdot d\mathrm{L} \qquad (7.25)\\ &= H_x \mathrm{a}_x \cdot L\mathrm{a}_x + 0 + (-H_x \mathrm{a}_x) \cdot (-L\mathrm{a}_x) + 0 \\ &= 2H_x L = K_y L \quad (\because\ I_{in} = K_y L)\end{aligned}$$

$$\therefore\ H_x = \frac{1}{2} K_y$$

평면 도체 위에서의 자계의 세기는 다음과 같은 벡터로 표시할 수 있다.

$$\mathrm{H} = \frac{1}{2} K_y \mathrm{a}_x \qquad (7.26)$$

[그림 7-20]에서 폐경로 1-2-3-4-1을 따라 자계의 세기를 선적분하면 다음과 같이 된다.

$$\begin{aligned}\oint_c \mathrm{H} \cdot d\mathrm{L} &= I_{in} \\ &= H_{1x} \mathrm{a}_x \cdot L\mathrm{a}_x + H_{2x} \mathrm{a}_x \cdot (-L\mathrm{a}_x) \\ &= H_{1x} L - H_{2x} L = I_{in} = 0\end{aligned}$$

$$\therefore\ H_{1x} = H_{2x}$$

$$\mathbf{H}_1 = \mathbf{H}_2 = \frac{1}{2} K_y \mathbf{a}_x$$

결론적으로 무한 평면전류에 의한 자계의 세기는 평면 도체로부터의 거리에 관계없이 어느 곳에서나 크기가 같고 평면 도체에 나란하며 전류에 수직이다. 다만, 평면 도체의 위와 아래에서는 자계의 세기의 방향이 정반대이다.

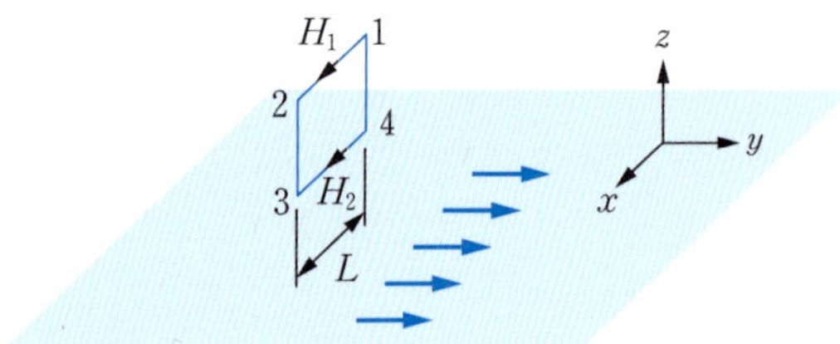

그림 7-20 면전류가 흐르는 평면 도체로부터의 거리에 대한 자계의 세기

예제 7-5 면전류에 의한 자계의 세기

[그림 7-21]과 같이 크기가 같고 방향이 정반대인 두 무한 평면전류에 의한 자계의 세기를 영역별로 구하라.

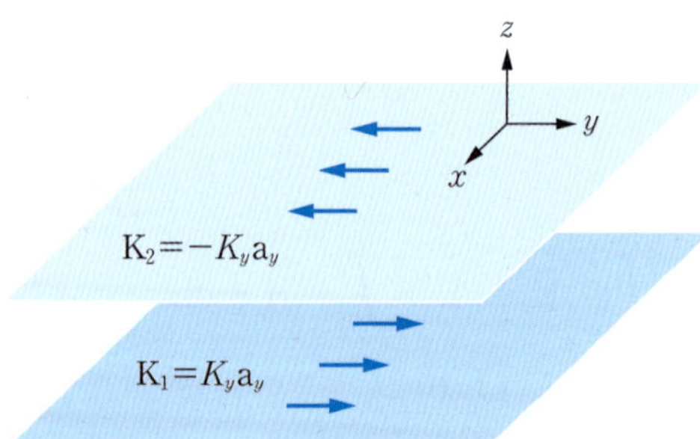

그림 7-21 크기는 같고 방향이 정반대인 면전류에 의한 자계의 세기

풀이

- 두 도체 평면 사이 : $\mathbf{H}_{in} = \frac{1}{2} K_y \mathbf{a}_x + \frac{1}{2} K_y \mathbf{a}_x = K_y \mathbf{a}_x$ … ①
- 두 도체 평면 밖 : $\mathbf{H}_{out} = \frac{1}{2} K_y \mathbf{a}_x + \left(-\frac{1}{2} K_y \mathbf{a}_x\right) = 0$ … ②

7.4.4 솔레노이드에 의한 자계의 세기

7.3절에서 언급한 바와 같이 우리는 자극의 세기를 마음대로 조절할 수 없는 영구자석보다 자극의 세기를 마음대로 조절할 수 있는 전류에 의한 자계에 관심이 더 많다. 그러나 선전류에 의한 자계의 세기는 영구자석만큼 크지 않다. 물론 흘려주는 전류량을 크게 하면 되지만, 전선 굵기에 따른 허용전류용량이 있어 이것도 쉽지 않은 일이다. 그래서 작은 전류로 큰 자계의 세기를 얻기 위해 절연 전선을 여러 번 감아서 만든 것이 **솔레노이드**solenoid이며, 원통의 반지름에 비해 길이가 대단히 긴 솔레노이드를 무한장 솔레노이드라고 부른다.

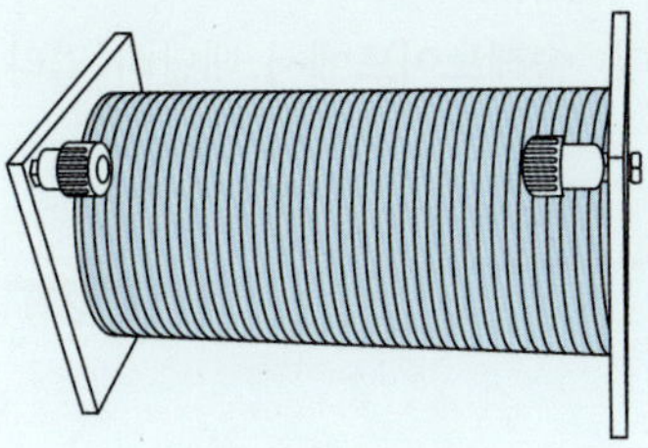

그림 7-22 솔레노이드의 예

[그림 7-23]과 같이 길이 L[m]에 코일을 N번 감아 코일에 전류 I[A]를 흘릴 때, 솔레노이드 내부 및 외부의 자계의 세기를 구해보자.

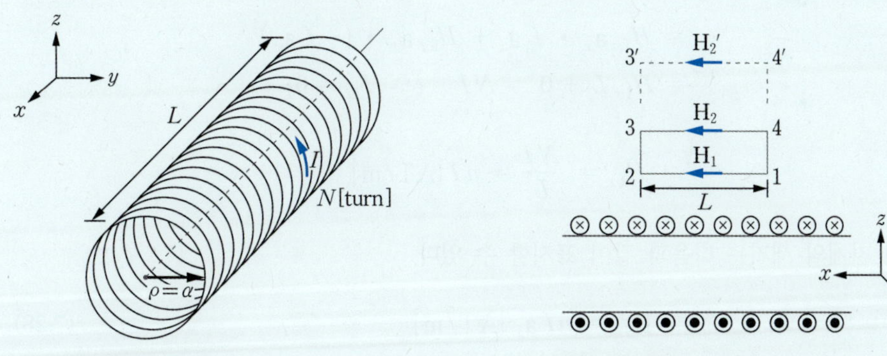

(a) 솔레노이드의 개념도

(b) 외부의 자계의 세기

그림 7-23 솔레노이드의 자계의 세기

먼저 외부의 자계의 세기를 구해보자. [그림 7-23(b)]에서 전류의 대칭성과 비오-사바르의 법칙에 의해 자계의 세기의 y나 z 방향 성분은 존재하지 않으며, x 방향 성분만 존재할 것이다. 암페어의 주회법칙에 의해 경로 1-2-3-4-1에 따라 자계를 선적분하면 적분경로 안에 전류가 없으므로

$$\oint_c \mathrm{H} \cdot d\mathrm{L} = I_{in}$$

$$= \int_{1-2} \mathrm{H} \cdot d\mathrm{L} + \int_{2-3} \mathrm{H} \cdot d\mathrm{L} + \int_{3-4} \mathrm{H} \cdot d\mathrm{L} + \int_{4-1} \mathrm{H} \cdot d\mathrm{L}$$

$$= H_{1x}\mathbf{a}_x \cdot L\mathbf{a}_x + H_{2x}\mathbf{a}_x \cdot (-L\mathbf{a}_x)$$

$$= H_{1x}L - H_{2x}L = I_{in} = 0$$

$$\therefore\ H_{1x} = H_{2x}$$

가 된다. 경로를 넓혀 1–2–3'–4'–1로 하더라도 앞에서와 똑같은 이유로 $H_{1x} = H_{2x}^{'}$ 가 될 것이다. 여기서 경로 3'–4'를 위로 더 올려 잡더라도 $H_{1x} = H_{2x}^{'}$ 가 될 것인데, 솔레노이드에서 대단히 멀리 떨어져 있는 점의 자계의 세기는 0이 될 수밖에 없으므로

$$H_{1x} = H_{2x}^{'} = 0 \tag{7.27}$$

이 된다. 즉 솔레노이드 외부의 자계의 세기는 0이 된다.

이제 내부의 자계의 세기를 구해보자. [그림 7–24(a)]에서 암페어의 주회법칙에 의해 경로 1–2–3–4–1에 따라 자계를 선적분하면 다음과 같이 된다.

$$\oint_c \mathrm{H} \cdot d\mathrm{L} = I_{in}$$

$$= H_{1x}\mathbf{a}_x \cdot L\mathbf{a}_x + H_{2x}\mathbf{a}_x \cdot (-L\mathbf{a}_x)$$

$$= H_{1x}L + 0 = NI \quad (\because H_{2x} = 0)$$

$$\therefore\ H_{1x} = \frac{NI}{L} = nI\,[\mathrm{AT/m}]$$

따라서 내부의 자계의 세기는 다음과 같이 표시할 수 있다.

$$\mathrm{H}_{in} = nI\,\mathbf{a}_x\,[\mathrm{AT/m}] \tag{7.28}$$

단, n은 단위길이당 코일을 감은 횟수이다.

[그림 7–24(b)]에서 암페어의 주회법칙에 의해 경로 1 – 2 – 3 – 4 –1에 따라 자계를 선적분하면 적분 경로 안에 전류가 없으므로

$$\oint_c \mathrm{H} \cdot d\mathrm{L} = I_{in}$$

$$= H_{1x}\mathbf{a}_x \cdot L\mathbf{a}_x + H_{2x}\mathbf{a}_x \cdot (-L\mathbf{a}_x)$$

$$= H_{1x}L - H_{2x}L = I_{in} = 0$$

$$\therefore\ H_{1x} = H_{2x}$$

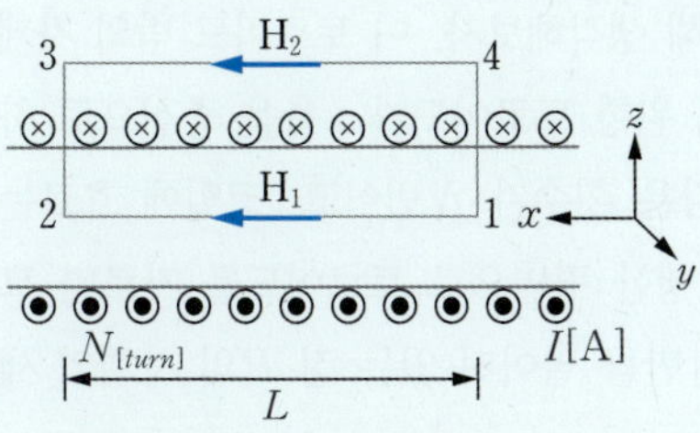

(a) 내부와 외부의 자계의 세기

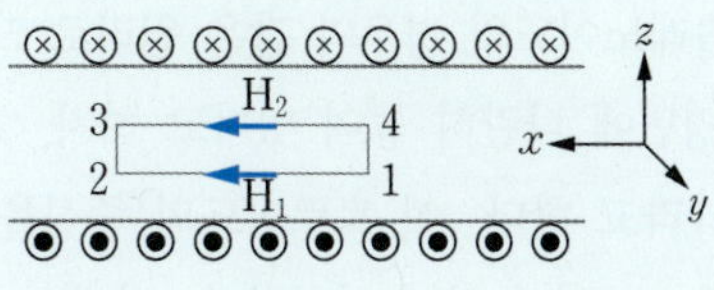

(b) 내부의 자계의 세기

그림 7-24 솔레노이드의 자계의 세기

이상에서 검토한 바와 같이 솔레노이드의 자계의 세기는, 외부에는 자계가 존재하지 않고 내부에는 어디나 일정한 크기의 자계의 세기가 존재하며 그 방향은 암페어의 오른손 법칙을 따른다.

솔레노이드에 전류를 흘릴때 생기는 자계의 세기에 의해 [그림 7-25]와 같은 자기력선을 그릴 수 있으며, 이는 마치 솔레노이드 내부에 하나의 자석이 생긴 것과 같다. 이러한 자석을 **전자석**electromagnet이라고 부른다(자세한 내용은 8장에서 살펴본다).

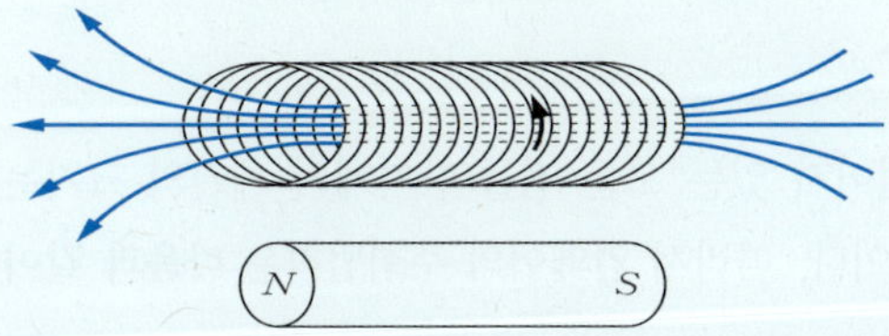

그림 7-25 솔레노이드와 전자석

7.4.5 토로이드에 의한 자계의 세기

솔레노이드는 전류를 흘려주면 전자석이 되어 외부의 자성체를 끌어당기므로 스위치를 ON-OFF시키거나 문을 개패시키는 등 기계적인 작동에 많이 이용된다. 하지만 변압기나 유도용량inductor 등에는 솔레노이드 내부에 자성체를 넣고 그 양 끝을 붙인 [그림 7-26]과 같은 도넛doughnut 모양의 **토로이드**toroid를 주로 사용한다(그 이유는 8장에서 설명한다). 이러한 토로이드를 환상 솔레노이드라고도 부르며, 그 내부 자성체의 단면 모양에 따라 **원형 토로이드** 또는 **사각 토로이드**로 나뉜다.

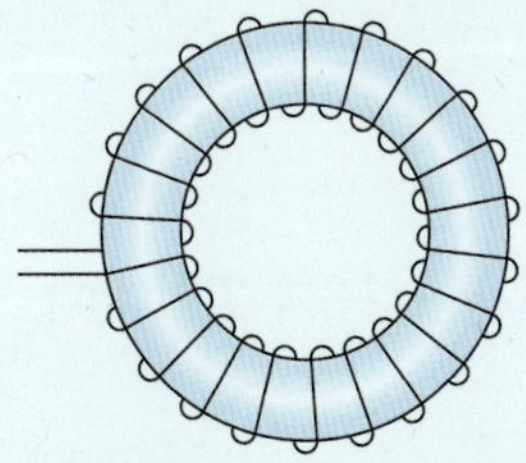

(a) 원형 토로이드

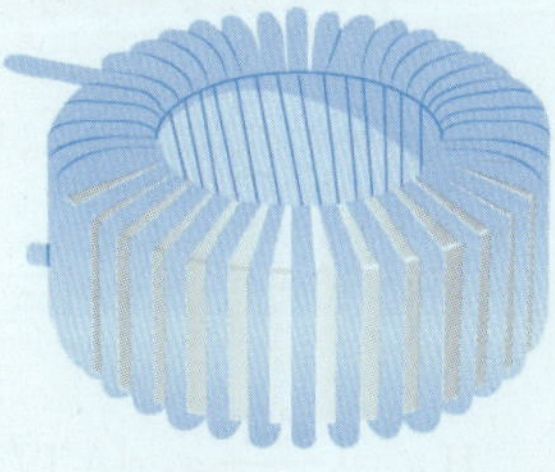

(b) 사각 토로이드

그림 7-26 솔레노이드와 전자석 관계

우선 [그림 7-26(a)]와 같은 원형 토로이드의 자계의 세기에 대해 생각해보자. 이 토로이드 밖의 자계의 세기는 솔레노이드의 경우와 같은 원리로 크기가 0이다. 이 원형 토로이드가 z축을 중심으로 하고, $x-y$ 평면에 나란히 놓여 있다고 하자. 그리고 코일의 감은 횟수가 N번이고, 코일에 흐르는 전류는 I[A]라고 한다. 이 토로이드의 중심을 지나 z축에 평행한 평면으로 토로이드를 자르면 그 단면은 [그림 7-27]과 같이 나타난다. 이제 z축으로부터 ρ[m]만큼 떨어져 있는 점 P의 자계의 세기를 구해보자.

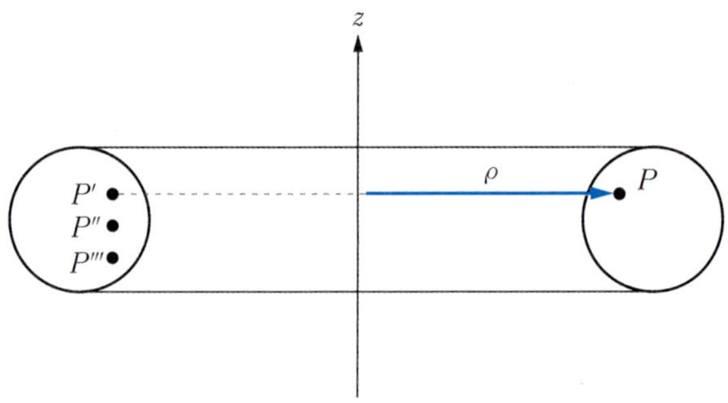

그림 7-27 토로이드의 단면도

대칭성에 의해 z축으로부터 같은 거리 ρ[m]만큼 떨어져 있는 모든 점들의 자계의 세기의 크기는 다 같고, 그 방향은 암페어의 오른손 법칙에 의해 $\mathbf{a}_\phi$이다. 따라서 암페어의 주회법칙은 다음과 같이 된다.

$$\oint_c \mathrm{H} \cdot d\mathrm{L} = I_{in}$$

$$\oint_c (H_\rho \mathbf{a}_\rho + H_\phi \mathbf{a}_y + H_z \mathbf{a}_z) \cdot (d\rho \mathbf{a}_\rho + \rho d\phi \mathbf{a}_y + dz \mathbf{a}_z) = I_{in}$$

$H_\rho = H_z = 0$이므로

$$\int_0^{2\pi} H_\phi \rho \, d\phi = I_{in}$$

이 된다. 대칭성에 의해 폐곡선 어디서든 자계의 세기 H_ϕ는 똑같으므로

$$H_\phi \times 2\pi\rho = NI$$

$$\therefore \; H_\phi = \frac{NI}{2\pi\rho} \; [\mathrm{AT/m}]$$

이다. 따라서 중심축으로부터 ρ[m]만큼 떨어진 토로이드 안의 자계의 세기는 다음과 같이 된다.

$$\mathrm{H}_P = \frac{NI}{2\pi\rho} \mathbf{a}_\phi \; [\mathrm{AT/m}] \tag{7.29}$$

여기서 주의할 점은 거리 ρ는 중심축으로부터의 거리이며, 중심축으로부터 같은 거리에 있는 모든 점들 P, P', P'', P'''는 같은 자계의 세기를 갖는다는 사실이다. 또한 식 (7.29)는 토로이드의 단면이 원이든 사각이든 삼각이든 똑같이 적용할 수 있다.

예제 7-6 사각 토로이드의 자계의 세기

[그림 7-26(b)]의 사각 토로이드가 z축을 중심으로 하고, $x-y$ 평면에 놓여 있다고 하자. 코일을 감은 횟수가 100번이고, 코일에 흐르는 전류는 5 [A]라고 한다. 이 토로이드를 z축에 평행한 평면으로 자른 단면이 [그림 7-28]과 같다고 할 때, z축으로부터 0.2[m]만큼 떨어져 있는 점 P의 자계의 세기를 구하라.

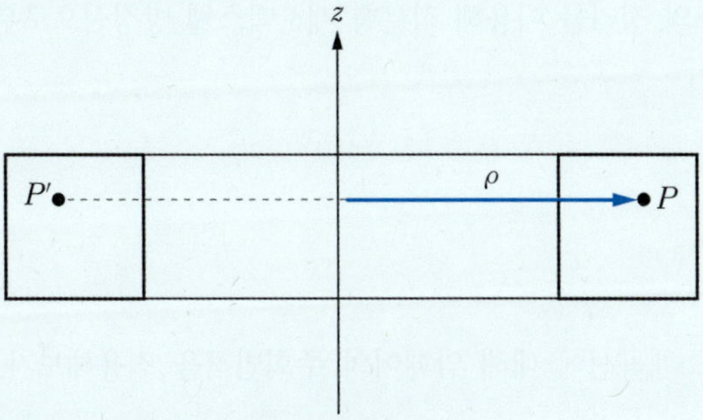

그림 7-28 사각 토로이드의 자계의 세기

풀이

식 (7.29)에 의해 다음과 같이 구할 수 있다.

$$\mathrm{H}_P = \frac{NI}{2\pi\rho}\,\mathbf{a}_\phi = \frac{100\times 5}{2\pi\times 0.2}\,\mathbf{a}_\phi \fallingdotseq 397.9\,\mathbf{a}_\phi\,[\mathrm{AT/m}]$$

SECTION 7.5

벡터 회전과 스토크스의 정리

3.5절에서 미소체적에 대한 가우스의 법칙을 적용하여 발산의 개념을 얻고, 발산정리를 이용하여 적분형 제1 맥스웰 방정식으로부터 그 미분형을 유도했듯이, 여기서는 암페어의 주회법칙을 미소폐곡선에 적용하여 벡터의 회전의 개념을 얻고, 스토크스의 정리를 이용해 적분형 제3 맥스웰 방정식으로부터 그 미분형을 유도하고자 한다.

7.5.1 벡터 회전

[그림 7-29]와 같이 $x-y$ 평면에 나란한 미소폐곡선에 대해 암페어의 주회법칙을 적용해보자.

$$\oint_c \mathrm{H} \cdot d\mathrm{L} = I_{in}$$

$$\oint_c \mathrm{H} \cdot d\mathrm{L} = \int_{1-2} \mathrm{H} \cdot d\mathrm{L} + \int_{2-3} \mathrm{H} \cdot d\mathrm{L} + \int_{3-4} \mathrm{H} \cdot d\mathrm{L} + \int_{4-1} \mathrm{H} \cdot d\mathrm{L} \quad (7.30)$$

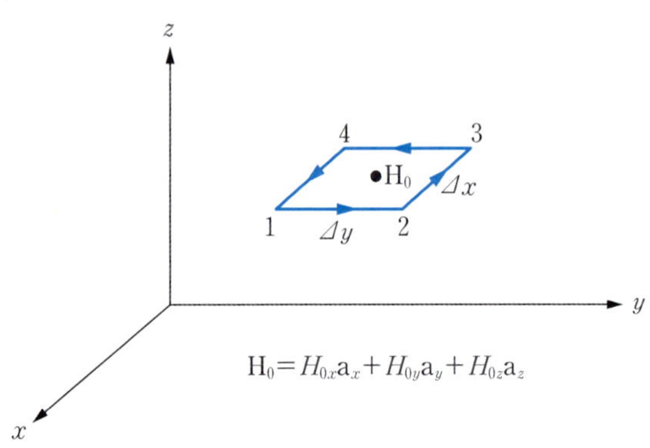

그림 7-29 미소폐곡선에 흐르는 전류에 대한 암페어의 법칙

여기서 자계의 세기는 위치함수로

$$\mathrm{H}(x, y, z) = H_x(x, y, z)\,\mathrm{a}_x + H_y(x, y, z)\,\mathrm{a}_y + H_z(x, y, z)\,\mathrm{a}_z$$

이고, 미소면적소의 중점의 자계의 세기를 다음과 같다고 하자.

$$\mathrm{H}_0 = H_{0x}\,\mathrm{a}_x + H_{0y}\,\mathrm{a}_y + H_{0z}\,\mathrm{a}_z$$

그러면 식 (7.30)의 우변 항은 각각 다음과 같이 표시할 수 있다.

$$\int_{1-2} \mathrm{H} \cdot d\mathrm{L} \fallingdotseq \mathrm{H}_f \cdot \triangle y\, \mathbf{a}_y = H_{fy} \triangle y$$

$$\fallingdotseq \left(H_{0y} + \frac{\partial H_y}{\partial x} \times \frac{1}{2} \triangle x \right) \triangle y \tag{7.31}$$

단, H_f는 폐경로 1 - 2의 중점에서의 자계의 세기를 말한다.

$$\int_{2-3} \mathrm{H} \cdot d\mathrm{L} \fallingdotseq \mathrm{H}_r \cdot (-\triangle x\, \mathbf{a}_x) = -H_{rx} \triangle x$$

$$\fallingdotseq -\left(H_{0x} + \frac{\partial H_x}{\partial y} \times \frac{1}{2} \triangle y \right) \triangle x$$

$$\int_{3-4} \mathrm{H} \cdot d\mathrm{L} \fallingdotseq \mathrm{H}_b \cdot (-\triangle y\, \mathbf{a}_y) = -H_{by} \triangle y$$

$$\fallingdotseq -\left(H_{0y} + \frac{\partial H_y}{\partial x} \times (-) \frac{1}{2} \triangle x \right) \triangle y$$

$$\int_{4-1} \mathrm{H} \cdot d\mathrm{L} \fallingdotseq \mathrm{H}_l \cdot \triangle x\, \mathbf{a}_x = H_{lx} \triangle x$$

$$\fallingdotseq \left(H_{0x} + \frac{\partial H_x}{\partial y} \times (-) \frac{1}{2} \triangle y \right) \triangle x$$

이 4개의 식을 식 (7.30)에 대입하여 합하면 다음과 같이 된다.

$$\oint_c \mathrm{H} \cdot d\mathrm{L} \fallingdotseq \left(\frac{\partial H_y}{\partial x} - \frac{\partial H_x}{\partial y} \right) \triangle x \triangle y = I_{in} \fallingdotseq \mathrm{J} \cdot \triangle \mathrm{S} \tag{7.32}$$

$$= \mathrm{J} \cdot \triangle x \triangle y\, \mathbf{a}_z = J_z \triangle x \triangle y$$

$$\therefore \frac{\oint_c \mathrm{H} \cdot d\mathrm{L}}{\triangle x \triangle y} \fallingdotseq \left(\frac{\partial H_y}{\partial x} - \frac{\partial H_x}{\partial y} \right) \fallingdotseq J_z \tag{7.33}$$

식 (7.33)의 근사식approximate expression에서 면적 $\triangle x \triangle y$를 작게 잡을수록 값이 더 정확해져 다음과 같이 된다.

$$\lim_{\triangle x \triangle y \to 0} \frac{\oint_c \mathrm{H} \cdot d\mathrm{L}}{\triangle x \triangle y} = \left(\frac{\partial H_y}{\partial x} - \frac{\partial H_x}{\partial y} \right) = J_z \tag{7.34}$$

지금까지 $x-y$ 평면에 나란한 미소폐곡선에 대한 암페어의 법칙을 살펴봤는데, 같은 방법으로 $y-z$ 평면, $z-x$ 평면에 나란한 미소폐곡선들에 대해서도 다음과 같은 결론을 얻을 수 있다.

$$\lim_{\Delta y \Delta z \to 0} \frac{\oint_c \mathrm{H} \cdot d\mathrm{L}}{\Delta y \Delta z} = \left(\frac{\partial H_z}{\partial y} - \frac{\partial H_y}{\partial z} \right) = J_x \tag{7.35}$$

$$\lim_{\Delta z \Delta x \to 0} \frac{\oint_c \mathrm{H} \cdot d\mathrm{L}}{\Delta z \Delta x} = \left(\frac{\partial H_x}{\partial z} - \frac{\partial H_z}{\partial x} \right) = J_y \tag{7.36}$$

이제 벡터의 회전에 대한 정의를 내리려고 한다. 어떤 벡터 A의 회전은 또 다른 하나의 벡터를 의미하고, 일반적으로 $curl\,\mathrm{A}$라고 표시하며, 다음과 같이 정의한다.

$$(curl\,\mathrm{A})_n = \lim_{\Delta S_n \to 0} \frac{\oint_c \mathrm{A} \cdot d\mathrm{L}}{\Delta S_n} \tag{7.37}$$

어떤 점에서의 $curl\,\mathrm{A}$의 n 방향 성분은 이 점을 중심으로 n 방향에 수직인 극히 조그만 면적(= 평면)을 취하고, 그 면적 둘레에 대한 벡터 A의 선적분을 구하여 그것을 면적으로 나눈 값이다. 따라서 그 값이 최대가 되는 방향이 벡터 $curl\,\mathrm{A}$의 방향이며, 그때 A의 선적분을 면적으로 나눈 값이 벡터 $curl\,\mathrm{A}$의 크기이다.

식 (7.34)와 식 (7.35), 식 (7.36)은 벡터 $curl\,\mathrm{H}$의 x성분, y성분, z성분을 나타낸다. 따라서 $curl\,\mathrm{H}$는 다음과 같이 표시된다.

$$curl\,\mathrm{H} = \left(\frac{\partial H_z}{\partial y} - \frac{\partial H_y}{\partial z} \right)\mathbf{a}_x + \left(\frac{\partial H_x}{\partial z} - \frac{\partial H_z}{\partial x} \right)\mathbf{a}_y + \left(\frac{\partial H_y}{\partial x} - \frac{\partial H_x}{\partial y} \right)\mathbf{a}_z \tag{7.38}$$

특히 벡터 H가 자계의 세기이면, 식 (7.38)은

$$curl\,\mathrm{H} = J_x\,\mathbf{a}_x + J_y\,\mathbf{a}_y + J_z\,\mathbf{a}_z = \mathrm{J} \tag{7.39}$$

의 관계가 있다. 식 (7.38)을 ∇ 연산자를 이용하여 다시 표현하면

$$curl\,\mathrm{H} = \nabla \times \mathrm{H}$$

로 되고, $\nabla \times \mathrm{H}$는 행렬식을 이용하여 다음과 같이 표시되기도 한다.

$$\nabla \times \mathrm{H} = \begin{vmatrix} \mathbf{a}_x & \mathbf{a}_y & \mathbf{a}_z \\ \dfrac{\partial}{\partial x} & \dfrac{\partial}{\partial y} & \dfrac{\partial}{\partial z} \\ H_x & H_y & H_z \end{vmatrix} \tag{7.40}$$

벡터의 회전에 대한 물리적인 의미는 무엇일까? 3.5절에서 벡터의 발산에 대해 정의했으며, 어떤 점에서 전속밀도 D 의 발산이 존재하려면 그 점에 체적전하밀도 ρ_v가 있어야 하듯이, 자계의 세기 H 의 회전이 존재하려면 그 점에 전류밀도가 있어야 한다. 미국 스탠포드대학교의 스킬링Hugh H. Skilling 교수는 어떤 벡터의 회전이 존재하는지 여부를 조사하기 위해 [그림 7-30]과 같은 **curl 측정기**meter를 고안했다. 이 curl 측정기를 측정하고자 하는 벡터 내에 넣었을 때, 측정기가 돌아가면 그 벡터 회전의 그 방향 성분이 존재하는 것이다. 또한 curl 측정기의 회전축을 여러 방향으로 변경시켜 curl 측정기가 가장 빨리 돌 때 그 측정기의 축이 가리키는 방향이 바로 그 벡터 회전의 방향이다.

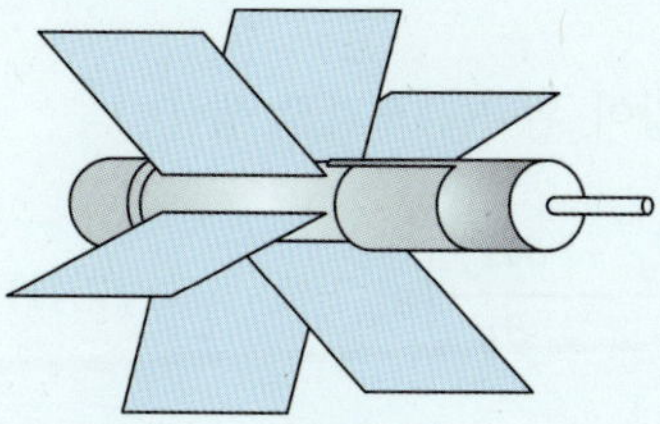

그림 7-30 curl 측정기

예를 들어, [그림 7-31]과 같이 y축을 중심축으로 하는 커다란 통풍관 내 바람의 속도가

$$\mathbf{v} = 10z^2\,\mathbf{a}_y\ [\mathrm{m/sec}]$$

라고 할 때, 이 바람의 회전 $curl\ \mathbf{v}$를 측정하기 위해 이 관 내부 a, b, c의 3개 지점에 curl 측정기의 축이 관에 수직으로 되도록, 다시 말해 $(-)x$ 방향을 향하도록 갖다 놓으면 a지점은 curl 측정기가 돌지 않아 그 점에는 바람의 회전 $curl\ \mathbf{v}$가 0임을 알 수 있고, b지점은 curl 측정기가 오른쪽으로 돌아 $(-)x$ 방향의 $curl\ \mathbf{v}$가 존재함을 알 수 있다. 그리고 c지점의 curl 측정기는 왼쪽으로 돌아 $(+)x$ 방향의 $curl\ \mathbf{v}$가 존재함을 알 수 있는데, curl 측정기가 c지점보다 b지점에서 더 빨리 도는 것을 보아 b지점의 $curl\ \mathbf{v}$의 크기가 c지점의 $curl\ \mathbf{v}$보다 더 큰 것을 알 수 있다.

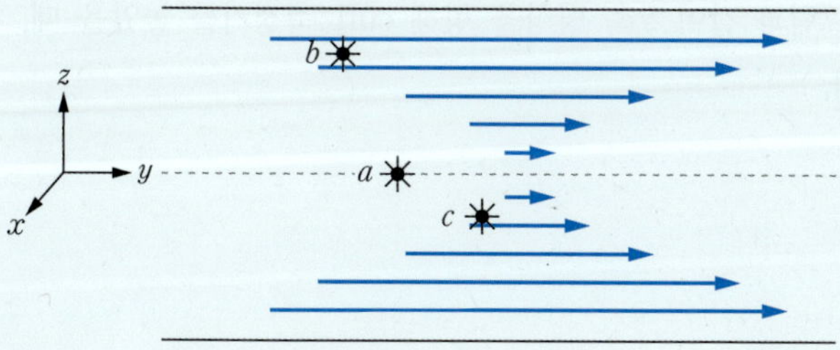

그림 7-31 통풍관의 $curl\ \mathbf{v}$ 측정

또한 curl 측정기의 축이 y 방향이나 z 방향을 향하도록 하면 curl 측정기가 돌지 않으므로 y 방향이나 z 방향의 $curl$ v 성분이 0이라는 것을 알 수 있다. 실제로 바람의 속도 v의 회전을 구하면 다음과 같다.

$$curl\,\mathbf{v} = \left(\frac{\partial v_z}{\partial y} - \frac{\partial v_y}{\partial z}\right)\mathbf{a}_x + \left(\frac{\partial v_x}{\partial z} - \frac{\partial v_z}{\partial x}\right)\mathbf{a}_y + \left(\frac{\partial v_y}{\partial x} - \frac{\partial v_x}{\partial y}\right)\mathbf{a}_z$$

$$= (0 - 20z)\,\mathbf{a}_x + (0-0)\,\mathbf{a}_y + (0-0)\,\mathbf{a}_z$$

$$= -20\,z\,\mathbf{a}_x$$

$curl\,\mathrm{H}$를 직각좌표계, 원통좌표계, 구좌표계로 나타내면 다음과 같이 된다(유도과정 생략).

$$\nabla\times\mathrm{H} = \left(\frac{\partial H_z}{\partial y} - \frac{\partial H_y}{\partial z}\right)\mathbf{a}_x + \left(\frac{\partial H_x}{\partial z} - \frac{\partial H_z}{\partial x}\right)\mathbf{a}_y + \left(\frac{\partial H_y}{\partial x} - \frac{\partial H_x}{\partial y}\right)\mathbf{a}_z \tag{7.41}$$

$$\nabla\times\mathrm{H} = \left(\frac{1}{\rho}\frac{\partial H_z}{\partial \phi} - \frac{\partial H_\phi}{\partial z}\right)\mathbf{a}_\rho + \left(\frac{\partial H_\rho}{\partial z} - \frac{\partial H_z}{\partial \rho}\right)\mathbf{a}_\phi + \frac{1}{\rho}\left(\frac{\partial(\rho H_\phi)}{\partial \rho} - \frac{\partial H_\rho}{\partial \phi}\right)\mathbf{a}_z \tag{7.42}$$

$$\nabla\times\mathrm{H} = \frac{1}{r\sin\theta}\left(\frac{\partial(H_\phi\sin\theta)}{\partial\theta} - \frac{\partial H_\theta}{\partial\phi}\right)\mathbf{a}_r + \frac{1}{r}\left(\frac{1}{\sin\theta}\frac{\partial H_r}{\partial\phi} - \frac{\partial(rH_\phi)}{\partial r}\right)\mathbf{a}_\theta + \frac{1}{r}\left(\frac{\partial(rH_\theta)}{\partial r} - \frac{\partial H_r}{\partial\theta}\right)\mathbf{a}_\phi \tag{7.43}$$

예제 7-7 curl 측정기

[그림 7-32]는 z축에 놓여 있는 무한히 긴 직선 도체에 흐르는 전류 I[A]에 의한 자계의 세기를 나타내는 자기력선을 $z=0$인 평면에 그린 것이다. 전류가 흐르는 도체 중심축으로부터 도체 밖으로 ρ[m]만큼 떨어져 있는 점 P에 그림과 같이 z축 방향을 향해 curl 측정기를 놓았을 때, 이 측정기가 돌 것인지 아닌지 설명하라.

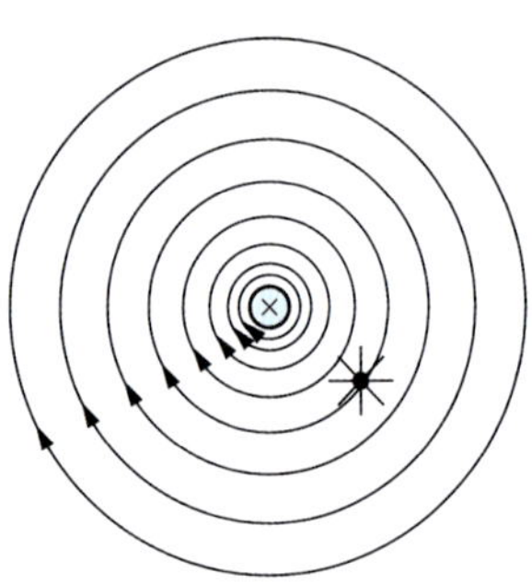

그림 7-32 curl 측정기와 자계의 세기

풀이

전류가 흐르는 도체에서 $\rho[\mathrm{m}]$만큼 떨어져 있는 점 P의 자계의 세기는

$$\mathrm{H} = \frac{NI}{2\pi\rho}\mathrm{a}_\phi$$

이므로, 이 자계의 세기의 회전은 다음과 같다.

$$\nabla\times\mathrm{H} = \left(\frac{1}{\rho}\frac{\partial H_z}{\partial\phi} - \frac{\partial H_\phi}{\partial z}\right)\mathrm{a}_\rho + \left(\frac{\partial H_\rho}{\partial z} - \frac{\partial H_z}{\partial\rho}\right)\mathrm{a}_\phi + \frac{1}{\rho}\left(\frac{\partial(\rho H_\phi)}{\partial\rho} - \frac{\partial H_\rho}{\partial\phi}\right)\mathrm{a}_z$$

자계의 세기 H는 ϕ 방향 성분만 있으므로

$$\begin{aligned} &= -\frac{\partial H_\phi}{\partial z}\mathrm{a}_\rho + \frac{1}{\rho}\frac{\partial(\rho H_\phi)}{\partial\rho}\mathrm{a}_z \\ &= -\frac{\partial}{\partial z}\left(\frac{I}{2\pi\rho}\right)\mathrm{a}_\rho + \frac{1}{\rho}\frac{\partial}{\partial\rho}\left(\rho\times\frac{I}{2\pi\rho}\right)\mathrm{a}_z \\ &= 0 \end{aligned}$$

따라서 curl 측정기는 전류가 흐르는 도체 밖에서는 돌지 않는다. [그림 7-32]에서는 curl 측정기 날개 8개 중 도체에 가까운 쪽 3개는 curl 측정기를 왼쪽으로 돌리려고 하고, 먼 쪽 5개는 오른쪽으로 돌리려고 하지만 자계의 세기의 크기가 도체로부터의 거리에 반비례하므로 curl 측정기를 돌리려고 하는 토크torque가 평형을 이루어 curl 측정기는 돌지 않는다.

7.5.2 스토크스의 정리

[그림 7-33]과 같이 어떤 면적 S를 많은 미소면적소 ΔS들로 나누고, 이들 각 미소면적소들에 대해 벡터 회전의 정의를 적용해보려고 한다. 우선 식 (7.37)로부터 다음과 같은 근사식을 얻을 수 있다.

$$\frac{\oint_c \mathrm{H}\cdot d\mathrm{L}}{\Delta S} \fallingdotseq (\nabla\times\mathrm{H})_n \tag{7.44}$$

단, 첨자 n은 면적 ΔS에 수직인 방향을 나타내며, 첨자 c는 면적 ΔS의 주변 적분경로를 의미한다. 식 (7.44)는 다시 다음과 같이 표현될 수 있다.

$$\frac{\oint_c \mathrm{H}\cdot d\mathrm{L}}{\Delta S} \fallingdotseq (\nabla\times\mathrm{H})\cdot\mathrm{a}_n$$

$$\oint_c \mathrm{H}\cdot d\mathrm{L} \fallingdotseq (\nabla\times\mathrm{H})\cdot\mathrm{a}_n\Delta S = (\nabla\times\mathrm{H})\cdot\Delta\mathrm{S} \tag{7.45}$$

식 (7.45)를 [그림 7-33]의 미소면적소 ΔS_1, ΔS_2에 적용하여 합하면 다음과 같이 된다.

$$\oint_{c_1} \mathrm{H} \cdot d\mathrm{L} \fallingdotseq (\nabla \times \mathrm{H})_1 \cdot \Delta \mathrm{S}_1$$

$$\oint_{c_2} \mathrm{H} \cdot d\mathrm{L} \fallingdotseq (\nabla \times \mathrm{H})_2 \cdot \Delta \mathrm{S}_2$$

$$\oint_{c_1} \mathrm{H} \cdot d\mathrm{L} + \oint_{c_2} \mathrm{H} \cdot d\mathrm{L} \fallingdotseq (\nabla \times \mathrm{H})_3 \cdot \Delta \mathrm{S}_1 + (\nabla \times \mathrm{H}_2) \cdot \Delta \mathrm{S}_2 \tag{7.46}$$

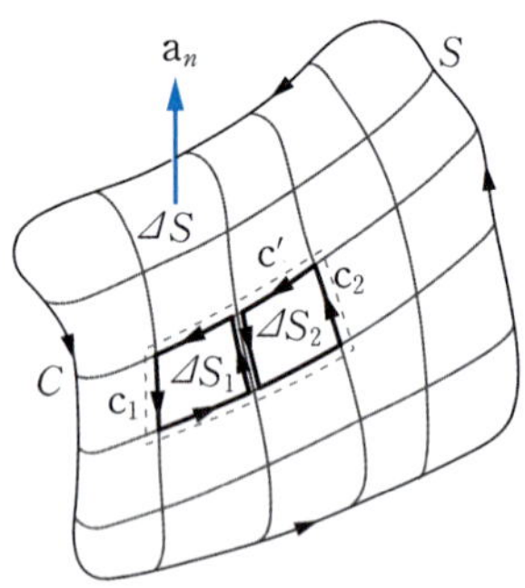

그림 7-33 스토크스의 정리

식 (7.46)의 선적분에서 적분경로 c_1과 c_2 중 서로 겹치는 경로 부분에 대한 적분값은 크기가 서로 같고 부호만 (+), (−) 관계에 있으므로 서로 상쇄된다. 그러므로 적분경로 c_1과 c_2에 대해 각각 선적분한 것을 합하면 그림에서 점선으로 표시된 경로 c'를 따라 선적분한 것과 동일하다.

$$\oint_{c_1} \mathrm{H} \cdot d\mathrm{L} + \oint_{c_2} \mathrm{H} \cdot d\mathrm{L} = \oint_{c'} \mathrm{H} \cdot d\mathrm{L}$$

따라서 전체 미소면적소들에 대해 적분한 것은 결국 다음과 같이 나타낼 수 있다.

$$\oint_{c_1} \mathrm{H} \cdot d\mathrm{L} + \oint_{c_2} \mathrm{H} \cdot d\mathrm{L} + \oint_{c_3} \mathrm{H} \cdot d\mathrm{L} + \cdots$$
$$\fallingdotseq (\nabla \times \mathrm{H})_1 \cdot \Delta \mathrm{S}_1 + (\nabla \times \mathrm{H})_2 \cdot \Delta \mathrm{S}_2 + (\nabla \times \mathrm{H})_3 \cdot \Delta \mathrm{S}_3 + \cdots$$

$$\lim_{m \to \infty} \sum_{k=1}^{m} (\nabla \times \mathrm{H})_k \cdot \Delta \mathrm{S}_k = \int_S (\nabla \times \mathrm{H}) \cdot d\mathrm{S}$$

$$\therefore \oint_c \mathrm{H} \cdot d\mathrm{L} = \int_S (\nabla \times \mathrm{H}) \cdot d\mathrm{S} \tag{7.47}$$

식 (7.47)은 모든 벡터에 적용되는 일반식으로 **스토크스의 정리**[Stokes' theorem]라고 부른다.

스토크스의 정리를 이용하여 제3 맥스웰 방정식의 적분형으로부터 그 미분형을 유도해보자.

$$\oint_c \mathrm{H} \cdot d\mathrm{L} = I_{in}$$

$$\oint_c \mathrm{H} \cdot d\mathrm{L} = \int_S (\nabla \times \mathrm{H}) \cdot d\mathrm{S}$$

이때 $I_{in} = \int_S \mathrm{J} \cdot d\mathrm{S}$이므로

$$\int_S (\nabla \times \mathrm{H}) \cdot d\mathrm{S} = \int_S \mathrm{J} \cdot d\mathrm{S}$$

$$\therefore \ \nabla \times \mathrm{H} = \mathrm{J} \tag{7.48}$$

가 된다. 식 (7.48)을 **제3 맥스웰 방정식의 미분형**이라고 부른다.

Q&A $\oint_c \mathrm{H} \cdot d\mathrm{L} = \int_S (\nabla \times \mathrm{H}) \cdot d\mathrm{S} \neq \int_{vol} \nabla \cdot (\nabla \times \mathrm{H})\, dv$ **인 이유는?**

발산정리 $\oint_S \mathrm{D}_s \cdot d\mathrm{S} = \int_{vol} \nabla \cdot \mathrm{D}\, dv$는 폐곡면에 대한 면적적분과 체적적분과의 관계식이다. 반면에, 스토크스의 정리 $\oint_c \mathrm{H} \cdot d\mathrm{L} = \int_S (\nabla \times \mathrm{H}) \cdot d\mathrm{S}$의 면적적분은 폐곡면에 대한 적분이 아니므로 이 면적적분에는 발산정리를 적용할 수 없다.

SECTION 7.6 자기력선과 자속밀도

3.1절에서 전계의 세기를 눈으로 볼 수 있게 전기력선을 도입했듯이, 자계에서도 자계의 세기를 시각적으로 나타낼 때 자기력선을 사용한다. [그림 7-34]는 몇 가지 자기력선의 예를 보여준다.

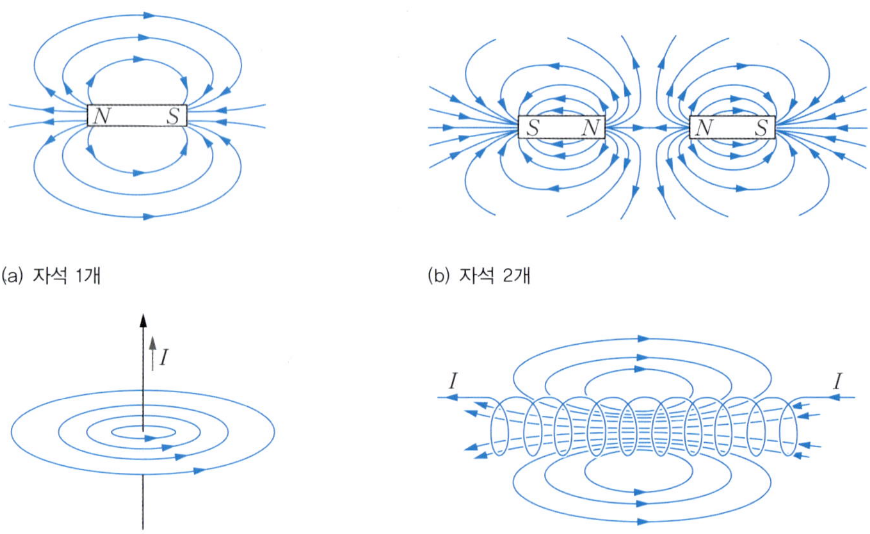

(a) 자석 1개

(b) 자석 2개

(c) 선전류

(d) 솔레노이드

그림 7-34 자기력선의 예

전계에서와 마찬가지로 자계에서도 자계의 세기의 크기가 1[AT/m]인 곳에 단위면적당 1개의 자기력선을 그린다. 따라서 **자기력선밀도**magnetic stream line density는 그 점의 자계의 세기와 일치한다. 자극의 크기 1[Wb]의 N극에서 $1/\mu_0(=4\pi\times6.33\times10^4)$의 자기력선이 나오게 된다. 그러나 전계에서와 마찬가지로 이렇게 자기력선을 그리면 너무 많은 선을 그려야 하기 때문에 다발로 묶어서 그린다. 자기력선 $1/\mu_0(=4\pi\times6.33\times10^4)$개를 하나의 다발로 묶어 **자속**magnetic flux이라고 하며, Φ라는 기호로 표시한다. 단위는 자극의 크기와 같은 [Wb]를 사용한다.

따라서 어떤 지점의 단위면적당 자속의 수, 즉 자속밀도 $B[Wb/m^2]$(=Tesla)를 측정하여 그 값에 $1/\mu_0$을 곱하면 자기력선밀도가 되고, 따라서 그 점의 자계의 세기 $H[AT/m]$를 얻을 수 있다.

$$H = \frac{1}{\mu_0}B \tag{7.49}$$

$$B = \mu_0 H \tag{7.50}$$

그러나 여기서 우리가 특별히 유념해야 할 점은 전계에서는 전계의 강함을 나타내기 위해 전계의 세기 E를 주로 사용했으나, 자계에서는 자계의 강함을 나타내는 데 자계의 세기를 사용하지 않고 그 대신 자속밀도 B를 주로 사용한다는 것이다. 따라서 전계에서는 전속밀도 D를 구하여 그 점의 전계의 세기 $E\left(=\frac{1}{\epsilon}D\right)$를 구했으나, 자계에서는 자계의 세기 H를 구하여 그 점의 자속밀도 $B(=\mu_0 H)$를 구한다.

자속밀도를 알면 다음과 같이 자속밀도를 면적적분하여 자속을 구할 수 있다.

$$\Phi = \int_S B \cdot dS$$

그러나 자속은 전속과 달라서 항상 폐곡선을 형성하므로 [그림 7-35]와 같이 어떤 폐곡면에 대해 면적적분을 하면 그 값이 항상 0이 된다. 이 식을 **자계에 대한 가우스의 법칙**이라고 부르며, 자속의 연속성을 나타낸다.

$$\oint_S B \cdot dS = 0 \tag{7.51}$$

이 폐곡면에 대한 면적적분에 발산정리를 적용하면

$$\oint_S B \cdot dS = \int_{vol} \nabla \cdot B \, dv = 0$$

$$\nabla \cdot B = 0 \tag{7.52}$$

과 같은 제4 맥스웰 방정식의 미분형을 얻는다.

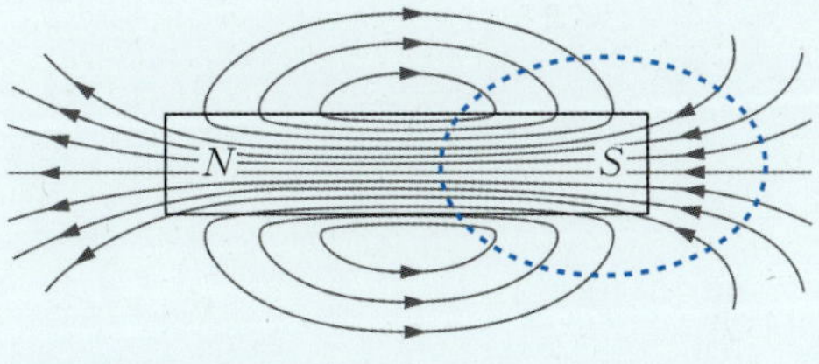

그림 7-35 자속의 연속성

예제 7-8 동축케이블 내의 자속 구하기

[그림 7-36]과 같은 내부 도체 반지름이 $a = 0.2[\mathrm{m}]$, 외부 도체의 안쪽 반지름이 $b = 0.5[\mathrm{m}]$, 길이가 $10[\mathrm{m}]$인 동축케이블에 $I = 3[\mathrm{A}]$의 전류가 흐를 때, 내부 도체와 외부 도체 사이 공간의 자속을 구하라. 단, 내부 도체와 외부 도체 사이는 공기이다.

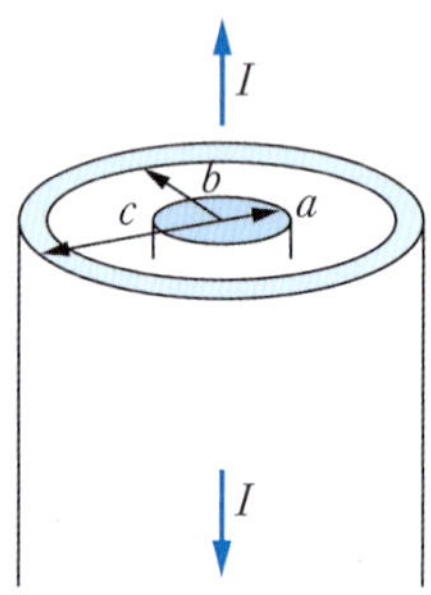

그림 7-36 동축케이블 내의 자속

풀이

$$\Phi = \int_S \mathrm{B} \cdot d\mathrm{S}$$

$$= \int_S \mu_0 \mathrm{H} \cdot d\mathrm{S} = \int_S \mu_0 \frac{I}{2\pi\rho} \mathbf{a}_\phi \cdot d\rho\, dz\, \mathbf{a}_\phi$$

$$= \frac{\mu_0 I}{2\pi} \int_0^{10} \int_{0.2}^{0.5} \frac{1}{\rho} d\rho\, dz = \frac{\mu_0 I}{2\pi} \int_0^{10} [\ln \rho]_{0.2}^{0.5}\, dz$$

$$= \frac{\mu_0 I}{2\pi} \int_0^{10} \ln 2.5\, dz = \frac{\mu_0 \times 3}{2\pi} (\ln 2.5) \times 10$$

$$\fallingdotseq 5.498 \times 10^{-6}\,[\mathrm{Wb}]$$

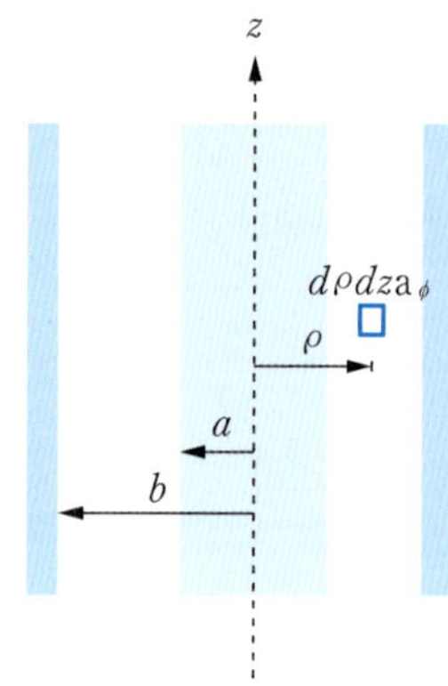

그림 7-37 동축케이블의 단면도

SECTION 7.7

정전계 및 정상자계에 대한 맥스웰 방정식

그동안 정전계electrostatic field와 정상자계steady magnetic field에 대한 전계의 세기, 자계의 세기, 전속밀도, 자속밀도 등에 대해 공부했다. 이들을 종합하여 정리하면 다음과 같은 맥스웰 방정식의 적분형을 얻는다.

가우스의 법칙 $\oint_S \mathrm{D}_s \cdot d\mathrm{S} = Q_{in} = \int_{vol} \rho_v \, dv$

전계의 보존성 $\oint_c \mathrm{E} \cdot d\mathrm{L} = 0$ (7.53)

암페어의 주회법칙 $\oint_c \mathrm{H} \cdot d\mathrm{L} = I_{in} = \int_S \mathrm{J} \cdot d\mathrm{S}$

자속의 연속성 $\oint_S \mathrm{B} \cdot d\mathrm{S} = 0$

이들 적분형에 발산정리와 스토크스의 정리를 적용하면, 다음과 같은 맥스웰 방정식의 미분형을 얻는다.

$$\begin{aligned} \nabla \cdot \mathrm{D} &= \rho_v \\ \nabla \times \mathrm{E} &= 0 \\ \nabla \times \mathrm{H} &= \mathrm{J} \\ \nabla \cdot \mathrm{B} &= 0 \end{aligned} \tag{7.54}$$

식 (7.53)과 식 (7.54)의 맥스웰 방정식은 대단히 중요하므로 반드시 기억해야 하며, 이외에 다음 식들도 자주 사용되니 잘 기억해둘 필요가 있다.

$$\mathrm{D} = \epsilon_0 \mathrm{E} \tag{7.55}$$

$$\mathrm{B} = \mu_0 \mathrm{H} \tag{7.56}$$

$$\mathrm{E} = -\nabla V \tag{7.57}$$

그리고 식 (7.58)의 발산정리와 식 (7.59)의 스토크스의 정리도 자주 이용된다.

$$\oint_S \mathrm{D} \cdot d\mathrm{S} = \int_{vol} \nabla \cdot \mathrm{D} \, dv \tag{7.58}$$

$$\oint_c \mathrm{H} \cdot d\mathrm{L} = \int_S (\nabla \times \mathrm{H}) \cdot d\mathrm{S} \tag{7.59}$$

SECTION 7.8
자위

7.8.1 스칼라 자위

전계의 전위와 같이 자계에서도 자위를 생각할 수 있다. 전계에서 전위가 전기적 위치에너지였듯이 자위도 자기적 위치에너지이다. 그러나 전계에서는 전위가 스칼라 값이었던 것에 비해, 자계에서는 스칼라 자위와 벡터 자위로 나누어 생각한다. 먼저 스칼라 자위에 대해 살펴보자.

식 (7.60)과 같이 어떤 점에서의 (−)경도 gradient 의 값이 그 점의 자계의 세기와 일치하는 스칼라 함수를 **스칼라 자위** scalar magnetic potential 라고 하며, 일반적으로 기호 V_m을 사용한다.

$$\mathrm{H} = -\nabla V_m \tag{7.60}$$

거리에 대한 자위의 (−)변화율이 자계의 세기인데, 자계의 세기의 단위는 [AT/m]이므로 자위의 단위는 [AT]이 된다. 또한 전계에서와 같이 자기적 위치에너지의 최대 감소 방향이 자계의 세기의 방향이라는 것을 식 (7.60)을 통해 알 수 있다.

예를 들어, 점자극 m[Wb]로부터 r[m]만큼 떨어진 점의 스칼라 자위는 그 점의 자계의 세기가

$$\mathrm{H} = \frac{m}{4\pi\mu_0 r^2}\mathbf{a}_r \tag{7.61}$$

이므로, 식 (7.60)에 의해 다음과 같이 구할 수 있다.

$$\frac{m}{4\pi\mu_0 r^2}\mathbf{a}_r = -\left(\frac{\partial V_m}{\partial r}\mathbf{a}_r + \frac{1}{r}\frac{\partial V_m}{\partial \theta}\mathbf{a}_\theta + \frac{1}{r\sin\theta}\frac{\partial V_m}{\partial \phi}\mathbf{a}_\phi\right) \tag{7.62}$$

$$\frac{m}{4\pi\mu_0 r^2} = -\frac{dV_m}{dr}$$

$$\therefore\ V_m = \frac{m}{4\pi\mu_0 r}\ [\mathrm{AT}] \tag{7.63}$$

이제 전류에 의한 자계에서의 자위를 생각해보자. 전류 I[A]로부터 ρ[m]만큼 떨어져 있는 점의 자계의 세기는

$$\mathrm{H} = \frac{I}{2\pi\rho}\mathbf{a}_\phi$$

이므로, 식 (7.60)에 의해 다음과 같이 구할 수 있다.

$$\frac{I}{2\pi\rho}\mathbf{a}_\phi = -\left(\frac{\partial V_m}{\partial\rho}\mathbf{a}_\rho + \frac{1}{\rho}\frac{\partial V_m}{\partial\phi}\mathbf{a}_\phi + \frac{\partial V_m}{\partial z}\mathbf{a}_z\right)$$

$$\frac{I}{2\pi\rho} = -\frac{1}{\rho}\frac{dV_m}{d\phi}$$

$$\therefore\ V_m = -\int\frac{I}{2\pi}d\phi = -\frac{I}{2\pi}\phi + C$$

여기서 $\phi = 0$일 때 $V_m = 0$이라고 하면, 앞의 식의 적분상수 $C = 0$이 되어 전류에 의한 자위식은 다음과 같이 된다.

$$V_m = -\int\frac{I}{2\pi}d\phi = -\frac{I}{2\pi}\phi \tag{7.64}$$

예를 들어, [그림 7-38]과 같이 z축을 따라 선전류 $I = 5$[A]가 흐를 때, $\phi = 0$[rad]인 점 A의 자위는

$$V_{mA} = -\frac{5}{2\pi}\times 0 = 0\ [\mathrm{AT}]$$

이고, $\phi = \frac{3}{5}\pi$[rad]인 점 B의 자위는

$$V_{mB} = -\frac{5}{2\pi}\times\frac{3}{5}\pi = -1.5\ [\mathrm{AT}]$$

이므로, 점 A와 점 B의 **자위차** magnetic potential difference, 즉 점 B에 대한 점 A의 자위는 다음과 같이 된다.

$$V_{mAB} = V_{mA} - V_{mB} = 0 - (-1.5) = 1.5\ [\mathrm{AT}]$$

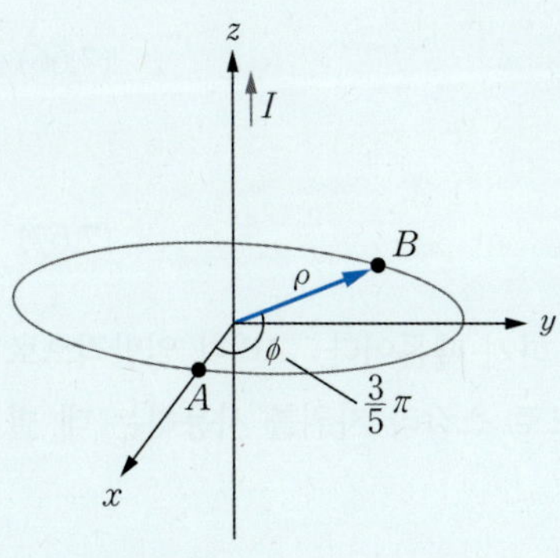

그림 7-38 자위차

[그림 7-39]에서 알 수 있듯이 등자위선은 ϕ값에 의해 정해지는 방사선 모양이고, 자계의 세기를 나타내는 자기력선은 등자위선에 수직인 $\mathbf{a}_\phi$ 방향이다.

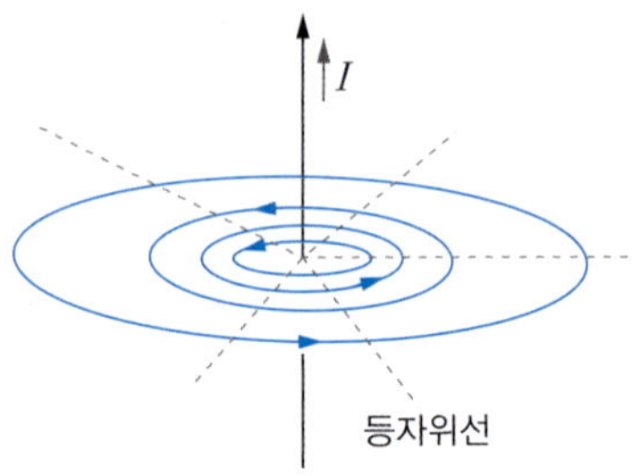

그림 7-39 등자위선과 자기력선

그러나 여기서 주의할 점은 식 (7.64)가 나타내는 스칼라 자위식은 ϕ값에 제한이 있다는 것이다. 제한이 없다면 [그림 7-38]의 점 B는 $\phi = \frac{3}{5}\pi[\text{rad}]$일 수도 있고, 거기에 $2\pi[\text{rad}]$ 또는 $4\pi[\text{rad}]$을 더한 $\phi = \frac{13}{5}\pi[\text{rad}]$, $\frac{23}{5}\pi[\text{rad}]$일 수도 있다. 따라서 점 B의 자위는 그 ϕ값에 따라 다음과 같이 여러 개의 값을 갖는 잘못이 발생한다.

$$\phi = \frac{3}{5}\pi \ : \ V_{mB} = -\frac{5}{2\pi} \times \frac{3\pi}{5} = -1.5\ [\text{AT}]$$
$$\phi = \frac{13}{5}\pi \ : \ V_{mB} = -\frac{5}{2\pi} \times \frac{13\pi}{5} = -6.5\ [\text{AT}]$$
$$\phi = \frac{23}{5}\pi \ : \ V_{mB} = -\frac{5}{2\pi} \times \frac{23\pi}{5} = -11.5\ [\text{AT}]$$

따라서 일반적으로 ϕ값을 $0 \le \phi < 2\pi$ 또는 $-\pi < \phi \le \pi\,[\text{rad}]$으로 범위를 한정하고 있다. 또 한 가지 중요한 사실은 식 (7.60)으로 표시되는 스칼라 자위는 전류밀도가 0인 지점에서만 사용할 수 있다는 것이다. 왜냐하면 식 (7.60)의 양변의 회전을 구하면

$$\nabla \times \mathbf{H} = \nabla \times (-\nabla V_m) \tag{7.65}$$

이 되는데,

$$\nabla \times \mathbf{H} = \mathbf{J} \tag{7.66}$$

인 반면에, V_m이 어떤 함수이든지 항상

$$\nabla \times (\nabla V_m) \equiv 0 \tag{7.67}$$

이므로, 식 (7.65)가 모순 없이 성립하려면 전류밀도 $\mathbf{J}$가 0이어야 하기 때문이다. 그러나 일반적으로 도체 내부가 아닌 공기 중에서는 대부분 지점의 전류밀도가 0이므로 스칼라 자위를 사용하는 데 별 문제가 없다.

또한 전계에서의 전위차와 같이 식 (7.60)의 자위 V_m과 자계의 세기 H의 관계식에 의해 점 A와 점 B의 자위차 V_{mAB}는 다음과 같이 정의된다.

$$V_{mAB} = -\int_B^A \mathrm{H} \cdot d\mathrm{L} \tag{7.68}$$

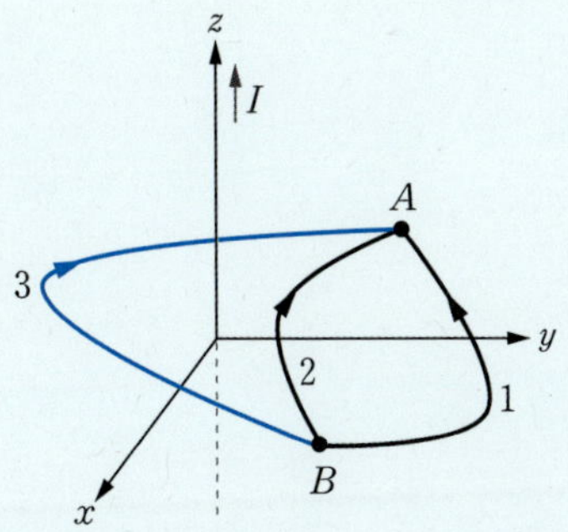

그림 7-40 선적분 경로

그러나 [그림 7-40]에서 적분경로 1과 2에 의한 자계의 세기에 대한 선적분은 같은 값을 갖지만, 적분경로 3은 다른 값을 갖는다. 따라서 자계의 세기의 폐경로에 대한 선적분은 다음과 같이 된다.

$$\oint_c \mathrm{H} \cdot d\mathrm{L} = I \tag{7.69}$$

폐적분 경로 내에서 전류 $I = 0$이면

$$\oint_c \mathrm{H} \cdot d\mathrm{L} = 0$$

이 되어, 이 경우 적분경로에 관계없이 식 (7.68)이 항상 같은 값을 갖는 **보존계**conservative field가 되지만, 폐곡선이 둘러싸고 있는 전류가 $I \neq 0$이면 폐곡선에 대한 선적분이 0이 되지 않는다. 따라서 정전계와 달리 자기적 에너지를 나타내는 스칼라 자위는 일반적으로 보존계가 아니다.

예제 7-9 토로이드 내의 자위

[그림 7-41]과 같은 토로이드에서 $\rho_0 = 0.5[\text{m}]$, 코일을 감은 횟수가 $N = 400[\text{turn}]$, 코일에 흐르는 전류가 $I = 10[\text{A}]$일 때, 토로이드 내부에 있는 점 $P(0.6,\ 90^\circ,\ 0.1)$의 자위를 구하라. 단, 토로이드 내부에서 $\phi = 0[\text{rad}]$인 면의 자위는 $0[\text{AT}]$, 토로이드 내부는 공기이다.

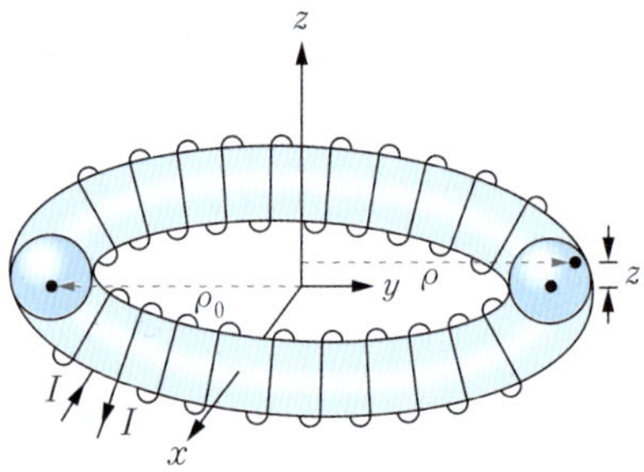

그림 7-41 토로이드 내의 자위

풀이

식 (7.29)와 식 (7.68)에 의해 다음과 같이 구할 수 있다.

$$\mathbf{H}_P = \frac{NI}{2\pi\rho}\mathbf{a}_\phi = \frac{400\times 10}{2\pi\times 0.6}\mathbf{a}_\phi$$

$$V_{mP} = -\int_0^P \mathbf{H}\cdot d\mathbf{L} = -\int_0^P \frac{4000}{2\pi\times 0.6}\mathbf{a}_\phi \cdot 0.6\,d\phi\,\mathbf{a}_\phi$$

$$= -\int_0^P \frac{4000}{2\pi\times 0.6}\times 0.6\,d\phi = -\int_0^{\frac{\pi}{2}} \frac{4000}{2\pi}\,d\phi = -1000\,[\text{AT}]$$

전류밀도가 0인 자유공간에서 자속밀도 B와 자계의 세기 H는 자계에 대한 가우스의 법칙 식 (7.52)에 의해

$$\nabla\cdot\mathbf{B} = \nabla\cdot(\mu_0\mathbf{H}) = 0$$

이다. 여기에 식 (7.60)을 대입하면

$$\mu_0\nabla\cdot(-\nabla V_m) = 0$$

$$\nabla^2 V_m = 0 \quad (\mathbf{J}=0) \tag{7.70}$$

이 되고, 이 식 (7.70)을 **스칼라 자위에 대한 라플라스 방정식**이라고 한다. 이 방정식은 자유공간뿐 아니라 전류밀도가 존재하지 않는 균질의 자성체 내에서도 항상 만족한다. 그러나 이 스칼라 자위에 대한 라플라스 방정식은 전류밀도 $\mathbf{J}=0$인 지점에 한정된다는 사실과, 스칼라 자위 V_m 값이 한 지점에서도 여러 개의 값을 가질 수 있다는 점을 잊어서는 안 된다. 이러한 결점 때문에 스칼라 자위보다는 다음에 소개하는 벡터 자위를 더 많이 사용한다.

7.8.2 벡터 자위

전류밀도 $J \neq 0$인 영역에서도 사용할 수 있는 자기적 위치에너지 자위가 있으면 좋은데, 이를 위해 벡터 자위를 도입한다. 벡터 항등식

$$\nabla \cdot (\nabla \times A) \equiv 0 \tag{7.71}$$

은 모든 벡터에 항상 성립한다. 식 (7.71)과 자계에 대한 가우스의 법칙

$$\nabla \cdot B = 0 \tag{7.72}$$

으로부터 **벡터 자위**vector magnetic potential A를 다음과 같이 정의한다.

$$B = \nabla \times A \tag{7.73}$$

따라서 벡터 자위를 길이로 미분하면 자속밀도가 되는데, 자속밀도의 단위가 $[Wb/m^2]$이므로 벡터 자위의 단위는 $[Wb/m]$가 된다. 그리고 자계의 세기 H와 자속밀도 B는

$$\nabla \times H = J, \quad B = \mu_0 H$$

이므로

$$\nabla \times B = \nabla \times \nabla \times A = \mu_0 J \tag{7.74}$$

가 된다. 그런데 식 (7.74)에 항등식

$$\nabla \times \nabla \times A \equiv \nabla(\nabla \cdot A) - \nabla^2 A$$

$$\nabla^2 = \frac{\partial^2}{\partial x^2} + \frac{\partial^2}{\partial y^2} + \frac{\partial^2}{\partial z^2}$$
$$\nabla^2 A = \nabla^2 A_x \mathbf{a}_x + \nabla^2 A_y \mathbf{a}_y + \nabla^2 A_z \mathbf{a}_z$$

를 적용하면

$$\nabla \times B = \nabla(\nabla \cdot A) - \nabla^2 A = \mu_0 J$$

가 된다. 그런데

$$\nabla \cdot A = 0$$

이라고 하면(증명 생략), 다음과 같이 된다.

$$\nabla^2 A = -\mu_0 J \tag{7.75}$$

$$\nabla^2 A_x = -\mu_0 J_x$$
$$\nabla^2 A_y = -\mu_0 J_y$$
$$\nabla^2 A_z = -\mu_0 J_z$$

전계에서 쿨롱의 법칙에 의한 전위식

$$V = \int_{vol} \frac{\rho_v \, dv}{4\pi\epsilon_0 r} \tag{7.76}$$

은 푸아송 방정식

$$\nabla^2 V = -\frac{\rho_v}{\epsilon_0} \tag{7.77}$$

을 만족시킨다. 왜냐하면 두 식은 같은 체적전하밀도 ρ_v에 대한 식이기 때문이다. 다시 말해, 푸아송 방정식인 식 (7.77)의 해가 식 (7.76)이라고 할 수 있다.

따라서 벡터 자위의 푸아송 방정식인 식 (7.75)의 해도 다음과 같이 된다고 말할 수 있다.

$$\nabla^2 A_x = -\mu_0 J_x \Rightarrow A_x = \int_{vol} \frac{\mu_0}{4\pi} \frac{J_x}{r} dv$$

$$\nabla^2 A_y = -\mu_0 J_y \Rightarrow A_y = \int_{vol} \frac{\mu_0}{4\pi} \frac{J_y}{r} dv$$

$$\nabla^2 A_z = -\mu_0 J_z \Rightarrow A_z = \int_{vol} \frac{\mu_0}{4\pi} \frac{J_z}{r} dv$$

$$\begin{aligned} \nabla^2 \mathrm{A} = -\mu_0 \mathrm{J} \Rightarrow \mathrm{A} &= A_x \mathbf{a}_x + A_y \mathbf{a}_y + A_z \mathbf{a}_z \\ &= \int_{vol} \frac{\mu_0 J_x}{4\pi r} dv\, \mathbf{a}_x + \int_{vol} \frac{\mu_0 J_y}{4\pi r} dv\, \mathbf{a}_y + \int_{vol} \frac{\mu_0 J_z}{4\pi r} dv\, \mathbf{a}_z \\ &= \int_{vol} \frac{\mu_0 \mathrm{J}}{4\pi r} dv \end{aligned} \tag{7.78}$$

식 (7.78)은 체적전류밀도에 대한 푸아송 방정식의 해이고, 면전류밀도나 선전류에 대해서는 다음과 같이 된다.

$$\mathrm{A} = \int_S \frac{\mu_0 \mathrm{K}}{4\pi r} dS \tag{7.79}$$

$$\mathrm{A} = \int_c \frac{\mu_0 I}{4\pi r} d\mathrm{L} \tag{7.80}$$

또한 식 (7.78), 식 (7.79), 식 (7.80)을 볼 때 벡터 자위의 방향은 전류의 방향과 일치한다는 것을 알 수 있다.

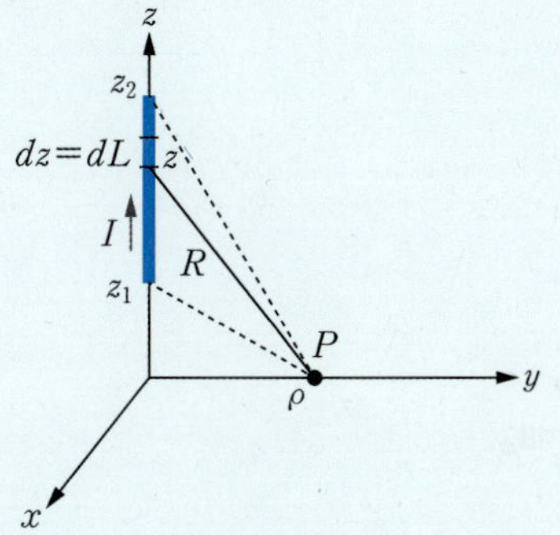

그림 7-42 벡터 자위에 의한 자계의 세기

[그림 7-42]와 같은 전류소에 의한 점 P의 벡터 자위를 구해보자. 식 (7.80)에 의해

$$\mathrm{A} = \int_c \frac{\mu_0 I}{4\pi r} d\mathrm{L} = \int_{z_1}^{z_2} \frac{\mu_0 I}{4\pi\sqrt{z^2+\rho^2}} dz\, \mathbf{a}_z = \frac{\mu_0 I}{4\pi}\int_{z_1}^{z_2} \frac{1}{\sqrt{z^2+\rho^2}} dz\, \mathbf{a}_z$$

$$= \frac{\mu_0 I}{4\pi}\left[\ln\left|z+\sqrt{z^2+\rho^2}\right|\right]_{z_1}^{z_2} \mathbf{a}_z$$

$$= \frac{\mu_0 I}{4\pi}\left\{\ln\left|z_2+\sqrt{z_2^2+\rho^2}\right| - \ln\left|z_1+\sqrt{z_1^2+\rho^2}\right|\right\} \mathbf{a}_z \tag{7.81}$$

$$\int_{x_1}^{x_2} \frac{1}{\sqrt{ax^2+bx+c}} dx$$
$$= \frac{1}{\sqrt{a}} \ln\left|\sqrt{ax^2+bx+c} + \sqrt{a}\, x + \frac{b}{2\sqrt{a}}\right|$$

로 되고, 식 (7.81)에서 $z_1 = -L$, $z_2 = L$, $L \gg \rho$이면, 식 (7.81)은 다음과 같은 근사식이 된다.

$$\mathrm{A} \fallingdotseq \frac{\mu_0 I}{2\pi}\left(\ln\frac{2L}{\rho}\right) \mathbf{a}_z \tag{7.82}$$

$$\ln\left|L+\sqrt{L^2+\rho^2}\right| - \ln\left|-L+\sqrt{(-L)^2+\rho^2}\right|$$
$$= \ln\frac{L+\sqrt{L^2+\rho^2}}{-L+\sqrt{(-L)^2+\rho^2}} = \ln\frac{L+L\sqrt{1+\left(\frac{\rho}{L}\right)^2}}{-L+L\sqrt{1+\left(\frac{\rho}{L}\right)^2}}$$
$$\fallingdotseq \ln\frac{L+L\left\{1+\frac{1}{2}\left(\frac{\rho}{L}\right)^2\right\}}{-L+L\left\{1+\frac{1}{2}\left(\frac{\rho}{L}\right)^2\right\}} \fallingdotseq \ln\frac{2L}{\frac{1}{2}\frac{\rho^2}{L}} = \ln\frac{4L^2}{\rho^2}$$
$$\equiv \ln\left(\frac{2L}{\rho}\right)^2 = 2\ln\left(\frac{2L}{\rho}\right)$$

또한 점 P의 자속밀도는 다음과 같이 된다.

$$\begin{aligned} \mathrm{B} = \nabla \times \mathrm{A} &= -\frac{\partial}{\partial \rho} A_z \mathbf{a}_\phi \\ &= -\frac{\mu_0 I}{2\pi} \frac{\partial}{\partial \rho}\left(\ln \frac{2L}{\rho}\right) \mathbf{a}_\phi \\ &= -\frac{\mu_0 I}{2\pi}\left(-\frac{1}{\rho}\right) \mathbf{a}_\phi = \frac{\mu_0 I}{2\pi \rho} \mathbf{a}_\phi \end{aligned}$$

예제 7-10 무한 직선전류에 의한 벡터 자위

[그림 7-43]과 같이 z축에 무한 직선전류 I[A]가 흐를 때, z축으로부터 ρ_A[m]만큼 떨어진 점 A의 벡터 자위를 구하라. 단, z축으로부터 ρ_B[m]만큼 떨어진 점 B의 벡터 자위는 0[Wb/m]이다.

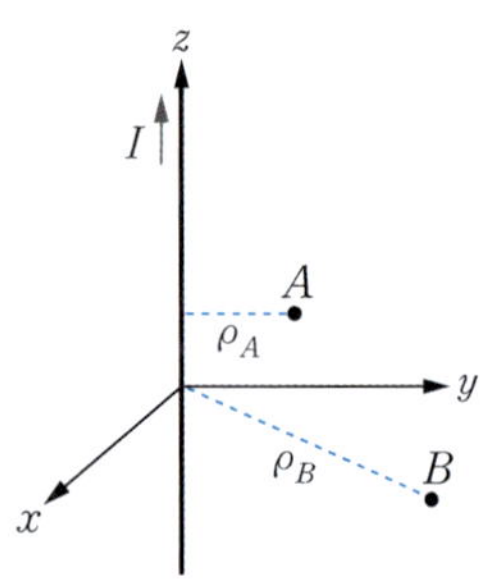

그림 7-43 무한 직선전류에 의한 벡터 자위

풀이

식 (7.82)에서 전류가 흐르는 직선 도체의 길이가 무한대이면 직선 도체의 거리에 관계없이 벡터 자위는 무한대가 된다. 따라서 무한 직선전류에 의한 벡터 자위는 어떤 점을 기준점으로 해서 그 점에 대한 벡터 자위, 즉 자위차만을 말할 수밖에 없다.

$$\mathrm{A} = \frac{\mu_0 I}{2\pi}\left(\ln \frac{2L}{\rho}\right) \mathbf{a}_z \qquad \cdots ①$$

식 ①에서 $\rho = \rho_B$일 때 벡터 자위 A_B는

$$\mathrm{A}_B = \frac{\mu_0 I}{2\pi}\left(\ln \frac{2L}{\rho_B}\right) \mathbf{a}_z \qquad \cdots ②$$

이고, $\rho = \rho_A$일 때 벡터 자위 A_A는

$$\mathrm{A}_A = \frac{\mu_0 I}{2\pi}\left(\ln \frac{2L}{\rho_A}\right) \mathbf{a}_z$$

이므로, 점 A와 점 B의 벡터 자위차, 즉 점 B에 대한 점 A의 벡터 자위 A_{AB}는 다음과 같다.

$$\mathrm{A}_{AB} = \frac{\mu_0 I}{2\pi}\left(\ln\frac{2L}{\rho_A}\right)\mathbf{a}_z - \frac{\mu_0 I}{2\pi}\left(\ln\frac{2L}{\rho_B}\right)\mathbf{a}_z = \frac{\mu_0 I}{2\pi}\left(\ln\frac{\rho_B}{\rho_A}\right)\mathbf{a}_z \ [\mathrm{Wb/m}] \quad \cdots ③$$

예제 7-11 벡터 자위에 의한 자계의 세기

[그림 7-44]와 같이 원점에 있는 미소전류소 $Id\mathrm{L}(=Idz\,\mathbf{a}_z)[\mathrm{A \cdot m}]$에 의한 점 $P(\rho, \phi, z)$의 자계의 세기 $d\mathrm{H}[\mathrm{A/m}]$를 벡터 자위를 이용하여 구하라.

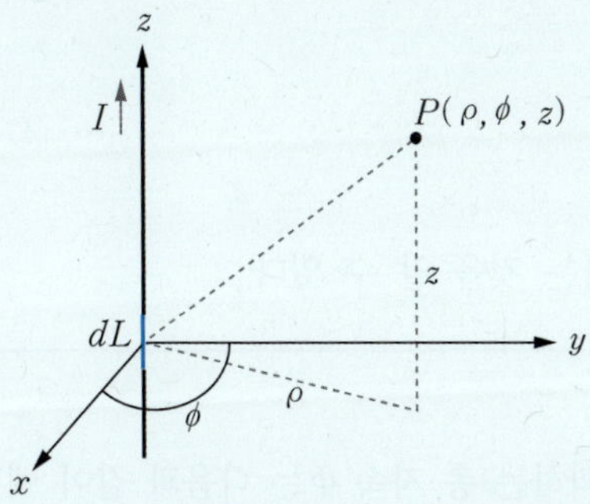

그림 7-44 벡터 자위에 의한 자계의 세기

풀이

식 (7.80)에서 벡터 자위 $d\mathrm{A}$는 다음과 같다.

$$d\mathrm{A} = \frac{\mu_0 I d\mathrm{L}}{4\pi r} = \frac{\mu_0 I}{4\pi\sqrt{\rho^2+z^2}}dz\,\mathbf{a}_z \quad \cdots ①$$

따라서 $d\mathrm{H}$는 다음과 같이 표현된다.

$$\begin{aligned} d\mathrm{H} &= \frac{1}{\mu_0}d\mathrm{B} = \frac{1}{\mu_0}\nabla\times d\mathrm{A} \\ &= \frac{1}{\mu_0}\left\{\left(\frac{1}{\rho}\frac{\partial dA_z}{\partial\phi} - \frac{\partial dA_\phi}{\partial z}\right)\mathbf{a}_\rho + \left(\frac{\partial dA_\rho}{\partial z} - \frac{\partial dA_z}{\partial\rho}\right)\mathbf{a}_\phi \right. \\ &\qquad \left. + \frac{1}{\rho}\left(\frac{\partial(\rho dA_\phi)}{\partial\rho} - \frac{\partial dA_\rho}{\partial\phi}\right)\mathbf{a}_z\right\} \quad \cdots ② \end{aligned}$$

식 ①에서 $d\mathrm{A}$는 z 방향 성분만 있으므로, 식 ②는 다음과 같이 된다.

$$d\mathrm{H} = \frac{1}{\mu_0}\left\{\left(\frac{1}{\rho}\frac{\partial dA_z}{\partial\phi}\right)\mathbf{a}_\rho + \left(-\frac{\partial dA_z}{\partial\rho}\right)\mathbf{a}_\phi\right\}$$

그러나 $\frac{\partial dA_z}{\partial \phi} = 0$이므로(대칭성에 의해)

$$dH = -\frac{1}{\mu_0}\frac{\partial}{\partial \rho}\left(\frac{\mu_0 I}{4\pi\sqrt{\rho^2+z^2}}dz\right)\mathbf{a}_\phi = \frac{Idz}{4\pi}\frac{\rho}{(\rho^2+z^2)^{3/2}}\mathbf{a}_\phi\ [\mathrm{A/m}] \qquad \cdots ③$$

가 된다. 그리고

$$R = \sqrt{\rho^2+z^2}$$

$$dL \times \mathbf{a}_R = \frac{dz\,\mathbf{a}_z \times (\rho\,\mathbf{a}_\rho + z\,\mathbf{a}_z)}{\sqrt{\rho^2+z^2}} = \frac{dz\,\rho}{\sqrt{\rho^2+z^2}}\mathbf{a}_\phi$$

이므로, 식 ③을 다음과 같이 표현할 수 있다.

$$dH_P = \frac{IdL \times \mathbf{a}_R}{4\pi R^2} \qquad \cdots ④$$

이 식은 실험을 통해 얻은 비오-사바르의 법칙과 일치한다는 것을 알 수 있다.

벡터 자위의 정의와 스토크스의 정리에 의해 어떤 면적을 통과하는 총 자속 Φ는 다음과 같이 벡터 자위의 선적분으로 표시되기도 한다.

$$\Phi = \int_S B \cdot dS = \int_S (\nabla \times A) \cdot dS = \oint_c A \cdot dL \qquad (7.83)$$

예제 7-12 **벡터 자위에 의한 자속**

진공에서 벡터 자위가 $A = 20\,l_n \frac{50}{\rho}\mathbf{a}_z\ [\mu\mathrm{Wb/m}]$일 때, [그림 7-45]와 같은 $2 < \rho \le 5\,[\mathrm{m}]$, $\phi = \frac{\pi}{2}\,[\mathrm{rad}]$, $1 < z \le 3\,[\mathrm{m}]$인 단면적을 $\mathbf{a}_\phi$ 방향으로 지나가는 총 자속 Φ를 구하라.

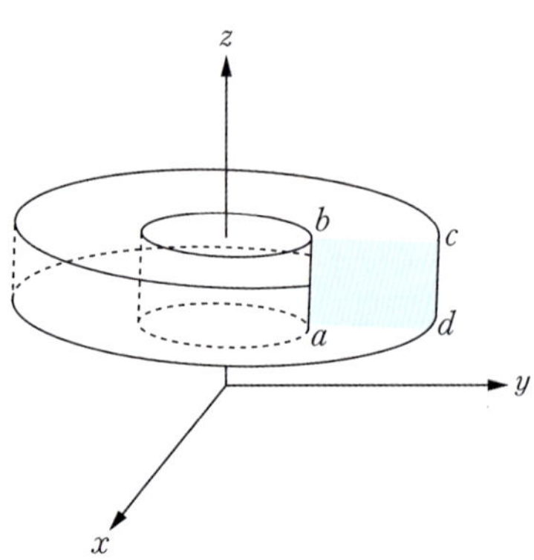

그림 7-45 자위와 자속

풀이

식 (7.83)에 의해 그림의 면적 $S = 6\mathbf{a}_\phi\,[\mathrm{m}^2]$를 지나는 총 자속은 다음과 같이 계산된다.

$$\begin{aligned}\Phi = \oint_c \mathrm{A}\cdot d\mathrm{L} &= \oint_c (A_\rho \mathbf{a}_\rho + A_\phi \mathbf{a}_\phi + A_z \mathbf{a}_z)\cdot(d\rho\mathbf{a}_\rho + \rho d\phi \mathbf{a}_\phi + dz\mathbf{a}_z) \quad \cdots ①\\ &= \oint_c A_\rho d\rho + A_\phi \rho d\phi + A_z dz\\ &= \oint_c 20\times10^{-6}\ln\frac{50}{\rho}dz\\ &= \int_{a-b} 20\times10^{-6}\ln\frac{50}{\rho}dz + \int_{c-d} 20\times10^{-6}\ln\frac{50}{\rho}dz \quad \cdots ②\end{aligned}$$

적분경로 $a-b$에서 $\rho=2$이고, 적분경로 $c-d$에서 $\rho=5$이므로 다음과 같이 된다.

$$\begin{aligned}&= \int_{a-b} 20\times10^{-6}\ln\frac{50}{2}dz + \int_{c-d} 20\times10^{-6}\ln\frac{50}{5}dz \quad \cdots ③\\ &= \int_1^3 20\times10^{-6}\ln 25\,dz + \int_3^1 20\times10^{-6}\ln 10\,dz\\ &= 20\times10^{-6}\ln 25\times(3-1) + 20\times10^{-6}\ln 10\times(1-3)\\ &= 36.65\ [\mu\mathrm{Wb}] \quad \cdots ④\end{aligned}$$

☞ [별해] 벡터 자위를 통해 자속밀도를 구한 후 총 자속을 구할 수도 있다.

$$\begin{aligned}\mathrm{B} = \nabla\times\mathrm{A} &= \left(\frac{1}{\rho}\frac{\partial A_z}{\partial\phi} - \frac{\partial A_\phi}{\partial z}\right)\mathbf{a}_\rho + \left(\frac{\partial A_\rho}{\partial z} - \frac{\partial A_z}{\partial\rho}\right)\mathbf{a}_\phi + \frac{1}{\rho}\left(\frac{\partial(\rho A_\phi)}{\partial\rho} - \frac{\partial A_\rho}{\partial\phi}\right)\mathbf{a}_z\\ &= -\frac{\partial}{\partial\rho}\left(20\times10^{-6}\ln\frac{50}{\rho}\right)\mathbf{a}_\phi = 20\times10^{-6}\frac{1}{\rho}\mathbf{a}_\phi \quad \cdots ⑤\end{aligned}$$

$$\begin{aligned}\Phi &= \int_S \mathrm{B}\cdot d\mathrm{S} = \int_S 20\times10^{-6}\frac{1}{\rho}\mathbf{a}_\phi\cdot d\rho dz\,\mathbf{a}_\phi \quad \cdots ⑥\\ &= \int_1^3\int_2^5 20\times10^{-6}\frac{1}{\rho}d\rho dz = \int_1^3 [20\times10^{-6}\ln\rho]_2^5 dz\\ &= \int_1^3 20\times10^{-6}(\ln 5 - \ln 2)dz = 20\times10^{-6}\ln\frac{5}{2}\times(3-1)\\ &\fallingdotseq 36.65\ [\mu\mathrm{Wb}] \quad \cdots ⑦\end{aligned}$$

예제 7-13 자속밀도와 벡터 자위

진공 솔레로이드 내부의 자속밀도가 $\mathbf{B} = 100\mathbf{a}_z$ [Wb/m^2]이다.

(a) 벡터 자위는 어떻게 되겠는가? 단, 이 벡터 자위는 ϕ의 함수가 아니며 내부 중심축의 벡터 자위는 0[Wb/m]이다.

(b) 중심축으로부터 0.3[m] 떨어진 점의 벡터 자위를 구하라.

풀이

(a) 식 (7.83)은 어떤 면적 S에 대한 자속밀도의 면적적분, 즉 그 면적을 지나가는 총 자속은 그 면적 둘레에 대한 벡터 자위의 선적분과 같다는 것으로, 면적의 크기에 상관없이 항상 성립한다.

$$\Phi = \int_S \mathbf{B} \cdot d\mathbf{S} = \int_S (\nabla \times \mathbf{A}) \cdot d\mathbf{S} = \oint_c \mathbf{A} \cdot d\mathbf{L} \qquad \cdots ①$$

이제 원통좌표계에서 $z=0$인 평면에 있는 반지름이 ρ[m]인 원을 지나가는 총 자속을 먼저 구하면 다음과 같이 된다.

$$\begin{aligned}\Phi &= \int_S \mathbf{B} \cdot d\mathbf{S} = \int_S 100\mathbf{a}_z \cdot \rho d\rho d\phi \mathbf{a}_z \\ &= \int_0^{2\pi}\int_0^{\rho} 100\rho\, d\rho\, d\phi = \int_0^{2\pi} 50\rho^2 d\phi = 100\pi\rho^2 \text{ [Wb]}\end{aligned} \qquad \cdots ②$$

따라서 다음과 같이 벡터 자위를 구할 수 있다.

$$\begin{aligned}100\pi\rho^2 = \oint_c \mathbf{A} \cdot d\mathbf{L} &= \oint_c (A_\rho \mathbf{a}_\rho + A_\phi \mathbf{a}_\phi + A_z \mathbf{a}_z) \cdot \rho d\phi \mathbf{a}_\phi \\ &= \int_0^{2\pi} A_\phi \rho d\phi = 2\pi\rho A_\phi \\ &\therefore\ A_\phi = 50\rho\end{aligned}$$

$$\mathbf{A} = 50\rho\,\mathbf{a}_\phi \text{ [Wb/m]} \qquad \cdots ③$$

(b) 식 ③에 $\rho = 0.3$을 대입하면 다음과 같이 된다.

$$\mathbf{A} = 50 \times 0.3\,\mathbf{a}_\phi = 15\mathbf{a}_\phi \text{ [Wb/m]}$$

이상에서 공부한 벡터 자위는 전류밀도가 0이든 아니든 관계없이 모든 영역에서 사용할 수 있으며, 안테나에서의 전파 복사 radiation 문제나 송전선, 도파관 등에서의 전파 누설 문제 등을 다루는 데 매우 유용하게 사용된다.

■ 자계에 대한 쿨롱의 법칙 : 두 점자극 사이에 작용하는 힘

• $F = 6.33 \times 10^4 \dfrac{m_1 m_2}{R^2} a_R$ [N]

• $F = \dfrac{1}{4\pi\mu_0} \dfrac{m_1 m_2}{R^2} a_R$ [N]

■ 자계의 세기

• 점자극에 의한 자계의 세기 : $H = \dfrac{1}{4\pi\mu_0} \dfrac{m}{R^2} a_R$ [AT/m]

• 자계의 세기에 의해 점자극이 받는 힘 : $F = mH$ [N]

■ 비오 – 사바르의 법칙

• $dH_P = \dfrac{IdL \times a_R}{4\pi R^2}$

• $H_P = \oint_c \dfrac{IdL \times a_R}{4\pi R^2}$

■ 전류에 따른 자계의 세기

• 유한 직선전류에 의한 자계의 세기 : $H = \dfrac{I}{4\pi\rho}(\sin\alpha_2 - \sin\alpha_1)\, a_\phi$ [AT/m]

• 원형전류에 의한 점 P의 자계의 세기 : $H_P = \dfrac{a^2 I}{2\left(\sqrt{a^2+z^2}\right)^3}\, a_z$ [AT/m]

• 원형전류에 의한 원점의 자계의 세기 : $H_O = \dfrac{I}{2a}\, a_z$ [AT/m]

• 무한 직선전류에 의한 자계의 세기 : $H = \dfrac{I}{2\pi\rho} a_\phi$ [AT/m]

• 무한 면전류에 의한 자계의 세기 : $H = \dfrac{1}{2} K_y\, a_x$ [AT/m]

■ 암페어의 오른손 법칙

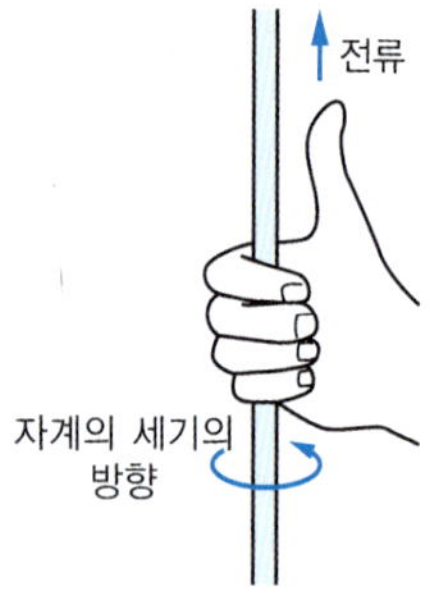

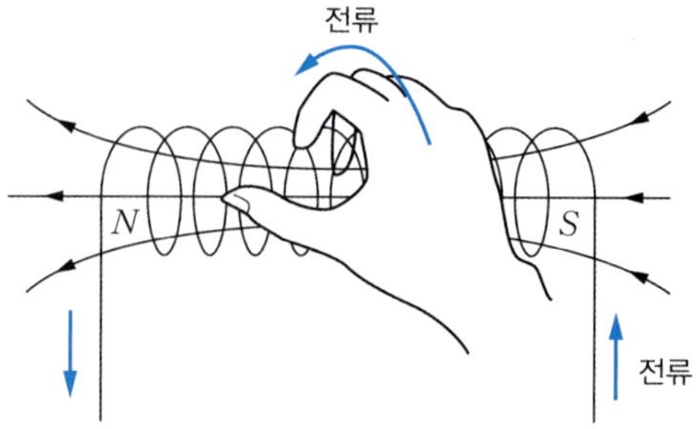

■ 암페어의 주회법칙

$$\oint_c \mathrm{H} \cdot d\mathrm{L} = I_{in}$$

■ 솔레노이드와 토로이드에 의한 자계의 세기

- 솔레노이드 : $\mathrm{H}_{in} = nI\,\mathbf{a}_x$ [AT/m]
- 토로이드 : $\mathrm{H}_P = \dfrac{NI}{2\pi\rho}\mathbf{a}_\phi$ [AT/m]

■ 자계의 세기의 벡터 회전

$$\nabla \times \mathrm{H} = \left(\frac{\partial H_z}{\partial y} - \frac{\partial H_y}{\partial z}\right)\mathbf{a}_x + \left(\frac{\partial H_x}{\partial z} - \frac{\partial H_z}{\partial x}\right)\mathbf{a}_y + \left(\frac{\partial H_y}{\partial x} - \frac{\partial H_x}{\partial y}\right)\mathbf{a}_z$$

$$= \begin{vmatrix} \mathbf{a}_x & \mathbf{a}_y & \mathbf{a}_z \\ \dfrac{\partial}{\partial x} & \dfrac{\partial}{\partial y} & \dfrac{\partial}{\partial z} \\ H_x & H_y & H_z \end{vmatrix} = \mathrm{J}\ [\mathrm{A/m^2}]$$

■ 스토크스의 정리

$$\oint_c \mathrm{H} \cdot d\mathrm{L} = \int_S (\nabla \times \mathrm{H}) \cdot d\mathrm{S}$$

■ 자속밀도와 자계의 세기 및 자속

- $\mathrm{B} = \mu_0 \mathrm{H}$ [Wb/m²]
- $\Phi = \int_S \mathrm{B} \cdot d\mathrm{S}$

■ 자속의 연속성

$$\oint_S \mathrm{B} \cdot d\mathrm{S} = 0 \;\Rightarrow\; \nabla \cdot \mathrm{B} = 0$$

■ 정전계와 정상자계의 맥스웰 방정식

적분형	미분형
$\oint_S \mathrm{D}_s \cdot d\mathrm{S} = Q_{in} = \int_{vol} \rho_v dv$	$\nabla \cdot \mathrm{D} = \rho_v$
$\oint_c \mathrm{E} \cdot d\mathrm{L} = 0$	$\nabla \times \mathrm{E} = 0$
$\oint_c \mathrm{H} \cdot d\mathrm{L} = I_{in} = \int_S \mathrm{J} \cdot d\mathrm{S}$	$\nabla \times \mathrm{H} = \mathrm{J}$
$\oint_S \mathrm{B} \cdot d\mathrm{S} = 0$	$\nabla \cdot \mathrm{B} = 0$

■ 스칼라 자위와 벡터 자위

- 스칼라 자위 : $\mathrm{H} = -\nabla V_m$
- 벡터 자위 : $\mathrm{B} = \nabla \times \mathrm{A}$

■ 벡터 자위와 자속

$$\Phi = \oint_c \mathrm{A} \cdot d\mathrm{L}$$

7.1 다음 그림과 같이 나침판의 N극이 북쪽을 가리키고 있다. 이 나침판 위에 직선 도체를 놓고 그림과 같이 전류를 흘릴 때 나침판의 N극은 어떻게 움직이겠는가?

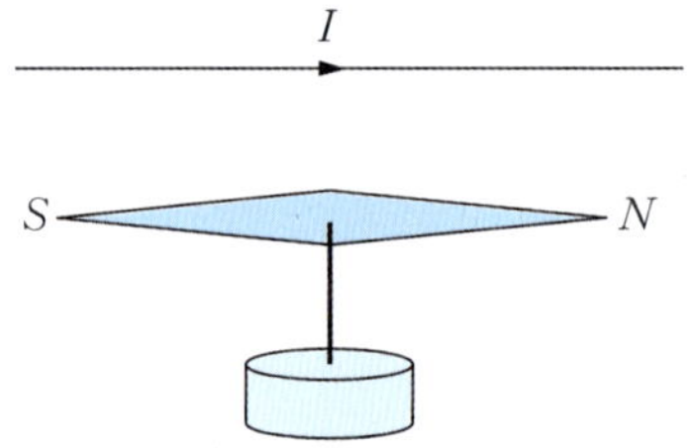

㉮ 오른쪽으로 계속 회전한다.　㉯ 왼쪽으로 계속 회전한다.
㉰ 동쪽으로 조금 회전하다가 멈춘다.　㉱ 서쪽으로 조금 회전하다가 멈춘다.

7.2 공기 중에서 점자극 m_1, m_2[Wb]가 r[m] 떨어져 있다. 두 자극 간에 작용하는 힘이 F[N]일 때, 거리 r[m]값으로 옳은 것은?

㉮ $\sqrt{\dfrac{m_1 m_2}{F}}$　㉯ $\sqrt{\dfrac{6.33\times 10^4 m_1 m_2}{F}}$
㉰ $\sqrt{\dfrac{9\times 10^9 m_1 m_2}{F}}$　㉱ $\dfrac{9\times 10^9 m_1 m_2}{F}$

7.3 자계의 세기의 크기가 21[AT/m]인 곳에 3[Wb]의 자극을 놓으면, 그 자극이 받는 힘은 몇 [N]이 되겠는가?

㉮ $\dfrac{1}{7}$　㉯ 63　㉰ 7　㉱ 7π

7.4 자계의 세기의 크기가 12[AT/m]인 점에 5[C]의 전하를 놓으면, 이 전하가 받는 힘은 몇 [N]이 되겠는가?

㉮ 0　㉯ 60　㉰ 2.4　㉱ 0.42

7.5 다음 그림과 같이 반지름이 0.5[m]인 반원에 4[A]의 전류가 흐를 때 원점 O에서의 자계의 세기의 크기는 몇 [AT/m]인가?

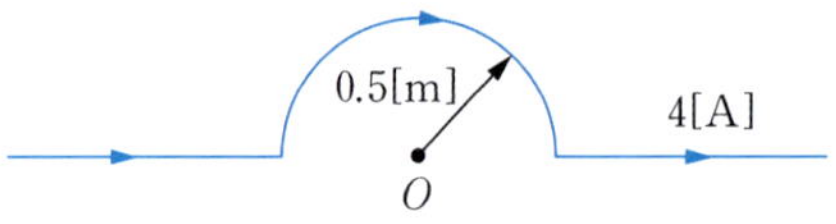

㉮ 2　㉯ 4　㉰ 2π　㉱ $\dfrac{1}{\pi}$

7.6 다음 그림과 같이 원점에 막대자석이 가운데를 실에 매달린 채 수평으로 놓여 있고, 원점을 중심으로 반지름이 $5[\mathrm{cm}]$인 원형 도선면이 지구자계와 나란히, 그리고 지면과 수직으로 놓여 있다. 이 도선에 $2[\mathrm{A}]$의 전류가 흐를 때, 막대자석이 편향하는(=돌아가는) 각도를 구하면? 단, 원점의 지구자계 수평성분의 자속밀도는 $30[\mu\mathrm{Wb/m^2}]$이다.

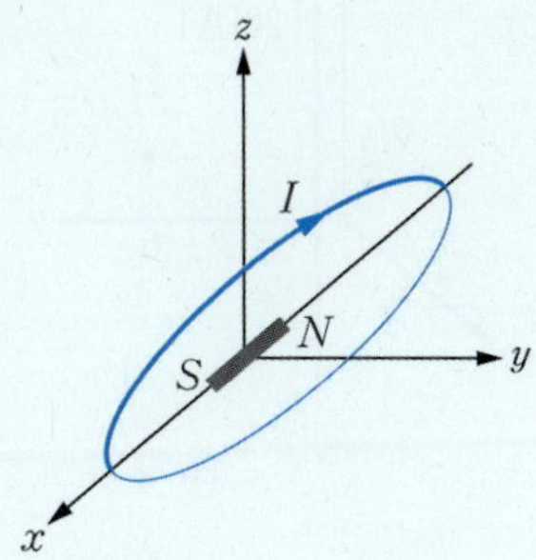

㉮ $15°$ ㉯ $58°$ ㉰ $37°$ ㉱ $40°$

7.7 공기 중에서 점자극 $5[\mathrm{Wb}]$로부터 $2[\mathrm{m}]$만큼 떨어져 있는 점의 자계의 세기는 약 몇 $[\mathrm{AT/m}]$인가?

㉮ 1.1×10^{10} ㉯ 15.8×10^{4} ㉰ 7.9×10^{4} ㉱ 2.5

7.8 비오-사바르의 법칙으로 구할 수 있는 것은?

㉮ 자계의 세기 ㉯ 전계의 세기 ㉰ 스칼라 자위 ㉱ 벡터 자위

7.9 전류 I에 대해 왼쪽에 있는 지점의 자계의 세기의 방향을 옳게 표시한 것은?

㉮

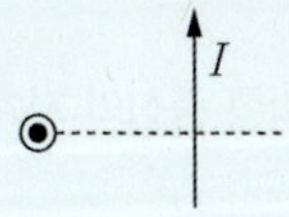

㉯

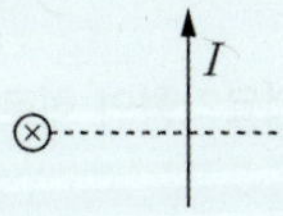

㉰

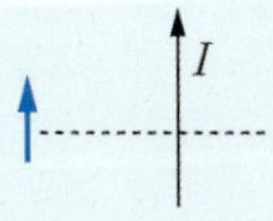

㉱

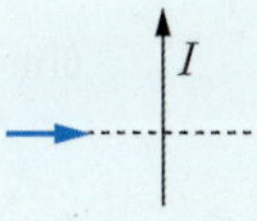

7.10 전류 $10[\mathrm{A}]$가 흐르는 무한장 직선전류로부터 $0.5[\mathrm{m}]$ 떨어진 점의 자계의 세기는 약 몇 $[\mathrm{AT/m}]$인가?

㉮ 6.33×10^{6} ㉯ 21.44 ㉰ 3.18 ㉱ 10^{4}

7.11 자유공간에서 점 $(4, 3, 0)$을 지나며 z축에 평행인 무한장 직선 도체에 $(+)z$축 방향으로 전류 $20[\mathrm{A}]$가 흐를 때, 점$(0, 6, 2)$의 자계의 세기의 크기$[\mathrm{AT/m}]$는?

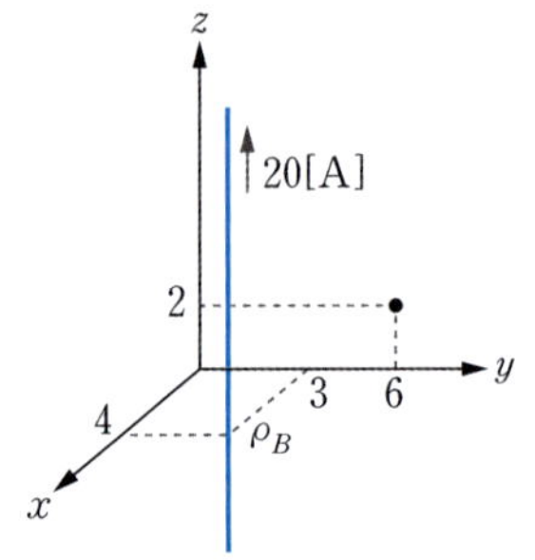

㉮ 0.45 ㉯ 0.64 ㉰ 4 ㉱ 3.71

7.12 한 변의 길이가 $l[\mathrm{m}]$인 정사각형의 회로에 $I[\mathrm{A}]$의 전류가 흐를 때, 정사각형 중심의 자계의 세기는 몇 $[\mathrm{AT/m}]$인가?

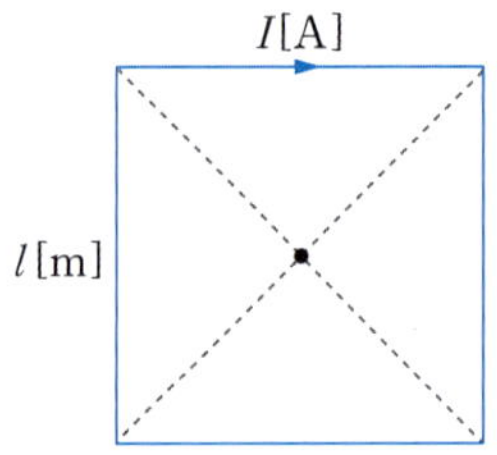

㉮ $\dfrac{\sqrt{3}\,I}{\pi l}$ ㉯ $\dfrac{I}{\sqrt{2}\,\pi l}$ ㉰ $\dfrac{2\sqrt{2}\,I}{\pi l}$ ㉱ $\dfrac{I}{4\pi l}$

7.13 한 변의 길이가 $6[\mathrm{m}]$인 정육각형의 회로에 $10[\mathrm{A}]$의 전류가 흐를 때, 정육각형 중심의 자계의 세기는 몇 $[\mathrm{AT/m}]$인가?

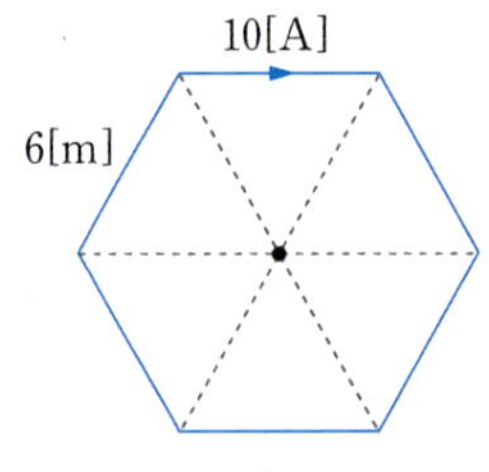

㉮ 0 ㉯ 1.256 ㉰ 0.92 ㉱ 0.135

7.14 반지름이 0.2[m]인 원형 도체에 전류 5[A]가 흐를 때, 원 중심에서의 자계의 세기의 크기는 약 몇 [AT/m]인가?

㉮ 1　　㉯ 12.5　　㉰ 0　　㉱ 3.98

7.15 단면적 반지름이 a[m]인 원주형 금속 도체봉에 흐르는 전류가 I[A]이고, 전류밀도가 도체 내부에서 균일할 때, 원형 도체봉의 축으로부터의 거리에 따른 자계의 세기의 크기를 그래프로 나타낸 것 중 옳은 것은?

㉮
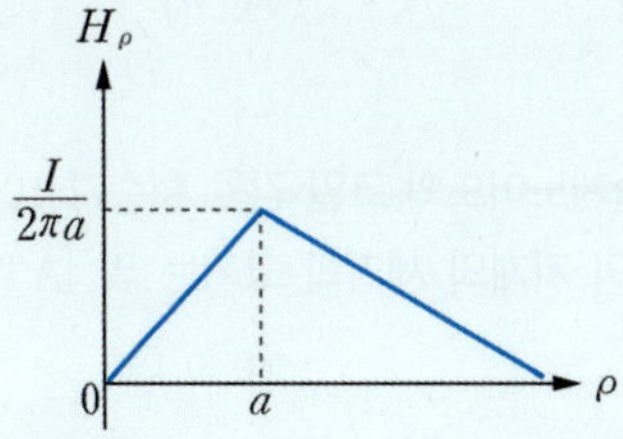

㉯
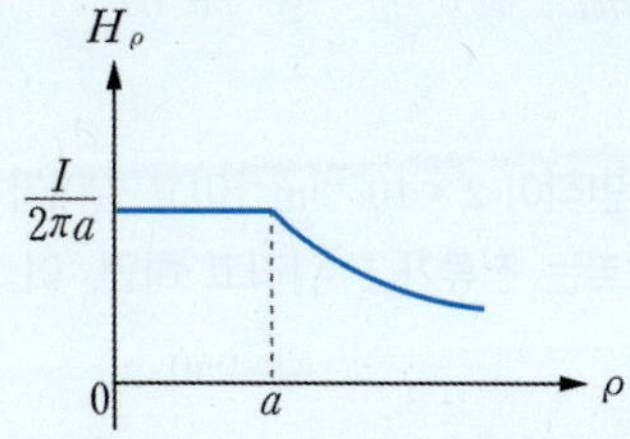

㉰
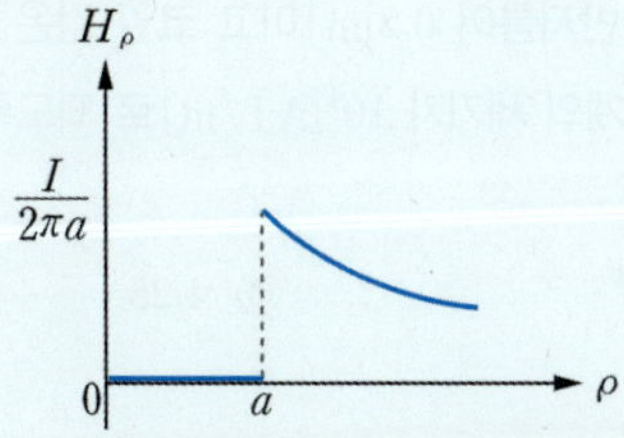

㉱
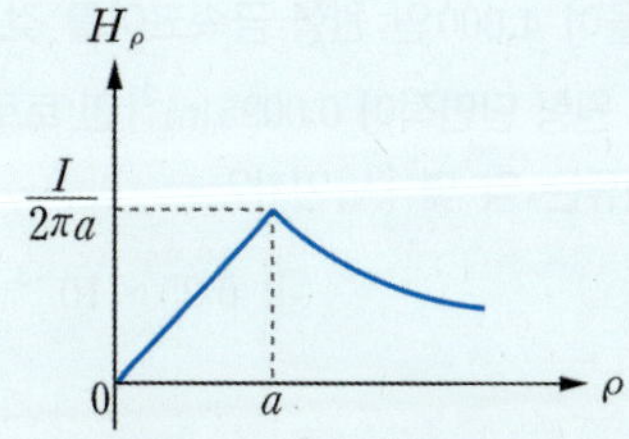

7.16 다음 그림과 같은 동축케이블에서 전체 전류 I가 내부 도체에 균등히 흐르고, 외부 도체에도 똑같은 크기의 전류 I가 반대 방향으로 균등히 흐를 때, 전류에 의한 자계의 세기에 대한 설명으로 틀린 것은?

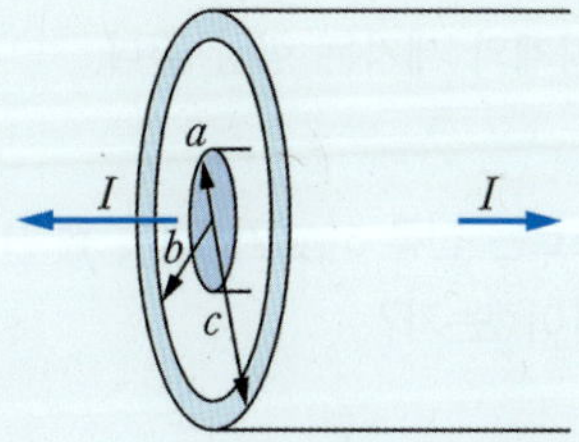

㉮ 내부 도체 안($r < a$)에서 자계의 세기의 크기는 중심축으로부터의 거리에 비례한다.

㉯ 내부 도체와 외부 도체 사이 공간($a < r < b$)에서 자계의 세기의 크기는 중심축으로부터의 거리에 반비례한다.

㉰ 외부 도체 안($b < r < c$)에서 자계의 세기의 크기는 중심축으로부터의 거리가 멀수록 작아진다.

㉱ 외부 도체 밖($c < r$)에서 자계의 세기의 크기는 중심축으로부터의 거리에 반비례한다.

7.17 반지름이 a[m]인 원형 단면적을 가졌으며 길이가 대단히 긴 전선에 전류밀도 J[A/m^2]인 직류전류가 흐를 때, 자계의 세기의 최대 크기를 나타내는 식은?

㉮ $\pi a^2 J$　　㉯ $4\pi a^2 J$　　㉰ $\dfrac{aJ}{2}$　　㉱ $\dfrac{J}{2\pi a}$

7.18 반지름이 a[m], 단위길이당 권선수가 n[turn/m], 흐르는 전류가 I[A]인 무한장 솔레노이드 내부의 자계의 세기의 크기는?

㉮ $2\pi a n I$　　㉯ $\pi a^2 n I$　　㉰ $n^2 I$　　㉱ nI

7.19 원형 단면적이 2×10^{-3}[m^2]이고 길이가 2[m]인 공심 솔레노이드의 코일 감은 횟수가 100번이고, 여기에 흐르는 전류가 5[A]라고 하면, 이 코일 내부 중심의 자계의 세기의 크기는 몇 [AT/m]인가?

㉮ 500　　㉯ 250　　㉰ 4　　㉱ 0.125

7.20 비투자율이 4,000인 원형 금속코어를 갖고 있으며 평균 반지름이 0.2[m]이고 코일 감은 횟수가 500[turn], 원형 단면적이 0.0025[m^2]인 토로이드 내부의 자계의 세기가 10^4[AT/m]로 되도록 하기 위한 코일 전류는 약 몇 [A]인가?

㉮ 25　　㉯ 6.25×10^{-3}　　㉰ 10^4　　㉱ 4.25

7.21 무한장 솔레노이드에 대한 설명으로 옳은 것은?

㉮ 내부 자계의 세기는 항상 0이다.
㉯ 외부 자계의 세기는 항상 내부의 1/2이다.
㉰ 내부 자계의 세기는 균일하다.
㉱ 내부 자계의 세기와 외부 자계의 세기는 항상 같다.

7.22 다음 그림과 같이 z축을 따라 흐르는 전류 5[A]가 있다. 점 A의 스칼라 자위를 0[AT]이라고 할 때, 점 B의 스칼라 자위는 몇 [AT]이겠는가?

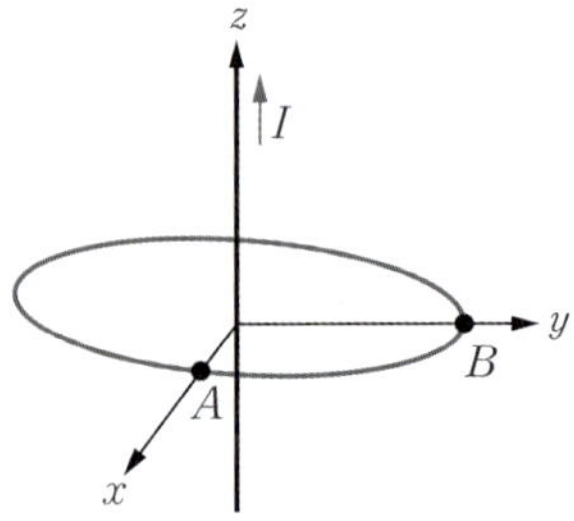

㉮ $\dfrac{5}{6\pi}$　　㉯ $-\dfrac{5}{4\pi\mu_0}$　　㉰ $\dfrac{5}{4\pi}$　　㉱ -1.25

7.23 등자위면에 대한 설명으로 잘못된 것은?

㉮ 자계 중에 있는 금속 도체면은 항상 등자위면이다.

㉯ 등자위면은 같은 자위의 점들로 이루어진 면이다.

㉰ 서로 다른 등자위면은 교차하지 않는다.

㉱ 등자위면은 자력선과 직교한다.

7.24 자계가 보존계가 아니라는 것을 나타내는 식은? 단, J는 체적전류밀도이다.

㉮ $\nabla \times H = J$ ㉯ $\nabla \times H = 0$ ㉰ $\nabla \cdot H = J$ ㉱ $\nabla \cdot H = 0$

7.25 자속의 연속성을 나타내는 식은? 단, J는 체적전류밀도이다.

㉮ $\oint B \cdot dL = \mu I$ ㉯ $\nabla \times B = \mu J$ ㉰ $\int B \cdot dS = \Phi$ ㉱ $\nabla \cdot B = 0$

7.26 벡터포텐셜(=벡터 자위)에 대한 설명으로 옳은 것은?

㉮ 벡터포텐셜의 크기는 거리에 반비례하고 방향은 전류의 방향과 같다.

㉯ 벡터포텐셜의 회전(=curl)을 취하면 자속을 구할 수 있다.

㉰ 벡터포텐셜을 선적분하면 자속밀도를 구할 수 있다.

㉱ 벡터포텐셜은 정상자계에서만 정의된다.

7.27 거리가 1[m]만큼 떨어져 있는 두 개의 점자극이 있다. 이 두 개의 점자극의 세기가 각각 1[Wb]라고 할 때, 두 자극 사이에 작용하는 힘의 크기 F를 구하라.

7.28 다음 그림과 같이 무한히 긴 직선 도체에 I[A]의 전류가 흐르며, 그 주변에 위치한 반지름이 2[m]인 원형 루프에 1[A]의 전류가 흐르고 있다. 직선전류로부터 5[m] 떨어진 루프의 중심에서 측정한 자속밀도가 0일 때, 직선 도체에 흐르는 전류의 크기를 구하라.

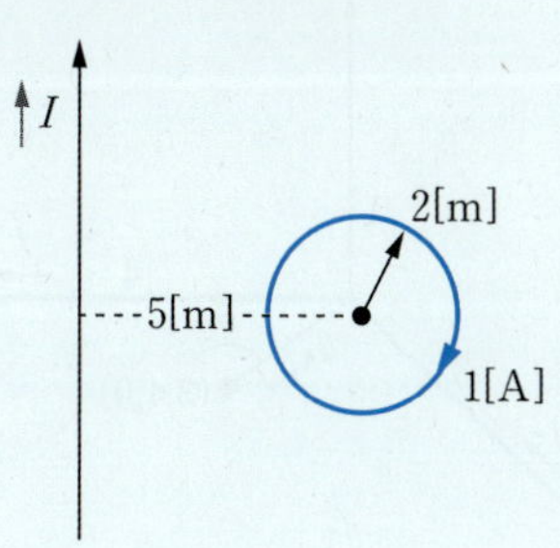

7.29 한 변의 길이가 $1[\text{m}]$인 정삼각형 도체에 $2[\text{A}]$의 전류가 흐를 때, 이 정삼각형의 중심에서의 자계의 세기의 크기를 구하라.

7.30 다음 그림과 같이 반지름이 $0.5[\text{m}]$인 원둘레 일부에 $2[\text{A}]$의 전류가 흐를 때 원점 O에서의 자계의 세기의 크기를 구하라. 단, 전류가 흐르는 원주는 원둘레의 $3/4$이다.

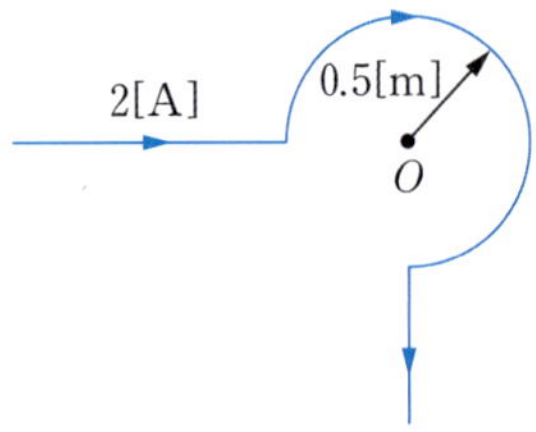

7.31 다음 그림과 같이 3차원 자유공간에서 x축의 $x=4[\text{m}]$, $-4[\text{m}]$ 두 지점에 z축과 나란히 흐르는 무한 선전류가 각각 $10[\text{A}]$, $-10[\text{A}]$일 때, y축의 $y=3[\text{m}]$인 점의 자계의 세기를 구하라.

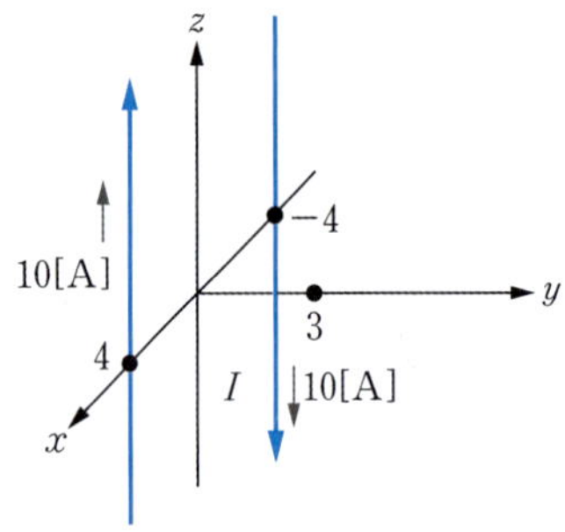

7.32 다음 그림과 같이 전류 $10[\text{A}]$가 무한히 먼 곳에서부터 x축을 따라 원점으로 들어와서 y축을 따라 무한히 먼 곳으로 흘러나갈 때, $(3, 4, 0)$인 점의 자계의 세기를 구하라.

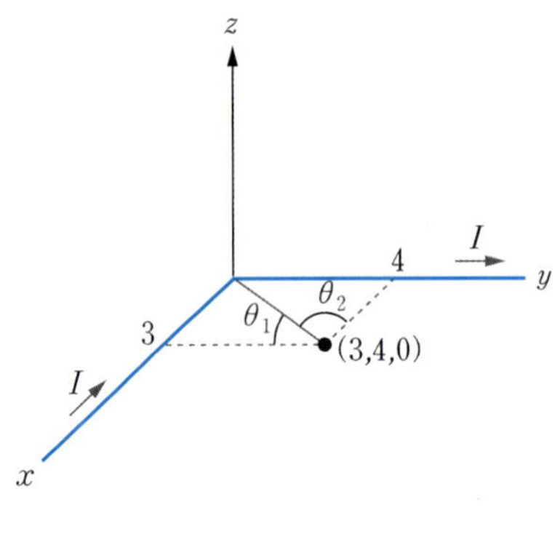

7.33 다음 그림과 같이 전류 $I[\mathrm{A}]$가 흐르는 한 변의 길이가 $2a[\mathrm{m}]$인 정사각형 루프가 $z=0$ 평면에 있다. z축상에 있는 점 $P(0, 0, z)$의 자계의 세기를 구하라.

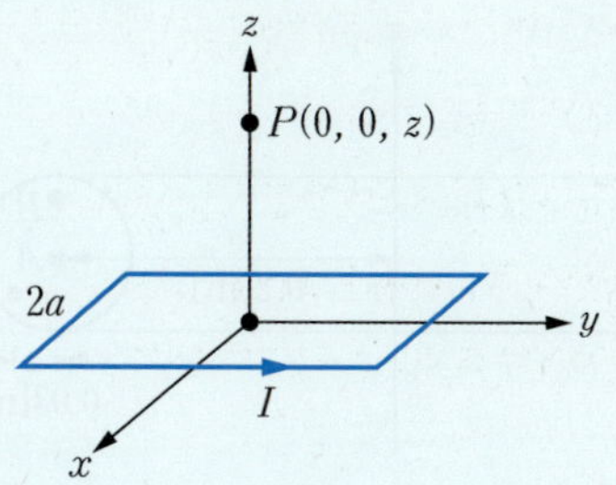

7.34 공기 중에 다음 그림과 같이 전체 길이가 $2[\mathrm{m}]$이고 코일 감은 횟수가 400번인 원형 솔레로이드 코일에 $5[\mathrm{A}]$의 전류가 흐를 때 이 솔레로이드 내부의 자계의 세기의 크기 H와 자속밀도의 크기 B 및 솔레노이드 내부의 총 자속 Φ를 구하라. 단, 이 원형 솔레로이드의 반지름은 $0.05[\mathrm{m}]$이다.

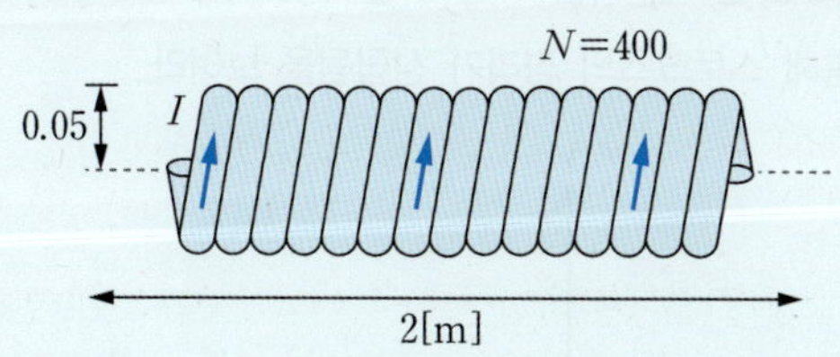

7.35 다음 그림과 같이 평균 반지름이 $\rho_0=0.4[\mathrm{m}]$, 전체 감은 횟수가 $0.05[\mathrm{m}]$인 토로이드 코일에 $10[\mathrm{A}]$의 전류가 흐를 때 토로이드 내부 중심의 전계의 세기의 크기 H, 자속밀도의 크기 B, 내부 원형 단면을 지나는 총 자속 Φ는 대략 얼마인가? 단, 원형 단면적의 넓이 $S=0.005[\mathrm{m}^2]$이다.

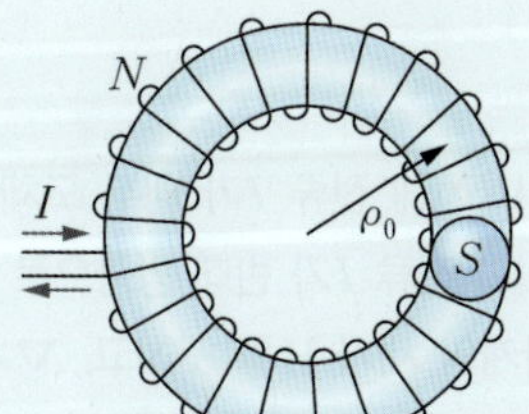

7.36 단면이 다음 그림과 같은 원형 토로이드의 점 A, B, C의 자계의 세기를 구하라. 단, 전체 코일 감은 횟수는 $N = 200$[turn]이고, 이 코일에 흐르는 전류는 30[A]이다.

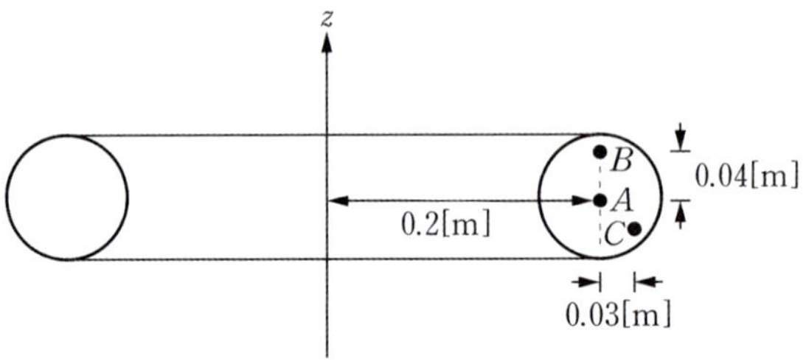

7.37 자계가 $\mathbf{H} = 12y^2z\,\mathbf{a}_y + 6z^2\mathbf{a}_z$ [AT/m]일 때, 점 $P(1, 2, 3)$에서의 전류밀도 $\mathbf{J}$를 구하라.

7.38 자계가 $\mathbf{H} = 12y^2z\mathbf{a}_y + 6z^2\mathbf{a}_z$일 때, 다음 그림과 같이 $x = 0$, $2 \le y \le 5$, $1 \le z \le 3$인 넓이에 대한 선적분과 면적적분을 통해 스토크스의 정리가 성립됨을 보여라.

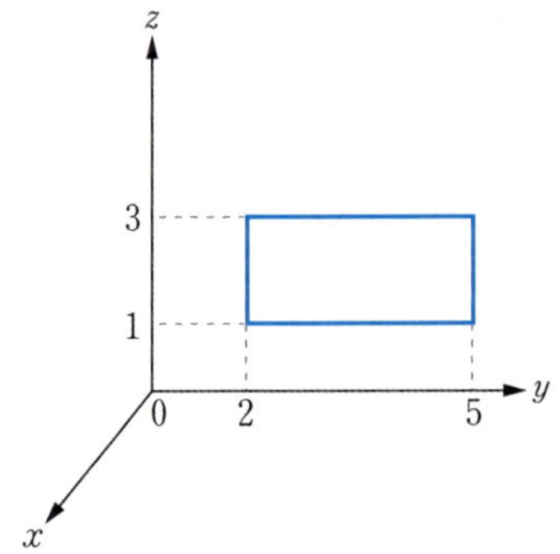

7.39 오른쪽 그림과 같은 동축케이블에서 전체 전류 I가 내부 도체에 균등히 흐르고, 외부 도체에도 똑같은 크기의 전류 I가 반대 방향으로 균등히 흐르고 있을 때, 다음 영역에서의 자계의 세기 $\mathbf{H}$를 구하고, $\nabla \times \mathbf{H} = \mathbf{J}$를 이용하여 전류밀도 $\mathbf{J}$를 구하라. 단, ρ는 중심축으로부터의 거리이다.

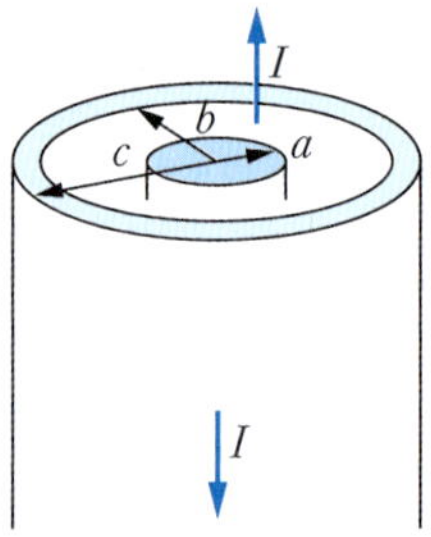

(a) $0 < \rho \le a$

(b) $a < \rho \le b$

(c) $b < \rho \le c$

(d) $c < \rho$

7.40 원통좌표계에서 반지름이 $\rho = 0.1$인 원통 표면에 면전류밀도 $\mathrm{K} = 10\mathbf{a}_z$[A/m]가 흐르고, 반지름이 $\rho = 0.5$인 원통 표면에 면전류밀도 $\mathrm{K} = -2\mathbf{a}_z$[A/m]가 흐른다.

(a) 영역 $1 < \rho < 5$에서 스칼라 자위 $V_m(\rho, \phi, z)$를 구하라. 단, 점 $P_1(2, 0°, 0)$의 스칼라 자위는 0[AT], $0 \le \phi < 2\pi$, 모든 거리의 단위는 [m]이다.

(b) 영역 $1 < \rho < 5$에서 벡터 자위 $\mathrm{A}(\rho, \phi, z)$를 구하라. 단, 점 $P_1(2, 0°, 0)$의 벡터 자위는 0[Wb/m]이다.

7.41 원통좌표계에서 자계의 세기가 $\mathrm{H} = \dfrac{100}{\rho}\mathbf{a}_\phi$[AT/m]일 때, 점 $\left(2, \dfrac{\pi}{2}, 5\right)$의 전류밀도를 구하라. 단, 거리의 단위는 [m]이다.

7.42 원점에 점자극 50[μWb]가 있다. 점 $A(2, 3, 4)$와 $B(3, 4, 5)$ 사이의 스칼라 자위차 V_{mAB}를 구하라.

7.43 다음 그림과 같이 z축을 따라 I[A]의 전류가 흐를 때, $V_{mAB} = -\int_B^A \mathrm{H} \cdot d\mathrm{L}$의 적분값이 적분경로에 따라 서로 다름을 보여라.

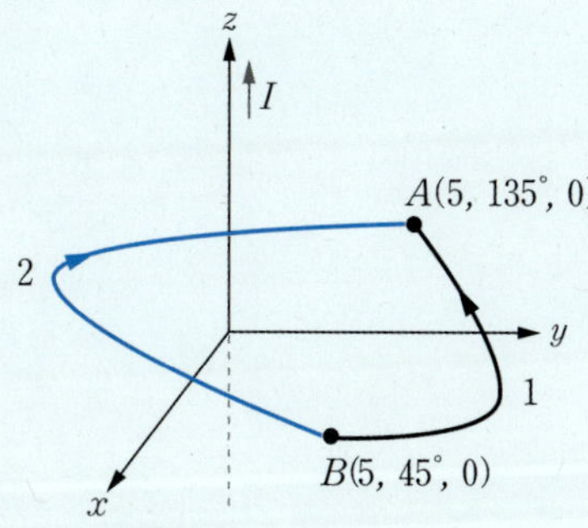

7.44 스칼라 자위가 $V_m = 10(x^2 + y^2)$ [AT]이다

(a) 점 $P(1, 2, 3)$에서의 자위를 구하라.

(b) 점 $P(1, 2, 3)$에서의 자계의 세기 H를 구하라.

7.45 스칼라 자위 $V_m(x, y, z)$에 대해 항상 $\nabla \times (\nabla V_m) \equiv 0$이 성립함을 보여라.

7.46 벡터 자위 $\mathrm{A}(x, y, z)$에 대해 항등식 $\nabla \cdot (\nabla \times \mathrm{A}) \equiv 0$이 성립함을 보여라.

7.47 벡터 자위 $\mathrm{A} = 2x^2 y\,\mathbf{a}_x + 3xyz\,\mathbf{a}_y + 4y^3 z^2\,\mathbf{a}_z$에 대해 $\nabla^2 \mathrm{A}$를 구하라.

7.48 다음을 식으로 표시하라.

(a) 비오-사바르의 법칙

(b) 암페어의 주회법칙

(c) 스토크스의 정리

7.49 맥스웰 방정식들의 적분형으로부터 그 미분형을 유도하라.

CHAPTER

08

자기력과 자성체

Magnetic Force and Material

학습목표

- 움직이는 전하에 작용하는 자기적 힘을 계산할 수 있다.
- 자계 내에서 전류가 흐르는 도체가 받는 힘을 계산할 수 있다.
- 자계 내에서 전류가 흐르는 폐회로가 받는 토크를 계산할 수 있다.
- 자화와 자기이력곡선, 투자율을 이해하고 여러 자기적 현상을 해석할 수 있다.
- 투자율이 서로 다른 물질들의 경계면에서의 자속밀도와 자계의 세기의 굴절각을 알 수 있다.
- 자기회로를 이용하여 자속을 구할 수 있다.
- 자계 내에 축적되는 자기에너지를 계산할 수 있다.
- 코일의 자기인덕턴스와 상호인덕턴스를 계산할 수 있다.

7장에서 영구자석이나 전류가 만드는 자계에 대해 주로 이야기했다면, 이 장에서는 여러 물질들의 자기적 특성에 대해 살펴본다. 자계 내에서 움직이는 전하가 받는 힘, 전류와 자계 또는 전류와 전류 사이에 작용하는 힘과 토크를 공부한다. 그리고 기자력에 의해 흐르는 자속을 구하기 위한 자기회로를 알아본다. 또한 자기적인 에너지와 이러한 에너지를 가진 인덕턴스와 전자력에 대해 학습한다.

SECTION

8.1 움직이는 전하가 받는 힘

움직이는 전하, 즉 전류는 자계를 만들어 내지만 정지하고 있는 전하는 자계를 만들어 내지 못한다. 또한 자계도 움직이는 전하에는 힘을 가해주지만, 정지해 있는 전하에는 아무 힘도 작용하지 않는다. 자계가 움직이는 전하에 작용하는 자기력을 **로렌츠의 힘**Lorentz force이라고 한다.

그러나 움직이지 않고 정지해 있는 전하라도 전계 중에 있으면 전계에 의해 힘을 받아 전계의 세기의 방향으로 이동한다. 이때 전하가 받는 쿨롱의 힘은 전계의 세기의 크기에 비례한다. 전하량을 Q[C], 전계의 세기를 E[V/m]라고 하면, 전하가 받는 쿨롱의 힘 F는 다음 식과 같다.

$$\mathrm{F} = Q\mathrm{E}\ [\mathrm{N}] \tag{8.1}$$

자계 내에서 움직이는 전하가 받는 로렌츠의 힘은 전하량, 전하의 운동속도, 자계의 세기의 크기, 그리고 전하의 운동 방향과 자계의 세기 사잇각의 사인sine 값에 비례하고, 그 방향은 전하의 속도와 자계의 세기에 수직이다. 전하량을 Q[C], 전하의 속도를 v[m/sec], 자계의 세기를 H[AT/m]라고 하면, 전하가 받는 힘 F는 다음 식과 같이 표현된다.

$$\mathrm{F} = \mu_0 Q\,\mathrm{v} \times \mathrm{H}\ [\mathrm{N}] \tag{8.2}$$

그러나 $\mathrm{B} = \mu_0 \mathrm{H}$이므로 식 (8.2)를 다음 식과 같이 표현할 수 있다.

$$\mathrm{F} = Q\,\mathrm{v} \times \mathrm{B}\ [\mathrm{N}] \tag{8.3}$$

앞으로는 식 (8.2) 대신 식 (8.3)을 주로 사용한다. 여기서 우리가 유념해야 할 것은 전하에 작용하는 쿨롱의 힘과 로렌츠의 힘과의 차이점이다. 전계에 의해 전하에 작용하는 힘은 전하에 전계의 세기의 방향으로 계속 힘을 가하며, 전하는 이 힘에 의한 가속도를 계속 받아 속도가 점점 빨라진다. 즉 전하의 운동에너지$(= \frac{1}{2}mv^2)$가 계속 증가하게 된다. 반면에, 자계 내에서 움직이는 전하가 자계에 의해 받는 힘은 전하의 운동 방향에 수직인 방향이며, 이 수직 방향의 힘에 의한 수직 방향의 가속도에 의해 전하는 일정한 속도의 원운동을 하게 된다. 따라서 전하의 운동속도를 증가시키지 못하며, 전하의 운동에너지도 증가하지 않는다. 다시 말해, 정상자계는 운동하고 있는 전하에 에너지를 공급해줄 수 없다.

예제 8-1 자계 내에서 움직이는 전하가 받는 힘

자속밀도 $B = -2a_x + 3a_y$[Wb/m^2]인 자계 내에서 10[C]의 전하가 속도 $v = 5a_z$[m/sec]로 움직이고 있다.

(a) 이 전하가 받는 힘 F를 구하라.

(b) 이 전하가 받는 힘이 전하의 속도 방향과 수직임을 보여라.

풀이

(a) 식 (8.3)에 의해 전하가 받는 힘은 다음과 같다.

$$F = Qv \times B = 10 \times 5a_z \times (-2a_x + 3a_y) \quad \cdots ①$$
$$= 10(-10a_y - 15a_x) = -50(3a_x + 2a_y)$$
$$= -50 \times \sqrt{3^2+2^2} \times \frac{(3a_x + 2a_y)}{\sqrt{3^2+2^2}}$$
$$= -50\sqrt{13} \times \left(\frac{3}{\sqrt{13}}a_x + \frac{2}{\sqrt{13}}a_y\right) [N] \quad \cdots ②$$

(b) 두 벡터의 내적이 0이면 두 벡터는 서로 수직이다. 다음과 같이 $F \cdot v = 0$이므로 이 전하가 받는 힘이 속도의 방향과 수직임을 알 수 있다.

$$F \cdot v = -50\sqrt{13} \times \left(\frac{3}{\sqrt{13}}a_x + \frac{2}{\sqrt{13}}a_y\right) \cdot 5a_z = 0 \quad \cdots ③$$

예제 8-2 자계 내에서 움직이는 전하에 작용하는 힘

[그림 8-1]과 같이 $x-y$ 평면에서 자속밀도가 $B = 10^{-5}a_z$[Wb/m^2]일 때, 속도 $v = 3 \times 10^6 a_x$[m/sec]로 진입한 전자가 그리게 되는 원의 반지름과 회전주기를 구하라. 단, 전자의 전하는 $Q = (-)1.6 \times 10^{-19}$[C], 질량은 $m = 9.1 \times 10^{-31}$[kg]이다.

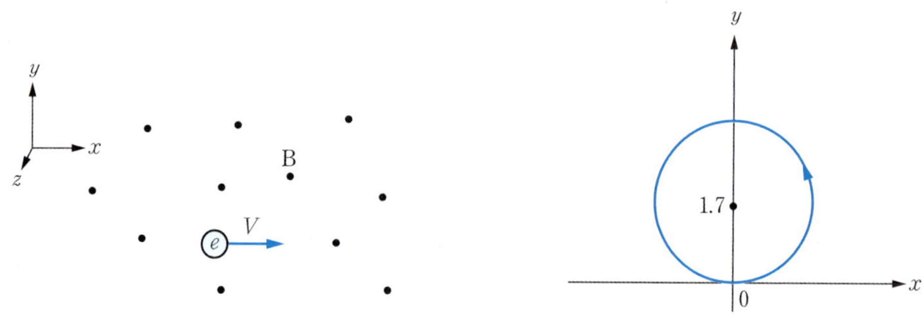

(a) 자계 내에서 움직이는 전자 (b) 움직이는 전자의 궤적

그림 8-1 움직이는 전하가 자계에 의해 받는 힘

풀이

먼저 이 전자가 자계에 의해 받는 힘을 구하면 다음과 같다.

$$F = Q\mathrm{v} \times B = -1.6 \times 10^{-19}(3 \times 10^6 \mathbf{a}_x \times 10^{-5}\mathbf{a}_z) \qquad \cdots ①$$
$$= 4.8 \times 10^{-18}\mathbf{a}_y \text{ [N]}$$

이 힘은 전자의 진입 방향과 수직되는 방향의 힘으로, 전자가 움직이는 방향에 수직되는 힘을 계속 받게 된다. 이 힘이 구심력이 되어 밖으로 나가려는 원심력($= mv^2/r$)과 평형을 이루며 반시계 방향으로 회전하게 된다. 이들 관계를 식으로 나타내면 다음과 같다.

$$\frac{mv^2}{r} = \frac{9.1 \times 10^{-31} \times (3 \times 10^6)^2}{r} = 4.8 \times 10^{-18} \qquad \cdots ②$$

$$\therefore\ r = \frac{8.19 \times 10^{-18}}{4.8 \times 10^{-18}} \fallingdotseq 1.7\text{[m]} \qquad \cdots ③$$

주기는 원둘레를 속도로 나눈 것이므로 다음과 같이 구한다.

$$T = \frac{2\pi r}{v} = \frac{2\pi \times 1.7}{3 \times 10^6} \fallingdotseq 3.56 \times 10^{-6}\text{[sec]} \qquad \cdots ④$$

☞ 만일 여기에 추가로 자속밀도와 반대 방향($-a_z$ 방향)의 전계가 가해진다면, 전자는 전계에 의해 전계와 반대 방향의 힘을 받아 [그림 8-2]와 같이 나선형을 그리며, z축과 나란히 갈수록 빠르게 계속 상승할 것이다.

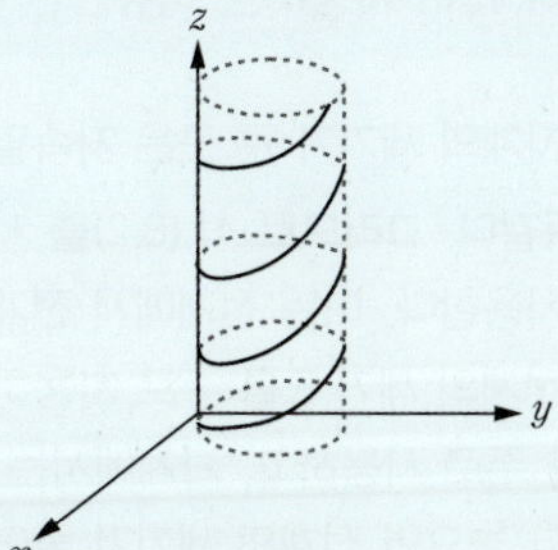

그림 8-2 전계와 자계에 의해 움직이는 전하가 받는 힘

이제 전계와 자계가 동시에 존재하는 전자계 electromagnetic field 내에서 움직이는 전하가 받는 힘을 생각해 보자. 이 전하가 전계에 의해 받는 힘(= 쿨롱의 힘)은 전하가 움직일 때와 정지해 있을 때가 같으며, 자계에 의해 받는 힘은 전하가 움직일 때만 받는 힘(= 로렌츠의 힘)으로, 전자계에서 움직이는 전하가 받는 힘은 다음과 같이 표현된다. 이 식을 **로렌츠의 힘의 방정식** Lorentz force equation 이라고 한다.

$$F = Q(E + \mathrm{v} \times B) \qquad (8.4)$$

예제 8-3 전자계 내에서 움직이는 전하에 작용하는 힘

전계의 세기가 $\mathbf{E} = 3\mathbf{a}_x + 4\mathbf{a}_y + 5\mathbf{a}_z$[V/m], 자속밀도가 $\mathbf{B} = 2\mathbf{a}_x - 3\mathbf{a}_y + \mathbf{a}_z$[Wb/m^2]인 전자계 내에서 5[C]의 전하가 속도 $\mathbf{v} = 4\mathbf{a}_x + 5\mathbf{a}_z$[m/sec]로 움직이는 그 순간에 이 전하가 받는 힘 F를 구하라.

풀이

식 (8.4)에 의해 다음과 같이 구할 수 있다.

$$\begin{aligned}
\mathbf{F} &= Q(\mathbf{E} + \mathbf{v} \times \mathbf{B}) \\
&= 5\{(3\mathbf{a}_x + 4\mathbf{a}_y + 5\mathbf{a}_z) + (4\mathbf{a}_x + 5\mathbf{a}_z) \times (2\mathbf{a}_x - 3\mathbf{a}_y + \mathbf{a}_z)\} \\
&= 5\{(3\mathbf{a}_x + 4\mathbf{a}_y + 5\mathbf{a}_z) + (15\mathbf{a}_x + 6\mathbf{a}_y - 12\mathbf{a}_z)\} \\
&= 5(18\mathbf{a}_x + 10\mathbf{a}_y - 7\mathbf{a}_z) \\
&= 5 \times \sqrt{18^2 + 10^2 + (-7)^2} \times \frac{18\mathbf{a}_x + 10\mathbf{a}_y - 7\mathbf{a}_z}{\sqrt{18^2 + 10^2 + (-7)^2}} \\
&= 5 \times \sqrt{473} \times \frac{18\mathbf{a}_x + 10\mathbf{a}_y - 7\mathbf{a}_z}{\sqrt{473}} \\
&\fallingdotseq 108.7(0.83\mathbf{a}_x + 0.46\mathbf{a}_y - 0.32\mathbf{a}_z)\ [\mathrm{N}]
\end{aligned}$$

Q&A 자계를 나타낼 때 자계의 세기 H보다 자속밀도 B를 더 많이 사용하는 이유는?

$\mathrm{B} = \mu_0 \mathrm{H}$로 자계의 세기와 자속밀도는 서로 비례 관계이다. 따라서 자계의 세기가 큰 곳은 자속밀도가 크고 자계의 세기가 작은 곳은 자속밀도도 작으며 방향도 둘이 똑같다. 그러므로 식 (8.2)를 사용하든 식 (8.3)을 사용하든 전혀 다를 것이 없지만, 주로 식 (8.3)을 사용한다. 이는 전계에서 전계의 세기 E와 전속밀도 D가 서로 비례 관계이고, 방향이 같지만 주로 전계의 세기 E를 주로 사용하는 것과 반대이다. 다시 말해, 전계에서는 전속밀도보다 전계의 세기를 주로 사용하고, 자계에서는 자계의 세기보다 자속밀도를 주로 사용한다. 전계에서는 유전체를 갖다 놓으면 전계의 세기가 줄어드는데, 이 줄어든 전계의 세기를 계산할 때는 유전체가 없을 때의 전속밀도를 구한 후 이 전속밀도를 유전율 $\epsilon(=\epsilon_0\epsilon_r)$로 나누어 줄어든 전계의 세기를 얻는다. 그러나 자계에서는 자성체를 갖다 놓으면 자성체 안의 자계의 세기가 증가하는데, 이 증가된 자계의 세기를 그에 비례하는 자속밀도로 표시하고 자계의 세기로 표시하지 않는다. 즉 새로 자성체를 갖다 놓으므로, 증가된 자속밀도는 자성체가 없을 때의 자계의 세기를 구한 후 그 자계의 세기에 자성체의 투자율 $\mu(=\mu_0\mu_r)$을 곱해 얻는다. 따라서 어떤 지점의 자계의 강약을 주로 자속밀도의 대소로 표시한다는 사실을 유념해야 한다.

SECTION 8.2

자계 내에서 전류가 받는 힘

도체에 흐르는 전류는 전자의 이동이므로 자계에 의해 힘을 받게 된다. 따라서 전류가 흐르는 도체가 받는 힘은 이들 전자들이 받는 힘을 합한 것이다. 전류의 방향은 (−)전하를 가진 전자의 이동 방향과 정반대 방향으로 정의하고 있기 때문에, 편의상 전류의 방향을 (전하량은 전자와 같고 이동하는 방향만 반대인) (+)전하가 이동하는 것으로 설명한다. [그림 8-3]과 같이 전류 I[A]가 흐르는 전선의 일부가 자계에 의해 받는 힘 F는 다음과 같이 표시된다.

$$\begin{aligned} \mathrm{F} &\fallingdotseq \Delta q_1 \mathrm{v}_1 \times \mathrm{B}_1 + \Delta q_2 \mathrm{v}_2 \times \mathrm{B}_2 + \cdots + \Delta q_n \mathrm{v}_n \times \mathrm{B}_n \quad (8.5) \\ &\fallingdotseq \rho_{v1} \Delta v_1 \mathrm{v}_1 \times \mathrm{B}_1 + \rho_{v2} \Delta v_2 \mathrm{v}_2 \times \mathrm{B}_2 + \cdots + \rho_{vn} \Delta v_n \mathrm{v}_n \times \mathrm{B}_n \\ &= \lim_{n\to\infty} \sum_{k=1}^{n} \rho_{vk} \Delta v_k \mathrm{v}_k \times \mathrm{B}_k = \lim_{n\to\infty} \sum_{k=1}^{n} \rho_{vk} \mathrm{v} \times \mathrm{B}_k \Delta v_k \\ &= \lim_{n\to\infty} \sum_{k=1}^{n} \mathrm{J}_k \times \mathrm{B}_k \Delta v_k = \int_{vol} (\mathrm{J} \times \mathrm{B})\, dv \end{aligned}$$

$$\therefore \ \mathrm{F} = \int_{vol} (\mathrm{J} \times \mathrm{B})\, dv \ \ [\mathrm{N}] \quad (8.6)$$

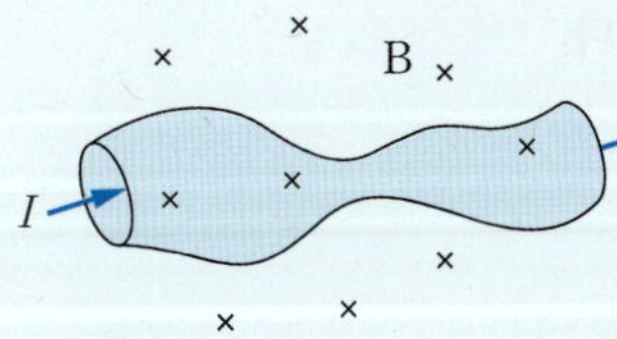

그림 8-3 단면적이 다른 도체에 흐르는 전류

식 (8.6)은 단면적이 큰 도체에 흐르는 체적전류에 대한 것이고, 면전류나 선전류는

$$\mathrm{J}\, dv = \mathrm{K}\, dS = I\, d\mathrm{L} \quad (8.7)$$

의 관계식에 의해 다음과 같이 된다.

$$\mathrm{F} = \int_S (\mathrm{K} \times \mathrm{B})\, dS \quad (8.8)$$

$$\mathrm{F} = I \int_c (d\mathrm{L} \times \mathrm{B}) = -I \int_c \mathrm{B} \times d\mathrm{L} \quad (8.9)$$

식 (8.9)로 표시되는 선전류의 경우, 자속밀도가 균일하면 자속밀도 B가 적분식 밖으로 빠져나가 다음과 같이 표시할 수 있다.

$$F = I\left(\int_c dL\right)\times B = IL\times B \ [N] \tag{8.10}$$

식 (8.10)에서의 벡터 L은 [그림 8-4]에서와 같이 시점과 종점을 이은 벡터이며, 자속밀도가 균일한 자계에서는 전류가 흐르는 시작점과 끝점이 같으면 전류경로에 상관없이 항상 같은 힘을 받는다는 것을 알 수 있다.

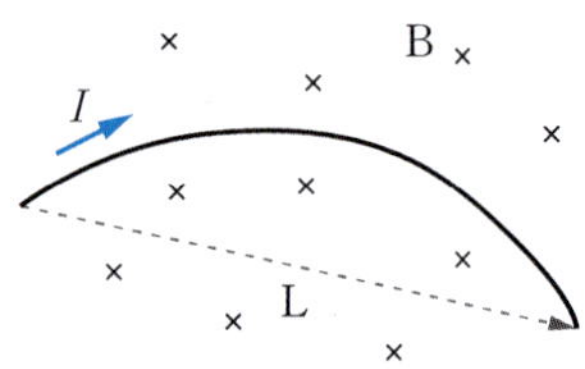

그림 8-4 자속밀도가 균일한 자계에서 선전하가 받는 힘

그리고 전류의 흐름은 일반적으로 폐경로를 이루고 있으므로, 이러한 경우 전체 폐경로에 흐르는 전류가 받는 힘은 다음과 같이 폐곡선에 대한 선적분식이 된다.

$$F = -I\oint_c B\times dL \ [N] \tag{8.11}$$

그리고 전속밀도 B가 균일한 자계에서는 식 (8.11)에서 B가 상수와 같으므로 적분식 밖으로 빠져나가

$$F = -IB\times\oint_c dL = 0 \ [N]$$

과 같이 되어, 폐경로에 작용하는 전체 로렌츠의 힘의 합이 항상 0된다.

플레밍의 왼손법칙

자속밀도가 $B[Wb/m^2]$인 자계 내에서 직선전류 $I[A]$가 받는 힘 $F[N]$은 식 (8.10)을 이용하여 쉽게 구할 수 있다. 이때 힘의 방향을 좀 더 쉽게 알기 위한 방법으로 **플레밍의 왼손법칙**Fleming's left hand rule을 사용한다. [그림 8-5]와 같이 왼손의 엄지, 검지, 장지를 각각 서로 직각이 되도록 폈을 때 검지가 자속의 방향, 장지가 전류의 방향을 가리키도록 하면 그때 엄지가 가리키는 방향이 힘의 방향이 된다.

손가락을 이용한 플레밍의 법칙에는 자계 내에서 직선 도체를 움직였을 때 도체에 흐르는 전류의 방향을 쉽게 알기 위한 플레밍의 오른손 법칙도 있다. 이들은 두 벡터의 벡터적cross product의 벡터 방향 또는 전류에 의해 발생하는 자계의 세기의 방향을 알기 위한 것이며, 앞에서 사용한 암페어의 오른손 법칙과는 전혀 관련이 없으므로 혼동하지 않도록 주의해야 한다.

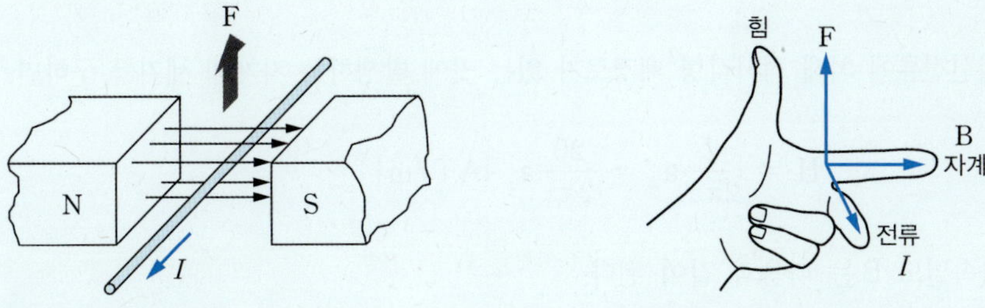

(a) 자계 내의 전류가 받는 힘 (b) 플레밍의 왼손법칙

그림 8-5 플레밍의 왼손법칙

[그림 8-6]에 자계 안에서 (+)전하 또는 (−)전하가 움직일 때 받는 힘의 방향을 각각 나타냈다. [그림 8-6(b)]와 [그림 8-6(d)]에서 알 수 있듯이, (−)전하의 이동 방향이 (+)전하와 정반대일 때 같은 방향의 힘을 받는다. 그러므로 [그림 8-6(a)]에서 전류가 $\mathbf{a}_y$ 방향으로 흐르는 것은 실제 (−)전하를 가진 전자가 $(-)\mathbf{a}_y$ 방향으로 이동하는 것으로 [그림 8-6(d)]와 같이 이 전자들이 받는 $\mathbf{a}_x$ 방향의 힘이 전류가 받는 힘이 된다. [그림 8-6]은 뒤에서 설명할 반도체의 홀효과를 공부할 때도 필요하므로 잘 기억해두기 바란다.

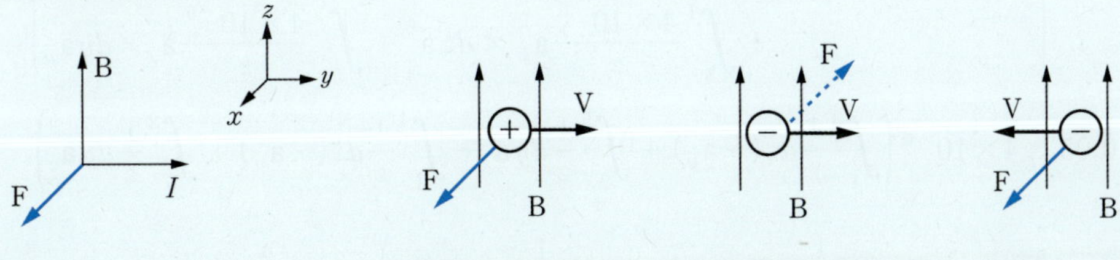

(a) (b) (c) (d)

그림 8-6 자계 속에서 이동하는 (+), (−)전하가 받는 힘

예제 8-4 자계에 의해 전류가 받는 힘

[그림 8-7]과 같이 y축에 무한히 긴 도체가 있다. 이 도체에 $(+)y$ 방향으로 전류 $I_1 = 20[\text{A}]$가 흐르고 점 $A(0, 2, 1)$, $B(0, 2, 3)$, $C(0, 5, 3)$, $D(0, 5, 1)$로 이루어진 직사각형 도체의 둘레를 전류 $I_2 = 0.05[\text{A}]$가 흐를 때, 이 직사각형 도체가 받는 전체 힘 $\mathbf{F}$를 구하라. 단, 직사각형 둘레에 있는 전류들의 상호 간에 작용하는 힘은 무시한다.

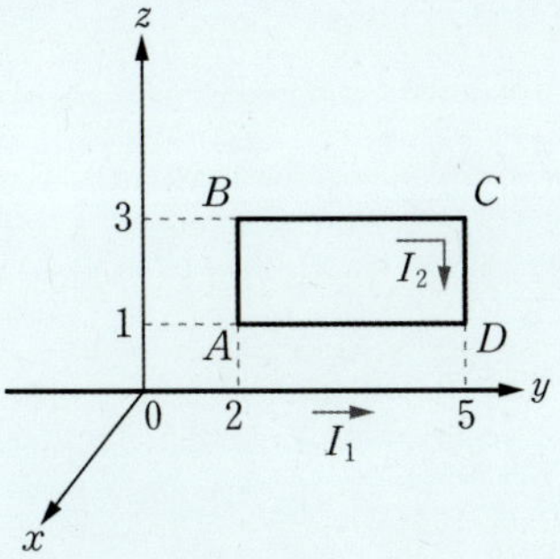

그림 8-7 자계에 의해 폐경로에 흐르는 전류가 받는 힘

풀이

먼저 y축에 있는 직선전류에 의해 직사각형 폐경로가 있는 곳에 발생하는 자계의 세기를 구하면

$$\mathrm{H} = \frac{I}{2\pi z}\mathbf{a}_x = \frac{20}{2\pi z}\mathbf{a}_x \ [\mathrm{AT/m}]$$

가 되고, 따라서 자속밀도 B는 다음과 같이 된다.

$$\mathrm{B} = \mu_0 \mathrm{H} = 4\pi \times 10^{-7}\frac{20}{2\pi z}\mathbf{a}_x = \frac{4\times 10^{-6}}{z}\mathbf{a}_x \ [\mathrm{Wb/m^2}]$$

직사각형 폐경로에 흐르는 전류가 받는 힘은 식 (8.11)에 의해 다음과 같이 계산된다.

$$\begin{aligned}
\mathrm{F} &= -I\oint_c \mathrm{B}\times d\mathrm{L} \\
&= -\mathrm{I}\left(\int_{\mathrm{A-B}} \mathrm{B}\times d\mathrm{L} + \int_{B-C} \mathrm{B}\times d\mathrm{L} + \int_{C-D} \mathrm{B}\times d\mathrm{L} + \int_{D-A} \mathrm{B}\times d\mathrm{L}\right) \\
&= -0.05\left(\int_1^3 \frac{4\times 10^{-6}}{z}\mathbf{a}_x \times dz\,\mathbf{a}_z + \int_2^5 \frac{4\times 10^{-6}}{z}\mathbf{a}_x \times dy\,\mathbf{a}_y + \int_3^1 \frac{4\times 10^{-6}}{z}\mathbf{a}_x \times dz\,\mathbf{a}_z + \int_5^2 \frac{4\times 10^{-6}}{z}\mathbf{a}_x \times dy\,\mathbf{a}_y\right) \\
&= -0.05\times 4\times 10^{-6}\left(\int_1^3 \frac{1}{z}dz(-\mathbf{a}_y) + \int_2^5 \frac{1}{z}dy\,\mathbf{a}_z + \int_3^1 \frac{1}{z}dz(-\mathbf{a}_y) + \int_5^2 \frac{1}{z}dy\,\mathbf{a}_z\right) \\
&= -2\times 10^{-7}\left(-\ln 3\,\mathbf{a}_y + \frac{1}{3}\times 3\,\mathbf{a}_z + \ln 3\,\mathbf{a}_y + \frac{1}{1}\times(-3)\mathbf{a}_z\right)
\end{aligned}$$

> 적분경로 $B-C$를 따라 y로 적분할 때는 $z=3$으로 놓고, 적분경로 $D-A$를 따라 y로 적분할 때는 $z=1$로 놓아야 한다.

$$= -2\times 10^{-7}(-2\mathbf{a}_z) = 4\times 10^{-7}\,\mathbf{a}_z \ [\mathrm{N}]$$

예제 8-5 자계 안에서 전류의 이동에 필요한 일

[그림 8-8]과 같이 자속밀도가 $\mathrm{B} = 5 \times 10^{-2} \rho \mathrm{a}_\rho [\mathrm{Wb/m^2}]$인 자계 안에서 직각이등변 삼각형의 폐경로를 따라 $I = 4[\mathrm{A}]$의 전류가 흐르고 있다. 이때 이 전류 루프를 z축을 중심축으로 $(+)\phi$ 방향으로 한 바퀴 회전시키는 데 소요되는 에너지를 구하라. 단, $z = 0$ 평면에 있는 원의 반지름은 $1[\mathrm{m}]$이다.

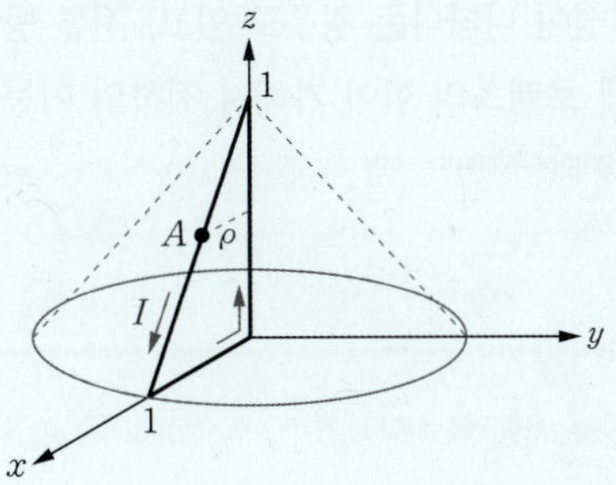

그림 8-8 자계에 의해 폐경로에 흐르는 전류가 받는 힘

풀이

루프 전류가 흐르는 직각이등변 삼각형의 폐경로가 받는 전체 힘을 구하기 위해

$$\mathrm{F} = -I \oint_c \mathrm{B} \times d\mathrm{L}\ [\mathrm{N}]$$

의 폐곡선에 대한 선적분을 해야 하지만 $\rho = 0$인 z축에 대해서는 전속밀도가 0이므로 적분할 필요가 없고, 직각이등변 삼각형 밑변에 흐르는 전류는 그 방향이 $(-)\mathrm{a}_\rho$ 방향이므로 전속밀도와 벡터적을 취하면 그 값도 0이 되어 적분할 필요가 없다. 따라서 삼각형의 빗변에 대한 적분만 하면 된다. z축으로부터 ρ만큼 떨어진 점 A에서 미소전류소 $Id\mathrm{L}$이 받는 힘 $d\mathrm{F}$를 구해보자.

$$d\mathrm{F} = I d\mathrm{L} \times \mathrm{B} = 4(d\rho\, \mathrm{a}_\rho - dz\, \mathrm{a}_z) \times 5 \times 10^{-2} \rho\, \mathrm{a}_\rho = -0.2 \rho\, dz\, \mathrm{a}_\phi\ [\mathrm{N}] \qquad \cdots ①$$

식 ①과 크기는 같고 방향은 반대인 $(-d\mathrm{F})$의 힘으로 한 바퀴 도는 데 소요되는 일 dW는

$$dW = \int_0^{2\pi} (-d\mathrm{F}) \cdot \rho\, d\phi\, \mathrm{a}_\phi = 0.2 \rho\, dz \times 2\pi\rho = 0.4\pi\rho^2 dz$$

가 되고, 전체 필요한 일 W는 다음과 같이 계산할 수 있다.

$$\begin{aligned} W &= \int dW = \int_0^1 0.4\pi\rho^2 dz \\ &= \int_0^1 0.4\pi(1-z)^2 dz = 0.4\pi\left[z - z^2 + \frac{z^3}{3}\right]_0^1 \qquad (\because\ \rho = 1 - z) \\ &= \frac{0.4\pi}{3} \fallingdotseq 0.42\ [\mathrm{J}] \end{aligned}$$

홀효과

직선 도체에 전류가 흐를 때 도체에 수직 방향으로 자계를 가하면 그 자계에 의해 전류와 반대 방향으로 이동하던 자유전자들이 로렌츠의 힘을 받아 [그림 8-9]와 같이 도체 한쪽 벽으로 쏠리는 현상이 발생한다(전류가 흐르고 있는 도체가 받는 힘은 자유전자들에게 가해진 이 자기력이 모여 나타난 현상이다). 그리고 반대쪽 벽에는 전자를 잃어버린 (+)전하가 쌓여 양쪽 벽에 전위차가 발생하는 현상이 생긴다. 이러한 현상을 **홀효과** Hall effect라고 부르며 홀효과를 이용해 자계의 세기를 측정하기도 한다. 실제 도체에 있어서는 좀 더 복잡하여 이와 반대로 전압 극성이 나타나는 경우도 있고, 전류 방향으로 이런 현상이 나타나는 경우도 있다. 또한 운동하는 전하에 로렌츠의 힘이 가해져 전하의 이동경로가 변하면 도체의 저항값이 변하기도 한다(자기저항효과 magnetoresistance effect).

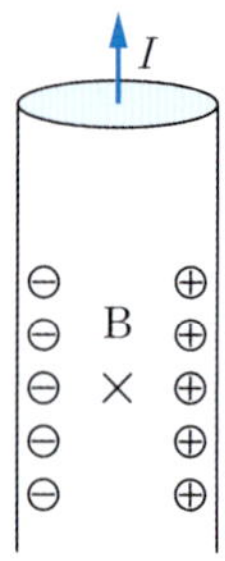

그림 8-9 홀효과

대표적인 홀효과는 n형 또는 p형 반도체에서 잘 나타난다. [그림 8-10]과 같이 다수캐리어가 전자인 n형 반도체에서는 오른쪽 면에 전자가 모여 왼쪽에 (+), 오른쪽에 (−)의 전압이 나타나지만, 다수캐리어가 정공 hole인 p형 반도체에서는 왼쪽에 (−), 오른쪽에 (+)의 전압이 나타난다. 이러한 홀효과에 의해 반도체가 n형인지 p형인지 구별할 수 있다. 홀전압은 자기장의 세기와 전류에 비례하므로 자기센서 또는 전류센서로, 또 반도체의 자유전자와 정공의 밀도, 이동도 등을 측정하는 다양한 센서 개발에 이용된다.

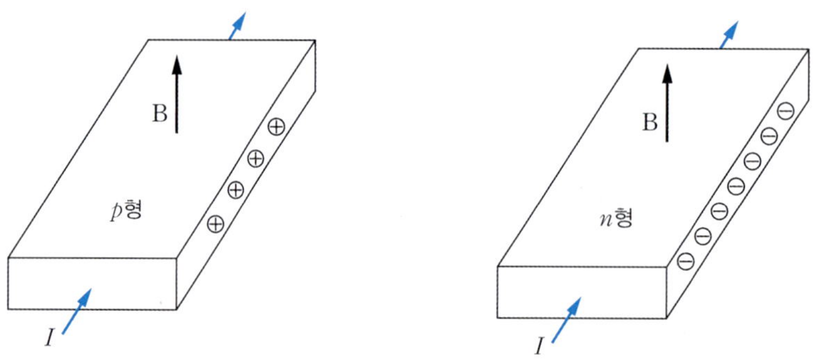

(a) p형 반도체　　(b) n형 반도체

그림 8-10 반도체의 홀효과

SECTION

8.3

전류와 전류 사이에 작용하는 힘

전류와 전류 사이에 작용하는 힘을 구하기 위해 먼저 작은 미소전류소 사이에 작용하는 힘을 구해보자.

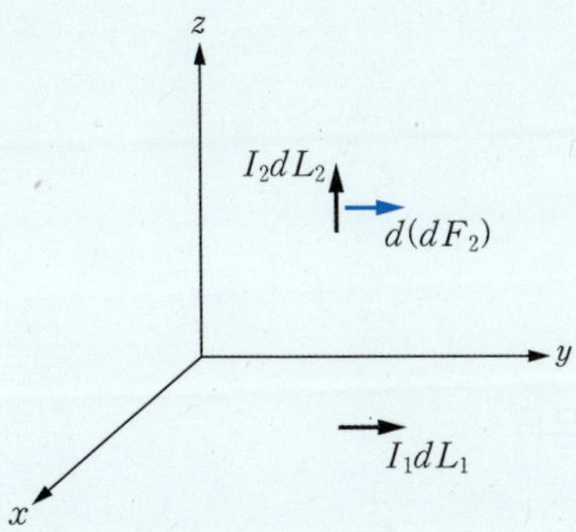

그림 8-11 미소전류소 사이의 자기력

미소전류소 $I_1 d\mathrm{L}_1$에 의한 미소전류소 $I_2 d\mathrm{L}_2$가 있는 곳의 자계의 세기는 다음과 같다.

$$d\mathrm{H}_2 = \frac{I_1 d\mathrm{L}_1 \times \mathrm{a}_{R12}}{4\pi R_{12}^2}$$

이 자계의 세기에 의해 미소전류소 $I_2 d\mathrm{L}_2$가 받는 힘 $d(d\mathrm{F}_2)$는

$$\mathrm{F} = I\int_c (d\mathrm{L}\times\mathrm{B}) \;\Rightarrow\; d\mathrm{F} = Id\mathrm{L}\times\mathrm{B}$$

로부터 다음과 같이 표현할 수 있다.

$$d(d\mathrm{F}_2) = I_2 d\mathrm{L}_2 \times d\mathrm{B}_2 = I_2 d\mathrm{L}_2 \times \mu_0 \frac{I_1 d\mathrm{L}_1 \times \mathrm{a}_{R12}}{4\pi R_{12}^2}$$

$$= \mu_0 \frac{I_2 d\mathrm{L}_2 \times (I_1 d\mathrm{L}_1 \times \mathrm{a}_{R12})}{4\pi R_{12}^2} \tag{8.12}$$

$$= \mu_0 \frac{I_1 I_2}{4\pi R_{12}^2} d\mathrm{L}_2 \times (d\mathrm{L}_1 \times \mathrm{a}_{R12}) \tag{8.13}$$

$\mathrm{A}\times(\mathrm{B}\times\mathrm{C}) \neq (\mathrm{A}\times\mathrm{B})\times\mathrm{C}$

예제 8-6 미소전류소 사이에 작용하는 힘

[그림 8-12]와 같이 점 $(3, 4, 0)$에 있는 미소전류소 $I_1 d\mathrm{L}_1$에 의해 점 $(0, 3, 6)$에 있는 미소전류소 $I_2 d\mathrm{L}_2$가 받는 힘을 구하라. 단, $I_1 d\mathrm{L}_1 = 5\mathbf{a}_x$ [A • m], $I_2 d\mathrm{L}_2 = -2\mathbf{a}_x$ [A • m]이다.

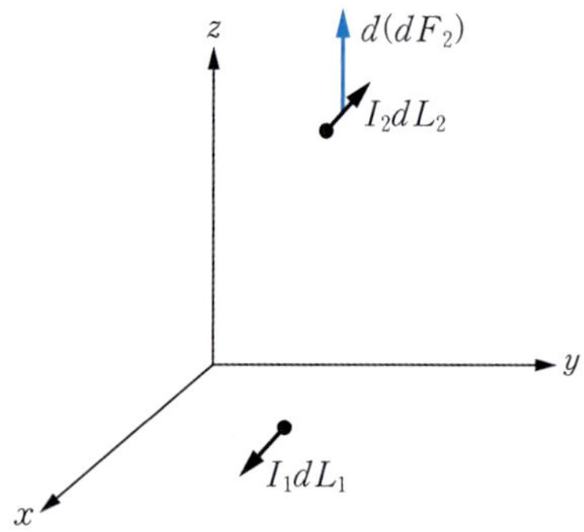

그림 8-12 미소전류소 사이의 자기력

풀이

그림에서 전류소 사이의 거리는 $\boldsymbol{R}_{12} = -3\mathbf{a}_x - \mathbf{a}_y + 6\mathbf{a}_z$이므로

$$\mathbf{a}_{R12} = \frac{-3\mathbf{a}_x - \mathbf{a}_y + 6\mathbf{a}_z}{\sqrt{(-3)^2 + (-1)^2 + 6^2}} = \frac{-3\mathbf{a}_x - \mathbf{a}_y + 6\mathbf{a}_z}{\sqrt{46}} \quad \cdots ①$$

이고, 식 (8.12)에 의해 다음과 같이 구할 수 있다.

$$\begin{aligned} d(d\mathrm{F}_2) &= \mu_0 \frac{I_2 d\mathrm{L}_2 \times (I_1 d\mathrm{L}_1 \times \mathbf{a}_{R12})}{4\pi R_{12}^2} \\ &= 4\pi \times 10^{-7} \times \frac{(-2\mathbf{a}_x) \times \left\{ 5\mathbf{a}_x \times \dfrac{-3\mathbf{a}_x - \mathbf{a}_y + 6\mathbf{a}_z}{\sqrt{46}} \right\}}{4\pi \times 46} \\ &= \frac{(-10\mathbf{a}_y + 60\mathbf{a}_z) \times 10^{-7}}{46\sqrt{46}} \\ &= 1.95 \times 10^{-8}(-0.164\,\mathbf{a}_y + 0.986\,\mathbf{a}_z)\ [\mathrm{N}] \quad \cdots ② \end{aligned}$$

이제 서로 나란하며 무한히 긴 도체에 흐르는 전류와 전류 사이에 작용하는 힘을 구해보자. [그림 8-13]에서 $x=0$ 평면에 있는 무한 선전류 I_1에 의한 선전류 I_2 지점의 자속밀도 B_2는

$$\mathrm{B}_2 = \frac{\mu_0 I_1}{2\pi d}(-\mathrm{a}_x)$$

가 되고, 이 자속밀도에 의해 선전류 I_2가 흐르는 도체 L_2 [m]가 받는 자기력 F_2는 식 (8.10)에 의해 다음과 같이 된다.

$$\mathrm{F}_2 = I_2 \mathrm{L}_2 \times \mathrm{B}_2 = I_2 L_2 \mathrm{a}_z \times \frac{\mu_0 I_1}{2\pi d}(-\mathrm{a}_x) = -\frac{\mu_0 I_1 I_2 L_2}{2\pi d}\mathrm{a}_y$$

따라서 선전류 I_1에 의해 선전류 I_2가 흐르는 도체가 단위길이당 받는 힘은 다음과 같이 된다.

$$\mathrm{F}_2 = -\frac{\mu_0 I_1 I_2}{2\pi d}\mathrm{a}_y \ [\mathrm{N/m}] \tag{8.14}$$

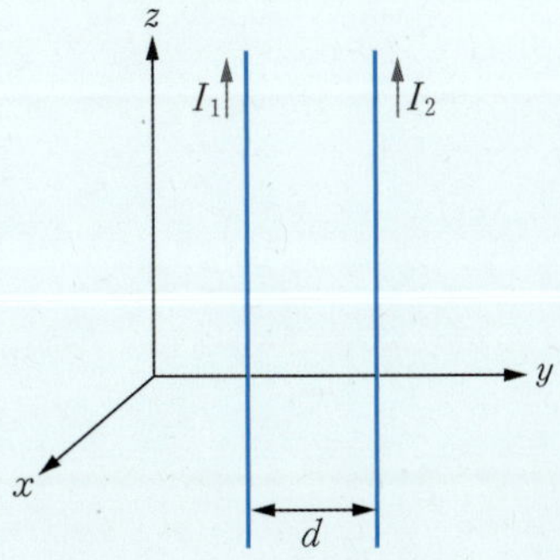

그림 8-13 무한 선전류 사이의 자기력

선전류 I_2에 의해 선전류 I_1이 흐르는 도체가 단위길이당 받는 힘도 앞에서와 같은 방법으로 다음과 같이 구한다.

$$\mathrm{F}_1 = I_1 \mathrm{L}_1 \times \mathrm{B}_1 = I_1 L_1 \mathrm{a}_z \times \frac{\mu_0 I_2}{2\pi d}\mathrm{a}_x = \frac{\mu_0 I_1 I_2 L_1}{2\pi d}\mathrm{a}_y$$

따라서 선전류 I_2에 의해 선전류 I_1이 흐르는 도체가 단위길이당 받는 힘은

$$\mathrm{F}_1 = \frac{\mu_0 I_1 I_2}{2\pi d}\mathrm{a}_y \ [\mathrm{N/m}] \tag{8.15}$$

가 된다. 식 (8.14)와 식 (8.15)에서 보는 바와 같이 전류의 크기가 다르더라도, 같은 방향으로 나란히 흐르는 두 선전류는 똑같은 크기의 힘으로 서로 끌어당기는 것을 알 수 있다. 그리고 (여기서 구하지는 않았지만) 전류의 방향이 다르면 서로 밀어내는 힘이 작용한다.

SECTION 8.4

폐회로에 작용하는 힘과 토크

어떤 물체에 힘을 가했을 때 일어나는 운동은 크게 병진운동translational motion과 회전운동rotational motion으로 나뉜다. 회전운동이란 어떤 축을 중심으로 그 주위를 도는 동작을 말하며, 이때 물체를 돌리는 힘을 **토크**torque라고 한다. 1장에서 벡터의 외적을 설명하기 위해 [그림 8-14]와 같은 스패너로 나사를 푸는 작업을 이용하여 토크의 개념을 간단히 소개했다.

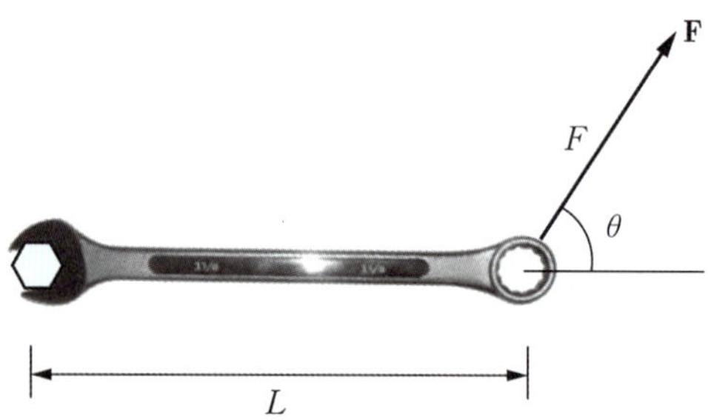

그림 8-14 스패너의 토크

토크 T는 다음과 같은 벡터 연산으로 표시되고, 오른손 법칙에 의해 토크 T의 방향과 오른손 엄지를 일치시키면 나머지 손가락들이 회전 방향을 가리킨다.

$$\mathrm{T} = \mathrm{L} \times \mathrm{F}\ [\mathrm{N} \cdot \mathrm{m}] \tag{8.16}$$

[그림 8-15(a)]와 같이 어떤 물체에 크기는 같고 방향이 정반대인 두 짝힘couple fo force을 가했을 때, 이 물체에 가해진 힘의 합은 0이고 두 힘이 서로 상쇄cancel되어 이 물체는 움직이지 않는다. 그러나 [그림 8-15(b)]에 있는 두 힘의 합은 0이지만 이 두 힘은 서로 상쇄되지 않으며, 이 물체를 우측으로 회전시키는 토크의 역할을 한다. 여기서 알 수 있듯이 어떤 물체에 작용하는 전체 힘의 합이 0이라고 해서 그 물체가 항상 정지해 있는 것은 아니다.

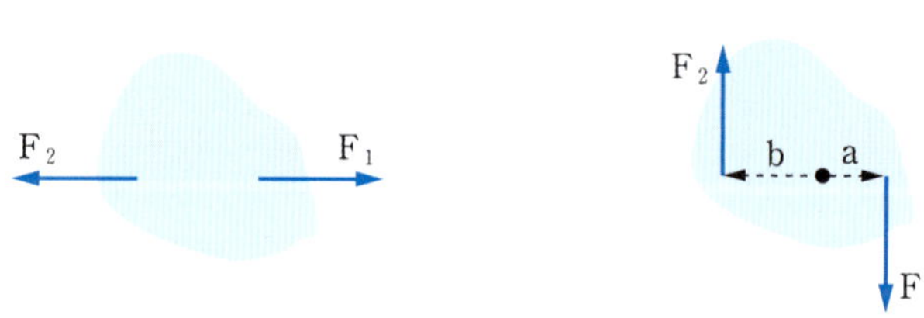

(a) 토크를 발생시키지 않는 짝힘 (b) 회전 토크를 발생시키는 짝힘

그림 8-15 짝힘

[그림 8-15(b)]에서 두 힘에 의해 발생하는 T는 다음과 같이 된다.

$$\mathrm{T} = \mathrm{a} \times \mathrm{F}_1 + \mathrm{b} \times \mathrm{F}_2 \ [\mathrm{N \cdot m}] \tag{8.17}$$

이제 [그림 8-16]과 같이 $z=0$인 평면에서 자속밀도가 $\mathrm{B} = B_y \mathbf{a}_y \ [\mathrm{Wb/m^2}]$일 때, 폐루프에 흐르는 전류 $I[\mathrm{A}]$에 의해 직사각형이 받는 토크를 구해보자.

경로 $a-b$가 받는 힘 : $\mathrm{F}_{ab} = I l_x \mathbf{a}_x \times B_y \mathbf{a}_y = I l_x B_y \mathbf{a}_z$

경로 $b-c$가 받는 힘 : $\mathrm{F}_{bc} = I l_y \mathbf{a}_y \times B_y \mathbf{a}_y = 0$

경로 $c-d$가 받는 힘 : $\mathrm{F}_{cd} = -I l_x \mathbf{a}_x \times B_y \mathbf{a}_y = -I l_x B_y \mathbf{a}_z$

경로 $d-a$가 받는 힘 : $\mathrm{F}_{da} = I l_y (-\mathbf{a}_y) \times B_y \mathbf{a}_y = 0$

경로 $a-b$와 경로 $c-d$가 받는 짝힘에 의해 이 루프에 생기는 토크 T는 다음과 같다.

$$\begin{aligned}\mathrm{T} = \mathrm{T}_{ab} + \mathrm{T}_{cd} &= \frac{1}{2} l_y (-\mathbf{a}_y) \times I l_x B_y \mathbf{a}_z + \frac{1}{2} l_y \mathbf{a}_y \times I l_x B_y (-\mathbf{a}_z) \\ &= I l_x l_y B_y (-\mathbf{a}_x)\end{aligned} \tag{8.18}$$

> 식 (8.18)은 지루한 계산에 의해 얻어진 결과식이지만, 뒤에서 소개하는 자기모멘트를 이용하면 간단한 $I(l_x l_y)\mathbf{a}_z \times B_y \mathbf{a}_y$에 의해 얻을 수 있다.

토크가 $(-\mathbf{a}_x)$ 방향이라는 것은 이 전류 루프를 앞에서 보았을 때 오른쪽으로 회전하려는 힘을 받는다는 의미이다.

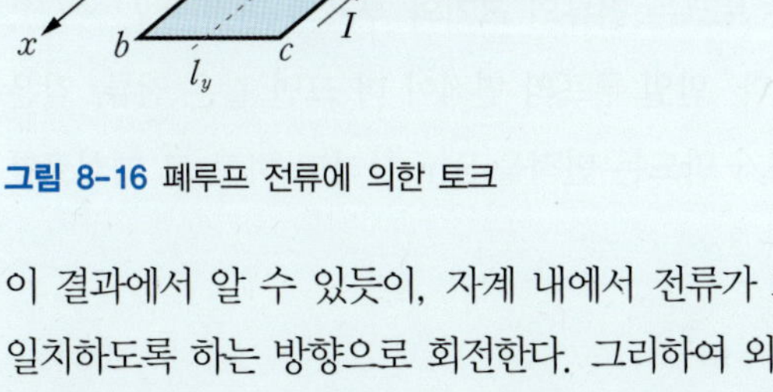

그림 8-16 폐루프 전류에 의한 토크

이 결과에서 알 수 있듯이, 자계 내에서 전류가 흐르는 루프는 자기가 만드는 자계가 외부의 자계와 일치하도록 하는 방향으로 회전한다. 그리하여 외부의 자계와 일치하면 더 이상 회전 토크가 발생하지 않는다. 다시 말해, 더 이상 회전하지 않고 멈춘다.

[그림 8-17]은 직류모터의 모형이다. 전류의 방향에 따라 오른쪽으로 돌기도 하고 왼쪽으로 돌기도 한다. 계속 같은 방향으로 회전시키기 위해 직류모터에는 정류자commutator와 브러시brush가 필요하다. 또한 이 직류모터의 토크는 도체 루프의 면적에 비례한다.

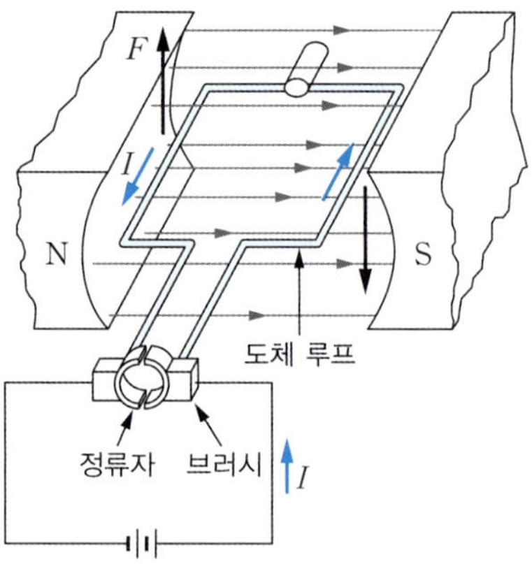

그림 8-17 직류모터

Q&A 토크를 우리말로 표현하면?

어떤 물체를 돌게 만드는 힘이기 때문에 회전력이라고 표현하는 것이 맞겠다. 그러나 회전력이라는 우리말 표현을 사용하지 않고 굳이 영어 토크라는 표현을 사용하는 이유는 인력, 척력, 완력 등 어떤 낱말 뒤에 '력'이라는 낱말이 붙으면 힘을 의미하고 그 단위는 [N]이 되기 때문이다. 하지만 회전운동에서의 회전력은 회전을 시키는 힘인 것은 맞지만, 이런 힘과는 전혀 다르며 단위도 [N]이 아닌 [N • m]를 사용한다. 단위만 보면 일의 단위와 같지만, 실은 일도 아니다. 회전운동에서는 어떤 물체에 토크 T[N • m]를 가해 그 물체를 θ[rad]만큼 회전시켰을 때, $W = \mathrm{T}\theta$ [J]의 일을 했다고 말한다. 이 때문에 토크는 회전모멘트moment of rotation라고 부르는 것이 더 적합하다고 할 수 있다.

자기모멘트

식 (8.18)을 보면 자계에 의해 루프 전류에 발생하는 토크는 전류의 크기와 루프의 면적($= l_x \times l_y$), 그리고 자속밀도의 크기에 비례한다는 것을 알 수 있다. 만일 루프의 면적이 더 크면 같은 전류, 같은 자속밀도에서도 더 큰 토크가 발생한다. 어떤 폐회로가 만드는 면적을 S[m^2]라고 하고 그 폐회로를 따라 흐르는 전류를 I[A]라고 할 때,

$$\mathrm{m} = I\mathrm{S}\ [\mathrm{A} \cdot \mathrm{m}^2] \tag{8.19}$$

를 **자기모멘트**magnetic moment라고 한다. 또한 전기쌍극자와 같이 면적이 대단히 작은 자기모멘트를 특별히 **자기쌍극자 모멘트**magnetic dipole moment라고 하며, 다음과 같이 표시한다.

$$d\mathrm{m} = I\,d\mathrm{S}\ [\mathrm{A} \cdot \mathrm{m}^2] \tag{8.20}$$

이 자기모멘트를 이용하면 앞에서 구한 자계 안에서 루프 전류가 받는 토크를 다음과 같이 간단히 표시할 수 있다.

$$\mathrm{T} = I\mathrm{S}\times\mathrm{B} = \mathrm{m}\times\mathrm{B} \tag{8.21}$$

이때 이 루프가 받는 힘은 루프의 자기모멘트가 외부에서 가해진 자계와 방향이 일치하도록 하는 힘이다.

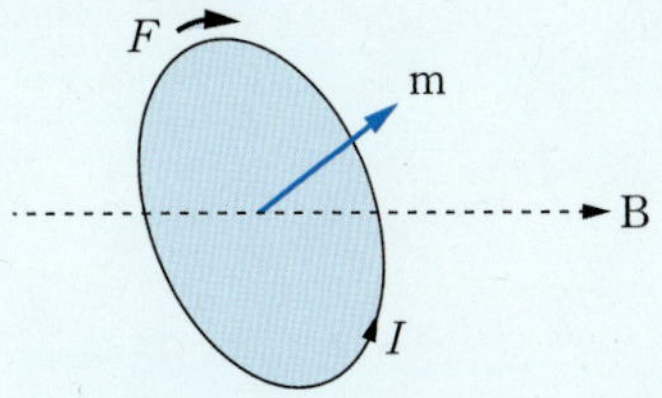

그림 8-18 자기모멘트가 외부 자계와 일치하도록 회전

예제 8-7 자기모멘트와 자속밀도에 의한 토크

[그림 8-19]와 같이 $z=0$인 평면에서 반지름 $r=0.5[\mathrm{m}]$인 원형 도체에 전류 $I=10[\mathrm{A}]$가 흐르고 있다. 이 도체가 자속밀도 $\mathrm{B}=3\mathrm{a}_x+2\mathrm{a}_y+\mathrm{a}_z[\mathrm{Wb/m^2}]$에 의해 받는 토크를 구하라.

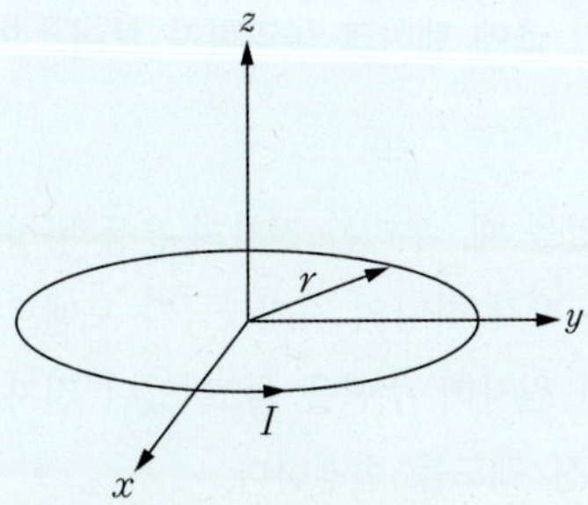

그림 8-19 원형전류가 받는 토크

풀이

원형 루프가 만드는 자기모멘트 m은 다음과 같다.

$$\mathrm{m} = I\mathrm{S} = 10\times\pi\times 0.5^2\,\mathrm{a}_z = 2.5\pi\,\mathrm{a}_z\ [\mathrm{AT\cdot m^2}] \qquad \cdots ①$$

식 (8.21)에 의해 이 자기모멘트가 받는 토크를 구하면 다음과 같다.

$$\begin{aligned}\mathrm{T} &= \mathrm{m}\times\mathrm{B} = 2.5\pi\,\mathrm{a}_z\times(3\mathrm{a}_x+2\mathrm{a}_y+\mathrm{a}_z) \qquad \cdots ②\\ &= 7.5\pi\,\mathrm{a}_y - 5\pi\,\mathrm{a}_x = 5\pi(-\mathrm{a}_x+1.5\,\mathrm{a}_y)\\ &= 5\pi\sqrt{1^2+1.5^2}\times\frac{-\mathrm{a}_x+1.5\,\mathrm{a}_y}{\sqrt{1^2+1.5^2}}\\ &\fallingdotseq 28.3\,(-0.55\,\mathrm{a}_x+0.83\,\mathrm{a}_y)\ [\mathrm{N\cdot m}]\end{aligned}$$

SECTION
8.5 자성체

8.5.1 자성체의 종류

물체를 전기적인 성질에 의해 도체, 반도체, 부도체(절연체) 등으로 나누듯이, 자기적인 특성에 따라 자성체, 반자성체, 상자성체, 페리자성체, 초상자성체 등으로 구분한다.

원자의 자기모멘트

물체의 자기적인 성질을 설명하기 위해서는 먼저 원자의 모형에 대해 알아야 한다. 실질적인 원자의 모형은 양자역학에 대한 깊은 이해가 필요하지만, 여기서는 20세기 초에 덴마크 물리학자 보어N. Bohr가 제안한 원자 모형을 사용한다.

[그림 8-20]과 같이 (−)전하를 가진 전자가 원자핵 주변을 돌고 있을 때, 우리는 전자의 운동 방향과 반대 방향으로 전류가 흐른다고 생각할 수 있다. 따라서 원자들은 각각 하나의 자기쌍극자 모멘트를 갖고 있다고 말할 수 있다. 이런 원자에 외부에서 자계를 가하면 원자핵 주변을 돌고 있던 전자는 자신의 자기쌍극자 모멘트가 외부 자계와 방향이 일치하도록 회전 궤도를 변경한다.

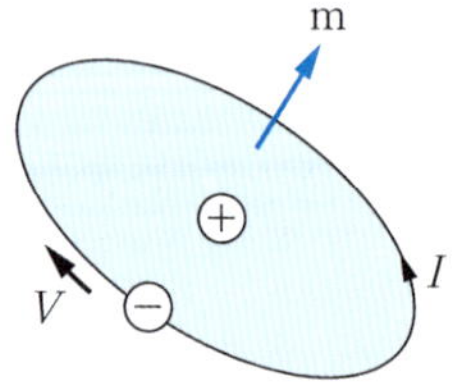

그림 8-20 원자의 자기모멘트

원자의 자기적인 성질에는 전자에 의한 자기쌍극자 모멘트 이외에 전자가 원자 궤도를 돌고 있을 때 전자 스스로도 도는, 즉 스핀spin운동에 의한 자기쌍극자 모멘트가 있다. 그 외에 원자핵에 있는 양자의 스핀운동에 의한 자기쌍극자 모멘트도 있으나 이 자기쌍극자 모멘트는 상대적으로 너무 약해서 고려하지 않는다.

반자성체

전자의 궤도운동에 의한 자기쌍극자 모멘트와 스핀운동에 의한 자기쌍극자 모멘트가 크기는 같고 방향이 반대인, 그래서 자기쌍극자 모멘트의 합이 0인 물질을 **반자성체**diamagnetic material라고 한다.

이런 반자성체에 외부에서 자계를 가하면 궤도를 돌고 있는 전자는 궤도운동에 의한 자기쌍극자 모멘트가 외부 자계의 세기의 방향과 일치하도록 궤도 방향을 수정한다. 그리하여 [그림 8-21]과 같이 되면 외부 자계에 의해 전자는 궤도 바깥쪽으로 향하는 로렌츠의 힘을 받게 된다. 그동안 원자핵의 양자에 의한 쿨롱의 힘(=구심력)과 회전운동에 의한 원심력이 식 (8.22)와 같이 평형을 이뤄 전자가 원자궤도를 잘 돌고 있는데, 바깥쪽으로 향하는 로렌츠의 힘이 원심력에 합해져 힘의 균형이 깨지면 전자가 밖으로 튀어나갈 수밖에 없게 된다.

$$\frac{qe}{4\pi\epsilon r^2} = \frac{m_e v^2}{r} \tag{8.22}$$

이를 방지하기 위해 전자는 스스로 속도를 낮춰 원심력을 줄인다. 이와 같이 전자의 속도가 줄어들면 자연히 궤도운동에 의한 자기쌍극자 모멘트도 줄어들어 스핀에 의한 자기쌍극자 모멘트와 합이 0이 되지 못하고, 스핀에 의한 자기쌍극자 모멘트가 더 강한 것으로 나타난다. 그러므로 이 반자성체에는 외부 자계에 반대되는 극성의 자극이 나타나고, 외부 자계와 서로 밀어내는 힘이 발생한다. 그러나 이런 현상은 외부 자계가 없어지면 곧바로 사라진다.

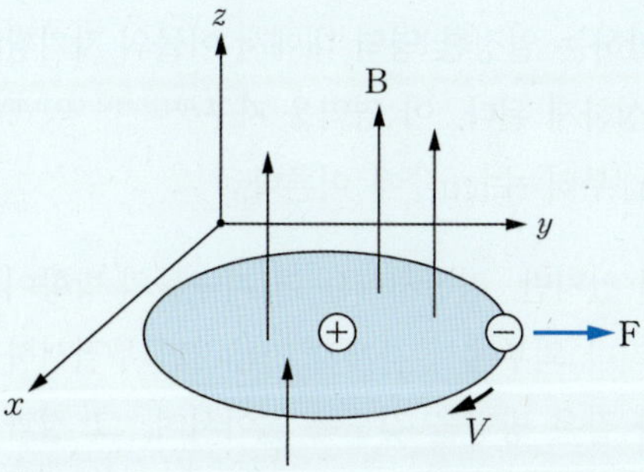

그림 8-21 외부 자계에 의해 궤도전자가 받는 힘

이런 반자성체 물질에는 비스무스bismuth, 금, 은, 구리, 실리콘, 게르마늄, 물, 유리, 안티몬, 수소, 헬륨, 염화염sodium chloride, 유황, 그래파이트, 그 외에 유기물질 등이 있다.

상자성체

전자의 궤도운동에 의한 자기쌍극자 모멘트와 스핀운동에 의한 자기쌍극자 모멘트가 완전히 상쇄되지 않아 남아 있는 경우, 이 물질은 항상 작은 자기쌍극자 모멘트를 갖고 있다고 말할 수 있다. 그러나 이 작은 자기쌍극자 모멘트가 평상시에는 무질서하게 배열되어 있어 외부에 대해서는 자기모멘트가 없는 것처럼 보인다. 그러다 외부에서 자계가 가해지면 각 원자의 자기쌍극자 모멘트는 이 외부 자계와 같은 방향이 되도록 돌아서게 되어, 무질서하게 있던 자기쌍극자 모멘트들이 외부 자계의 방향으로 규칙적으로 정렬하게 되고 결과적으로 강한 자기적인 성질을 갖게 된다. 그 후에 외부 자계가 없어지면 다시 원래의 무질서한 배열로 돌아가 외부에 대해 아무런 자기적인 성질을 나타내지 않는다.

이러한 **상자성체**paramagnetic material에는 알루미늄, 마그네슘, 티타늄, 칼륨, 텅스텐, 포타슘potasium, 에르븀erbium, 산소, 그 외에 산화이트륨yttrium oxide같은 희토류 원소 등이 있다.

(a) 상자성체 (b) 강자성체 (c) 페리자성체

그림 8-22 자성체의 종류

강자성체

강자성체ferromagnetic material에서는 전자의 스핀운동에 의한 자기쌍극자 모멘트가 궤도운동에 의한 자기쌍극자 모멘트보다 훨씬 강해, 결과적으로 각 원자마다 강한 자기쌍극자 모멘트를 갖게 된다. 그리고 원자들 사이에 서로 작용하는 힘에 의해, 다수의 원자를 포함하는 일정한 영역 내에서 이들의 자기쌍극자 모멘트들이 서로 평행을 이뤄 더 강한 자기모멘트를 형성하게 된다. 이 영역을 **자구**magnetic domain라고 하고 그 크기는 물질의 종류에 따라 다르며 수십[μm]부터 수[cm]에 이른다.

강자성체는 이런 강한 자기모멘트를 가진 자구들로 구성되어 있지만, 평상시에는 그 자구들의 방향이 각각 다르기 때문에 전체적으로는 자기모멘트가 0이다. 그러나 외부에서 자계가 가해지면 무질서하게 있던 이들 자구들이 자기의 자기모멘트가 외부의 자계와 같은 방향을 갖도록 돌아서며, 그 결과 대단히 강한 자계를 형성하게 된다. 그러나 외부에서 자계가 가해졌다고 해서 모든 자구들이 다 외부 자계의 방향으로 돌아서는 것은 아니며 돌아서지 않는 자구들도 존재한다. 따라서 외부 자계가 강하면 많이 돌아서고 약하면 조금만 돌아선다. 다시 말해, 외부 자계 세기의 크기에 따라 강자성체에 생기는 자계의 세기도 비례하여 커진다. 그러나 외부 자계의 세기와 자성체 내부 자계의 세기가 선형적으로 비례하는 것은 아니고, 외부의 자계의 세기가 아무리 강해도 강자성체 내부에 더 이상 돌아설 자구가 없으면 내부의 자계의 세기는 더 이상 증가하지 않고 포화상태가 된다.

이러한 강자성체에는 철, 니켈, 코발트, 알리코(알루미늄-니켈-코발트-구리), 비스무스-망간 합금, 구리-망간-주석 합금 등이 있으며, 그 외에도 저온에서 강자성을 갖는 가돌리늄gadolinium, 디스프로슘dysprosium과 같은 희토류 원소들이 있다.

반강자성체, 페리자성체, 초상자성체

반강자성체magnetic material는 자기쌍극자 모멘트의 크기는 같고 방향은 반대인 인접한 두 원자가 한 쌍으로 있어 외부의 자계에 전혀 영향을 받지 않는다. 산화니켈(NiO), 황화철(FeS), 염화코발트($CoCl_2$) 등이 이에 속하며, 실온보다 낮은 온도에서 이런 특성이 더 강하게 일어난다.

그리고 [그림 8-22(c)]와 같이 인접한 두 원자가 한 쌍을 이루고 있으나 자기쌍극자 모멘트의 크기가 서로 같지 않고 방향이 반대인 **페리자성체**magnetic material도 있다. 페리자성체는 외부 자계에 의해, 강자성체 만큼은 아니지만 내부에 강한 자계를 만들며 강자성체보다 전도도가 낮아 저항이 더 크기 때문에 (뒤에서 배울) 유도전류를 줄일 수 있다. 따라서 변압기를 비롯해 일반 전기기기의 철심core으로 사용하면 (9.1절에서 배울) 와전류손eddy-current lose을 크게 줄일 수 있다. 이러한 물질로는 바륨페라이트($BaFe_{12}O_{19}$), 니켈-아연페라이트($Ni_{1/2}Zn_{1/2}Fe_2O$), 니켈페라이트(NiF_2O_4), GdFeCo 등이 있다.

초상자성체superparamagnetic material의 경우 결정 구조는 강자성체와 다르지만, 강자성체와 같은 강한 자기모멘트를 가진 자구를 갖고 있는 물질로 자구벽이 두꺼워 서로 자기적 영향을 미치지 못한다. 그래서 외부 자계에 의해 자기모멘트의 방향이 바뀌면 그 상태를 계속 그대로 유지한다. 초상자성체는 이러한 특성 때문에 오디오 또는 비디오 저장장치에서 아주 중요한 역할을 한다. 고속 메모리 수요가 급속히 증가하면서 반도체의 전하를 이용한 메모리 대신 초상자성체의 스핀을 이용하는 연구가 활발히 이루어지고 있으며, 암 진단 및 치료를 위한 초상자성체 연구가 더욱 활성화되고 있다. 초상자성체로는 자철광(Fe_3O_4)과 마그헤마이트($\gamma-Fe_2O_3$) 등이 있다.

8.5.2 자기이력곡선

앞에서 설명한 바와 같이 외부에서 자계를 가하면 물질 내부에 무질서하게 배열되어 있던 자기쌍극자 모멘트들이 외부 자계와 같은 방향으로 돌아서는데, 이로 인해 상자성체나 강자성체 내부에 강한 자계가 형성되는 것을 **자화**magnetization라고 한다. [그림 8-23]과 같이 속이 비어 있는 공심 솔레노이드 내에 강자성체인 철심을 넣고, 솔레노이드 코일의 전류를 점점 증가시키면서, 즉 외부 자계의 세기의 크기를 점점 증가시켜 가면서 강자성체의 자화 현상을 관찰해보자.

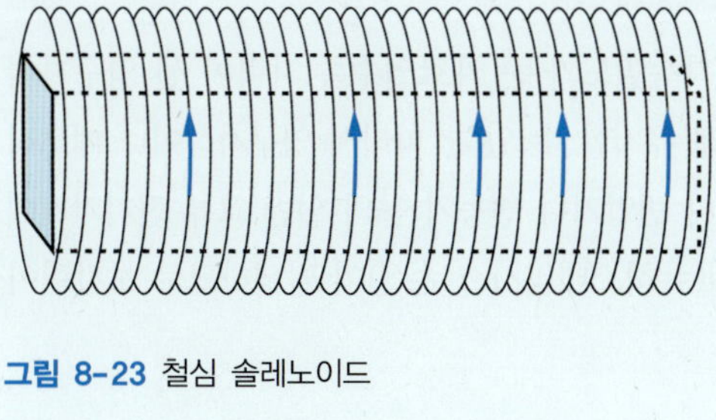

그림 8-23 철심 솔레노이드

강자성체의 자화에서 외부 자계의 세기의 크기에 따라 강자성체 내부에 생기는 자계의 세기의 크기도 비례하여 커지지만 선형적으로 비례하는 것은 아니다. 강자성체의 자화 현상에 대해 가로축에 외부 자계의 세기를, 세로축에 자성체 내부의 자속밀도를 나타내도록 그래프를 그리면 [그림 8-24]와 같이 되며, 이 그래프를 **자기이력곡선**magnetic hysteresis curve 또는 **히스테리시스곡선**hysteresis loop이라고 한다.

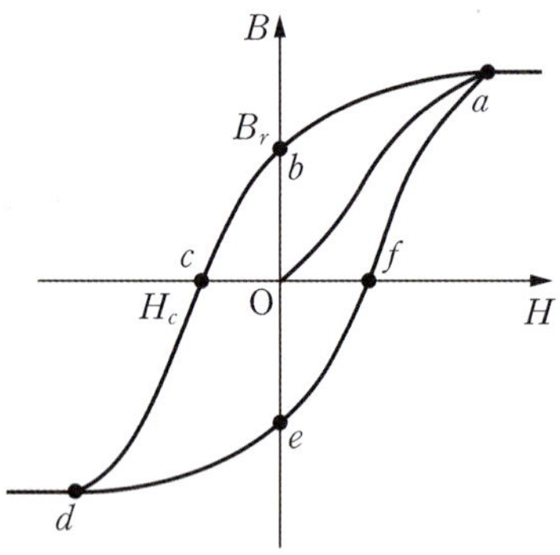

그림 8-24 자기이력곡선

[그림 8-24]의 자기이력곡선에서 솔레노이드 코일의 전류를 증가시켜 자계의 세기의 크기 H[A/m]를 점점 증가시키면, 자성체 내부의 자속밀도 B[Wb/m^2] 도 곡선 $O-a$를 따라 점점 증가한다. 처음에는 자계의 세기의 크기에 비해 자속밀도의 증가율이 작지만 조금 지나면 그 비율이 급격히 증가한다. 그러나 자계의 세기가 더 커지면 다시 증가율이 작아지기 시작하며, 그 후에는 자계의 세기가 아무리 커져도 자속밀도가 더 이상 증가하지 않는 포화상태에 이르게 된다. 이제 솔레노이드 코일의 전류를 감소시켜 자계의 세기 H를 줄이면 자속밀도 B는 **초기자화곡선**virgin curve $a-O$를 따라 내려오지 않고 $a-b-c$ 곡선을 따라 내려온다. 그리하여 전류를 0으로 해서 자계의 세기를 0으로 해도 자속밀도는 0이 되지 않고 B_r[Wb/m^2]만큼 남게 된다. 이 B_r을 **잔류자속밀도**residual flux density or remnant라고 한다. 이런 현상은 외부 자계의 세기에 의해 외부 자계의 방향으로 돌아섰던 강자성체의 자구들 중 일부가 외부 자계가 없어져도 옛날로 돌아가지 않고 그대로 남아 있기 때문에 발생한다. 이들을 처음 상태로 완전히 돌려놓기 위해서는 코일의 전류를 반대 방향으로 흘려야 한다. 이때의 역방향 자계의 세기의 크기 H_c[AT/m]를 **보자력**coercive force or coercivity이라고 한다.

철과 같은 자성체를 이용하여 영구자석을 만들 때 잔류자속밀도가 큰 재료일수록 자력이 센 영구자석을 만들 수 있고, 보자력이 큰 재료일수록 그 자력을 오래 유지할 수 있다. 따라서 영구자석이나 메모리용 소자를 만들려면 보자력이 큰 재질이 필요하다. 그러나 변압기나 전동기 등의 일반 교류 전기기기에서는 자기이력곡선의 내부 면적에 비례하여 에너지 손실(= 히스테리시스 손실)이 발생하므로 보자력이 큰 재질은 사용하지 않는다.

[그림 8-25]는 강철과 연철의 자기이력곡선이다. 강철이나 텅스텐강, 코발트강같은 강철 합금은 보자력이 커서 영구자석 재료로 적당하며, 연철은 보자력이 작으므로 자기이력곡선 루프의 면적이 작아 히스테리시스 손실이 적기 때문에 교류 전기기기에 적합하다.

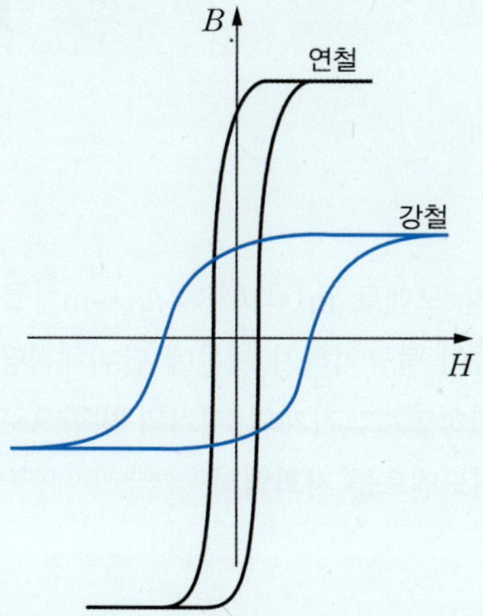

그림 8-25 강철과 연철의 자기이력곡선

퀴리온도

강자성체가 어떤 일정 온도 이상으로 가열되면 강자성체로서의 특성을 일시적으로 잃어버리고 상자성체가 되어 버리는 온도를 **퀴리온도**Curi temperature라고 한다. 이는 고체인 얼음이 273[K] 이상의 온도에서 액체인 물로 변하는 것과 같은 일종의 상변화phase change이다. 따라서 온도가 내려오면 다시 강자성체로 돌아가지만 외부 자계의 영향을 받아 영구자석으로 되었던 강자성체의 자력은 상실되고, 다시 외부 자계를 가하지 않으면 자력을 갖지 못한다. 이 퀴리온도는 물질에 따라 각각 다르다. 철 1043[K](= 770[℃]), 니켈 631[K], 코발트 1394[K], 가돌리늄 292[K], 디스프로슘 87[K] 등이다.

SECTION 8.6

자화와 투자율

모든 원자는 원자핵 궤도를 도는 전자에 의해 하나의 자기쌍극자 모멘트 $\mathrm{m}(=Id\mathrm{S})[\mathrm{A}\cdot\mathrm{m}^2]$를 갖고 있다. 그러나 이들 자기쌍극자 모멘트는 평상시에는 그 방향이 불규칙하기 때문에 단위체적당 전체 자기쌍극자 모멘트가 0이다. 그러다가 외부에서 자계를 가하면 그 자계의 세기의 방향으로 돌아서서 자기모멘트를 나타내기 시작한다. 이때 단위체적당 자기모멘트를 **자화벡터**magnetization vector $\mathrm{M}\,[\mathrm{A\,T/m}]$라고 한다.

이 자화벡터 M은 외부 자계의 세기에 비례한다. 즉 외부 자계의 세기가 크면 그 방향으로 돌아서는 자기쌍극자 모멘트의 숫자가 많아져 자화벡터가 큰 값을 갖게 되고, 외부 자계의 세기가 작으면 그 방향으로 돌아서는 자기쌍극자 모멘트의 숫자가 적어 자화벡터의 값이 작아진다. 따라서 자화벡터 M과 외부 자계 H_0의 관계는 다음과 같은 비례식으로 표시된다.

$$\mathrm{M}=\chi_m\mathrm{H}_0 \tag{8.23}$$

여기서 비례상수 χ_m을 **자화율**magnetic susceptibility이라고 한다. 자성체 내부의 자계의 세기는 외부 자계의 세기와 이 자화벡터를 합한 $\mathrm{H}_0+\mathrm{M}$이 된다. 따라서 이때 증가된 자성체 내부의 자계의 세기에 대한 자속밀도 B_t는 다음과 같이 된다.

$$\mathrm{B}_t=\mu_0(\mathrm{H}_0+\mathrm{M})=\mu_0(1+\chi_m)\mathrm{H}_0 \tag{8.24}$$

여기서

$$1+\chi_m=\mu_r$$

이라고 하면, 식 (8.24)는 다음과 같이 된다.

$$\mathrm{B}_t=\mu_0\mu_r\mathrm{H}_0=\mu\mathrm{H}_0 \tag{8.25}$$

이때 μ_r을 **비투자율**relative permeability이라고 하며, μ를 **투자율**이라고 한다. 일반적으로 식 (8.25)를 다음과 같이 표시한다(B_t에서 t를, H_0에서 0을 떼고).

$$\mathrm{B}=\mu_0\mu_r\mathrm{H}=\mu\mathrm{H} \tag{8.26}$$

여기서 특별히 주의할 점은 식 (8.26)에서 H는 외부에서 가한 자계의 세기이고, B는 증가된 자성체 내부의 자속밀도라는 사실이다.

대표적인 물질들에 대한 비투자율은 [표 8-1]과 같다. 5장의 [표 5-1]에서 유전체들의 비유전율 ϵ_r은 증류수 81, 이산화티탄 100, 티탄산바륨 1,200을 제외하고는 대부분 한 자리 숫자들이었는데, 자성체들의 비투자율은 무쇠 60, 페라이트 1,000, 규소강 3,500, 연철 4,000, 순철 200,000, 슈퍼멀로이 1,000,000 등 그 값이 대단히 크다.

표 8-1 비투자율

물질	비투자율	물질	비투자율
비스무스 bismuth	0.999	페라이트	1,000
파라핀	0.999	변압기철	3,000
은	0.999	규소강 silicon steel	3,500
니켈	50	뮤메탈 mumetal	20,000
무쇠 cast iron	60	퍼멀로이 permalloy	100,000
코발트	60	순철 pure iron	200,000
강철	200	슈퍼멀로이 supermalloy	1,000,000

예제 8-8 자성체의 자계의 세기 및 자속밀도

[그림 8-26(a)]와 같은 공심 원형 솔레노이드가 있다.

(a) $I = 20[\text{A}]$의 전류를 흘려줄 때, 솔레노이드 내부의 자계의 세기의 크기 H를 구하라.

(b) [그림 8-26(b)]와 같이 투자율 $\mu = 2 \times 10^{-3}[\text{H/m}]$인 자성체 봉을 넣었을 때, 자성체 내의 자계의 세기의 크기 H와 자속밀도의 크기 B를 구하라.

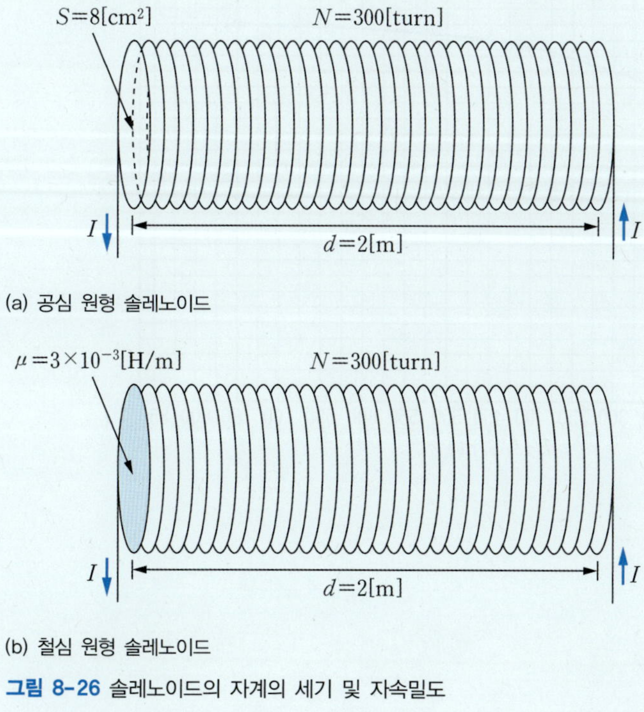

그림 8-26 솔레노이드의 자계의 세기 및 자속밀도

풀이

(a) $H = nI = \dfrac{300}{2} \times 20 = 3000\,[\mathrm{AT/m}]$ … ①

(b) $H = nI = \dfrac{300}{2} \times 20 = 3000\,[\mathrm{AT/m}]$ … ②

$B = \mu H = 2 \times 10^{-3} \times 3000 = 6\,[\mathrm{Wb/m^2}]$ … ③

☞ (b)에서 주의할 점은 자성체 내의 자계의 세기란 자성체와 관계없이 솔레노이드 권선에 흐르는 전류에 의해 자성체에 가해지는 외부 자계의 세기를 말한다는 것이다.

식 (8.26)으로 표시되는 자계의 세기와 자속밀도의 관계는 정비례 관계인 것 같으나, 사실은 비선형 관계로 자계의 세기에 따라 투자율이 변한다. 즉 투자율 μ가 [표 8-1]의 값으로 고정되어 있는 것이 아니라 자계의 세기의 크기에 따라 변동된다.

[그림 8-27]에 어떤 변압기철의 자계의 세기와 자속밀도의 관계를 나타내는 자화곡선을 그래프로 나타냈다. 그래프를 보면 작은 자계의 세기에서는 투자율 $\mu(= B/H)$가 매우 작은 값을 가지나, 자계의 세기가 커지면 투자율도 점점 커져 자계의 세기의 크기가 $H = 100\,[\mathrm{AT/m}]$일 때 투자율이 $\mu = 5 \times 10^{-3}\,[\mathrm{H/m}]$가 된다. $H = 250\,[\mathrm{AT/m}]$일 때 투자율이 $\mu = 4 \times 10^{-3}\,[\mathrm{H/m}]$였다가, $H = 750\,[\mathrm{AT/m}]$일 때 투자율이 $\mu = 1.6 \times 10^{-3}\,[\mathrm{H/m}]$로 된다.

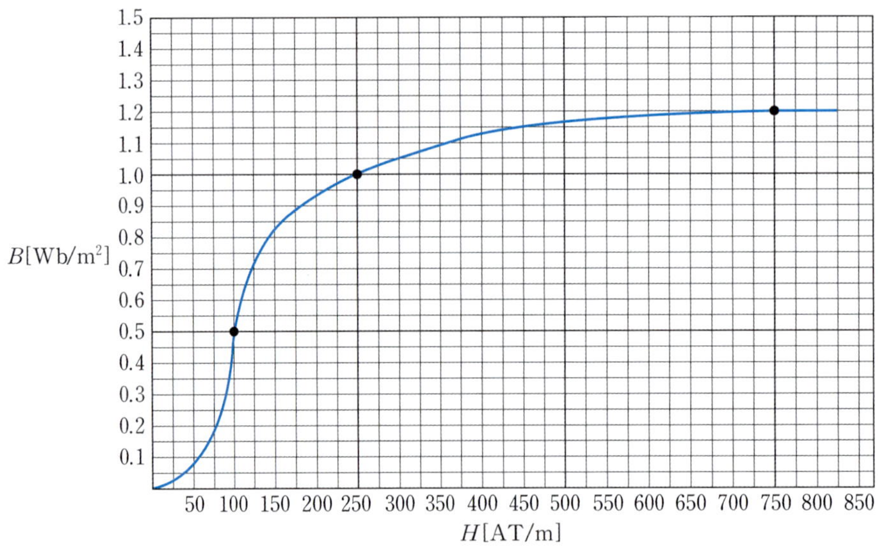

그림 8-27 변압기철의 자화곡선의 한 예

예제 8-9 자화율과 자화벡터

비투자율이 $\mu_r = 50$인 페라이트의 자속밀도의 크기가 $B = 0.06\,[\mathrm{Wb/m^2}]$라고 할 때, 자화율 χ_m과 자계의 세기의 크기 H, 자화벡터의 크기 M을 구하라.

풀이

$$\mu_r = 1 + \chi_m \quad \Rightarrow \quad \chi_m = \mu_r - 1 = 50 - 1 = 49 \qquad \cdots ①$$

$$H = \frac{1}{\mu}B = \frac{1}{\mu_0\mu_r}\times B = \frac{1}{4\pi\times10^{-7}\times50}\times0.06 = 955\,[\mathrm{AT/m}] \qquad \cdots ②$$

$$M = \chi_m H = 49\times955 \fallingdotseq 46.8\times10^3\,[\mathrm{AT/m}] \qquad \cdots ③$$

예제 8-10 자성체의 자속밀도

반지름이 0.05[m]인 공심 원형 솔레노이드의 길이가 1.5[m]이고, 코일 감은 횟수가 450이다. 이 코일에 1[A]의 전류를 흘려준다.

(a) 솔레노이드 내부의 자계의 세기의 크기를 구하라.

(b) 솔레노이드 내부에 비투자율이 $\mu_r = 3{,}500$이고 단면적이 정사각형인 규소강 코어core를 넣을 때 이 규소강 코어 내부와 외부의 자속밀도의 크기 B를 구하라.

(c) 규소강 코어의 내부와 외부의 자계의 세기 H에 대해 비교하라.

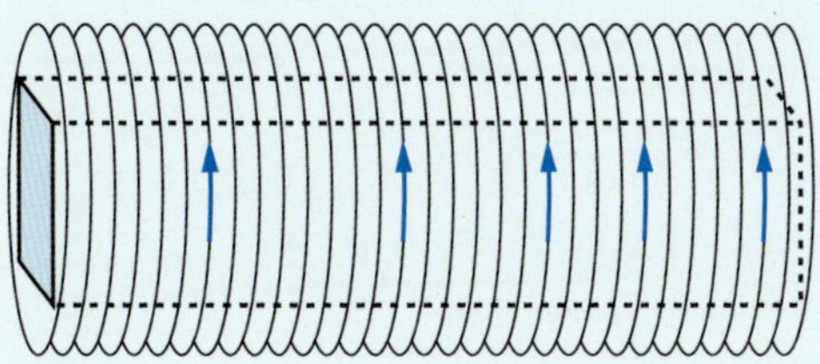

그림 8-28 솔레노이드 안에 있는 규소강 내외의 자계의 세기와 자속밀도

풀이

(a) $H = nI = \dfrac{450}{1.5}\times1 = 300\,[\mathrm{AT/m}]$ $\cdots ①$

(b) 규소강 코어 내부의 자속밀도의 크기를 구하면

$$B = \mu H = \mu_0\mu_r H = 4\pi\times10^{-7}\times3500\times300 \fallingdotseq 1.32\,[\mathrm{Wb/m^2}] \qquad \cdots ②$$

이고, 규소강 코어 외부의 자속밀도를 구하면 다음과 같다.

$$B = \mu_0 H = 4\pi\times10^{-7}\times300 \fallingdotseq 3.77\times10^{-4}\,[\mathrm{Wb/m^2}] \qquad \cdots ③$$

(c) 규소강 코어의 내부와 외부의 자계의 세기 H의 크기는 똑같이 300[AT/m]이다.

여기서 잠깐 **바크하우젠 효과**

자화 현상을 나타내는 [그림 8-27]의 자화곡선은 자계의 세기에 의해 자속밀도가 연속적으로 변하는 매끄러운 곡선으로 그려져 있지만, 그래프를 확대하여 자세히 관찰하면 자계의 세기가 연속적으로 증가하더라도 자속밀도는 계단 모양으로 증가한다. 이는 무질서하던 자기쌍극자 모멘트가 외부 자계에 의해 외부 자계의 세기와 같은 방향으로 돌아서는 현상이 규칙적이지 않고 불규칙적으로 일어나기 때문이다. 이러한 현상을 바크하우젠 효과 Barkhausen effect 라고 하며, 1919년 독일 물리학자 바크하우젠이 라디오 잡음의 원인을 규명하는 과정에서 처음 알려졌다. 이 미소한 계단의 수로 자구의 크기를 알 수 있으며, 철(Fe)은 자구의 크기가 약 $0.01[\mathrm{mm}]$이다.

SECTION

8.7 자계의 경계조건

서로 다른 두 자성체의 경계면에서의 자계의 세기 및 자속밀도 관계를 알아보자. [그림 8-29]에서 제4 맥스웰방정식

$$\oint_S \mathrm{B} \cdot d\mathrm{S} = 0 \tag{8.27}$$

을 두 자성체 경계면에 있는 원통 전체 표면에 적용해보자.

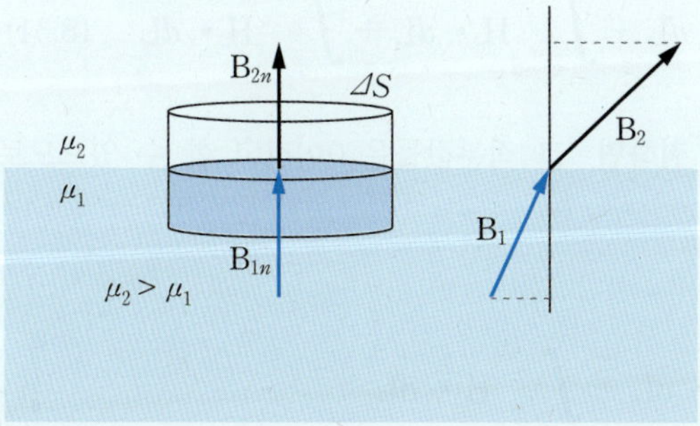

그림 8-29 자속밀도의 수직성분

$$\oint_S \mathrm{B} \cdot d\mathrm{S} = \int_{\text{윗면}} \mathrm{B}_2 \cdot d\mathrm{S} + \int_{\text{옆면}} \mathrm{B}_{\text{옆}} \cdot d\mathrm{S} + \int_{\text{아랫면}} \mathrm{B}_1 \cdot d\boldsymbol{S} \tag{8.28}$$

식 (8.28)에서 원통 높이를 대단히 작게 취하면 옆면 넓이는 0에 가까우므로 그 적분값은 0이라고 할 수 있어 식 (8.28)은 다음과 같이 된다.

$$\begin{aligned}
\oint_S \mathrm{B} \cdot d\mathrm{S} &\fallingdotseq \int_{\text{윗면}} \mathrm{B}_2 \cdot d\mathrm{S} + \int_{\text{아랫면}} \mathrm{B}_1 \cdot d\mathrm{S} \\
&\fallingdotseq \mathrm{B}_2 \cdot \Delta S \mathrm{a}_n + \mathrm{B}_1 \cdot \Delta S(-\mathrm{a}_n) \\
&= (B_{2n} - B_{1n})\Delta S = 0 \\
&\therefore\ B_{2n} = B_{1n}
\end{aligned} \tag{8.29}$$

따라서 서로 다른 두 자성체 경계면에서 두 자속밀도의 수직성분은 서로 같다.

이제 두 자성체의 경계면에서의 자계의 세기를 알아보자. [그림 8-30]에서 제3 맥스웰방정식

$$\oint_c \mathrm{H} \cdot d\mathrm{L} = I \tag{8.30}$$

를 두 자성체 경계면에 있는 폐곡선에 적용해보자.

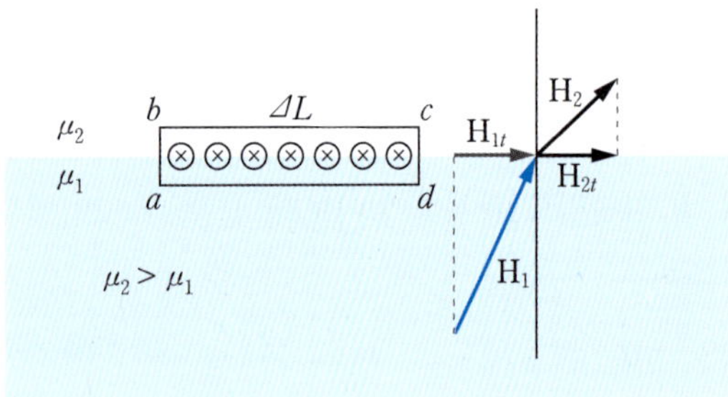

그림 8-30 자계의 세기의 접선성분

$$\oint_c \mathrm{H} \cdot d\mathrm{L} = \int_{a-b} \mathrm{H} \cdot d\mathrm{L} + \int_{b-c} \mathrm{H} \cdot d\mathrm{L} + \int_{c-d} \mathrm{H} \cdot d\mathrm{L} + \int_{d-a} \mathrm{H} \cdot d\mathrm{L} \tag{8.31}$$

식 (8.31)에서 $a-b$와 $d-c$ 길이를 대단히 작게 취하면, 그 적분값들은 0이라고 할 수 있으므로 식 (8.31)은 다음과 같이 된다.

$$\begin{aligned}\oint_c \mathrm{H} \cdot d\mathrm{L} &= \int_{b-c} \mathrm{H} \cdot \mathrm{dL} + \int_{d-a} \mathrm{H} \cdot \mathrm{dL} \\ &= \mathrm{H}_2 \cdot \Delta L \mathbf{a}_t + \mathrm{H}_1 \cdot \Delta L(-\mathbf{a}_t) \\ &= H_{2t} \Delta L - H_{1t} \Delta L \\ &= (H_{2t} - H_{1t}) \Delta L = I = K \Delta L\end{aligned}$$

$$\therefore\ H_{2t} - H_{1t} = K \tag{8.32}$$

만일 면전류밀도 $K=0$이면, 즉 경계면에 전류가 없으면

$$H_{2t} = H_{1t} \tag{8.33}$$

가 된다. 다시 말해, 서로 다른 두 자성체 경계면에서 두 자계의 세기의 접선성분은 같다.

예제 8-11 굴절 자속밀도

$z < 0$ 인 영역 1은 비투자율이 $\mu_{r1} = 1$ 인 공기이고 $z > 0$ 인 영역 2에는 비투자율이 $\mu_{r2} = 2$ 인 자성체가 있으며, $z = 0$ 인 평면에서 서로 접하고 있다. 접합면에서 영역 1의 자속밀도가 $\mathbf{B}_1 = 2\,\mathbf{a}_x + 3\,\mathbf{a}_y + 4\,\mathbf{a}_z\,[10^{-4}\mathrm{Wb/m^2}]$ 라고 가정하고, 영역 2의 자속밀도 $\mathbf{B}_2$ 를 구하라. 단, 경계면에는 면전류밀도 $\mathbf{K} = 50\,\mathbf{a}_y\,[\mathrm{A/m}]$ 의 면전류가 흐르고 있다.

풀이

영역 2의 자속밀도를 $\mathbf{B}_2 = B_{2x}\,\mathbf{a}_x + B_{2y}\,\mathbf{a}_y + B_{2z}\,\mathbf{a}_z\,[\mathrm{Wb/m^2}]$ 라고 하면, 전속밀도의 법선성분이 서로 같으므로

$$B_{2z} = 4 \times 10^{-4} \qquad \cdots ①$$

이고, 자계의 세기의 접선성분 중 y 방향 성분은 서로 같으므로

$$H_{1y} = H_{2y} \qquad \cdots ②$$

$$\frac{B_{1y}}{\mu_0\mu_{r1}} = \frac{B_{2y}}{\mu_0\mu_{r2}}$$

$$\therefore\ B_{2y} = \frac{\mu_{r2}}{\mu_{r1}} B_{1y} = \frac{2}{1} \times 3 \times 10^{-4} = 6 \times 10^{-4} \qquad \cdots ③$$

이다. x 방향 성분은 면전류에 의해 다음과 같이 된다.

$$H_{2x} - H_{1x} = K = 50 \qquad \cdots ④$$

$$\frac{B_{2x}}{\mu_0\mu_{r2}} - \frac{B_{1x}}{\mu_0\mu_{r1}} = 50$$

$$\therefore\ B_{2x} = \left(50 + \frac{B_{1x}}{\mu_0\mu_{r1}}\right) \times \mu_0\mu_{r2}$$

$$= \left(50 + \frac{2 \times 10^{-4}}{4\pi \times 10^{-7}}\right) \times 4\pi \times 10^{-7} \times 2$$

$$\fallingdotseq (50 + 159) \times 8\pi \times 10^{-7} \fallingdotseq 5.25 \times 10^{-4} \qquad \cdots ⑤$$

따라서 구하는 영역 2의 자속밀도는 다음과 같이 된다.

$$\mathbf{B}_2 = 5.25\,\mathbf{a}_x + 6\,\mathbf{a}_y + 4\,\mathbf{a}_z\ [10^{-4}\mathrm{Wb/m^2}] \qquad \cdots ⑥$$

입사각과 굴절각

식 (8.29)와 식 (8.33)을 이용하여 [그림 8-31]에서 서로 다른 두 자성체 경계면에서의 입사각과 굴절각 사이의 관계를 다음과 같이 구할 수 있다.

$$B_1 \cos\theta_1 = B_2 \cos\theta_2 \quad (\because\ B_{1n} = B_{2n})$$

$$\mu_1 H_1 \cos\theta_1 = \mu_2 H_2 \cos\theta_2$$

$$H_1 \sin\theta_1 = H_2 \sin\theta_2 \quad (\because\ H_{1t} = H_{2t})$$

$$\frac{H_1 \sin\theta_1}{\mu_1 H_1 \cos\theta_1} = \frac{H_2 \sin\theta_2}{\mu_2 H_2 \cos\theta_2}$$

$$\therefore \quad \frac{\tan\theta_1}{\tan\theta_2} = \frac{\mu_1}{\mu_2} \tag{8.34}$$

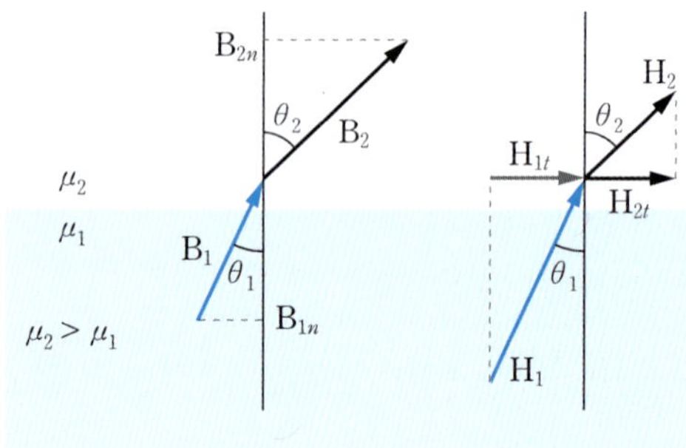

그림 8-31 전류가 없는 경계면에서 자계의 입사각과 굴적각

SECTION

8.8 자기회로

전류가 폐회로를 흘러가듯 자속에 대해서도 폐회로를 생각할 수 있다. 따라서 전계에서 이 폐회로의 저항과 전위(=기전력)로 전류를 구하는 방법과 같이, 자계에서도 자속이 지나가는 폐회로의 저항과 자위(=기자력)로 자속을 구할 수 있다. 이 자속이 지나가는 폐회로를 **자기회로**magnetic circuit라고 하며 변압기, 전동기, 릴레이, 솔레노이드 등을 설계할 때 자기회로에 대한 해석이 필요하다.

8.8.1 강자성체 자기회로

[그림 8-32]와 같은 토로이드에서 **내부 철심**iron core의 투자율이 μ[H/m], 단면적이 S[m^2], 평균 반지름이 ρ_0[m], 코일 전체 감은 횟수가 N[turn], 코일에 흐르는 전류가 I[A]라고 하면, 철심 단면을 지나는 총 자속 Φ[Wb]는 다음과 같이 된다.

$$\Phi = BS = \mu HS = \mu S\frac{NI}{2\pi\rho_0} = \frac{NI}{\frac{2\pi\rho_0}{\mu S}} \tag{8.35}$$

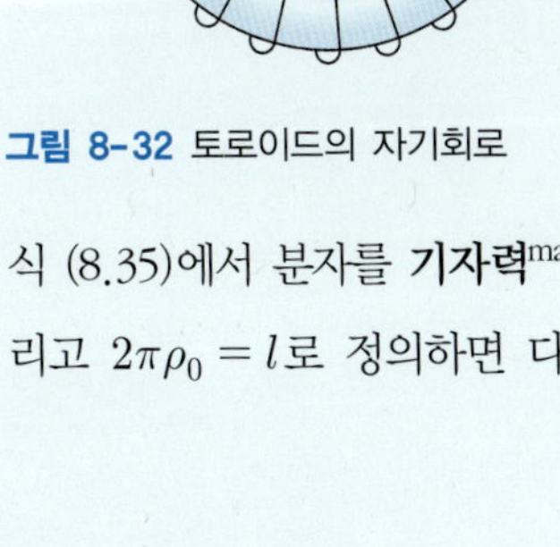

그림 8-32 토로이드의 자기회로

식 (8.35)에서 분자를 **기자력**magnetomotive force V_m[AT], 분모를 **자기저항**reluctance R_m[AT/Wb], 그리고 $2\pi\rho_0 = l$로 정의하면 다음과 같이 된다.

$$V_m = NI \tag{8.36}$$

$$R_m = \frac{l}{\mu S} \tag{8.37}$$

따라서 식 (8.35)는 다음과 같이 정리된다.

$$\Phi = \frac{V_m}{R_m} \tag{8.38}$$

식 (8.38)을 보면 전기회로에서 많이 사용하는 옴의 법칙Ohm's law과 유사하다는 것을 알 수 있다. 이와 같이 전기회로와 자기회로의 유사성을 이용하면 자기회로를 쉽게 이해할 수 있으며, 그 유사성을 이용하여 [표 8-2]와 같이 자기회로에 관한 용어를 정의한다.

표 8-2 자기회로와 전기회로의 유사성

자기회로	전기회로
자계의 세기 $\mathrm{H} = -\nabla V_m$	전계의 세기 $\mathrm{E} = -\nabla V$
자위차 $V_{mAB} = -\int_B^A \mathrm{H} \cdot d\mathrm{L}$	전위차 $V_{AB} = -\int_B^A \mathrm{E} \cdot d\mathrm{L}$
자속밀도 $\mathrm{B} = \mu \mathrm{H}$	전류밀도 $\mathrm{J} = \sigma \mathrm{E}$
자속 $\Phi = \int_S \mathrm{B} \cdot d\mathrm{S}$	전류 $I = \int_S \mathrm{J} \cdot d\mathrm{S}$
자기의 옴의 법칙 $\Phi = \frac{V_m}{R_m}$	전기의 옴의 법칙 $I = \frac{V}{R}$
자기저항 $R_m = \frac{l}{\mu S}$	전기저항 $R = \frac{l}{\sigma S}$

예제 8-12 자기저항과 자속

권선수가 $N = 400$[turn]이고, 평균 반지름이 $\rho_0 = 0.1$[m], 단면적이 $S = 5 \times 10^{-3}$[m^2]인 원형 토로이드의 코일에 전류 $I = 2$[A]를 흘려줄 때, 자기저항을 이용하여 토로이드 내부의 자속을 구하라.

(a) 내부가 공기인 경우

(b) 내부가 비투자율 3500인 규소강인 경우

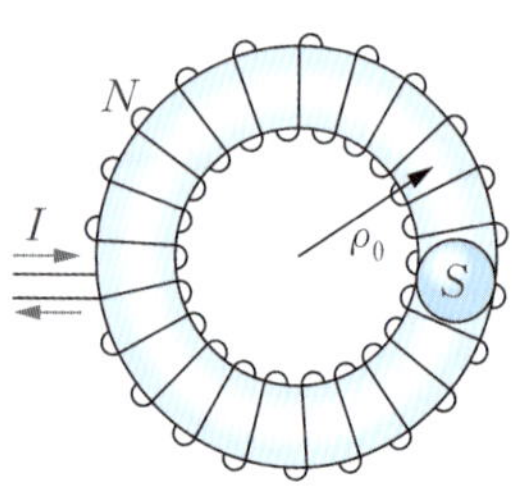

그림 8-33 토로이드 내부의 자속

풀이

(a) 식 (8.37)을 이용하여 공심 토로이드의 자기저항을 구하면 다음과 같다.

$$R_m = \frac{l}{\mu_0 S} = \frac{2\pi \times 0.1}{4\pi \times 10^{-7} \times 5 \times 10^{-3}} = 10^8 \text{ [AT/Wb]} \quad \cdots ①$$

$$\therefore \ \Phi = \frac{V_m}{R_m} = \frac{400 \times 2}{10^8} = 8 \times 10^{-6} \text{ [Wb]} \quad \cdots ②$$

[별해] $H = \dfrac{NI}{2\pi\rho_0} = \dfrac{400 \times 2}{2\pi \times 0.1} \fallingdotseq 1.27 \times 10^3 \text{[AT/m]}$

$B = \mu_0 H = 4\pi \times 10^{-7} \times 1.27 \times 10^3 \fallingdotseq 1.6 \times 10^{-3} \text{[Wb/m}^2\text{]}$

$\Phi = B \cdot S = 1.6 \times 10^{-3} \times 5 \times 10^{-3} = 8 \times 10^{-6} \text{[Wb]}$

(b) 규소강 철심 토로이드의 자기저항을 구하면 다음과 같다.

$$R_m = \frac{l}{\mu_0 \mu_r S} = \frac{2\pi \times 0.1}{4\pi \times 10^{-7} \times 3500 \times 5 \times 10^{-3}} = 2.86 \times 10^4 \text{ [AT/Wb]} \quad \cdots ③$$

$$\therefore \ \Phi = \frac{V_m}{R_m} = \frac{400 \times 2}{2.86 \times 10^4} \fallingdotseq 0.028 \text{ [Wb]} \quad \cdots ④$$

예제 8-13 자속과 전류

철심 토로이드의 내부 총 자속을 $\Phi = 4 \times 10^{-4}$[Wb]로 하기 위한 전류를 구하라. 단, 이 토로이드의 원형 단면적은 $S = 10^{-3}$[m^2], 권선수는 $N = 500$[turn], 평균 반지름은 $\rho_0 = 0.3$[m], 철심의 비투자율은 $\mu_r = 50$이다.

풀이

식 (8.37)을 이용하여 자기저항을 구하면 다음과 같다.

$$R_m = \frac{l}{\mu S} = \frac{2\pi \times 0.3}{4\pi \times 10^{-7} \times 50 \times 10^{-3}} \fallingdotseq 3 \times 10^7 \text{ [AT/Wb]} \quad \cdots ①$$

따라서 구하는 전류는 다음과 같이 된다.

$$\Phi = \frac{V_m}{R_m} = \frac{NI}{3 \times 10^7} = 4 \times 10^{-4} \quad \cdots ②$$

$$NI = 4 \times 10^{-4} \times 3 \times 10^7$$

$$500\, I = 1.2 \times 10^4$$

$$I = 24 \text{ [A]}$$

8.8.2 공극이 있는 자기회로

전동기 같은 회전 전기기기나 인덕터에 큰 전류를 흘려줘야 하는 경우 또는 전기장치의 조립과정에서 불가피하게 공극 air gap이 생기는 경우 등 실제 자기회로에는 회로 내에 공극을 포함하는 경우가 많다. 이제 [그림 8-34]와 같이 강자성체 철심을 가진 토로이드에 매우 작은 공극 l_g가 있을 때, 이 자기회로의 자기저항, 기자력, 자속 등을 생각해보자.

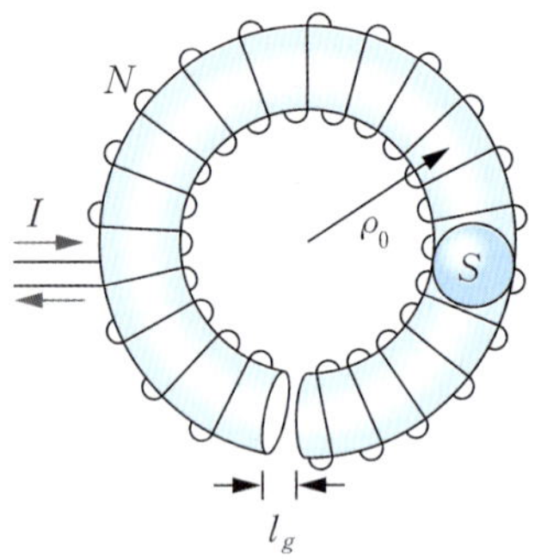

그림 8-34 공극이 있는 자기회로

먼저 자속은 강자성체 철심이나 공극이 거의 같다고 생각할 수 있다. 강자성체 철심의 자기저항 R_{ms}와 공극의 자기저항은 각각 다음과 같다.

$$R_{ms} = \frac{(2\pi\rho_0 - l_g)}{\mu S} \fallingdotseq \frac{2\pi\rho_0}{\mu S} \quad (\because\ 2\pi\rho_0 \gg l_g) \tag{8.39}$$

$$R_{mg} = \frac{l_g}{\mu_0 S} \tag{8.40}$$

그러므로 전류 I의 값이 주어지면 토로이드 내의 자속 Φ는

$$\Phi = \frac{NI}{R_{ms} + R_{mg}} \tag{8.41}$$

에 의해 쉽게 구할 수 있을 것 같으나, 식 (8.39)에서 철심의 투자율 μ값이 주어지지 않으면 철심의 자기저항 R_{ms}를 구할 수 없고, 식 (8.41)에서 자속도 구할 수 없다. 따라서 투자율 μ값을 가정하고 자기저항 R_{ms}를 정한 후, 그 결과로 얻는 자속 Φ로부터 자속밀도를 구한다. 그래서 그 자속밀도를 가지고 투자율을 다시 정하고 철심의 자기저항을 다시 정한 후 또다시 자속을 계산해야 한다. 이 계산 작업을 반복 시행하면 결국 정확한 자속을 얻을 수 있다.

예를 들어, [그림 8-35(a)]와 같이 2[mm]의 공극을 가진 원형 토로이드의 내부 자속을 구해보자.

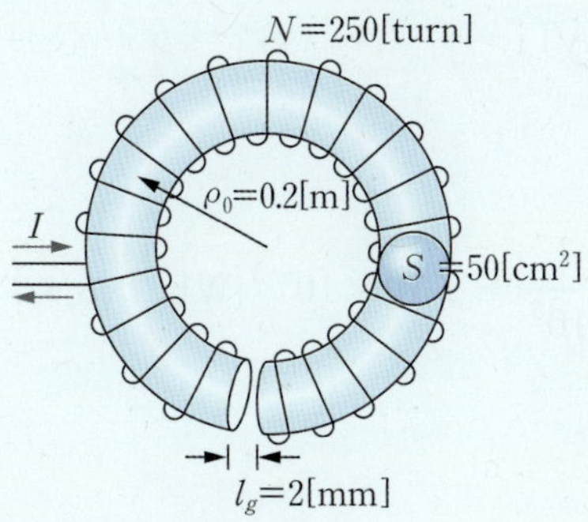

(a) 공극이 있는 토로이드

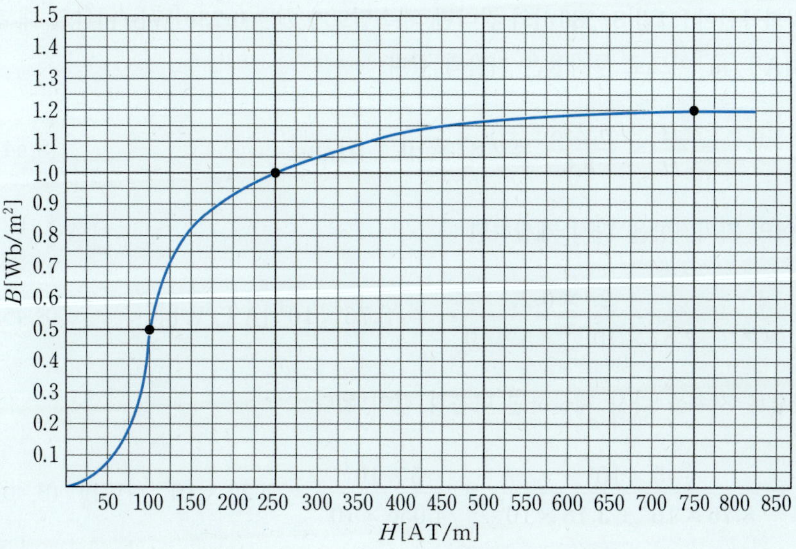

(b) 토로이드 철심의 자화곡선

그림 8-35 공극이 있는 자기회로

철심 코어의 평균 반지름이 $\rho_0 = 0.2[\mathrm{m}]$, 원형 코어의 단면적이 $S = 50[\mathrm{cm}^2]$, 권선수(= 코일 감은 수)가 $N = 250[\mathrm{turn}]$, 코일에 흐르는 전류가 $I = 2[\mathrm{A}]$, 철심 코어의 투자율을 $\mu = 2.5 \times 10^{-3}[\mathrm{H/m}]$라고 가정하면, 자기저항 R_{ms}와 공극의 자기저항은 각각 다음과 같이 된다.

$$R_{ms} = \frac{l}{\mu S} = \frac{2\pi \times 0.2}{2.5 \times 10^{-3} \times 5 \times 10^{-3}} \fallingdotseq 1.01 \times 10^5 \ [\mathrm{AT/Wb}]$$

$$R_{mg} = \frac{l_g}{\mu_0 S} = \frac{2 \times 10^{-3}}{4\pi \times 10^{-7} \times 5 \times 10^{-3}} \fallingdotseq 3.18 \times 10^5 \ [\mathrm{AT/Wb}]$$

그리고 기자력은

$$V_m = NI = 250 \times 2 = 5 \times 10^2 [\mathrm{AT}]$$

이므로, 자속은 다음과 같이 된다.

$$\Phi = \frac{NI}{R_{ms} + R_{mg}} = \frac{5 \times 10^2}{1.01 \times 10^5 + 3.18 \times 10^5} = \frac{5 \times 10^2}{4.19 \times 10^5} \fallingdotseq 1.19 \times 10^{-3} [\mathrm{Wb}] \quad (8.42)$$

따라서 자속밀도 B는 다음과 같다.

$$B = \frac{\Phi}{S} = \frac{1.19 \times 10^{-3}}{5 \times 10^{-3}} = 0.238 \ [\mathrm{Wb/m^2}] \quad (8.43)$$

이 강자성체 철심의 자화곡선이 [그림 8-38(b)]와 같다면, 자속밀도가 $B = 0.238[\mathrm{Wb/m^2}]$일 때 전계의 세기가 $H = 83[\mathrm{AT/m}]$이므로 투자율은 다음과 같다.

$$\mu = \frac{B}{H} = \frac{0.238}{83} \fallingdotseq 2.87 \times 10^{-3} \ [\mathrm{H/m}] \quad (8.44)$$

이 투자율로 철심 코어의 자기저항을 다시 계산하면

$$R_{ms} = \frac{l}{\mu S} = \frac{2\pi \times 0.2}{2.87 \times 10^{-3} \times 5 \times 10^{-3}} \fallingdotseq 8.76 \times 10^4 \ [\mathrm{AT/Wb}] \quad (8.45)$$

이 되고, 이 자기저항으로 자속을 다시 계산하면 다음과 같이 된다.

$$\Phi = \frac{NI}{R_{ms} + R_{mg}} = \frac{5 \times 10^2}{8.76 \times 10^4 + 3.18 \times 10^5} = \frac{5 \times 10^2}{4.056 \times 10^5} \fallingdotseq 1.23 \times 10^{-3} \ [\mathrm{Wb}] \quad (8.46)$$

다시 자속밀도를 구하면

$$B = \frac{\Phi}{S} = \frac{1.23 \times 10^{-3}}{5 \times 10^{-3}} = 0.246 \ [\mathrm{Wb/m^2}] \quad (8.47)$$

가 된다. 자화곡선에서 자속밀도가 $B = 0.246[\mathrm{Wb/m^2}]$일 때 전계의 세기가 $H = 85[\mathrm{AT/m}]$이므로 투자율은 다음과 같다.

$$\mu = \frac{B}{H} = \frac{0.246}{85} \fallingdotseq 2.89 \times 10^{-3} \ [\mathrm{H/m}] \quad (8.48)$$

이 투자율로 철심 코어의 자기저항을 다시 계산하여 자속을 구하고, 다시 반복하고 또 반복하면 결론적으로 다음과 같은 자속의 값을 구할 수 있다(중간과정 생략).

$$\Phi \fallingdotseq 1.25 \times 10^{-3} \ [\mathrm{Wb}] \quad (8.49)$$

앞에서는 공극이 있는 자기회로에 전류를 흘려주고 그때 자기회로에 흐르는 자속밀도를 구했는데, 이번에는 반대로 주어지는 자속밀도를 얻기 위한 전류의 값을 찾아보자. 예를 들어, [그림 8-35(a)]의 공극이 있는 강자성체 코어를 가진 토로이드에서 자속밀도의 크기가 $B=0.5[\mathrm{Wb/m^2}]$가 되기 위한 전류 I를 구해보자. 먼저 기자력은 다음 식과 같다.

$$V_m = NI = (R_{ms} + R_{mg})\Phi \tag{8.50}$$

철심의 자기저항을 알기 위해서는 철심의 투자율을 알아야 한다. [그림 8-38(b)]의 강자성체 철심의 자화곡선에서 자속밀도의 크기가 $B=0.5[\mathrm{Wb/m^2}]$일 때 자계의 세기의 크기는 $H=100[\mathrm{AT/m}]$이다. 그러므로 투자율은

$$\mu = \frac{B}{H} = \frac{0.5}{100} = 5\times10^{-3}\ [\mathrm{H/m}] \tag{8.51}$$

가 된다. 따라서 자기저항을 구하면 다음과 같다.

$$R_{ms} = \frac{l}{\mu S} = \frac{2\pi\times0.2}{5\times10^{-3}\times5\times10^{-3}} \fallingdotseq 5.03\times10^4\ [\mathrm{AT/Wb}] \tag{8.52}$$

$$R_{mg} = \frac{l_g}{\mu_0 S} = \frac{2\times10^{-3}}{4\pi\times10^{-7}\times5\times10^{-3}} \fallingdotseq 3.18\times10^5\ [\mathrm{AT/Wb}] \tag{8.53}$$

그리고 자속밀도의 크기가 $B=0.5[\mathrm{Wb/m^2}]$인 경우 자속은 다음과 같다.

$$\Phi = B\times S = 0.5\times5\times10^{-3} = 2.5\times10^{-3}\ [\mathrm{Wb}] \tag{8.54}$$

결론적으로 이 자속을 얻기 위한 기자력은 다음과 같이 계산된다.

$$V_m = NI = (R_{ms} + R_g)\Phi = (5.03\times10^4 + 31.8\times10^4)\times2.5\times10^{-3} \tag{8.55}$$

$$250I \fallingdotseq 921 \quad \Rightarrow \quad I = 3.68\ [\mathrm{A}] \tag{8.56}$$

☞ [별해] 기자력의 개념을 이용하여 다음과 같이 구할 수도 있다.

$$V_m = H_s\times l_s + H_g\times l_g \quad \Leftarrow \quad H_s = 100,\ H_g = \frac{B}{\mu_0} = \frac{0.5}{4\pi\times10^{-7}} \fallingdotseq 3.9789\times10^5$$

$$250I = 100\times(2\pi\times0.2-0.002) + 3.9789\times10^5\times0.002$$

$$= 125.46 + 795.78 = 921.24$$

$$\therefore\ I = \frac{921.24}{250} \fallingdotseq 3.68\ [\mathrm{A}]$$

여기에서 유념할 것은 식 (8.55)에서 알 수 있는 것처럼 전체 철심 길이의 약 $0.16[\%]$인 공극 $2[\mathrm{mm}]$로 인해 약 6.3배의 기자력이 더 필요해진다는 점이다. 다시 말해, 이 예에서 공극이 없을 경우 약 $0.502[\mathrm{A}]$의 전류만 흘려주면 될 것을 아주 작은 공극으로 인해 약 6.3배의 전류를 더 흘려줘야 한다는 것이다. 대부분의 기자력은 자기저항이 큰 공극에 걸린다는 것을 알 수 있다.

예제 8-14 자속과 전류

[그림 8-36(a)]와 같은 철심을 가진 원형 토로이드의 내부 총 자속을 $\Phi = 5\times10^{-3}$[Wb]로 하기 위한 전류 I를 자기저항을 이용하여 구하라. 단, 평균 반지름은 $\rho_0 = 0.2$[m], 원형 코어의 단면적은 $S = 5\times10^{-3}$[m^2], 권선수는 $N = 250$[turn], 철심 코어의 자화곡선은 [그림 8-36(b)]와 같다.

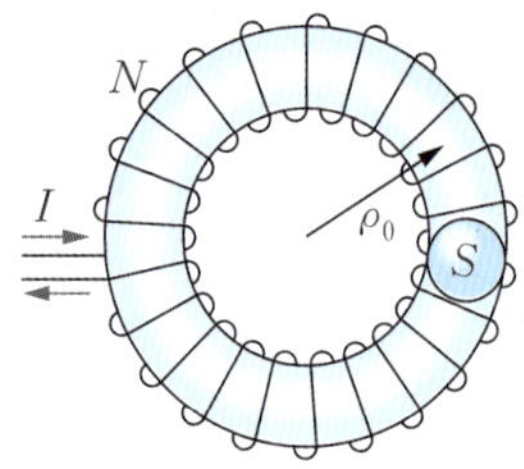

(a) 철심 토로이드

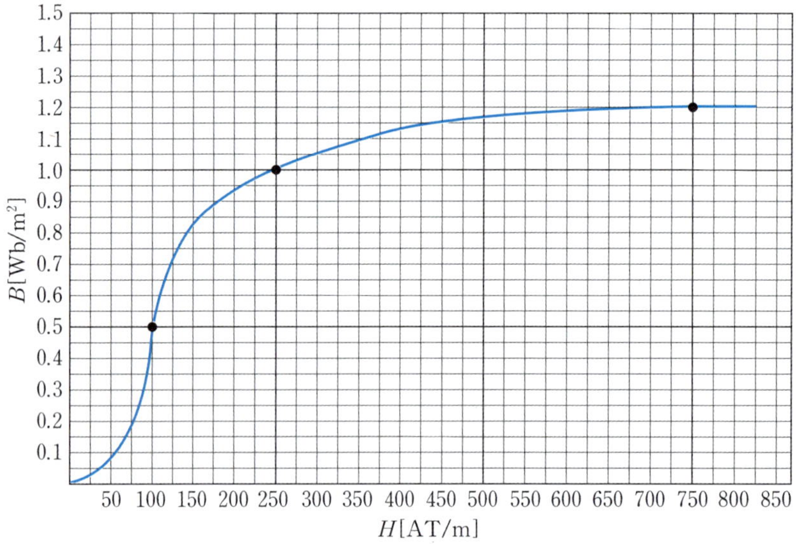

(b) 토로이드 철심의 자화곡선

그림 8-36 토로이드의 자속과 전류

풀이

자속밀도의 크기를 구하면 다음과 같다.

$$B = \frac{\Phi}{S} = \frac{5\times10^{-3}}{5\times10^{-3}} = 1.0\ [\mathrm{Wb/m^2}] \qquad \cdots ①$$

[그림 8-36(b)]에서 철심의 투자율이

$$\mu = \frac{B}{H} = \frac{1.0}{250} = 4\times10^{-3}\ [\mathrm{H/m}] \qquad \cdots ②$$

가 됨을 알 수 있다. 따라서 자기저항을 구하면

$$R_m = \frac{l}{\mu S} = \frac{2\pi \times 0.2}{4 \times 10^{-3} \times 5 \times 10^{-3}} \fallingdotseq 6.3 \times 10^4 \,[\mathrm{AT/Wb}] \qquad \cdots ③$$

이고, $\Phi = \dfrac{V_m}{R_m}$ 이므로

$$V_m = R_m \Phi = 6.3 \times 10^4 \times 5 \times 10^{-3} = 315 \,[\mathrm{AT}] \qquad \cdots ④$$

이다. 따라서 다음과 같이 전류를 구할 수 있다.

$$V_m = NI = 250I = 315 \,[\mathrm{AT}]$$

$$\therefore \; I = \frac{315}{250} = 1.26 \,[\mathrm{A}] \qquad \cdots ⑤$$

SECTION 8.9

자기에너지

4.7절에서 정전계의 에너지에 대해 살펴보았다. 전하들이 분포되어 있을 때 무한원점에서부터 그 점까지 거기에 있는 전하들을 가져오는 데 소요되는 일을 구함으로써 (비교적 쉽게) 정전계 내에 축적된 전체 에너지 W_E와 정전에너지 밀도 w_E를 다음과 같이 구할 수 있었다.

$$W_E = \frac{1}{2}\int_{vol} \mathrm{D} \cdot \mathrm{E}\, dv \tag{8.57}$$

$$w_E = \frac{1}{2}\mathrm{D} \cdot \mathrm{E} \tag{8.58}$$

그러나 정상자계에서의 자기에너지는 그렇게 쉽게 구해지지 않는다. 전계와 자계의 쌍대성duality을 이용하여 다음과 같이 정상자계의 전체 자기에너지 W_m과 자기에너지 밀도 w_m을 정의한다.

$$W_m = \frac{1}{2}\int_{vol} \mathrm{B} \cdot \mathrm{H}\, dv \tag{8.59}$$

$$= \frac{1}{2}\int_{vol} \mu H^2\, dv = \frac{1}{2}\int_{vol} \frac{B^2}{\mu}\, dv \ [\mathrm{J}] \tag{8.60}$$

$$w_m = \frac{1}{2}\mathrm{B} \cdot \mathrm{H} \tag{8.61}$$

$$= \frac{1}{2}\mu H^2 = \frac{1}{2}\frac{B^2}{\mu} \ [\mathrm{J/m^3}] \tag{8.62}$$

예제 8-15 동심케이블의 자기에너지

[그림 8-37]과 같은 동심케이블이 있다. 내부 도체를 흐르는 전류는 부하를 거쳐 모두 외부 도체로 흘러온다. 이때 내부 도체와 외부 도체 사이에 축적된 자기에너지를 구하라. 단, 내부와 외부 도체 사이는 투자율이 μ인 절연체로 채워져 있다고 한다.

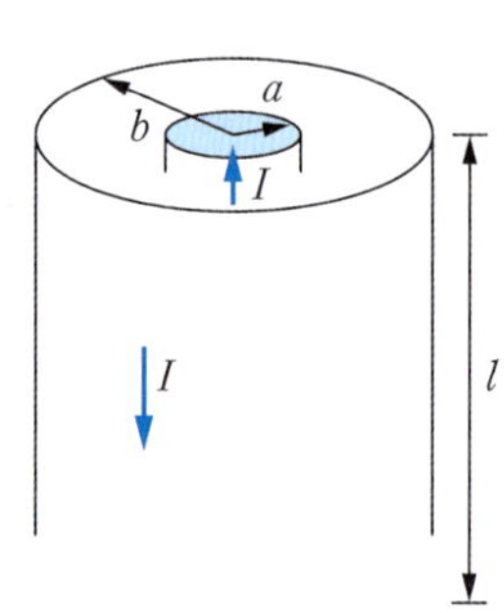

그림 8-37 동심케이블의 자기에너지

풀이

식 (8.60)에 의해 다음과 같이 구한다.

$$W_m = \frac{1}{2}\int_{vol} \mu H^2\, dv \qquad \cdots ①$$

$$= \frac{1}{2}\int_0^l \int_0^{2\pi} \int_a^b \mu\left(\frac{I}{2\pi\rho}\right)^2 \rho\, d\rho\, d\phi\, dz \qquad \cdots ②$$

$$= \frac{1}{2}\int_0^l \int_0^{2\pi} \int_a^b \mu \frac{I^2}{4\pi^2\rho^2}\, \rho\, d\rho\, d\phi\, dz \qquad \cdots ③$$

$$= \frac{\mu I^2}{8\pi^2} \times 2\pi \times l \int_a^b \frac{1}{\rho}\, d\rho = \frac{\mu I^2 l}{4\pi} \times \ln(b/a)\ [\mathrm{J}] \qquad \cdots ④$$

정상자계에 축적되는 에너지 문제로 [그림 8-38(a)]와 같이 내부 자속밀도의 크기가 $B[\mathrm{Wb/m^2}]$인 두 개의 반무한 원주semi-infinite cylinder가 서로 붙어 있을 때, 이 원주들을 [그림 8-38(b)]와 같이 서로 떼어놓는 데 필요한 힘을 구해보자.

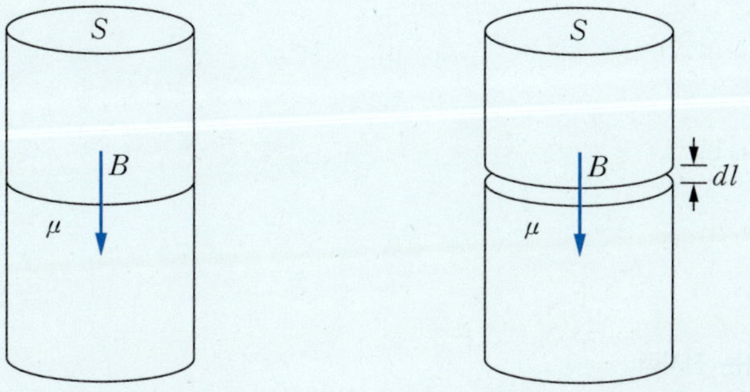

(a) 2개의 반무한 원주자석 (b) 원주자석을 분리시키는 데 필요한 힘

그림 8-38 두 자석을 떼어내는 데 필요한 힘

힘 $F[\mathrm{N}]$을 가하여 두 원주를 간극 $dl[\mathrm{m}]$만큼 떼어놓았을 때, 이 힘이 한 일 dW는

$$dW = \mathbf{F} \cdot d\mathbf{L} = F \times dl \qquad (8.63)$$

이고, 이 힘에 의해 벌어진 두 원주 사이의 공간은 $dv = S \times dl\,[\mathrm{m^3}]$이며, 이 공간에 축적되는 자기에너지는 다음과 같다.

$$dW_m = \frac{1}{2}\frac{B^2}{\mu_0} dv = \frac{1}{2}\frac{B^2}{\mu_0} \times S \times dl \qquad (8.64)$$

힘 F가 한 일과 공간 dv에 축적된 자기에너지는 같은 양이어야 하므로 다음 식이 성립하며, 이를 풀면 힘 F를 구할 수 있다.

$$F \times dl = \frac{1}{2}\frac{B^2}{\mu_0} \times S \times dl$$

$$F = \frac{1}{2}\frac{B^2}{\mu_0} \times S \tag{8.65}$$

식 (8.65)에서 특별히 주의할 점은 자성체 내의 자속밀도와 공극에서의 자속밀도가 같다고 해서 이 식의 자속밀도를 $\mathrm{B} = \mu_0 \mathrm{H}$로 계산해서는 안 되며, 반드시 자성체의 비투자율을 넣어 $\mathrm{B} = \mu_0 \mu_r \mathrm{H}$로 계산해야 한다는 사실이다.

예제 8-16 전자력

[그림 8-39]와 같이 공심 원형 솔레노이드 속에 원형 단면적 $S[\mathrm{m}^2]$인 자성체 막대의 일부를 넣고 전류 $I[\mathrm{A}]$를 흘려줄 때, 자성체 막대가 솔레노이드 코일 안으로 끌려 들어가는 힘 F를 구하라. 단, 단위길이당 솔레노이드 권선수는 $n[\mathrm{turn/m}]$이고, 자성체 막대의 비투자율은 μ_r이다.

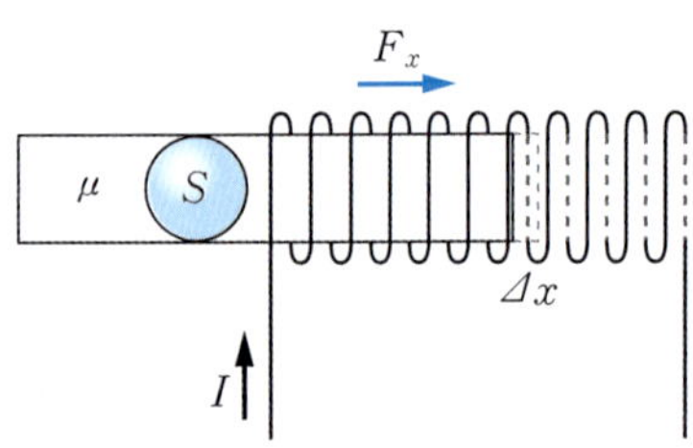

그림 8-39 솔레노이드가 자성체 막대를 흡입하는 전자력

풀이

자성체 막대가 코일 안으로 끌려 들어감으로써 감소되는 자기에너지는

$$\Delta w = F\Delta x = \frac{1}{2}\frac{B^2}{\mu_0} S\Delta x \quad \cdots ①$$

이므로, 다음과 같이 힘 F를 구할 수 있다.

$$F = \frac{1}{2}\frac{B^2}{\mu_0} S \quad \Leftarrow \quad B = \mu H = \mu_0 \mu_r n I \quad \cdots ②$$

$$= \frac{1}{2}\frac{(\mu_0 \mu_r n I)^2 S}{\mu_0}$$

$$= \frac{1}{2}\mu_0 \mu_r^2 n^2 S I^2 \ [\mathrm{N}] \quad \cdots ③$$

SECTION 8.10

인덕턴스

8.10.1 자기인덕턴스

기계시스템에 질량, 마찰계수, 탄성계수의 3가지 기본 요소가 있는 것처럼 전기시스템에는 저항 R[Ohm], 인덕턴스 L[Henry], 커패시턴스 C[Farad]의 3가지 기본 요소가 있다.

저항체에 전압 V[V]를 인가하면 전압에 비례하는 전류 I[A]가 흐르며, 이때 이 비례상수의 역수를 저항이라고 한다. 즉 다음과 같은 관계가 있다.

$$I = \frac{1}{R} \times V \quad \Rightarrow \quad R = \frac{V}{I} \tag{8.66}$$

그리고 콘덴서에 전압을 가하면 콘덴서의 양 끝에 전압에 비례하는 전하 Q[C]이 축적되며, 이때 이 비례상수를 커패시턴스라고 한다.

$$Q = CV \quad \Rightarrow \quad C = \frac{Q}{V} \tag{8.67}$$

이와 같이 어떤 폐회로에 전류를 흘려주면 그 폐회로 안에 전류에 비례하는 자속 Φ[Wb]가 생긴다. 이때 이 비례상수를 **인덕턴스**inductance(=유도용량)라고 한다.

$$\Phi = LI \quad \Rightarrow \quad L = \frac{\Phi}{I} \tag{8.68}$$

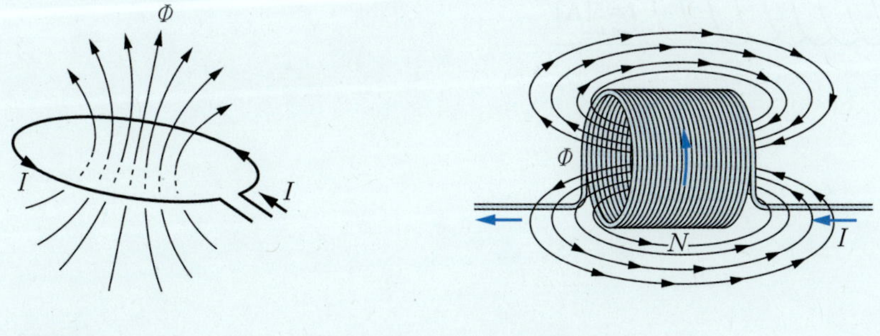

(a) 권선수=1 (b) 권선수=N

그림 8-40 코일의 인덕턴스

그러므로 인덕턴스는 전류를 흘려주고 그때 생긴 자속을 전류로 나누면 구할 수 있다. 그러나 인덕턴스는 저항이나 커패시턴스와는 조금 다르게 자속 대신 **자속쇄교수**flux linkage라는 개념이 필요하다. 왜냐하면 강한 자속을 만들 때는 일반적으로 전류를 많이 흘려주는 대신 코일을 많이 감은 솔레노이드나 토로이드에 작은 전류를 흘려주기 때문이다. 앞에서 설명한 바와 같이 전류 자신이 만든 자속을 자기 전류로 나누어 구한 인덕턴스를 **자기인덕턴스**self inductance라고 한다.

[그림 8-40(b)]에서 전류 I[A]를 흘려주어 생긴 자속 Φ[Wb]가 전류가 흐르는 코일(=권선)과 쇄교하는 권선수가 N[turn]일 때, 자속쇄교수를 $N\Phi$[Wb • turn]이라고 한다. 이때 이 코일의 인덕턴스를 다음과 같이 정의하며, 단위는 [Henry]이고 간략하게 [H]로 표시한다.

$$L = \frac{N\Phi}{I} \text{ [Henry]} \tag{8.69}$$

실제 코일에서는 자속 중 일부가 전체 권선수와 쇄교하지 않고 [그림 8-41]과 같이 몇 개의 권선하고만 쇄교한다. 이런 자속을 **누설자속**leakage flux이라고 한다. [그림 8-41]과 같은 경우 전체 자속쇄교수 $N\Phi$는 다음과 같이 계산된다.

$$\begin{aligned} N\Phi &= N_1 \times \Phi_1 + N_2 \times \Phi_2 + N_3 \times \Phi_3 \\ &= 5 \times 2 + 8 \times 5 + 12 \times 10 = 170 \text{ [Wb • turn]} \end{aligned} \tag{8.70}$$

따라서 인덕턴스는 다음과 같이 된다.

$$L = \frac{N\Phi}{I} = \frac{170}{5} = 34 \text{ [H]}$$

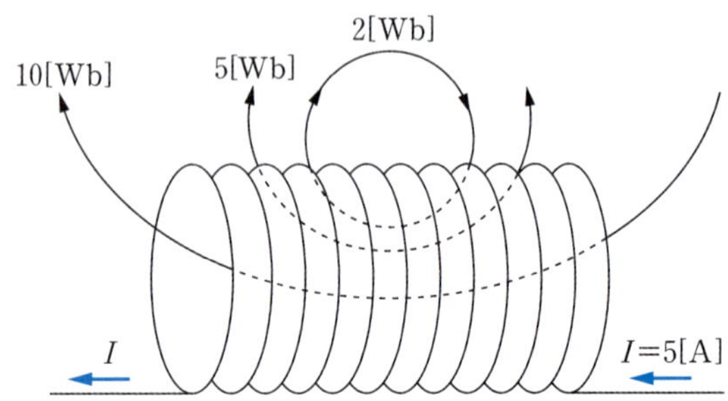

그림 8-41 누설자속

[그림 8-42]와 같은 원형 솔레노이드의 인덕턴스를 구해보자. 솔레노이드 내부에는 투자율이 μ인 강자성체로 채워져 있고, 단면적 S의 반지름에 비해 길이 l이 대단히 길다고 가정한다.

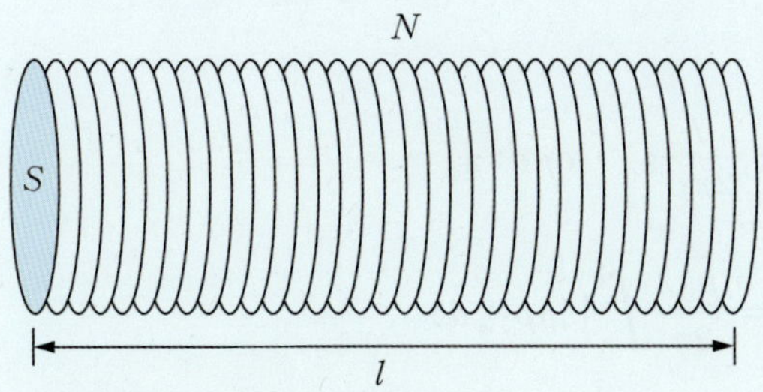

그림 8-42 솔레노이드의 인덕턴스

먼저 솔레노이드 코일에 전류 $I[\mathrm{A}]$를 흘려주면, 그때 솔레노이드 내부의 자계의 세기의 크기 H와 자속밀도의 크기 B는 각각 다음과 같다.

$$H = nI = \frac{NI}{l}$$

$$B = \mu H = \mu \frac{NI}{l}$$

내부 원형 단면적을 지나는 총 자속은

$$\Phi = BS = \frac{\mu NI}{l} \times S$$

이다. 따라서 솔레노이드의 인덕턴스는 다음과 같이 된다.

$$L = \frac{N\Phi}{I} = \frac{\mu N^2 S \times I}{l\,I} = \frac{\mu N^2 S}{l}\ [\mathrm{H}] \tag{8.71}$$

[그림 8-43]과 같이 길이가 $l[\mathrm{m}]$이고, 반지름이 각각 a, $b[\mathrm{m}]$인 두 금속 원통이 만드는 인덕턴스를 구해보자. 단, 원통 사이는 공기라고 한다.

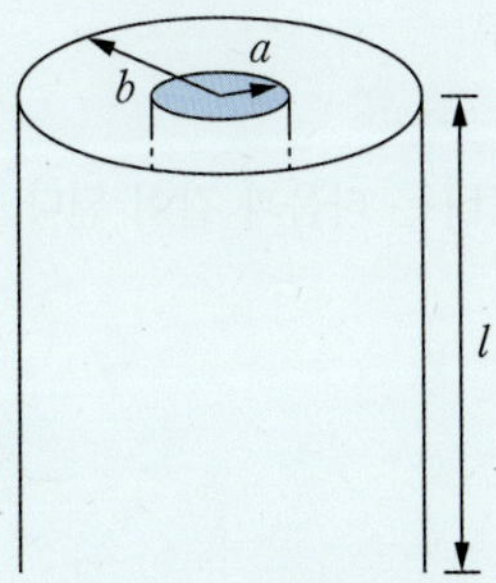

그림 8-43 두 원통에 의한 인덕턴스

안의 원통과 바깥의 원통에 각각 반대 방향으로 I[A]의 전류가 흐른다고 할 때, 두 원통 사이의 자속은 [예제 7-8]을 참조하여 다음과 같이 구할 수 있다.

$$\begin{aligned}\Phi &= \int_S \mathrm{B} \cdot d\mathrm{S} \\ &= \int_S \mu_0 \mathrm{H} \cdot d\mathrm{S} = \int_S \mu_0 \frac{I}{2\pi\rho} \mathbf{a}_\phi \cdot d\rho\, dz\, \mathbf{a}_\phi \\ &= \frac{\mu_0 I}{2\pi} \int_0^l \int_a^b \frac{1}{\rho} d\rho\, dz = \frac{\mu_0 I}{2\pi} \int_0^l [\ln\rho]_a^b\, dz \\ &= \frac{\mu_0 I}{2\pi} \int_0^l \ln(b/a)\, dz = \frac{\mu_0 I l}{2\pi} \ln(b/a)\end{aligned}$$

따라서 인덕턴스는 다음과 같이 된다.

$$L = \frac{N\Phi}{I} = \frac{\mu_0 ln(b/a)}{2\pi} \times l\ [\mathrm{H}]$$

따라서 단위길이당 인덕턴스는 다음과 같다.

$$L_0 = \frac{\mu_0 ln(b/a)}{2\pi}\ [\mathrm{H/m}] \tag{8.72}$$

[그림 8-44]와 같은 원형 토로이드에서 내부 철심iron core의 투자율이 μ[H/m], 단면적이 $S[\mathrm{m}^2]$, 평균 반지름이 ρ_0[m], 코일 감은 횟수가 N[turn]이라고 할 때, 이 토로이드의 인덕턴스를 알아보자.

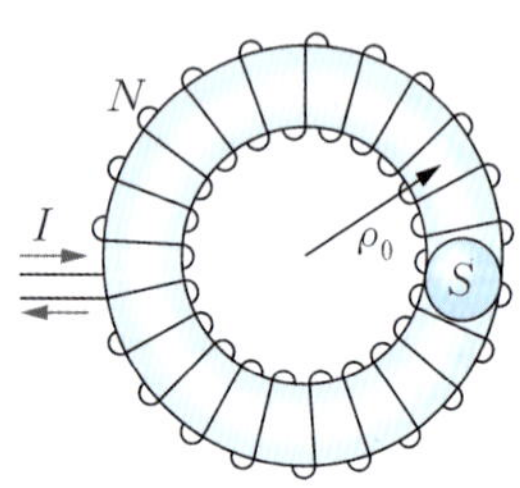

그림 8-44 토로이드의 인덕턴스

코일에 전류 I[A]가 흐른다고 하면, 원형 철심 단면을 지나는 총 자속 Φ[Wb]는 다음과 같이 된다.

$$\Phi = BS = \mu HS = \mu S \frac{NI}{2\pi\rho_0} = \frac{\mu SNI}{2\pi\rho_0}$$

따라서 인덕턴스는 다음과 같이 된다.

$$L = \frac{N\Phi}{I} = \frac{\mu SN^2}{2\pi\rho_0}\ [\mathrm{H}] \tag{8.73}$$

예제 8-17 토로이드의 인덕턴스

[그림 8-45]와 같이 안쪽 반지름이 0.03[m], 바깥 반지름이 0.05[m], 높이가 0.04[m], 권선수가 $N = 100$[turn], 비투자율이 $\mu_r = 3500$인 규소강 사각 토로이드의 인덕턴스를 구하라.

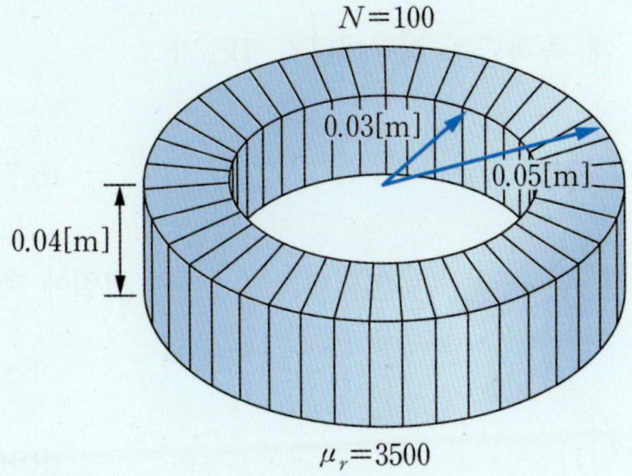

그림 8-45 토로이드의 인덕턴스

풀이

토로이드의 중심축으로부터 ρ만큼 떨어진 토로이드 내부의 자계의 세기의 크기는

$$H = \frac{NI}{2\pi\rho} = \frac{100\,I}{2\pi\rho} \qquad \cdots ①$$

이고, 자속밀도의 크기는

$$B = \mu H = \mu_0 \mu_r H = 4\pi \times 10^{-7} \times 3500 \times \frac{100\,I}{2\pi\rho} = \frac{7 \times 10^{-2} I}{\rho} \qquad \cdots ②$$

이다. 그러므로 $0 \le z \le 0.04$[m], $0.03 \le \rho \le 0.05$[m]의 직사각형을 지나는 총 자속은

$$\begin{aligned} \Phi = \int_S \mathrm{B} \cdot d\mathrm{S} &= \int_{z=0}^{z=0.04} \int_{\rho=0.03}^{\rho=0.05} \frac{7 \times 10^{-2} I}{\rho} d\rho\, dz \\ &= \int_{z=0}^{z=0.04} 7 \times 10^{-2} I \times \ln \frac{0.05}{0.03} dz \\ &= 7 \times 10^{-2} \times \ln \frac{5}{3} \times 0.04 \times I \\ &\fallingdotseq 1.43 \times 10^{-3} I \qquad \cdots ③ \end{aligned}$$

가 된다. 따라서 인덕턴스는 다음과 같이 된다.

$$L = \frac{N\Phi}{I} = \frac{100 \times 1.43 \times 10^{-3} \times I}{I} = 0.143\ [\mathrm{H}] \qquad \cdots ④$$

[예제 8-17]에서 알 수 있듯이 안쪽 반지름이 a[m], 바깥 반지름이 b[m], 높이가 h[m], 권선수가 N[turn], 자성체 코어의 투자율이 μ[H/m]인 사각 토로이드의 인덕턴스는 다음과 같이 표시된다.

$$L = \frac{\mu N^2 h \ln(b/a)}{2\pi} \text{ [H]} \tag{8.74}$$

커패시턴스가 C[F]인 콘덴서에 V[V]를 인가했을 때 축적되는 정전에너지 W_E가

$$W_E = \frac{1}{2} C V^2 \text{ [J]} \tag{8.75}$$

인 것과 같이, 전계와 자계의 쌍대성을 이용하여 전류 I[A]가 흐르는 인덕턴스 L[H]인 코일에 축적되는 자기에너지는 다음과 같이 표현할 수 있다.

$$W_m = \frac{1}{2} L I^2 \text{ [J]} \tag{8.76}$$

$$\begin{aligned} W_m &= \frac{1}{2}\int_{vol} \mathrm{B} \cdot \mathrm{H}\, dv = \frac{1}{2}\left\{\int_S \mathrm{B} \cdot d\mathrm{S}\right\}\left\{\oint_c \mathrm{H} \cdot d\mathrm{L}\right\} \\ &= \frac{1}{2}\Phi I \quad \left(\because \Phi = \int_S \mathrm{B} \cdot d\mathrm{S},\ I = \oint_c \mathrm{H} \cdot d\mathrm{L}\right) \\ &= \frac{1}{2} L I^2 \quad (\because \Phi = LI) \end{aligned}$$

그리고 식 (8.76)으로부터 다음과 같이 인덕턴스를 정의할 수 있다.

$$L = \frac{2 W_m}{I^2} \text{ [H]} \tag{8.77}$$

실제 [그림 8-44]의 토로이드에서 식 (8.77)이 식 (8.73)과 일치함을 증명해보자. 단위체적당 자기에너지 밀도는 식 (8.62)에서

$$w_m = \frac{1}{2}\mu H^2$$

이므로, 이 토로이드에 축적되는 전체 에너지는

$$\begin{aligned} W_m &= w_m \times (\text{토로이드의 내부 체적}) = \frac{1}{2}\mu H^2 \times S \times 2\pi\rho_0 \\ &= \frac{1}{2}\mu\left(\frac{NI}{2\pi\rho_0}\right)^2 \times S \times 2\pi\rho_0 = \frac{\mu S N^2 I^2}{4\pi\rho_0} \end{aligned} \tag{8.78}$$

이 되고, 식 (8.78)을 식 (8.77)에 대입하면

$$L = \frac{2 W_m}{I^2} = \frac{2}{I^2} \times \frac{\mu S N^2 I^2}{4\pi\rho_0} = \frac{\mu S N^2}{2\pi\rho_0} \text{ [H]} \tag{8.79}$$

이므로, 식 (8.77)이 식 (8.73)과 일치함을 알 수 있다.

이 자기에너지와 인덕턴스와의 관계를 이용하여 구리 같은 반자성체 전선 내부의 전류와 내부의 자속에 의한 인덕턴스(내부인덕턴스internal inductance) L_{int}에 대해 알아보자. [그림 8-46]과 같은 반자성체 전선의 직경이 a[m], 길이가 l[m], 내부에 균일하게 흐르는 전류가 I[A]라고 하면, 중심축으로부터의 거리 ρ[m]의 자계의 세기는 7장에서 구한 식 (7.22)와 같이

$$H = \frac{I\rho}{2\pi a^2} \tag{8.80}$$

가 되고, 따라서 자기에너지 밀도 w_m은 다음과 같다.

$$w_m = \frac{1}{2}\mu_0 H^2 = \frac{1}{2}\mu_0\left(\frac{I\rho}{2\pi a^2}\right)^2 \tag{8.81}$$

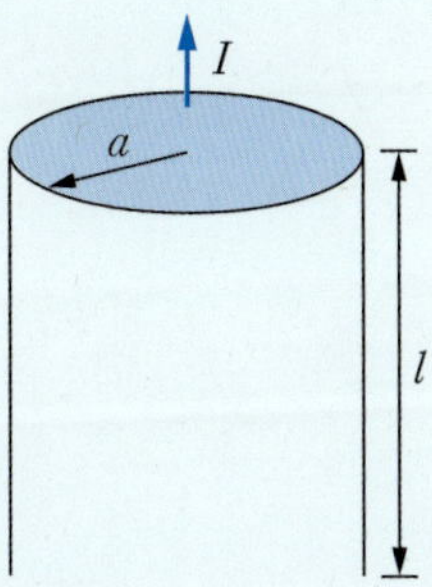

그림 8-46 구리 전선의 내부인덕턴스

따라서 반지름이 a[m], 길이가 l[m]인 원주 내에 축적된 전체 에너지는 다음과 같다.

$$\begin{aligned} W_m &= \int_{vol}\frac{1}{2}\mu_0\left(\frac{I\rho}{2\pi a^2}\right)^2 dv = \frac{\mu_0 I^2}{8\pi^2 a^4}\int_0^l\int_0^{2\pi}\int_0^a \rho^2 \times \rho\, d\rho\, d\phi\, dz \\ &= \frac{\mu_0 I^2}{8\pi^2 a^4}\int_0^l\int_0^{2\pi}\left[\frac{\rho^4}{4}\right]_0^a d\phi\, dz \\ &= \frac{\mu_0 I^2}{8\pi^2 a^4}\frac{a^4}{4}\int_0^l\int_0^{2\pi} d\phi\, dz \\ &= \frac{\mu_0 I^2}{8\pi^2 a^4}\frac{a^4}{4}\times 2\pi\int_0^l dz = \frac{\mu_0 I^2 l}{16\pi} \end{aligned} \tag{8.82}$$

내부인덕턴스를 구하면

$$L_{int} = \frac{2W_m}{I^2} = \frac{\mu_0 l}{8\pi}\ [\mathrm{H}]$$

이고, 단위길이당 내부인덕턴스는 다음과 같이 된다.

$$L_{0,int} = \frac{\mu_0}{8\pi}\ [\mathrm{H/m}] \tag{8.83}$$

예제 8-18 왕복 전선의 인덕턴스

[그림 8-47]과 같이 반지름이 a[m], 길이가 l[m]인 두 구리 전선이 d[m] 거리만큼 떨어져 있다. 평행한 이 두 전선이 만드는 단위길이당 인덕턴스를 내부인덕턴스, 외부인덕턴스, 전체 인덕턴스로 구분하여 구하라.

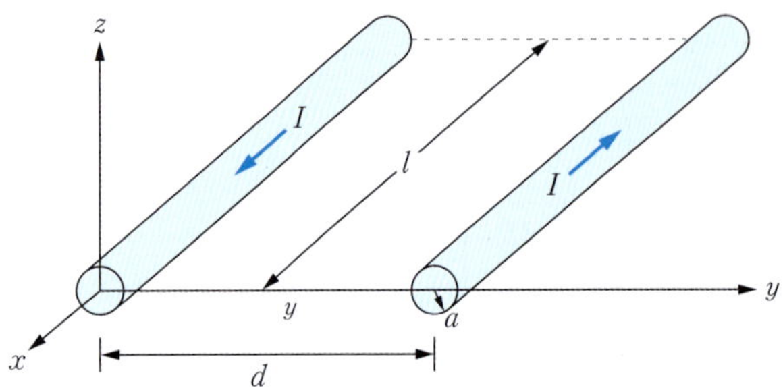

그림 8-47 전선의 인덕턴스

풀이

전선 하나의 단위길이당 내부인덕턴스는 식 (8.83)에 의해 다음과 같다.

$$L_{0,int} = \frac{\mu_0}{8\pi}\,[\mathrm{H/m}] \qquad \cdots ①$$

이제 두 전선 사이의 공간에 있는 자속을 구해보자. 왕복 전류에 의한 원점으로부터 y만큼 떨어져 있는 점의 자계의 세기의 크기와 자속밀도는 다음과 같다.

$$H = \frac{I}{2\pi y} + \frac{I}{2\pi(d-y)} \qquad \cdots ②$$

$$\mathrm{B} = \mu_0 H = \frac{\mu_0 I}{2\pi}\left(\frac{1}{y} + \frac{1}{d-y}\right)$$

따라서 두 전선 사이에 있는 자속은 다음과 같이 된다.

$$\Phi = \int_S \mathrm{B} \cdot d\mathrm{S} = \frac{\mu_0 I}{2\pi}\int_0^l \int_a^{d-a}\left(\frac{1}{y} + \frac{1}{d-y}\right)dy\,dx \qquad \cdots ③$$

$$= \frac{\mu_0 I}{2\pi}\int_0^l \left[\ln y - \ln(d-y)\right]_a^{d-a} dx$$

$$= \frac{\mu_0 I}{2\pi}\int_0^l 2 \times \ln\frac{d-a}{a}\,dx$$

$$\therefore\ \Phi = \frac{\mu_0 I}{\pi}\ln\frac{d-a}{a} \times l\,[\mathrm{Wb}] \qquad \cdots ④$$

그러므로 외부인덕턴스는

$$L_{ext} = \frac{N\Phi}{I} = \frac{\mu_0}{\pi}\ln\frac{d-a}{a}\times l\ [\mathrm{H}] \qquad \cdots ⑤$$

이고, 단위길이당 외부인덕턴스는 다음과 같이 된다.

$$L_{0,ext} = \frac{\mu_0}{\pi}\ln\frac{d-a}{a}\ [\mathrm{H/m}] \qquad \cdots ⑥$$

따라서 두 전선이 만드는 단위길이당 전체 인덕턴스는 다음과 같이 된다.

$$\begin{aligned} L_0 = 2L_{int} + L_{ext} &= 2\times\frac{\mu_0}{8\pi} + \frac{\mu_0}{\pi}\ln\frac{d-a}{a} \\ &= \frac{\mu_0}{\pi}\left(\frac{1}{4} + \ln\frac{d-a}{a}\right)\ [\mathrm{H/m}] \qquad \cdots ⑦ \end{aligned}$$

그리고 $a \ll d$인 경우에는 주로 다음과 같이 사용한다.

$$L_0 = \frac{\mu_0}{\pi}\left(\frac{1}{4} + \ln\frac{d}{a}\right)\ [\mathrm{H/m}] \qquad \cdots ⑧$$

8.10.2 상호인덕턴스

그동안 이야기한 인덕턴스는 전류가 흘러서 자기 폐회로 내에 얼마나 많은 자속을 만들어 내는지 나타내는 것이었다. 이제는 전류가 흘러서 다른 폐회로 내에 얼마나 많은 자속을 만들어주는가에 대한 이야기를 하고자 한다. 이때의 인덕턴스를 **상호인덕턴스**mutual inductance라고 한다.

[그림 8-48]과 같이 권선수가 N_1, N_2인 코일 C_1, C_2가 인접해 있을 때, 코일 C_1에만 전류 I_1을 흘려주면 그 전류에 의해 발생한 총 자속 Φ_{11}은 코일 C_1을 모두 통과하지만 코일 C_2에는 그 일부 자속 Φ_{21}만 통과한다. 그러므로 코일 C_1과의 자속쇄교수는 $N_1\Phi_{11}$이고, 코일 C_2와의 자속쇄교수는 $N_2\Phi_{21}$이 된다. 따라서 코일 C_1의 자기인덕턴스 L_1과 코일 C_1, C_2 사이의 상호인덕턴스 M_{21}은 각각 다음과 같다.

$$L_1 = \frac{N_1\Phi_{11}}{I_1}\ [\mathrm{H}] \qquad (8.84)$$

$$M_{21} = \frac{N_2\Phi_{21}}{I_1}\ [\mathrm{H}] \qquad (8.85)$$

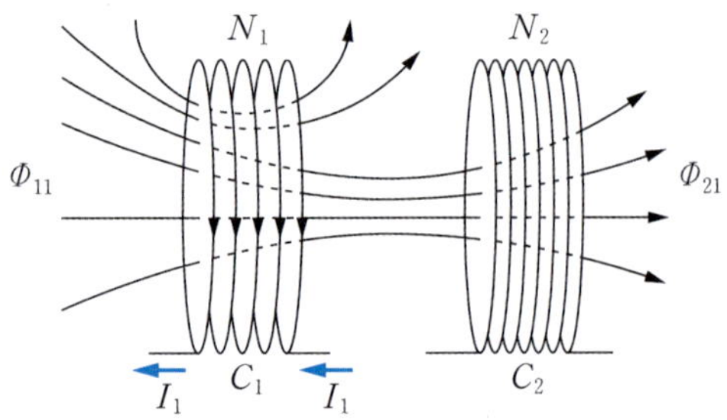

그림 8-48 상호인덕턴스

예를 들어, [그림 8-49]와 같이 권선수가 N_1[turn], 단면적이 $S_1[\text{m}^2]$인 솔레노이드 C_1 안에 권선수가 N_2[turn], 단면적이 $S_2[\text{m}^2]$, 철심 코어의 투자율이 μ_2[H/m]인 솔레노이드 C_2가 있다고 하고, 길이는 대단히 길며 똑같이 l[m]라고 하자.

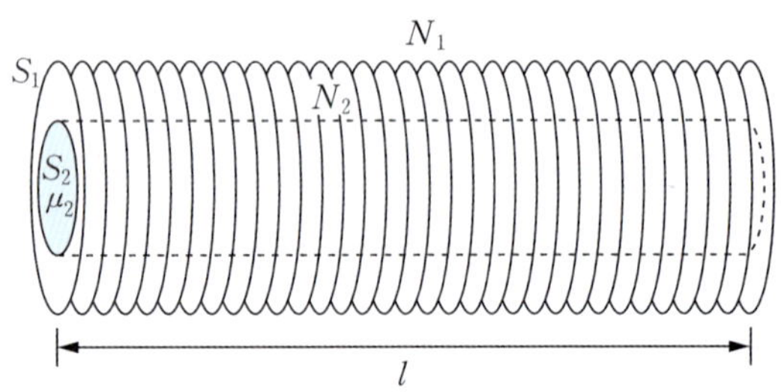

그림 8-49 상호인덕턴스의 예

솔레노이드 C_1 코일에 전류 I_1[A]를 흘려주면, 솔레노이드 C_1 내부의 자계의 세기의 크기 H_1은 다음과 같다.

$$H_1 = \frac{N_1 I_1}{l} \tag{8.86}$$

솔레노이드 C_2의 자속쇄교수는 다음과 같이 된다.

$$N_2 \Phi_{21} = N_2 B_2 S_2 = N_2 \mu_2 H_1 S_2 = N_2 \mu_2 \times \frac{N_1 I_1}{l} \times S_2 \tag{8.87}$$

따라서 솔레노이드 C_1과 솔레노이드 C_2 사이의 상호인덕턴스 M_{21}은 다음과 같다.

$$M_{21} = \frac{N_2 \Phi_{21}}{I_1} = \mu_2 S_2 \frac{N_1 N_2}{l} \ [\text{H}] \tag{8.88}$$

이제 솔레노이드 C_2 코일에 전류 I_2[A]를 흘려주면, 솔레노이드 C_2 내부의 자계의 세기의 크기 H_2는 다음과 같다.

$$H_2 = \frac{N_2 I_2}{l} \tag{8.89}$$

솔레노이드 C_2 내부에 생기는 자속 Φ_2는

$$\Phi_2 = B_2 S_2 = \mu_2 \times \frac{N_2 I_2}{l} \times S_2 \tag{8.90}$$

이다. 이것이 솔레노이드 C_1 전체 코일과 쇄교하므로 솔레노이드 C_1의 자속쇄교수는

$$N_1 \Phi_{12} = N_1 \mu_2 \times \frac{N_2 I_2}{l} \times S_2 \tag{8.91}$$

가 된다. 따라서 솔레노이드 C_2와 솔레노이드 C_1 사이의 상호인덕턴스 M_{12}는 다음과 같다.

$$M_{12} = \frac{N_1 \Phi_{12}}{I_2} = \mu_2 S_2 \frac{N_1 N_2}{l} \text{ [H]} \tag{8.92}$$

식 (8.88)과 식 (8.92)에서 두 식이 같음을 알 수 있다. 상호인덕턴스는 항상 다음이 성립한다.

$$M_{12} = M_{21} \tag{8.93}$$

예제 8-19 상호인덕턴스

[그림 8-50]과 같은 변압기 회로의 자기저항이 R_m이고, 권선수가 각각 N_1, N_2일 때 다음을 구하라. 단, 누설자속은 없다고 한다.

(a) 자기인덕턴스 L_1, L_2

(b) 상호인덕턴스 M

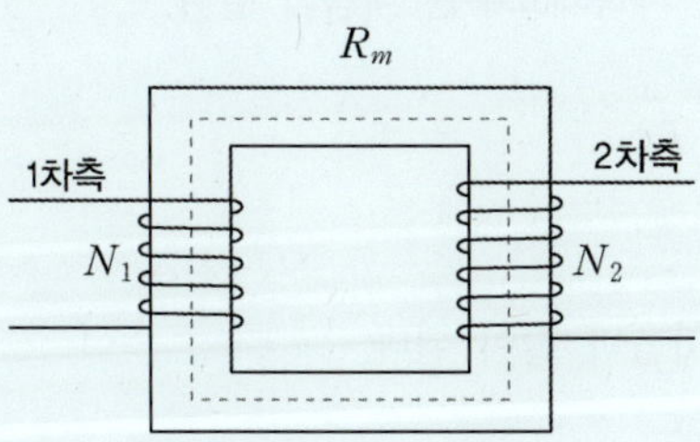

그림 8-50 변압기 회로의 인덕턴스

풀이

(a) 1차측 권선에 전류 I_1을 흘려주면, 자기회로의 총 자속은

$$\Phi_1 = \frac{N_1 I_1}{R_m} \qquad \cdots ①$$

이고, 1차측 권선 N_1과의 자속쇄교수는 다음과 같다.

$$N_1 \Phi_1 = \frac{N_1^2 I_1}{R_m} \qquad \cdots ②$$

따라서 1차측 권선에 대한 자기인덕턴스는

$$L_1 = \frac{N_1 \Phi_1}{I_1} = \frac{N_1^2}{R_m} \qquad \cdots ③$$

이 되고, 2차측 권선에 대한 자기인덕턴스도 같은 방법으로 구하면 다음과 같이 된다.

$$L_2 = \frac{N_2^2}{R_m} \qquad \cdots ④$$

(b) 앞에서 구한 바와 같이 1차측 권선에 전류 I_1을 흘려주면, 자기회로의 총 자속은

$$\Phi_1 = \frac{N_1 I_1}{R_m}$$

이고, 자속 Φ_1은 모두 2차측 권선 N_2와 쇄교하므로 자속쇄교수는 다음과 같다.

$$N_2 \Phi_{21} = N_2 \Phi_1 = \frac{N_2 N_1 I_1}{R_m} \qquad \cdots ⑤$$

따라서 1차측과 2차측 권선 사이의 상호인덕턴스는 다음과 같이 된다.

$$M_{21} = \frac{N_2 \Phi_{21}}{I_1} = \frac{N_2 N_1 I_1}{R_m I_1} = \frac{N_2 N_1}{R_m} \qquad \cdots ⑥$$

2차측 권선에 I_2를 흘려주면 자기회로의 총 자속은 앞에서 구한 바와 같이

$$\Phi_2 = \frac{N_2 I_2}{R_m}$$

가 되고, 자속 Φ_2는 모두 1차측 권선 N_1과 쇄교하므로 자속쇄교수는 다음과 같다.

$$N_1 \Phi_{12} = N_1 \Phi_2 = \frac{N_1 N_2 I_2}{R_m} \quad \cdots ⑦$$

따라서 2차측과 1차측 권선 사이의 상호인덕턴스는 다음과 같이 된다.

$$M_{12} = \frac{N_1 \Phi_{12}}{I_2} = \frac{N_1 N_2 I_2}{R_m I_2} = \frac{N_1 N_2}{R_m} \quad \cdots ⑧$$

식 ⑥과 식 ⑧에서 알 수 있듯이 1차측 권선과 2차측 권선 사이의 상호인덕턴스 M_{21}은 2차측과 1차측 권선 사이의 상호인덕턴스 M_{12}와 서로 같으며, 다음과 같이 된다.

$$M = M_{21} = M_{12} = \frac{N_1 N_2}{R_m} \quad \cdots ⑨$$

또한 상호인덕턴스 식 ⑨는 식 ③과 식 ④에 의해 자기인덕턴스와 다음과 같은 관계가 있다.

$$M = \frac{N_2}{N_1} L_1 = \frac{N_1}{N_2} L_2 \quad \cdots ⑩$$

예제 8-20 솔레노이드의 상호인덕턴스

[그림 8-51]과 같은 솔레노이드에서 길이는 $l = 50$[cm], 외부 공심 솔레노이드는 반지름이 $r_1 = 5$[cm], 권선수가 $N_1 = 2000$[turn], 내부 솔레노이드는 철심 반지름이 $r_2 = 3$[cm], 비투자율이 $\mu_{r2} = 50$, 권선수가 $N_2 = 1500$[turn]이다. 다음을 구하라.

(a) 내부 솔레노이드의 자기인덕턴스 L_2

(b) 외부 솔레노이드의 자기인덕턴스 L_1

(c) 외부 권선과 내부 권선 사이의 상호인덕턴스 M

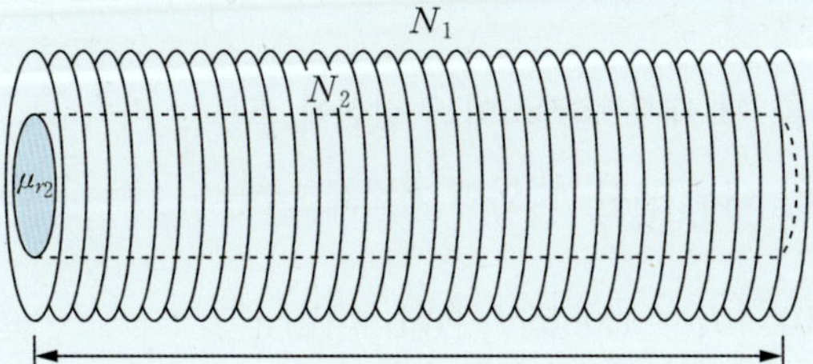

그림 8-51 솔레노이드의 인덕턴스

풀이

(a) $L_2 = \dfrac{\mu_2 N_2^2 S_2}{l} = \dfrac{4\pi \times 10^{-7} \times 50 \times 1500^2 \times \pi \times 3^2 \times 10^{-4}}{0.5} \fallingdotseq 0.799[\mathrm{H}]$ ⋯ ①

(b) 외부 권선과 쇄교하는 자속 Φ_1은 외부 권선 N_1에 전류 I_1을 흘려줄 때 내부 철심을 지나는 자속 Φ_{21}과 내부 철심을 제외한 부분을 지나는 자속 Φ_{11}으로 구분하여 구한다.

내부 철심을 지나는 자속 Φ_{21}을 구하면

$$\Phi_{21} = \frac{\mu_2 N_1 I_1 S_2}{l} = \frac{4\pi \times 10^{-7} \times 50 \times 2000 \times I_1 \times \pi \times 3^2 \times 10^{-4}}{0.5}$$

$$= 7.106 \times 10^{-4} I_1 \ [\mathrm{Wb}] \quad \cdots ②$$

이고, 내부 철심을 제외한 부분을 지나는 자속 Φ_{11}은

$$\Phi_{11} = \frac{\mu_0 N_1 I_1 (S_1 - S_2)}{l} = \frac{4\pi \times 10^{-7} \times 2000 \times I_1 \times \pi \times (5^2 - 3^2) \times 10^{-4}}{0.5}$$

$$= 0.253 \times 10^{-4} I_1 \ [\mathrm{Wb}] \quad \cdots ③$$

이다. 따라서 외부 권선과 쇄교하는 총 자속 Φ_1은 다음과 같이 된다.

$$\Phi_1 = \Phi_{21} + \Phi_{11} = (7.106 + 0.253) \times 10^{-4} I_1 \ [\mathrm{Wb}] \quad \cdots ④$$

그러므로 외부 권선 N_1과 쇄교하는 총 자속쇄교수 $N_1\Phi_1$은

$$N_1\Phi_1 = 2000 \times (7.106 + 0.253) \times 10^{-4} I_1 \fallingdotseq 1.472 I_1 \ [\mathrm{Wb \cdot turn}] \quad \cdots ⑤$$

이다. 결과적으로 외부 솔레노이드의 자기인덕턴스 L_1은 다음과 같다.

$$L_1 = \frac{N_1 \Phi_1}{I_1} = \frac{1.472 I_1}{I_1} = 1.472 \ [\mathrm{H}] \quad \cdots ⑥$$

(c) 외부 솔레노이드 코일에 전류 I_1을 흘려줄 때 내부 솔레노이드 철심에 흐르는 자속 Φ_{21}은 식 ②에 의해 $7.106 \times 10^{-4} I_1$ [Wb]이며, 내부 권선 N_2와의 자속쇄교수는

$$N_2\Phi_{21} = 1500 \times 7.106 \times 10^{-4} I_1 = 1.0659 I_1 \ [\mathrm{Wb \cdot turn}] \quad \cdots ⑦$$

이다. 따라서 외부 권선과 내부 권선 사이의 상호인덕턴스 M은 다음과 같다.

$$M = \frac{N_2 \Phi_{21}}{I_1} = \frac{1.0659 I_1}{I_1} \fallingdotseq 1.066 \ [\mathrm{H}] \quad \cdots ⑧$$

■ **움직이는 전하가 받는 힘**

$F = Q\,v \times B$ [N]

■ **로렌츠의 힘의 방정식**

$F = Q(E + v \times B)$ [N]

■ **자계 내에서 전류가 받는 힘**

- 자속밀도가 일정할 때 : $F = IL \times B$ [N]
- 자속밀도가 일정하지 않을 때 : $F = -I\int_c B \times dL$ [N]

■ **플레밍의 왼손법칙 : 자계 내에서 전류가 받는 힘의 방향 결정**

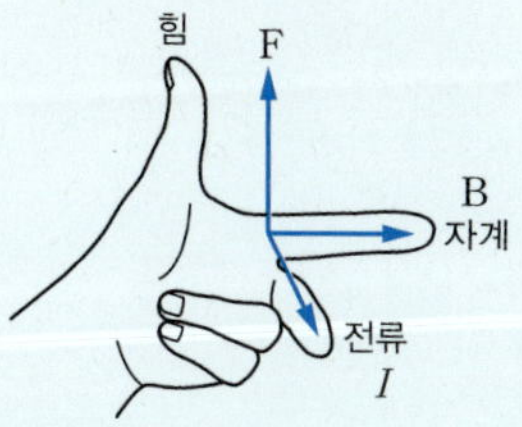

■ **홀효과**

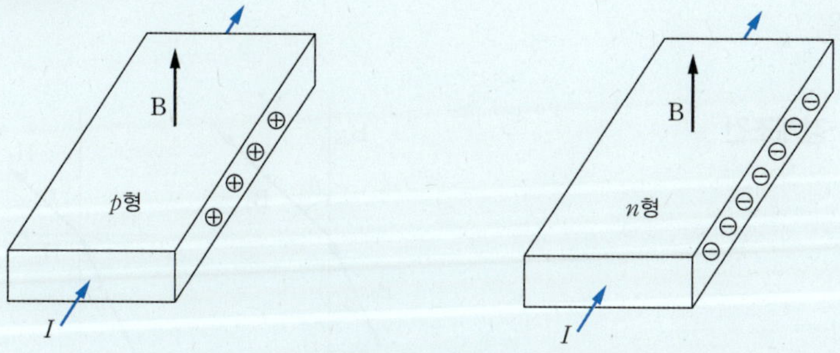

■ **미소전류소 $I_1 dL_1$에 의해 미소전류소 $I_2 dL_2$가 받는 힘**

$$d(dF_2) = \mu_0 \frac{I_1 I_2}{4\pi R_{12}^2} dL_2 \times (dL_1 \times a_{R12})\ [N]$$

■ **자기모멘트와 자기쌍극자 모멘트**

- 자기모멘트 : $m = IS$ [A · m^2]
- 자기쌍극자 모멘트 : $dm = I\,dS$ [A · m^2]

■ **자계에 의해 자기모멘트 m을 갖고 있는 전류가 받는 토크**

$T = m \times B$ [N]

■ **자기이력곡선 (B_r : 잔류 자속밀도, H_c : 보자력)**

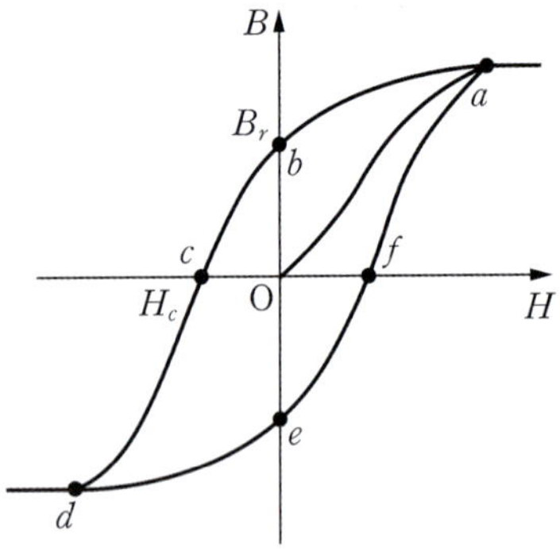

■ **자화벡터**

$M = \chi_m H$ (χ_m : 자화율)

■ **투자율 및 비투자율**

$B = \mu_0(H + M) = \mu_0(1 + \chi_m)H = \mu_0 \mu_r H = \mu H$

(μ_r : 비투자율, μ : 투자율)

■ **자속밀도와 자계의 세기의 경계조건**

- $B_{1n} = B_{2n}$
- $H_{1t} = H_{2t}$
- $\dfrac{\tan\theta_1}{\tan\theta_2} = \dfrac{\mu_1}{\mu_2}$

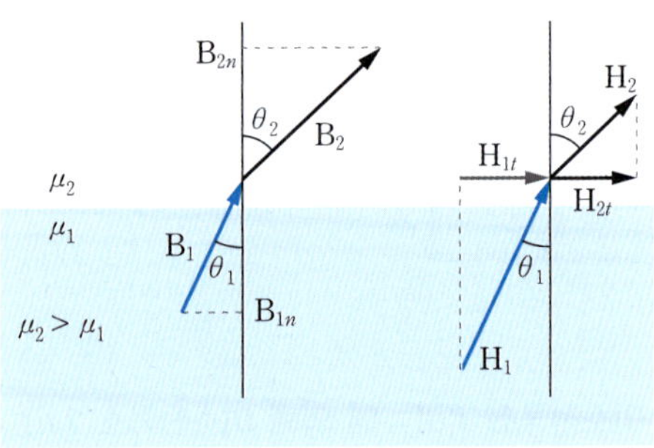

■ **자기저항과 기자력**

- $R_m = \dfrac{l}{\mu S}$ [AT/Wb]
- $\Phi = \dfrac{V_m}{R_m}$ [Wb]
- $V_m = NI$ [AT]

■ 자기에너지 밀도

$$w_m = \frac{1}{2}\mathrm{B} \cdot \mathrm{H} = \frac{1}{2}\mu H^2 = \frac{1}{2}\frac{B^2}{\mu}\ [\mathrm{J/m^3}]$$

■ 자기회로의 공극에서 작용하는 흡인력

$$F = \frac{1}{2}\frac{B^2}{\mu_0} \times S$$

■ 자기인덕턴스

$$L = \frac{N\Phi}{I}\ [\mathrm{Henry}]$$

■ 상호인덕턴스

$$M_{21} = \frac{N_2\Phi_{21}}{I_1}\ [\mathrm{H}]$$

■ 솔레노이드와 토로이드의 인덕턴스

- 솔레노이드 : $L = \dfrac{\mu N^2 S}{l}\ [\mathrm{H}]$
- 토로이드 : $L = \dfrac{\mu S N^2}{2\pi\rho_0}\ [\mathrm{H}]$

■ 자기에너지와 인덕턴스

$$W_m = \frac{1}{2}LI^2\ [\mathrm{J}] \Rightarrow L = \frac{2W_m}{I^2}\ [\mathrm{H}]$$

■ 금속 도체의 단위길이당 내부인덕턴스

$$L_{int} = \frac{\mu_0}{8\pi}\ [\mathrm{H/m}]$$

■ 왕복 구리 전선의 단위길이당 인덕턴스

$$L_0 = \frac{\mu_0}{\pi}\left(\frac{1}{4} + \ln\frac{d}{a}\right)\ [\mathrm{H/m}]$$

8.1 자속밀도가 $B = 3\mathbf{a}_x[\text{Wb/m}^2]$인 곳에서 점전하 $25[\text{C}]$이 속도 $\mathbf{v} = 4\mathbf{a}_y[\text{m/sec}]$로 움직일 때, 이 점전하가 받는 힘은?

㉮ $-300\mathbf{a}_z[\text{N}]$ ㉯ $-12\mathbf{a}_x[\text{N}]$ ㉰ $75\mathbf{a}_x[N]$ ㉱ $300\mathbf{a}_z[\text{N}]$

8.2 공기 중에 서로 나란한 두 전선이 $1.5[\text{m}]$ 간격으로 떨어져 있다. 지금 두 전선에 각각 $20[\text{A}]$의 전류가 서로 반대 방향으로 흐르고 있다면 이들 사이에 작용하는 힘은 인력인가 척력인가? 또 힘의 크기는 단위 길이당 몇 $[\mu\text{N}]$인가?

㉮ 척력, 53.3 ㉯ 인력, 53.3 ㉰ 척력, 13.3 ㉱ 인력, 13.3

8.3 공기 중에서 다음 그림과 같이 자계의 세기가 $H = 4\mathbf{a}_y[\text{AT/m}]$인 곳에 한 변의 길이가 $0.2[\text{m}]$인 정삼각형 금속 도선이 $y-z$ 평면에 놓여 있다. 이 도선에 전류 $3[\text{A}]$가 흐를 때, 정삼각형 금속 도선이 받는 토크의 크기는 약 몇 $[\mu\text{N} \cdot \text{m}]$인가?

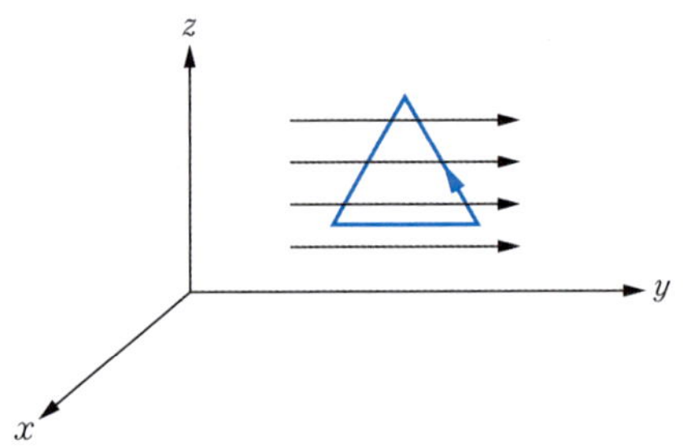

㉮ 0.205 ㉯ 2.4 ㉰ 0.26 ㉱ 7.2

8.4 강자성체에 속하는 물질은?

㉮ 알루미늄(Al) ㉯ 구리(Cu) ㉰ 황화철(FeS) ㉱ 니켈(Ni)

8.5 반자성체가 아닌 물질은?

㉮ 게르마늄(Ge) ㉯ 마그네슘(Mg) ㉰ 은(Ag) ㉱ 실리콘(Si)

8.6 강자성체의 특성이 아닌 것은?

㉮ 히스테리시스 ㉯ 큰 투자율 ㉰ 자속포화 ㉱ 와전류

8.7 자계의 세기의 크기가 100[AT/m]인 곳에 단면이 원형인 금속 도체봉을 자계의 세기와 방향이 일치하도록 갖다 놓으니, 금속 도체봉 단면으로 총 400[μWb]의 자속이 지나간다. 이 금속 도체봉의 비투자율은 얼마인가? 단, 원형 금속 도체봉의 단면적은 8[cm^2]이고, 길이는 약 20[m]라고 한다.

㉮ 3.2　　㉯ 800　　㉰ 4000　　㉱ 6500

8.8 토로이드 내의 자계의 세기의 크기가 40[AT/m]일 때, 자화벡터의 크기는 몇 [AT/m]인가? 단, 토로이드 내부 자성체의 비투자율은 50이라고 한다.

㉮ 1.25　　㉯ 0.8　　㉰ 2000　　㉱ 1960

8.9 자화곡선을 확대하여 관찰하면 그래프가 연속이지 않고 불연속인 계단식으로 되어 있다. 이러한 현상을 무엇이라고 하는가?

㉮ 자기포화 현상　　㉯ 표피 효과

㉰ 바크하우젠 효과　　㉱ 감자 현상

8.10 오른쪽 그림과 같은 자유공간에서 대단히 긴 직선 도체와 한 변의 길이가 3[m]인 정사각형 도체 루프 사이의 상호인덕턴스(=상호유도계수)는 몇 [μF]인가?

㉮ 0.18　　㉯ 0.66

㉰ 0.78　　㉱ 0.55

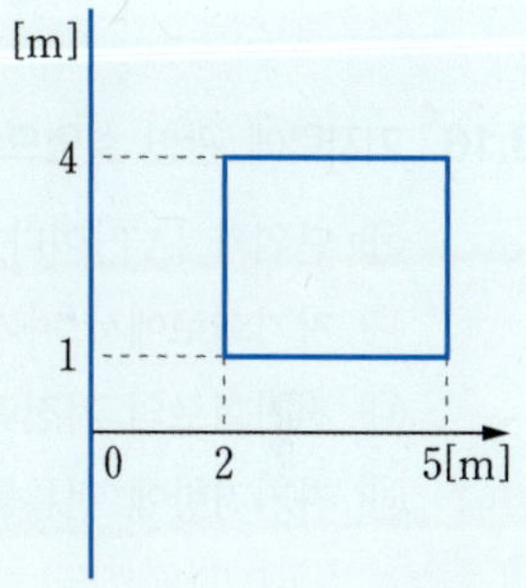

8.11 단위길이당 권선수가 800[turn/m]인 솔레노이드 내부에 비투자율이 2000인 철심을 넣고 10[A]의 전류를 흘려줄 때, 솔레노이드 내부의 자속밀도는 몇 [Wb/m^2]가 되겠는가?

㉮ 0.38　　㉯ 165　　㉰ 20.1　　㉱ 425.6

8.12 인덕턴스가 L[H]인 공심 토로이드에 I[A]의 전류를 흘려주니 솔레노이드 내부의 자계의 세기의 크기가 H[AT/m]가 되었다. 이 솔레노이드 내부 단위체적당 축적된 에너지는?

㉮ μH^2　　㉯ $\frac{1}{2}\mu_0 H^2$　　㉰ LI^2　　㉱ $\frac{1}{2}LI^2$

8.13 원형 철심 토로이드가 있다. 철심의 투자율이 5×10^{-3}[H/m], 원형 철심 단면적이 10[cm^2], 평균 반지름이 0.3[m]이다. 이 토로이드의 자기저항은 몇 [AT/Wb]인가?

㉮ 3.77×10^5 ㉯ 3×10^8 ㉰ 1.5×10^{-6} ㉱ 0.452

8.14 길이가 1[m]인 자기회로의 자기저항을 5×10^6[AT/Wb] 이하로 하고자 한다. 철심의 단면적을 몇 [cm^2] 이상으로 해야 하는가? 단, 이 철심의 비투자율은 40이라고 한다.

㉮ 4 ㉯ 5 ㉰ 6 ㉱ 7

8.15 솔레노이드 인덕터가 있다. 이 인덕터의 코일 감은 수를 1/2로 줄이더라도 인덕턴스를 원래대로 유지하고 싶다. 옳은 방법이 아닌 것은?

㉮ 인덕터 길이를 1/4로 줄인다.
㉯ 철심 코어의 단면적을 2배로 늘인다.
㉰ 철심 코어를 비투자율이 4배인 물질로 교체한다.
㉱ 인덕터의 길이를 1/2로 하고, 철심 코어를 비투자율이 2배인 물질로 교체한다.

8.16 기자력에 관한 설명으로 옳지 않은 것은?

㉮ 단위가 [AT]이다.
㉯ 자기회로에서 자기저항에 자속을 곱한 것과 같은 값을 갖는다.
㉰ 전기회로의 기전력과 같은 개념이다.
㉱ 자기저항에 전류를 곱하면 기자력이 된다.

8.17 평균 반지름이 0.05[m]이고, 원형 철심의 단면적이 3×10^{-4}[m^2]인 토로이드의 코일에 10[A]의 전류를 흘려주었더니 토로이드 내부의 자계의 세기의 크기가 2000[AT/m]가 되었다. 이 토로이드의 코일 감은 횟수는 얼마인가? 단, 철의 비투자율은 4,000이다.

㉮ 211 ㉯ 62.8 ㉰ 1,235 ㉱ 1,000

8.18 강자성체의 자화 현상은 주로 무엇에 의해 일어나는가?

㉮ 분자의 결합구조 ㉯ 전자의 이동속도
㉰ 전자의 공전운동 ㉱ 전자의 자전운동

8.19 다음 그림과 같이 철심 코어를 가진 원형 토로이드의 내부 자속은 몇 [mWb]인가? 단, 평균 반지름이 $\rho_0 = 0.2$[m], 원형 코어의 단면적이 $S = 5 \times 10^{-3}$[m^2], 권선수가 $N = 250$[turns], 코일에 흐르는 전류가 $I = 2$[A], 철심 코어의 투자율은 $\mu = 2.5 \times 10^{-3}$[H/m]이다.

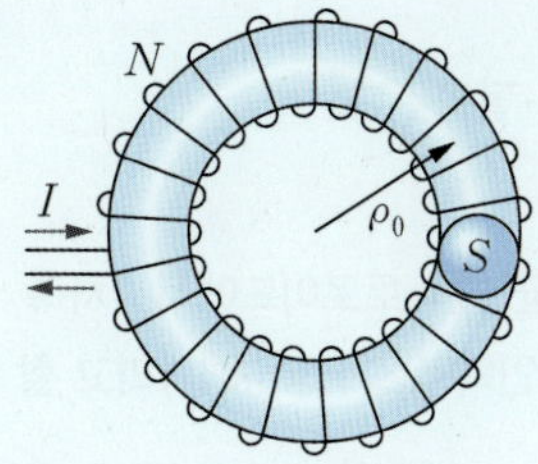

㉮ 37.5 ㉯ 4.95 ㉰ 6.06 ㉱ 0.39

8.20 다음 그림에서 길이가 $l = 0.6$[m], 원형 단면적이 $S = 4 \times 10^{-3}$[m^2], 철심의 비투자율이 $\mu_r = 2{,}000$, 코일 감은 횟수가 $N = 800$[turn]이다. 이 토로이드의 코일에 15[A]의 전류를 흘려줄 때, 이 토로이드에 축적되는 자기에너지는 약 몇 [KJ]인가?

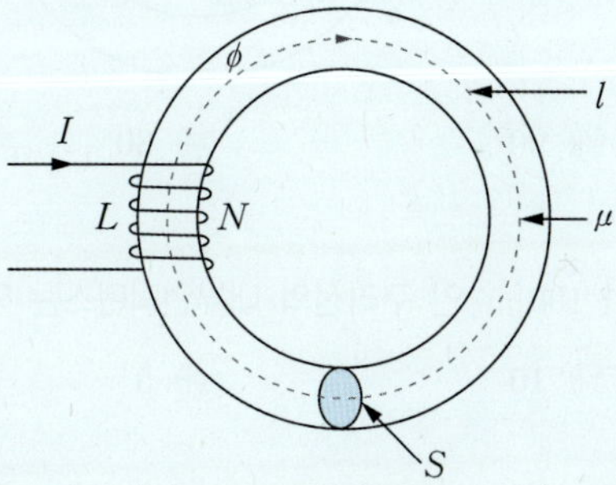

㉮ 1.2 ㉯ 0.08 ㉰ 0.19 ㉱ 45.8

8.21 어떤 솔레노이드에 기자력 5000[AT]을 가했을 때, 솔레노이드 내부에 0.3[Wb]의 자속이 지나고 있다. 이때 솔레노이드에 축적되어 있는 총 자기에너지는 몇 [J]인가?

㉮ 1,500 ㉯ 1.67×10^4 ㉰ 750 ㉱ 3,000

8.22 인덕턴스의 단위 [Henry]와 같은 것은?

㉮ [Ω/sec] ㉯ [Volt · Ampere]
㉰ [Joule/Ampere^2] ㉱ [Weber · Ampere]

8.23 자기인덕턴스의 크기에 대한 설명으로 옳은 것은?

㉮ 항상 그 값이 0이다.

㉯ 항상 그 값이 (+)이다.

㉰ 항상 그 값이 (−)이다.

㉱ 코일을 감은 방향에 따라 달라진다.

8.24 다음 그림과 같이 단면적이 균일한 토로이드에서 1차측 권선수가 200[turn], 2차측 권선수가 400[turn]이다. 1차측 코일의 자기인덕턴스가 30[mH]라고 할 때, 두 코일의 상호인덕턴스는 몇 [mH]이겠는가? 단, 누설자속은 없다.

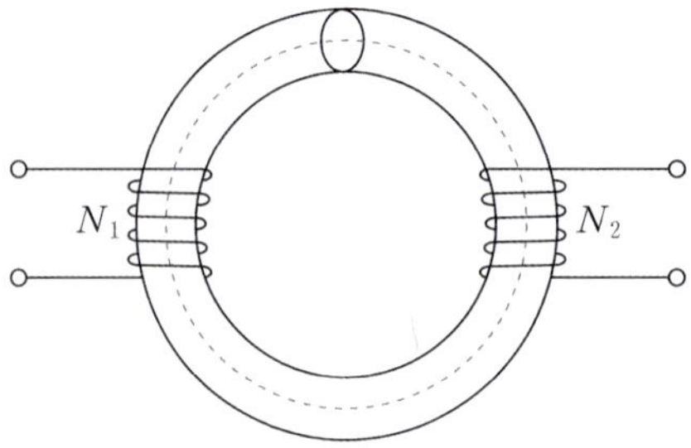

㉮ 15　　㉯ 90　　㉰ 30　　㉱ 60

8.25 반지름이 2[cm], 길이가 100[m]인 구리선의 내부인덕턴스는 약 몇 [μH]인가?

㉮ 2.5　　㉯ 10　　㉰ 5　　㉱ 15.7

8.26 다음 그림과 같이 $x-y$ 평면에서 자속밀도가 $\mathrm{B} = 3\times10^{-5}\mathbf{a}_z$[Wb/m^2]일 때, 속도 $\mathrm{v} = 10^6\mathbf{a}_x$[m/sec]로 진입한 전자가 그리는 원의 반지름과 회전주기를 구하라. 단, 전자의 전하는 $Q=(-)1.6\times10^{-19}$[C], 질량은 $m = 9.1\times10^{-31}$[kg]이다.

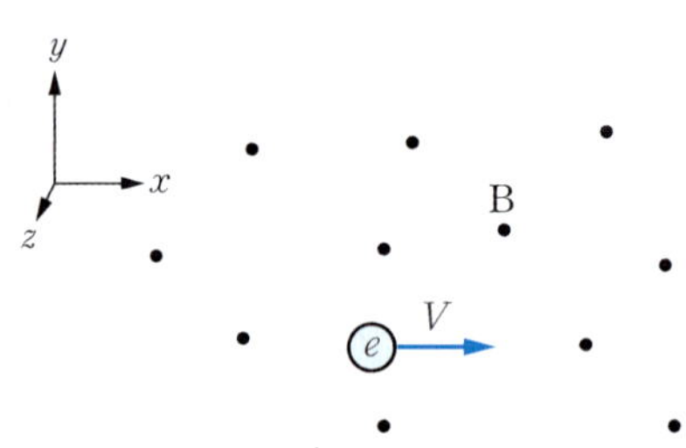

8.27 다음 그림과 같이 반지름이 $0.5[\mathrm{m}]$인 원형 루프에 $I=5[\mathrm{A}]$의 전류가 흐르고 있다. 자계의 세기가 $\mathrm{H}=(4\mathbf{a}_x-2\mathbf{a}_y)\times10^3[\mathrm{AT/m}]$인 공기 중에서 루프가 받는 토크 T를 구하라.

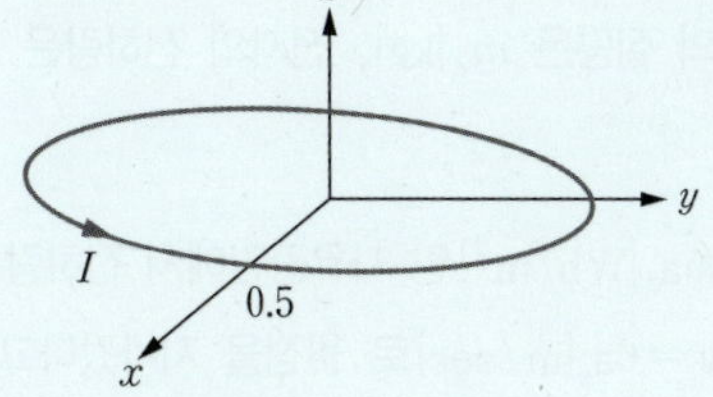

8.28 다음 그림에서 영구자석의 자속밀도가 $\mathrm{B}=2[\mathrm{Wb/m^2}]$, 전류가 $I=5[\mathrm{A}]$, 영구자석의 폭이 $L=0.3[\mathrm{m}]$일 때, 전류가 흐르는 직선 도체가 받는 힘 F의 크기를 구하라. 그리고 이 힘에 의해 도체는 위로 움직이는가 아래로 움직이는가?

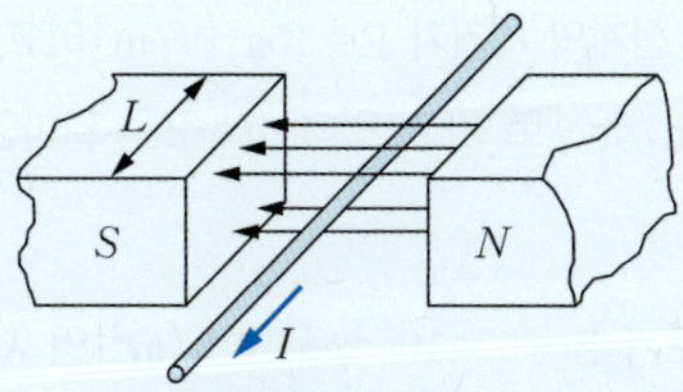

8.29 다음 그림은 직류전류계의 동작원리를 나타낸다. 영구자석과 철심 사이의 간극에 균일한 자계가 형성되도록 하고, 그 자계 속에 코일을 넣고 값을 측정하고자 하는 전류를 흘려주면 전류값에 비례하는 토크가 발생한다. 이 토크와 평형을 이루는 스프링의 회전각 크기로 전류값을 측정하도록 되어 있다.

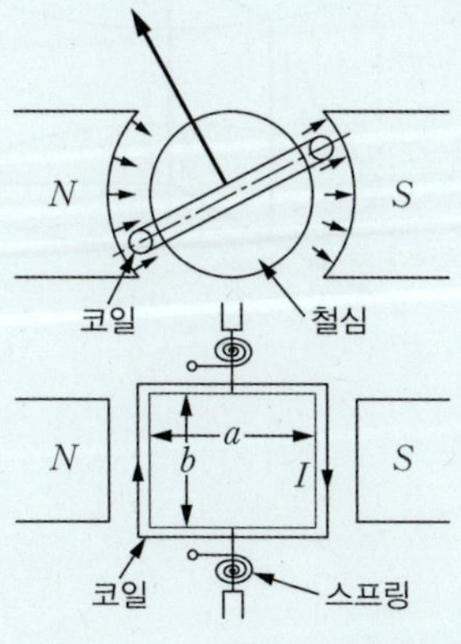

(a) 코일의 권선수를 $N[\mathrm{turn}]$, 공극의 자속밀도의 크기를 $B[\mathrm{Wb/m^2}]$, 코일에 흐르는 전류를 $I[\mathrm{A}]$라고 할 때, 코일에 발생하는 토크의 크기 T를 구하라.

(b) $N=50[\mathrm{turn}]$, $a=2[\mathrm{cm}]$, $b=3[\mathrm{cm}]$, $\mathrm{B}=2[\mathrm{Wb/m^2}]$이고, 스프링 탄성계수가 $k=5\times10^{-5}[\mathrm{N\cdot m/rad}]$인 전류계에서 $I=2[\mathrm{mA}]$가 흐르면 지침(=바늘)의 회전각은 얼마가 되는가?

8.30 진공 중에 2개의 평행도체판 a, b가 있다. 서로 $d[\mathrm{m}]$만큼 떨어져 있을 때, a 도체판에서 b 도체판을 향해 수직으로 전자 하나가 속력 $v[\mathrm{m/sec}]$로 발사되었다. 이 전자가 a 도체판으로 되돌아오지 않고 b 도체판에 도달하기 위해서는 자속밀도 B 의 크기가 얼마 이하여야 하는가? 단, 자속밀도의 방향은 도체판과 나란하고, 전자의 질량은 $m_e[\mathrm{kg}]$, 전자의 전하량은 $e[\mathrm{C}]$이라고 한다.

8.31 균일한 자속밀도가 $\mathbf{B}=0.5\mathbf{a}_z[\mathrm{Wb/m^2}]$인 자유공간에서 전하량 $2[\mathrm{C}]$으로 충전된 질량 $0.4[\mathrm{kg}]$의 도체구가 $t=0[\mathrm{sec}]$에 속도 $\mathbf{v}=6\mathbf{a}_y[\mathrm{m/sec}]$로 원점을 지나갔다고 할 때, 다음을 구하라.

(a) 자계에 의해 도체구가 받는 힘의 크기

(b) x, y 좌표로 나타내는 도체구가 그리는 궤적의 방정식

(c) $t=0.8[\mathrm{sec}]$에 도체구의 위치

8.32 전하 $Q[\mathrm{C}]$을 가진 도체는 전계의 세기가 $\mathbf{E}=15\mathbf{a}_x[\mathrm{V/m}]$이고, 자속밀도가 $\mathbf{B}=B_0\mathbf{a}_z[\mathrm{Wb/m^2}]$인 자유공간을 일정한 속도 $8\mathbf{a}_y[\mathrm{m/sec}]$로 가고 있다. B_0값은 얼마인가?

8.33 다음 그림과 같이 자속밀도가 $\mathbf{B}=5\times10^{-2}\rho\mathbf{a}_\rho[\mathrm{Wb/m^2}]$인 자계 안에서 정사각형 폐경로를 따라 $I=4[\mathrm{A}]$의 전류가 흐를 때, 이 전류 루프를 z축을 중심축으로 $(+)\phi$ 방향으로 한 바퀴 회전시키는 데 소요되는 에너지를 구하라. 단, $z=0$ 평면에 있는 원의 반지름은 $1[\mathrm{m}]$이다.

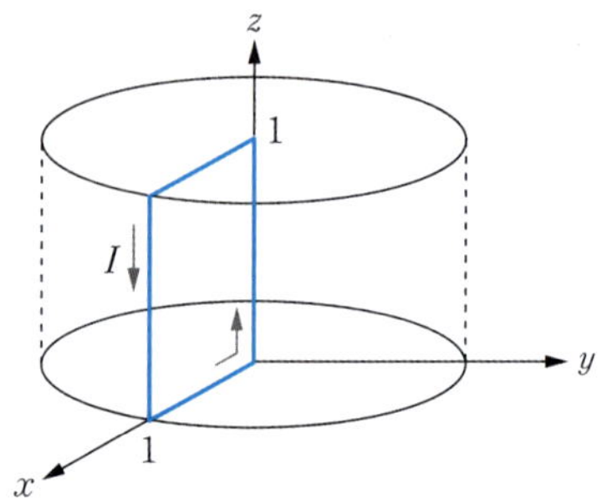

8.34 자속밀도가 $\mathrm{B}=2\mathrm{a}_y+3\mathrm{a}_z$[Wb/m^2]인 공간에서 다음 그림과 같이 $z=0$인 평면에 직사각형을 이루는 변의 길이 5[m], 4[m]의 금속 도체에 8[A]의 전류가 흐르고 있다. 금속 도체의 자기모멘트를 구하고, 금속 도체가 받는 토크를 구하라.

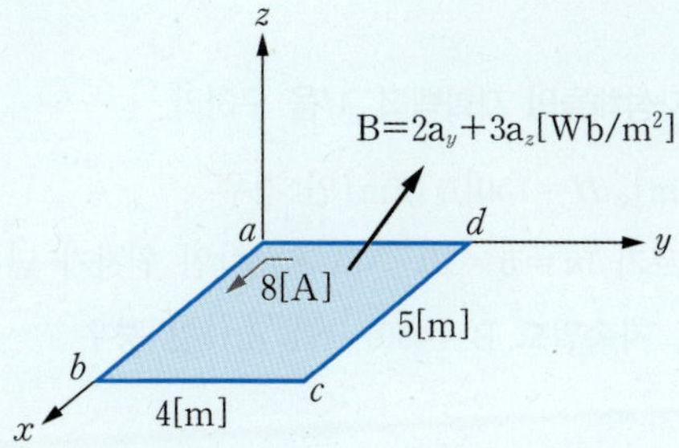

8.35 [연습문제 8.34]에서 각 변에 작용하는 토크를 각각 구하여 그 총합이 [연습문제 8.34]에서 구한 값과 같은지 비교해보라.

8.36 다음 그림과 같은 홀 실험장치가 있다. 시료는 한 변의 길이가 10[cm]인 정사각형이고, 두께가 2[cm]인 n형 실리콘 반도체이다. 전원전압 10[V]를 인가하면 전류 $I=40$[mA]가 흐른다고 할 때, 다음을 구하라. 단, 실리콘 반도체의 전자 이동도는 $\mu_e=0.14$[m^2/V · sec]이고, 시료 면에 수직인 자속밀도는 $\mathrm{B}=6\times10^{-2}$[Wb/m^2]이다.

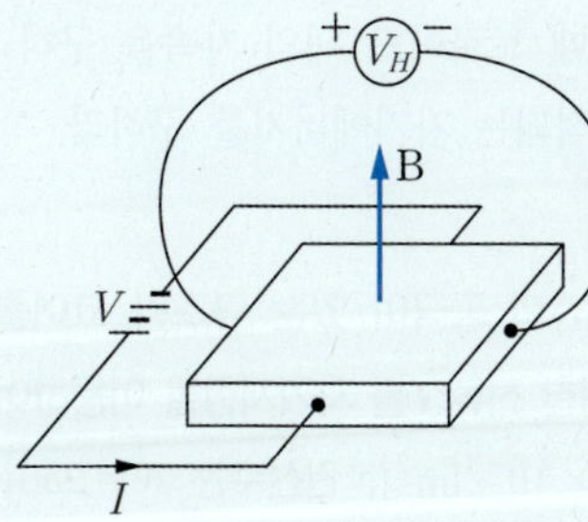

(a) 전원전압에 의한 전계의 세기의 크기 E

(b) 전자의 이동속도의 크기 v_d

(c) 자속밀도에 의해 이동속도 v_d로 움직이는 단위전하가 받는 힘 F

(d) v_d의 속도로 움직이는 전자와 자속밀도에 의해 전자에 작용하는 전계의 세기의 크기 E_H

(e) 전압계에 나타나는 홀전압 V_H

8.37 공극이 있는 원형 토로이드에서 코일의 권선수가 $N = 2000$[turn], 평균 반지름이 $\rho_0 = 5$[cm], 철심 단면적이 $S = 4[\mathrm{cm}^2]$, 철심의 비투자율이 $\mu_r = 400$, 공극의 길이가 $l_g = 2$[mm]일 때, 코일에 3[A]의 전류를 흘려주면 토로이드 내부의 자속은 얼마이겠는가?

8.38 다음과 같은 경우에 자성체들의 자화벡터 M을 구하라.

(a) $\mu = 2 \times 10^{-5}$[H/m], $H = 150$[AT/m]인 경우

(b) 자기쌍극자 모멘트가 $m = 5 \times 10^{-26}[\mathrm{A \cdot m^2}]$인 원자가 단위체적당 7×10^{25}개 있는 경우

(c) 자화율 $\chi_m = 15$, 자속밀도 $\mathrm{B} = 450[\mu\mathrm{Wb/m^2}]$인 경우

8.39 다음 그림에서 원형 토로이드의 철심 코어의 비투자율은 $\mu_r = 3000$이고, 평균 반지름은 $\rho_0 = 0.2$[m], 원형 단면적은 $4 \times 10^{-3}[\mathrm{m}^2]$, 권선수는 $N = 200$[turn]이다.

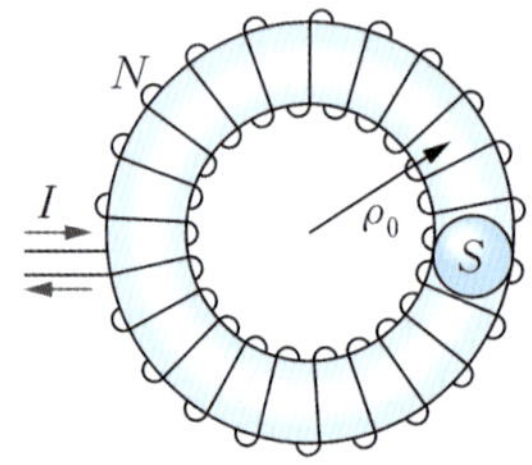

(a) 원형 토로이드의 자기저항 R_m을 구하라.

(b) 전류 $I = 5$[A]가 흐를 때 토로이드 내의 자속을 구하라.

(c) 이 토로이드 내부에 축적되는 자기에너지를 구하라.

8.40 다음 그림 (a)와 같이 2[mm]의 공극이 있는 규소강 코어를 가진 원형 토로이드의 내부 총 자속을 $\Phi = 6 \times 10^{-3}$[Wb]로 하기 위한 전류 I를 자기저항을 이용하여 구하라. 단, 평균 반지름은 $\rho_0 = 0.2$[m], 원형 코어의 단면적은 $S = 5 \times 10^{-3}[\mathrm{m}^2]$, 권선수는 $N = 250$[turn], 그리고 규소강 코어의 자화곡선은 그림 (b)와 같다.

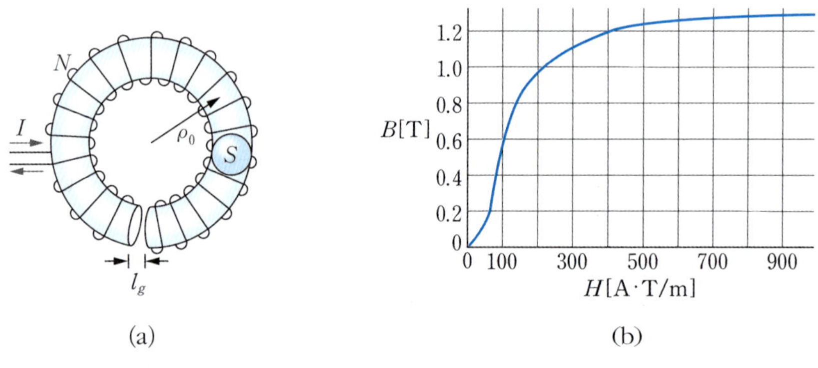

(a) (b)

8.41 비투자율이 각각 $\mu_{r1}=1$, $\mu_{r2}=2$인 두 자성체가 다음 그림과 같이 경계면을 이루고 있다. 경계면에 표면전류가 없다고 하고 입사각이 $\theta=30^{\circ}$일 때, 굴절자계의 굴절각 θ_2를 구하라.

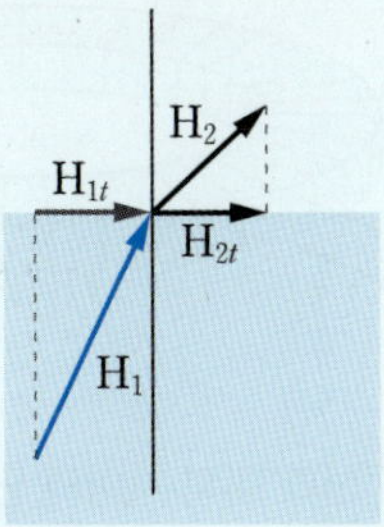

8.42 $z<0$인 영역 1은 비투자율이 $\mu_{r1}=2$인 자성체가, $z>0$인 영역 2는 비투자율이 $\mu_{r2}=5$인 자성체가 $z=0$인 평면에서 서로 접하고 있다. 접합면에서 영역 1의 자계의 세기가 $\mathrm{H}_1=4\mathbf{a}_x+2\mathbf{a}_y+5\mathbf{a}_z[\mathrm{AT/m}]$이라고 가정하고, 영역 2의 자계의 세기 H_2를 구하라. 경계면에는 전류가 없다고 한다.

8.43 [연습문제 8.42]에서 경계면에 $\mathrm{K}=5\mathbf{a}_x[\mathrm{A/m}]$의 면전류가 흐르고 있다고 가정하고 영역 2의 자계의 세기 H_2를 다시 구하라.

8.44 다음 그림과 같은 전자석과 철편이 있다. $a=5[\mathrm{cm}]$, 전자석의 단면적은 $S_1=4[\mathrm{cm}^2]$, 철편의 단면적은 $S_2=2[\mathrm{cm}^2]$, 공극은 $d=1[\mathrm{mm}]$, 권선수는 $N=200[\mathrm{turn}]$, 모든 자성체의 투자율은 $\mu=3\times10^{-3}[\mathrm{H/m}]$이다. 전자석 코일에 전류 $I=10[\mathrm{A}]$를 흘려줄 때, 전자석이 철편을 끌어당기는 힘을 구하라.

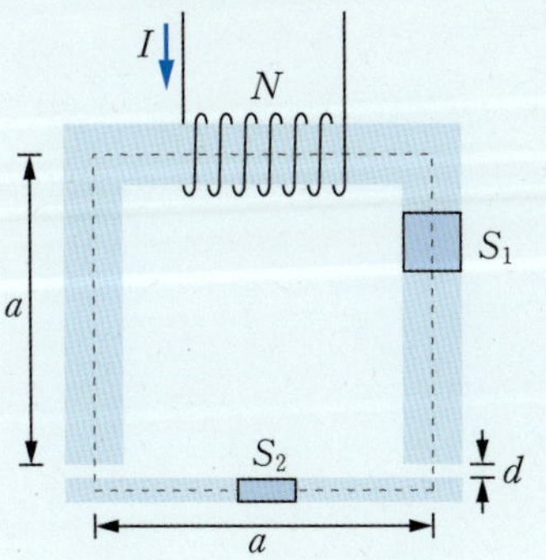

8.45 $\rho=3[\text{cm}]$, $\rho=5[\text{cm}]$, $z=0[\text{cm}]$, $z=1[\text{cm}]$ 인 직사각형 단면 철심을 갖는 사각 토로이드가 있다. 철심의 비투자율을 60 이라고 하고, 권선수를 $300[\text{turn}]$ 이라고 할 때 인덕턴스를 구하라.

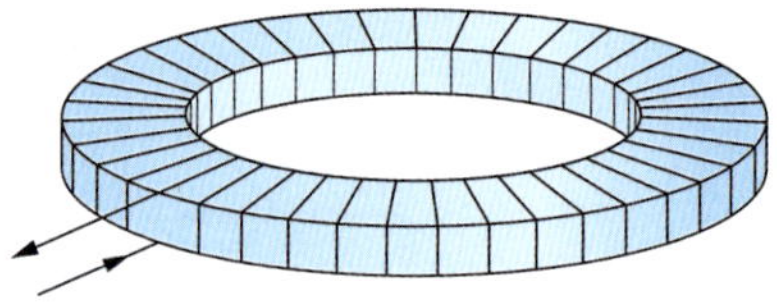

8.46 다음 그림과 같은 지상에 있는 송전선과 대지 사이의 단위길이당 인덕턴스를 영상법을 사용하여 구하라.

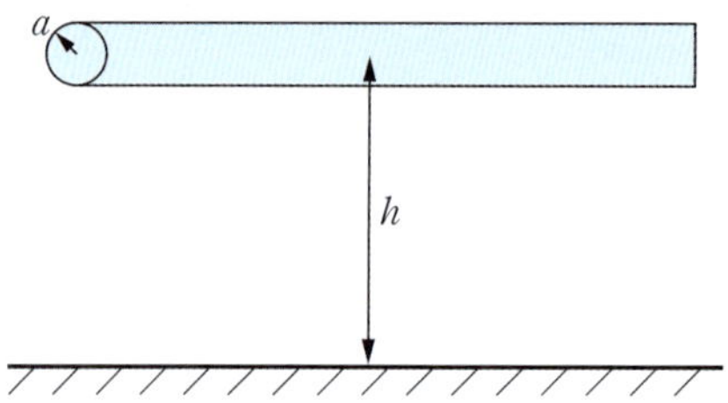

CHAPTER

09

시변 전자계

Time-Varying Electromagnetic Field

학습목표

- 시간적으로 변하는 자계에 의해 생기는 기전력을 계산할 수 있다.
- 자계 내에서 움직이는 도체에 발생하는 운동기전력을 계산할 수 있다.
- 전자의 이동이 없는, 전계의 시간적 변화만에 의한 변위전류를 구할 수 있다.
- 시변 전자계에서 적용할 수 있는 맥스웰 방정식을 유도할 수 있다.

지금까지는 정전계와 정상자계에 대한 현상을 살펴보았다. 이제부터는 시간적으로 변하는 전계와 자계에 대해 살펴보고자 한다. 이 장에서는 시간적으로 변하는 자계에 의해 발생하는 전계와 시간에 따라 변하는 전계에 의한 자계에 대해 알아본다.

18세기 이전에는 전계와 자계가 서로 무관한 줄 알았고, 그 후 자계가 전류에 의해 만들어진다는 정도만 알았다. 그러나 시변 전자계를 다루면서 전계와 자계가 아주 밀접한 관계에 있고 전계가 자계에 의해, 자계가 전계에 의해 발생하며 그 둘은 항상 붙어 다니고 서로 분리할 수 없는 관계라는 것을 알게 되었다. 따라서 그동안 정의되었던 맥스웰 방정식들도 다시 보완되었다.

SECTION 9.1

패러데이의 법칙과 운동기전력

9.1.1 패러데이의 법칙

1820년 에르스텟Hans Christian Oersted이 전류가 자계를 만들어낸다는 사실을 발표한 이후에, 패러데이Michael Faraday는 그렇다면 자계도 전류를 만들어낼 것이라고, 만들어내야만 한다고 주장했다. 패러데이는 이를 증명하기 위해 [그림 9-1(a)]와 같은 실험장치를 만들었다.

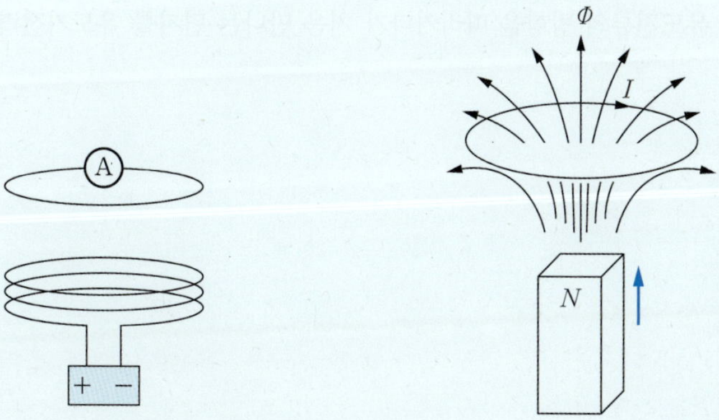

(a) 코일 전류 ON-OFF 실험 (b) 자석에 의한 자속의 변화 실험

그림 9-1 패러데이의 실험

패러데이는 도체 코일에 직류전류를 흘려서 자계를 만들면 그 자계가 인근에 있는 원형 도체에 전계를 만들어 전류가 흐를 것이라고 생각하고 부단히 실험했으나 전류의 흐름을 발견하지 못했다. 그러던 중 1831년에 우연히 전원 배터리를 코일에 연결하는 순간 인근 원형 도체에서 순간적인 전류의 흐름이 발생하는 것을 발견했다. 배터리를 분리시키는 순간에도 역시 순간적인 전류의 흐름을 발견할 수 있었으며 그 방향이 반대임을 알 수 있었다. 그 후 [그림 9-1(b)]와 같은 자석 실험을 통해 도체로 된 폐회로를 통과하는 자속에 변화가 있을 때 그 폐회로에 전류가 흐르며, 그 전류의 방향은 폐회로 안의 자속 변화를 작게 하기 위한(=보상하는) 방향으로 흐른다는 것을 알았다. 즉 [그림 9-1(b)]에서 자석 N극을 위로 밀어 올리면 도체 폐회로에는 시계 방향으로 전류가 흘러 폐회로 안의 자속 증가를 저지하고, 자석을 밑으로 내리면 반시계 방향으로 전류가 흘러 폐회로 안의 자속 감소를 보충하려고 한다. 그러나 자석을 움직이지 않으면 폐회로를 지나가는 자속의 양에 변화가 없으며 폐회로에 전류도 흐르지 않는다. 이러한 현상을 **전자유도**electromagnetic induction라고 한다.

이렇게 폐회로에 전류가 흐른다는 것은 폐회로에 기전력이 발생한다는 것을 의미한다. 이 기전력을 **유도기전력**induced electromotive force이라고 하며, 다음과 같이 나타낸다.

$$V_{emf} = -\frac{d\Phi}{dt} \text{ [V]} \tag{9.1}$$

이 식에서 알 수 있듯이 유도기전력은 자속 변화율에 비례한다. 이를 **패러데이의 법칙**Faraday's law이라고 한다. (−)부호가 붙은 것은 유도기전력이 자속 변화를 방해하는 방향으로 생긴다는 것을 의미하는데, 이 유도기전력의 방향은 렌츠의 법칙Lenz's law, 유도기전력의 크기는 노이만의 법칙Neumann's law이라고 구분하여 부르기도 한다. 그러나 한 가지 주의할 점은 폐회로에서는 렌츠의 법칙을 따라 전류(=유도전류)의 방향을 정하는데, [그림 9-2]와 같이 도체 루프가 폐회로를 형성하지 않고 절단되어 있을 때는 유도전류가 흐르지 못하고 유도기전력만 절단된 회로의 양단에 나타나며, 이때 그 기전력의 극성에 주의해야 한다는 것이다. [그림 9-2]에서 자석을 위로 밀어 올리면 $a-b$단자에 전압만 나타나고 끊어진 $a-b$단자를 이으면 렌츠의 법칙에 따라 전류가 흐르도록 a단자에 (+), b단자에 (−)전압이 나타난다. 끊어진 두 단자를 전압원의 출력 단자로 생각하여 부하가 연결되었을 때 전류의 방향이 렌츠의 법칙을 따르도록 생각하면 된다. 또는 유도전류의 방향을 따라가다가 처음 만나는 단자를 유도기전력의 (+)단자로 정하면 된다.

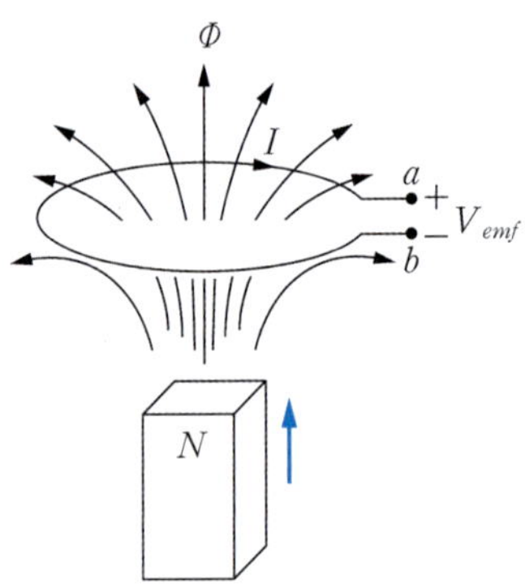

그림 9-2 렌츠의 법칙

[그림 9-2]와 같이 자석 N극을 위로 밀어 올려 폐회로 안의 자속 Φ를 증가시키면 식 (9.1)에 의해 유도기전력은 (−)값을 갖는다. 유도기전력 V_{emf}가 (−)값을 갖는다는 것은 [그림 9-2]에서 전류 방향이 시계 방향으로 된다는 것을 의미하며, (−)란 암페어의 오른손 법칙에서 주먹을 쥔 오른손 엄지손가락이 자속을 가리킬 때 나머지 손가락들이 가리키는 방향이 전류의 방향인데, 패러데이의 법칙에서 자속이 증가할 때 그 반대 방향이 유도전류의 방향이라는 의미이다. 반대로, 유도기전력 V_{emf}가 (+)값이면 오른손 엄지손가락이 자속을 가리킬 때 나머지 손가락들이 가리키는 방향이 유도전류가 흐르는 방향이다. 이 점을 특히 유의해야 한다. 그리고 루프의 권선수가 N [turn]이면 유도기전력이 N배가 되어 패러데이의 법칙인 식 (9.1)은 다음과 같이 된다.

$$V_{emf} = -\frac{dN\Phi}{dt} \text{ [V]} \tag{9.2}$$

예제 9-1 패러데이의 법칙과 유도기전력

[그림 9-3]과 같은 코일에서 권선수가 $N = 20$[turn], 시간에 따라서 변하는 자속이 $\Phi = 0.5t$ [Wb]일 때 $a-b$ 양단에 나타나는 유도기전력을 구하라. 이때 $a-b$단자 중 전위가 높은 단자는 어떤 단자인가?

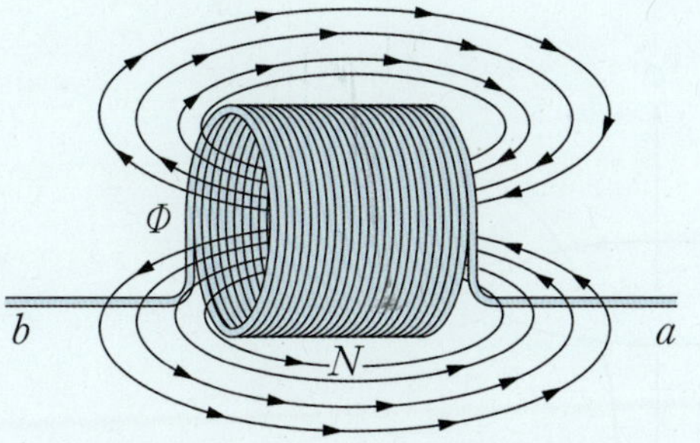

그림 9-3 패러데이의 법칙에 의한 유도기전력

풀이

식 (9.2)에 의해 유도기전력을 구하면 다음과 같다.

$$V_{emf} = -\frac{dN\Phi}{dt} = -\frac{d}{dt}(20 \times 0.5t) = -10\,[\mathrm{V}]$$

시간이 지남에 따라 자속이 점점 증가하므로 유도기전력은 (−)값을 갖게 된다. 앞에서 설명한 바와 같이 암페어의 오른손 법칙에서 주먹을 쥔 오른손 엄지손가락이 자속을 가리킬 때 나머지 손가락들이 가리키는 방향의 반대 방향이 유도전류가 흐르는 방향이라는 의미로, $a-b$단자를 이었을 때 코일에 흐르는 전류가 주어진 자속과 반대 방향의 자속을 만들도록 [그림 9-4]와 같이 전류가 흘러야 한다. 따라서 a단자의 전위가 높아야 한다. 즉 a단자가 (+)이다.

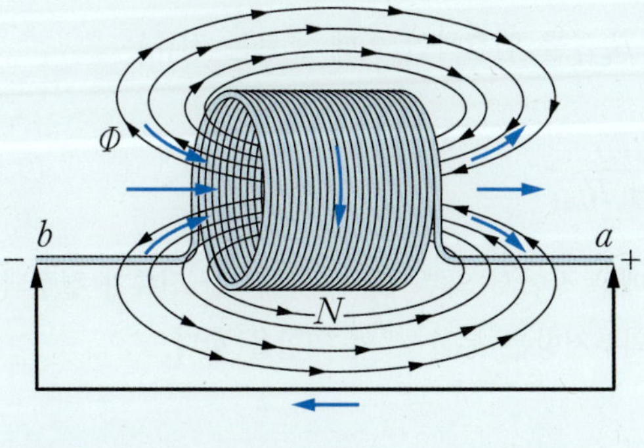

그림 9-4 렌츠의 법칙에 의한 유도전류의 방향

이제 유도전류의 크기에 대해 살펴보자. [그림 9-5(a)]처럼 도체 폐루프가 절단되었을 때는 유도전류가 흐르지 않고, 절단된 단자에 유도기전력만 나타난다. 그러나 [그림 9-5(b)]처럼 절단된 곳이 없는 폐루프에서는 다음 식과 같이 유도기전력 V_{emf}를 폐루프 자체 내부저항 R_{int}로 나눈 전류가 흐른다.

$$I = \frac{V_{emf}}{R_{int}} \tag{9.3}$$

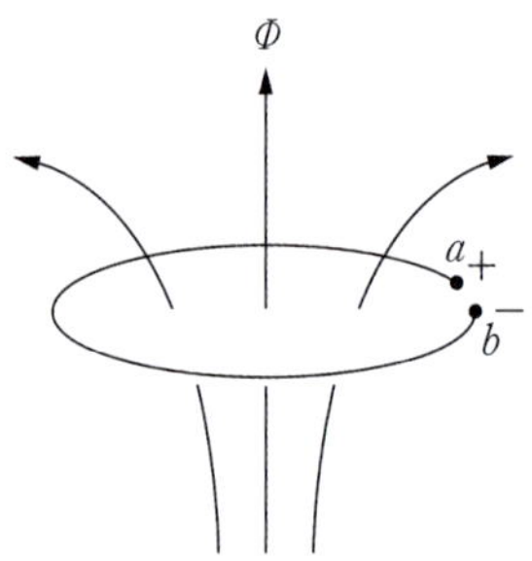

(a) 유도기전력

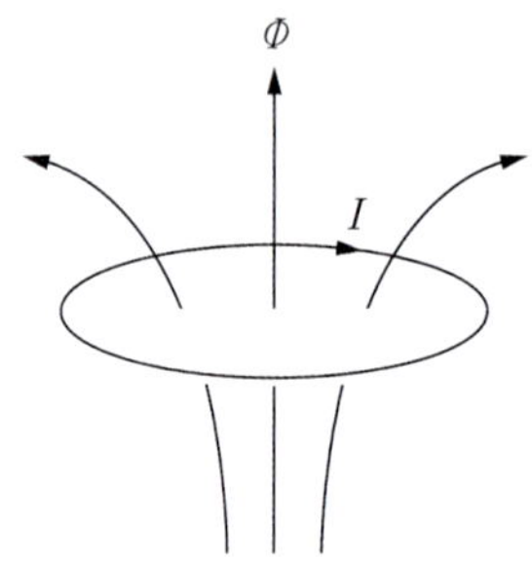

(b) 내부저항에 의한 전류

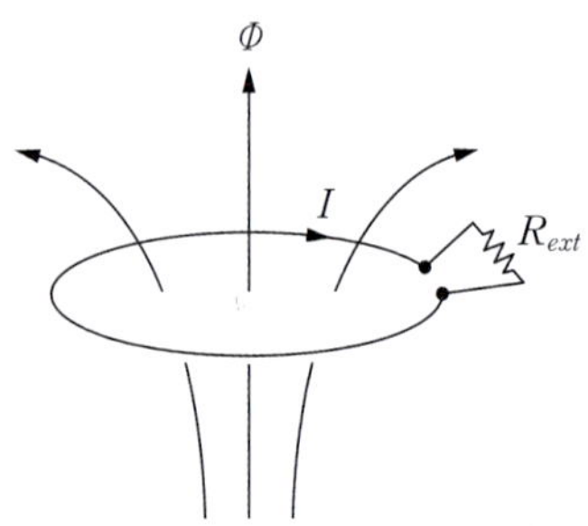

(c) 내부, 외부저항에 의한 전류

그림 9-5 유도전류$\left(\frac{d\Phi}{dt} > 0\right)$

만일 [그림 9-5(c)]처럼 절단된 단자에 외부저항 R_{ext}를 연결하면 이때 흐르는 전류는

$$I = \frac{V_{emf}}{R_{int} + R_{ext}} \tag{9.4}$$

가 된다. 일반적으로 내부저항은 외부저항에 비해 매우 작아서 외부저항에 의해서만 전류가 결정되는 경우가 많으며 이 경우 유도기전력은 전원전압, 외부저항은 부하^{load}의 역할을 한다.

이제 폐루프 내 전계의 세기와 유도기전력의 관계를 생각해보자. [그림 9-6]과 같이 전계의 세기의 방향은 항상 전류의 방향과 같다.

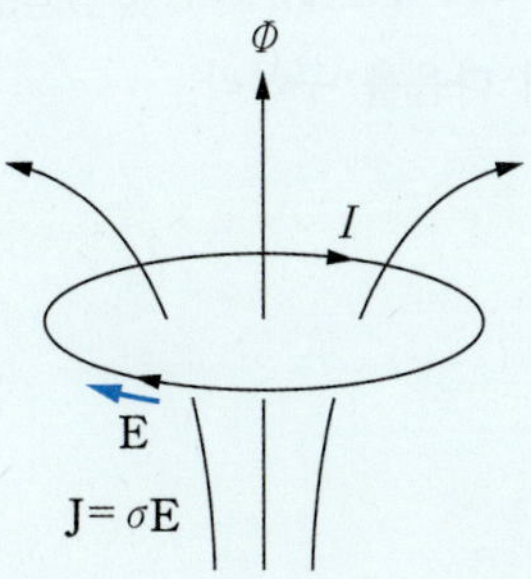

그림 9-6 전계의 세기의 방향$\left(\frac{d\Phi}{dt}>0\right)$

따라서 전계의 세기 E 를 폐회로에 대해 선적분하면 그 값은 유도기전력 V_{emf}와 같다.

$$V_{emf} = \oint_c \mathrm{E} \cdot d\mathrm{L} \tag{9.5}$$

식 (9.5)의 폐회로에 대한 선적분의 방향은 암페어의 오른손 법칙을 따르며, [그림 9-6]에서 주먹 쥔 오른손 엄지손가락이 자속을 가리킬 때 나머지 손가락들이 가리키는 방향을 따라 적분한다. 따라서 [그림 9-6]에서는 유도기전력 V_{emf}가 (−)값이 된다.

4.4절 정전계에서는 폐루프에 대한 전계의 세기의 선적분은 그 값이 항상 0이었으나, 앞에서 구한 것과 같이 시변 전자계에서는 그 값이 0이 되지 않음을 알 수 있다. 식 (9.1)을 이용하여 전계의 세기의 선적분을 다시 쓰면 다음과 같다.

$$\oint_c \mathrm{E} \cdot d\mathrm{L} = -\frac{d\Phi}{dt} = -\frac{d}{dt}\int_S \mathrm{B} \cdot d\mathrm{S} \tag{9.6}$$

식 (9.6)의 우변에서 자속밀도 $\mathrm{B}(x, y, z, t)$는 위치와 시간의 함수이므로 먼저 시간에 대해 미분하고, 적분을 하려면 식 (9.6)이 다음과 같이 표현된다.

$$V_{emf} = \oint_c \mathrm{E} \cdot d\mathrm{L} = -\int_S \frac{\partial \mathrm{B}}{\partial t} \cdot d\mathrm{S} \tag{9.7}$$

식 (9.7)에 스토크스의 정리를 적용하면 다음과 같은 결과식을 얻을 수 있다.

$$\int_S (\nabla \times \mathrm{E}) \cdot d\mathrm{S} = -\int_S \frac{\partial \mathrm{B}}{\partial t} \cdot d\mathrm{S}$$

$$\nabla \times \mathrm{E} = -\frac{\partial \mathrm{B}}{\partial \mathrm{t}} \tag{9.8}$$

이상에서 살펴본 바와 같이 시변 전자계에서는 제2 맥스웰의 방정식의 적분형과 미분형이 각각 식 (9.7)과 식 (9.8)로 표현된다.

예제 9-2 시변 자속밀도에 의한 유도전류

[그림 9-7]과 같이 반지름이 $r = 0.4[\text{m}]$인 원형 도체 안의 자속밀도가 시간에 따라 변하는 $\text{B} = 10\sin 50t\,\mathbf{a}_z\,[\text{Wb/m}^2]$이고 저항값은 $R = 200[\Omega]$이라고 할 때 다음을 구하라.

(a) 이 폐회로에 유기되는 유도기전력

(b) 저항에 흐르는 전류

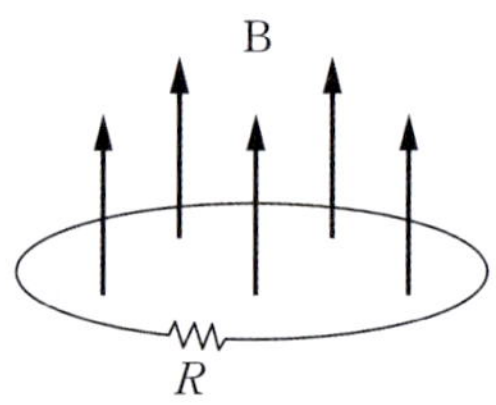

그림 9-7 폐회로에 유도되는 기전력과 흐르는 전류

풀이

(a)
$$V_{emf} = \oint_c \text{E} \cdot d\text{L} = -\frac{d}{dt}\int_S \text{B} \cdot d\text{S}$$
$$= -\frac{d}{dt}(10\sin 50t \times \pi 0.4^2)$$
$$= -80\pi\cos 50t\ [\text{V}] \quad \cdots ①$$

(b)
$$I = \frac{V_{emf}}{R} = -\frac{80\pi}{200}\cos 50t = -0.4\pi\cos 50t\ [\text{A}] \quad \cdots ②$$

☞ 식 ①에서 유도기전력 V_{emf}가 (−)값을 갖는 것은 [그림 9-7]에서 유도전류가 시계 방향임을 의미한다. 그러므로 식 ②에서 전류가 (−)값을 갖게 된 것이다.

예제 9-3 시변 자속밀도에 의한 전계의 세기

[그림 9-8]과 같이 반지름이 $a = 0.05[\mathrm{m}]$인 원주 모양의 금속 도체 내부에 균일한 자속밀도 $\mathrm{B} = 10\sin 50t\,\mathbf{a}_z[\mathrm{Wb/m^2}]$를 가진 자속 Φ가 지나가고 있다.

(a) 이 자속에 의한 원주 내부의 전계의 세기를 식 (9.8)을 이용하여 구하라.

(b) 패러데이의 법칙 식 (9.1)을 이용하여 유도기전력을 구하고, (a)에서 구한 전계의 세기를 식 (9.5)에 대입하여 얻어지는 기전력과 일치하는지 비교하라.

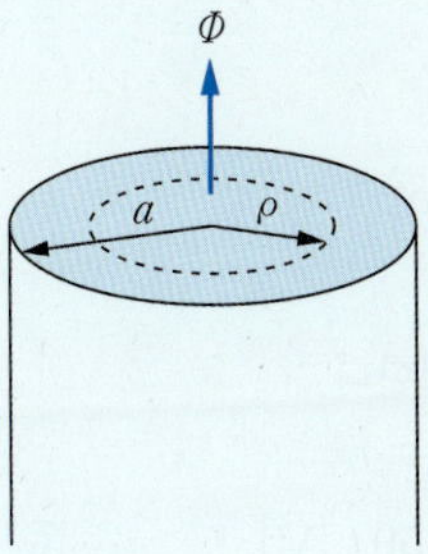

그림 9-8 원주형 도체에서의 자속 변화에 대한 전계의 세기

풀이

(a)
$$\nabla \times \mathrm{E} = -\frac{\partial \mathrm{B}}{\partial t} = -\frac{\partial}{\partial t} 10\sin 50t\,\mathbf{a}_z$$

$$\frac{1}{\rho}\left\{\frac{\partial(\rho E_\phi)}{\partial \rho} - \frac{\partial E_\rho}{\partial \phi}\right\}\mathbf{a}_z = -500\cos 50t\,\mathbf{a}_z \qquad \cdots ①$$

시간에 따른 변화에 의해 생기는 z 방향 자속밀도의 유도전류는 ϕ 방향 성분뿐이므로 전계도 ϕ 방향 성분만 존재하여 식 ①은 다음과 같이 된다.

$$\frac{1}{\rho}\frac{\partial(\rho E_\phi)}{\partial \rho} = -500\cos 50t$$

$$\frac{\partial(\rho E_\phi)}{\partial \rho} = -\rho 500\cos 50t \qquad \cdots ②$$

식 ②의 양변을 ρ로 적분하면

$$\rho E_\phi = -\frac{1}{2}\rho^2 500\cos 50t + C \qquad \cdots ③$$

가 되는데, $\rho = 0$에서 식 ③의 좌변이 0이 되므로 적분상수는 $C = 0$이 된다.

따라서 식 ③은 다음과 같이 된다.

$$E_\phi = -250\rho\cos 50t$$
$$\mathbf{E} = -250\rho\cos 50t\,\mathbf{a}_\phi\ [\mathrm{V/m}] \qquad \cdots ④$$

예를 들어, 반지름이 $a = 0.05[\mathrm{m}]$인 원주 표면에서의 전계의 세기는 다음과 같이 된다.

$$\mathbf{E} = -12.5\cos 50t\,\mathbf{a}_\phi\ [\mathrm{V/m}] \qquad \cdots ⑤$$

(b) 반지름이 ρ인 원 안에 있는 자속은

$$\Phi = \int_S \mathbf{B} \cdot d\mathbf{S} = \mathbf{B} \cdot \mathbf{S} = 10\sin 50t \times \pi\rho^2$$

이 되고, 반지름이 ρ인 원둘레 폐회로에는 다음의 유도기전력이 발생한다.

$$V_{emf} = -\frac{d\Phi}{dt} = -\frac{d}{dt}(10\pi\rho^2\sin 50t) = -500\pi\rho^2\cos 50t\ [\mathrm{V}] \qquad \cdots ⑥$$

예를 들어, 반지름이 $a = 0.05[\mathrm{m}]$인 원주 표면 원둘레에는 다음과 같은 유도기전력이 발생한다.

$$V_{emf} = -1.25\pi\cos 50t\ [\mathrm{V}]$$

식 ④의 전계의 세기를 식 (9.5)에 대입하여 기전력을 구하면 다음과 같다.

$$V_{emf} = \oint_c \mathbf{E} \cdot d\mathbf{L} = -250\rho\cos 50t \times 2\pi\rho = -500\pi\rho^2\cos 50t\ [\mathrm{V}] \qquad \cdots ⑦$$

패러데이의 법칙을 이용하여 기전력을 구한 식 ⑥과 식 (9.8)을 이용하여 전계의 세기를 구하고 다시 그것을 이용하여 기전력을 구한 식 ⑦이 서로 일치한다는 것을 알 수 있다.

[예제 9-3]에서 원주 도체의 전도도가 $\sigma[\mho/\mathrm{m}]$라고 하면 원주 중심축으로부터 $\rho[\mathrm{m}]$인 점의 전류밀도 $\mathbf{J}$는 다음과 같이 된다.

$$\mathbf{J} = \sigma\mathbf{E} = -250\sigma\rho\cos 50t\,\mathbf{a}_\phi\ [\mathrm{A/m^2}] \qquad (9.9)$$

식 (9.9)를 보면 원주 중심축에서 밖으로 갈수록 더 많은 전류가 흐름을 알 수 있다. 이 유도전류는 [예제 9-2]의 원형 도체를 흐르는 선전류와 달리 도체 내부 전체를 흐르는 전류로, 특히 전도도 σ가 큰 값일 때는 많은 전류가 흐르게 되고 이 전류로 인해 자속이 지나가는 도체에 많은 열이 발생한다. 그런 이유로 이 유도전류를 특별히 구분하여 **와전류**eddy current라고 한다. 변압기, 교류전동기 등 일반 교류기기에서는 와전류에 의한 열손실을 줄이기 위한 설계가 필요하다.

예제 9-4 시변 자속밀도에 의한 유도전류

[그림 9-9]와 같이 반지름이 $a = 0.03$ [m] 인 페라이트 코어 솔레노이드에 전류 $I = 5\sin 400t$ [A] 가 흐른다. 단, 페라이트 코어의 전도도는 $\sigma = 10^2$ [S/m^2] 이고, 투자율은 $\mu = 10^{-3}$ [H/m] 이다.

(a) 와전류밀도(= 유도전류밀도)를 구하라.

(b) 솔레노이드 내부에 흐르는 전체 와전류를 구하라.

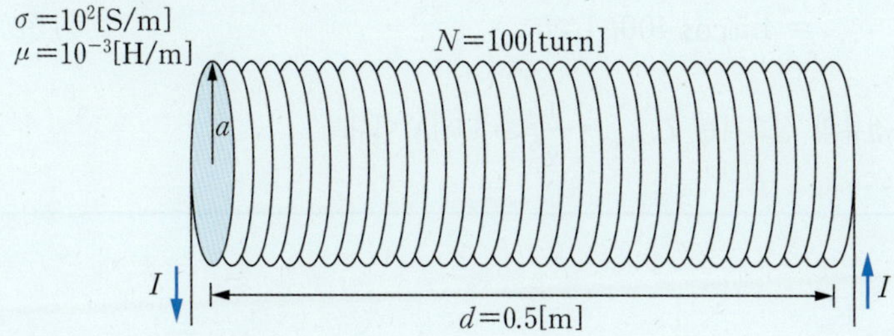

그림 9-9 원주형 도체에서 내부에 발생하는 와전류

풀이

(a) 솔레노이드 내부의 자계의 세기의 크기와 자속밀도를 구하면 다음과 같다.

$$H = nI = \frac{100}{0.5} \times 5\sin 400t = 1000\sin 400t \text{ [AT/m]} \quad \cdots ①$$

$$B = \mu H = 10^{-3} \times 1000\sin 400t = \sin 400t \text{ [Wb/m}^2\text{]}$$

반지름이 ρ [m] 인 원 안의 자속수는

$$\Phi = BS = \sin 400t \times \pi\rho^2 = \pi\rho^2 \sin 400t \text{ [Wb]} \quad \cdots ②$$

가 되고, 중심으로부터 ρ [m] 만큼 떨어진 원에 유도되는 기전력은 다음과 같다.

$$V_{emf} = -\frac{d}{dt}\Phi = -\frac{d}{dt}(\pi\rho^2 \sin 400t) = -400\pi\rho^2 \cos 400t \text{ [V]} \quad \cdots ③$$

따라서 중심으로부터 ρ [m] 만큼 떨어진 점의 전계의 세기의 크기는

$$E = \frac{V}{l} = \frac{1}{2\pi\rho} \times (-400\pi\rho^2 \cos 400t) = -200\rho\cos 400t \text{ [V/m]} \quad \cdots ④$$

가 되고, 따라서 그 점의 전류밀도의 크기는 다음과 같다.

$$J = \sigma E = 10^2 \times (-200\rho\cos 400t) = -2 \times 10^4 \rho\cos 400t \text{ [A/m}^2\text{]} \quad \cdots ⑤$$

(b) 전체 와전류는 다음과 같이 구한다.

$$I_{eddy}(t) = \int_S \mathbf{J} \cdot d\mathbf{S} = \int_0^{0.5}\int_0^{0.03} 2\times10^4 \rho \cos 400t \, d\rho\, dz$$
$$= \int_0^{0.5}\left[2\times10^4\times\frac{1}{2}\rho^2\cos 400t\right]_0^{0.03} dz$$
$$= 0.5\times10^4\times0.03^2\cos 400t$$
$$= 4.5\cos 400t \text{ [A]} \quad \cdots ⑥$$

☞ 식 ⑥으로 표시되는 전체 와전류의 실효치는 $I_{eddy,s} = \frac{4.5}{\sqrt{2}} \fallingdotseq 3.18$[A]이다.

9.1.2 운동기전력

앞에서는 자속이 시간적으로 변화할 때 발생하는 유도기전력에 대해 살펴보았다. 이제는 시간적으로 변하지 않는 자속에서 도체 막대가 움직일 때 발생하는 기전력에 대해 생각해보자. 전자를 **변압기기전력** transformer electromotive force 이라고 하고, 후자를 **운동기전력** motional electromotive force 이라고 한다. 이 둘을 구별하기 위해 앞으로 변압기기전력을 $V_{tr,emf}$, 운동기전력을 $V_{m,emf}$로 표시한다.

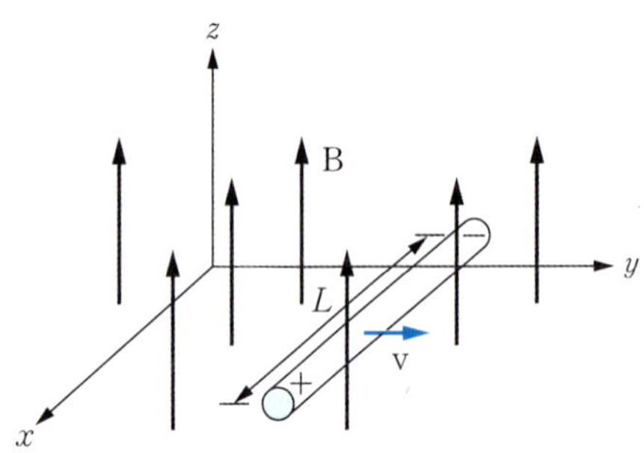

그림 9-10 자속에서 움직이는 도체에 발생하는 운동기전력

[그림 9-10]과 같이 시간적으로 변하지 않는 자계 내에서 움직이는 도체에 유기되는 유도기전력에 대해 생각해보자. 고정 자속밀도가 $\mathbf{B} = B\mathbf{a}_z$[Wb], 도체의 길이가 L[m], 도체의 움직이는 속도가 $\mathbf{v} = v\mathbf{a}_y$[m/sec]라고 하면, 도체 내에 있는 전하 Q[C]이 받는 로렌츠의 힘 $\mathbf{F}$는 다음과 같다.

$$\mathbf{F} = Q\mathbf{v}\times\mathbf{B} \text{ [N]} \tag{9.10}$$

따라서 도체 내에 발생하는 운동 전계의 세기 motional electric field intensity $\mathbf{E}_m$은 다음과 같다.

$$\mathbf{E}_m = \frac{\mathbf{F}}{Q} = \mathbf{v}\times\mathbf{B} = v\mathbf{a}_y \times B\mathbf{a}_z = vB\mathbf{a}_x \text{ [V/m]}$$

이 운동 전계의 세기에 의해 발생하는 운동기전력 $V_{m,emf}$는 다음과 같다.

$$V_{m,emf} = \oint_c \mathrm{E}_m \cdot d\mathrm{L} = \oint_c (\mathrm{v} \times \mathrm{B}) \cdot d\mathrm{L} \tag{9.11}$$

$$= \int_L^0 vB\mathbf{a}_x \cdot dx\,\mathbf{a}_x = -vBL\,[\mathrm{V}] \tag{9.12}$$

식 (9.12)에서 (−)값이 나온 것은 폐회로에 대한 선적분 방향이 암페어의 오른손 법칙을 따르기 때문이다. 이 운동기전력을 패러데이의 법칙을 기반으로 해서 다음과 같이 유도하기도 한다. [그림 9-11 (a)]와 같이 ㄷ자 모양의 평행 도선 위에 도체 막대를 놓으면, 폐회로 $a-b-c-d-a$가 만드는 면적 $\mathrm{S} = Ly\mathbf{a}_z\,[\mathrm{m}^2]$를 지나는 자속 Φ는 다음과 같다.

$$\Phi = \int_S \mathrm{B} \cdot d\mathrm{S} = B\mathbf{a}_z \cdot Ly\mathbf{a}_z = BLy\,[\mathrm{Wb}]$$

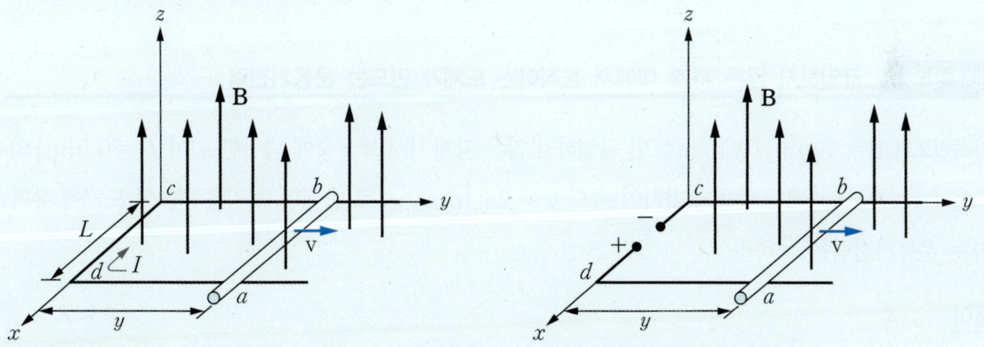

(a) 운동유도전류　　(b) 운동기전력

그림 9-11 자속에서 움직이는 도체에 발생하는 유도기전력

그림에서 도체 막대를 y축의 (+)방향으로 $v[\mathrm{m/sec}]$ 속도로 이동시키면, 그에 따른 폐곡선 안의 면적의 증가율은

$$\frac{dS}{dt} = L\frac{dy}{dt} = Lv\,[\mathrm{m}^2/sec]$$

가 되고, 폐곡선 안을 지나는 자속의 변화율은 다음과 같이 된다.

$$\frac{d\Phi}{dt} = \frac{d}{dt}(BS) = \frac{d}{dt}(BLy) = BL\frac{d}{dt}y = BLv$$

따라서 이 폐곡선 안에는 다음의 운동기전력이 생긴다.

$$V_{m,emf} = -\frac{d\Phi}{dt} \equiv -BLv\,[\mathrm{V}]$$

유도기전력 $V_{m,emf}$가 (−)값을 갖는 것은 이 기전력에 의해 그림과 같이 유도전류가 시계 방향으로, 즉 폐곡선 안의 자속 증가를 방해하는 방향으로 흐르게 된다는 것을 의미한다. 또 [그림 9-11(b)]와 같이 회로 $c-d$ 사이가 절단되면 d단자 쪽에 (+), c단자 쪽에 (−)전압이 나타난다.

예제 9-5 균일한 자계 내에서 움직이는 도체가 만드는 운동기전력

자속밀도가 $\mathrm{B} = 10\mathbf{a}_z\,[\mathrm{Wb/m^2}]$인 자계 내에서 x축에 나란한 길이 $L = 0.4\,[\mathrm{m}]$의 도체가 속도 $\mathrm{v} = 5\mathbf{a}_y\,[\mathrm{m/sec}]$로 움직이고 있을 때, 이 도체에 유기되는 기전력을 구하라.

풀이

식 (9.12)에 의해 다음과 같이 구할 수 있다.

$$V_{m,emf} = -vBL = -5\times 10\times 0.4 = -20\ [\mathrm{V}]$$

예제 9-6 균일하지 않은 자계 내에서 움직이는 도체가 만드는 운동기전력

자속밀도가 $\mathrm{B} = 10y^2\mathbf{a}_z\,[\mathrm{Wb/m^2}]$인 균일하지 않은 자계 내에서 x축에 나란한 길이 $L = 0.5\,[\mathrm{m}]$의 도체가 $t = 0\,[\mathrm{sec}]$에 x축을 출발하여 속도 $\mathrm{v} = 2\mathbf{a}_y\,[\mathrm{m/sec}]$로 움직이고 있을 때, 이 도체에 유기되는 운동기전력을 구하라.

풀이

식 (9.11)에 의해 다음과 같이 구할 수 있다.

$$\begin{aligned}
V_{m,emf} &= \oint_c \mathrm{E}_m \cdot d\mathrm{L} = \oint_c (\mathrm{v}\times\mathrm{B})\cdot d\mathrm{L} \\
&= \int_{0.5}^{0} \left(2\,\mathbf{a}_y \times 10y^2\mathbf{a}_z\right)\cdot dx\mathbf{a}_x && \cdots ① \\
&= \int_{0.5}^{0} \left(20y^2\mathbf{a}_x\right)\cdot dx\mathbf{a}_x \\
&= \int_{0.5}^{0} 20y^2 dx = 20y^2[x]_{0.5}^{0} = -10y^2 && \cdots ② \\
&= -10\times(2t)^2 \quad (\because\ y = vt = 2t) && \cdots ③ \\
&= -40t^2\ [\mathrm{V}]
\end{aligned}$$

운동기전력의 예로 직류발전기를 생각할 수 있다. [그림 9-12(a)]는 직류발전기의 모형이다. 자계 속에서 힘 F를 가하여 도체 루프를 오른쪽으로 돌리면 그림과 같이 전류가 흐른다. 계속 같은 방향으로 전류가 흐르도록 하기 위해 직류발전기에는 정류자[commutator]와 브러시[brush]가 필요하다. 이때 전류의 방향을 쉽게 찾기 위해 [그림 9-12(b)]와 같은 플레밍의 오른손 법칙을 이용한다.

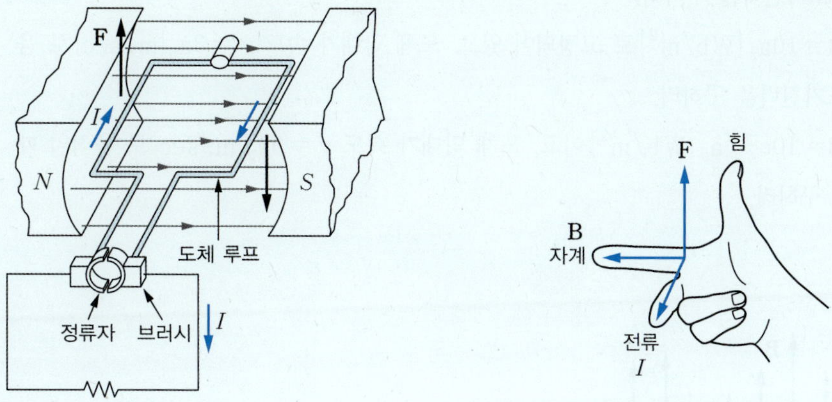

(a) 발전기 (b) 플레밍의 오른손 법칙

그림 9-12 직류발전기와 플레밍의 오른손 법칙

여기서 잠깐 **플레밍의 왼손법칙과 오른손 법칙의 혼동 예방법**

자계 내에서 전류가 받는 힘의 방향과 도체를 이동시킬 때 발생하는 전류(또는 기전력)의 방향을 쉽게 찾기 위해 플레밍의 왼손법칙과 오른손 법칙을 사용하는데, 때때로 왼손법칙을 사용해야 하는지 오른손 법칙을 사용해야 하는지 혼동될 때가 있다. 이때는 다음과 같이 구분하면 쉽다.

자계 내에서 전류가 받는 힘, 즉 자기력을 이용한 것이 모터이다. 그리고 도체를 이동시킬 때 발생하는 기전력, 즉 운동기전력을 이용한 것이 발전기이다. 모터를 기동시키기 위해서는 왼손 손가락으로 전원 버튼만 누르면 되지만, 발전기를 돌리려면 큰 힘이 필요하므로 오른손을 사용해야 한다. 즉 모터의 원리면 플레밍의 왼손법칙을, 발전기의 원리면 플레밍의 오른손 법칙을 사용한다.

그동안 유도기전력을 만드는 2가지 경우, 즉 고정된 폐회로 안을 지나가는 자속이 시간적으로 변하는 경우(변압기기전력)와 시간적으로 변하지 않는 자속 안에서 도체가 움직이는 경우(운동기전력)를 따로 따로 생각했다. 이제 이들 둘이 같이 있는 경우, 즉 자속도 변하고 폐회로의 넓이도 변하는 경우에 발생하는 유도기전력을 구해보자. 이때 발생하는 유도기전력은 변압기기전력과 운동기전력을 합한 것으로, 식 (9.7)과 식 (9.11)을 합해 다음과 같이 표현된다.

$$V_{emf} = \oint_c \mathrm{E} \cdot d\mathrm{L} = -\int_S \frac{\partial \mathrm{B}}{\partial t} \cdot d\mathrm{S} + \oint_c (\mathrm{v} \times \mathrm{B}) \cdot d\mathrm{L} \ [\mathrm{V}] \tag{9.13}$$

예제 9-7 시변 자계 내에서 움직이는 도체가 만드는 유도기전력

[그림 9-13]과 같이 도체 막대가 자유롭게 움직일 수 있다. 단, $a-b$의 거리는 $L=0.5[\text{m}]$이다.

(a) 도체 막대가 $y=2[\text{m}]$에 고정되어 있고, 시간적으로 변하는 자속밀도가 $\mathbf{B}=10e^{-5t}\mathbf{a}_z[\text{Wb/m}^2]$일 때 유도기전력을 구하라.

(b) 자속밀도는 $\mathbf{B}=10\mathbf{a}_z[\text{Wb/m}^2]$로 고정되어 있고, 도체 막대가 속도 $\mathbf{v}=3\mathbf{a}_y[\text{m/sec}]$로 움직일 때 유도기전력을 구하라.

(c) 자속밀도는 $\mathbf{B}=10e^{-5t}\mathbf{a}_z[\text{Wb/m}^2]$이고, 도체 막대가 속도 $\mathbf{v}=3\mathbf{a}_y[\text{m/sec}]$로 움직일 때 유도기전력을 구하라.

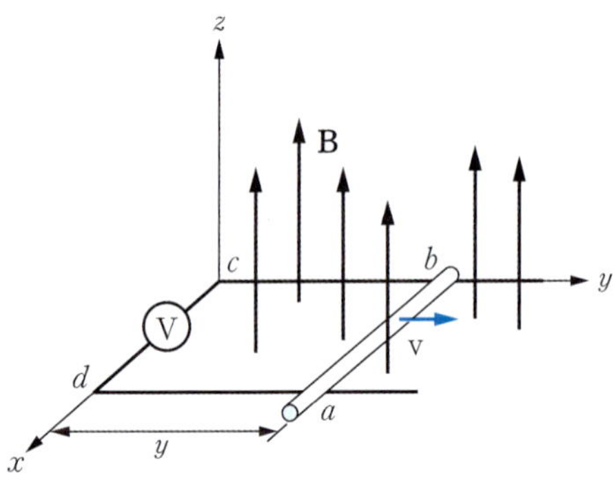

그림 9-13 시변 자계에서의 유도기전력

풀이

(a) 식 (9.7)에 의해 다음과 같이 구한다.

$$V_{tr,emf}=\oint_c \mathbf{E}\cdot d\mathbf{L}=-\frac{d\Phi}{dt}=-\int_S \frac{\partial \mathbf{B}}{\partial t}\cdot d\mathbf{S} \quad \cdots ①$$

$$=-\int_S \frac{\partial}{\partial t}10e^{-5t}\mathbf{a}_z\cdot d\mathbf{S}$$

$$=-\int_S -50e^{-5t}\mathbf{a}_z\cdot d\mathbf{S}$$

$$=50e^{-5t}\mathbf{a}_z\cdot \mathbf{S}$$

$$=50e^{-5t}\mathbf{a}_z\cdot(0.5\times 2)\mathbf{a}_z$$

$$=50e^{-5t}\,[\text{V}] \quad \cdots ②$$

(b) 식 (9.11)에 의해 다음과 같이 구한다.

$$V_{m,emf} = \oint_c \mathrm{E}_m \cdot d\mathrm{L} = \oint_c (\mathrm{v} \times \mathrm{B}) \cdot d\mathrm{L} \quad \cdots ③$$

$$= \int_{0.5}^{0} (3\,\mathrm{a}_y \times 10\mathrm{a}_z) \cdot dx\mathrm{a}_x$$

$$= \int_{0.5}^{0} (30\mathrm{a}_x) \cdot dx\mathrm{a}_x$$

$$= 30 \times (-0.5) = -15\ [\mathrm{V}] \quad \cdots ④$$

(c) 식 (9.13)에 의해 다음과 같이 구한다.

$$V_{emf} = \oint_c \mathrm{E} \cdot \mathrm{dL} = -\int_S \frac{\partial \mathrm{B}}{\partial t} \cdot d\mathrm{S} + \oint_c (\mathrm{v} \times \mathrm{B}) \cdot d\mathrm{L} \quad \cdots ⑤$$

$$= -\int_S \frac{\partial}{\partial t} 10e^{-5t}\,\mathrm{a}_z \cdot d\mathrm{S} + \oint_c \left(3\,\mathrm{a}_y \times 10e^{-5t}\mathrm{a}_z\right) \cdot d\mathrm{L} \quad \cdots ⑥$$

$$= -\int_S -50e^{-5t}\,\mathrm{a}_z \cdot d\mathrm{S} + \oint_c 30e^{-5t}\mathrm{a}_x \cdot d\mathrm{L} \quad \cdots ⑦$$

$$= 50e^{-5t}\,\mathrm{a}_z \cdot \mathrm{S} + \int_{0.5}^{0} 30e^{-5t}\mathrm{a}_x \cdot dx\mathrm{a}_x$$

$$= 50e^{-5t}\,\mathrm{a}_z \cdot (0.5 \times y)\,\mathrm{a}_z + 30e^{-5t}[x]_{0.5}^{0}$$

$$= 25e^{-5t}y - 15e^{-5t} \quad \cdots ⑧$$

$$= 75t\,e^{-5t} - 15e^{-5t} \quad (\because y = 3t) \quad \cdots ⑨$$

$$= 15\,e^{-5t}(5t-1)\ [\mathrm{V}]$$

☞ [별해] 식 (9.1)의 패러데이의 법칙을 이용하여 다음과 같이 풀 수도 있다. 폐회로 $a-b-c-d-a$ 안에 있는 자속은 다음과 같다.

$$\Phi = BS = 10e^{-5t} \times (0.5 \times y) = 10e^{-5t} \times (0.5 \times 3t) \quad (\because y = vt = 3t) \quad \cdots ⑩$$

$$= 15e^{-5t}t\ [\mathrm{Wb}]$$

$$V_{emf} = -\frac{d\Phi}{dt} = -\frac{d}{dt}(15e^{-5t}t) = -(-75e^{-5t}t + 15e^{-5t}) \quad \cdots ⑪$$

$$= 15e^{-5t}(5t-1)\ [\mathrm{V}] \quad \cdots ⑫$$

예제 9-8 자계 내에서 움직이는 도체가 만드는 운동기전력

[그림 9-14(a)]와 같이 사각형 도체가 일정한 자속밀도 $\mathbf{B} = B_0 \mathbf{a}_y$ [Wb/m^2] 안에서 z축을 중심으로 반지름 ρ_0[m], 일정한 각속도 ω [rad/sec]로 $(+)\mathbf{a}_\phi$ 방향으로 회전하고 있다. 이때 단자 $a-b$ 사이에 발생하는 유도기전력 V_{ab}를 구하라.

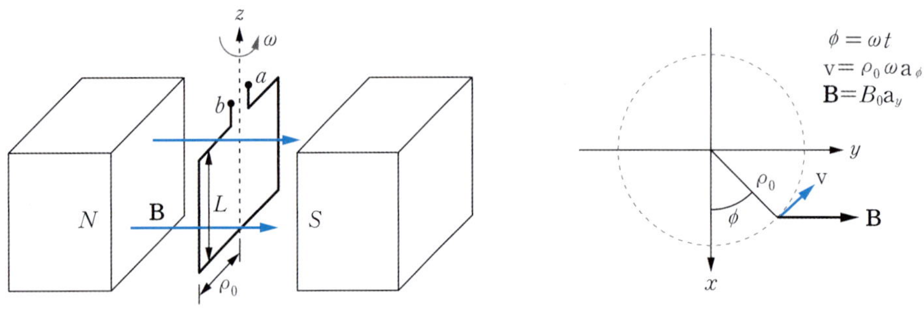

(a) 자석 사이에서 회전하는 도체 (b) $z=0$ 평면

그림 9-14 자석 사이에서 회전하는 도체에 발생하는 유도기전력

풀이

도체에 유기되는 운동 전계의 세기는 다음과 같다.

$$\mathbf{E}_m = \mathbf{v} \times \mathbf{B} = \rho_0 \omega \mathbf{a}_\phi \times B_0 \mathbf{a}_y = \rho_0 \omega B_0 \sin\phi (-\mathbf{a}_z) = -\rho_0 \omega B_0 \sin \omega t \, \mathbf{a}_z \quad \cdots ①$$

그리고 $a-b$ 사이에 나타나는 유도기전력은 운동 전계의 세기에 도체의 길이 L을 곱하면 되는데, 뒤에도 같은 길이의 도체가 있으므로 2배가 된다. $a-b$ 사이에 저항을 연결했을 때 전류 흐름의 방향을 생각해보면 전압 극성이 a단자가 $(+)$, b단자가 $(-)$임을 알 수 있다. 따라서 단자 $a-b$ 사이에 발생하는 유도기전력 V_{ab}는 다음과 같이 된다.

$$V_{ab} = 2\rho_0 \omega B_0 L \sin \omega t \text{ [V]} \quad \cdots ②$$

SECTION

9.2 변위전류

우리는 7장에서 암페어의 주회법칙을 배우고, 다음과 같은 제3 맥스웰 방정식의 미분형을 얻었다.

$$\nabla \times \mathrm{H} = \mathrm{J} \tag{9.14}$$

식 (9.14) 양변의 발산을 취하면

$$\nabla \cdot (\nabla \times \mathrm{H}) = \nabla \cdot \mathrm{J} \tag{9.15}$$

가 된다. 그런데 벡터 연산에서는 항상 $\nabla \cdot (\nabla \times \mathrm{H}) \equiv 0$이다. 물론 정전계에서는 전하보존의 법칙에 의한 다음과 같은 전류의 연속식

$$\nabla \cdot \mathrm{J} = -\frac{\partial \rho_v}{\partial t} \tag{9.16}$$

의 값도 항상 0이므로 식 (9.14)의 표현에 아무 문제가 없지만, 시변 전자계에서는 $\frac{\partial \rho_v}{\partial t} \neq 0$이므로 식 (9.15)의 등식이 성립하지 않아 제3 맥스웰 방정식의 미분형인 식 (9.14)가 수정되어야 한다. 우선 잠정적으로 식 (9.14)에 또 다른 전류밀도 J_d를 더해보자.

$$\nabla \times \mathrm{H} = \mathrm{J} + \mathrm{J}_d \tag{9.17}$$

그리고 식 (9.17) 양변의 발산을 취하면 다음과 같이 된다.

$$0 = \nabla \cdot \mathrm{J} + \nabla \cdot \mathrm{J}_d$$

$$\nabla \cdot \mathrm{J}_d = -\nabla \cdot \mathrm{J} = \frac{\partial \rho_v}{\partial t}$$

$$= \frac{\partial}{\partial t}(\nabla \cdot \mathrm{D}) = \nabla \cdot \frac{\partial \mathrm{D}}{\partial t}$$

그러므로

$$\mathrm{J}_d = \frac{\partial \mathrm{D}}{\partial t} \tag{9.18}$$

가 된다.

따라서 시변 전자계의 제3 맥스웰 방정식의 미분형인 식 (9.17)은 다음과 같이 변형된다.

$$\nabla \times \mathrm{H} = \mathrm{J} + \frac{\partial \mathrm{D}}{\partial t} \tag{9.19}$$

식 (9.18)로 표시된 전류밀도를 **변위전류밀도**라고 하며, **변위전류**displacement current I_d는 다음과 같이 된다.

$$I_d = \int_S \mathrm{J}_d \cdot d\mathrm{S} = \int_S \frac{\partial \mathrm{D}}{\partial t} \cdot d\mathrm{S} \tag{9.20}$$

이와 같이 변위전류는 수학적인 필요성 때문에 도입했는데, 실제 물리적 의미는 무엇인지 알아보자.

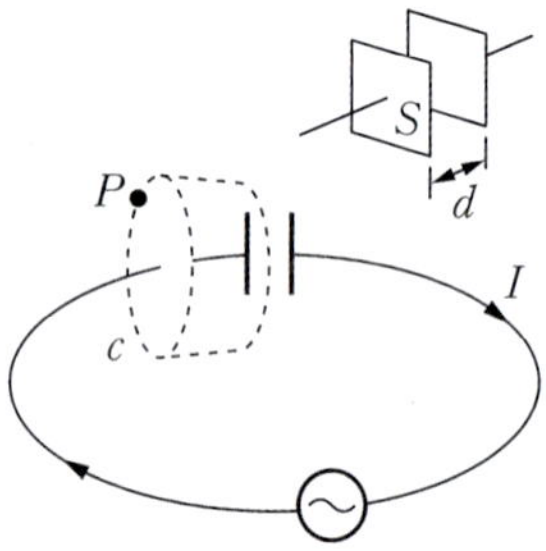

그림 9-15 콘덴서를 가진 전기회로

[그림 9-15]와 같이 콘덴서를 가진 전기회로에 교류전원에 의한 교류전류 I[A]가 흐른다고 하자. 도선에 흐르는 전류는 전원을 떠나 콘덴서를 지나서 다시 전원으로 돌아오는 연속 폐곡선을 그린다. 그러나 전류의 실체는 전자의 흐름이다. 그런데 완전 유전체($\sigma = 0$)로 채워진 콘덴서 양극판 사이에는 일체의 전자의 흐름이 있을 수 없다. 다시 말해, 자유전자가 전혀 없는 콘덴서 양극판 사이에는 자유전자에 의한 전류의 흐름이 있을 수 없다.

도선에 흐르는 전류 I에 의한 점 P의 자계의 세기 H는 암페어의 주회법칙에 의해

$$\oint_c \mathrm{H} \cdot d\mathrm{L} = I_{in} \tag{9.21}$$

을 만족한다. 이 식에서 I_{in}은 폐회로 c가 둘러싸고 있는 평면을 지나는 총 전류이며 여기서는 전류 I이다. 그러나 폐곡선 c가 둘러싸고 있는 면, 즉 전류가 지나가는 면이 꼭 평면인 것은 아니다. 어떤 면이든지 그 면의 입구가 폐곡선 c면 된다. 즉 [그림 9-15]에서 곡선으로 그려진 봉투 같은 면 전체를 통과하는 전류가 식 (9.21)에서 I_{in}이 된다. 그런데 콘덴서의 양극판 사이는 절연체로 채워져 있기 때문에 양극 사이에는 전자의 흐름에 의한 전류가 존재하지 않는다. 즉 도선에 흐르는 전류 I는 콘덴서의 한쪽 도체판에서 정지하고 더 이상 흐르지 않는다. 그러므로 폐곡선 c가 둘러싸고 있는 면을 그림의 봉투와 같이 정하면 암페어의 주회법칙인 식 (9.21)에서 전류 I_{in}은 0이 된다. 따라서 전류 I에 의한 점 P의 자계의 세기는 0이 된다. 왜 이런 문제가 생겼을까?

콘덴서 내부에는 전도전류가 아닌 전류가 흐른다. 즉 전자의 이동에 의한 전류가 아닌 다른 종류의 전류가 흐른다. 전류가 계속 콘덴서의 도체판에 흘러들어오면 그 도체판에는 전하가 계속 쌓이고, 따라서 콘덴서 극판 사이에 전속밀도 D가 점점 증가한다. 이 전속밀도의 시간 변화에 의한 전류밀도가 두 극판 사이에 흐르게 되는데, 이것을 변위전류밀도 J_d라고 한다.

예를 들어, [그림 9-15]에서 콘덴서의 도체 극판 넓이가 $S[\mathrm{m}^2]$, 극판 간극이 $d\,[\mathrm{m}]$, 극판 사이의 절연체 유전율이 $\epsilon\,[\mathrm{F/m}]$, 정전용량을 $C[\mathrm{F}]$이라고 하면 정전용량은 다음과 같다.

$$C = \frac{\epsilon S}{d} \tag{9.22}$$

[그림 9-15]에서 회로 도선의 저항은 없다고 하고, 인가된 교류 전원전압이 $v(t) = V_m \sin \omega t\,[\mathrm{V}]$라고 하면, 이때 도선에 흐르는 전도전류 I는 다음과 같이 된다.[1]

$$I = \omega C V_m \, cos \, \omega t \tag{9.23}$$

콘덴서 양단에 나타나는 전압 v_C는 전원전압과 같은 $v_C(t) = V_m \sin \omega t\,[\mathrm{V}]$이며, 콘덴서 내부의 전계의 세기의 크기는 다음과 같이 된다.

$$E = \frac{v_C}{d} = \frac{1}{d} \times V_m \sin \omega t \tag{9.24}$$

그러므로 콘덴서 내부의 전속밀도의 크기는 다음과 같이 된다.

$$D = \epsilon E = \frac{\epsilon}{d} \times V_m \sin \omega t \tag{9.25}$$

따라서 변위전류밀도 J_d와 변위전류 I_d는 각각 다음과 같이 된다.

$$\begin{aligned} \mathrm{J}_d = \frac{\partial \mathrm{D}}{\partial t} &= \frac{\partial}{\partial t}\left(\frac{\epsilon}{d} \times V_m \sin \omega t\right)\mathbf{a}_n \\ &= \omega \frac{\epsilon}{d} V_m \cos \omega t \; \mathbf{a}_n \end{aligned}$$

$$\begin{aligned} I_d = \int_S \mathrm{J}_d \cdot d\mathrm{S} &= \omega \frac{\epsilon}{d} V_m \cos \omega t \; \mathbf{a}_n \cdot S\,\mathbf{a}_n \\ &= \omega \frac{\epsilon S}{d} V_m \cos \omega t = \omega C V_m \cos \omega t \end{aligned} \tag{9.26}$$

식 (9.23)과 식 (9.26)을 비교하면, 도선에 흐르는 전류와 콘덴서에 흐르는 변위전류가 같은 값이라는 것을 알 수 있다.

---

1 이 식의 유도과정은 회로이론을 참고하기 바란다.

지금까지 살펴본 바로는, 도선을 흐르는 전류와 똑같은 크기의 전류가 변위전류 형태로 콘덴서에 흐른다는 것을 알 수 있다. 콘덴서에 흐르는 변위전류는 직접적인 전자의 이동은 없지만, 시간에 따른 전계의 변화로 전도전류와 같이 주변에 자계를 만들어낸다.

전류는 전도전류, 대류전류, 그리고 변위전류 이렇게 3가지 종류로 분류할 수 있다. 전도전류는 우리가 가장 흔하게 보는 전류로, 도체 내에서 전자의 이동에 의한 전류이다. 대류전류는 전하의 직접적인 이동으로 진공관이나 브라운관, 형광등 같은 진공 중에서의 전자의 흐름이나 전자총, 전자현미경 같은 곳에서의 전자의 흐름에 의한 전류이다. 변위전류는 전자의 직접적인 이동은 없으나 전자의 쌓임으로 인해 발생하는 전계의 변화, 그래서 다른 전류와 같은 역할을 하는 전계의 시간적 변화를 말한다. 이들을 전류밀도의 식으로 표시하면 다음과 같다.

$$\text{전도전류밀도 : } \mathrm{J} = \sigma \mathrm{E} \tag{9.27}$$

$$\text{대류전류밀도 : } \mathrm{J} = \rho \mathrm{v} \tag{9.28}$$

$$\text{변위전류밀도 : } \mathrm{J}_d = \frac{\partial \mathrm{D}}{\partial t} \tag{9.29}$$

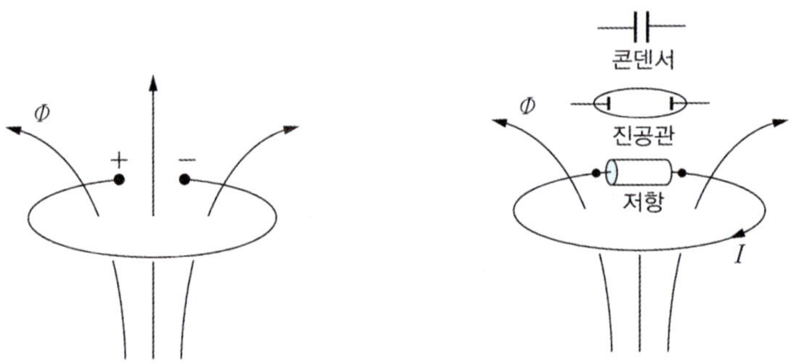

(a) 유도기전력, $\frac{d}{\partial t}\Phi > 0$ (b) 부하의 종류에 따른 전류의 변화

그림 9-16 전도전류, 대류전류, 변위전류

[그림 9-16(a)]와 같이 중간이 절단된 폐회로 안의 자속이 시간적으로 변화할 때 도선 양단에는 유도기전력이 나타난다. 이 폐회로 금속 도선을 완전 도체($\sigma = \infty$)라고 하자. 그리고 [그림 9-16(b)]와 같이 유도기전력에 저항, 진공관, 콘덴서를 차례로 번갈아가며 연결했을 때 흐르는 전류가 각각 전도전류, 대류전류, 변위전류이다. 만일 콘덴서의 양극판 사이의 유전체가 완전 유전체가 아니면, 즉 전도도가 0이 아니면 변위전류와 함께 전도전류도 같이 흐른다. 이러한 전도전류를 특별히 구별하여 누설전류라고 한다.

예제 9-9 콘덴서에 흐르는 변위전류

[그림 9-17]과 같은 콘덴서 회로에서 폐루프 내의 총 자속이 $\Phi = 10e^{5t}$ [Wb]일 때 다음을 구하라. 단, 콘덴서의 원형 도체판의 반지름은 $r = 0.2$[m], 콘덴서 도체판 간극은 $d = 0.05$[m], 도체판 사이 절연체의 유전율은 $\epsilon = 6 \times 10^{-11}$ [F/m]이다.

(a) 폐회로 내에 유기되는 유도기전력

(b) 콘덴서 내의 전속밀도의 크기

(c) 콘덴서 내의 변위전류

(d) 이 변위전류에 의해 콘덴서 중심축으로부터 $\rho = 0.25$[m] 떨어진 점에 발생하는 자계의 세기의 크기

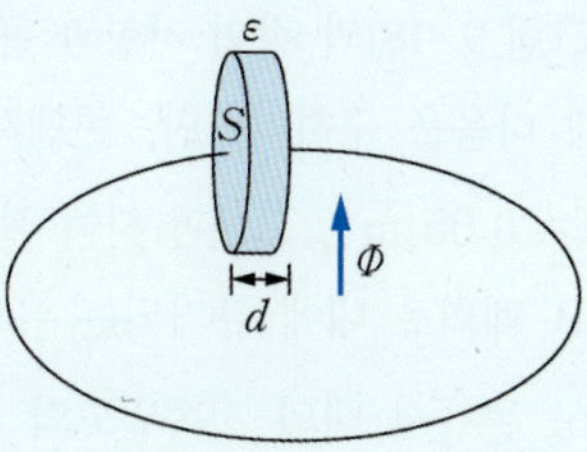

그림 9-17 콘덴서 회로의 변위전류

풀이

(a) $$V_{emf} = -\frac{d\Phi}{dt} = -\frac{d}{dt}10e^{5t} = -50e^{5t} \text{ [V]} \quad \cdots ①$$

(b) $$E = \frac{V}{d} = \frac{-50e^{5t}}{0.05} = -1000e^{5t}$$

$$D = \epsilon E = 6 \times 10^{-11} \times (-1000e^{5t}) = -6 \times 10^{-8} e^{5t} \text{ [C/m}^2\text{]} \quad \cdots ②$$

(c) $$J_d = \frac{\partial D}{\partial t} = \frac{\partial}{\partial t}(-6 \times 10^{-8} e^{5t}) = -30 \times 10^{-8} e^{5t} \quad \cdots ③$$

$$I_d = \int_S \mathrm{J}_d \cdot d\mathrm{S} = -30 \times 10^{-8} e^{5t} S = -30 \times 10^{-8} e^{5t} \times \pi \times 0.2^2 \quad \cdots ④$$
$$= -1.2\pi \times 10^{-8} e^{5t} \text{ [A]}$$

(d) $$H = \frac{I}{2\pi\rho} = \frac{1.2\pi \times 10^{-8} e^{5t}}{2\pi \times 0.25} = 2.4 \times 10^{-8} e^{5t} \text{ [AT/m]} \quad \cdots ⑤$$

☞ 전기회로에서 정전용량 $C = \frac{\epsilon S}{d} = \frac{6 \times 10^{-11} \pi \times 0.2^2}{0.05} = 4.8\pi \times 10^{-11}$[F]에 기전력 $-50e^{5t}$[V]를 인가했을 때 흐르는 콘덴서의 전류 I_C는 다음과 같다. 이 값은 (c)에서 구한 콘덴서의 변위전류 I_d와 같음을 알 수 있다.

$$I_C = \frac{d}{dt}Q = \frac{d}{dt}CV = \frac{d}{dt}\{4.8\pi \times 10^{-11} \times (-50e^{5t})\}$$
$$= 4.8\pi \times 10^{-11} \times (-250)e^{5t}$$
$$= -1.2\pi \times 10^{-8} e^{5t} \text{ [A]}$$

예제 9-10 전도전류와 변위전류

[그림 9-18]과 같이 저항과 콘덴서의 병렬회로에서 폐루프 내의 총 자속이 $\Phi = 10 - 5t$ [Wb] 일 때 다음을 구하라. 단, 콘덴서의 원형 도체판의 반지름은 $r = 0.2$[m], 콘덴서 도체판 간극은 $d = 0.05$[m], 도체판 사이 절연체의 유전율은 $\epsilon = 6 \times 10^{-11}$[F/m], 저항은 $R = 100$[Ω]이다.

(a) 폐회로 내에 유기되는 유도기전력 V_{emf}

(b) 콘덴서 내의 전속밀도의 크기 D

(c) 콘덴서 내의 변위전류 I_d

(d) 저항 R에 흐르는 전도전류 I_R

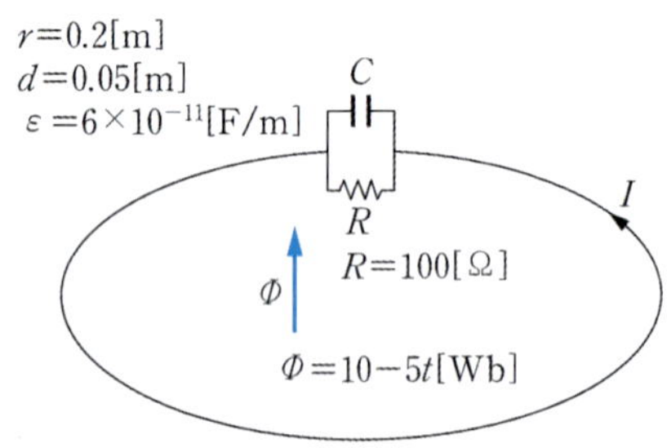

그림 9-18 저항-콘덴서 병렬회로

풀이

(a) $V_{emf} = -\dfrac{d\Phi}{dt} = -\dfrac{d}{dt}(10 - 5t) = 5$ [V] ··· ①

(b) $E = \dfrac{V}{d} = \dfrac{5}{0.05} = 100$ [V/m]

$D = \epsilon E = 6 \times 10^{-11} \times 100 = 6 \times 10^{-9}$ [C/m^2] ··· ②

(c) $J_d = \dfrac{\partial D}{\partial t} = \dfrac{\partial}{\partial t}(6 \times 10^{-9}) = 0$ ➡ $I_d = 0$ [A] ··· ③

(d) $I_R = \dfrac{V_{emf}}{R} = \dfrac{5}{100} = 0.05$ [A] ··· ④

☞ 폐루프 도체에 흐르는 전류 I는 저항에 흐르는 전도전류 0.05[A]뿐이며, 변위전류가 0인 이유는 유도 전압의 크기가 일정해서 콘덴서의 전하가 일정하므로 전속밀도의 시간적 변화가 없기 때문이다.

예제 9-11 누설전류와 변위전류

[그림 9-19]와 같이 저항과 콘덴서의 병렬회로에서 폐루프 내의 총 자속이 $\Phi = 10e^{-5t}$[Wb]일 때 다음을 구하라. 단, 콘덴서의 도체판의 면적은 $S = 0.13$ [m^2], 콘덴서 도체판 간극은 $d = 0.05$[m], 도체판 사이 절연체의 유전율은 $\epsilon = 6 \times 10^{-11}$[F/m], 누설저항 $R = 10$[MΩ]이다.

(a) 폐회로 내에 유기되는 유도기전력 V_{emf}

(b) 콘덴서 내의 전속밀도의 크기 D

(c) 콘덴서 내의 변위전류 I_d

(d) 저항 R에 흐르는 누설전류 I_R

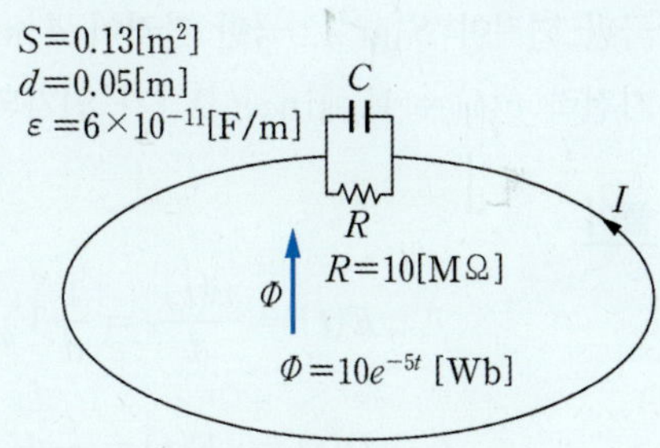

그림 9-19 저항-콘덴서 병렬회로

풀이

(a) $V_{emf} = -\dfrac{d\Phi}{dt} = -\dfrac{d}{dt}10e^{-5t} = 50e^{-5t}$ [V] … ①

(b) $E = \dfrac{V}{d} = \dfrac{50e^{-5t}}{0.05} = 1000e^{-5t}$ [V/m]

$D = \epsilon E = 6 \times 10^{-11} \times 1000e^{-5t} = 6 \times 10^{-8} e^{-5t}$ [C/m²] … ②

(c) $J_d = \dfrac{\partial D}{\partial t} = \dfrac{\partial}{\partial t}(6 \times 10^{-8} e^{-5t}) = -30 \times 10^{-8} e^{-5t}$ … ③

$I_d = \displaystyle\int_S \mathrm{J}_d \cdot d\mathrm{S} = -30 \times 10^{-8} e^{-5t} S = -30 \times 10^{-8} e^{-5t} \times 0.13$

$= -3.9 \times 10^{-8} e^{-5t}$ [A] … ④

(d) $I_R = \dfrac{V_{emf}}{R} = \dfrac{50e^{-5t}}{10 \times 10^6} = 5 \times 10^{-6} e^{-5t}$ [A] … ⑤

☞ 폐루프에 흐르는 전류 I는 다음과 같다.

$$I = I_d + I_R = -3.9 \times 10^{-8} e^{-5t} + 5 \times 10^{-6} e^{-5t} \text{ [A]}$$

여기서 콘덴서에 흐르는 변위전류가 (−)값을 갖는 이유는 콘덴서에 걸리는 유도전압이 점점 줄어듦으로써 콘덴서의 전하가 줄어들며 따라서 전속밀도의 시간적 변화가 (−)로 되기 때문이다.

예제 9-12 변위전류

극판 면적이 $S[\mathrm{m}^2]$, 극판 간격이 $d[\mathrm{m}]$, 극판 사이 절연체의 유전율이 $\epsilon[\mathrm{H/m}]$인 콘덴서에 기전력 $v(t) = V_m \sin\omega t[\mathrm{V}]$가 인가되었을 때, 콘덴서에 흐르는 변위전류 $I_d(t)$를 구하라.

풀이

$$E(t) = \frac{v(t)}{d} = \frac{1}{d} V_m \sin\omega t \qquad \cdots ①$$

$$D(t) = \epsilon E(t) = \frac{\epsilon}{d} V_m \sin\omega t \qquad \cdots ②$$

$$J_d(t) = \frac{d}{dt} D(t) = \frac{d}{dt}\left(\frac{\epsilon}{d} V_m \sin\omega t\right) = \frac{\epsilon}{d}\omega V_m \cos\omega t \qquad \cdots ③$$

$$I_d(t) = J_d(t)S = \frac{\epsilon S}{d}\omega V_m \cos\omega t = \omega C V_m \cos\omega t\ [\mathrm{A}] \qquad \cdots ④$$

SECTION 9.3 시변 전자계에 대한 맥스웰 방정식

전자기학의 중심에는 맥스웰 방정식이 있다. 7.7절에서 정전계 및 정상자계에서 사용하는 4개의 맥스웰 방정식을 살펴보았다. 이제 시변 전계 및 자계까지 포함시켜 완벽한 맥스웰 방정식을 완성하고자 한다. 맥스웰 방정식은 4개의 벡터 미적분식으로 구성되어 있으며, 같은 내용을 적분식으로 표시한 적분형과 미분식으로 표시한 미분형이 있다. 많은 책에서 미분형을 먼저 살펴본 후 적분형을 소개하는데, 여기서는 독자들의 물리적 이해를 돕기 위해 적분형을 먼저 소개하고, 그 다음 미분형을 유도한다.

제1 맥스웰 방정식은 가우스의 법칙으로, 정전계에서 사용하던 다음 식을 그대로 사용한다.

$$\boxed{\oint_S \mathrm{D}_s \cdot d\mathrm{S} = Q_{in}} \tag{9.30}$$

여기에 식 (9.31)의 발산정리와 폐곡면 내의 전하식을 적용하여 그 미분형을 유도한다.

$$\oint_S \mathrm{D}_s \cdot d\mathrm{S} = \int_{vol} \nabla \cdot \mathrm{D}\, dv \tag{9.31}$$

$$Q_{in} = \int_{vol} \rho_v\, dv \tag{9.32}$$

식 (9.31)과 식 (9.32)를 식 (9.30)에 대입한다.

$$\int_{vol} \nabla \cdot \mathrm{D}\, dv = \int_{vol} \rho_v\, dv \tag{9.33}$$

식 (9.33)에서 다음과 같은 제1 맥스웰 방정식의 미분형을 얻을 수 있다.

$$\boxed{\nabla \cdot \mathrm{D} = \rho_v} \tag{9.34}$$

제2 맥스웰 방정식은 전기적 위치에너지의 보존성에 관한 식인데, 시변 자계에서는 그 보존성이 유지되지 않아 전계의 세기를 어떤 폐회로에 따라 적분한 값이 0으로 되지 않고 그 폐회로와 쇄교하는 자속의 시간 변화율이 된다. 이는 시간적으로 변하는 자계에서 어떤 폐회로에 유기되는 기전력은 그 폐회로가 둘러싼 자속의 시간 변화율과 같다는 패러데이의 법칙에서 시작된다.

$$V_{emf} = -\frac{d\Phi}{dt} \tag{9.35}$$

여기에 다음 3개의 식을 대입한다.

$$V_{emf} = \oint_c \mathbf{E} \cdot d\mathbf{L} \tag{9.36}$$

$$\Phi = \int_S \mathbf{B} \cdot d\mathbf{S}$$

$$\frac{d}{dt}\int_S \mathbf{B} \cdot d\mathbf{S} = \int_S \frac{\partial}{\partial t}\mathbf{B} \cdot d\mathbf{S} \tag{9.37}$$

그러면 다음과 같은 시변 전자계의 제2 맥스웰 방정식을 얻을 수 있다.

$$\boxed{\oint_c \mathbf{E} \cdot d\mathbf{L} = -\int_S \frac{\partial \mathbf{B}}{\partial t} \cdot d\mathbf{S}} \tag{9.38}$$

식 (9.38)에 식 (9.39)의 스토크스의 정리를 적용하여 다음과 같이 미분형을 유도한다.

$$\oint_c \mathbf{E} \cdot d\mathbf{L} = \int_S (\nabla \times \mathbf{E}) \cdot d\mathbf{S} \tag{9.39}$$

$$\int_S (\nabla \times \mathbf{E}) \cdot d\mathbf{S} = -\int_S \frac{\partial \mathbf{B}}{\partial t} \cdot d\mathbf{S} \tag{9.40}$$

따라서 다음과 같은 제2 맥스웰 방정식의 미분형을 얻을 수 있다.

$$\boxed{\nabla \times \mathbf{E} = -\frac{\partial \mathbf{B}}{\partial t}} \tag{9.41}$$

제3 맥스웰 방정식은 암페어의 주회법칙으로 정전계에서 사용하던 식에 다음과 같이 변위전류가 추가된다.

$$\boxed{\oint_c \mathbf{H} \cdot d\mathbf{L} = I + \int_S \frac{\partial \mathbf{D}}{\partial t} \cdot d\mathbf{S}} \tag{9.42}$$

여기에 스토크스의 정리를 적용하여 다음과 같이 미분형을 유도한다.

$$\oint_c \mathbf{H} \cdot d\mathbf{L} = \int_S (\nabla \times \mathbf{H}) \cdot d\mathbf{S}$$

$$I = \int_S \mathbf{J} \cdot d\mathbf{S}$$

그러면 식 (9.42)는 다음과 같이 된다.

$$\begin{aligned}\int_S (\nabla \times \mathbf{H}) \cdot d\mathbf{S} &= \int_S \mathbf{J} \cdot d\mathbf{S} + \int_S \frac{\partial \mathbf{D}}{\partial t} \cdot d\mathbf{S} \\ &= \int_S \left(\mathbf{J} + \frac{\partial \mathbf{D}}{\partial t}\right) \cdot d\mathbf{S}\end{aligned} \tag{9.43}$$

따라서 다음과 같은 제3 맥스웰 방정식의 미분형을 얻을 수 있다.

$$\nabla \times \mathrm{H} = \mathrm{J} + \frac{\partial \mathrm{D}}{\partial t} \tag{9.44}$$

제4 맥스웰 방정식은 자속의 연속성을 나타내는 식으로, 정상자계에서 사용하던 다음의 적분 및 미분 식들을 그대로 사용한다.

$$\oint_S \mathrm{B} \cdot d\mathrm{S} = 0 \tag{9.45}$$

$$\nabla \cdot \mathrm{B} = 0 \tag{9.46}$$

이상에서 살펴본 시변 전자계에 대한 맥스웰 방정식들을 다시 정리하면 다음과 같다.

$$\oint_S \mathrm{D}_s \cdot d\mathrm{S} = Q_{in} \qquad \nabla \cdot \mathrm{D} = \rho_v \tag{9.47}$$

$$\oint_c \mathrm{E} \cdot d\mathrm{L} = -\int_S \frac{\partial \mathrm{B}}{\partial t} \cdot d\mathrm{S} \qquad \nabla \times \mathrm{E} = -\frac{\partial \mathrm{B}}{\partial t} \tag{9.48}$$

$$\oint_c \mathrm{H} \cdot d\mathrm{L} = I + \int_S \frac{\partial \mathrm{D}}{\partial t} \cdot d\mathrm{S} \qquad \nabla \times \mathrm{H} = \mathrm{J} + \frac{\partial \mathrm{D}}{\partial t} \tag{9.49}$$

$$\oint_S \mathrm{B} \cdot d\mathrm{S} = 0 \qquad \nabla \cdot \mathrm{B} = 0 \tag{9.50}$$

CHAPTER 09_핵심요약

■ 패러데이의 법칙(=변압기기전력)

$$V_{emf} = -\frac{d\Phi}{dt}\ [\mathrm{V}]$$

■ 폐회로에 흐르는 전류

$$I = \frac{V_{emf}}{R_{int} + R_{ext}} [\mathrm{A}]$$

■ 운동기전력

$$V_{m,emf} = \oint_c \mathrm{E}_m \cdot d\mathrm{L} = \oint_c (\mathrm{v} \times \mathrm{B}) \cdot d\mathrm{L}$$

$$= -BLv\ [\mathrm{V}]\ (\text{자속과 속도가 일정한 경우})$$

■ 플레밍의 오른손 법칙

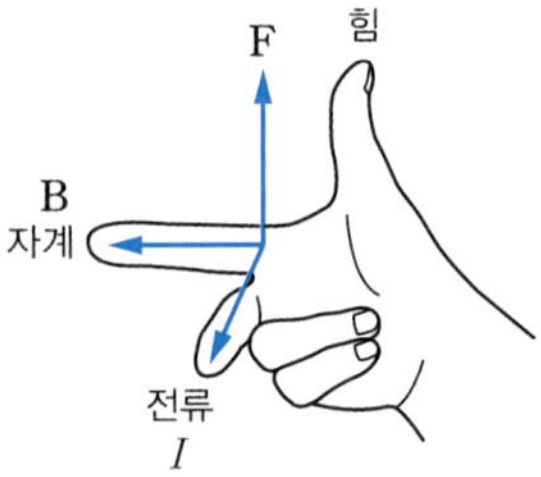

■ 전류의 종류

- 전도전류밀도 : $\mathrm{J} = \sigma \mathrm{E}\ [\mathrm{A/m^2}]$
- 대류전류밀도 : $\mathrm{J} = \rho \mathrm{v}\ [\mathrm{A/m^2}]$
- 변위전류밀도 : $\mathrm{J}_d = \frac{\partial \mathrm{D}}{\partial t}\ [\mathrm{A/m^2}]$

■ 시변 전자계의 맥스웰 방정식

적분형	미분형
$\oint_S \mathrm{D}_s \cdot d\mathrm{S} = Q_{in}$	$\nabla \cdot \mathrm{D} = \rho_v$
$\oint_c \mathrm{E} \cdot d\mathrm{L} = -\int_S \frac{\partial \mathrm{B}}{\partial t} \cdot d\mathrm{S}$	$\nabla \times \mathrm{E} = -\frac{\partial \mathrm{B}}{\partial t}$
$\oint_c \mathrm{H} \cdot d\mathrm{L} = I + \int_S \frac{\partial \mathrm{D}}{\partial t} \cdot d\mathrm{S}$	$\nabla \times \mathrm{H} = \mathrm{J} + \frac{\partial \mathrm{D}}{\partial t}$
$\oint_S \mathrm{B} \cdot d\mathrm{S} = 0$	$\nabla \cdot \mathrm{B} = 0$

CHAPTER 09_연습문제

9.1 자계 중에서 벡터 자위를 A라고 할 때, 전계의 세기 E와 벡터 자위와의 관계를 바르게 표현한 것은?

㉮ $E = \nabla \times A$ ㉯ $E = -\dfrac{\partial A}{\partial t}$

㉰ $\nabla \times E = -\dfrac{\partial A}{\partial t}$ ㉱ $\nabla \times E = A$

9.2 폐회로 내를 지나가는 자속의 크기가 $\Phi(t) = \Phi_m \sin\omega t$[Wb]로 표시될 때, 각주파수 ω값을 2배로 증가시키면 폐회로에 발생하는 유도기전력은 처음 값과 어떤 관계가 있는가?

㉮ 2배가 된다. ㉯ sin 2배가 된다.

㉰ cos 2배가 된다. ㉱ 4배가 된다.

9.3 다음 맥스웰 방정식의 미분형과 관계가 있는 법칙은?

$$\nabla \times E = -\frac{\partial B}{\partial t}$$

㉮ 암페어의 주회법칙 ㉯ 가우스의 법칙

㉰ 비오-사바르의 법칙 ㉱ 패러데이의 법칙

9.4 전류는 3가지 종류로 분류할 수 있다. 이 분류에 속하지 않는 것은?

㉮ 전도전류 ㉯ 변위전류 ㉰ 누설전류 ㉱ 대류전류

9.5 변위전류와 가장 관계가 깊은 것은?

㉮ 콘덴서 ㉯ 초전도도 ㉰ 전력저항 ㉱ 코일

9.6 변위전류와 관계가 없는 것은?

㉮ 유전율 ㉯ 자속밀도 ㉰ 전계의 세기 ㉱ 전속밀도

9.7 대류전류와 가장 관계가 깊은 것은?

㉮ 절연체 ㉯ 초전도도 ㉰ 진공관 ㉱ 콘덴서

9.8 절연체 내에서 실질적인 전자의 이동이 없이 흐르는 전류는?

㉮ 변위전류 ㉯ 누설전류 ㉰ 전도전류 ㉱ 대류전류

9.9 자유공간에서 y 축을 따라 무한히 긴 직선 도체가 놓여 있다. 이 도체에 $(+)y$ 축 방향으로 $10[\mathrm{A}]$의 전류가 흐른다. $y-z$ 평면에 반지름이 $0.3[\mathrm{m}]$인 원형 금속 도체가 속도 $\mathbf{v}=5\mathbf{a}_y[\mathrm{m/sec}]$로 이동하고 있을 때, 이 원형 금속 도체에 유도되는 기전력은 몇 $[\mathrm{V}]$인가? 단, 이 원형 금속 도체의 중심은 y 축으로부터 $0.5[\mathrm{m}]$만큼 떨어져 있다.

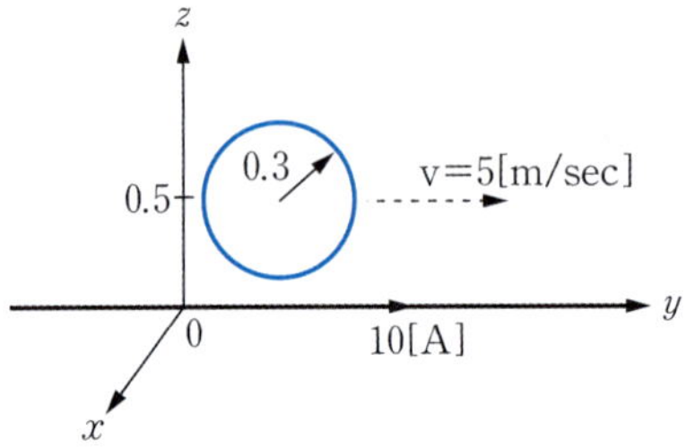

㉮ 0　　㉯ 3.6×10^{-7}　　㉰ 1.8×10^{-6}　　㉱ 0.9

9.10 어떤 폐회로 내를 지나가는 자속의 식이 $\Phi(t)=100\sin377[\mathrm{Wb}]$일 때, 유도기전력에 의해 이 폐회로에 흐르는 전류의 실효치는 몇 $[\mathrm{A}]$인가? 단, 폐회로의 저항은 $500[\Omega]$이다.

㉮ 0　　㉯ 0.2　　㉰ 0.14　　㉱ 53.3

9.11 다음 그림에서 자속 Φ가 계속 증가할 때, 유도기전력에 대한 설명으로 옳은 것은?

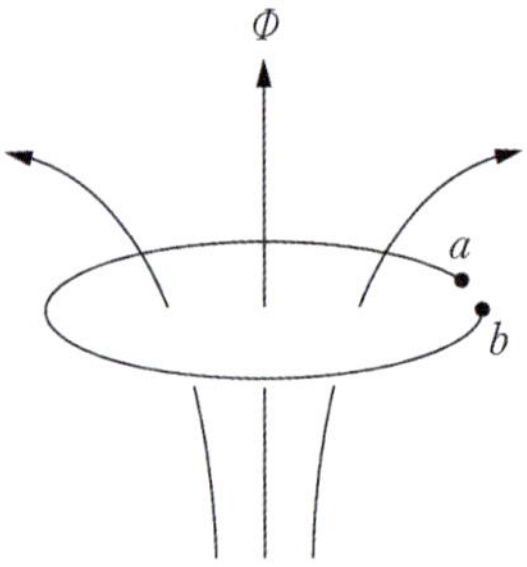

㉮ 단자 a가 $(+)$ 전압

㉯ 단자의 극성은 부하의 연결에 따라 결정

㉰ 단자 b가 $(+)$ 전압

㉱ 폐회로가 아니기 때문에 기전력이 발생하지 않음

9.12 다음 그림에서 원형 도체의 반지름이 $r = 5[\text{cm}]$, 저항이 $R = 20[\Omega]$, 원형 도체 안의 균등한 자속밀도가 $\text{B} = 3t^2 - 5t + 20\,[\text{Wb/m}^2]$이다. 시간 $t = 4[\text{sec}]$에서 저항에 흐르는 전류는 몇 $[\text{mA}]$인가?

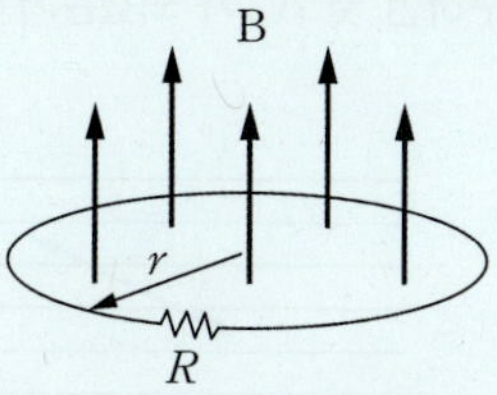

㉮ 5.34　　㉯ 9.58　　㉰ 7.46　　㉱ 12.48

9.13 다음 그림에서 자속이 $\Phi(t) = \Phi_m \sin t\,[\text{Wb}]$일 때, $a-b$단자 사이에 유도되는 기전력 V_{ab}, 즉 b점에 대한 a점의 전위를 나타낸 그래프로 올바른 것은?

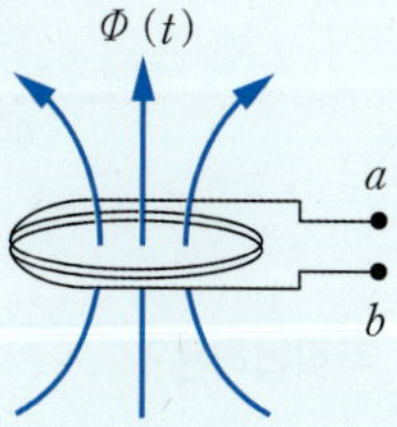

㉮

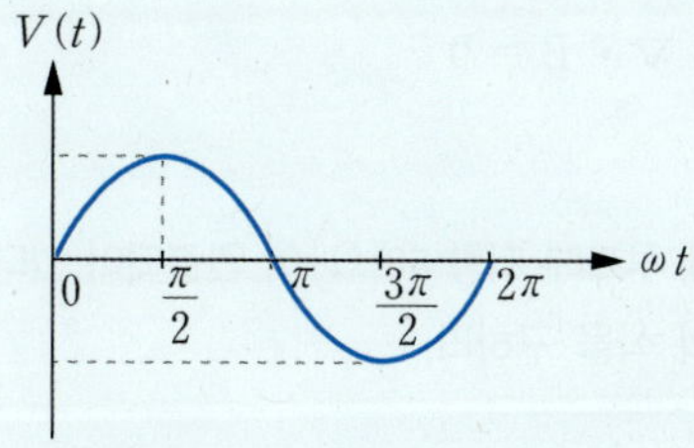

㉯

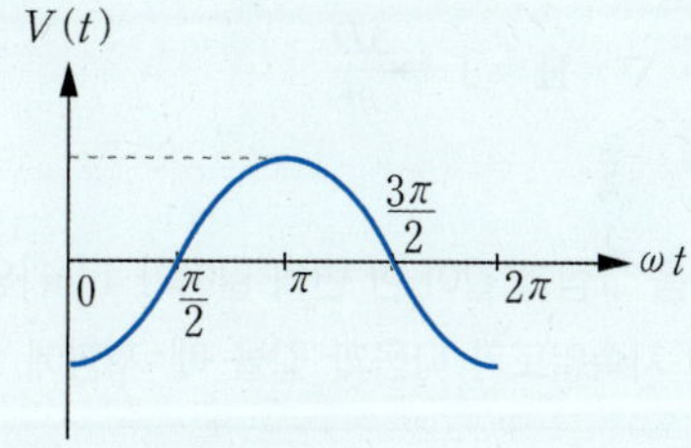

㉰

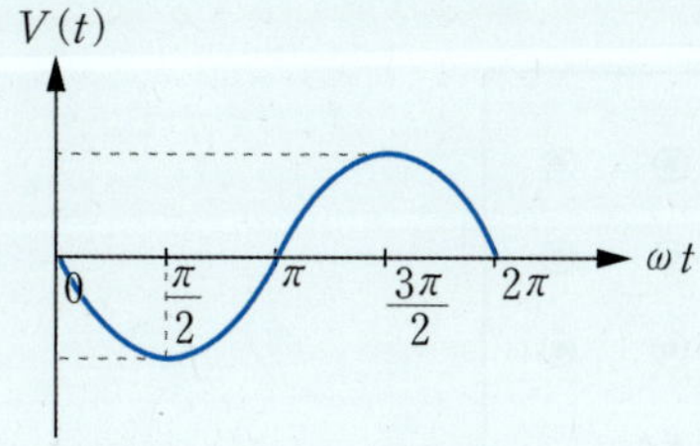

㉱

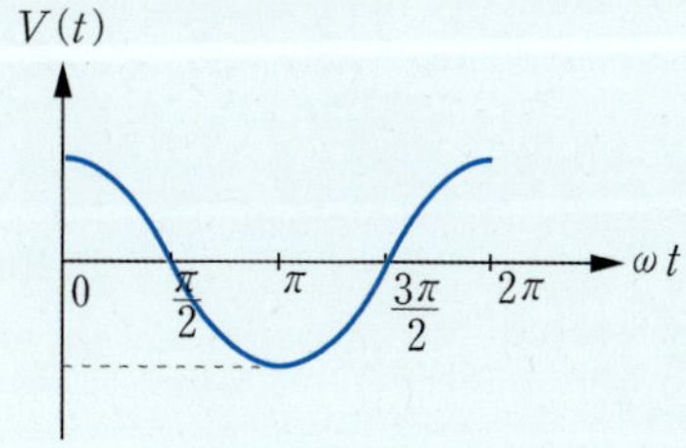

9.14 다음 그림과 같이 지면에 나란한 자계 내에서 길이 $5[\mathrm{m}]$의 금속 도체가 지면과 나란히, 그리고 자계와는 수직으로 놓여 있다. 이 금속 도체를 수평을 유지하면서 자계와 $30°$ 각도로 이동시킬 때, 이 금속 도체 양단에 나타나는 전압을 구하면 몇 $[\mathrm{V}]$가 되겠는가? 단, 자속밀도는 $8[\mathrm{Wb/m^2}]$, 금속 도체의 이동속도는 $20[\mathrm{m/sec}]$이다.

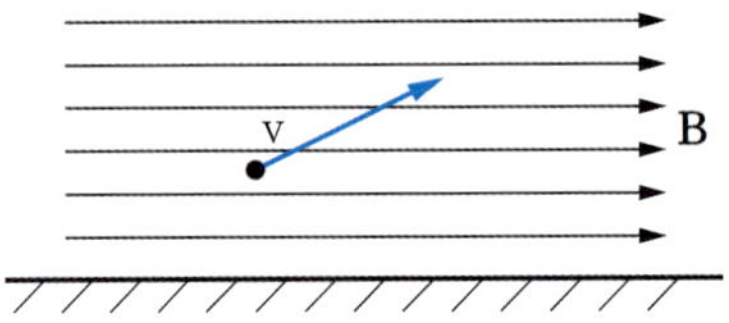

㉮ 32　　㉯ 400　　㉰ 693　　㉱ 800

9.15 시변계에 대한 4개의 맥스웰 방정식의 미분형에 포함되지 않는 것은?

㉮ $\nabla \cdot \mathrm{D} = \rho_v$　　㉯ $\nabla \cdot \mathrm{B} = 0$

㉰ $\nabla \times \mathrm{H} = I + \dfrac{\partial \mathrm{E}}{\partial t}$　　㉱ $\nabla \times \mathrm{E} = -\dfrac{\partial \mathrm{B}}{\partial t}$

9.16 시변계에서 사용되는 암페어의 주회법칙은?

㉮ $\nabla \cdot \mathrm{D} = \rho_v$　　㉯ $\nabla \times \mathrm{E} = -\dfrac{\partial \mathrm{B}}{\partial t}$

㉰ $\nabla \times \mathrm{H} = \mathrm{J} + \dfrac{\partial \boldsymbol{D}}{\partial t}$　　㉱ $\nabla \cdot \mathrm{B} = 0$

9.17 다음 그림과 같이 한 변의 길이가 $1[\mathrm{m}]$인 정사각 도체 루프에 저항 $50[\Omega]$이 연결되어 있다. 루프 내부의 자속밀도가 다음과 같을 때 저항에 흐르는 전류의 식을 구하라.

$$\mathrm{B} = 50\cos(120\pi t)\ [\mathrm{Wb/m^2}]$$

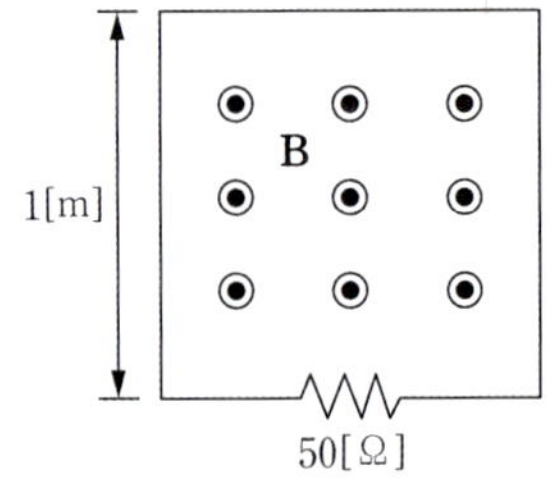

9.18 다음 그림과 같은 어떤 변압기 회로에서(누설자속이 없을 때) 자기인덕턴스들과 상호인덕턴스가 다음과 같다.

$$L_1 = \frac{N_1\Phi_1}{I_1}, \quad L_2 = \frac{N_2\Phi_2}{I_2}, \quad M = \frac{N_2\Phi_{21}}{I_1} = \frac{N_1\Phi_{12}}{I_2}$$

1차측의 전류 I_1이 단위시간당 $5[\mathrm{A}]$씩 증가할 때, 1차측의 전압 V_1과 2차측의 전압 V_2를 구하라. 단, $L_1 = 10[\mathrm{mH}]$, $M = 20[\mathrm{mH}]$이다.

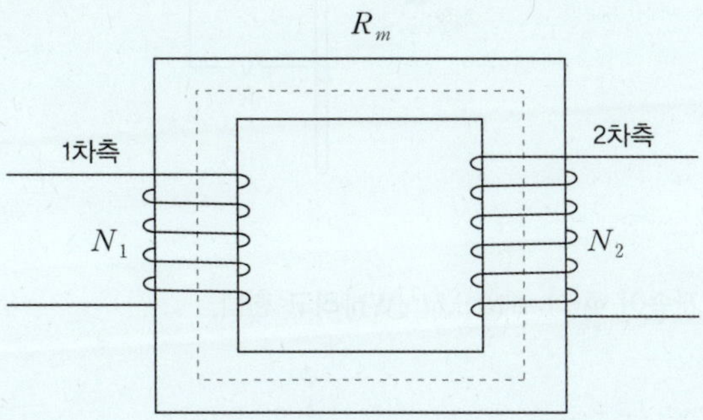

9.19 두 극판 사이에 있는 절연체의 유전율이 $\epsilon\,[\mathrm{H/m}]$, 전도도가 $\sigma\,[\mathrm{S/m}]$인 콘덴서의 양단에 $v = V_0\cos\omega t\,[\mathrm{V}]$의 전압을 가했을 때, 누설전류와 변위전류의 비를 구하라.

9.20 다음 그림 (a)와 같이 $z=0$인 평면에 놓여 있는 길이가 $L[\mathrm{m}]$인 구리봉이 원점에 있는 단자 a를 중심으로 각속도 $\omega[\mathrm{rad/sec}]$로 회전하고 있다. 자속밀도가 $\mathrm{B} = B_0\,\mathbf{a}_z[\mathrm{Wb/m^2}]$라고 할 때, 이 구리봉 양단에 나타나는 운동기전력 $V_{m,emf}$를 구하라. 또한 그림 (b)에서 구리봉 $b-c$의 중점 a를 회전 중심으로 하여 회전할 때, 운동기전력 V_{ba}, V_{ca}, V_{bc}를 구하라.

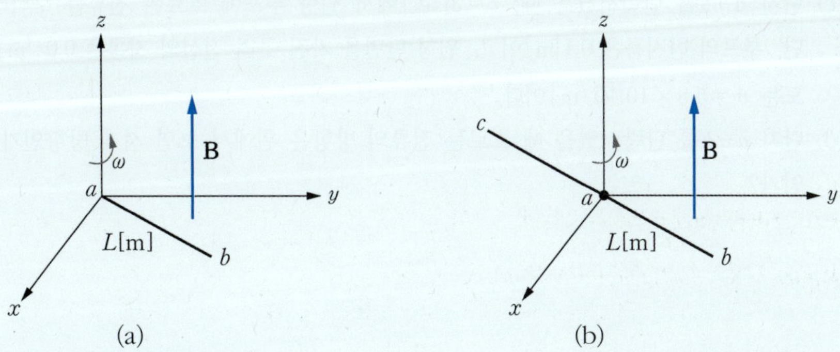

9.21 다음 그림은 [연습문제 9.20]의 원리에 기반한 장치인 단극발전기monopolar generator이다. 구리로 만들어진 원판은 패러데이 원판이라고 한다. 반지름이 r[m]인 금속 도체판이 각속도 ω[rad/sec]로 자속밀도 $\mathrm{B} = B_0 \mathbf{a}_z$[Wb/m^2]에서 회전할 때, 원판과 브러시로 연결된 저항 R[Ω]에 흐르는 전류를 구하라.

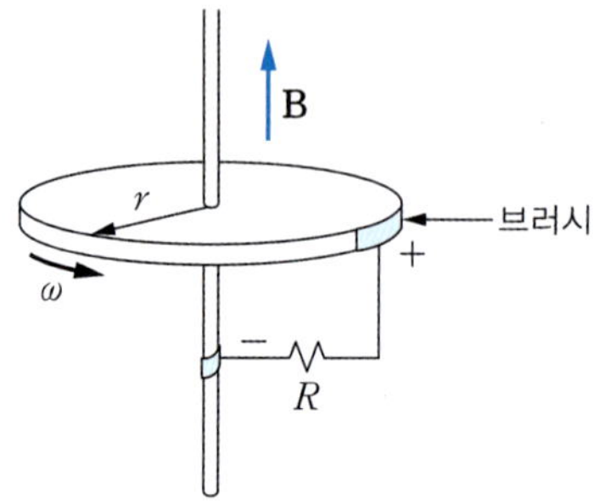

9.22 다음 그림에서 자속이 $\Phi(t) = 10 - 5t^2$[Wb]라고 한다.

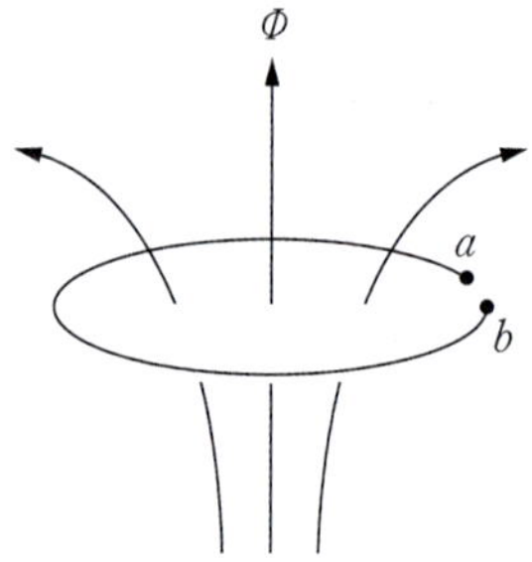

(a) $t = 3$[sec]일 때 단자 $a-b$에 나타나는 기전력 크기를 구하라.

(b) $t = 3$[sec]일 때 단자에 나타나는 기전력의 극성을 구하라.

(c) 단자 $a-b$를 단락시켰을 때, $t = 3$[sec]에서 원형 루프에 흐르는 전류를 구하라.
단, 루프의 반지름은 0.1[m]이고, 원형 단면을 가진 구리 전선의 지름은 0.04[m], 구리의 전도도는 $\sigma = 5.8 \times 10^7$[℧/m]이다.

(d) 단자 $a-b$를 단락시켰을 때 흐르는 전류의 방향은 위에서 보면 시계 방향인가, 반시계 방향인가?

9.23 자속밀도가 $\mathbf{B} = 20\,\mathbf{a}_z$ [Wb/m^2]인 공간에서 x축에 놓여 있는 길이 2[m]의 금속 도체를 속도 $\mathbf{v} = 3\,\mathbf{a}_y$ [m/sec]로 이동시킬 때, 다음을 구하라.

(a) 이 도체에 발생하는 기전력의 크기

(b) 그 기전력의 극성

9.24 다음 그림과 같이 자석 N극과 S극 사이에 있는 금속 도체를 $v = 2$[m/sec]의 속력으로 밑으로 내릴 때 도체 양단에 나타나는 전압을 구하라. 극성은 a, b 중 어디가 (+)인가? 단, 자석 사이의 자속밀도는 10[Wb/m^2]이다.

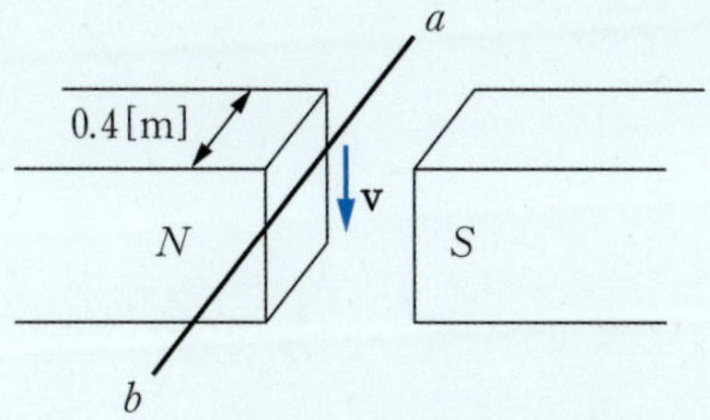

9.25 면적이 각각 2[m^2]인 두 금속 도체가 비유전율 ϵ_r이 10이고 두께가 5[mm]인 넓은 절연체를 사이에 두고 콘덴서를 형성하고 있다. 이 콘덴서에 축적되는 전하가 $Q(t) = 20t + 5$[C]으로 표시될 때, 다음을 구하라.

(a) 정전용량 C

(b) 전속밀도 크기 D의 식

(c) 변위전류 I_d의 식

9.26 콘덴서의 극판 면적이 10[cm^2], 양 극판 간격이 2[mm], 극판 사이 절연체의 비유전율이 5인 콘덴서에 기전력 $v(t) = 200\cos 377t$ [V]를 가했을 때, 콘덴서에 흐르는 변위전류 $I_d(t)$를 구하라.

9.27 양 극판 사이 절연체의 유전율이 $\epsilon_r = 5$ 인 콘덴서에 전압 $v(t) = 500\sin 377t\,[\mathrm{V}]$ 를 인가했을 때, 변위전류와 누설전류의 크기가 같다면 이 절연체의 전도도는 얼마이겠는가?

9.28 시변 전자계의 맥스웰 방정식의 적분형을 쓰고 미분형을 유도하라.

CHAPTER

10

균일 평면파

The Uniform Plane Wave

학습목표

- 삼각함수로 표시되는 시간함수는 페이저로, 페이저는 시간함수로 변환할 수 있다.
- 시변 맥스웰 방정식으로부터 전자파의 파동방정식을 유도할 수 있다.
- 전계 파동식과 자계 파동식을 구할 수 있다.
- 유전체 매질에서 전자파의 주파수, 위상속도, 고유 임피던스, 진폭 등을 구할 수 있다.
- 포인팅 벡터를 구하여 전파되고 있는 전자파의 평균전력을 계산할 수 있다.
- 도체 내에서 전자파의 전파 특성을 이해하고, 표피효과에 의한 표피깊이를 계산할 수 있다.
- 고주파 전송회로의 실효저항을 계산할 수 있다.

이 장에서는 9장에서 배운 시변 맥스웰 방정식을 이용하여 전자기파의 전파에 대해 살펴본다. 먼저 원천이 없는(전자파 송신안테나에서 멀리 떨어진) 영역에서 전자파의 파동방정식을 유도하고, 페이저를 도입해 삼각함수로 표시되는 전자파를 해석한다. 균일 평면파의 위상속도, 파장, 고유 임피던스 등을 알아보고, 손실이 없는 유전체와 손실이 있는 유전체, 나아가 도체 내부에서의 전자파의 전파 및 전력 전달에 대해 알아본다.

SECTION 10.1

페이저형 맥스웰 방정식

벡터 미적분식으로 표시되는 맥스웰 방정식을 푸는 일은 수학적으로 복잡하다. 이를 좀 더 쉽게 풀기 위해 페이저를 이용한다.

10.1.1 페이저

[그림 10-1]과 같은 RL 전기회로에

$$v(t) = V_m \cos \omega t \tag{10.1}$$

의 전압을 인가했을 때, 시간이 많이 지난 정상상태steady state에서 이 회로에 흐르는 전류 $i(t)$는 다음과 같다.

$$L\frac{d}{dt}i(t) + Ri(t) = V_m \cos \omega t \tag{10.2}$$

$$i(t) = \frac{V_m}{\sqrt{R^2 + (\omega L)^2}} \cos(\omega t - \theta) \quad \text{단, } \theta = \tan^{-1}\frac{\omega L}{R} \tag{10.3}$$

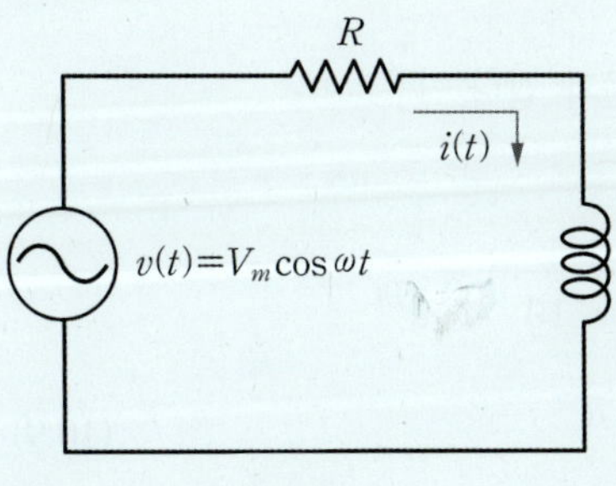

그림 10-1 RL 전기회로

식 (10.3)은 식 (10.2)의 미분방정식을 어렵게 풀어서 얻은 결과이다. 그런데 페이저를 도입하면 이 미분방정식을 대수방정식과 같이 쉽게 풀 수 있다. 이 미분방정식을 풀기 어려운 이유는 입력이 삼각함수파sinusoidal wave이기 때문이다. 그러나 결과식을 보면 입력이 코사인 함수일 경우 출력도 입력과 같은 주파수를 가진 코사인 함수라는 것을 알 수 있다. 다만, 크기와 위상에 차이가 있을 뿐이다. 그러므로 주파수는 고려할 필요 없이 크기와 위상 관계만 주의하면 된다.

저항과 코일로 만들어진 부하[load] 임피던스를 복소수

$$Z = R + j\omega L \tag{10.4}$$

로 표시하면, [그림 10-2]와 같이 그릴 수 있다. 직각좌표식으로 표시된 이 임피던스를 곱하기와 나누기 연산을 편리하게 하기 위해 지수함수식으로 바꾸면 다음과 같이 된다.

$$Z = \sqrt{R^2 + (\omega L)^2}\, e^{j\theta} \quad \text{단, } \theta = \tan^{-1}\frac{\omega L}{R} \tag{10.5}$$

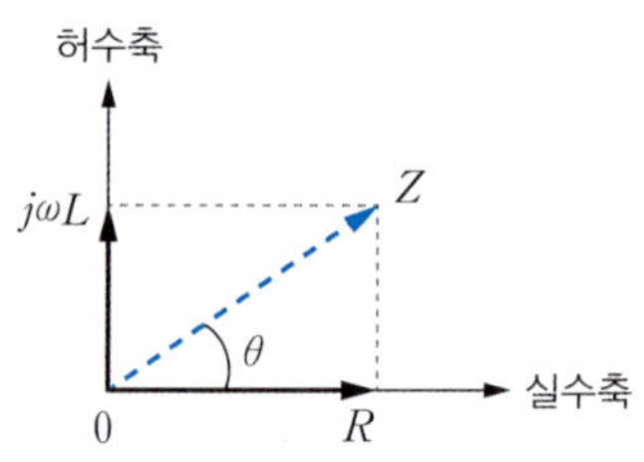

그림 10-2 임피던스 $Z = R + j\omega L$

전압도 크기와 위상만으로 식 (10.6)과 같이 표현하면 전류는 식 (10.7)과 같이 나타낼 수 있다.

$$V_s = V_m e^{j0} \tag{10.6}$$

$$I_s = \frac{V_s}{Z} = \frac{V_m e^{j0}}{\sqrt{R^2 + (\omega L)^2}\, e^{j\theta}} = \frac{V_m}{\sqrt{R^2 + (\omega L)^2}} e^{-j\theta} \tag{10.7}$$

시간함수식을 식 (10.6), 식 (10.7)과 같이 표시한 것을 **페이저**[phasor]라고 한다. 예를 들어, [그림 10-1]과 같은 회로에서 저항이 $R = 4[\Omega]$, 인덕턴스가 $L = 8[\text{mH}]$, 그리고 인가전압이

$$v = 282.8 \cos 377t \ [\text{V}] \tag{10.8}$$

라고 하자. 페이저를 이용하여 이때 흐르는 전류를 구하면 다음과 같다.

$$V_s = 282.8 e^{j0}$$

$$Z = \sqrt{R^2 + (\omega L)^2}\, e^{j\theta} = \sqrt{4^2 + (377 \times 8 \times 10^{-3})^2}\, e^{j\theta}$$

$$\fallingdotseq \sqrt{4^2 + 3^2}\, e^{j\tan^{-1}\frac{3}{4}} \tag{10.9}$$

$$\fallingdotseq 5e^{j36.87^\circ} \tag{10.10}$$

$$I_s = \frac{V_s}{Z} = \frac{282.8e^{j0}}{5e^{j36.87^\circ}} = 56.56 e^{-j36.87^\circ} \tag{10.11}$$

따라서 전류는 다음과 같이 된다.

$$i(t) = 56.56 \cos(377t - 36.87^\circ) \ [\text{A}] \tag{10.12}$$

만일 인가전압이

$$v = 141.4\cos 314t\,[\text{V}] \tag{10.13}$$

로 변해도 페이저를 이용하면 전류를 다음과 같이 간단히 구할 수 있다.

$$V_s = 141.4e^{j0}$$

$$Z = \sqrt{R^2+(\omega L)^2}\,e^{j\theta} = \sqrt{4^2+(314\times 8\times 10^{-3})^2}\,e^{j\theta} \tag{10.14}$$

$$\fallingdotseq 4.7e^{j32^\circ} \tag{10.15}$$

$$I_s = \frac{V_s}{Z} = \frac{141.4e^{j0}}{4.7e^{j32^\circ}} = 30.1e^{-j32^\circ} \tag{10.16}$$

따라서 전류는 다음과 같이 된다.

$$i(t) = 30.1\cos(314t - 32^\circ)\,[\text{A}] \tag{10.17}$$

이때 주의할 점은 일반적으로 각속도 ωt는 [radian] 단위로, 위상 θ는 [°] 단위로 표시한다는 점이다. 그러나 실제 계산할 때는 둘을 같은 단위로 변환하여 계산해야 한다. 미리 언급하지는 않았지만 페이저를 나타내는 식 (10.11)과 식 (10.16)으로부터 시간함수를 나타내는 식 (10.12)와 (10.17)을 얻는 과정은 오일러의 공식에 기초를 둔다.

오일러의 공식 Euler's Formula은 다음 수식으로 표시된다.

$$e^{j\theta} = \cos\theta + j\sin\theta \tag{10.18}$$

식 (10.3)의 시간함수식은 식 (10.7)의 페이저식으로부터 오일러의 공식을 이용하여 다음과 같이 구한다.

$$\begin{aligned} i(t) &= Re\left\{I_s \times e^{j\omega t}\right\} \\ &= Re\left\{\frac{V_m}{\sqrt{R^2+(\omega L)^2}}e^{-j\theta}\times e^{j\omega t}\right\} \\ &= Re\left\{\frac{V_m}{\sqrt{R^2+(\omega L)^2}}e^{j(\omega t-\theta)}\right\} \\ &= Re\left\{\frac{V_m}{\sqrt{R^2+(\omega L)^2}}[\cos(\omega t-\theta)+j\sin(\omega t-\theta)]\right\} \\ &= \frac{V_m}{\sqrt{R^2+(\omega L)^2}}\cos(\omega t-\theta) \quad \text{단, } \theta = \tan^{-1}\frac{\omega L}{R} \end{aligned} \tag{10.19}$$

즉 페이저식으로부터 그에 해당하는 시간함수식을 얻는 방법은 페이저식에 $e^{j\omega t}$를 곱하고, 그 전체를 오일러의 공식을 이용해 직각좌표식의 복소수 함수로 변환한 후 실수부만 취하는 것이다.

예제 10-1 페이저식과 시간함수식의 상호변환

다음에서 시간함수식은 페이저식으로, 페이저식은 시간함수식으로 변환하라.

(a) $v(t) = 10\cos(120\pi t + 30^\circ)$

(b) $E(t) = 5\cos(4\times 10^5 t - 45^\circ)$

(c) $I_s = 24e^{j60^\circ}$ [A] 단, $\omega = 400$ [rad/sec]

(d) $H_s = 0.7e^{-j\frac{3}{2}\pi}$ 단, $\omega = 3\pi\times 10^6$ [rad/sec]

풀이

(a) $10e^{j30^\circ}$

(b) $E_s = 5e^{-j45^\circ}$

(c) $i(t) = Re\{24e^{j60^\circ}\times e^{j400t}\} = Re\{24e^{j(400t+60^\circ)}\} = 24\cos(400t + 60^\circ)$

(d) $$\begin{aligned} H(t) &= Re\left\{0.7e^{-j\frac{3}{2}\pi}\times e^{j3\pi\times 10^6 t}\right\} \\ &= Re\left\{0.7e^{j\left(3\pi\times 10^6 t - \frac{3}{2}\pi\right)}\right\} \\ &= 0.7\cos\left(3\pi\times 10^6 t - \frac{3}{2}\pi\right) \end{aligned}$$

10.1.2 맥스웰 방정식의 페이저 표시

이제 페이저의 미분에 대해 살펴보자. 전압

$$v(t) = V_m\cos(\omega t + \theta) \tag{10.20}$$

의 미분을 구하면 다음과 같다.

$$\begin{aligned} \frac{d}{dt}v(t) &= \frac{d}{dt}V_m\cos(\omega t + \theta) \\ &= -\omega V_m\sin(\omega t + \theta) \end{aligned} \tag{10.21}$$

이번에는 식 (10.20)의 전압 페이저

$$V_s = V_m e^{j\theta} \tag{10.22}$$

에 $j\omega$를 곱한 페이저

$$j\omega V_s = j\omega V_m e^{j\theta} \tag{10.23}$$

의 시간함수식 $f(t)$를 구하면 다음이 같이 된다.

$$\begin{aligned} f(t) &= Re\left\{j\omega V_m e^{j\theta} \times e^{j\omega t}\right\} = Re\left\{j\omega V_m e^{j(\omega t+\theta)}\right\} \\ &= Re\left[j\omega V_m\{\cos(\omega t+\theta)+j\sin(\omega t+\theta)\}\right] \\ &= Re\left\{j\omega V_m \cos(\omega t+\theta) - \omega V_m \sin(\omega t+\theta)\right\} \\ &= -\omega V_m \sin(\omega t+\theta) \end{aligned} \tag{10.24}$$

식 (10.21)과 식 (10.24)를 비교해보면 서로 같다는 것을 알 수 있다. 즉 $j\omega V_s$는 시간함수식 $-\omega V_m \sin(\omega t+\theta)\left\{= \frac{d}{dt}v(t)\right\}$의 페이저라고 말할 수 있다. 따라서 다음과 같이 어떤 시간함수의 미분 페이저는 그 시간함수의 페이저에 $j\omega$를 곱한 것이다.

$$\left\{\frac{dv(t)}{dt}\right\}_s = j\omega V_s \tag{10.25}$$

페이저를 이용해 미분형 제2 맥스웰 방정식과 제3 맥스웰 방정식을 다시 쓰면 다음과 같이 된다.

$$(\nabla \times \mathrm{E})_s = -j\omega \mathrm{B}_s \tag{10.26}$$

$$(\nabla \times \mathrm{H})_s = \mathrm{J}_s + j\omega \mathrm{D}_s \tag{10.27}$$

$$\nabla \times \mathrm{E} = -\frac{\partial \mathrm{B}}{\partial t}$$

$$\nabla \times \mathrm{H} = \mathrm{J} + \frac{\partial \mathrm{D}}{\partial t}$$

식 (10.26)과 식 (10.27)에서 페이저는 시간에 관한 것이다. 그리고 벡터의 회전은 거리에 관한 미분이며 거리에 대해 미분한 후 페이저로 표시하든, 페이저로 미리 표시하고 거리에 대해 미분하든 그 결과는 같다. 따라서 식 (10.26)과 식 (10.27)은 다음과 같이 변형하여 사용할 수 있다.

$$\nabla \times \mathrm{E}_s = -j\omega \mathrm{B}_s \tag{10.28}$$

$$\nabla \times \mathrm{H}_s = \mathrm{J}_s + j\omega \mathrm{D}_s \tag{10.29}$$

SECTION 10.2

자유공간에서 전자파의 전파

10.2.1 전계파동

전계나 자계가 시간적으로 변하는 시변 전자계에서 전계의 시간적 변화는 자계를 만들고, 자계의 시간적 변화는 전계를 만든다. 이들 전계와 자계의 관계를 수식으로 표시한 것이 맥스웰의 방정식이었다. 그러나 전류와 전하가 존재하지 않는 자유공간, 즉 공기 중에서 맥스웰 방정식들은 다음과 같이 변형된다.

$$\nabla \cdot \mathrm{D} = \rho_v \quad \Rightarrow \quad \nabla \cdot \mathrm{E} = 0 \tag{10.30}$$

$$\nabla \times \mathrm{E} = -\frac{\partial \mathrm{B}}{\partial t} \quad \Rightarrow \quad \nabla \times \mathrm{E} = -\mu_0 \frac{\partial \mathrm{H}}{\partial t} \tag{10.31}$$

$$\nabla \times \mathrm{H} = \mathrm{J} + \frac{\partial \mathrm{D}}{\partial t} \quad \Rightarrow \quad \nabla \times \mathrm{H} = \epsilon_0 \frac{\partial \mathrm{E}}{\partial t} \tag{10.32}$$

$$\nabla \cdot \mathrm{B} = 0 \quad \Rightarrow \quad \nabla \cdot \mathrm{H} = 0 \tag{10.33}$$

이 식들을 페이저로 표시하면 다음과 같다.

$$\nabla \cdot \mathrm{E}_s = 0 \tag{10.34}$$

$$\nabla \times \mathrm{E}_s = -j\omega\mu_0 \mathrm{H}_s \tag{10.35}$$

$$\nabla \times \mathrm{H}_s = j\omega\epsilon_0 \mathrm{E}_s \tag{10.36}$$

$$\nabla \cdot \mathrm{H}_s = 0 \tag{10.37}$$

식 (10.35)의 양변에 회전을 취하면

$$\nabla \times \nabla \times \mathrm{E}_s = -j\omega\mu_0 \nabla \times \mathrm{H}_s \tag{10.38}$$

가 된다.

벡터 연산에서는 항상 다음이 성립한다.

$$\nabla\times\nabla\times\mathbf{E}_s \equiv \nabla(\nabla\cdot\mathbf{E}_s)-\nabla^2\mathbf{E}_s \tag{10.39}$$

$$\nabla^2\mathbf{E}_s=\left(\frac{\partial^2}{\partial x^2}+\frac{\partial^2}{\partial y^2}+\frac{\partial^2}{\partial z^2}\right)(\mathbf{E}_{xs}\mathbf{a}_x+\mathbf{E}_{ys}\mathbf{a}_y+\mathbf{E}_{zs}\mathbf{a}_z)$$

$$=\frac{\partial^2}{\partial x^2}\mathbf{E}_{xs}\mathbf{a}_x+\frac{\partial^2}{\partial y^2}\mathbf{E}_{xs}\mathbf{a}_x+\frac{\partial^2}{\partial z^2}\mathbf{E}_{xs}\mathbf{a}_x$$

$$+\frac{\partial^2}{\partial x^2}\mathbf{E}_{ys}$$

그러나 전하가 없는 자유공간에서는 $\nabla\cdot\mathbf{E}_s=0$이므로 식 (10.39)는 다음과 같이 변형된다.

$$\nabla\times\nabla\times\mathbf{E}_s \equiv 0-\nabla^2\mathbf{E}_s$$

따라서

$$-\nabla^2\mathbf{E}_s=-j\omega\mu_0\nabla\times\mathbf{H}_s=-j\omega\mu_0(j\omega\epsilon_0\mathbf{E}_s)$$

$$\nabla^2\mathbf{E}_s=-\omega^2\mu_0\epsilon_0\mathbf{E}_s \tag{10.40}$$

를 얻을 수 있으며, 식 (10.40)을 **벡터 헬름홀츠**Helmholtz **방정식**이라고 한다.

전계의 세기의 페이저 $\mathbf{E}_s$가 x 방향 성분 E_{xs}만 갖고 있다고 가정하면 식 (10.40)은 다음과 같이 된다.

$$\nabla^2E_{xs}=-\omega^2\mu_0\epsilon_0E_{xs} \tag{10.41}$$

E_{xs}가 x, y축 방향으로는 변하지 않고(=x, y의 함수가 아니고) 거리 z만의 함수, 즉 평면파plane wave라고 하면 식 (10.41)은 다음과 같이 된다.

$$\frac{d^2}{dz^2}E_{xs}=-\omega^2\mu_0\epsilon_0E_{xs} \tag{10.42}$$

이 미분방정식의 해는 다음과 같다.

$$E_{xs}=k_1e^{-j\omega\sqrt{\mu_0\epsilon_0}\,z}+k_2e^{j\omega\sqrt{\mu_0\epsilon_0}\,z} \tag{10.43}$$

$\frac{d^2}{dx^2}y(x)=-25y(x)$의 해

: $y(x)=k_1e^{-j5x}+k_2e^{j5x}$

이 페이저식을 시간함수식으로 바꾸면 전계에 대해 다음과 같은 식을 얻는다.

$$E_x(t) = Re\left\{E_{xs}e^{j\omega t}\right\} = Re\left\{k_1 e^{-j\omega\sqrt{\mu_0\epsilon_0}z}e^{j\omega t} + k_2 e^{j\omega\sqrt{\mu_0\epsilon_0}z}e^{j\omega t}\right\} \tag{10.44}$$

$$= Re\left\{k_1 e^{j(\omega t - \omega\sqrt{\mu_0\epsilon_0}z)} + k_2 e^{j(\omega t + \omega\sqrt{\mu_0\epsilon_0}z)}\right\} \tag{10.45}$$

$$E_x(t) = k_1\cos(\omega t - \omega\sqrt{\mu_0\epsilon_0}z) + k_2\cos(\omega t + \omega\sqrt{\mu_0\epsilon_0}z) \tag{10.46}$$

식 (10.46)에서 첫 번째 항은 전계가 z의 $(+)$방향으로 진행하는 것이며, 두 번째 항은 전계가 z의 $(-)$방향으로 진행하는 것이다(그 이유는 뒤에서 설명한다). 이 전계의 기본적인 특성을 알기 위해 우선 z의 $(+)$방향으로 진행하는 첫 번째 항만 취해서, $t=0\,[\text{sec}]$일 때 $z=0\,[\text{m}]$인 곳의 전계의 세기의 크기가 $E_{x0}\,[\text{V/m}]$라고 하자. 그러면 식 (10.46)은 다음과 같이 표현된다.

$$E_x(t) = E_{x0}\cos(\omega t - \omega\sqrt{\mu_0\epsilon_0}z)\ [\text{V/m}] \tag{10.47}$$

$$\sqrt{\mu_0\epsilon_0} = \sqrt{4\pi\times10^{-7}[\text{H/m}]\times\frac{1}{4\pi\times9\times10^{9}}[\text{F/m}]}$$
$$= \sqrt{\frac{1}{9\times10^{16}}[\text{H}\cdot\text{F/m}^2]} = \frac{1}{3\times10^{8}}\ [\text{sec/m}]$$

$z=0$인 곳에서 이 전계는

$$E_x(t) = E_{x0}\cos\omega t\ [\text{V/m}] \tag{10.48}$$

로 표현되며, 일정한 주파수 $f(=\omega/2\pi)$를 가지고 계속 진동한다는 것을 알 수 있다. 또한 이 전계는 $t=0\,[\text{sec}]$일 때 $z=0\,[\text{m}]$인 곳의 전계의 세기의 크기 E_{x0}이 $t=1\,[\text{sec}]$일 때 $z=3\times10^8\,[\text{m}]$인 곳에 나타난다. 따라서 이 전계는 속도가 $3\times10^8\,[\text{m/sec}]$인 파동wave이라고 말할 수 있다. 이 속도는 질량을 가진 어떤 물체의 이동이 아닌 현상만의 이동으로 **위상속도**phase velocity라고 하며, 이렇게 일정한 위상속도로 이동하는 식 (10.47)과 같은 파동을 **진행파**travelling wave라고 한다.

[그림 10-3]은 진행파에 대한 파형을 보여준다. 여기서 주의할 점은 [그림 10-3(a)]는 $t=0\,[\text{sec}]$일 때 위치에 대한 전계의 그래프이고, [그림 10-3(b)]는 $x=0\,[\text{m}]$인 곳에서 시간에 대한 전계의 그래프이다. 따라서 [그림 10-3(a)]는 x축이 거리이고 [그림 10-3(b)]는 x축이 시간이다. 이때 파장과 주기를 혼동하지 않도록 주의해야 한다.

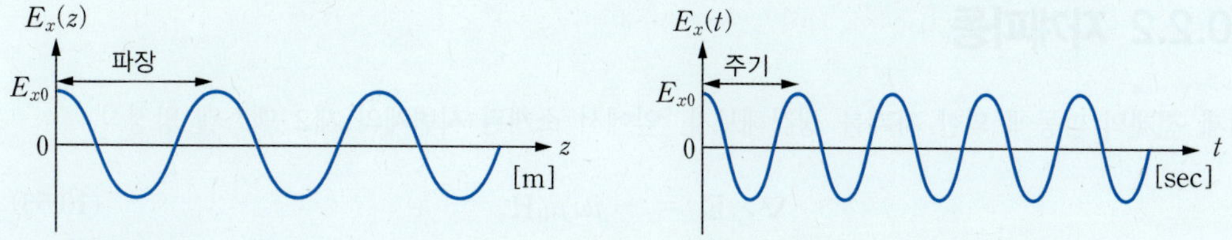

(a) $t = 0$[sec]일 때 (b) $z = 0$[sec]인 곳

그림 10-3 진행파의 그래프

[그림 10-4]는 시간에 따른 진행파의 각 위치에 대한 전계를 나타내는 그래프로, 전계파장이 진행파임을 보여준다.

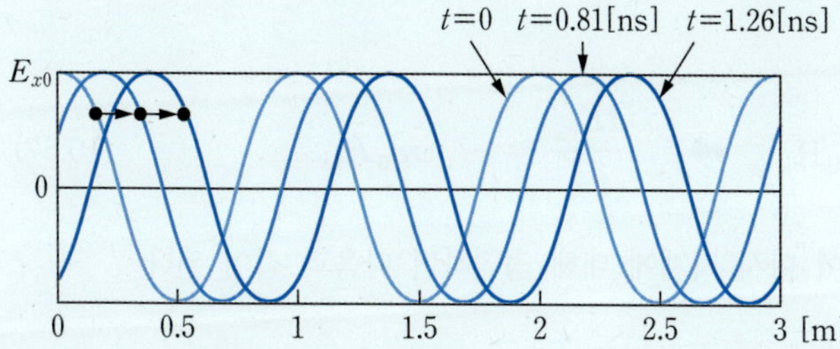

그림 10-4 주파수 300[MHz]인 진행파의 시간에 대한 전계의 그래프

다음과 같은 전계 파동식이 있다고 하자.

$$E_x(t) = E_{x0}\cos(\omega t - \omega\sqrt{\mu_0\epsilon_0}\,z)\ [\mathrm{V/m}] \tag{10.49}$$

여기서 일반적으로 $\omega\sqrt{\mu_0\epsilon_0} = \beta[\mathrm{rad/m}]$로 표시하기도 하며, 이때 β를 **파수**wavenumber 또는 위상상수라고 한다. 파수를 이용하여 전계 파동식을 식 (10.50)과 같이 표현하는 경우가 많다.

$$E_x(t) = E_{x0}\cos(\omega t - \beta z)\ [\mathrm{V/m}] \tag{10.50}$$

이 전계파동의 진폭, 주파수, 주기, 위상속도, 파장을 구하면 다음과 같다.

$$\text{진폭} : E_{x0}\,[\mathrm{V/m}]$$

$$\text{주파수} : f = \frac{\omega}{2\pi}\,[\mathrm{Hz}] \tag{10.51}$$

$$\text{주기} : T = \frac{1}{f}\,[\mathrm{sec}] \tag{10.52}$$

$$\text{위상속도} : v = \frac{\omega}{\beta} = \frac{1}{\sqrt{\mu_0\epsilon_0}}\,[\mathrm{m/sec}] \tag{10.53}$$

$$\text{파장} : \lambda = \frac{v}{f} = \frac{2\pi}{\beta}\,[\mathrm{m}] \tag{10.54}$$

10.2.2 자계파동

이제 전계의 파동에 의한 자계를 생각해보자. 앞에서 소개된 시변계의 제2 맥스웰 방정식

$$\nabla \times \mathbf{E}_s = -j\omega\,\mu_0 \mathbf{H}_s \tag{10.55}$$

는 다음과 같이 전개된다.

$$\nabla \times \mathbf{E}_s = \left(\frac{\partial E_{zs}}{\partial y} - \frac{\partial E_{ys}}{\partial z}\right)\mathbf{a}_x + \left(\frac{\partial E_{xs}}{\partial z} - \frac{\partial E_{zs}}{\partial x}\right)\mathbf{a}_y + \left(\frac{\partial \mathrm{E}_{ys}}{\partial x} - \frac{\partial E_{xs}}{\partial y}\right)\mathbf{a}_z \tag{10.56}$$

전계의 세기 $\mathbf{E}_s$가 x 방향 성분 E_{xs}만 갖고 있고, E_{xs}가 거리 z만의 함수라고 하면, 식 (10.56)은 다음과 같이 정리된다.

$$\frac{dE_{xs}}{dz}\mathbf{a}_y = -j\omega\mu_0 \mathbf{H}_s \quad \Rightarrow \quad \frac{dE_{xs}}{dz} = -j\omega\mu_0 H_{ys} \tag{10.57}$$

식 (10.57)의 양변을 $-j\omega\mu_0$으로 나누어 다시 자계에 대해 정리하면 다음과 같이 된다.

$$\begin{aligned} H_{ys} &= \frac{1}{-j\omega\mu_0}\frac{dE_{xs}}{dz} = \frac{1}{-j\omega\mu_0}\frac{d}{dz}\left(E_{x0}e^{-j\omega\sqrt{\mu_0\epsilon_0}\,z}\right) \\ &= \frac{1}{-j\omega\mu_0}\left(-j\omega\sqrt{\mu_0\epsilon_0}\right)E_{x0}e^{-j\omega\sqrt{\mu_0\epsilon_0}\,z} \\ &= \sqrt{\frac{\epsilon_0}{\mu_0}}\,E_{x0}e^{-j\omega\sqrt{\mu_0\epsilon_0}\,z} = \sqrt{\frac{\epsilon_0}{\mu_0}}\,E_{xs} \\ &= \frac{E_{xs}}{\sqrt{\dfrac{\mu_0}{\epsilon_0}}} = \frac{E_{xs}}{\eta} \end{aligned} \tag{10.58}$$

식 (10.58)의 분모는

$$\eta = \sqrt{\frac{\mu_0}{\epsilon_0}} \tag{10.59}$$

이며, 이 η를 **고유 임피던스**intrinsic impedance라 한다. 이는 전기회로에서의 임피던스$\left(Z = \dfrac{V_s}{I_s} \neq \dfrac{v(t)}{i(t)}\right)$와 비슷한 개념으로, 전자계의 고유 임피던스는 다음과 같이 정의된다.

$$\eta = \frac{E_{xs}}{H_{ys}} \tag{10.60}$$

공기의 고유 임피던스는 다음과 같다.

$$\eta = \sqrt{\frac{\mu_0}{\epsilon_0}} = \sqrt{\frac{4\pi \times 10^{-7}}{\frac{1}{4\pi \times 9 \times 10^9}}} = \sqrt{(4\pi)^2 \times 900} = 120\pi \fallingdotseq 377\ [\Omega] \qquad (10.61)$$

식 (10.60)으로 표시되는 고유 임피던스는 일반적으로 복소수이므로

$$\eta = \frac{E_{xs}}{H_{ys}} \neq \frac{E_x(t)}{H_y(t)}$$

이다. 따라서

$$H_y(t) \neq \frac{E_x(t)}{\eta}$$

이다. 하지만 공기의 고유 임피던스는 실수이므로 자유공간에서의 자계파동은 다음과 같이 표현할 수 있다.

$$H_y(t) = \frac{E_x(t)}{\eta} = \frac{E_{x0}}{\eta}\cos\left(\omega t - \omega\sqrt{\mu_0 \epsilon_0}\, z\right)\ [\mathrm{AT/m}] \qquad (10.62)$$

자유공간에서의 전계를 나타내는 식 (10.47)과 자계를 나타내는 식 (10.62)를 비교해보면 x 방향 성분의 전계파동에 의해 y 방향 성분의 자계파동이 생기며, 이 둘은 서로 동상^{inphase}인 진행파임을 알 수 있다. 이 전계와 자계로 이루어진 **전자파**$^{\text{electromagnetic wave}}$는 그 진동 방향이 진행 방향에 수직인 **횡파**$^{\text{transverse wave}}$이다. 또한 다른 파동들은 매질이 있어야 에너지가 전달되는 데 반해, 이 전자파는 매질이 없어도 에너지가 전달되는 특징이 있다. 이 전자파의 전계파동과 자계파동을 [그림 10-5]에 그래프로 나타냈다.

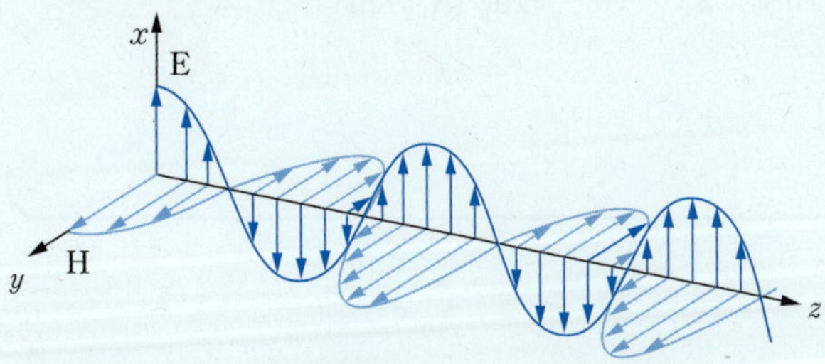

그림 10-5 $t = 0$[sec]일 때 각 위치에서 전계의 세기와 자계의 세기의 크기

Q&A 고유 임피던스의 단위는?

고유 임피던스는 $\eta = E_{xs}/H_{ys}$ 인데, 전계의 세기의 단위는 $[\mathrm{V/m}]$이고 자계의 세기의 단위는 $[\mathrm{A/m}]$이므로 η의 단위는 $\frac{[\mathrm{V/m}]}{[\mathrm{A/m}]} = \frac{[\mathrm{V}]}{[\mathrm{A}]} = [\Omega]$이 된다.

예제 10-2 전자파의 특성과 자계 파동식

다음은 공기 중의 전계 파동식이다. 이 전계파동에 대해 다음을 구하라.

$$\mathrm{E} = 300\cos\left(6\pi\times10^5 t - 2\pi\times10^{-3}z\right)\mathbf{a}_x\ [\mathrm{V/m}]$$

(a) 진폭
(b) 주파수
(c) 주기
(d) 위상속도
(e) 파장
(f) 자계 파동식
(g) 서울에서 보내는 전자파가 1,160[km] 떨어진 일본 동경에 도달하는 데 걸리는 시간

풀이

(a) 진폭 : 300[V/m]

(b) 주파수 : $f = \dfrac{6\pi\times10^5}{2\pi} = 3\times10^5\ [\mathrm{Hz}]$

(c) 주기 : $T = \dfrac{1}{f} = \dfrac{1}{3\times10^5} = \dfrac{1}{3}\times10^{-5}\ [\mathrm{sec}]$

(d) 위상속도 : $v = \dfrac{\omega}{\beta} = \dfrac{6\pi\times10^5}{2\pi\times10^{-3}} = 3\times10^8\ [\mathrm{m/sec}]$

(e) 파장 : $\lambda = \dfrac{v}{f} = \dfrac{3\times10^8}{3\times10^5} = 10^3\ [\mathrm{m}]$

(f) 자계 파동식 : 공기의 고유 임피던스가 $\eta = 377\ [\Omega]$이므로 다음과 같이 된다.

$$\mathrm{H} = \frac{300}{377}\cos\left(6\pi\times10^5 t - 2\pi\times10^{-3}z\right)\mathbf{a}_y\ [\mathrm{AT/m}]$$

(g) $t = \dfrac{1.16\times10^6}{3\times10^8} \fallingdotseq 3.87\times10^{-3}[\mathrm{sec}]$

전자파의 분류

전자파는 그 주파수(또는 파장)에 따라 [표 10-1]과 같이 분류한다. 주파수가 가장 작은 것, 즉 3[kHz]까지를 가청파 audio wave, 그 이상 300[GHz]까지를 전파 radio wave, 그 이상을 광파 light wave, X선 X-ray, 감마선 γ-rays, 우주선 cosmic-rays 등으로 분류한다. 국제전기통신연합(ITU)에서는 현재 전파통신(무선통신)에 사용되는 주파수 범위로, 3[kHz]에서부터 3000[GHz]까지를 전파로 규정하고 있다. 여기서 낮은 주파수를 가청파라고 하는 것은 음파 sound wave(=소리)와는 다른 것으로, 음파는 파의 진동 방향이 파의 진행 방향과 같은 종파이고 매질(=공기, 섬유, 금속 등) 없이는 파가 전달될 수가 없으나, 전자파는 횡파이고 매질 없이도 파가 전달된다. 다만, 낮은 주파수의 전자파를 가청파라고 부르는 것은 이 주파수의 전류를 스피커 같은 기구를 통해 종파로 바꿨을 때 우리가 귀로 들을 수 있다는 의미이다. 이런 혼동을 막기 위해 가청파 대신 극저주파 extremely low wave라고 부르기도 한다.

표 10-1 전자파의 분류

주파수	명칭
10^{12}[GHz] 이상	우주선
10^{12}[GHz]	γ선
10^{10}[GHz]	X선
10^{8}[GHz]	광파
3000[GHz]	전파
3[kHz]	가청파
0	

주파수	파장	명칭	사용 분야
3000[GHz]	0.1[mm]	없음	
300[GHz]	1[mm]	EHF(밀리미터파)	전파 전문 위성통신 각종 레이더
30[GHz]	1[cm]	SHF(마이크로파)	국제통신 위성방송 레이더 M/W
3[GHz]	10[cm]	UHF(극초단파)	TV 방송 이동통신 PCS CT-2
300[MHz]	1[m]	VHF(초단파)	TV 방송 FM 방송 이동통신
30[MHz]	10[m]	HF(단파)	단파방송 국제통신 장거리 통신
3[MHz]	100[m]	MF(중파)	중파방송 선박 항공통신
300[kHz]	1[km]	LF(장파)	무선 항행
30[kHz] 3[kHz]	10[km] 100[km]	VLF(초장파)	무선 항행

- EHF : Extremely High Frequency
- SHF : Super-High Frequency
- VHF : Very High Frequency
- HF : High Frequency
- MF : Medium Frequency
- UHF : Ultra-High Frequency
- VLF : Very Low Frequency

음파에서는 우리가 귀로 들을 수 있는 주파수, 즉 16[Hz]부터 20,000[Hz]까지의 주파수를 가청 주파수audible frequency라고 한다. [표 10-1]에 나타난 바와 같이 통신에 주로 사용되는 전파는 파장을 기준으로 초장파, 장파, 중파, 단파 등으로 다시 세분된다. 자유공간에서는 모두 광속도, 즉 3×10^{8}[m/sec]의 속도로 전파된다. 주파수에 따른 파의 특성으로 인해 그 장점과 단점에 따라 구분하여 사용되는데 자세한 내용은 생략한다.

SECTION 10.3

유전체 내에서 전자파의 전파

공기 중이 아닌 일반 유전체 내에서 전자파의 전파를 완전 유전체($\sigma = 0$)인 경우와 손실이 있는, 즉 누설전류가 있는($\sigma \neq 0$)경우로 나누어 살펴보자.

10.3.1 완전 유전체에서 전자파의 전파

완전 유전체에서 전자파의 전파는 자유공간에서와 비슷하다. 자유공간에서 공기의 유전율과 투자율 ϵ_0, μ_0을 사용했다면, 유전체에서는 ϵ, μ로 바꿔 생각하면 된다. 따라서 완전 유전체에서의 전계의 벡터 헬름홀츠 방정식은 다음과 같이 된다.

$$\nabla^2 \mathbf{E}_s = -\omega^2 \mu\epsilon \mathbf{E}_s \tag{10.63}$$

전계의 세기의 페이저 $\mathbf{E}_s$가 x 방향 성분 E_{xs}만 갖고 있다고 가정하면 식 (10.63)은 다음과 같이 된다.

$$\nabla^2 E_{xs} = -\omega^2 \mu\epsilon E_{xs} \tag{10.64}$$

이때 E_{xs}가 거리 z만의 함수라고 하면 식 (10.64)는 다음과 같이 된다.

$$\frac{d^2}{dz^2} E_{xs} = -\omega^2 \mu\epsilon E_{xs} \tag{10.65}$$

이 미분방정식의 해는 다음과 같다.

$$E_{xs} = k_1 e^{-j\omega\sqrt{\mu\epsilon}\,z} + k_2 e^{j\omega\sqrt{\mu\epsilon}\,z} \tag{10.66}$$

이 페이저식을 시간함수식으로 바꾸면 다음과 같은 전계에 대한 식을 얻는다.

$$E_x(t) = k_1 \cos(\omega t - \omega\sqrt{\mu\epsilon}\,z) + k_2 \cos(\omega t + \omega\sqrt{\mu\epsilon}\,z) \tag{10.67}$$

식 (10.67)에서 z의 (+)방향으로 진행하는 첫 번째 항만 취하고 z의 (−)방향으로 진행하는 두 번째 항은 버린 후 $t = 0$[sec]일 때 $z = 0$[m]인 곳의 전계의 세기의 크기가 E_{x0}[V/m]라고 하면 다음과 같은 전계의 파동식을 얻는다.

$$E_x(t) = E_{x0}\cos(\omega t - \omega\sqrt{\mu\epsilon}\,z)\ [\mathrm{V/m}] \tag{10.68}$$

그리고 자계의 파동식도 다음과 같이 구해진다.

$$H_y(t) = \frac{E_{x0}}{\eta}\cos(\omega t - \omega\sqrt{\mu\epsilon}\,z)\ [\mathrm{AT/m}] \tag{10.69}$$

단, 식 (10.69)에서 사용되는 임피던스 η는 다음과 같다($\epsilon_0,\ \mu_0 \rightarrow \epsilon,\ \mu$).

$$\eta = \sqrt{\frac{\mu}{\epsilon}} = \sqrt{\frac{\mu_0\mu_r}{\epsilon_0\epsilon_r}} \fallingdotseq 377\sqrt{\frac{\mu_r}{\epsilon_r}}\ [\Omega] \tag{10.70}$$

그리고 식 (10.69)에서 위상속도는 다음과 같이 된다.

$$\begin{aligned} v &= \frac{\omega}{\omega\sqrt{\epsilon\mu}} = \frac{1}{\sqrt{\epsilon_0\mu_0}\sqrt{\epsilon_r\mu_r}} \\ &= 3\times10^8\times\frac{1}{\sqrt{\epsilon_r\mu_r}}\ [\mathrm{m/sec}] \end{aligned} \tag{10.71}$$

일반적으로 전자파가 전파되는 유전체의 비투자율은 1에 가깝기 때문에 공기 중에서보다 위상속도가 줄어들고, 고유 임피던스의 감소로 인해 자계파의 크기는 증가한다.

예제 10-3 완전 유전체에서 전자파의 전파

공기 중에서 전계가 다음 파동식으로 표시되는 전자파를 발생시키는 수중탐사 장비를 수중에서 사용할 때, 전계와 자계의 파동식 및 위상속도를 구하라. 단, 물은 비투자율이 $\mu_r = 1$, 비유전율이 $\epsilon_r = 81$인 완전 유전체라고 가정한다.

$$\mathrm{E} = 10\cos\left(2\pi\times10^5 t - \frac{2}{3}\pi\times10^{-3}z\right)\mathbf{a}_x\ [\mathrm{V/m}]$$

풀이

식 (10.68)에 의해 전계 파동식을 구하면 다음과 같다.

$$\begin{aligned} \mathrm{E} &= E_{x0}\cos(\omega t - \omega\sqrt{\mu\epsilon}\,z)\mathbf{a}_x && \cdots ① \\ &= 10\cos\left(2\pi\times10^5 t - 2\pi\times10^5\sqrt{\mu_0\epsilon_0}\sqrt{\mu_r\epsilon_r}\,z\right)\mathbf{a}_x \\ &= 10\cos\left(2\pi\times10^5 t - \frac{2\pi\times10^5}{3\times10^8}\sqrt{1\times81}\,z\right)\mathbf{a}_x \\ &= 10\cos\left(2\pi\times10^5 t - 6\pi\times10^{-3}z\right)\mathbf{a}_x\ [\mathrm{V/m}] && \cdots ② \end{aligned}$$

식 (10.70)에 의해 고유 임피던스를 구하면

$$\eta = \sqrt{\frac{\mu}{\epsilon}} = \sqrt{\frac{\mu_0\mu_r}{\epsilon_0\epsilon_r}} = \sqrt{\frac{\mu_0}{\epsilon_0}}\sqrt{\frac{\mu_r}{\epsilon_r}} \quad \cdots ③$$

$$\fallingdotseq 377\sqrt{\frac{1}{81}} = \frac{377}{9} = 41.89\ [\Omega]$$

이고, 따라서 자계 파동식을 구하면 다음과 같다.

$$\mathrm{H} = \frac{E_{x0}}{\eta}\cos\left(\omega t - \omega\sqrt{\mu\epsilon}\,z\right)\mathbf{a}_y \quad \cdots ④$$

$$= \frac{10}{41.89}\cos\left(2\pi\times10^5 t - 6\pi\times10^{-3}z\right)\mathbf{a}_y$$

$$= 0.239\cos\left(2\pi\times10^5 t - 6\pi\times10^{-3}z\right)\mathbf{a}_y\ [\mathrm{A\,T/m}] \quad \cdots ⑤$$

식 (10.71)에 의해 위상속도를 구하면

$$v = \frac{\omega}{\beta} = \frac{2\pi\times10^5}{6\pi\times10^{-3}} \fallingdotseq 0.333\times10^8\ [\mathrm{m/sec}] \quad \cdots ⑥$$

가 되며, 공기 중에서보다 1/9로 줄어든다는 것을 알 수 있다.

10.3.2 손실이 있는 유전체에서 전자파의 전파

유전체는 일반적으로 절연체이다. 따라서 대부분의 유전체 전도도는 $\sigma = 0$이다. 그러나 손실이 있는 유전체는 전도도가 $\sigma \neq 0$인, 다시 말해 완전 절연체가 아니고 그래서 누설전류가 흐르는 유전체를 말한다. 따라서 맥스웰 방정식이 자유공간에서와 달리 다음과 같이 변형된다.

$$\nabla\cdot\mathrm{D} = \rho_v \quad \Rightarrow \quad \nabla\cdot\mathrm{E} = 0$$

$$\nabla\times\mathrm{E} = -\frac{\partial\mathrm{B}}{\partial t} \quad \Rightarrow \quad \nabla\times\mathrm{E} = -\mu\frac{\partial\mathrm{H}}{\partial t}$$

$$\nabla\times\mathrm{H} = \mathrm{J} + \frac{\partial\mathrm{D}}{\partial t} \quad \Rightarrow \quad \nabla\times\mathrm{H} = \mathrm{J} + \epsilon\frac{\partial\mathrm{E}}{\partial t}$$

$$\nabla\cdot\mathrm{B} = 0 \quad \Rightarrow \quad \nabla\cdot\mathrm{H} = 0$$

이 식들을 페이저로 나타내면 다음과 같다.

$$\nabla\cdot\mathrm{E}_s = 0$$

$$\nabla\times\mathrm{E}_s = -j\omega\mu\mathrm{H}_s \quad (10.72)$$

$$\nabla\times\mathrm{H}_s = \mathrm{J}_s + j\omega\epsilon\mathrm{E}_s \quad (10.73)$$

$$\nabla\cdot\mathrm{H}_s = 0 \quad (10.74)$$

식 (10.72)에서 양변의 회전을 취하면

$$\nabla\times\nabla\times\mathrm{E}_s = -j\omega\mu\nabla\times\mathrm{H}_s$$

$$\begin{aligned}\nabla\times\nabla\times\mathrm{E}_s &\equiv \nabla(\nabla\cdot\mathrm{E}_s)-\nabla^2\mathrm{E}_s\\ &= 0-\nabla^2\mathrm{E}_s\end{aligned}$$

이다. 따라서

$$\begin{aligned}-\nabla^2\mathrm{E}_s &= -j\omega\mu\nabla\times\mathrm{H}_s\\ &= -j\omega\mu(\mathrm{J}_s+j\omega\epsilon\mathrm{E}_s)\\ &= -j\omega\mu(\sigma\mathrm{E}_s+j\omega\epsilon\mathrm{E}_s)\\ &= -j\omega\mu(\sigma+j\omega\epsilon)\mathrm{E}_s\end{aligned}$$

$$\therefore\ \nabla^2\mathrm{E}_s = (\sigma+j\omega\epsilon)j\omega\mu\mathrm{E}_s \tag{10.75}$$

를 얻을 수 있으며, 식 (10.75)가 손실이 있는 유전체에 대한 벡터 헬름홀츠 방정식이 된다.

앞에서와 같이 전계의 세기의 페이저 E_s가 x 방향 성분 E_{xs}만 갖고 있고, E_{xs}가 거리 z만의 함수라고 가정하면 식 (10.75)는 다음과 같이 정리된다.

$$\frac{d^2}{dz^2}E_{xs} = (\sigma+j\omega\epsilon)j\omega\mu E_{xs} \tag{10.76}$$

이 미분방정식에서

$$(\sigma+j\omega\epsilon)j\omega\mu = \gamma^2 \tag{10.77}$$

이라고 하면, 식 (10.76)은 다음과 같이 된다.

$$\frac{d^2}{dz^2}E_{xs} = \gamma^2 E_{xs} \tag{10.78}$$

이 미분방정식의 해는 다음과 같다.

$$E_{xs} = k_1 e^{-\gamma z} + k_2 e^{\gamma z} \tag{10.79}$$

여기서 시간 $t=0\,[\mathrm{sec}]$일 때 $z=0\,[\mathrm{m}]$인 곳의 전계의 세기를 $E_{x0}\,[\mathrm{V/m}]$라고 하고, $(+)z$ 방향으로 진행하는 전계의 파동에만 관심을 갖는다면, 식 (10.79)의 우변에서 두 번째 식은 삭제되고 다음과 같이 표현된다.

$$E_{xs} = E_{x0}e^{-\gamma z} \tag{10.80}$$

그리고 식 (10.77)은 다음과 같이 된다.

$$\gamma^2 = (\sigma + j\omega\epsilon)j\omega\mu \quad \Rightarrow \quad \gamma = \pm\sqrt{(\sigma + j\omega\epsilon)j\omega\mu} \tag{10.81}$$

이 식에서 $(-)$값은 $(-)z$ 방향이므로 버리고 $\sqrt{(\sigma + j\omega\epsilon)j\omega\mu}$ 는 복소수가 될 것이므로 다음과 같이 실수부와 허수부로 나눠서 표기할 수 있다.

$$\gamma = \sqrt{(\sigma + j\omega\epsilon)j\omega\mu} = \alpha + j\beta \tag{10.82}$$

따라서 전계의 페이저를 나타내는 식 (10.80)은 다음과 같이 된다.

$$E_{xs} = E_{x0}e^{-\gamma z} = E_{x0}e^{-(\alpha + j\beta)z} = E_{x0}e^{-\alpha z - j\beta z} \tag{10.83}$$

이 페이저식을 시간함수식으로 바꾸면 다음과 같이 된다.

$$\begin{aligned} E_x(t) &= Re\left\{E_{xs}e^{j\omega t}\right\} \\ &= Re\left\{E_{x0}e^{-\alpha z}e^{-j\beta z}e^{j\omega t}\right\} \\ &= Re\left\{E_{x0}e^{-\alpha z}e^{j(\omega t - \beta z)}\right\} \\ &= E_{x0}e^{-\alpha z}\cos(\omega t - \beta z) \end{aligned} \tag{10.84}$$

식 (10.84)는 손실이 있는 유전체에서의 전계 파동식으로, 거리에 따라 전계의 세기의 크기가 지수함수적으로 감소함을 알 수 있다. 이를 그래프로 나타내면 [그림 10-6]과 같다.

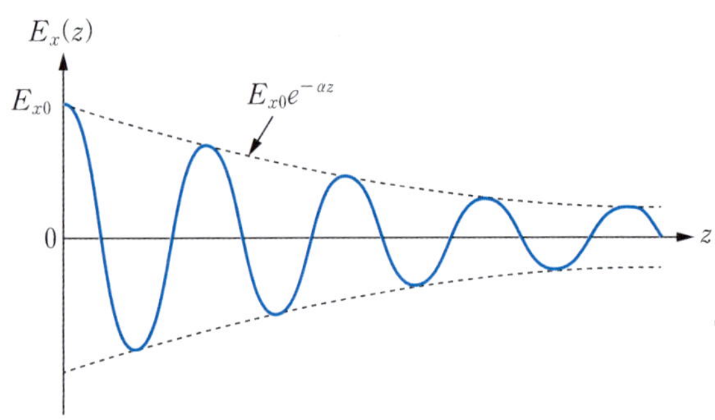

그림 10-6 손실이 있는 유전체에서 위치에 따른 전계파 $E_x(t) = E_{x0}e^{-\alpha z}\cos(\omega t - \beta z)$의 파형($t = 0\,[\text{sec}]$)

[그림 10-6]과 같이 손실이 있는 유전체에서는 파동의 진행 방향 쪽으로 거리가 멀어질수록 전계파의 진폭이 지수함수적으로 감소함을 알 수 있다. 이 전계파동의 형태를 결정짓는 식 (10.82)의 γ, α, β를 각각 다음과 같이 부른다.

γ : 전파상수 propagation constant

α : 감쇠계수 attenuation coefficient $[\text{Np/m}]$

β : 위상상수 phase constant $[\text{rad/m}]$

감쇠계수의 단위 $[\text{Neper/m}]$는 $[1/\text{m}]$와 같은 단위이다. 예를 들어, 감쇠계수를 $\alpha = 0.01[\text{Np/m}]$

라고 하면 거리 $z = 50\,[\mathrm{m}]$ 인 곳의 전계는 $e^{-\alpha z} = e^{-0.01 \times 50} = e^{-0.5} = 0.607$ 로, $z = 0\,[\mathrm{m}]$ 인 곳의 전계의 0.607 배가 된다.

식 (10.84)로 표시되는 손실이 있는 유전체 내에서의 전계파 위상속도는 다음과 같다.

$$v = \frac{\omega}{\beta}\,[\mathrm{m/sec}] \tag{10.85}$$

이제 손실이 있는 유전체에서의 자계에 대해 알아보자.

$$\nabla \times \mathrm{E}_s = -j\omega\mu \mathrm{H}_s$$

전계 E_s 가 x 방향 성분만 있고 거리 z 만의 함수라고 하면, 위 식은 다음과 같이 된다.

$$\frac{dE_{xs}}{dz}\mathrm{a}_y = -j\omega\mu \mathrm{H}_s \;\Rightarrow\; \frac{dE_{xs}}{dz} = -j\omega\mu H_{ys} \tag{10.86}$$

그런데 손실이 있는 유전체에서는 $E_{xs} = E_{x0}e^{-\gamma z}$ 로 표시되며

$$\frac{d}{dz}E_{xs} = \frac{d}{dz}E_{x0}e^{-\gamma z} = -\gamma E_{x0}e^{-\gamma z} = -\gamma E_{xs} \tag{10.87}$$

이므로, 식 (10.86)은 다음과 같이 된다.

$$\frac{dE_{xs}}{dz} = -\gamma E_{xs} = -j\omega\mu H_{ys}$$

따라서 손실이 있는 유전체 내에서 자계의 페이저는

$$H_{ys} = \frac{\gamma}{j\omega\mu}E_{xs} \tag{10.88}$$

가 되며, 이때 고유 임피던스 η는 다음과 같이 표시된다.

$$\eta = \frac{E_{xs}}{H_{ys}} = \frac{j\omega\mu}{\gamma} = \frac{j\omega\mu}{\sqrt{(\sigma + j\omega\epsilon)j\omega\mu}} = \eta_m e^{j\theta} \tag{10.89}$$

식 (10.89)에서 알 수 있듯이 손실이 있는 유전체에서는 고유 임피던스가 복소수 값을 가지며, 따라서 전계파동과 자계파동은 더 이상 동상[inphase]이 아니고, 위상차가 있음을 알 수 있다. 그러나 손실이 있는 유전체의 전도도 σ가 대단히 작으면, 즉 $\sigma \ll \omega\epsilon$ 이면 고유 임피던스는 허수 부분이 없어지고 실수만 남아 $\theta = 0$이 되어 전계파동과 자계파동 사이에는 위상차가 발생하지 않는다.

고유 임피던스가 $\eta = \eta_m e^{j\theta}$ 인 손실이 있는 유전체에서 전계파동이 다음과 같다고 하자.

$$E_x(t) = E_{x0}e^{-\alpha z}\cos(\omega t - \beta z)\;[\mathrm{V/m}] \tag{10.90}$$

그러면 자계파동은 다음과 같이 구해진다.

$$E_{xs} = E_{x0} e^{-\gamma z} = E_{x0} e^{-\alpha z - j\beta z} \tag{10.91}$$

$$H_{ys} = \frac{E_{xs}}{\eta} = \frac{E_{x0} e^{-\alpha z - j\beta z}}{\eta_m e^{j\theta}} = \frac{E_{x0}}{\eta_m} e^{-\alpha z - j(\beta z + \theta)} \tag{10.92}$$

$$\begin{aligned} H_y(t) &= Re\left\{H_{ys} e^{j\omega t}\right\} = Re\left\{\frac{E_{x0}}{\eta_m} e^{-\alpha z - j(\beta z + \theta)} e^{j\omega t}\right\} \\ &= Re\left\{\frac{E_{x0}}{\eta_m} e^{-\alpha z + j(\omega t - \beta z - \theta)}\right\} \\ &= \frac{E_{x0}}{\eta_m} e^{-\alpha z} \cos(\omega t - \beta z - \theta) \end{aligned} \tag{10.93}$$

예제 10-4 손실이 있는 유전체 내에서 전자파의 전파

잠수함이 바닷물 속에서 전파를 발사하고 있다. 지점 $z = 0\,[\mathrm{m}]$에서 전계의 세기가 다음과 같을 때 전계와 자계의 파동식과 위상속도를 각각 구하고, 공기 중인 경우와 비교하라. 단, 바닷물의 비투자율은 $\mu_r = 1$, 비유전율은 $\epsilon_r = 81$, 전도도는 $\sigma = 5[\mho/\mathrm{m}]$이다.

$$\mathrm{E} = 100 \cos(2\pi \times 10^5 t)\,\mathbf{a}_x\ [\mathrm{V/m}]$$

풀이

• 전계 파동식 : 식 (10.82)에 의해서 전파상수는 다음과 같이 계산된다.

$$\begin{aligned} \gamma &= \sqrt{(\sigma + j\omega\epsilon) j\omega\mu} \\ &= \sqrt{(5 + j2\pi \times 10^5 \times 8.854 \times 10^{-12} \times 81) j2\pi \times 10^5 \times 4\pi \times 10^{-7}} \\ &\fallingdotseq \sqrt{(5 + j4.506 \times 10^{-4}) j0.79} \\ &\fallingdotseq \sqrt{j3.95} = (3.95 e^{j90^\circ})^{\frac{1}{2}} = 1.987 e^{j45^\circ} \\ &\fallingdotseq 1.4 + j1.4 \end{aligned} \quad \cdots ①$$

그러므로 전계 파동식은 다음과 같이 된다.

$$\mathrm{E} = 100\,\mathrm{e}^{-1.4z} \cos(2\pi \times 10^5 t - 1.4z)\,\mathbf{a}_x\ [\mathrm{V/m}] \quad \cdots ②$$

• 자계 파동식 : 식 (10.89)에 의해 고유 임피던스를 구하면

$$\eta = \frac{E_{xs}}{H_{ys}} = \frac{j\omega\mu}{\gamma} = \frac{j0.79}{1.987 e^{j45^\circ}} = \frac{0.79 e^{j90^\circ}}{1.987 e^{j45^\circ}} \fallingdotseq 0.4 e^{j45^\circ}\ [\Omega] \quad \cdots ③$$

이므로, 자계의 페이저는 다음과 같다.

$$H_{ys} = \frac{E_{xs}}{\eta} = \frac{100e^{-(1.4+j1.4)z}}{0.4e^{j45^\circ}}$$

$$\fallingdotseq 250\,e^{-(1.4+j1.4)z-j45^\circ}$$

$$= 250e^{-1.4z-j(1.4z+45^\circ)} \qquad \cdots ④$$

따라서 자계 파동식은 다음과 같이 된다.

$$\mathrm{H} = 250\,\mathrm{e}^{-1.4z}\cos(2\pi\times 10^5 t - 1.4z - 45^\circ)\,\mathbf{a}_y\,[\mathrm{AT/m}] \qquad \cdots ⑤$$

• 위상속도 : 식 (10.85)에 의해 위상속도는 다음과 같이 된다.

$$v = \frac{\omega}{\beta} = \frac{2\pi\times 10^5}{1.4} \fallingdotseq 4.5\times 10^5\,[\mathrm{m/sec}] \qquad \cdots ⑥$$

식 ②와 식 ⑤에서 다음과 같은 사항을 발견할 수 있다. 전자파를 발사하는 지점으로부터 거리가 멀어질수록 전자파의 진폭이 급격히 감소한다. 예를 들어, 원점에서 $z = 1\,[\mathrm{m}]$만 떨어져도 전계의 세기와 자계의 세기의 크기가 $e^{-1.4} \fallingdotseq 0.25$, 즉 $z = 0\,[\mathrm{m}]$인 곳의 크기의 약 25[%]가 된다. 또한 자계의 세기는 전계의 세기와 동상이 되지 못하고 어느 곳에서나 위상이 전계의 세기보다 45°만큼 늦어진다. 또한 식 ⑥에서 손실이 있는 유전체에서는 위상속도가 공기 중에서 보다 대단히 많이 늦어진다는 것을 알 수 있다.

예제 10-5 소나의 원리

바닷물 속에서 물체를 탐지하기 위해 주파수 15[KHz]의 소나[sonar]를 사용하여 전파를 발사하고 있다.

(a) $z = 0\,[\mathrm{m}]$인 지점의 전계의 세기의 크기와 $z = 20\,[\mathrm{m}]$인 지점의 전계의 세기의 크기를 비교하라.

(b) 이 목적으로 직진성이 좋은 주파수 3[GHz]의 레이더[radar]를 사용하지 않는 이유를 설명하라.

단, 바닷물의 비투자율은 $\mu_r = 1$, 비유전율은 $\epsilon_r = 81$, 전도도는 $\sigma = 5\,[\mho/\mathrm{m}]$이고, $z = 0\,[\mathrm{m}]$인 지점의 전계파동의 진폭은 $E_{x0}\,[\mathrm{V/m}]$이다.

풀이

(a) 식 (10.82)에 의해 전파상수는 다음과 같이 계산된다.

$$\gamma = \sqrt{(\sigma + j\omega\epsilon)j\omega\mu}$$

$$= \sqrt{(5 + j2\pi\times 15\times 10^3\times 8.854\times 10^{-12}\times 81)j2\pi\times 15\times 10^3\times 4\pi\times 10^{-7}}$$

$$\fallingdotseq \sqrt{(5 + j6.76\times 10^{-5})j0.1184} \fallingdotseq \sqrt{j0.592} = (0.592e^{j90^\circ})^{\frac{1}{2}} \fallingdotseq 0.77e^{j45^\circ}$$

$$\fallingdotseq 0.544 + j0.544 \qquad \cdots ①$$

그러므로 전계 파동식의 페이저는 다음과 같이 된다.

$$E_{xs} = E_{x0} e^{-\gamma z} = E_{x0} e^{-\alpha z - j\beta z} = E_{x0} e^{-0.544z - j0.544z} \text{ [V/m]}$$

따라서 $z = 20$ [m]인 지점의 전계의 세기의 크기는

$$E_{x0} e^{-\alpha \times 20} = E_{x0} e^{-0.544 \times 20} = E_{x0} e^{-1.088} \fallingdotseq 0.34 E_{x0} \text{ [V/m]} \qquad \cdots ②$$

가 된다. 식 ②에서 $z = 20$ [m]인 지점의 전계의 세기의 크기는 $z = 0$ [m]인 지점에서 발사되는 전계의 세기의 크기의 34[%]가 됨을 알 수 있다.

(b) 발사되는 전자파가 주파수가 3[GHz]인 레이더이면 전파상수는 다음과 같이 변형된다.

$$\begin{aligned}
\gamma &= \sqrt{(\sigma + j\omega\epsilon)j\omega\mu} \\
&= \sqrt{(5 + j2\pi \times 3 \times 10^9 \times 8.854 \times 10^{-12} \times 81)j2\pi \times 3 \times 10^9 \times 4\pi \times 10^{-7}} \\
&\fallingdotseq \sqrt{(5 + j13.52)j2.37 \times 10^4} \\
&\fallingdotseq \sqrt{(14.4e^{j69.7^\circ})2.37 \times 10^4 e^{j90^\circ}} \\
&= (34.13 \times 10^4 e^{j159.7^\circ})^{\frac{1}{2}} \fallingdotseq 584.2e^{j79.9^\circ} \\
&\fallingdotseq 102.45 + j575.15 \text{ [ohm]}
\end{aligned} \qquad \cdots ③$$

그러므로 전계 파동식의 페이저는 다음과 같이 된다.

$$E_{xs} = E_{x0} e^{-\gamma z} = E_{x0} e^{-\alpha z - j\beta z} = E_{x0} e^{-102.45z - j575.15z} \text{ [V/m]}$$

따라서 $z = 1$ [m]인 지점의 전계의 세기의 크기는

$$E_{x0} e^{-\alpha \times 1} = E_{x0} e^{-102.45} \fallingdotseq 3.21 \times 10^{-45} E_{x0} \text{ [V/m]}$$

로 거의 0이라고 할 수 있다. 그러므로 [GHz]급의 레이더를 수중에서 사용하면 1[m]도 못 가서 전계의 세기의 크기가 0으로 감쇠됨으로 사용할 수가 없다. 이런 이유로 방향성이 좋은 레이더를 수중 탐사에서는 사용하지 않는다.

이제 손실이 있는 유전체의 누설전류에 대해 살펴보자. 암페어의 주회법칙과 관계가 있는 식 (10.73)의 우변 두 번째 식은 변위전류밀도로 J_d이고, 페이저로 다음과 같이 표현된다.

$$\mathrm{J}_d = \frac{\partial}{\partial t}\boldsymbol{D} = \epsilon \frac{\partial}{\partial t}\mathrm{E} \quad \Rightarrow \quad \mathrm{J}_{ds} = \mathrm{j}\,\omega\epsilon \mathrm{E}_s \qquad (10.94)$$

따라서 다음과 같은 결과를 얻을 수 있다(전도전류밀도와 변위전류밀도를 구분하기 위해 이곳에서만 전도전류밀도에 σ를 첨자로 붙여 사용한다. 일반적으로는 변위전류만 구분하기 위해 d를 첨자로 사용하고, 전도전류와 대류전류는 첨자를 붙이지 않는다).

$$\nabla \times \mathrm{H}_s = \mathrm{J}_{\sigma s} + \mathrm{J}_{ds} = \sigma \mathrm{E}_s + \mathrm{j}\,\omega\epsilon\,\mathrm{E}_s \tag{10.95}$$

유전체는 절연체의 일종으로 유전체 내에서는 전도전류가 흐르지 않는, 즉 완전 절연체($\sigma = 0$)이기를 요구하며 이렇게 절연성이 떨어져서($\sigma \neq 0$) 흐르는 전도전류를 누설전류라고 한다. 유전체에 삼각함수의 전계를 가했을 때, 누설전류와 변위전류 사이에는 위상에 차이가 있으며 변위전류가 누설전류보다 $90°$ 빠르다. 페이저를 이용해 이들의 전류밀도를 벡터 그림으로 나타내면 [그림 10-7]과 같이 된다.

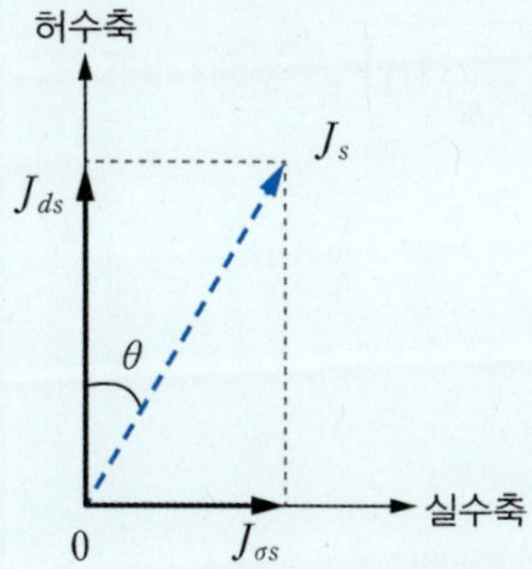

그림 10-7 전도(=누설)전류밀도와 변위전류에 의한 손실 탄젠트

[그림 10-7]에서 전도전류밀도와 변위전류밀도의 비를 **손실 탄젠트**loss tangent라고 한다.

$$\tan\theta = \frac{J_{\sigma s}}{J_{ds}} = \frac{\sigma E_s}{\omega\epsilon E_s} = \frac{\sigma}{\omega\epsilon} \tag{10.96}$$

손실 탄젠트 값이 클수록 유전체의 절연성이 떨어지며, 그만큼 에너지 손실이 커지고 그 에너지 손실에 해당하는 열이 발생한다.

예제 10-6 손실 탄젠트

비유전율이 $\epsilon_r = 4.2$, 전도도가 $\sigma = 2 \times 10^{-3}\,[\mathrm{S/m}]$인 얼음판에 주파수 $15\,[\mathrm{MHz}]$의 전자파의 전계가 가해졌을 때, 누설전류밀도와 변위전류밀도에 의한 손실 탄젠트를 구하라.

풀이

식 (10.76)에 의해 손실 탄젠트는 다음과 같이 계산된다.

$$\tan\theta = \frac{\sigma}{\omega\epsilon} = \frac{2 \times 10^{-3}}{2\pi \times 15 \times 10^{6} \times 8.854 \times 10^{-12} \times 4.2} \fallingdotseq 0.57$$

여기서 잠깐 $(1+x)^n$ **의 근사식**

손실이 있는 유전체 내 전자파의 전파를 공부하다보면, 전파상수 γ와 고유 임피던스 η를 자주 계산하게 된다. 그러나 이들은 복소수의 멱급수 함수이기 때문에 계산 결과를 실수부와 허수부로 나누어 표시하기가 쉽지 않다. 그래서 계산을 쉽게 하기 위해 다음과 같은 매클로린 급수 Maclaurin series 를 이용한 근사식을 사용한다.

$$\begin{aligned}(1+x)^n &= 1+nx+\frac{n(n-1)}{2!}x^2+\frac{n(n-1)(n-2)}{3!}x^3+\cdots \\ &\fallingdotseq 1+nx \qquad (x \ll 1) \qquad \cdots ①\end{aligned}$$

식 ①을 이용하여 $\frac{\sigma}{\omega\epsilon} \ll 1$인 경우 전파상수와 고유 임피던스의 근사식을 다음과 같이 구할 수 있다

$$\begin{aligned}\gamma &= \sqrt{(\sigma+j\omega\epsilon)j\omega\mu} = \sqrt{j\omega\mu\sigma+(j\omega)^2\mu\epsilon} = \sqrt{(j\omega)^2(\mu\epsilon)\left(\frac{\sigma}{j\omega\epsilon}+1\right)} \qquad \cdots ② \\ &= j\omega\sqrt{\mu\epsilon}\sqrt{1+\frac{\sigma}{j\omega\epsilon}} = j\omega\sqrt{\mu\epsilon}\sqrt{1-j\frac{\sigma}{\omega\epsilon}} \\ &= j\omega\sqrt{\mu\epsilon}\left(1-j\frac{\sigma}{\omega\epsilon}\right)^{\frac{1}{2}} \fallingdotseq j\omega\sqrt{\mu\epsilon}\left(1-j\frac{\sigma}{2\omega\epsilon}\right) \qquad \cdots ③\end{aligned}$$

$$\begin{aligned}\eta &= \frac{j\omega\mu}{\sqrt{(\sigma+j\omega\epsilon)j\omega\mu}} = \sqrt{\frac{j\omega\mu}{\sigma+j\omega\epsilon}} = \sqrt{\frac{j\omega\mu}{j\omega\epsilon\left(\frac{\sigma}{j\omega\epsilon}+1\right)}} \qquad \cdots ④ \\ &= \sqrt{\frac{\mu}{\epsilon}}\sqrt{\frac{1}{\left(1+\frac{\sigma}{j\omega\epsilon}\right)}} = \sqrt{\frac{\mu}{\epsilon}}\frac{1}{\sqrt{1+\frac{\sigma}{j\omega\epsilon}}} \\ &= \sqrt{\frac{\mu}{\epsilon}}\left(1-j\frac{\sigma}{\omega\epsilon}\right)^{-\frac{1}{2}} \fallingdotseq \sqrt{\frac{\mu}{\epsilon}}\left(1+j\frac{\sigma}{2\omega\epsilon}\right) \qquad \cdots ⑤\end{aligned}$$

SECTION

10.4 포인팅 벡터와 전자파의 에너지 전달

지금까지는 전자파의 진행 모습을 살펴보았다. 이 절에서는 전자파가 진행 방향으로 전달하는 에너지에 대해 살펴보자. 먼저 제3 맥스웰 방정식에서 출발한다.

$$\nabla \times \mathrm{H} = \mathrm{J} + \frac{\partial \mathrm{D}}{\partial t} \tag{10.97}$$

식 (10.97)의 양변에서 전계의 세기 E와의 내적dot product을 취하하면 다음과 같이 된다.

$$\mathrm{E} \cdot \nabla \times \mathrm{H} = \mathrm{E} \cdot \mathrm{J} + \mathrm{E} \cdot \frac{\partial \mathrm{D}}{\partial t} \tag{10.98}$$

그런데 벡터 연산에서는 항상

$$\nabla \cdot (\mathrm{E} \times \mathrm{H}) \equiv -\mathrm{E} \cdot \nabla \times \mathrm{H} + \mathrm{H} \cdot \nabla \times \mathrm{E}$$
$$\nabla \cdot (\mathrm{E} \times \mathrm{H}) + \mathrm{E} \cdot \nabla \times \mathrm{H} = \mathrm{H} \cdot \nabla \times \mathrm{E}$$
$$\mathrm{E} \cdot \nabla \times \mathrm{H} = \mathrm{H} \cdot \nabla \times \mathrm{E} - \nabla \cdot (\mathrm{E} \times \mathrm{H})$$

이므로, 식 (10.98)의 좌변에 대입하여 정리하면 식 (10.99)를 얻는다.

$$\mathrm{H} \cdot \nabla \times \mathrm{E} - \nabla \cdot (\mathrm{E} \times \mathrm{H}) = \mathrm{E} \cdot \mathrm{J} + \mathrm{E} \cdot \frac{\partial \mathrm{D}}{\partial t}$$
$$\mathrm{H} \cdot \left(-\frac{\partial \mathrm{B}}{\partial \mathrm{t}}\right) - \nabla \cdot (\mathrm{E} \times \mathrm{H}) = \mathrm{E} \cdot \mathrm{J} + \mathrm{E} \cdot \frac{\partial \mathrm{D}}{\partial t}$$
$$-\nabla \cdot (\mathrm{E} \times \mathrm{H}) = \mathrm{E} \cdot \mathrm{J} + \mathrm{E} \cdot \frac{\partial \mathrm{D}}{\partial t} + \mathrm{H} \cdot \frac{\partial \mathrm{B}}{\partial t}$$
$$-\nabla \cdot (\mathrm{E} \times \mathrm{H}) = \mathrm{J} \cdot \mathrm{E} + \epsilon \mathrm{E} \cdot \frac{\partial \mathrm{E}}{\partial t} + \mu \mathrm{H} \cdot \frac{\partial \mathrm{H}}{\partial t} \tag{10.99}$$

식 (10.99)에서 전계의 식은

$$\begin{aligned}
\mathrm{E} \cdot \frac{\partial \mathrm{E}}{\partial t} &= \left(E_x \mathbf{a}_x + E_y \mathbf{a}_y + E_z \mathbf{a}_z\right) \cdot \left(\frac{\partial}{\partial t} E_x \mathbf{a}_x + \frac{\partial}{\partial t} E_y \mathbf{a}_y + \frac{\partial}{\partial t} E_z \mathbf{a}_z\right) \\
&= E_x \frac{\partial}{\partial t} E_x + E_y \frac{\partial}{\partial t} E_y + E_z \frac{\partial}{\partial t} E_z \\
&= \frac{1}{2} \frac{\partial}{\partial t} E_x^2 + \frac{1}{2} \frac{\partial}{\partial t} E_y^2 + \frac{1}{2} \frac{\partial}{\partial t} E_z^2 \\
&= \frac{1}{2} \frac{\partial}{\partial t} \left(E_x^2 + E_y^2 + E_z^2\right) \\
&= \frac{1}{2} \frac{\partial}{\partial t} E^2
\end{aligned}$$

이 되고, 같은 방법으로 자계의 식도 다음과 같이 정리된다.

$$\mathrm{H} \cdot \frac{\partial \mathrm{H}}{\partial t} = \frac{1}{2} \frac{\partial}{\partial t} H^2$$

따라서 식 (10.99)는 식 (10.100)으로 변형하여 쓸 수 있다.

$$-\nabla \cdot (\mathrm{E} \times \mathrm{H}) = \mathrm{J} \cdot \mathrm{E} + \frac{1}{2} \frac{\partial}{\partial t} \epsilon E^2 + \frac{1}{2} \frac{\partial}{\partial t} \mu H^2$$

$$-\nabla \cdot (\mathrm{E} \times \mathrm{H}) = \mathrm{J} \cdot \mathrm{E} + \frac{\partial}{\partial t} \left(\frac{\epsilon E^2}{2} + \frac{\mu H^2}{2}\right) \tag{10.100}$$

다시 식 (10.100)의 양변을 어떤 체적에 대해 적분하면

$$-\int_{vol} \nabla \cdot (\mathrm{E} \times \mathrm{H}) dv = \int_{vol} \mathrm{J} \cdot \mathrm{E}\, dv + \int_{vol} \frac{\partial}{\partial t} \left(\frac{\epsilon E^2}{2} + \frac{\mu H^2}{2}\right) dv \tag{10.101}$$

가 되며, 여기에 발산정리를 적용하면 식 (10.101)은 다음과 같이 된다.

$$-\oint_S (\mathrm{E} \times \mathrm{H}) \cdot d\mathrm{S} = \int_{vol} \mathrm{J} \cdot \mathrm{E}\, dv + \int_{vol} \frac{\partial}{\partial t} \left(\frac{\epsilon E^2}{2} + \frac{\mu H^2}{2}\right) dv \tag{10.102}$$

지루한 수학적 연산을 통해 얻은 식 (10.102)의 물리적 의미는 무엇일까? 식 (10.102)의 우변 첫 번째 항은 그 체적 내에서 저항성분에 의해 소모되는 **저항전력손실**ohmic power loss을 나타낸다([그림 10-8]).

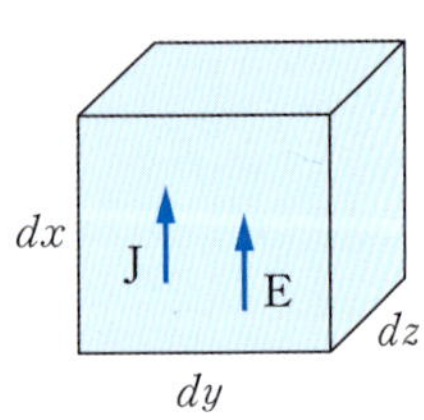

$$\begin{aligned}
\mathrm{J} \cdot \mathrm{E}\, dv &= \mathrm{J} \cdot \mathrm{E}\, dxdydz \\
&= \mathrm{J} dydz \cdot \mathrm{E}\, dx \\
&= dI \times dV
\end{aligned}$$

그림 10-8 저항성분에 의한 전력 소모

식 (10.102)의 우변 두 번째 항은 그 체적 내에 축적되어 있는 정전에너지와 자기에너지의 미분으로 단위시간당 축적되는 에너지, 즉 축적되는 전력이다. 그러므로 식 (10.102)의 좌변은 어떤 체적으로 들어가는 전력을 의미하고 우변은 그 체적 안에서 저항성분에 의해 소모되는 전력과 축적되는 전력을 의미한다.

가우스의 법칙

$$\oint_S \mathbf{D} \cdot d\mathbf{S} = Q_{in} \tag{10.103}$$

에서 폐곡면에 대한 적분식의 의미가 어떤 폐곡면에서 밖으로 나가는 총 전속인 것과 같이, 식 (10.102)에서도 좌변 적분식에서 (−)부호가 붙지 않은 다음 식은 어떤 폐곡면에서 밖으로 나가는 총 전력을 의미한다.

$$\oint_S (\mathbf{E} \times \mathbf{H}) \cdot d\mathbf{S} \tag{10.104}$$

따라서 (−)가 있는 식 (10.102)의 좌변은 폐곡면 안으로 들어가는 총 전력을 의미한다. 식 (10.102)는 전자파에 의해 어떤 폐곡면 안으로 들어가는 총 전력이 그 폐곡면이 싸고 있는 체적 내에서 소모되는 저항전력손실과 체적 내에 축적되는 정전전력 및 자기전력의 합과 같음을 나타낸다.

전계의 세기 E와 자계의 세기 H의 외적cross product

$$\mathbf{E} \times \mathbf{H} \tag{10.105}$$

는 하나의 벡터로서 그 방향으로 단위면적당 지나가는 전력, 즉 전력밀도를 나타낸다. 단위는 $[\mathrm{Watt/m^2}]$이며, 처음 이론을 발표한 영국 물리학자의 이름을 따서 **포인팅 벡터**Poynting vector라고 부르고, 기호 P로 표시한다.

10.3절에서 살펴본 전자파의 전계와 자계의 파동식이 다음과 같을 때 포인팅 벡터의 식을 구해보자.

$$\mathbf{E}(t) = E_{x0} e^{-\alpha z} \cos(\omega t - \beta z)\, \mathbf{a}_x \ [\mathrm{V/m}]$$

$$\mathbf{H}(t) = \frac{E_{x0}}{\eta_m} e^{-\alpha z} \cos(\omega t - \beta z - \theta)\, \mathbf{a}_y \ [\mathrm{AT/m}]$$

$$\begin{aligned} \mathbf{P}(t) = \mathbf{E}(t) \times \mathbf{H}(t) &= E_{x0} e^{-\alpha z} \cos(\omega t - \beta z)\, \mathbf{a}_x \times \frac{E_{x0}}{\eta_m} e^{-\alpha z} \cos(\omega t - \beta z - \theta)\, \mathbf{a}_y \\ &= \frac{E_{x0}^2}{\eta_m} e^{-2\alpha z} \cos(\omega t - \beta z) \cos(\omega t - \beta z - \theta)\, \mathbf{a}_z \end{aligned} \tag{10.106}$$

식 (10.106)은 손실이 있는 유전체에 대한 식으로, 완전 유전체에서의 포인팅 벡터는 다음과 같이 된다.

$$\mathrm{E}(t) = E_{x0}\cos(\omega t - \omega\sqrt{\mu\epsilon}\,z)\,\mathbf{a}_x\ [\mathrm{V/m}]$$

$$\mathrm{H}(t) = \frac{E_{x0}}{\eta}\cos(\omega t - \omega\sqrt{\mu\epsilon}\,z)\,\mathbf{a}_x\ [\mathrm{V/m}]$$

$$\begin{aligned}\mathrm{P}(t) = \mathrm{E}(t)\times\mathrm{H}(t) &= E_{x0}\cos(\omega t - \omega\sqrt{\mu\epsilon}\,z)\,\mathbf{a}_x \times \frac{\mathrm{E}_{x0}}{\eta}\cos(\omega t - \omega\sqrt{\mu\epsilon}\,z)\,\mathbf{a}_y \\ &= \frac{E_{x0}^2}{\eta}\cos^2(\omega t - \omega\sqrt{\mu\epsilon}\,z)\,\mathbf{a}_z\ [\mathrm{W/m^2}] \qquad (10.107)\end{aligned}$$

식 (10.107)로 표시되는 완전 유전체에서의 포인팅 벡터를 이용하여 전자파가 전달하는 평균전력을 계산하면 다음과 같이 된다.

$$\begin{aligned}P_{ave} &= \frac{1}{T}\int_0^T P\,dt = \frac{1}{T}\int_0^T \frac{E_{x0}^2}{\eta}\cos^2(\omega t - \omega\sqrt{\mu\epsilon}\,z)\,dt \\ &= \frac{1}{T}\frac{E_{x0}^2}{\eta}\int_0^T \frac{1+\cos 2(\omega t - \omega\sqrt{\mu\epsilon}\,z)}{2}dt \\ &= \frac{1}{T}\frac{E_{x0}^2}{2\eta}\left[t + \frac{\sin 2(\omega t - \omega\sqrt{\mu\epsilon}\,z)}{2\omega}\right]_0^T \\ &= \frac{1}{T}\frac{E_{x0}^2}{2\eta}\left\{T + \frac{\sin 2(\omega T - \omega\sqrt{\mu\epsilon}\,z)}{2\omega} - \frac{\sin 2(-\omega\sqrt{\mu\epsilon}\,z)}{2\omega}\right\} \\ &= \frac{1}{T}\frac{E_{x0}^2}{2\eta}\left\{T + \frac{\sin 2(2\pi - \omega\sqrt{\mu\epsilon}\,z)}{2\omega} - \frac{\sin 2(-\omega\sqrt{\mu\epsilon}\,z)}{2\omega}\right\} \\ &= \frac{1}{T}\frac{E_{x0}^2}{2\eta}\times T = \frac{E_{x0}^2}{2\eta} = \frac{E_{x0}H_{y0}}{2} = E_{eff}H_{eff}\ [\mathrm{W/m^2}] \qquad (10.108)\end{aligned}$$

식 (10.106)으로 표시되는 포인팅 벡터를 이용하여 손실이 있는 유전체에서의 전자파가 전달하는 평균전력을 구해보자.

$$\begin{aligned}P_{ave} &= \frac{1}{T}\int_0^T \frac{E_{x0}^2}{\eta_m}e^{-2\alpha z}\cos(\omega t - \beta z)\cos(\omega t - \beta z - \theta)\,dt \\ &= \frac{E_{x0}^2}{\eta_m}e^{-2\alpha z}\frac{1}{T}\int_0^T \cos(\omega t - \beta z)\cos(\omega t - \beta z - \theta)\,dt\end{aligned}$$

> $\cos A\cos B = \frac{1}{2}\{\cos(A+B) + \cos(A-B)\}$

$$\begin{aligned}&= \frac{E_{x0}^2}{\eta_m}e^{-2\alpha z}\frac{1}{T}\int_0^T \frac{1}{2}\{\cos(2\omega t - 2\beta z - \theta) + \cos\theta\}dt \\ &= \frac{E_{x0}^2}{2\eta_m}e^{-2\alpha z}\cos\theta\ [\mathrm{W/m^2}] \qquad (10.109)\end{aligned}$$

전력밀도 포인팅 벡터의 평균값을 나타내는 식 (10.109)는 공액복소수 개념을 이용하여 다음과 같은 벡터식으로도 표시한다.

$$\mathrm{P}_{ave} = \frac{1}{2} Re\{\mathrm{E}_s \times \mathrm{H}_s^*\} \quad (10.110)$$

$$\mathrm{E}_s = E_{x0} e^{-\alpha z - j\beta z} \mathrm{a}_x,\ \mathrm{H}_s = \frac{E_{x0} e^{-\alpha z - j\beta z - j\theta}}{\eta_m} \mathrm{a}_y,\ \mathrm{H}_s^* = \frac{E_{x0} e^{-\alpha z + j\beta z + j\theta}}{\eta_m} \mathrm{a}_y$$

$$\frac{1}{2} Re\{\mathrm{E}_s \times \mathrm{H}_s^*\} = \frac{1}{2} Re\left\{ E_{x0} e^{-\alpha z - j\beta z} \mathrm{a}_x \times \frac{E_{x0} e^{-\alpha z + j\beta z + j\theta}}{\eta_m} \mathrm{a}_y \right\}$$

$$= \frac{1}{2} Re\left\{ \frac{E_{x0}^2 e^{-2\alpha z + j\theta}}{\eta_m} \mathrm{a}_z \right\} = \frac{1}{2} \frac{E_{x0}^2 e^{-2\alpha z}}{\eta_m} \cos\theta\, \mathrm{a}_z$$

예제 10-7 자유공간에서의 전력밀도

자유공간에서 z축 방향으로 진행하고 있는 전계파동에 대해 다음을 구하라. 단, 전계파동의 진폭은 100[V/m]이고, 주파수는 100[MHz]이다.

(a) 자계 파동식

(b) 전력밀도의 식과 평균전력밀도

풀이

(a) 전계 파동식을 구하고 이어서 자계 파동식을 구하면 다음과 같다.

$$\mathrm{E}(t) = 100\cos(2\pi \times 10^8 t - \frac{2\pi \times 10^8}{3 \times 10^8} z)\, \mathrm{a}_x$$

$$= 100\cos(2\pi \times 10^8 t - \frac{2\pi}{3} z)\, \mathrm{a}_x \quad \cdots ①$$

$$\therefore\ \mathrm{H}(t) = \frac{100}{377}\cos(2\pi \times 10^8 t - \frac{2\pi}{3} z)\, \mathrm{a}_y \quad \cdots ②$$

(b) 식 (10.107)에 의해 전력밀도를 구하면

$$\mathrm{P}(t) = \mathrm{E}(t) \times \mathrm{H}(t) = 100\cos(2\pi \times 10^8 t - \frac{2\pi}{3} z)\, \mathrm{a}_x \times \frac{100}{377}\cos(2\pi \times 10^8 t - \frac{2\pi}{3} z)\, \mathrm{a}_y$$

$$= \frac{10^4}{377}\cos^2(2\pi \times 10^8 t - \frac{2\pi}{3} z)\, \mathrm{a}_z \quad \cdots ③$$

이므로, 평균전력밀도는 다음과 같이 된다.

$$P_{ave} = \frac{E_{x0}^2}{2\eta} = \frac{100^2}{2 \times 377} \fallingdotseq 13.26\ [\mathrm{W/m^2}] \quad \cdots ④$$

예제 10-8 손실이 있는 유전체 내에서의 평균전력밀도

비투자율은 $\mu_r = 1$, 비유전율은 $\epsilon_r = 81$, 전도도는 $\sigma = 5\,[\mho/\mathrm{m}]$인 바닷물에서 주파수 $10^4\,[\mathrm{Hz}]$의 전자파가 발사되고 있다. $z = 0\,[\mathrm{m}]$에서의 전계파동의 진폭이 $100\,[\mathrm{V/m}]$라고 할 때, 다음을 구하라.

(a) 전력밀도 $\mathrm{P}(t)$

(b) $z = 5\,[\mathrm{m}]$인 지점의 평균전력밀도

풀이

(a) 먼저 전파상수를 구하면 식 (10.82)에 의해 다음과 같이 된다.

$$\begin{aligned}\gamma &= \sqrt{(\sigma + j\omega\epsilon)j\omega\mu} \\ &= \sqrt{(5 + j2\pi \times 10^4 \times 8.854 \times 10^{-12} \times 81)\,j2\pi \times 10^4 \times 4\pi \times 10^{-7}} \\ &\fallingdotseq \sqrt{(5 + j4.506 \times 10^{-5})\,j7.9 \times 10^{-2}} \\ &\fallingdotseq \sqrt{j0.395} = (0.395e^{j90^\circ})^{\frac{1}{2}} \fallingdotseq 0.628^{j45^\circ} \\ &\fallingdotseq 0.44 + j0.44\end{aligned}$$

그러므로 전계 파동식은 다음과 같이 된다.

$$\mathrm{E}(t) = 100\,e^{-0.44z}\cos(2\pi \times 10^4 t - 0.44z)\,\mathbf{a}_x\,[\mathrm{V/m}] \quad \cdots ①$$

그리고 식 (10.89)에 의해 고유 임피던스를 구하면 다음과 같이 된다.

$$\eta = \frac{E_{xs}}{H_{ys}} = \frac{j\omega\mu}{\gamma} = \frac{j0.079}{0.63e^{j45^\circ}} = \frac{0.079e^{j90^\circ}}{0.63e^{j45^\circ}} \fallingdotseq 0.125e^{j45^\circ}\,[\Omega] \quad \cdots ②$$

그러므로 자계의 페이저는

$$H_{ys} = \frac{E_{xs}}{\eta} = \frac{100e^{-(0.44 + j0.44)z}}{0.125e^{j45^\circ}} = 800\,e^{-(0.44 + j0.44)z - j45^\circ}$$

가 되고, 자계 파동식은 다음과 같이 된다.

$$\mathrm{H} = 800e^{-0.44z}\cos(2\pi \times 10^4 t - 0.44z - 45^\circ)\,\mathbf{a}_y\,[\mathrm{AT/m}] \quad \cdots ③$$

따라서 전류밀도의 식은 다음과 같이 된다.

$$\begin{aligned}\mathrm{P} = \mathrm{E} \times \mathrm{H} &= 100\,e^{-0.44z}\cos(2\pi \times 10^4 t - 0.44z)\,\mathbf{a}_x \\ &\qquad \times 800e^{-0.44z}\cos(2\pi \times 10^4 t - 0.44z - 45^\circ)\,\mathbf{a}_y \\ &= 80000\,e^{-0.88z}\cos(2\pi \times 10^4 t - 0.44z)\cos(2\pi \times 10^4 t - 0.44z - 45^\circ)\,\mathbf{a}_z \quad \cdots ④\end{aligned}$$

(b) $z = 5[\text{m}]$ 인 지점의 평균전력밀도는 식 (10.109)에 의해 다음과 같이 구한다.

$$\begin{aligned} P_{ave} &= \frac{E_{x0}^{\ 2}}{2\eta_m} e^{-2\alpha z} \cos\theta \qquad \cdots ⑤ \\ &= \frac{100^2}{2\times 0.125} e^{-2\times 0.44\times 5} \cos 45^\circ \\ &= 40000 \times 0.0123 \times \frac{1}{\sqrt{2}} \\ &= 347.9\ [\text{W/m}^2] \end{aligned}$$

SECTION 10.5 도체 내에서 전자파의 전파

10.5.1 좋은 도체 내에서 전자파의 전파

이제 구리나 철과 같이 좋은 도체 내에서의 전자파의 전파에 대해 생각해보자. 먼저 좋은 도체의 전파상수를 구해보자. 앞에서 손실이 있는 유전체에서 전파상수는 다음과 같이 표현되었다.

$$\gamma = \sqrt{(\sigma + j\omega\epsilon)j\omega\mu} \tag{10.111}$$

좋은 도체는 전도도 σ가 10^7 [℧/m] 이상이고, 비유전율은 $\epsilon_r = 1$이므로 유전율은 $\epsilon = 8.854 \times 10^{-12}$ [F/m]이다. 따라서 주파수가 10^{11} [Hz] 미만의 전자파에 대해서는 식 (10.111)을 다음과 같이 간략화할 수 있다.

$$\begin{aligned}
\gamma = \sqrt{(\sigma + j\omega\epsilon)j\omega\mu} &\fallingdotseq \sqrt{j\omega\mu\sigma} \qquad (\because\ \sigma \gg \omega\epsilon) \\
&= \sqrt{j}\ \sqrt{\omega\mu\sigma} \\
&= \left(e^{j90^\circ}\right)^{\frac{1}{2}} \sqrt{\omega\mu\sigma} = \left(e^{j45^\circ}\right)\sqrt{\omega\mu\sigma} \\
&= \left(\frac{1}{\sqrt{2}} + j\frac{1}{\sqrt{2}}\right)\sqrt{2\pi f\mu\sigma} \\
&= \left(\sqrt{\pi f\mu\sigma} + j\sqrt{\pi f\mu\sigma}\right)
\end{aligned} \tag{10.112}$$

그러므로 좋은 도체 내에서의 전계 파동식은 다음과 같이 된다.

$$\mathrm{E} = E_{x0}\, e^{-\sqrt{\pi f\mu\sigma}\, z} \cos(\omega t - \sqrt{\pi f\mu\sigma}\, z)\, \mathrm{a}_x\ [\mathrm{V/m}] \tag{10.113}$$

그리고 좋은 도체 내부에서 어떤 점의 전류밀도는

$$\mathrm{J} = \sigma\mathrm{E} = \sigma E_{x0}\, e^{-\sqrt{\pi f\mu\sigma}\, z} \cos(\omega t - \sqrt{\pi f\mu\sigma}\, z)\, \mathrm{a}_x\ [\mathrm{A/m^2}] \tag{10.114}$$

가 된다. 식 (10.113)을 보면 도체의 표면 $z = 0$[m]로부터 도체 안으로 들어갈수록 전계파동의 진폭이 지수함수적으로 감소한다는 것을 알 수 있다. 따라서 $z = 1/\sqrt{\pi f\mu\sigma}$ 인 지점에서 전계파동의 진폭이 표면진폭의 $e^{-1} \fallingdotseq 0.368$배가 된다. 표면 전계 크기의 약 36.8[%]가 되는 이 거리를 **표피깊이**skin depth라고 하며, 기호 δ로 표시한다.

$$\delta = \frac{1}{\sqrt{\pi f \mu \sigma}} \text{ [m]} \tag{10.115}$$

구리의 경우, 주파수 300 [MHz]의 극초단파의 전계에 대한 표피깊이는

$$\delta = \frac{1}{\sqrt{\pi f \mu \sigma}} = \frac{1}{\sqrt{\pi \times 3 \times 10^8 \times 4\pi \times 10^{-7} \times 5.8 \times 10^7}} \fallingdotseq 3.815 \text{ [}\mu\text{m]} \tag{10.116}$$

가 된다. 이 표피깊이에서 알 수 있듯이 주파수가 대단히 큰 전계는 도체 표면에만 존재하고 도체 안에는 거의 존재하지 않는다. 따라서 전류도 주로 도체 표면에만 흐르고 도체 안에는 전류 흐름이 거의 없다. 이와 같이 좋은 도체의 경우 주파수가 대단히 큰 전자파가 표면에만 존재하고 도체 안에는 거의 존재하지 않는 현상을 **표피효과**[skin effect]라고 한다.

표피효과 때문에 마이크로파(= 3 ~ 30 [GHz])와 같이 높은 주파수의 전파전류를 흘려보낼 때는 유리 섬유 같은 선에 약 3 [μm] 정도로 은을 **증착**[evaporating]시켜서 고급 통신용 전선으로 사용하기도 한다. 그러나 구리의 상용주파수 $f = 60$ [Hz]에 대한 표피깊이는

$$\delta = \frac{1}{\sqrt{\pi f \mu \sigma}} = \frac{1}{\sqrt{\pi \times 60 \times 4\pi \times 10^{-7} \times 5.8 \times 10^7}} \fallingdotseq 8.53 \text{ [mm]}$$

로, 보통 굵기의 전선에서는 이런 표피효과를 의식할 필요 없이 전체 단면적에 고루 전류가 흐른다고 생각해도 좋다.

이제 좋은 도체에서의 자계를 살펴보자. 먼저 고유 임피던스를 구하면 다음과 같다.

$$\eta = \frac{E_{xs}}{H_{ys}} = \frac{j\omega\mu}{\gamma} = \frac{j\omega\mu}{\sqrt{(\sigma + j\omega\epsilon) j\omega\mu}}$$

$$= \sqrt{\frac{j\omega\mu}{\sigma + j\omega\epsilon}} \fallingdotseq \sqrt{\frac{j\omega\mu}{\sigma}} \qquad (\because \ \sigma \gg \omega\epsilon)$$

$$\frac{\sqrt{2}\, e^{j45^\circ}}{\sigma\delta} = \frac{\sqrt{2}\, e^{j45^\circ}}{\sigma} \frac{1}{\frac{1}{\sqrt{\pi f \mu \sigma}}} = \frac{\sqrt{2}\, e^{j45^\circ} \sqrt{\pi f \mu \sigma}}{\sigma}$$

$$= \frac{\sqrt{j2}\ \sqrt{\pi f \mu \sigma}}{\sigma} = \sqrt{\frac{j2\pi f \mu}{\sigma}} = \sqrt{\frac{j\omega\mu}{\sigma}}$$

$$= \frac{\sqrt{2}\, e^{j45^\circ}}{\sigma\delta} \tag{10.117}$$

식 (10.113)의 전계 파동식을 표피깊이 δ로 다시 표시하면 다음과 같다.

$$E_x(t) = E_{x0} e^{-\sqrt{\pi f \mu \sigma}\, z} \cos(\omega t - \sqrt{\pi f \mu \sigma}\, z)$$

$$= E_{x0} e^{-\frac{z}{\delta}} \cos\left(\omega t - \frac{z}{\delta}\right) \tag{10.118}$$

또한 고유 임피던스를 이용하여 자계 파동식을 구하면 다음과 같이 된다.

$$H_{ys} = \frac{E_{xs}}{\eta} = \frac{E_{x0}e^{-\frac{z}{\delta}-j\frac{z}{\delta}}}{\frac{\sqrt{2}\,e^{j45^\circ}}{\sigma\delta}} = \frac{\sigma\delta E_{x0}e^{-\frac{z}{\delta}-j\frac{z}{\delta}-j45^\circ}}{\sqrt{2}} \tag{10.119}$$

$$H_y(t) = \frac{\sigma\delta E_{x0}e^{-\frac{z}{\delta}}}{\sqrt{2}}\cos\left(\omega t - \frac{z}{\delta} - 45^\circ\right) \tag{10.120}$$

10.5.2 좋은 도체 내에서 전자파의 전력 전달

좋은 도체 내에서의 평균전력밀도 $\mathrm{P}_{ave}\,[\mathrm{W/m^2}]$는 식 (10.110)에 의해 다음과 같이 구해진다.

$$\mathrm{E}_s = E_{x0}e^{-\frac{z}{\delta}-j\frac{z}{\delta}}\mathbf{a}_x\ [\mathrm{V/m}]$$

$$\mathrm{H}_s = \frac{\sigma\delta E_{x0}e^{-\frac{z}{\delta}-j\frac{z}{\delta}-j45^\circ}}{\sqrt{2}}\mathbf{a}_y\ [\mathrm{AT/m}]$$

$$\mathrm{H}_s^* = \frac{\sigma\delta E_{x0}e^{-\frac{z}{\delta}+j\frac{z}{\delta}+j45^\circ}}{\sqrt{2}}\mathbf{a}_y\ [\mathrm{AT/m}]$$

$$\begin{aligned}\mathrm{P}_{ave} &= \frac{1}{2}Re\{\mathrm{E}_s\times\mathrm{H}_s^*\} = \frac{1}{2}Re\left\{E_{x0}e^{-\frac{z}{\delta}-j\frac{z}{\delta}}\mathbf{a}_x\times\frac{\sigma\delta E_{x0}e^{-\frac{z}{\delta}+j\frac{z}{\delta}+j45^\circ}}{\sqrt{2}}\mathbf{a}_y\right\}\\ &= \frac{\sigma\delta E_{x0}^2\,e^{-\frac{2z}{\delta}}}{2\sqrt{2}}\cos 45^\circ\ \mathbf{a}_z\\ &= \frac{1}{4}\sigma\delta E_{x0}^2\,e^{-\frac{2z}{\delta}}\ \mathbf{a}_z\ [\mathrm{W/m^2}]\end{aligned} \tag{10.121}$$

전계의 세기에 의한 좋은 도체 내의 전류밀도 $\mathrm{J}\,[\mathrm{A/m^2}]$는

$$\mathrm{J}_s = \sigma\mathrm{E}_s = \sigma E_{x0}e^{-\frac{z}{\delta}-j\frac{z}{\delta}}\mathbf{a}_x\ [\mathrm{A/m^2}] \tag{10.122}$$

$$\mathrm{J}(t) = \sigma E_{x0}e^{-\frac{z}{\delta}}\cos\left(\omega t - j\frac{z}{\delta}\right)\mathbf{a}_x\ [\mathrm{A/m^2}] \tag{10.123}$$

가 된다.

좋은 도체 표면 $z=0[\mathrm{m}]$에서 $t=0[\mathrm{sec}]$일 때 전류밀도를 $J_{x0}\,[\mathrm{A/m^2}]$라고 하면 식 (10.123)은 다음과 같이 표시된다.

$$\mathrm{J}(t)= J_{x0}\, e^{-\frac{z}{\delta}} \cos\left(\omega t - j\frac{z}{\delta}\right)\mathbf{a}_x\ [\mathrm{A/m^2}] \tag{10.124}$$

따라서 전류의 흐름도 도체 안으로 들어갈수록 지수함수적으로 작아진다. 이제 [그림 10-9]에서 $0<y\le b,\ 0<z\le\infty$인 평면을 지나가는 전체 전류 I_t를 구해보자. 먼저 전체 전류의 페이저는 다음과 같이 구할 수 있다.

$$\begin{aligned} I_{ts} &= \int_S \mathrm{J}_s \cdot d\mathrm{S} = \int_0^\infty \int_0^b \sigma E_{x0} e^{-\frac{z}{\delta}-j\frac{z}{\delta}} dydz \\ &= \int_0^\infty b\sigma E_{x0} e^{-\frac{z}{\delta}-j\frac{z}{\delta}} dz \\ &= b\sigma E_{x0}\left[-\frac{\delta}{(1+j)}e^{-\frac{z}{\delta}-j\frac{z}{\delta}}\right]_0^\infty \\ &= b\sigma E_{x0}\left\{\frac{\delta}{(1+j)}\right\} = b\delta\frac{\sigma E_{x0}}{\sqrt{2}}e^{-j45^\circ}\,[\mathrm{A}] \end{aligned} \tag{10.125}$$

따라서 $0<y\le b,\ 0<z\le\infty$인 평면을 지나가는 전체 전류 I_t는 다음과 같이 된다.

$$I_t(t) = b\delta\frac{\sigma E_{x0}}{\sqrt{2}}\cos(\omega t - 45^\circ)\,[\mathrm{A}] \tag{10.126}$$

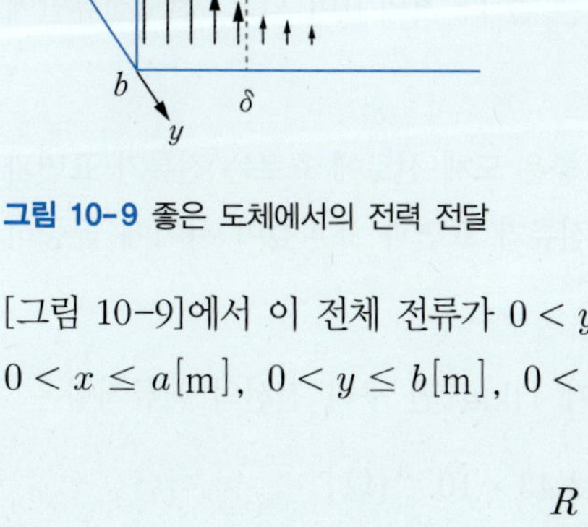

그림 10-9 좋은 도체에서의 전력 전달

[그림 10-9]에서 이 전체 전류가 $0<y\le b,\ 0<z\le\delta$의 좁은 면적으로만 지나간다고 가정하면 $0<x\le a[\mathrm{m}],\ 0<y\le b[\mathrm{m}],\ 0<z\le\delta[\mathrm{m}]$로 이루어지는 체적의 저항값 R은

$$R=\frac{l}{\sigma S}=\frac{a}{\sigma b\delta}\ [\Omega]$$

이므로, 이 체적 안에서 소모되는 저항전력손실ohmic power loss $P_R(t)$와 그 평균은 다음과 같다.

$$P_R(t) = R\{I_t(t)\}^2 = \frac{a}{\sigma b\delta}\left\{b\delta\frac{\sigma E_{x0}}{\sqrt{2}}\cos(\omega t - 45^\circ)\right\}^2$$

$$= \frac{a}{\sigma b\delta} \times b^2\delta^2\frac{\sigma^2 E_{x0}^2}{2}\cos^2(\omega t - 45^\circ)$$

$$= \frac{ab\delta\sigma E_{x0}^2}{2}\cos^2(\omega t - 45^\circ)$$

$$P_{R,ave} = \frac{1}{T}\int_0^T P(t)\,dt = \frac{1}{4}ab\delta\sigma E_{x0}^2 \ [\text{W}] \tag{10.127}$$

그런데 [그림 10-9]의 도체 표면 $z=0$에서 $0 < x \le a$, $0 < y \le b$인 평면을 지나 도체 안으로 들어가는 전체 평균전력 $P_{t,ave}[\text{W}]$는 식 (10.121)에 의해 다음과 같이 된다.

$$P_{t,ave} = \int_S \mathbf{P}_{ave} \cdot d\mathbf{S} = \frac{1}{4}\sigma\delta E_{x0}^2 \ \mathbf{a}_z \cdot ab\,\mathbf{a}_z$$

$$= \frac{1}{4}ab\delta\sigma E_{x0}^2 \ [\text{W}] \tag{10.128}$$

식 (10.127)과 식 (10.128)을 비교해보면 도체 표면 $z=0$에서 $0 < x \le a$, $0 < y \le b$인 평면을 지나 도체 안으로 들어가는 전체 전력은 도체 안에 흐르고 있는 전체 전류가 $0 < y \le b$, $0 < z \le \delta$인 면적으로만 지나간다고 가정했을 때의 저항전력손실과 같음을 알 수 있다.

앞에서 유도된 식 (10.102)인

$$-\oint_S (\mathbf{E}\times\mathbf{H}) \cdot d\mathbf{S} = \int_{vol} \mathbf{J} \cdot \mathbf{E}\,dv + \int_{vol}\frac{\partial}{\partial t}\left(\frac{\epsilon E^2}{2} + \frac{\mu H^2}{2}\right)dv \tag{10.129}$$

의 우변 두 번째 적분으로 표시되는 정전에너지와 자기에너지 식에서 구리와 같이 좋은 도체의 비유전율이 $\epsilon_r = 1$, 비투자율이 $\mu_r = 1$이므로, 그 유전율과 투자율은 각각 $\epsilon = 8.854 \times 10^{-12}$, $\mu = 4\pi \times 10^{-7}$이다. 따라서 두 번째 항의 정전에너지와 자기에너지는 둘 다 거의 0이 되고, 전도전류만에 의한 첫 번째 저항전력손실에 대한 항만 남는다.

이상에서 고찰한 바와 같이 주파수가 대단히 큰 전자파에서는 좋은 도체 선로에 흐르는 전류가 표면과 가까운 곳에서만 흐르기 때문에, 전체 단면을 지나가는 총 전류가 표면과 표피깊이 사이에 균등히 흐르는 것으로 간주한다.

예를 들어, [그림 10-10]과 같은 반지름이 $0.04[\text{m}]$, 길이가 $1[\text{km}]$인 구리 전선의 직류저항은

$$R = \frac{l}{\sigma S} = \frac{1000}{5.8\times 10^7 \times \pi \times 0.04^2} \fallingdotseq 3.43 \times 10^{-3}\,[\Omega]$$

이지만, 주파수 $f=3[\text{MHz}]$의 장거리 통신에 사용되는 경우 이 전선의 실효저항 R_{eff}는 다음과 같이 된다.

$$\delta=\frac{1}{\sqrt{\pi f\mu\sigma}}=\frac{1}{\sqrt{\pi\times3\times10^{6}\times4\pi\times10^{-7}\times5.8\times10^{7}}}\fallingdotseq3.8\times10^{-5}\,[\text{m}]$$

$$R_{eff}=\frac{l}{\sigma S}=\frac{l}{\sigma\times2\pi r\times\delta}=\frac{1000}{5.8\times10^{7}\times2\pi\times0.04\times3.8\times10^{-5}}\fallingdotseq1.8\,[\Omega]$$

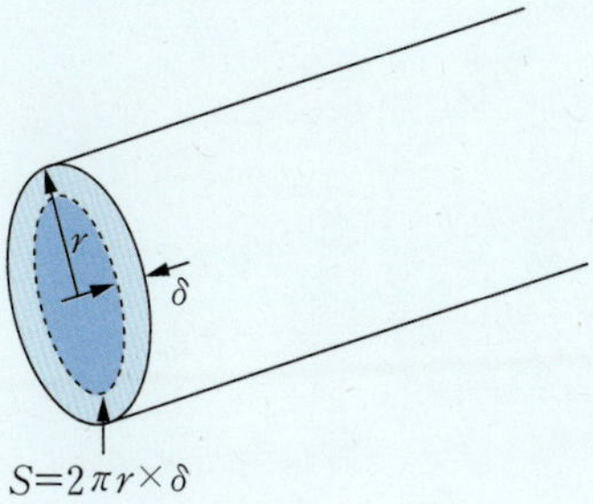

그림 10-10 높은 주파수에서 사용되는 좋은 도체의 실효저항

예제 10-9 좋은 도체의 실효저항

비투자율은 $\mu_r=200$, 비유전율은 $\epsilon_r=1$, 전도도는 $\sigma=4\times10^{6}[\mho/\text{m}]$인 강철 전선에 총 전류 $I(t)=30\cos10^{4}\pi t\,[\text{A}]$의 전류가 흐르고 있다. 원형 단면의 반지름이 $r=0.02[\text{m}]$이고 전선의 길이가 $500[\text{m}]$일 때, 다음을 구하라.

(a) 직류저항

(b) 표피깊이

(c) 실효저항

(d) 평균전력손실

풀이

(a) $R=\dfrac{l}{\sigma S}=\dfrac{500}{4\times10^{6}\times\pi\times0.02^{2}}\fallingdotseq9.95\times10^{-2}\,[\Omega]$

(b) $\delta=\dfrac{1}{\sqrt{\pi f\mu\sigma}}=\dfrac{1}{\sqrt{\pi\times5\times10^{3}\times4\pi\times10^{-7}\times200\times4\times10^{6}}}\fallingdotseq2.5\times10^{-4}\,[\text{m}]$

(c) $R_{eff}=\dfrac{l}{\sigma S}=\dfrac{l}{\sigma\times2\pi r\times\delta}=\dfrac{500}{4\times10^{6}\times2\pi\times0.02\times2.5\times10^{-4}}\fallingdotseq3.98\,[\Omega]$

(d) $P_{ave}={I_{eff}}^{2}R_{eff}=\left(\dfrac{30}{\sqrt{2}}\right)^{2}\times3.98\fallingdotseq1.79\,[\text{kW}]$

CHAPTER 10_핵심요약

■ 페이저

- $A = \alpha + j\beta \;\Rightarrow\; A_s = \sqrt{\alpha^2 + \beta^2} \cdot e^{j\tan^{-1}\frac{\beta}{\alpha}}$
- $E(t) = E_{x0}\cos(\omega t - j\beta z) \;\Leftrightarrow\; E_s = E_{x0}e^{-j\beta z}$
- $E(t) = Re\left\{E_s \times e^{j\omega t}\right\}$

■ 미분 페이저

$$\left\{\frac{dv(t)}{dt}\right\}_s = j\omega V_s$$

■ 맥스웰 방정식의 페이저 표시

- $\nabla \times \mathrm{E}_s = -j\omega \mathrm{B}_s$
- $\nabla \times \mathrm{H}_s = \mathrm{J}_s + j\omega \mathrm{D}_s$

■ 벡터 헬름홀츠 방정식

$$\nabla^2 \mathrm{E}_s = (\sigma + j\omega\epsilon)j\omega\mu \mathrm{E}_s$$

■ 유전체 상수

- 전파상수 : $\gamma = \sqrt{(\sigma + j\omega\epsilon)j\omega\mu} = \alpha + j\beta$
- 감쇠계수 : α [Np/m]
- 위상상수 : β [rad/m]
- 고유 임피던스 : $\eta = \dfrac{E_{xs}}{H_{ys}} = \dfrac{j\omega\mu}{\gamma} = \dfrac{j\omega\mu}{\sqrt{(\sigma + j\omega\epsilon)j\omega\mu}} = \eta_m e^{j\theta}$ [Ω]

■ 전계 및 자계 파동식

- 전계 파동식 : $\mathrm{E}(t) = E_{x0}e^{-\alpha z}\cos(\omega t - \beta z)\mathbf{a}_x$ [V/m]
- 자계 파동식 : $\mathrm{H}(t) = \dfrac{E_{x0}}{\eta_m}e^{-\alpha z}\cos(\omega t - \beta z - \theta)\mathbf{a}_y$ [AT/m]

■ 전계파동의 진폭, 주파수, 주기, 위상속도, 파장

- 진폭 : E_{x0} [V/m]
- 주파수 : $f = \dfrac{\omega}{2\pi}$ [Hz]
- 주기 : $T = \dfrac{1}{f}$ [sec]
- 위상속도 : $v = \dfrac{\omega}{\beta}$ [m/sec]
- 파장 : $\lambda = \dfrac{v}{f} = \dfrac{2\pi}{\beta}$ [m]

■ 손실 탄젠트

$$\tan\theta = \frac{\sigma}{\omega\epsilon}$$

■ 포인팅 벡터

- $\mathrm{P} = \mathrm{E} \times \mathrm{H}$ [W/m^2]
- $P_{ave} = \dfrac{E_{x0}^2}{2\eta_m} e^{-2\alpha z} \cos\theta$ [W/m^2]

  $\mathrm{P}_{ave} = \dfrac{1}{2} Re\left\{\mathrm{E}_s \times \mathrm{H}_s^*\right\}$ [W/m^2]

■ 표피깊이

$$\delta = \frac{1}{\sqrt{\pi f \mu \sigma}} \text{ [m]}$$

10.1 페이저 표시가 $H_{ys}=20e^{-(5+j2)z-j30^{\circ}}$ 인 자계파의 시간함수 표시로 옳은 것은?

㉮ $20e^{-5z}\cos(\omega t-2\omega z-30^{\circ})$ ㉯ $20e^{-5z}\cos(\omega t-2z-30^{\circ})$

㉰ $20e^{-5z}\cos\omega(t-2z-30^{\circ})$ ㉱ $20e^{-(5+j2)z}\cos(\omega t-30^{\circ})$

10.2 전계파 $E(t)=100\cos(2\times 10^{8}t-5z+60^{\circ})$ 의 페이저 표시로 적절한 것은?

㉮ $E_s=100e^{-5z+60^{\circ}}$ ㉯ $E_s=100e^{-j(5z+60^{\circ})}$

㉰ $E_s=100e^{2\times10^{8}-5z+60^{\circ}}$ ㉱ $E_s=100e^{-j5z+j60^{\circ}}$

10.3 자유공간에서 전계파 크기가 $300[\mathrm{V/m}]$일 때, 자계파 크기는 몇 $[\mathrm{AT/m}]$인가?

㉮ 30 ㉯ 1.26 ㉰ 0.8 ㉱ 0.37

10.4 전계파의 주파수가 $1[\mathrm{GHz}]$일 때, 비유전율이 $\epsilon_r=4$, 비투자율이 $\mu_r=1$, 전도도가 $\sigma=10^{-5}[\mathrm{S/m}]$인 흙의 고유 임피던스 η는 약 몇 $[\Omega]$인가?

㉮ 377 ㉯ 0.707 ㉰ 188.5 ㉱ 5×10^{-3}

10.5 비유전율이 $\epsilon_r=5$, 비투자율이 $\mu_r=1$, 전도도가 $\sigma=10^{-12}[\mathrm{S/m}]$인 유리의 고유 임피던스 η는 약 몇 $[\Omega]$인가?

㉮ 843.0 ㉯ 75.4 ㉰ 75.4×10^{-12} ㉱ 168.6

10.6 벡터 헬름홀츠 방정식은?

㉮ $\nabla^2 V=0$ ㉯ $w_e=\dfrac{\epsilon E^2}{2}+\dfrac{\mu H^2}{2}$

㉰ $\nabla^2\mathrm{E}_s+k^2\mathrm{E}_s=0$ ㉱ $\nabla\cdot\mathrm{B}=0$

10.7 비유전율이 ϵ_r, 비투자율이 μ_r인 매질 내에서 전자파의 위상속도는?

㉮ $\dfrac{1}{\sqrt{\mu_0\epsilon_0}\sqrt{\mu_r\epsilon_r}}$ ㉯ $\sqrt{\dfrac{\mu_0\mu_r}{\epsilon_0\epsilon_r}}$

㉰ $\sqrt{\mu_0\epsilon_0}\sqrt{\mu_r\epsilon_r}$ ㉱ $\sqrt{\dfrac{\epsilon_0\epsilon_r}{\mu_0\mu_r}}$

10.8 비유전율과 비투자율이 각각 ϵ_r, μ_r인 완전 유전체 매질에서 전계의 크기 E와 자계의 크기 H의 비 E/H는 몇 $[\Omega]$인가?

㉮ $377\times\sqrt{\dfrac{\epsilon_r}{\mu_r}}$ ㉯ $377\times\sqrt{\mu_r\epsilon_r}$ ㉰ $377\times\sqrt{\dfrac{\mu_r}{\epsilon_r}}$ ㉱ $\dfrac{377}{\sqrt{\mu_r\epsilon_r}}$

10.9 균일 평면파에서 전계파의 식이 다음과 같을 때 자계파의 식은? 단, 매질의 비투자율은 $\mu_r=1$이다.

$$E=20\cos(5\times10^8t-5z)\ [\mathrm{V/m}]$$

㉮ $H=4\cos(5\times10^8t-5z)\ [\mathrm{AT/m}]$

㉯ $H=0.16\cos(5\times10^8t-1.67z)\ [\mathrm{AT/m}]$

㉰ $H=0.053\cos(5\times10^8t-5z)\ [\mathrm{AT/m}]$

㉱ $H=0.16\cos(5\times10^8t-5z)\ [\mathrm{AT/m}]$

10.10 손실이 있는 유전체에서 $\dfrac{\sigma}{\omega\epsilon}\ll 1$일 때, 고유 임피던스 η의 근사식은?

㉮ $\sqrt{\dfrac{\mu}{\epsilon}}\left(1-j\dfrac{\sigma}{2\omega\epsilon}\right)$ ㉯ $\sqrt{\dfrac{\mu}{\epsilon}}\left(1+j\dfrac{\sigma}{2\omega\epsilon}\right)$ ㉰ $\sqrt{\dfrac{\epsilon}{\mu}}\left(1+j\dfrac{\sigma}{2\omega\epsilon}\right)$ ㉱ $\sqrt{\dfrac{\epsilon}{\mu}}\left(1-j\dfrac{\sigma}{2\omega\epsilon}\right)$

10.11 공기 중에서 평면 전계파의 진폭이 $150[\mathrm{V/m}]$일 때, 전파되는 평균전력밀도 P_{ave}는 몇 $[\mathrm{W/m^2}]$인가?

㉮ 38 ㉯ 42 ㉰ 30 ㉱ 60

10.12 전계파와 자계파가 다음과 같을 때, 진행 방향과 수직인 단위면적을 지나가는 평균전력밀도는 몇 $[\mathrm{W/m^2}]$인가?

$$\mathrm{E}=100\cos\left(2\pi\times10^7t-\frac{4\pi}{30}z\right)\mathbf{a}_x\ [\mathrm{V/m}],\quad \mathrm{H}=0.53\cos\left(2\pi\times10^7t-\frac{4\pi}{30}z\right)\mathbf{a}_y\ [\mathrm{AT/m}]$$

㉮ 33.7 ㉯ 28.0 ㉰ 53.0 ㉱ 26.5

10.13 반지름이 $1[\mathrm{cm}]$인 구리 전선이 주파수 $60[\mathrm{MHz}]$의 TV 선로로 사용될 때 $1[\mathrm{km}]$당 실효저항은 몇 $[\Omega]$인가? 단, 구리의 전도도는 $\sigma=5.8\times10^7[\mathrm{S/m}]$이다.

㉮ 8.6 ㉯ 32 ㉰ 0.47 ㉱ 0.059

10.14 자유공간에서 전파되는 균일 평면 전자파에 대한 설명으로 틀린 것은?

㉮ 전자파의 위상속도는 주파수가 클수록 크다.

㉯ 전자파는 횡파이다.

㉰ 포인팅 벡터의 단위는 $[\mathrm{W/m^2}]$이다.

㉱ 같은 전계파에 대해 유전율이 큰 매질에서는 고유 임피던스가 작아져 자계파의 진폭이 커진다.

10.15 비유전율이 $\epsilon_r = 80$, 전도도가 $\sigma = 5 \times 10^{-3}[\mathrm{S/m}]$인 물에 주파수 $20[\mathrm{MHz}]$의 전자파의 전계가 가해졌을 때, 누설전류밀도와 변위전류밀도에 의한 손실 탄젠트는?

㉮ 0.056　　㉯ 0.042　　㉰ 2.83　　㉱ 2.05

10.16 표피효과와 관계가 없는 것은?

㉮ 투자율　　㉯ 유전율　　㉰ 전도도　　㉱ 주파수

10.17 표피깊이의 설명으로 틀린 것은?

㉮ 전계가 강할수록 표피깊이가 작아진다.　　㉯ 전도도가 클수록 표피깊이가 작아진다.

㉰ 투자율이 클수록 표피깊이가 작아진다.　　㉱ 주파수가 클수록 표피깊이가 작아진다.

10.18 다음 시간함수식은 페이저식으로, 페이저식은 시간함수식으로 변환하라.

(a) $v(t) = 20\cos(100\pi t - 30z + 45^\circ)$

(b) $H_s = 0.7e^{-j\frac{3}{2}\pi}$, 단 $\omega = 3\pi \times 10^6[\mathrm{rad/sec}]$

(c) $E(t) = 150e^{-1.5z}\cos(4\pi \times 10^7 t - 30z + 45^\circ)$

(d) $I_s = 80e^{-(2.5+j1.3)z - j35^\circ}[\mathrm{A}]$, $f = 3 \times 10^5[\mathrm{Hz}]$

10.19 전계 $\mathrm{E} = 400\cos(9.42 \times 10^8 t - \beta z)\mathbf{a}_x[\mathrm{V/m}]$가 자유공간을 진행하고 있다. 이 전계파에 대해 다음을 구하라.

(a) 주파수　　(b) 주기

(c) 전파상수　　(d) 감쇠계수

(e) 위상상수　　(f) 위상속도

(g) 파장　　(h) 고유 임피던스

(i) 자계파의 식　　(j) 포인팅 벡터

10.20 자유공간에서 전계 파동식이 $\mathbf{E} = 100\cos(10^8 t - \beta z)\mathbf{a}_x [\mathrm{V/m}]$일 때 다음을 구하라.

(a) 위상상수 β

(b) 위상속도와 파장

(c) $t=0$, $t=T/6$, $t=T/4$에서의 파형을 각각 그려라. 단, 거리 z를 가로축으로 하고 전계의 세기의 크기를 세로축으로 한다.

10.21 비유전율이 $\mu_r = 8$, 비투자율이 $\epsilon_r = 2$, 전도도가 $\sigma = 0$인 매질에서 진행하는 전계파의 파동식이 $\mathbf{E} = 50\cos(\omega t - 0.04z)\mathbf{a}_x [\mathrm{V/m}]$일 때 다음을 구하라.

(a) 각주파수 ω

(b) 고유 임피던스 η

(c) 자계 파동식 $\mathbf{H}(t)$

10.22 어떤 매질을 진행하고 있는 전계파의 주파수가 $50[\mathrm{MHz}]$이고, 페이저가 $\mathbf{E}_s = 30e^{-(3+j4)z}\mathbf{a}_x [\mathrm{V/m}]$인 평면 전계파가 있다. 이 전계파에 대해 다음을 구하라.

(a) 전계파의 시간함수식

(b) 주기

(c) 위상속도

(d) 파장

(e) 지점 $z = 0.1[\mathrm{m}]$에서의 전계파의 진폭

10.23 전도도와 비유전율이 각각 $\sigma = 4[\mathrm{S/m}]$, $\epsilon_r = 81$인 유전체에 평면 전계파가 가해졌을 때 손실 탄젠트가 1이 되는 주파수를 구하라.

10.24 공기 중에서 주파수가 $f = 5[\mathrm{kHz}]$인 평면파를 바닷물 표면에 수직으로 발사했을 때, 전계의 크기가 $1/2$로 줄어드는 지점의 표면으로부터의 거리를 구하라. 단, 바닷물의 비투자율은 $\mu_r = 1$, 비유전율은 $\epsilon_r = 81$, 전도도는 $\sigma = 4.5[\mho/\mathrm{m}]$이다.

10.25 주파수가 $1[\mathrm{MHz}]$ 인 평면파가 비유전율이 25, 비투자율이 4 인 절연체를 z 축 방향으로 진행하고 있을 때, 이 평면파에 대해 다음을 구하라. 단, $z=0$ 에서 $t=0$ 일 때의 전계의 세기의 크기는 $100[\mathrm{V/m}]$ 이고, x 축 방향의 성분만 있다고 한다.

(a) 시간과 거리의 함수로 표시되는 전계의 세기 E 의 파동식

(b) 평면파의 주기, 위상속도, 파장

(c) 절연체의 고유 임피던스

(d) 시간과 거리의 함수로 표시되는 자계의 세기 H 의 파동식

10.26 전도도가 $\sigma=5[\mathrm{S/m}]$, 비유전율이 $\epsilon_r=81$, 비투자율이 $\mu_r=1$ 인 바닷물의 $5[\mathrm{MHz}]$ 의 전자파에 대해 다음을 구하라. 단, $E_{x0}=10[\mathrm{V/m}]$ 이다.

(a) 전파상수

(b) 감쇠계수

(c) 위상상수

(d) 위상속도

(e) 파장

(f) 고유 임피던스

(g) 평균전력밀도

(h) 전자파의 진폭이 $\frac{1}{2}$ 로 줄어드는 거리

10.27 반지름이 $r=2[\mathrm{mm}]$ 인 구리 전선이 있다. 이 전선을 통해 주파수 $1[\mathrm{MHz}]$ 의 전류를 흘릴 때, 이 전선의 길이 $10[\mathrm{km}]$ 의 저항은 대략 얼마라고 말할 수 있는가?

10.28 반지름이 $5[\mathrm{mm}]$ 인 구리 전선이 있다. 직류저항이 $0.4[\Omega]$ 이라고 한다. 이 전선을 $8[\mathrm{MHz}]$ 의 장거리 통신에 사용할 때의 실효저항을 구하라.

10.29 평면파를 정의하라.

10.30 전계파에 대한 벡터 헬름홀츠 방정식을 유도하라.

CHAPTER

11

평면 전자파의 반사와 투과

Reflection and Transmission of Plane Electromagnetic Wave

학습목표

- 서로 다른 매질에서의 반사 전자파와 투과 전자파를 구할 수 있다.
- 반사전력과 투과전력을 계산할 수 있다.
- 완전 도체에 의한 정재파를 구할 수 있다.
- 완전 도체나 유전체에 의해 발생하는 최대 전계강도의 위치를 찾을 수 있다.
- 임피던스 정합을 이용하여 반사 없이 전자파를 전달하기 위한 매질의 최소 두께를 계산할 수 있다.

10장에서는 맥스웰 방정식을 기반으로 하는 평면 전자파의 전파에 대해 살펴보았다. 이 장에서는 평면 전자파가 서로 다른 매질, 즉 서로 다른 전도도와 유전율, 투자율을 가진 매질들의 경계면에서 발생시키는 반사와 투과에 대해 알아본다. 또한 서로 다른 두 개 이상의 매체에 대해서도 반사와 투과를 살펴본다.

SECTION 11.1

평면파의 반사와 투과

[그림 11-1]과 같이 서로 다른 유전율과 투자율을 가진 완전 유전체의 경계면에 수직으로 입사하는 전자파의 반사와 투과를 생각해보자.

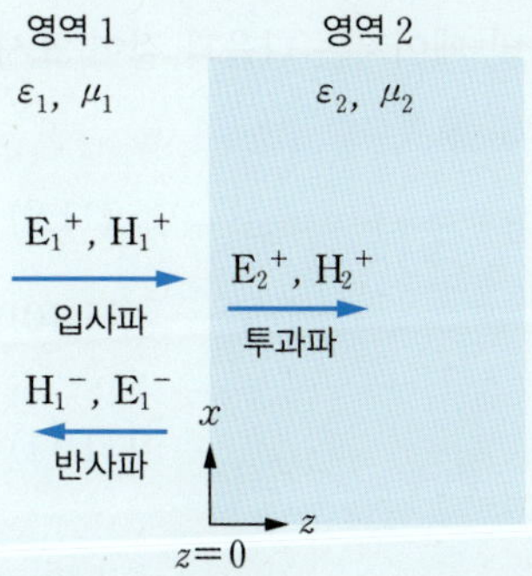

그림 11-1 경계면에서의 반사와 투과

[그림 11-1]에서 $z < 0$인 공간을 영역 1, $z > 0$인 공간을 영역 2라고 한다. 또 $z = 0$인 경계면에 수직으로 입사하는 전자파 E_1^+, H_1^+를 **입사파** incident wave라 하고, 경계면을 투과하는 전자파 E_2^+, H_2^+를 **투과파** transmitted wave라고 한다. 그리고 경계면에서 반사하는 전자파 E_1^-, H_1^-를 **반사파** reflected wave라고 한다. 여기서 $(+)$, $(-)$의 첨자는 전자파의 진행 방향을 나타낸다.

먼저 전계파동을 x축 방향 성분만 있고, 그 성분은 평면파로 z와 시간 t만의 함수라고 가정하면

$$E_{x1}^+(t) = E_{x10}^+ \cos\left(\omega t - \omega\sqrt{\mu_1\epsilon_1}\,z\right) \tag{11.1}$$

로 표시되고, 이를 페이저로 표시하면 다음과 같다.

$$E_{x1s}^+ = E_{x10}^+ e^{-j\omega\sqrt{\mu_1\epsilon_1}\,z} \tag{11.2}$$

자계파동의 페이저 및 시간함수는, 영역 1의 고유 임피던스를 η_1이라고 하면, 다음과 같이 된다.

$$H_{y1s}^+ = \frac{E_{x10}^+}{\eta_1} e^{-j\omega\sqrt{\mu_1\epsilon_1}\,z} \tag{11.3}$$

$$H_{y1}^+(t) = \frac{E_{x10}^+}{\eta_1} \cos\left(\omega t - \omega\sqrt{\mu_1\epsilon_1}\,z\right) \tag{11.4}$$

여기서 E_{x10}^+는 $z=0$인 경계면에서 $t=0$일 때의 입사 전계파동의 진폭이다. 그리고 영역 2의 고유 임피던스를 η_2라고 하면, 영역 1과 같이 영역 2의 투과파의 전계와 자계의 파동식 및 페이저는 다음과 같이 표시할 수 있다.

$$E_{x2}^+(t) = E_{x20}^+ \cos(\omega t - \omega\sqrt{\mu_2\epsilon_2}\, z) \tag{11.5}$$

$$E_{x2s}^+ = E_{x20}^+ e^{-j\omega\sqrt{\mu_2\epsilon_2}\, z} \tag{11.6}$$

$$H_{y2s}^+ = \frac{E_{x20}^+}{\eta_2} e^{-j\omega\sqrt{\mu_2\epsilon_2}\, z} \tag{11.7}$$

$$H_{y2}^+(t) = \frac{E_{x20}^+}{\eta_2} \cos(\omega t - \omega\sqrt{\mu_2\epsilon_2}\, z) \tag{11.8}$$

그리고 z축의 (−)방향으로 진행하는 반사파의 전계와 자계의 파동식 및 페이저는 다음과 같이 표시된다.

$$E_{x1}^-(t) = E_{x10}^- \cos(\omega t + \omega\sqrt{\mu_1\epsilon_1}\, z) \tag{11.9}$$

$$E_{x1s}^- = E_{x10}^- e^{j\omega\sqrt{\mu_1\epsilon_1}\, z} \tag{11.10}$$

$$H_{y1s}^- = -\frac{E_{x10}^-}{\eta_1} e^{j\omega\sqrt{\mu_1\epsilon_1}\, z} \tag{11.11}$$

$$H_{y1}^-(t) = -\frac{E_{x10}^-}{\eta_1} \cos(\omega t + \omega\sqrt{\mu_1\epsilon_1}\, z) \tag{11.12}$$

여기서 E_{x10}^-는 $z=0$인 경계면에서 $t=0$일 때의 반사 전계파동의 진폭이다. 그리고 식 (11.11)에서 (−)부호가 붙는 이유는 반사파의 포인팅 벡터 $\mathbf{P}_1^- = \mathbf{E}_1^- \times \mathbf{H}_1^-$가 $(-)\mathbf{a}_z$ 방향을 가져야 하기 때문이다. 다시 말해, 반사파는 [그림 11-2(a)]와 같이 $(-)\mathbf{a}_z$ 방향으로 진행하기 때문이다.

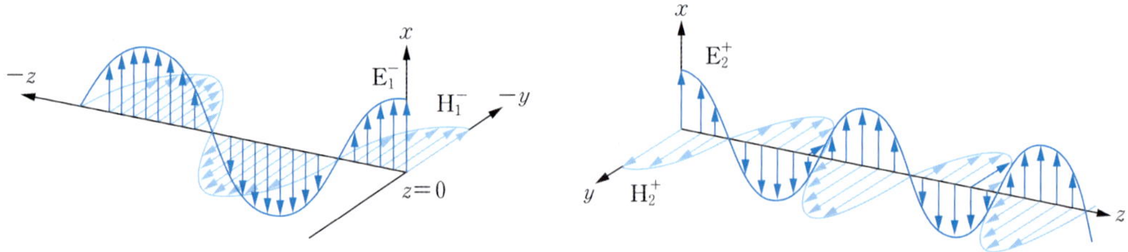

(a) 반사파 (b) 투과파

그림 11-2 경계면에서의 반사와 투과

이제 이 전자파들이 $z=0$인 경계면에서의 조건, 즉 서로 다른 매질이 만드는 경계면에서 전계의 세기와 자계의 세기의 접선성분들이 서로 같다는 조건을 만족시키는지 확인해보자.

우선 $z=0$인 경계면에서 입사파와 투과파의 전계 및 자계의 접선성분은 다음과 같아야 한다.

$$E_{x10}^{+}=E_{x20}^{+} \tag{11.13}$$

$$\frac{E_{x10}^{+}}{\eta_1}=\frac{E_{x20}^{+}}{\eta_2} \tag{11.14}$$

그러나 식 (11.13)이 성립하면서 식 (11.14)가 성립하려면 $\eta_1=\eta_2$여야 하는데, 두 매질의 유전율과 투자율이 서로 다르므로 $\eta_1=\eta_2$는 성립할 수가 없다. 따라서 식 (11.13)과 식 (11.14)가 동시에 성립할 수는 없다. 여기에 반사파가 생기는 이유가 있다. 반사파를 합해 다시 경계면에서의 전계 및 자계의 접선성분의 방정식을 쓰면 다음과 같다.

$$E_{x10}^{+}+E_{x10}^{-}=E_{x20}^{+} \tag{11.15}$$

$$\frac{E_{x10}^{+}}{\eta_1}-\frac{E_{x10}^{-}}{\eta_1}=\frac{E_{x20}^{+}}{\eta_2} \tag{11.16}$$

식 (11.16)의 양변에 η_2를 곱하면 다음과 같이 된다.

$$E_{x20}^{+}=\frac{\eta_2}{\eta_1}E_{x10}^{+}-\frac{\eta_2}{\eta_1}E_{x10}^{-} \tag{11.17}$$

그리고 식 (11.17)을 식 (11.15)에 대입하여 정리하면 다음과 같이 된다.

$$E_{x10}^{+}+E_{x10}^{-}=\frac{\eta_2}{\eta_1}E_{x10}^{+}-\frac{\eta_2}{\eta_1}E_{x10}^{-}$$

$$E_{x10}^{-}\left(1+\frac{\eta_2}{\eta_1}\right)=\left(\frac{\eta_2}{\eta_1}-1\right)E_{x10}^{+}$$

$$E_{x10}^{-}\left(\frac{\eta_1+\eta_2}{\eta_1}\right)=\left(\frac{\eta_2-\eta_1}{\eta_1}\right)E_{x10}^{+}$$

$$\therefore\ E_{x10}^{-}=\left(\frac{\eta_2-\eta_1}{\eta_2+\eta_1}\right)E_{x10}^{+} \tag{11.18}$$

다시 식 (11.16)에서

$$E_{x10}^{-}=E_{x10}^{+}-\frac{\eta_1E_{x20}^{+}}{\eta_2}$$

를 얻어, 식 (11.15)에 대입하면 다음과 같다.

$$E_{x10}^{+}+E_{x10}^{+}-\frac{\eta_1E_{x20}^{+}}{\eta_2}=E_{x20}^{+}$$

$$2E_{x10}^{+}=E_{x20}^{+}+\frac{\eta_1E_{x20}^{+}}{\eta_2}$$

$$2E_{x10}^{+} = \frac{\eta_2 E_{x20}^{+} + \eta_1 E_{x20}^{+}}{\eta_2}$$

$$2\eta_2 E_{x10}^{+} = (\eta_2 + \eta_1) E_{x20}^{+}$$

$$E_{x20}^{+} = \frac{2\eta_2}{\eta_2 + \eta_1} E_{x10}^{+} \tag{11.19}$$

입력파의 진폭이 주어지면 식 (11.18)과 식 (11.19)에서 반사파와 투과파의 진폭을 각각 구할 수 있다. 입사 전계의 크기에 대한 반사 전계의 크기의 비를 **반사계수** reflection coefficient라고 하고, 입사 전계의 크기에 대한 투과 전계의 크기의 비를 **투과계수** transmission coefficient라고 한다. 반사계수 Γ와 투과계수 τ는 각 영역의 고유 임피던스에 의해 각각 다음과 같이 계산된다.

$$\Gamma = \frac{E_{x10}^{-}}{E_{x10}^{+}} = \frac{\eta_2 - \eta_1}{\eta_2 + \eta_1} \tag{11.20}$$

$$\tau = \frac{E_{x20}^{+}}{E_{x10}^{+}} = \frac{2\eta_2}{\eta_2 + \eta_1} = 1 + \Gamma \tag{11.21}$$

따라서 입사파와 반사파, 투과파의 진폭 관계는 다음과 같이 정리된다.

$$\text{전계 반사파 : } E_{x10}^{-} = \Gamma E_{x10}^{+} \tag{11.22}$$

$$\text{자계 반사파 : } H_{y10}^{-} = -\frac{E_{x10}^{-}}{\eta_1} = -\Gamma H_{y10}^{+} \tag{11.23}$$

$$\text{전계 투과파 : } E_{x20}^{+} = \tau E_{x10}^{+} \tag{11.24}$$

$$\text{자계 투과파 : } H_{y20}^{+} = \frac{E_{x20}^{+}}{\eta_2} \neq \tau H_{y10}^{+} \tag{11.25}$$

$$\frac{E_{x20}^{+}}{\eta_2} = \frac{1}{\eta_2}\tau E_{x10}^{+} = \tau\frac{E_{x10}^{+}}{\eta_2} \neq \tau H_{y10}^{+}$$

이제 서로 다른 완전 유전체 경계면에서의 전자파의 전력밀도에 대해 생각해보자. 입사 전자파와 반사파, 투과파의 평균전력밀도는 각각 다음과 같이 표시할 수 있다.

$$\mathrm{P}_{1ave}^{+} = \frac{1}{2} Re\left\{\mathrm{E}_{1s}^{+} \times \mathrm{H}_{1s}^{+*}\right\} = \frac{1}{2}\frac{\mathrm{E}_{x10}^{+\,2}}{\eta_1}\mathbf{a}_z \tag{11.26}$$

$$\mathrm{P}_{1ave}^{-} = \frac{1}{2} Re\left\{\mathrm{E}_{1s}^{-} \times \mathrm{H}_{1s}^{-*}\right\} = -\frac{1}{2}\frac{\mathrm{E}_{x10}^{-\,2}}{\eta_1}\mathbf{a}_z \tag{11.27}$$

$$\mathrm{P}_{2ave}^{+} = \frac{1}{2} Re\left\{\mathrm{E}_{2s}^{+} \times \mathrm{H}_{2s}^{+*}\right\} = \frac{1}{2}\frac{\mathrm{E}_{x20}^{+\,2}}{\eta_2}\mathbf{a}_z \tag{11.28}$$

그리고 경계면에 입사된 입사파의 평균전력밀도의 일부는 반사파에 의해 반사되고, 나머지만 투과파에 의해 경계면을 넘어 전달된다는 것을 알 수 있다.

또한 식 (11.27)과 식 (11.28)은

$$\left|\mathrm{P}_{1ave}^{-}\right| = P_{1ave}^{-} = \frac{1}{2}\frac{E_{x10}^{-\,2}}{\eta_1} = \frac{1}{2}\frac{\left(\Gamma E_{x10}^{+}\right)^2}{\eta_1}$$

$$= \Gamma^2\frac{1}{2}\frac{E_{x10}^{+\,2}}{\eta_1} = \Gamma^2 P_{1ave}^{+}$$

$$\left|\mathrm{P}_{2ave}^{+}\right| = P_{2ave}^{+} = \frac{1}{2}\frac{E_{x20}^{+\,2}}{\eta_2} = \frac{1}{2}\frac{\left(\tau E_{x10}^{+}\right)^2}{\eta_2} = \frac{\eta_1}{\eta_2}\tau^2\frac{1}{2}\frac{E_{x10}^{+\,2}}{\eta_1}$$

$$= \frac{\eta_1}{\eta_2}\left(\frac{2\eta_2}{\eta_2+\eta_1}\right)^2 P_{1ave}^{+} = \frac{4\eta_1\eta_2}{(\eta_2+\eta_1)^2}P_{1ave}^{+}$$

$$= \left\{1-\left(\frac{\eta_2-\eta_1}{\eta_2+\eta_1}\right)^2\right\}P_{1ave}^{+} = (1-\Gamma^2)P_{1ave}^{+}$$

로 정리할 수 있어, 반사 전력밀도의 크기와 투과 전력밀도의 크기는 반사계수에 의해 다음과 같이 표시된다.

$$P_{1ave}^{-} = \Gamma^2 P_{1ave}^{+} \tag{11.29}$$

$$P_{2ave}^{+} = (1-\Gamma^2)P_{1ave}^{+} \tag{11.30}$$

이상에서 고찰한 바와 같이 서로 다른 완전 유전체 경계면에서 전계 및 자계의 접선성분이 같고, 입사 평균전력밀도 크기가 반사 평균전력밀도 크기(=절댓값)와 투과 평균전력밀도 크기의 합과 같다. 이를 [예제 11-1]에서 확인할 수 있다.

예제 11-1 반사파와 투과파 및 전력밀도

x축 방향 성분만 가진 진폭이 $100[\mathrm{V/m}]$, 주파수가 $300[\mathrm{MHz}]$인 평면 전계파가 비유전율이 $\epsilon_{r1}=9$, 비투자율이 $\mu_{r1}=1$인 완전 유전체 매질 1에서 비유전율이 $\epsilon_{r2}=4$, 비투자율이 $\mu_{r2}=1$인 완전 유전체 매질 2에 수직으로 입사할 때, 다음을 구하라. 단, 유전체의 경계면은 $z=0[\mathrm{m}]$라고 한다.

(a) 반사파의 전계 파동식과 자계 파동식

(b) 투과파의 전계 파동식과 자계 파동식

(c) 입사파, 반사파, 투과파의 평균전력밀도

풀이

평면 전계파의 파동식은 다음과 같다.

$$E_{x1s}^{+} = 100e^{-j\omega\sqrt{\mu_1\epsilon_1}z} = 100e^{-j2\pi\times3\times10^8\frac{\sqrt{1\times9}}{3\times10^8}z} = 100e^{-j6\pi z} \quad \cdots ①$$

$$\mathrm{E}_1^{+}(t) = 100\cos\left(6\pi\times10^8 t - 6\pi z\right)\mathbf{a}_x\ [\mathrm{V/m}] \quad \cdots ②$$

그리고 자계의 파동식은 매질 1의 고유 임피던스가

$$\eta_1 = \sqrt{\frac{\mu_0\mu_{r1}}{\epsilon_0\epsilon_{r1}}} = 377 \times \sqrt{\frac{1}{9}} \fallingdotseq 126\ [\Omega] \qquad \cdots ③$$

이므로

$$H_{y1s}^{+} = \frac{E_{x1s}^{+}}{\eta_1} = \frac{100}{126} e^{-j6\pi z} = 0.794\, e^{-j6\pi z} \qquad \cdots ④$$

$$\mathbf{H}_1^{+}(t) = 0.794 \cos\left(6\pi \times 10^8 t - 6\pi z\right) \mathbf{a}_y\ [\mathrm{AT/m}] \qquad \cdots ⑤$$

이고, 매질 2의 고유 임피던스는 다음과 같다.

$$\eta_2 = \sqrt{\frac{\mu_0\mu_r}{\epsilon_0\epsilon_r}} = 377\sqrt{\frac{1}{4}} \fallingdotseq 189\,[\Omega] \qquad \cdots ⑥$$

그러므로 반사계수와 투과계수는 각각 다음과 같이 된다.

$$\Gamma = \frac{\eta_2 - \eta_1}{\eta_2 + \eta_1} = \frac{189 - 126}{189 + 126} = \frac{63}{315} = 0.2 \qquad \cdots ⑦$$

$$\tau = \frac{2\eta_2}{\eta_2 + \eta_1} = \frac{2 \times 189}{189 + 126} = \frac{378}{315} = 1.2 \qquad \cdots ⑧$$

(a) 반사파의 전계 파동식과 자계 파동식을 구하면 다음과 같다.

$$E_{x10}^{-} = \Gamma E_{x10}^{+} = 0.2 \times 100 = 20 \qquad \cdots ⑨$$

$$E_{x1s}^{-} = 20\, e^{j6\pi z}$$

$$\mathbf{E}_1^{-}(t) = 20 \cos\left(6\pi \times 10^8 t + 6\pi z\right) \mathbf{a}_x\ [\mathrm{V/m}] \qquad \cdots ⑩$$

$$H_{y1s}^{-} = -\frac{E_{x10}^{-}}{\eta_1} e^{j\omega\sqrt{\mu_1\epsilon_1}\,z} = -\frac{20}{126} e^{j6\pi z} = -0.159 e^{j6\pi z} \qquad \cdots ⑪$$

$$\mathbf{H}_1^{-}(t) = -0.159 \cos\left(6\pi \times 10^8 t + 6\pi z\right) \mathbf{a}_y\ [\mathrm{AT/m}] \qquad \cdots ⑫$$

(b) 투과파의 전계 파동식과 자계 파동식을 구하면 다음과 같다.

$$E_{x20}^{+} = \tau E_{x10}^{+} = 1.20 \times 100 = 120 \qquad \cdots ⑬$$

$$E_{x2s}^{+} = E_{x20}^{+} e^{-j\omega\sqrt{\mu_2\epsilon_2}\,z} = 120 e^{-j6\pi \times 10^8 \frac{2}{3 \times 10^8} z} = 120 e^{-j4\pi z}$$

$$\mathbf{E}_2^{+}(t) = 120 \cos\left(6\pi \times 10^8 t - 4\pi z\right) \mathbf{a}_x\ [\mathrm{V/m}] \qquad \cdots ⑭$$

$$H_{y2s}^{+} = \frac{E_{x20}^{+}}{\eta_2} e^{-j\omega\sqrt{\mu_2\epsilon_2}\,z} = \frac{120}{189} e^{-j4\pi z} = 0.635\, e^{-j4\pi z} \qquad \cdots ⑮$$

$$\mathbf{H}_2^{+}(t) = 0.635 \cos\left(6\pi \times 10^8 t - 4\pi z\right) \mathbf{a}_y\ [\mathrm{AT/m}] \qquad \cdots ⑯$$

(c) 입사파, 반사파, 투과파의 평균전력밀도를 구하면 각각 다음과 같다.

$$\text{입사파} : \mathrm{P}_{1ave}^{+} = \frac{1}{2}Re\{\mathrm{E}_{1s}^{+}\times\mathrm{H}_{1s}^{+*}\} = \frac{1}{2}\frac{E_{x10}^{+\,2}}{\eta_1}\mathbf{a}_z \fallingdotseq 39.68\,\mathbf{a}_z\,[\mathrm{W/m^2}] \quad \cdots ⑰$$

$$\text{반사파} : \mathrm{P}_{1ave}^{-} = \frac{1}{2}Re\{\mathrm{E}_{1s}^{-}\times\mathrm{H}_{1s}^{-*}\} = -\frac{1}{2}\frac{E_{x10}^{-\,2}}{\eta_1}\mathbf{a}_z \fallingdotseq -1.59\,\mathbf{a}_z\,[\mathrm{W/m^2}] \quad \cdots ⑱$$

$$\text{투과파} : \mathrm{P}_{2ave}^{+} = \frac{1}{2}Re\{\mathrm{E}_{2s}^{+}\times\mathrm{H}_{2s}^{+*}\} = \frac{1}{2}\frac{E_{x20}^{+\,2}}{\eta_2}\mathbf{a}_z \fallingdotseq 38.09\,\mathbf{a}_z\,[\mathrm{W/m^2}] \quad \cdots ⑲$$

예제 11-2 반사파와 투과파

다음 식과 같은 전계파가 공기 중에서 비유전율 9, 비투자율 1인 유전체에 수직으로 입사할 때 다음을 구하라. 단, 유전체의 경계면은 $z = 0\,[\mathrm{m}]$라고 한다.

$$\mathrm{E}_1^{+}(t) = 300\cos 5\pi\times 10^5\left(t - \frac{z}{3\times 10^8}\right)\mathbf{a}_x\,[\mathrm{V/m}]$$

(a) 반사파의 전계 파동식과 자계 파동식

(b) 투과파의 전계 파동식과 자계 파동식

(c) 입사파와 반사파, 투과파의 평균전력밀도

풀이

공기의 고유 임피던스는 $\eta_1 = \sqrt{\frac{\mu_0}{\epsilon_0}} = 377\,[\Omega]$ 이고, 유전체의 고유 임피던스는 $\eta_2 = \sqrt{\frac{\mu_0\mu_r}{\epsilon_0\epsilon_r}}$ $= 377\sqrt{\frac{1}{9}} \fallingdotseq 126\,[\Omega]$ 이므로

$$\mathrm{H}_1^{+}(t) = \frac{E_{x10}^{+}}{\eta_1}\cos 5\pi\times 10^5\left(t - \frac{z}{3\times 10^8}\right)\mathbf{a}_y \quad \cdots ①$$

$$= 0.796\cos 5\pi\times 10^5\left(t - \frac{z}{3\times 10^8}\right)\mathbf{a}_y\,[\mathrm{AT/m}]$$

이다. 그러므로 반사계수와 투과계수는 각각 다음과 같이 된다.

$$\Gamma = \frac{\eta_2 - \eta_1}{\eta_2 + \eta_1} = \frac{126 - 377}{126 + 377} = -\frac{251}{503} \fallingdotseq -0.499 \quad \cdots ②$$

$$\tau = \frac{2\eta_2}{\eta_2 + \eta_1} = \frac{2\times 126}{126 + 377} \fallingdotseq 0.501 \quad \cdots ③$$

(a) 반사파의 전계 파동식과 자계 파동식을 구하면 다음과 같다.

$$E_{x10}^{-} = \Gamma E_{x10}^{+} = -0.499 \times 300 = -149.7 \quad \cdots ④$$

$$\mathbf{E}_1^{-}(t) = -149.7 \cos 5\pi \times 10^5 \left(t + \frac{z}{3 \times 10^8}\right) \mathbf{a}_x \ [\mathrm{V/m}] \quad \cdots ⑤$$

$$H_{y1s}^{-} = -\frac{E_{x10}^{-}}{\eta_1} e^{j\omega\sqrt{\mu_1\epsilon_1}z} = -\frac{-149.7}{377} e^{j5\pi \times 10^5 \frac{z}{3 \times 10^8}} \quad \cdots ⑥$$

$$= 0.397 e^{j5\pi \times 10^5 \frac{z}{3 \times 10^8}}$$

$$\mathbf{H}_1^{-}(t) = 0.397 \cos 5\pi \times 10^5 \left(t + \frac{z}{3 \times 10^8}\right) \mathbf{a}_y \ [\mathrm{AT/m}] \quad \cdots ⑦$$

(b) 투과파의 전계 파동식과 자계 파동식을 구하면 다음과 같다.

$$E_{x20}^{+} = \tau E_{x10}^{+} = 0.501 \times 300 = 150.3 \quad \cdots ⑧$$

$$E_{x2s}^{+} = 150.3\, e^{-j\omega\sqrt{\mu_2\epsilon_2}z} = 150.3\, e^{-j5\pi \times 10^5 \frac{3}{3 \times 10^8} z} = 150.3\, e^{-j5\pi \times 10^5 \frac{z}{10^8}} \quad \cdots ⑨$$

$$\mathbf{E}_2^{+}(t) = 150.3 \cos 5\pi \times 10^5 \left(t - \frac{z}{10^8}\right) \mathbf{a}_x \ [\mathrm{V/m}] \quad \cdots ⑩$$

$$H_{y2s}^{+} = \frac{E_{x20}^{+}}{\eta_2} e^{-j\omega\sqrt{\mu_2\epsilon_2}z} = \frac{150.3}{126} e^{-j5\pi \times 10^5 \frac{z}{10^8}} = 1.193 e^{-j5\pi \times 10^5 \frac{z}{10^8}} \quad \cdots ⑪$$

$$\mathbf{H}_2^{+}(t) = 1.193 \cos 5\pi \times 10^5 \left(t - \frac{z}{10^8}\right) \mathbf{a}_y \ [\mathrm{AT/m}] \quad \cdots ⑫$$

(c) 입사파, 반사파, 투과파의 평균전력밀도를 구하면 각각 다음과 같다.

$$\text{입사파 : } \mathbf{P}_{1ave}^{+} = \frac{1}{2} Re\left\{\mathbf{E}_{1s}^{+} \times \mathbf{H}_{1s}^{+*}\right\} = \frac{1}{2} \frac{E_{x10}^{+2}}{\eta_1} \mathbf{a}_z \fallingdotseq 119.36\, \mathbf{a}_z \ [\mathrm{W/m^2}] \quad \cdots ⑬$$

$$\text{반사파 : } \mathbf{P}_{1ave}^{-} = \frac{1}{2} Re\left\{\mathbf{E}_{1s}^{-} \times \mathbf{H}_{1s}^{-*}\right\} = -\frac{1}{2} \frac{E_{x10}^{-2}}{\eta_1} \mathbf{a}_z \fallingdotseq -29.72\, \mathbf{a}_z \ [\mathrm{W/m^2}] \quad \cdots ⑭$$

$$\text{투과파 : } \mathbf{P}_{2ave}^{+} = \frac{1}{2} Re\left\{\mathbf{E}_{2s}^{+} \times \mathbf{H}_{2s}^{+*}\right\} = \frac{1}{2} \frac{E_{x20}^{+2}}{\eta_2} \mathbf{a}_z \fallingdotseq 89.64\, \mathbf{a}_z \ [\mathrm{W/m^2}] \quad \cdots ⑮$$

☞ [별해] 반사 평균전력밀도 크기 : $P_{1ave}^{-} = \Gamma^2 P_{1ave}^{+} = (-0.499)^2 \times 119.36 \fallingdotseq 29.72\ [\mathrm{W/m^2}]$

투과 평균전력밀도 크기 : $P_{2ave}^{+} = (1-\Gamma^2) P_{1ave}^{+} = \{1-(-0.499)^2\} 119.36 \fallingdotseq 89.64\ [\mathrm{W/m^2}]$

SECTION

11.2 정재파비

이제 $z < 0$ 인 영역 1에서 입사파와 반사파에 의해 만들어지는 전자파의 모습을 생각해보자. 먼저 완전 유전체 영역 1에서의 입사 전계파동의 페이저와 반사 전계파동의 페이저 합은 식 (11.2)와 식 (11.10)에 의해 다음과 같이 된다.

$$E_{x1s} = E_{x1s}^{+} + E_{x1s}^{-} = E_{x10}^{+}\, e^{-j\omega\sqrt{\mu_1\epsilon_1}\,z} + E_{x10}^{-}\, e^{j\omega\sqrt{\mu_1\epsilon_1}\,z} \tag{11.31}$$

$\omega\sqrt{\mu_1\epsilon_1} = \beta_1$ 이라고 놓으면

$$\begin{aligned} E_{x1s} &= E_{x10}^{+}\, e^{-j\beta_1 z} + \Gamma E_{x10}^{+}\, e^{j\beta_1 z} \\ &= E_{x10}^{+}\left(e^{-j\beta_1 z} + \Gamma e^{j\beta_1 z}\right) \end{aligned} \tag{11.32}$$

가 된다. 식 (11.32)의 반사계수 Γ는 식 (11.20)에 의해 다음과 같이 표시된다.

$$\Gamma = \frac{E_{x10}^{-}}{E_{x10}^{+}} = \frac{\eta_2 - \eta_1}{\eta_2 + \eta_1} = |\Gamma|\, e^{j\theta} \tag{11.33}$$

따라서 식 (11.32)는 다음과 같이 된다.

$$E_{x1s} = E_{x10}^{+}\left(e^{-j\beta_1 z} + |\Gamma|\, e^{j\beta_1 z + j\theta}\right) \tag{11.34}$$

이때 완전 유전체에서 반사계수의 위상 θ는 다음과 같다.

$$\begin{aligned} \theta &= 0^\circ \qquad (\eta_2 > \eta_1) \\ \theta &= 180^\circ \qquad (\eta_2 < \eta_1) \end{aligned}$$

식 (11.34)를 이용하여 영역 1의 (입사파와 반사파를 합한) 전계파동을 시간함수로 표시하면 다음과 같이 된다.

$$E_{x1}(t) = Re\{E_{x1s}\, e^{j\omega t}\} = E_{x10}^{+}\cos(\omega t - \beta_1 z) + |\Gamma|\, E_{x10}^{+}\cos(\omega t + \beta_1 z + \theta) \tag{11.35}$$

11.2.1 완전 도체에 의한 반사

진행파와 반사파가 동시에 존재하는 영역의 파동 모습을 쉽게 이해하기 위해, 먼저 완전 도체($\sigma = \infty$)에 의한 반사를 생각해보자. 10장의 식 (10.89)에 의해 완전 도체의 고유 임피던스는 다음과 같다.

$$\eta_2 = \frac{j\omega\mu_2}{\gamma_2} = \frac{j\omega\mu_2}{\sqrt{(\sigma_2 + j\omega\epsilon_2)j\omega\mu_2}} = \sqrt{\frac{j\omega\mu_2}{\sigma_2 + j\omega\epsilon_2}} = 0 \quad (\because\ \sigma_2 = \infty)$$

그러므로 완전 유전체에서 완전 도체로 입사하는 전자파의 반사계수 Γ와 투과계수 τ는

$$\Gamma = \frac{0 - \eta_1}{0 + \eta_1} = -1$$

$$\tau = \frac{2 \times 0_2}{0_2 + \eta_1} = 0$$

이 되고, 따라서 영역 1의 전계의 파동식은 다음과 같이 된다.

$$E_{x1}(t) = E_{x10}^{+}\cos(\omega t - \beta_1 z) - E_{x10}^{+}\cos(\omega t + \beta_1 z)$$

$\cos(A+B) = \cos A\cos B - \sin A\sin B$

$$= E_{x10}^{+}\{(\cos\omega t\cos\beta_1 z + \sin\omega t\sin\beta_1 z) - (\cos\omega t\cos\beta_1 z - \sin\omega t\sin\beta_1 z)\}$$

$$= 2E_{x10}^{+}\sin\omega t\sin\beta_1 z$$

이 식을 다시 정리하면 다음과 같다.

$$E_{x1}(t) = (2E_{x10}^{+}\sin\beta_1 z)\sin\omega t\ [\mathrm{V/m}] \tag{11.36}$$

식 (11.36)을 보면, 위치에 따라 $2E_{x10}^{+}\sin\beta_1 z\ [\mathrm{V/m}]$로 진폭이 고정된 $\sin\omega t$의 시간함수임을 알 수 있다. 다시 말해, 진행파와 반사파가 합해져 각 위치에 따라 정해진 전계의 크기가 시간에 따라 커졌다 작아졌다 할 뿐 더 이상 진행하는 파는 존재하지 않는다. 이러한 전자파를 **정재파**standing wave라고 한다. 시간이

$$\omega t = n\pi \quad (n = 0, 1, 2, 3, \cdots)$$

$$t = \frac{n\pi}{\omega}\ [\mathrm{sec}]$$

일 때는 모든 곳의 전계의 세기가 0이 되고, 시간이 다음과 같을 때는 전계의 세기의 크기가 (각 위치마다 그 값이 다르지만) 제일 큰 값을 갖는다.

$$\omega t = \left(n + \frac{1}{2}\right)\pi \quad (n = 0, 1, 2, 3, \cdots)$$

$$t = \frac{\left(n + \frac{1}{2}\right)\pi}{\omega}\ [\mathrm{sec}]$$

그러나 예를 들어 시간이

$$t = \frac{\pi}{2\omega}\ [\mathrm{sec}]$$

일 때라도 각 위치의 전계의 세기는

$$E = 2E_{x10}^{+} \sin\beta_1 z\ [\mathrm{V/m}] \tag{11.37}$$

가 된다. 즉 위치에 따른 사인함수 값을 가지며, 모든 점이 똑같은 전계의 세기를 갖는 것이 아니다. [그림 11-3(a)]와 같이 위치가

$$\beta_1 z = n\pi\ (n = 0,\ -1,\ -2,\ -3,\ \cdots)$$

$$z = \frac{n\pi}{\beta_1} = n\frac{\lambda_1}{2} \tag{11.38}$$

인 모든 곳은 항상 전계의 세기가 $0\,[\mathrm{V/m}]$이다. 즉 완전 유전체와 완전 도체의 경계면 $z=0$에서 전계의 세기는 항상 0이고, 경계면으로부터 1/2 파장만큼씩 떨어진 모든 지점은 시간에 관계없이 항상 전계의 세기가 0이다. 한편, 경계면에서 1/4 파장만큼 떨어진 $z = -\lambda_1/4$인 지점과 그 지점으로부터 1/2 파장만큼씩 떨어진 모든 지점

$$\beta_1 z = (2n+1)\frac{\pi}{2}\ (n = -1,\ -2,\ -3,\ \cdots)$$

$$z = (2n+1)\frac{\pi}{2\beta_1} = (2n+1)\frac{\lambda_1}{4} \tag{11.39}$$

에서는 전계파동의 진폭이 모두 $2E_{x10}^{+}\ [\mathrm{V/m}]$로 가장 큰 전계값을 가진다.

이와 같이 시간에 따라 전계의 세기의 크기는 달라져도 전계의 세기가 0인 지점과 최대 $2E_{x10}^{+}\ [\mathrm{V/m}]$가 되는 지점은 변하지 않고, 위치에 따라 주어진 $(0 \sim 2E_{x10}^{+}\ [\mathrm{V/m}])$ 진폭으로 진동하는 파를 (진행하지 않고 멈추어 있다는 의미에서) 정재파라고 부른다.

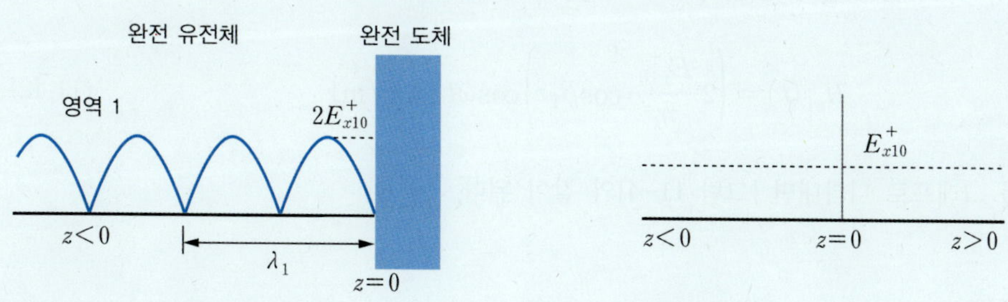

(a) 정재파 (b) 진행파

그림 11-3 완전 도체에 의해 만들어진 전계 정재파와 반사 없는 진행파

[그림 11-3(a)]는 영역 1의 위치에 따른 전계의 세기의 크기를 (전압계로 교류전압의 실효치를 측정하듯이) 전계강도 측정기로 (실효치가 아니고 최대치를) 측정한 그래프이다. 그리고 [그림 11-3(b)]는 반사파가 없는 전계 진행파를 전계강도 측정기로 측정한 그래프이다. 진행파는 전계강도 측정기로 측정했을 때 어느 곳이나 전계의 세기가 다 똑같음을 알 수 있다. 이는 전계파가 다음 식 (11.40)과 같은 진행파인 경우 (각 위치에서 위상차는 있지만) 각 위치의 전계의 세기의 크기를 측정하면, 모든 지점에서 똑같은 141.4 [V/m](=실효치 100[V/m])를 나타내는 것을 의미한다.

$$E_x(t) = 141.4\cos 5\pi \times 10^5\left(t - \frac{z}{3\times 10^8}\right)\ [\mathrm{V/m}] \tag{11.40}$$

한편, 완전 도체에 의해 전반사가 일어나는 이러한 전계에 의한 자계는 어떤 모습일가? 입사파와 반사파의 자계의 세기의 페이저는 각각 다음과 같다.

$$\begin{aligned} H_{y1s} = H_{y1s}^{+} + H_{y1s}^{-} &= \frac{E_{x1s}^{+}}{\eta_1} - \frac{E_{x1s}^{-}}{\eta_1} \\ &= \frac{E_{x10}^{+}}{\eta_1}e^{-j\beta_1 z} - \frac{E_{x10}^{-}}{\eta_1}e^{j\beta_1 z} \\ &= \frac{E_{x10}^{+}}{\eta_1}e^{-j\beta_1 z} - \frac{\Gamma E_{x10}^{+}}{\eta_1}e^{j\beta_1 z} \\ &= \frac{E_{x10}^{+}}{\eta_1}\left(e^{-j\beta_1 z} + e^{j\beta_1 z}\right)(\because\ \Gamma = -1) \end{aligned} \tag{11.41}$$

$$\begin{aligned} \therefore\ H_{y1}(t) &= \frac{E_{x10}^{+}}{\eta_1}\{\cos(\omega t - \beta_1 z) + \cos(\omega t + \beta_1 z)\} \\ &= \frac{E_{x10}^{+}}{\eta_1}(\cos\omega t\cos\beta_1 z + \sin\omega t\sin\beta_1 z + \cos\omega t\cos\beta_1 z - \sin\omega t\sin\beta_1 z) \\ &= 2\frac{E_{x10}^{+}}{\eta_1}\cos\omega t\cos\beta_1 z \end{aligned}$$

이 식을 다시 정리하면 다음과 같다.

$$H_{y1}(t) = \left(2\frac{E_{x10}^{+}}{\eta_1}\cos\beta_1 z\right)\cos\omega t\ [\mathrm{AT/m}] \tag{11.42}$$

식 (11.42)를 그래프로 나타내면 [그림 11-4]와 같이 된다.

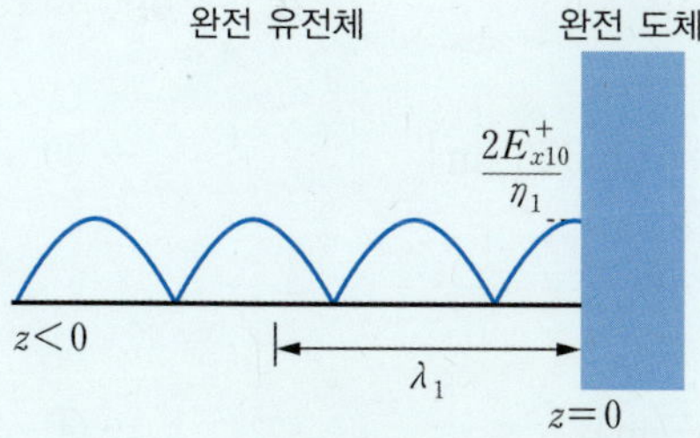

그림 11-4 완전 도체에 의한 전반사로 인해 만들어진 자계파의 크기

자계도 역시 전계처럼 위치에 따라 진폭이 변하는 $\cos\omega t$의 시간함수이며, 진행하지 않는 정재파이다. 그러나 전계와 달리,

$$\beta_1 z = n\pi \ \ (n=0,\ -1,\ -2,\ -3,\ \cdots)$$

$$z = \frac{n\pi}{\beta_1} = n\frac{\lambda_1}{2}$$

인 지점, 즉 $z=0$인 경계면을 비롯하여 경계면에서 반 파장씩 떨어져 있는 모든 곳에서 최대의 자계의 세기의 크기를 나타내며, $z=-\lambda_1/4$인 지점을 비롯해 이 지점에서 반 파장씩 떨어져 있는 모든 곳에서는 자계의 세기가 0이다.

식 (11.36)과 식 (11.42)를 비교해보면 전계와 자계는 모든 지점에서 시간적으로 90°의 위상차가 있음을 알 수 있다($\cos\omega t = \sin(\omega t + 90^\circ)$). 따라서 $z<0$인 모든 곳에서 평균전력밀도는 0으로 z축 방향으로의 에너지 전달이 전혀 없음을 알 수 있다.

예제 11-3 완전 도체에 의한 반사

공기 중에서 전파되는 주파수가 200[MHz], 전계강도가 0.7[V/m]인 TV 방송용 전파가 완전 도체 평면을 만나 반사되고 있다. 최대 전계강도를 얻을 수 있는 도체 평면으로부터 제일 가까운 지점과 그곳에서 측정되는 전계강도를 구하라.

풀이

이 전파의 전계 파동식은 다음과 같다.

$$\begin{aligned} E_{x1}^{+}(t) &= 0.7\cos 2\pi\times 200\times 10^6\left(t-\frac{z}{3\times 10^8}\right) \\ &= 0.7\cos\left(4\pi\times 10^8 t - \frac{4\pi}{3}z\right)\ [\mathrm{V/m}] \qquad \cdots ① \end{aligned}$$

입사파와 반사파가 합쳐진 각 지점의 전계의 세기는 식 (11.37)에 의해 다음과 같다.

$$E = 2E_{x10}^{+}\sin\beta_1 z = 2\times 0.7\sin\frac{4\pi}{3}z\ [\mathrm{V/m}] \qquad \cdots ②$$

식 ②에서 전계가 최대가 되는 가장 가까운 지점은

$$\frac{4\pi}{3}z = -\frac{\pi}{2} \quad \Rightarrow \quad z = -\frac{3}{8} = -0.375\ [\text{m}] \qquad \cdots ③$$

이고, 그 곳의 전계의 세기의 크기는 다음과 같다.

$$E = 1.4\sin\frac{4\pi}{3}\times\frac{3}{8} = 1.4\ [\text{V/m}] \qquad \cdots ④$$

식 ③에서 구한 위치는 식 (11.39)에서 $z = -\dfrac{\lambda_1}{4}$ 인 지점이다. 식 ①에서 전파의 파장을 구하면

$$\lambda_1 = \frac{2\pi}{\beta_1} = \frac{2\pi}{\frac{4\pi}{3}} = 1.5\ [\text{m}]$$

이다. 따라서 구하는 제일 가까운 지점은 다음과 같으며, 식 ③과 일치함을 알 수 있다.

$$z = -\frac{\lambda_1}{4} = -\frac{1.5}{4} = -0.375\ [\text{m}] \qquad \cdots ⑤$$

Q&A **전자파가 유전체를 지나 완전 도체로 입사해 들어올 때, 완전 도체와 유전체 사이의 경계면에서 유전체 쪽에 자계의 세기의 접선성분이 존재한다. 그런데 완전 도체 안에는 왜 자계가 없는가?**

완전 도체는 전도도가 $\sigma = \infty$로, 식 (10.115)에 의해 완전 도체의 표피깊이는

$$\delta = \lim_{\sigma\to\infty}\frac{1}{\sqrt{\pi f\mu\sigma}} = 0\ [\text{m}]$$

이다. 따라서 경계면에 자계의 파동이 입사해 들어오면 곧바로 감쇠되어 버리고 완전 도체 안으로는 전혀 들어가지 못한다. 따라서 완전 도체 표면에는 자계가 존재하나, 완전 도체 안에는 자계가 존재하지 않는다.

11.2.2 완전 유전체에 의한 반사

이제 매질이 서로 다른 완전 유전체 경계면에서 반사에 의해 영역 1에 생기는 전계파동의 모습을 생각해보자. 진행파와 반사파를 합한 영역 1에서의 전계 파동식인 식 (11.35)를 다시 쓰면 다음과 같다.

$$E_{x1}(t) = E_{x10}^{+}\cos(\omega t - \beta_1 z) + |\Gamma| E_{x10}^{+}\cos(\omega t + \beta_1 z + \theta) \tag{11.43}$$

■ $\eta_1 < \eta_2$인 경우

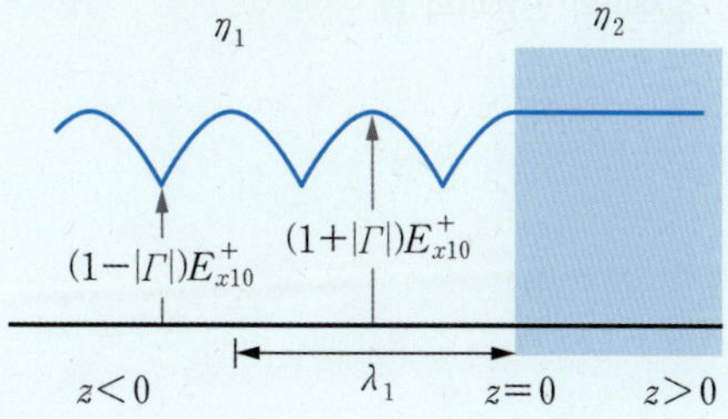

그림 11-5 $\eta_1 < \eta_2$인 경우 완전 유전체에서의 전계 반사파에 의해 만들어진 정재파와 진행파의 합

다음과 같이 반사계수가 (+)실수값이 된다.

$$\Gamma = \frac{\eta_2 - \eta_1}{\eta_2 + \eta_1} = |\Gamma| e^{j0^\circ} \quad (0 < \Gamma < 1)$$

따라서 식 (11.43)은 다음과 같이 된다.

$$E_{x1}(t) = E_{x10}^{+}\cos(\omega t - \beta_1 z) + |\Gamma| E_{x10}^{+}\cos(\omega t + \beta_1 z) \tag{11.44}$$

> $y(t) = A\cos(\omega t + \theta_1) + B\cos(\omega t + \theta_2)$
>
> $\theta_2 = \theta_1 + 2n\pi : y(t) = (A+B)\cos(\omega t + \theta_1)$
>
> $\theta_2 = \theta_1 + (2n+1)\pi : y(t) = (A-B)\cos(\omega t + \theta_1)$

식 (11.44)는

$$-\beta_1 z = \beta_1 z + 2n\pi \ \ (n = 0,\ 1,\ 2,\ 3,\ \cdots)$$
$$-2\beta_1 z = 2n\pi$$
$$z = -\frac{n\pi}{\beta_1} = -n\frac{\lambda_1}{2}$$

인 지점에서 [그림 11-5]와 같이 최대치 $(1 + |\Gamma|)E_{x10}^{+}$ [V/m]를 갖고

$$-\beta_1 z = \beta_1 z + (2n+1)\pi \ \ (n = 0,\ 1,\ 2,\ 3,\ \cdots)$$
$$z = -\frac{n\pi}{\beta_1} - \frac{\pi}{2\beta_1} = -n\frac{\lambda_1}{2} - \frac{\lambda_1}{4}$$

인 지점에서 최소치 $(1 - |\Gamma|)E_{x10}^{+}$ [V/m]를 갖는다.

■ $\eta_1 > \eta_2$인 경우

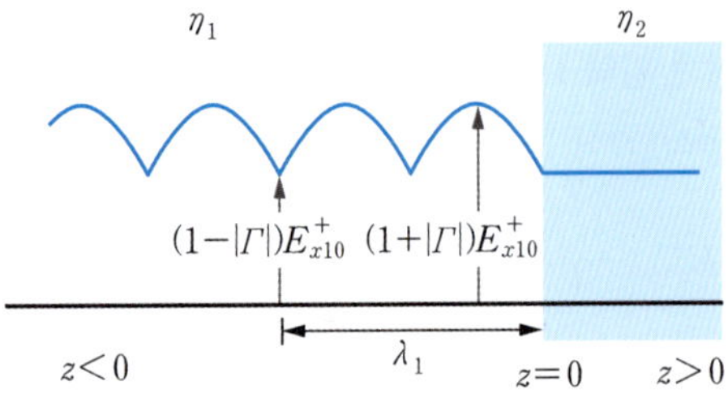

그림 11-6 $\eta_1 > \eta_2$인 경우 완전 유전체에서의 반사파에 의해 만들어진 정재파와 진행파의 합

다음과 같이 반사계수가 (−)실수값이 된다.

$$\Gamma = \frac{\eta_2 - \eta_1}{\eta_2 + \eta_1} = |\Gamma| e^{j180^\circ} \quad (-1 < \Gamma < 0)$$

따라서 식 (11.43)은 다음과 같이 된다.

$$E_{x1}(t) = E_{x10}^{+} \cos(\omega t - \beta_1 z) - |\Gamma| E_{x10}^{+} \cos(\omega t + \beta_1 z) \tag{11.45}$$

식 (11.45)는

$$-\beta_1 z = \beta_1 z + (2n+1)\pi \quad (n = 0,\ 1,\ 2,\ 3,\ \cdots)$$

$$z = -\frac{n\pi}{\beta_1} - \frac{\pi}{2\beta_1} = -n\frac{\lambda_1}{2} - \frac{\lambda_1}{4}$$

인 지점에서 [그림 11-6]과 같이 최대치 $(1 + |\Gamma|)$[V/m]를 갖고,

$$-\beta_1 z = \beta_1 z + 2n\pi \quad (n = 0,\ 1,\ 2,\ 3,\ \cdots)$$

$$z = -\frac{n\pi}{\beta_1} = -n\frac{\lambda_1}{2}$$

인 지점에서 최소치 $(1 - |\Gamma|)$[V/m]를 갖는다.

또한 식 (11.45)는 다음과 같이 진행파와 정재파의 합으로 표시할 수 있다.

$$\begin{aligned} E_{x1}(t) &= E_{x10}^{+} \cos(\omega t - \beta_1 z) - |\Gamma| E_{x10}^{+} \cos(\omega t + \beta_1 z) \\ &= E_{x10}^{+} \cos(\omega t - \beta_1 z) - |\Gamma| E_{x10}^{+} \cos(\omega t - \beta_1 z) \\ &\qquad + |\Gamma| E_{x10}^{+} \cos(\omega t - \beta_1 z) - |\Gamma| E_{x10}^{+} \cos(\omega t + \beta_1 z) \\ &= \underbrace{\{1 - |\Gamma|\} E_{x10}^{+} \cos(\omega t - \beta_1 z)}_{(\text{진행파})} + \underbrace{\left\{2|\Gamma| E_{x10}^{+} \sin\beta_1 z\right\} \sin\omega t}_{(\text{정재파})} \end{aligned} \tag{11.46}$$

[그림 11-5]와 [그림 11-6]에 나타난 것처럼 서로 다른 완전 유전체의 경계면에서의 반사에 의한 전계 파동은 진행파와 정재파가 공존한다는 것을 알 수 있다.

정재파비

앞에서 살펴본 바와 같이 매질이 서로 다른 완전 유전체 경계면에서의 반사에 의해 영역 1에 생기는 전계파동의 모습은 [그림 11-5] 또는 [그림 11-6]과 같이 된다. 그림을 보면 전계의 세기가 어떤 지점에서는 최댓값을 갖지만 어떤 지점에서는 최솟값을 갖는다. 이때 이들 최소치에 대한 최대치의 비

$$s = \frac{E_{x1s,\max}}{E_{x1s,\min}} = \frac{(1+|\Gamma|)E_{x10}^{+}}{(1-|\Gamma|)E_{x10}^{+}} = \frac{1+|\Gamma|}{1-|\Gamma|} \tag{11.47}$$

를 **정재파비** standing wave ratio 라고 한다. 앞서 풀어본 [예제 11-1]과 [예제 11-2]의 정재파비는 각각 다음과 같이 된다.

$$s = \frac{1+|\Gamma|}{1-|\Gamma|} = \frac{1+0.2}{1-0.2} = 1.5$$

$$s = \frac{1+|\Gamma|}{1-|\Gamma|} = \frac{1+0.499}{1-0.499} \fallingdotseq 2.99$$

예제 11-4 완전 유전체에 의한 반사와 정재파비

다음 식과 같은 전계파가 공기 중에서 비유전율 81, 비투자율 1인 물에 수직으로 입사할 때, 그 경계면에서 발생하는 반사파에 의해 입사파와 반사파의 합성으로 만들어지는 공기 중의 전자파에 대해 다음을 구하라. 단, 경계면은 $z=0\,[\mathrm{m}]$라고 한다.

$$\mathbf{E}_1^{+}(t) = E_{x10}^{+}\cos(\omega t - \beta_1 z)\,\mathbf{a}_x \ [\mathrm{V/m}]$$

(a) 공기 중의 전계 파동식 $E_{x1}(t)$

(b) 공기 중의 자계 파동식 $H_{y1}(t)$

(c) 공기 중의 평균전력밀도 P_{1ave}

(d) 정재파비 s

풀이

(a) 공기의 고유 임피던스는 $\eta_1 = \sqrt{\frac{\mu_0}{\epsilon_0}} = 377\,[\Omega]$이고, 물의 고유 임피던스는 $\eta_2 = \sqrt{\frac{\mu_0\mu_r}{\epsilon_0\epsilon_r}} = 377\sqrt{\frac{1}{81}} \fallingdotseq 41.89\,[\Omega]$이므로 반사계수는 다음과 같다.

$$\Gamma = \frac{\eta_2-\eta_1}{\eta_2+\eta_1} = \frac{41.89-377}{41.89+377} = -\frac{335.11}{418.89} = -0.8 \qquad \cdots ①$$

따라서 전계 파동식을 구하면 다음과 같다.

$$E_{x1}(t) = E_{x10}^{+}\cos(\omega t - \beta_1 z) - 0.8 \times E_{x10}^{+}\cos(\omega t + \beta_1 z) \quad \cdots ②$$

$$= E_{x10}^{+}\{\cos(\omega t - \beta_1 z) - 0.8\cos(\omega t + \beta_1 z)\}$$

$$= E_{x10}^{+}\{\cos\omega t\cos\beta_1 z + \sin\omega t\sin\beta_1 z - 0.8\cos\omega t\cos\beta_1 z + 0.8\sin\omega t\sin\beta_1 z\}$$

$$= E_{x10}^{+}\{0.2\cos\omega t\cos\beta_1 z + 1.8\sin\omega t\sin\beta_1 z\}$$

$$= E_{x10}^{+}\{0.2\cos\omega t\cos\beta_1 z + 0.2\sin\omega t\sin\beta_1 z + 1.6\sin\omega t\sin\beta_1 z\}$$

$$= \underbrace{0.2E_{x10}^{+}\cos(\omega t - \beta_1 z)}_{(\text{진행파})} + \underbrace{\left(1.6E_{x10}^{+}\sin\beta_1 z\right)}_{(\text{정재파})}\sin\omega t \ [\text{V/m}] \quad \cdots ③$$

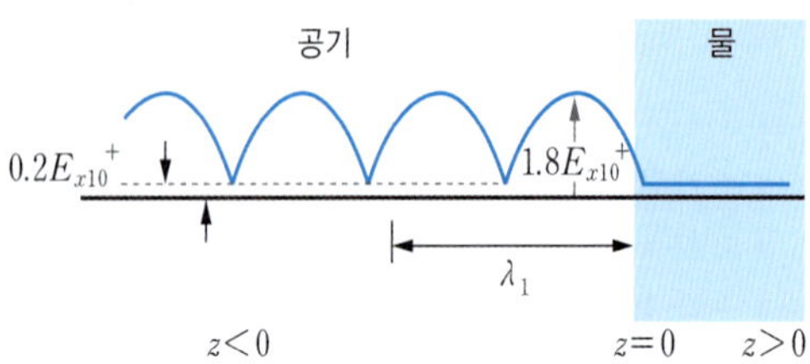

그림 11-7 전계파

(b) 자계 파동식을 구하면 다음과 같다.

$$H_{y1}(t) = \frac{E_{x10}^{+}}{\eta_1}\{\cos(\omega t - \beta_1 z) - (-0.8)\cos(\omega t + \beta_1 z)\} \quad \cdots ④$$

$$= \frac{E_{x10}^{+}}{\eta_1}\{\cos\omega t\cos\beta_1 z + \sin\omega t\sin\beta_1 z + 0.8\cos\omega t\cos\beta_1 z - 0.8\sin\omega t\sin\beta_1 z\}$$

$$= \frac{E_{x10}^{+}}{\eta_1}\{1.8\cos\omega t\cos\beta_1 z + 0.2\sin\omega t\sin\beta_1 z\}$$

$$= \frac{E_{x10}^{+}}{\eta_1}\{0.2\cos\omega t\cos\beta_1 z + 0.2\sin\omega t\sin\beta_1 z + 1.6\cos\omega t\cos\beta_1 z\}$$

$$= \frac{E_{x10}^{+}}{377} \times 0.2\cos(\omega t - \cos\beta_1 z) + \left(\frac{E_{x10}^{+}}{377} \times 1.6\cos\beta_1 z\right)\cos\omega t \ [\text{H/m}] \quad \cdots ⑤$$

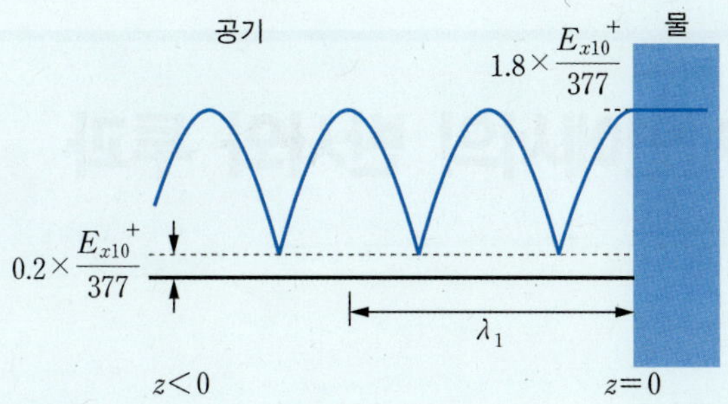

그림 11-8 자계파

(c) 전력 전달은 진행파에서만 일어나는 것이므로 정재파는 제외하고, 다음과 같이 진행파에 대해서만 계산한다.

$$P_{1ave} = \frac{(0.2E_{x1}^{+})^2}{2\eta_1} = \frac{E_{x1}^{+\,2}}{18,850}\ [\mathrm{J/m^2}] \qquad \cdots ⑥$$

(d) 식 (11.47)에 의해 정재파비를 구하면 다음과 같다.

$$s = \frac{1+|\Gamma|}{1-|\Gamma|} = \frac{1+0.8}{1-0.8} = 9 \qquad \cdots ⑦$$

SECTION

11.3 복합 경계면에서의 반사와 투과

앞에서는 서로 다른 두 매질 경계면에서의 전자파의 반사와 투과에 대해 살펴보았는데, 이제는 [그림 11-9]와 같이 세 매질이 만드는 두 경계면에서의 반사와 투과에 대해 생각해본다. 다시 말해, 유한한 두께를 가진 매질을 가운데에 놓고 양쪽으로 반무한semi-infinite 매질이 있는 경우를 생각해보자. 단, 세 매질은 손실이 없는 완전 유전체라고 한다.

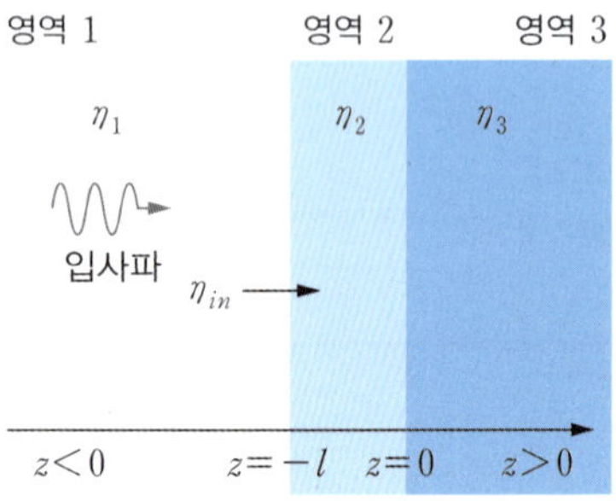

그림 11-9 두 경계면에서의 반사와 투과

영역 1로부터 영역 1과 영역 2 사이의 경계면에 수직으로 입사하는 입사파는 첫 번째 경계면에서 일부는 반사하고 일부는 영역 2로 투과한다. 이 투과파는 다시 영역 2와 영역 3 사이의 경계면에서 일부는 반사하고 일부는 영역 3으로 투과한다. 이 두 번째 경계면에서 반사된 파는 다시 첫 번째 경계면에서 일부는 반사하여 영역 2로 돌아오고, 일부는 영역 1로 투과해 나간다. 첫 번째 경계면에서 반사하여 영역 2로 되돌아온 파는 두 번째 경계면에서 다시 반사와 투과를 하고, 또다시 이를 반복할 것이다. 그러다 시간이 많이 지나 정상상태가 되면 결국 각 영역에서의 전계파동과 자계파동은 안정되어 전계와 자계에 대한 파동식들이 주어진다. 그러나 이렇게 얻은 전계와 자계파동은 반사가 없는 진행파만에 의한 것과는 다른 모양이 된다. 여기서 고유 임피던스와 전혀 다른 **파동 임피던스**wave impedance라는 새로운 용어가 나온다. 파동 임피던스는 어떤 지점의 전체 전계total electric field의 페이저를 그 지점의 전체 자계total magnetic field의 페이저로 나눈 것으로, 고유 임피던스와 달리 매질의 유전율과 투자율에 의해서만 결정되지 않고 반사계수의 영향을 받는다. 여기서 '전체'라는 표현은 '입사파와 반사파를 합한, 또는 투과파와 반사파를 합한'이라는 의미가 담겨 있다.

먼저 [그림 11-10]과 같은 투자율과 유전율이 서로 다른 두 매질만에 의한 경계면에서의 입사파와 반사파에 대해 다시 생각해보자. 반사파를 고려하지 않은 영역 1의 고유 임피던스(= 전계의 페이저/자계의 페이저) η_1은 영역 1에서의 위치에 관계없이 어디서든지

$$\eta_1 = \frac{E_{x10}^+}{H_{y10}^+} = \sqrt{\frac{\mu_1}{\epsilon_1}} \tag{11.48}$$

이지만, 입사파와 반사파가 합해져 새로 만들어지는 전계와 자계에서의 파동 임피던스 η_w는 위치에 따라 달라지며, 다음과 같이 표시된다.

$$\eta_w(z) = \frac{E_{x1s}}{H_{y1s}} = \frac{E_{x1s}^+ + E_{x1s}^-}{H_{y1s}^+ + H_{y1s}^-} = \frac{E_{x10}^+ e^{-j\beta_1 z} + E_{x10}^- e^{+j\beta_1 z}}{H_{y10}^+ e^{-j\beta_1 z} + H_{y10}^- e^{+j\beta_1 z}} \tag{11.49}$$

$$= \frac{E_{x10}^+ e^{-j\beta_1 z} + \Gamma E_{x10}^+ e^{+j\beta_1 z}}{H_{y10}^+ e^{-j\beta_1 z} - \Gamma H_{y10}^+ e^{+j\beta_1 z}} = \frac{E_{x10}^+ \left(e^{-j\beta_1 z} + \Gamma e^{+j\beta_1 z}\right)}{H_{y10}^+ \left(e^{-j\beta_1 z} - \Gamma e^{+j\beta_1 z}\right)} \tag{11.50}$$

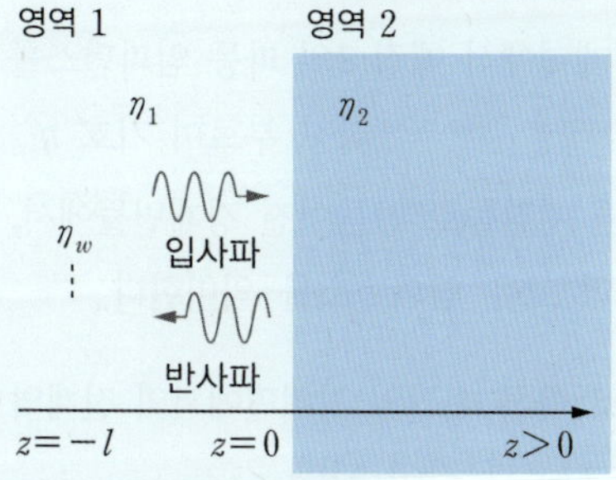

그림 11-10 영역 1에서의 파동 임피던스

그러므로 식 (11.50)으로부터 파동 임피던스는 다음과 같이 정리된다.

$$\eta_w(z) = \eta_1 \left[\frac{e^{-j\beta_1 z} + \Gamma e^{+j\beta_1 z}}{e^{-j\beta_1 z} - \Gamma e^{+j\beta_1 z}}\right]$$

$$= \eta_1 \left[\frac{e^{-j\beta_1 z} + \dfrac{\eta_2 - \eta_1}{\eta_2 + \eta_1} e^{+j\beta_1 z}}{e^{-j\beta_1 z} - \dfrac{\eta_2 - \eta_1}{\eta_2 + \eta_1} e^{+j\beta_1 z}}\right] = \eta_1 \left[\frac{(\eta_2 + \eta_1) e^{-j\beta_1 z} + (\eta_2 - \eta_1) e^{+j\beta_1 z}}{(\eta_2 + \eta_1) e^{-j\beta_1 z} - (\eta_2 - \eta_1) e^{+j\beta_1 z}}\right] \tag{11.51}$$

식 (11.51)에 오일러의 공식을 적용하여 전개하면

$$\eta_w(z) = \eta_1 \left[\frac{(\eta_2 + \eta_1)(\cos\beta_1 z - j\sin\beta_1 z) + (\eta_2 - \eta_1)(\cos\beta_1 z + j\sin\beta_1 z)}{(\eta_2 + \eta_1)(\cos\beta_1 z - j\sin\beta_1 z) - (\eta_2 - \eta_1)(\cos\beta_1 z + j\sin\beta_1 z)}\right]$$

$$= \eta_1 \times \frac{\eta_2 \cos\beta_1 z - j\eta_1 \sin\beta_1 z}{\eta_1 \cos\beta_1 z - j\eta_2 \sin\beta_1 z} \tag{11.52}$$

가 된다. 예를 들어, 경계면에서 l[m]만큼 떨어진 $z=-l$ 지점에서의 파동 임피던스는 다음과 같다.

$$\eta_w(-l) = \eta_1 \times \frac{\eta_2 \cos\beta_1 l + j\eta_1 \sin\beta_1 l}{\eta_1 \cos\beta_1 l + j\eta_2 \sin\beta_1 l} \tag{11.53}$$

이제 본래 다루고자 했던 [그림 11-9]와 같이 유한한 두께를 가진 매질을 가운데에 놓고, 양쪽으로 반무한 매질이 있는 경우를 생각해보자.

매질 2와 매질 3의 경계면을 $z=0$으로 하고, 영역 2의 어떤 지점에서의 파동 임피던스를 구하면 식 (11.52)에 의해 다음과 같이 된다.

$$\eta_w(z)=\eta_2\times\frac{\eta_3\cos\beta_2 z-j\eta_2\sin\beta_2 z}{\eta_2\cos\beta_2 z-j\eta_3\sin\beta_2 z} \tag{11.54}$$

매질 2의 두께가 $l[\mathrm{m}]$라고 하고, $z=-l$인 지점의 파동 임피던스를 구하면 식 (11.54)에 의해

$$\eta_w(-l)=\eta_2\times\frac{\eta_3\cos\beta_2 l+j\eta_2\sin\beta_2 l}{\eta_2\cos\beta_2 l+j\eta_3\sin\beta_2 l} \tag{11.55}$$

이 되는데, 이 지점은 바로 매질 1과 매질 2의 경계면으로, 이 경계면에서 매질 2의 파동 임피던스를 특별히 **입력 임피던스**[input impedance] 또는 **입력 고유 임피던스**[input intrinsic impedance]라고 부르며 기호 η_{in}으로 나타낸다. 이 입력 임피던스는 서로 평행한 3개 이상의 다른 매질들로 만들어진 경계면들에서, 한 영역에서 다른 영역으로 입사하는 입사파에 대한 다른 영역의 고유 임피던스를 의미한다.

[그림 11-9]의 첫 번째 경계면에서의 반사계수를 구하기 위해 서로 다른 매질의 경계면에서의 전계의 세기 E와 자계의 세기 H의 접선성분이 서로 같음을 적용하면 다음과 같이 된다.

$$E_{x1s}^{+}+E_{x1s}^{-}=E_{x2s} \qquad (z=-l) \tag{11.56}$$

$$H_{y1s}^{+}+H_{y1s}^{-}=H_{y2s} \qquad (z=-l) \tag{11.57}$$

식 (11.56)과 식 (11.57)은 식 (11.15)와 식 (11.16)을 참조할 때 다음과 같이 표시할 수 있다.

$$E_{x10}^{+}+E_{x10}^{-}=E_{x2s}(z=-l) \tag{11.58}$$

$$\frac{E_{x10}^{+}}{\eta_1}-\frac{E_{x10}^{-}}{\eta_1}=\frac{E_{x2s}(z=-l)}{\eta_w(-l)} \tag{11.59}$$

이제 식 (11.58)을 식 (11.59)에 대입하고, $\eta_w(-l)=\eta_{in}$으로 표시하여 정리하면

$$\frac{E_{x10}^{+}}{\eta_1}-\frac{E_{x10}^{-}}{\eta_1}=\frac{E_{x10}^{+}+E_{x10}^{-}}{\eta_{in}}$$

$$\eta_{in}E_{x10}^{+}-\eta_{in}E_{x10}^{-}=\eta_1 E_{x10}^{+}+\eta_1 E_{x10}^{-}$$

$$(\eta_{in}-\eta_1)E_{x10}^{+}=(\eta_{in}+\eta_1)E_{x10}^{-}$$

$$E_{x10}^{-}=\frac{\eta_{in}-\eta_1}{\eta_{in}+\eta_1}\times E_{x10}^{+}$$

가 된다. 따라서 영역 1의 입사파의 첫 번째 경계면에서의 반사계수 Γ는 다음과 같이 된다.

$$\Gamma = \frac{E_{x10}^{-}}{E_{x10}^{+}} = \frac{\eta_{in} - \eta_1}{\eta_{in} + \eta_1} \tag{11.60}$$

식 (11.54)에서 알 수 있듯이 경계면에서의 매질 2의 입력 임피던스 η_{in}이 매질 1의 고유 임피던스 η_1과 같은 경우, 즉 $\eta_{in} = \eta_1$인 경우에는 반사계수 Γ가 0이 되어 첫 번째 경계면에서 일체의 반사 없이 입사파가 전부 영역 2로 투과한다(즉 투과계수 τ가 1이 된다). 이러한 경우를 "매질 2의 입력 임피던스는 매질 1의 고유 임피던스에 **정합** matching 되었다"고 말한다.

어떤 경우에 정합이 일어나는지 알아보자. 식 (11.55)에서 입력 임피던스 $\eta_{in}\{=\eta_w(-l)\}$이 정합되었다는 것은

$$\eta_{in} = \eta_2 \times \frac{\eta_3 \cos\beta_2 l + j\eta_2 \sin\beta_2 l}{\eta_2 \cos\beta_2 l + j\eta_3 \sin\beta_2 l} = \eta_1 \tag{11.61}$$

을 의미한다. 그런 조건은 여러 가지가 있을 수 있겠지만, 먼저 $\eta_1 = \eta_3$인 특별한 경우를 생각해보자(예를 들어 공기 중에 큰 유리판을 세워놓았다고 하자). 식 (11.61)에서 η_3을 η_1로 대치하면 다음과 같이 된다.

$$\eta_{in} = \eta_2 \times \frac{\eta_1 \cos\beta_2 l + j\eta_2 \sin\beta_2 l}{\eta_2 \cos\beta_2 l + j\eta_1 \sin\beta_2 l} = \eta_1 \tag{11.62}$$

식 (11.62)의 등식이 성립하려면

$$\beta_2 l = n\pi \quad (n = 1, 2, 3, \cdots)$$

여야 한다. 이는

$$l = n \times \frac{\pi}{\beta_2} = n \times \frac{\lambda_2}{2} \tag{11.63}$$

를 의미한다. 다시 말해, 매질 2의 두께가 그 매질에서의 전계파 파장의 $1/2$일 때, 또는 반 파장의 정수배 일 때 입력 임피던스의 정합이 이루어진다. 즉

$$\eta_{in} = \eta_1 = \eta_3$$

이 되어, 전자파의 진행에서 전혀 반사가 일어나지 않아 매질 2가 존재하지 않는 경우로 생각할 수 있다. 이는 전자파가 매질 1에서 매질 2를 지나 $(+)z$ 방향으로 진행할 때든, 매질 3에서 매질 2를 지나 $(-)z$ 방향으로 진행할 때든 마찬가지이다. 이처럼 같은 종류의 두 반무한 매질 사이에 낀 다른 매질의 두께가 그 매질 안에서의 전자파 파장의 $1/2$일 때 입력 임피던스 정합이 이루어지는 것을 **반파정합** half-wave matching 이라고 부른다.

이런 반파정합은 레이돔 radome 의 반구형 천장 설계나, 비행기 조종석의 캐노피 canopy 설계 등에 사용될 뿐 아니라, 반대로 매질의 두께가 정해졌을 때 그 매질을 반사 없이 잘 통과할 수 있는 파의 주파수를 찾는 문제에 이용할 수 있어 광학필터나 파장 측정에서도 많이 응용된다.

예제 11-5 **반파정합**

[그림 11-11]과 같은 레이더 안테나에서 10[GHz]의 전자파가 발사되고 있을 때, 이 안테나를 덮고 있는 레이돔 천장의 최소 두께 l[m]를 구하라. 레이돔의 플라스틱 재질의 비유전율은 2.25, 비투자율은 1이다.

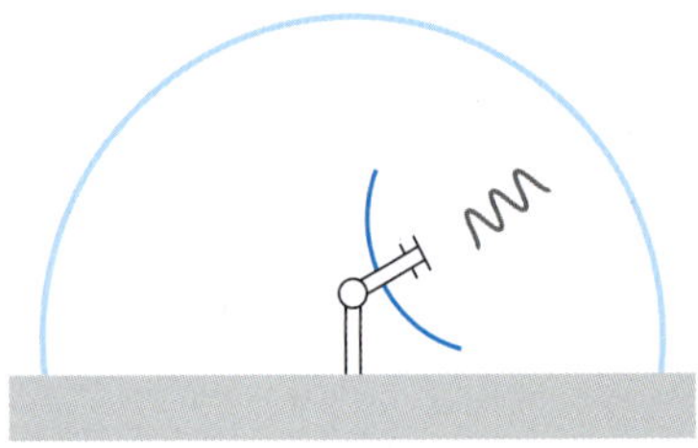

그림 11-11 레이더 안테나의 레이돔 두께

풀이

비유전율이 $\epsilon_r = 2.25$, 비투자율이 $\mu_r = 1$인 플라스틱에서의 전자파 속도는 다음과 같다.

$$v_p = \frac{1}{\sqrt{\mu\epsilon}} = \frac{1}{\sqrt{\mu_0\epsilon_0\mu_r\epsilon_r}} = 3\times10^8 \times \frac{1}{\sqrt{1\times2.25}} = 2\times10^8\,[\text{m/sec}] \quad \cdots ①$$

$$v_p = \lambda f \quad ➡ \quad \lambda = \frac{v_p}{f} = \frac{2\times10^8}{10^{10}} = 0.02\,[\text{m}] \quad \cdots ②$$

따라서 식 (11.52)에 의해 레이돔 플라스틱의 최소 두께는 다음과 같이 구한다.

$$l = \frac{\pi}{\beta_2} = \frac{\lambda_2}{2} = \frac{0.02}{2} = 0.01\,[\text{m}] \quad \cdots ③$$

이제 $\eta_1 \neq \eta_3$인 일반적인 경우에 대해 생각해보자. 식 (11.55)에서

$$\beta_2 l = (2n-1)\frac{\pi}{2} \quad (n = 1, 2, 3, \cdots)$$

$$l = (2n-1)\frac{\pi}{2\beta_2} = (2n-1)\frac{\lambda_2}{4} \tag{11.64}$$

이면, 다음과 같이 된다.

$$\eta_w(-l) = \eta_{in} = \frac{\eta_2^2}{\eta_3} \tag{11.65}$$

식 (11.65)에서 매질 2의 입력 임피던스 η_{in}이 매질 1의 고유 임피던스 η_1과 정합하기 위해서는

$$\frac{{\eta_2}^2}{\eta_3} = \eta_1 \quad \Rightarrow \quad \eta_2 = \sqrt{\eta_1 \eta_3} \tag{11.66}$$

이어야 한다.

결론적으로, 고유 임피던스가 서로 다른 세 매질이 [그림 11-9]와 같이 반무한 매질 사이에 유한한 두께를 가진 매질이 끼어 있는 형태일 때 매질 1에서 입사하는 전자파가 반사 없이 매질 2로 전파되려면 매질 2의 고유 임피던스는 식 (11.66)을 만족해야 하고, 두께는 식 (11.64)를 만족해야 한다. 이를 가리켜 **1/4파정합** quarter-wave matching이라고 한다.

예제 11-6 1/4파정합

공기로부터 파장이 500[nm]인 초록 빛이 반사 없이 유리를 통과하도록 하고자 유리면에 얇은 유전체로 코팅coating을 하고자 한다. 이 코팅 재료의 (a) 비유전율과 (b) 가장 얇은 두께를 구하라. 단, 유리의 비유전율은 5이고, 코팅재료나 유리의 비투자율은 1이라고 한다.

풀이

(a) 공기의 고유 임피던스는 $\eta_1 = 377[\Omega]$, 유리의 고유 임피던스는 $\eta_3 = 377/\sqrt{5} \fallingdotseq 168.6[\Omega]$이다. 따라서 식 (11.66)에 의해 코팅 재료의 고유 임피던스는 다음과 같아야 한다.

$$\eta_2 = \sqrt{\eta_1 \eta_3} = \sqrt{377 \times 168.6} \fallingdotseq 252\ [\Omega] \qquad \cdots ①$$

$$\eta_2 = \sqrt{\frac{\mu}{\epsilon}} = \sqrt{\frac{\mu_0 \times 1}{\epsilon_0 \times \epsilon_{r2}}} = 377 \times \sqrt{\frac{1}{\epsilon_{r2}}} = 252\ [\Omega]$$

$$\therefore\ \epsilon_{r2} = \left(\frac{377}{252}\right)^2 \fallingdotseq 2.24 \qquad \cdots ②$$

(b) 코팅 재료의 비유전율이 2.24이므로 위상속도가 $1/\sqrt{2.24}$로 줄어들고, 파장도 그 만큼 줄어든다.

$$\lambda_2 = 500 \times 10^{-9} \times \sqrt{\frac{1}{2.24}} \fallingdotseq 334\ [\text{nm}] \qquad \cdots ③$$

따라서 구하는 가장 얇은 두께는 식 (11.64)에 의해 다음과 같다.

$$l = \frac{\lambda_2}{4} = 334 \times 10^{-9} \times \frac{1}{4} = 83.5\ [\text{nm}] \qquad \cdots ④$$

CHAPTER 11_ 핵심요약

■ 반사계수와 투과계수

- 반사계수 : $\Gamma = \dfrac{E_{x10}^{-}}{E_{x10}^{+}} = \dfrac{\eta_2 - \eta_1}{\eta_2 + \eta_1}$
- 투과계수 : $\tau = \dfrac{E_{x20}^{+}}{E_{x10}^{+}} = \dfrac{2\eta_2}{\eta_2 + \eta_1} = 1 + \Gamma$

■ 진행파, 반사파, 투과파의 파동식

- 진행파 : $E_{x1}^{+}(t) = E_{x10}^{+}\cos(\omega t - \omega\sqrt{\mu_1\epsilon_1}\, z)$, $H_{y1}^{+}(t) = \dfrac{E_{x10}^{+}}{\eta_1}\cos(\omega t - \omega\sqrt{\mu_1\epsilon_1}\, z)$
- 반사파 : $E_{x1}^{-}(t) = E_{x10}^{-}\cos(\omega t + \omega\sqrt{\mu_1\epsilon_1}\, z)$, $H_{y1}^{-}(t) = -\dfrac{E_{x10}^{-}}{\eta_1}\cos(\omega t + \omega\sqrt{\mu_1\epsilon_1}\, z)$
- 투과파 : $E_{x2}^{+}(t) = E_{x20}^{+}\cos(\omega t - \omega\sqrt{\mu_2\epsilon_2}\, z)$, $H_{y2}^{+}(t) = \dfrac{E_{x20}^{+}}{\eta_2}\cos(\omega t - \omega\sqrt{\mu_2\epsilon_2}\, z)$

■ 반사

- 완전 도체에 의한 반사 :

$$E_{x1}(t) = (2E_{x10}^{+}\sin\beta_1 z)\sin\omega t,\quad H_{y1}(t) = \left(2\frac{E_{x10}^{+}}{\eta_1}\cos\beta_1 z\right)\cos\omega t$$

- 완전 유전체에 의한 반사 :

$$E_{x1}(t) = \{1 - |\Gamma|\}E_{x10}^{+}\cos(\omega t - \beta_1 z) + \{2|\Gamma|E_{x10}^{+}\sin\beta_1 z\}\sin\omega t$$

■ 정재파비

$$s = \frac{E_{x1s,\max}}{E_{x1s,\min}} = \frac{(1 + |\Gamma|)E_{x10}^{+}}{(1 - |\Gamma|)E_{x10}^{+}} = \frac{1 + |\Gamma|}{1 - |\Gamma|}$$

■ 임피던스

- 파동 임피던스 : $\eta_w(z) = \eta_1 \times \dfrac{\eta_2\cos\beta_1 z - j\eta_1\sin\beta_1 z}{\eta_1\cos\beta_1 z - j\eta_2\sin\beta_1 z}$
- 입력 임피던스 : $\eta_{in} = \eta_2 \times \dfrac{\eta_3\cos\beta_2 l + j\eta_2\sin\beta_2 l}{\eta_2\cos\beta_2 l + j\eta_3\sin\beta_2 l}$

■ 반파정합과 1/4파정합

- 반파정합 : $l = n \times \dfrac{\pi}{\beta_2} = n \times \dfrac{\lambda_2}{2}$
- 1/4파정합 : $l = (2n - 1)\dfrac{\lambda_2}{4}$, $\eta_2 = \sqrt{\eta_1\eta_3}$

11.1 공기 중에서 전파되는 전자파가 고유 임피던스 $154[\Omega]$인 유전체면에서 수직으로 반사될 때, 반사계수 Γ는?

㉮ 0.29 ㉯ −0.42 ㉰ 0.41 ㉱ −0.71

11.2 고유 임피던스가 η_1인 매질을 진행하는 입사파가 고유 임피던스 η_2인 매질을 수직으로 만나 일부가 투과할 때, 투과계수 τ는?

㉮ $\dfrac{\eta_2-\eta_1}{2}$ ㉯ $\dfrac{\eta_2-\eta_1}{\eta_2+\eta_1}$ ㉰ $\dfrac{\eta_2}{\eta_2-\eta_1}$ ㉱ $\dfrac{2\eta_2}{\eta_2+\eta_1}$

11.3 접하고 있는 두 유전체의 반사계수가 −0.4일 때, 투과계수 τ는?

㉮ −0.6 ㉯ 0.6 ㉰ 1.4 ㉱ −0.8

11.4 접하고 있는 두 유전체의 접합면에서 반사가 일어날 때, 반사파 $E_{x1}^-(t)$의 식은? 단, 입사파의 식은 $E_{x1}^+(t)=E_{x10}^+\cos(\omega t-\omega\sqrt{\mu_1\epsilon_1}\,z)$이며, 반사계수는 Γ이다.

㉮ $E_{x1}^-(t)=\Gamma E_{x10}^+\cos(\omega t+\omega\sqrt{\mu_1\epsilon_1}\,z)$

㉯ $E_{x1}^-(t)=\Gamma E_{x10}^+\cos(\omega t-\omega\sqrt{\mu_1\epsilon_1}\,z)$

㉰ $E_{x1}^-(t)=(1-\Gamma)E_{x10}^+\cos(\omega t+\omega\sqrt{\mu_1\epsilon_1}\,z)$

㉱ $E_{x1}^-(t)=(1+\Gamma)E_{x10}^+\cos(\omega t-\omega\sqrt{\mu_1\epsilon_1}\,z)$

11.5 자유공간을 진행하던 전자파가 유전체를 만나 반사가 일어날 때, 반사 자계파 $H_{y1}^-(t)$의 식은? 단, 반사 전계파의 식은 $\mathbf{E}_{x1}^-(t)=20\cos(\omega t+\omega\sqrt{\mu_0\epsilon_0}\,z)\mathbf{a}_x\,[\mathrm{V/m}]$이다.

㉮ $\mathbf{H}_{y1}^-(t)=\dfrac{20}{377}\cos(\omega t-\omega\sqrt{\mu_0\epsilon_0}\,z)\mathbf{a}_y\,[\mathrm{AT/m}]$

㉯ $\mathbf{H}_{y1}^-(t)=-\dfrac{20}{377}\cos(\omega t-\omega\sqrt{\mu_0\epsilon_0}\,z)\mathbf{a}_y\,[\mathrm{AT/m}]$

㉰ $\mathbf{H}_{y1}^-(t)=-\dfrac{20}{377}\cos(\omega t+\omega\sqrt{\mu_0\epsilon_0}\,z)\mathbf{a}_y\,[\mathrm{AT/m}]$

㉱ $\mathbf{H}_{y1}^-(t)=\dfrac{20}{377}\cos(\omega t+\omega\sqrt{\mu_0\epsilon_0}\,z)\mathbf{a}_y\,[\mathrm{AT/m}]$

11.6 접하고 있는 두 유전체의 접합면에서 반사와 투과가 일어날 때, 투과파 $E_{x2}^{+}(t)$의 식은? 단, 입사파의 식은 $E_{x1}^{+}(t)=E_{x10}^{+}\cos(\omega t-\omega\sqrt{\mu_1\epsilon_1}z)$이며, 두 유전체의 비유전율과 비투자율은 각각 ϵ_1, ϵ_2, μ_1, μ_2, 반사계수는 $\Gamma=-0.3$이다.

㉮ $E_{x2}^{+}(t)=1.3E_{x10}^{+}\cos(\omega t+\omega\sqrt{\mu_2\epsilon_2}z)$

㉯ $E_{x2}^{+}(t)=1.3E_{x10}^{+}\cos(\omega t-\omega\sqrt{\mu_2\epsilon_2}z)$

㉰ $E_{x2}^{+}(t)=0.7E_{x10}^{+}\cos(\omega t+\omega\sqrt{\mu_2\epsilon_2}z)$

㉱ $E_{x2}^{+}(t)=0.7E_{x10}^{+}\cos(\omega t-\omega\sqrt{\mu_2\epsilon_2}z)$

11.7 손실이 없는 유전체에 대한 다음 설명 중 틀린 것은?

㉮ 안테나를 덮고 있는 레이돔의 두께를 결정할 때 1/4전파정합이 사용된다.

㉯ 진행하는 전계파의 실효값은 어느 곳에서든지 일정하다.

㉰ 전계파의 실효값이 최고인 지점과 최저인 지점이 고정되어 있는 파를 정재파라 한다.

㉱ 유전체 경계면에서 전자파의 반사가 있을 때 파동 임피던스는 위치에 따라 그 값이 다르다.

11.8 공기 중에서 주파수 3[MHz]의 방송전파가 완전 도체의 평면에서 반사되었을 때, 전계강도가 가장 큰 지점 중 도체 평면으로부터 가장 가까운 거리는 몇 [m]인가?

㉮ 25　　㉯ 250　　㉰ 500　　㉱ 1000

11.9 두 유전체 경계면에서의 반사에 의해 만들어진 정재파에서 정재파비는? 단, 반사계수는 0.5이다.

㉮ −2　　㉯ 3　　㉰ 0.33　　㉱ 2

11.10 주파수가 5[GHz]인 전자파가 공기 중에 있는 유리를 반사 없이 수직으로 통과하게 하려고 한다. 가장 얇은 유리의 두께는 몇 [cm]로 해야 하나? 단, 유리의 비유전율은 4이다.

㉮ 6　　㉯ 0.75　　㉰ 3　　㉱ 1.5

11.11 공기 중에서 전파되던 진폭 0.5[V/m]의 전계 평면파가 비유전율이 9, 비투자율이 1인 유전체 표면에 수직으로 입사할 때, 다음을 구하라.

(a) 반사계수

(b) 투과계수

(c) 정재파비

(d) 입사파, 반사파, 투과파의 평균전력밀도

11.12 공기 중에서 다음 식과 같은 전계 평면파가 비유전율이 4인 얼음판에 수직으로 입사될 때, 다음을 구하라.

$$\mathrm{E}_1^+(t) = 12\cos\left(2\pi\times10^5 t - \frac{2\pi}{3}\times10^{-3}z\right)\mathrm{a}_x\ [\mathrm{V/m}]$$

(a) 반사 전계 파동식과 반사 자계 파동식

(b) 투과 전계 파동식과 투과 자계 파동식

(c) 입사 평균전력밀도와 반사 평균전력밀도, 투과 평균전력밀도

11.13 공기 중에서 전파되는 주파수가 $400[\mathrm{MHz}]$, 전계강도가 $2[\mathrm{V/m}]$인 전파가 완전 도체 평면에서 전반사될 때, 다음을 구하라.

(a) 입사 전계 파동식 $E_{x1}^+(t)$와 반사 전계 파동식 $E_{x1}^-(t)$

(b) 입사 전계파와 반사 전계파의 합으로 이루어진 공기 중의 전계파의 파동식

(c) 최대 전계강도를 나타내는 지점 중 완전 도체 평면에서 제일 가까운 거리

11.14 다음 식과 같은 전계파가 공기 중에서 비유전율이 9, 비투자율이 1인 유전체에 수직으로 입사되고 있다. 그 경계면에서 발생하는 반사파에 의해 입사파와 반사파의 합성으로 만들어지는 공기 중의 전자파에 대해 다음을 구하라. 단, 경계면은 $z=0\,[\mathrm{m}]$이다.

$$\mathrm{E}_1^+(t) = 100E_{x10}^+\cos\left(6\pi\times10^6 t - 2\pi\times10^{-2}z\right)\mathrm{a}_x\ [\mathrm{V/m}]$$

(a) 공기 중의 합성 전계 파동식 $E_{x1}(t)$

(b) 합성 전계 파동식을 분해하여 얻어지는 정재파 성분식 $E_{x1s}(t)$와 진행파 성분식 $E_{x1t}(t)$

(c) 공기 중의 합성 자계 파동식 $H_{y1}(t)$

(d) 공기 중의 평균전력밀도 P_{1ave}

(e) 정재파비 s

(f) 투과파의 파동식 $E_{x2}^+(t)$, $H_{y2}^+(t)$

11.15 공기 중을 진행하는 어떤 전자파가 완전 도체판에 의해 반사되어 정재파를 만들었다. 이 정재파의 전계강도가 최대가 되는, 완전 도체판에서 제일 가까운 지점의 거리가 $0.8[\mathrm{m}]$라고 할 때, 이 전자파의 주파수를 구하라.

11.16 진폭이 60[V/m], 주파수가 60[MHz]인 전계파가 비유전율과 비투자율이 각각 $\epsilon_{r1}=4$, $\mu_{r1}=1$인 매질 1을 지나 비유전율과 비투자율이 각각 $\epsilon_{r2}=9$, $\mu_{r2}=1$인 매질 2로 수직 입사되고 있다. 이때 매질 1에서 전계강도가 최대인 지점과 최소인 지점을 구하고, 그곳의 전계의 세기의 크기를 각각 구하라.

11.17 공기 중에서 진행하던 평면파의 일부가 어떤 유전체에 의해 반사되었다. 공기 중에 이 반사에 의해 생긴 최고 전계강도 지점과 최저 전계강도 지점과의 거리가 20[cm]이고, 유전체의 표면은 최저 전계강도를 갖는다고 할 때, 이 유전체의 비유전율과 고유 임피던스를 구하라. 단, 이 유전체의 비투자율은 1이고, 전자파의 주파수는 75[MHz]이다.

11.18 비투자율이 1인 두 완전 유전체가 $z=0$[m]인 면에서 서로 접하고 있다. 매질 1을 통해 이 면에 수직으로 입사하는 전자파의 파장이 12[μm]이고, 매질 2에서의 파장이 36[μm]라고 할 때, 다음을 구하라.

(a) 반사계수 Γ와 투과계수 τ

(b) 정재파비 s

(c) 반사파의 평균전력과 투과파의 평균전력의 비

11.19 다음 그림과 같이 공기 중에서 진행하던 평면파가 공기 중에 놓여 있는 얇은 유전체에 수직으로 입사할 때, 반사계수 Γ를 구하라. 단, 이 유전체의 두께는 $\lambda_2/4$, 고유 임피던스는 188.5[Ω]이고, 비투자율은 1이다.

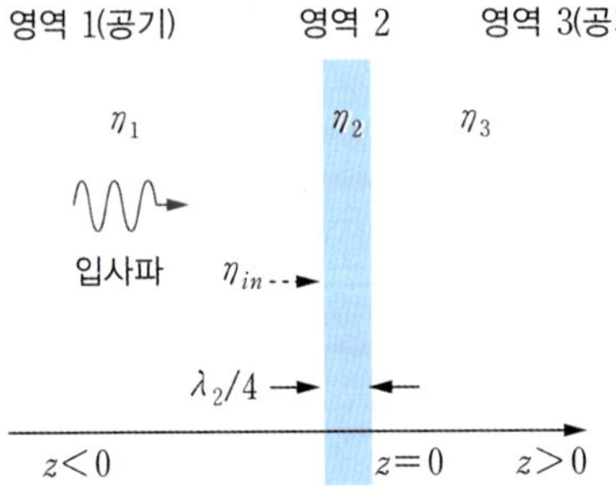

$$\eta_{in}=\eta_2\times\frac{\eta_3\cos\beta_2 l+j\eta_2\sin\beta_2 l}{\eta_2\cos\beta_2 l+j\eta_3\sin\beta_2 l}$$

11.20 다음 낱말들을 정의하라.

(a) 평면파

(b) 반사계수

(c) 투과계수

(d) 정재파

(e) 정재파비

(f) 파동 임피던스

(g) 반파정합

(h) 1/4파정합

CHAPTER

12

전송선로

Transmission Lines

학습목표

- 전송선로의 서로 다른 임피던스에 의한 반사와 투과를 계산할 수 있다.
- 평면파의 특성을 이용하여 전송선로의 특성을 이해할 수 있다.
- 단락전송선의 최대 전압을 계산할 수 있다.
- 임피던스 정합으로 전송선에서 반사 없는 신호전달을 할 수 있다.
- 신호전압원으로부터 최대 전력 공급을 설계할 수 있다.

10장, 11장에서는 자유공간을 통해 전파되는 전자기파에 대해 살펴보았다. 그러나 이러한 전파 방식으로는 먼 거리까지 에너지 감소 없이 전자파를 전달하기가 대단히 어렵다. 따라서 도파로라고 불리는 여러 모양의 구조물을 이용하게 된다. 이 장에서는 평행한 2개의 금속 도체로 이루어진 도파로, 즉 전송선로에 대해 살펴본다.

SECTION

12.1 전송선로 방정식

자유공간이 아닌 물리적 구조물을 이용하여 전기적 에너지와 신호를 전달할 때, 이 물리적 구조물을 **도파로**waveguide라고 한다. 그리고 도파로 중에 [그림 12-1]과 같이 평행한 2개의 금속 도체로 이루어져 있고, 그 사이는 절연체(=유전체)로 절연된 것을 **전송선로**transmission line라고 한다. 대표적인 전송선로에는 다음 3가지가 있다.

- 동축케이블 전송선로 : TV 케이블, 인터넷 선
- 2선 전송선로 : 전화선, 송전선
- 평행판 전송선로 : 마이크로스트립 라인microstrip line

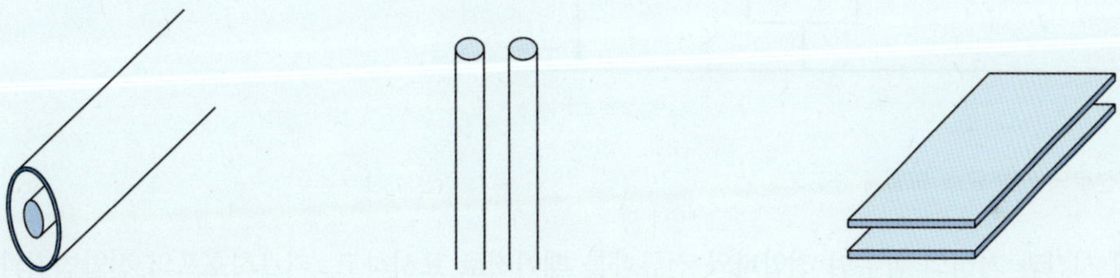

(a) 동축케이블 전송선로 (b) 2선 전송선로 (c) 평행판 전송선로

그림 12-1 대표적인 전송선로

이런 전송선로를 통해 전기적 에너지와 신호를 전달하는 경우에는 전압, 전류, 임피던스를 사용하여 해석하는 것이 전계와 자계를 사용하는 것보다 더 편리하다. 신호를 전달하는 회로의 길이가 신호의 파장에 비해 대단히 짧은 회로에서는 이들 임피던스, 즉 저항, 인덕턴스, 커패시턴스, 컨덕턴스들을 한 곳에 모인 집중요소lumped element로 취급해도 큰 문제가 없으나, 일반적으로 전송선로는 전압파나 전류파의 파장보다 길이가 길기 때문에 이들 임피던스를 분포요소distributed element로 취급해야 한다.

이제 전송선로를 모델링modelling하여 전압과 전류 관계를 정의하는 전송선로 방정식을 유도해보자.

12.1.1 집중요소 모델

앞에서 말했듯이 전송선로는 전체 임피던스를 어떤 한 지점에 집중해서 표시할 수 없다. 그러나 기존의 회로이론을 적용하기 위해서는 어떤 곳에 임피던스를 그려 넣어야 한다. 이 문제를 해결하기 위해 전송선로의 전체 구간을 아주 작은 길이로 나누고 그 작은 구간 안에서는 임피던스가 집중요소라고 가정한다. [그림 12-2]는 2선 전송선로의 일부분을 나타낸 것으로 $z=z[\mathrm{m}]$인 지점과 $z=z+\Delta z[\mathrm{m}]$인 지점 사이의 작은 구간 안에 있는 저항, 인덕턴스, 커패시턴스, 컨덕턴스를 집중요소로 모델링한 것이다. 그림에서 $I(z,t)$는 $z=z[\mathrm{m}]$인 지점의 하나의 전송선로를 흐르는 전류이고, $V(z,t)$는 $z=z[\mathrm{m}]$인 지점에서의 두 전송선로 사이의 전압이다. 그리고 R_0, L_0, C_0, G_0은 각각 단위길이당 저항, 인덕턴스, 커패시턴스, 컨덕턴스이다. 여기서 저항은 전송선로에서의 옴 저항[ohmic resistance]이며, 컨덕턴스는 두 평행 도체 사이 절연체(=유전체)의 누설저항의 역수이다.

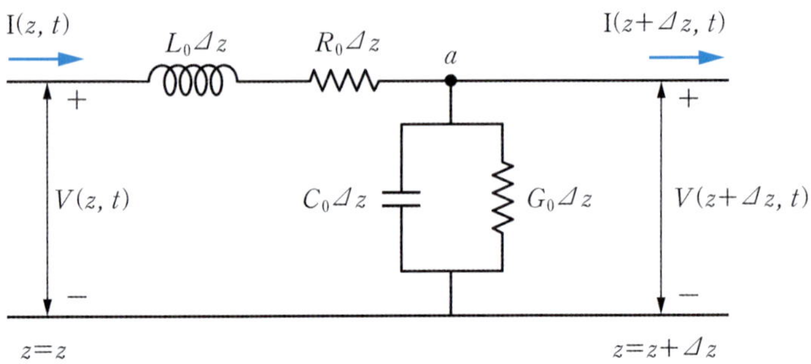

그림 12-2 전송선로의 집중요소 모델

[그림 12-2]에 시간과 거리의 함수인 전압파와 전류파를 페이저로 표시하고, 키르히호프의 전압법칙과 전류법칙을 적용하여 회로방정식을 구하면 다음과 같이 된다.

$$V_s(z)=(R_0\Delta z+j\omega L_0\Delta z)I_s(z)+V_s(z+\Delta z) \tag{12.1}$$

$$I_s(z)=(G_0\Delta z+j\omega C_0\Delta z)V_s(z)+I_s(z+\Delta z) \tag{12.2}$$

식 (12.1)과 식 (12.2)를 정리하고, 양변을 Δz로 나누면 다음과 같다.

$$\frac{V_s(z+\Delta z)-V_s(z)}{\Delta z}=-(R_0+j\omega L_0)I_s(z) \tag{12.3}$$

$$\frac{I_s(z+\Delta z)-I_s(z)}{\Delta z}=-(G_0+j\omega C_0)V_s(z) \tag{12.4}$$

선로구간 Δz를 더 작게 취하면, 즉 $\lim \Delta z \to 0$을 취하면 이 식들은 다음과 같은 1계 미분연립방정식이 된다.

$$\frac{dV_s(z)}{dz}=-(R_0+j\omega L_0)I_s(z) \tag{12.5}$$

$$\frac{dI_s(z)}{dz}=-(G_0+j\omega C_0)V_s(z) \tag{12.6}$$

식 (12.5)와 식 (12.6)을 **전송선로 방정식**transmission-line equation이라고 한다. 이 식들의 양변을 z로 미분하고 다음과 같이 정리한다.

$$\frac{d^2 V_s(z)}{dz^2} = -(R_0 + j\omega L_0)\frac{dI_s(z)}{dz} \quad \Rightarrow \quad \frac{dI_s(z)}{dz} = -\frac{1}{(R_0 + j\omega L_0)}\frac{d^2 V_s(z)}{dz^2} \tag{12.7}$$

$$\frac{d^2 I_s(z)}{dz^2} = -(G_0 + j\omega C_0)\frac{dV_s(z)}{dz} \quad \Rightarrow \quad \frac{dV_s(z)}{dz} = -\frac{1}{(G_0 + j\omega C_0)}\frac{d^2 I_s(z)}{dz^2} \tag{12.8}$$

그리고 식 (12.7)을 식 (12.6)에, 식 (12.8)을 식 (12.5)에 대입하면 다음과 같은 2계 제차미분방정식 2nd order homogeneous equation을 얻을 수 있다.

$$\frac{d^2 V_s(z)}{dz^2} = (R_0 + j\omega L_0)(G_0 + j\omega C_0)V_s(z) \tag{12.9}$$

$$\frac{d^2 I_s(z)}{dz^2} = (R_0 + j\omega L_0)(G_0 + j\omega C_0)I_s(z) \tag{12.10}$$

여기에서

$$(R_0 + j\omega L_0)(G_0 + j\omega C_0) = \gamma^2 \tag{12.11}$$

으로 놓으면, 식 (12.9)와 식 (12.10)은 다음과 같이 간결하게 표시된다.

$$\frac{d^2 V_s(z)}{dz^2} = \gamma^2 V_s(z) \tag{12.12}$$

$$\frac{d^2 I_s(z)}{dz^2} = \gamma^2 I_s(z) \tag{12.13}$$

이 2계 제차미분방정식을 각각 **전압 파동방정식**, **전류 파동방정식**이라고 한다. 식 (12.12)의 해는 다음과 같다.

$$V_s(z) = K_1 e^{-\gamma z} + K_2 e^{+\gamma z} \tag{12.14}$$

여기서 시간 $t = 0[\mathrm{sec}]$에 $z = 0[\mathrm{m}]$인 곳의 전압을 $V_0[\mathrm{V}]$라고 하고, $(+)z$ 방향으로 진행하는 전압파에만 관심을 갖는다면 식 (12.14)의 우변에서 두 번째 식은 삭제되고, 다음과 같이 표현된다.

$$V_s = V_0 e^{-\gamma z} \tag{12.15}$$

식 (12.11)의 γ는 전파상수라고 하며, 그 값은 다음과 같이 전개된다.

$$\gamma^2 = (R_0 + j\omega L_0)(G_0 + j\omega C_0)$$
$$\gamma = \pm\sqrt{(R_0 + j\omega L_0)(G_0 + j\omega C_0)}$$

이 식에서 $(-)$값은 $(-)z$ 방향이므로 버리고, $\sqrt{(R_0+j\omega L_0)(G_0+j\omega C_0)}$ 는 복소수가 될 것이므로 다음과 같이 실수부와 허수부로 나눠서 표기할 수 있다.

$$\gamma = \sqrt{(R_0+j\omega L_0)(G_0+j\omega C_0)} = \alpha + j\beta \tag{12.16}$$

따라서 전압파의 페이저인 식 (12.15)는 다음과 같이 된다.

$$V_s = V_0 e^{-\gamma z} = V_0 e^{-(\alpha+j\beta)z} \tag{12.17}$$

이 페이저식을 시간함수식으로 바꾸면 다음과 같이 된다.

$$\begin{aligned} V(z,t) = Re\left\{V_s e^{j\omega t}\right\} &= Re\left\{V_0 e^{-\alpha z} e^{-j\beta z} e^{j\omega t}\right\} \\ &= Re\left\{V_0 e^{-\alpha z} e^{j(\omega t-\beta z)}\right\} \\ &= V_0 e^{-\alpha z}\cos(\omega t-\beta z) \end{aligned} \tag{12.18}$$

식 (12.18)은 손실이 있는 전송선로에서의 전압파에 대한 식으로서, 거리에 따라 전압파의 진폭의 크기가 지수함수적으로 감소함을 알 수 있다. 이를 그래프로 나타내면 [그림 12-3]과 같다.

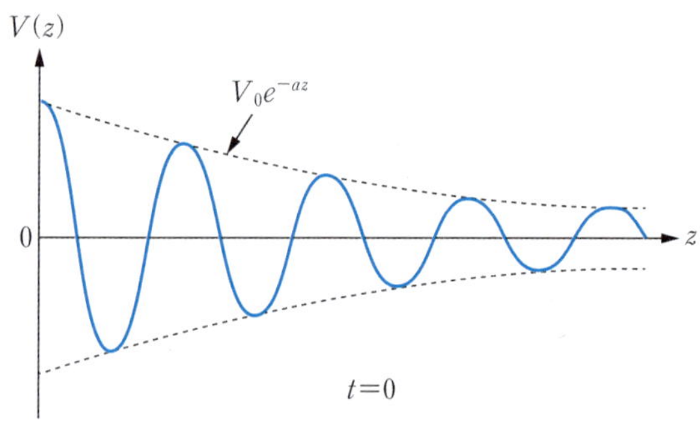

그림 12-3 손실이 있는 전송선로의 전압 파형

이제 전류파에 대한 식을 구하면, 식 (12.5)로부터 다음과 같이 전류파의 페이저식을 얻을 수 있다.

$$\begin{aligned} \frac{dV_s(z)}{dz} &= -(R_0+j\omega L_0)I_s(z) \\ I_s(z) &= -\frac{1}{(R_0+j\omega L_0)}\frac{dV_s(z)}{dz} \\ &= -\frac{1}{(R_0+j\omega L_0)}\frac{d}{dz}(V_0 e^{-\gamma z}) = \frac{\gamma}{R_0+j\omega L_0}V_0 e^{-\gamma z} \\ &= \frac{\sqrt{(R_0+j\omega L_0)(G_0+j\omega C_0)}}{R_0+j\omega L_0}V_0 e^{-\gamma z} \\ &= \sqrt{\frac{G_0+j\omega C_0}{R_0+j\omega L_0}}\,V_s(z) \end{aligned} \tag{12.19}$$

$$\therefore \quad I_s(z) = \frac{V_s(z)}{Z_0} \tag{12.20}$$

$$\text{단, } Z_0 = \sqrt{\frac{R_0 + j\omega L_0}{G_0 + j\omega C_0}} = Z_m e^{j\theta} \tag{12.21}$$

식 (12.21)로 표시되는 Z_0을 전송선로의 **특성 임피던스**characteristic equation라고 하며, 단위는 $[\Omega]$이다. 전류파의 페이저식인 식 (12.20)을 이용하여 전류파의 시간함수식을 표시하면 다음과 같다.

$$I(z,\ t) = \frac{V_0}{Z_m} e^{-\alpha z} \cos(\omega t - \beta z - \theta) \tag{12.22}$$

12.1.2 무손실 전송선로

손실이 없는, 즉 저항이나 컨덕턴스가 없는 전송선로에 대해 생각해보자. 저항이나 컨덕턴스가 없으므로 식 (12.16)의 전파상수와 식 (12.21)의 특성 임피던스는 다음과 같이 된다.

$$\gamma = \sqrt{-\omega^2 L_0 C_0} = j\omega\sqrt{L_0 C_0} \tag{12.23}$$

$$Z_0 = \sqrt{\frac{j\omega L_0}{j\omega C_0}} = \sqrt{\frac{L_0}{C_0}} \tag{12.24}$$

따라서 식 (12.17)의 전압 페이저와 식 (12.20)의 전류의 페이저는 다음과 같이 된다.

$$V_s = V_0 e^{-\gamma z} = V_0 e^{-j\omega\sqrt{L_0 C_0}\, z} \tag{12.25}$$

$$I_s(z) = \frac{V_s}{Z_0} = \frac{V_0}{\sqrt{\dfrac{L_0}{C_0}}} e^{-j\omega\sqrt{L_0 C_0}\, z} \tag{12.26}$$

또한 전압파와 전류파의 시간함수식은 다음과 같다.

$$V(z,\ t) = V_0 \cos(\omega t - \omega\sqrt{L_0 C_0}\, z) \tag{12.27}$$

$$I(z,\ t) = \frac{V_0}{\sqrt{\dfrac{L_0}{C_0}}} \cos(\omega t - \omega\sqrt{L_0 C_0}\, z) \tag{12.28}$$

예제 12-1 무손실 송전선로에서의 전파

내부도체의 반지름이 1[cm], 외부도체의 안쪽 반지름이 3[cm]인 동심케이블을 통해 주파수가 150[MHz]이고 전압이 5[V]인 신호가 전달될 때 전압 파동식과 전류 파동식을 구하라. 단, 케이블 절연체의 비유전율은 3, 비투자율은 1, 전도도는 0이고, 케이블 전선의 저항도 0이다.

풀이

먼저 단위길이당 인덕턴스와 커패시턴스를 구하면 8장의 식 (8.80)과 5장의 식 (5.67)에 의해 다음과 같이 된다.

$$L_0 = \frac{\mu_0 ln(b/a)}{2\pi} = \frac{4\pi\times 10^{-7}\times \ln 3}{2\pi} \fallingdotseq 0.22\ [\mu\text{H/m}] \quad \cdots ①$$

$$C_0 = \frac{2\pi\epsilon}{\ln\frac{b}{a}} = \frac{2\pi\times 8.854\times 10^{-12}\times 3}{\ln 3} = 152\ [\text{pF/m}] \quad \cdots ②$$

또한 특성 임피던스와 위상상수를 구하면 다음과 같다.

$$Z_0 = \sqrt{\frac{L_0}{C_0}} = \sqrt{\frac{0.22\times 10^{-6}}{152\times 10^{-12}}} \fallingdotseq 38\ [\Omega] \quad \cdots ③$$

$$\beta = \omega\sqrt{L_0 C_0} = 2\pi\times 150\times 10^6\times \sqrt{0.22\times 10^{-6}\times 152\times 10^{-12}}$$
$$\fallingdotseq 942.5\times 10^6\times 5.78\times 10^{-9} \fallingdotseq 5.45\ [\text{rad/m}] \quad \cdots ④$$

따라서 전압식과 전류식은 식 (12.27)과 (12.28)에 의해 다음과 같이 표시된다.

$$V(z,t) = V_0 \cos(\omega t - \omega\sqrt{L_0 C_0}\, z)\, V(z,t)$$
$$= 5\cos(2\pi\times 150\times 10^6 t - 5.45z)$$
$$= 5\cos(3\pi\times 10^8 t - 5.45z)\ [\text{V}] \quad \cdots ⑤$$

$$I(z,t) = \frac{V_0}{Z_0}\cos(\omega t - \omega\sqrt{L_0 C_0}\, z)$$
$$= \frac{5}{38}\cos(3\pi\times 10^8 t - 5.45z)$$
$$= 0.13\cos(3\pi\times 10^8 t - 5.45z)\ [A] \quad \cdots ⑥$$

전송선로에서 식 (12.27)과 식 (12.28)의 전압 파동식과 전류 파동식이 의미하는 물리적 의미는 무엇일까? [예제 12-1]의 동축케이블에서 구한 전압파와 전류파를 가지고 고찰해보자. [그림 12-4]는 설명의 편의를 위해 동축케이블의 내부 도체를 위쪽 전선으로, 외부 도체를 아래쪽 전선으로 그린 전송선로이며, [예제 12-1]에서 구한 식 (12.29)와 같은 전압 파동식과 식 (12.30)과 같은 전류 파동식을 나타낸다. 동축케이블 내부와 외부 도체 사이에 주파수가 150[MHz]이고 전압이 5[V]인 신호가 가해진 경우, $t=0$[sec]일 때 각 위치에서의 전압과 전류를 보여준다. 전압은 알기 쉽게 그래프로 표시되어 있으나, 전류는 이해를 돕기 위해 화살표의 굵기와 길이로 강약과 방향을 나타냈다.

$$V(z, t) = 5\cos(3\pi \times 10^8 t - 5.45\, z)\ [\mathrm{V}] \tag{12.29}$$

$$I(z, t) = 0.13\cos(3\pi \times 10^8 t - 54.5\, z)\ [\mathrm{A}] \tag{12.30}$$

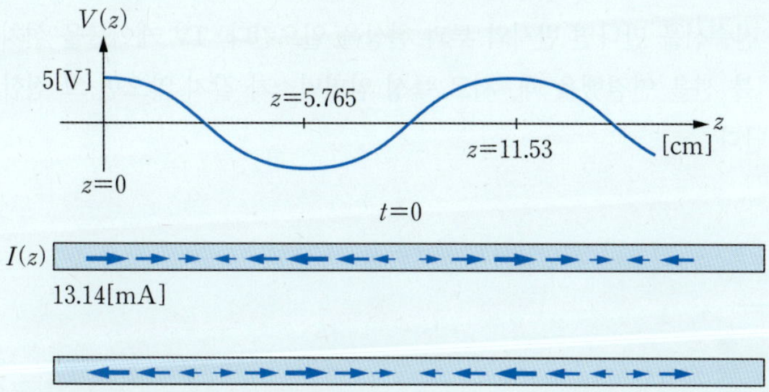

그림 12-4 동축케이블에서의 전압파와 전류파

물론 이 전압파와 전류파는 진행파로, 시간이 지남에 따라 그래프가 오른쪽으로 이동한다. 또한 전류파와 전압파는 동상[inphase]으로 전압이 제일 큰 값일 때 전류도 제일 큰 값을 갖는다. 또한 위상속도는

$$v = \frac{\omega}{\beta} = \frac{3\pi \times 10^8}{5.45} \fallingdotseq 1.73 \times 10^8\ [\mathrm{m/sec}] \tag{12.31}$$

이고, 따라서 파장은 다음과 같이 된다.

$$\lambda = \frac{v}{f} = \frac{1.73 \times 10^8}{150 \times 10^6} = 1.153\ [\mathrm{m}] \tag{12.32}$$

SECTION 12.2

전압파의 반사와 투과

12.2.1 서로 다른 전송선에 의한 반사

11장에서 평면 전자파가 고유 임피던스가 다른 매질을 만나면 반사와 투과 현상을 일으켰듯이, 전압파와 전류파도 특성 임피던스가 다른 전송선을 만나면 반사와 투과 현상을 일으킨다. TV 케이블을 설치하면서 선의 길이가 짧아 다른 케이블 선을 연결했을 때, 서로 특성 임피던스가 같지 않으면 그 접합 지점에서 신호전압의 반사가 일어난다.

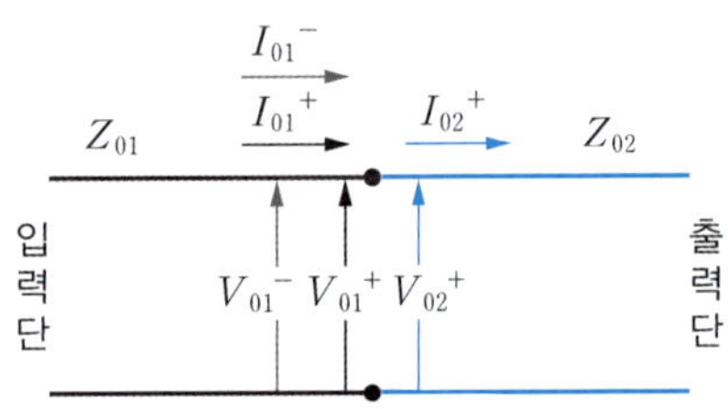

그림 12-5 다른 전송선의 접합점에서의 반사 및 투과

[그림 12-5]에서 두 전송선의 접합 지점을 $z=0$으로 하고 전송선 1의 개방단자를 입력단으로, 전송선 2의 개방단자를 출력단으로 한다. $z=0$ 지점에서의 입사 전압파와 전류파의 진폭을 각각 V_{01}^+, I_{01}^+이라고 하고, 반사 전압파와 반사 전류파의 진폭을 각각 V_{01}^-, I_{01}^-이라고 하자. 또 투과 전압파와 전류파의 진폭을 각각 V_{02}^+, I_{02}^+라고 하고 입사파가 진행해오는 매질 1의 특성 임피던스를 Z_{01}, 투과파가 진행하는 매질 2의 특성 임피던스를 Z_{02}라고 하면, 평면 전자파의 경우와 같이 전압파의 반사계수 Γ와 투과계수 τ가 다음과 같이 된다.

$$\Gamma = \frac{V_0^-}{V_0^+} = \frac{Z_{02}-Z_{01}}{Z_{02}+Z_{01}} \tag{12.33}$$

$$\tau = \frac{V_{02}^+}{V_{01}^+} = \frac{2Z_{02}}{Z_{02}+Z_{01}} = 1+\Gamma \tag{12.34}$$

$$V_{01}^+ + V_{01}^- = V_{02}^+ \quad \cdots ①$$

$$I_{01}^+ + I_{01}^- = I_{02}^+ \Rightarrow \frac{V_{01}^+}{Z_{01}} - \frac{V_{01}^-}{Z_{01}} = \frac{V_{02}^+}{Z_{02}}$$

$$\frac{Z_{02}}{Z_{01}} V_{01}^+ - \frac{Z_{02}}{Z_{01}} V_{01}^- = V_{02}^+ \quad \cdots ②$$

식 ②를 식 ①에 대입하면

$$V_{01}^+ + V_{01}^- = \frac{Z_{02}}{Z_{01}} V_{01}^+ - \frac{Z_{02}}{Z_{01}} V_{01}^-$$

$$\left(1 + \frac{Z_{02}}{Z_{01}}\right) V_{01}^- = \left(\frac{Z_{02}}{Z_{01}} - 1\right) V_{01}^+$$

$$\therefore \ \Gamma = \frac{V_{01}^-}{V_{01}^+} = \frac{\frac{Z_{02}}{Z_{01}} - 1}{1 + \frac{Z_{02}}{Z_{01}}} = \frac{Z_{02} - Z_{01}}{Z_{02} + Z_{01}} \quad \cdots ③$$

식 ③에서 얻은

$$V_{01}^- = \frac{Z_{02} - Z_{01}}{Z_{02} + Z_{01}} V_{01}^+$$

를 식 ①에 대입하면

$$V_{01}^+ + \frac{Z_{02} - Z_{01}}{Z_{02} + Z_{01}} V_{01}^+ = V_{02}^+$$

$$\left(1 + \frac{Z_{02} - Z_{01}}{Z_{02} + Z_{01}}\right) V_{01}^+ = V_{02}^+$$

$$\therefore \ \tau = \frac{V_{02}^+}{V_{01}^+} = \frac{2Z_{02}}{Z_{02} + Z_{01}} \quad \cdots ④$$

따라서 반사 전류파의 진폭과 투과 전류파의 진폭은 다음과 같이 된다.

$$I_{01}^- = -\frac{V_{01}^-}{Z_{01}} = -\frac{\Gamma V_{01}^+}{Z_{01}} \tag{12.35}$$

$$I_{02}^+ = \frac{V_{02}^+}{Z_{02}} = \frac{\tau V_{01}^+}{Z_{02}} \tag{12.36}$$

이때 주의할 점은 반사 전류파의 진폭에서 (−)부호가 붙는다는 것이다. 10장에서 살펴본 평면 전자파의 경우와 똑같은 이유이다. 입사파와 반사파가 합쳐져 정재파를 만든 것처럼, 전송선로에서도 입사 전압파와 반사 전압파에 의해 정재파가 형성된다. 또한 정재파에서 최소 전압값과 최대 전압값의 비로 정재파비를 정의한다. 이 정재파비는 반사계수에 의해 다음과 같이 된다.

$$s = \frac{1 + |\Gamma|}{1 - |\Gamma|} \tag{12.37}$$

정재파비를 구하는 식 (12.37)을 다시 반사계수에 대한 식으로 정리하면 다음과 같이 된다.

$$|\Gamma| \equiv \frac{s - 1}{s + 1} \tag{12.38}$$

식 (12.38)을 이용하면 정재파비로부터 반사계수를 계산할 수 있다. 실제 전송선로의 부하단자에서 반사계수를 측정하기는 어렵지만, 전송선로에서 최고 전압과 최저 전압을 측정하여 정재파비를 구하기는 쉽다.

예제 12-2 **서로 다른 전송선에 의한 전압파의 반사 및 투과**

[그림 12-5]와 같은 전송선로에서 특성 임피던스가 20[Ω]인 전송선이 특성 임피던스 30[Ω]에 연결되어 있다. 접합점에서 입사전압의 크기가 $V_{01}^{+}=100$[V]라고 할 때, 다음을 구하라.

(a) 전압 반사계수 Γ와 투과계수 τ

(b) 접합점에서의 반사전압 V_{01}^{-}, 투과전압 V_{02}^{+}

(c) 접합점에서의 반사전류 I_{01}^{-}, 투과전류 I_{02}^{+}

(d) 평균입사전력 P_{1ave}^{+}와 평균반사전력 P_{1ave}^{-}, 평균투과전력 P_{2ave}^{+}

풀이

(a) 식 (12.33)과 식 (12.34)에 의해 전압 반사계수 Γ와 투과계수 τ는 각각 다음과 같이 된다.

$$\Gamma=\frac{Z_{02}-Z_{01}}{Z_{02}-Z_{01}}=\frac{30-20}{30+20}=0.2 \qquad \cdots ①$$

$$\tau=\frac{2Z_{02}}{Z_{02}+Z_{01}}=\frac{2\times 30}{20+30}=1.2 \qquad \cdots ②$$

(b) 식 (12.33)과 (12.34)에 의해 반사전압 V_{01}^{-}와 투과전압 V_{02}^{+}는 각각 다음과 같이 된다.

$$V_{01}^{-}=\Gamma V_{01}^{+}=0.2\times 100=20\ [\mathrm{V}] \qquad \cdots ③$$

$$V_{02}^{+}=\tau V_{01}^{+}=1.2\times 100=120\ [\mathrm{V}] \qquad \cdots ④$$

(c) 식 (12.35)와 식 (12.36)에 의해 반사전류 I_{01}^{-}와 투과전류 I_{02}^{+}는 다음과 같이 된다.

$$I_{01}^{-}=-\frac{V_{01}^{-}}{Z_{01}}=-\frac{20}{20}=-1\ [\mathrm{A}] \qquad \cdots ⑤$$

$$I_{02}^{+}=\frac{120}{30}=4\ [\mathrm{A}] \qquad \cdots ⑥$$

(d) 평균전력은 다음과 같이 구할 수 있다.

$$P_{1ave}^{+}=\frac{1}{2}V_{01}^{+}I_{01}^{+}=\frac{1}{2}100\times 5=250\ [\mathrm{W}] \qquad \cdots ⑦$$

$$P_{1ave}^{-}=\frac{1}{2}V_{01}^{-}I_{01}^{-}=\frac{1}{2}20\times(-1)=-10\ [\mathrm{W}] \qquad \cdots ⑧$$

$$P_{02ave}^{+}=\frac{1}{2}V_{02}^{+}I_{02}^{+}=\frac{1}{2}120\times 4=240\ [\mathrm{W}] \qquad \cdots ⑨$$

12.2.2 부하에 의한 반사

일반적으로 전송선로가 만나는 또 다른 전송선로는 전력부하electric power load Z_L인 경우가 많다. [그림 12-6]과 같이 전송선로에 임피던스가 Z_L인 부하가 연결된 시스템에서 부하 양단에 걸리는 전압과 흐르는 전류를 각각 V_L, I_L이라고 하면, 반사계수와 투과계수는 다음과 같이 된다.

$$\Gamma = \frac{V_0^-}{V_0^+} = \frac{Z_L - Z_{01}}{Z_L + Z_{01}} \tag{12.39}$$

$$\tau = \frac{V_{02}^+}{V_{01}^+} = \frac{2Z_L}{Z_L + Z_{01}} = 1 + \Gamma \tag{12.40}$$

$V_{01}^+ + V_{01}^- = V_L \quad \cdots ①$

$I_{01}^+ - I_{01}^- = I_L \Rightarrow \dfrac{V_{01}^+}{Z_{01}} - \dfrac{V_{01}^-}{Z_{01}} = \dfrac{V_L}{Z_L}$

$\dfrac{Z_L}{Z_{01}} V_{01}^+ - \dfrac{Z_L}{Z_{01}} V_{01}^- = V_L \quad \cdots ②$

식 ②를 식 ①에 대입하면

$$V_{01}^+ + V_{01}^- = \frac{Z_L}{Z_{01}} V_{01}^+ - \frac{Z_L}{Z_{01}} V_{01}^-$$

$$\left(1 + \frac{Z_L}{Z_{01}}\right) V_{01}^- = \left(\frac{Z_L}{Z_{01}} - 1\right) V_{01}^+$$

$$\therefore \Gamma = \frac{V_{01}^-}{V_{01}^+} = \frac{\dfrac{Z_L}{Z_{01}} - 1}{1 + \dfrac{Z_L}{Z_{01}}} = \frac{Z_L - Z_{01}}{Z_L + Z_{01}} \quad \cdots ③$$

식 ③에서 얻은

$$V_{01}^- = \frac{Z_L - Z_{01}}{Z_L + Z_{01}} V_{01}^+$$

를 식 ①에 대입하면

$$V_{01}^+ + \frac{Z_L - Z_{01}}{Z_L + Z_{01}} V_{01}^+ = V_L$$

$$\left(1 + \frac{Z_L - Z_{01}}{Z_L + Z_{01}}\right) V_{01}^+ = V_L$$

$$\therefore \tau = \frac{V_L}{V_{01}^+} = \frac{2Z_L}{Z_L + Z_{01}} \quad \cdots ④$$

이때 전송선의 특성 임피던스와 부하의 임피던스가 같으면, 즉 $Z_0 = Z_L$이면 식 (12.39)에 의해 반사계수가 0이 되어 부하에서 전압파의 반사가 일어나지 않는다. 이를 전송선과 부하 임피던스가 정합되었다고 한다.

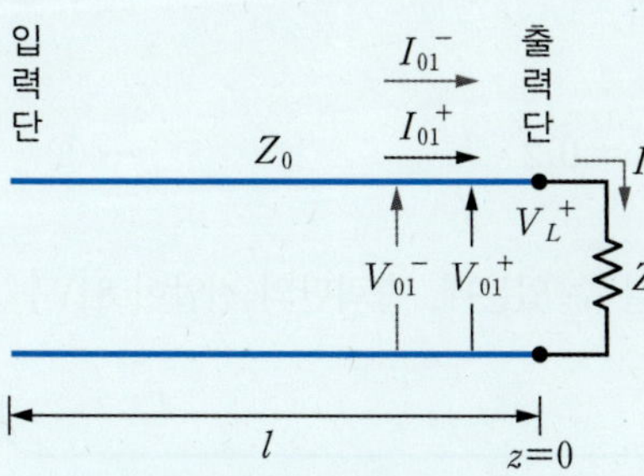

그림 12-6 부하에 의한 반사 및 투과

예제 12-3 부하에 의한 반사

[그림 12-6]과 같이 특성 임피던스가 $Z_0 = 20[\Omega]$인 전송선의 출력단에 저항 $40[\Omega]$과 커패시턴스 $80[\text{pF}]$이 직렬로 연결된 부하가 있다. 출력단에서의 반사계수를 구하라. 단, 입력신호의 주파수는 $50[\text{MHz}]$라고 한다.

풀이

부하의 임피던스 Z_L을 구하면

$$Z_L = R + \frac{1}{j\omega C} = 40 + \frac{1}{j2\pi \times 50 \times 10^6 \times 80 \times 10^{-12}}$$
$$= 40 - j39.8 = 56.4\,e^{-j44.9^\circ}\ [\Omega] \qquad \cdots ①$$

이며, 식 (12.39)에 의해 반사계수는 다음과 같이 된다.

$$\Gamma = \frac{Z_{02} - Z_{01}}{Z_{02} + Z_{01}} = \frac{(40 - j39.8) - 20}{(40 - j39.8) + 20} = \frac{20 - j39.8}{60 - j39.8}$$
$$= \frac{44.5\,e^{-j63.3^\circ}}{72.0\,e^{-j33.6^\circ}} = 0.62\,e^{-j29.7^\circ} \qquad \cdots ②$$

예제 12-4 정재파비와 반사계수

부하가 연결된 어떤 전송선로에서 각 지점의 전압을 측정했더니 위치에 따라 그 값이 조금씩 달랐다. 최고 전압값이 $12[\text{V}]$, 최저 전압값이 $8[\text{V}]$, 출력단의 전압이 $8[\text{V}]$일 때, 정재파비와 반사계수를 구하라.

풀이

정재파비 s는 최저값에 대한 최고값의 비이므로 다음과 같이 된다.

$$s = \frac{12}{8} = 1.5 \qquad \cdots ①$$

따라서 반사계수는 식 (12.38)에 의해 다음과 같이 구해진다.

$$|\Gamma| = \frac{s-1}{s+1} = \frac{1.5-1}{1.5+1} = 0.2 \qquad \cdots ②$$

식 ②에서 절댓값이 0.2이므로 반사계수는 (+)0.2, (−)0.2일 수 있는데, 출력단의 전압이 $8[\text{V}]$이므로 반사계수는 (−)0.2이다.

SECTION 12.3

전송선로의 임피던스 정합

실제 전송선로를 통한 대표적인 신호 전달체제는 [그림 12-7]과 같다. 신호전압원이 있고, 그 신호를 전달받고자 하는 TV나 FM 방송수신기 같은 부하가 있다. 전송선로를 설치하는 목적은 신호전압을 최대한 감쇠가 적은 상태로 부하에 전달하는 것이다. 우선 신호전압원은 제거해두고 전송선로와 부하 사이의 전압파 전달에 대해 살펴보자.

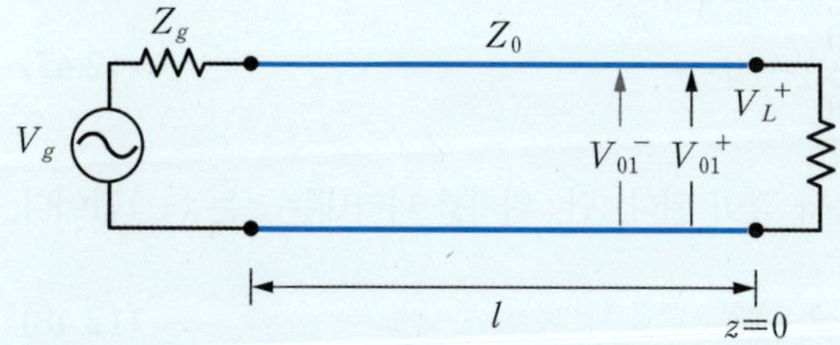

그림 12-7 대표적인 신호전압 전달 시스템

이제 $z < 0$ 인 전송선에서 입사 전압파와 반사 전압파에 의해 만들어지는 전압파의 모습을 생각해보자. 먼저 손실이 없는 전송선로에서 입사 전압파의 페이저와 반사 전압파의 페이저의 합은 다음과 같이 된다.

$$\begin{aligned} V_{1s}(z) &= V_{01}^{+} e^{-j\omega\sqrt{L_0C_0}\,z} + V_{01}^{-} e^{j\omega\sqrt{L_0C_0}\,z} \\ &= V_{01}^{+}\left(e^{-j\omega\sqrt{L_0C_0}\,z} + \Gamma e^{j\omega\sqrt{L_0C_0}\,z}\right) \end{aligned} \tag{12.41}$$

여기서 $\omega\sqrt{L_0C_0} = \beta_1$ 이라고 하면

$$V_{1s}(z) = V_{01}^{+}\left(e^{-j\beta_1 z} + \Gamma e^{j\beta_1 z}\right) \tag{12.42}$$

가 되고, 식 (12.42)의 반사계수 Γ는 식 (12.39)에서 다음과 같이 정의된다.

$$\Gamma = \frac{Z_L - Z_{01}}{Z_L + Z_{01}} = |\Gamma| e^{j\theta} \tag{12.43}$$

따라서 식 (12.42)의 페이저는 다음과 같이 된다.

$$V_{1s}(z) = V_{01}^{+}\left(e^{-j\beta_1 z} + |\Gamma| e^{j\beta_1 z + j\theta}\right) \tag{12.44}$$

그리고 식 (12.44)를 이용하여 전송선로에서의 전압파동을 시간함수로 표시하면 다음과 같이 된다.

$$V_1(z,\ t) = Re\{V_{1s}e^{j\omega t}\} = V_{01}^+\{\cos(\omega t - \beta_1 z) + |\Gamma|\cos(\omega t + \beta_1 z + \theta)\} \tag{12.45}$$

12.3.1 단락 전송선로

평면파에서 진행파와 반사파가 동시에 존재하는 영역의 파동 모습을 쉽게 이해하기 위해 완전 도체에 의한 반사를 생각했듯이, 여기서는 부하가 단락된 전송선로에서의 신호전압 파형을 살펴보자.

단락된 부하의 임피던스는 $Z_L = 0$이므로 식 (12.39)에 의해 반사계수와 투과계수는

$$\Gamma = \frac{0 - Z_0}{0 + Z_0} = -1 \tag{12.46}$$

$$\tau = \frac{2 \times 0}{0 + Z_0} = 0 \tag{12.47}$$

이 되고, 따라서 전송선로에서의 전압 파동식은 다음과 같이 된다. 단, 위치를 나타내는 z는 $(-)$값이다.

$$\begin{aligned} V_1(t) &= V_{01}^+\cos(\omega t - \beta_1 z) - V_{01}^+\cos(\omega t + \beta_1 z) \\ &= V_{01}^+\{(\cos\omega t\cos\beta_1 z + \sin\omega t\sin\beta_1 z) - (\cos\omega t\cos\beta_1 z - \sin\omega t\sin\beta_1 z)\} \\ &= 2V_{01}^+\sin\omega t\sin\beta_1 z \end{aligned} \tag{12.48}$$

이 식을 다시 정리하면

$$V_1(t) = (2V_{01}^+\sin\beta_1 z)\sin\omega t\ [\mathrm{V}] \tag{12.49}$$

로 표시된다. 식 (12.49)를 보면 위치에 따라 진폭이 변하는 $\sin\omega t$의 시간함수이며, 입사 전압파와 반사 전압파가 합해져서 각 위치의 전압의 크기가 시간에 따라 커졌다 작아졌다 할 뿐 더 이상 진행하는 파는 존재하지 않는 정재파임을 알 수 있다.

각 위치의 전압파의 크기(= 진폭)는

$$V = 2V_{01}^+\sin\beta_1 z\ [\mathrm{V}] \tag{12.50}$$

가 되며, 즉 위치에 따른 사인함수 값을 가지며, 모든 점이 똑같은 전압의 크기를 갖는 것이 아니다. 단락지점으로부터 1/4 파장만큼 떨어진 지점과 그 지점으로부터 1/2 파장만큼씩 떨어진 모든 지점

$$z = (2n+1)\frac{\pi}{2\beta_1} = (2n+1)\frac{\lambda_1}{4} \qquad (n = 0,\ 1,\ 2,\ 3,\ \cdots) \tag{12.51}$$

에서는 전압파동의 진폭이 모두 $2V_{01}^+$ [V]로 가장 큰 전압값을 나타낸다.

12.3.2 임피던스 정합

앞에서 신호전압의 정재파를 설명하기 위해 단락 전송선로를 예로 설명했지만, 대부분의 일반 전송선로에도 반사파가 존재한다. 이러한 반사 현상은 신호가 부하로 전달되지 못하고 반사되는 것이기 때문에 바람직하지 않으며, 전송선로의 일부 지점에 큰 전압이 발생하므로 매우 좋지 않다.

이제 [그림 12-8]에 나타난 일반 전송선로의 신호전압 전달을 생각해보자. 앞에서 전류파의 페이저로 전압파의 페이저를 나눈 것을 특성 임피던스라고 정의하고, 그 값은 손실이 없는 전송선로에서

$$Z_0 = \sqrt{\frac{L_0}{C_0}}$$

이 되었다. [그림 12-8]에서 전송선로에는 부하에 의해 반사된 반사 전압파와 입사 전압파가 같이 존재한다. 이때 전송선로의 전압파와 전류파의 페이저는 각각 다음과 같다.

$$V_{1s}(z) = V_{01}^{+} e^{-j\beta_1 z} + V_{01}^{-} e^{j\beta_1 z} = V_{01}^{+}\left(e^{-j\beta_1 z} + \Gamma e^{j\beta_1 z}\right) \tag{12.52}$$

$$I_{1s}(z) = \frac{V_{01}^{+}}{Z_0} e^{-j\beta_1 z} - \frac{V_{01}^{-}}{Z_0} e^{j\beta_1 z} = \frac{V_{01}^{+}}{Z_0}\left(e^{-j\beta_1 z} - \Gamma e^{j\beta_1 z}\right) \tag{12.53}$$

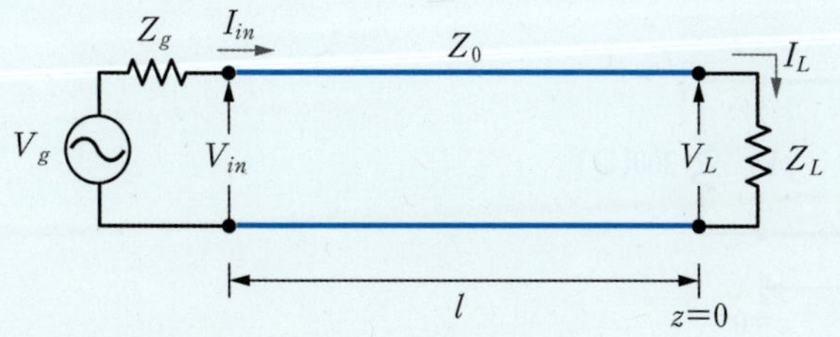

그림 12-8 입력전압과 부하전압, 입력전류, 부하전류

그러므로 반사파와 입사파의 합성으로 만들어진 전압파와 전류파의 비, 즉 파동 임피던스는 다음과 같이 된다.

$$Z_w(z) = \frac{V_{1s}}{I_{1s}} = \frac{V_{01}^{+}\left(e^{-j\beta_1 z} + \Gamma e^{j\beta_1 z}\right)}{\dfrac{V_{01}^{+}}{Z_0}\left(e^{-j\beta_1 z} - \Gamma e^{j\beta_1 z}\right)} \tag{12.54}$$

$$= Z_0 \frac{\left(e^{-j\beta_1 z} + \dfrac{Z_L - Z_0}{Z_L + Z_0} e^{j\beta_1 z}\right)}{\left(e^{-j\beta_1 z} - \dfrac{Z_L - Z_0}{Z_L + Z_0} e^{j\beta_1 z}\right)}$$

$$= Z_0 \left[\frac{(Z_L + Z_0)e^{-j\beta_1 z} + (Z_L - Z_0)e^{j\beta_1 z}}{(Z_L + Z_0)e^{-j\beta_1 z} - (Z_L - Z_0)e^{j\beta_1 z}}\right] \tag{12.55}$$

식 (12.55)에 오일러의 공식을 적용하여 전개하면 다음 식을 얻는다.

$$Z_w(z) = Z_0\left[\frac{(Z_L+Z_0)(\cos\beta_1 z - j\sin\beta_1 z) + (Z_L - Z_0)(\cos\beta_1 z + j\sin\beta_1 z)}{(Z_L+Z_0)(\cos\beta_1 z - j\sin\beta_1 z) - (Z_L - Z_0)(\cos\beta_1 z + j\sin\beta_1 z)}\right]$$

$$= Z_0 \times \frac{Z_L\cos\beta_1 z - jZ_0\sin\beta_1 z}{Z_0\cos\beta_1 z - jZ_L\sin\beta_1 z} \qquad (12.56)$$

식 (12.56)에서 부하로부터 l[m]만큼 떨어진 $z=-l$ 지점에서의 파동 임피던스는 다음과 같이 되며, 이 파동 임피던스를 특별히 입력 임피던스 Z_{in}이라고 한다.

$$Z_{in} = Z_w(-l) = Z_0 \times \frac{Z_L\cos\beta_1 l + jZ_0\sin\beta_1 l}{Z_0\cos\beta_1 l + jZ_L\sin\beta_1 l} \qquad (12.57)$$

일례로 [그림 12-9]와 같은 전송선로를 생각해보자. 그림에서 전송선로 특성 임피던스 Z_0와 부하 임피던스 Z_L가 같고, 따라서 부하와 전송선로는 정합되어 있으므로 부하가 연결된 출력단에서 반사가 일어나지 않는다. 그러므로 전송선로 모든 곳의 전압은 일정하고 입력전압과 출력단 전압, 즉 부하전압이 같다. 또한 식 (12.57)에서 입력 임피던스 Z_{in}이 특성 임피던스 Z_0와 같음을 알 수 있다. 따라서 마치 부하가 직접 전원에 연결된 것과 같다.

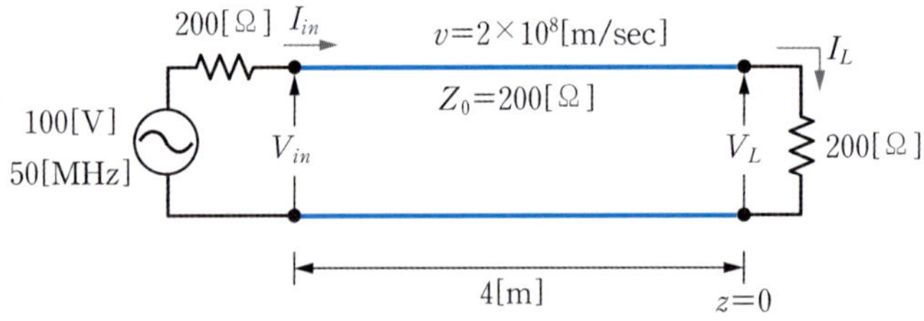

그림 12-9 송전선로와 부하가 정합된 시스템의 예

[그림 12-9]에서 입력전압의 V_{in} 크기는 전원전압의 반이 되며, 시간함수로 다음과 같이 표시된다.

$$V_{in}(t) = 50\cos(100\pi\times10^6 t)\ [\mathrm{V}] \qquad (12.58)$$

그러나 전송선로 각 지점에는 위상지연이 있어 위치에 따라 다음과 같이 표시된다.

$$V_1(z,\ t) = 50\cos(100\pi\times10^6 t - 0.5\pi z)\ [\mathrm{V}] \qquad (12.59)$$

$$\left(\because\ \beta_1 = \frac{\omega}{v} = \frac{2\pi\times50\times10^6}{2\times10^8} = 0.5\pi\right)$$

부하전압의 크기는 입력전압과 같으나 위상이 βl[rad]만큼 지연되기 때문에 다음과 같이 된다.

$$V_L(t) = 50\cos(100\pi\times10^6 t - 2\pi)\ [\mathrm{V}] \qquad (12.60)$$

이때 입력전류는

$$I_{in}(t) = 0.25\cos(100\pi \times 10^6 t)\ [\mathrm{A}] \tag{12.61}$$

가 되며, 부하전류는 다음과 같이 된다.

$$I_L(t) = 0.25\cos(100\pi \times 10^6 t - 2\pi)\ [\mathrm{A}] \tag{12.62}$$

평균입력전력 P_{inave}는 평균부하전력 P_{Lave}와 일치하며, 전원에서 공급된 전력의 $1/2$은 전원 내부저항에서 소모된다.

$$P_{inave} = P_{Lave} = \frac{1}{2} \times 50 \times 0.25 = 6.25\ [\mathrm{W}] \tag{12.63}$$

만일 이 시스템에 200[Ω]의 부하를 하나 더 병렬로 연결하면 어떤 변화가 일어날까? 우선 부하의 합성저항이 100[Ω]으로 바뀌어서 전송선로와 부하 사이에 임피던스 정합이 이루어지지 않아 출력단에서 반사가 일어난다. 이때 반사계수는

$$\Gamma = \frac{Z_L - Z_0}{Z_L - Z_0} = \frac{100 - 200}{100 + 200} = -\frac{1}{3} \tag{12.64}$$

이 된다. 이 반사에 의해 전송선로에는 정재파가 생기며, 정재파비는 다음과 같이 된다.

$$s = \frac{1 + |\Gamma|}{1 - |\Gamma|} = \frac{1 + \frac{1}{3}}{1 - \frac{1}{3}} = 2 \tag{12.65}$$

입력 임피던스는 식 (12.57)에 의해 다음과 같이 된다.

$$Z_{in} = Z_0 \times \frac{Z_L \cos 2\pi + jZ_0 \sin 2\pi}{Z_0 \cos 2\pi + jZ_L \sin 2\pi} = 200 \times \frac{100}{200} = 100\ [ohm] \tag{12.66}$$

따라서 입력전압 V_{in}은

$$V_{in} = V_g \times \frac{Z_{in}}{Z_g + Z_{in}} = 100 \times \frac{100}{200 + 100} = \frac{100}{3}\ [\mathrm{V}] \tag{12.67}$$

이다. 따라서 입력전압의 시간함수는

$$V_{in}(t) = \frac{100}{3}\cos(100\pi \times 10^6 t)\ [\mathrm{V}] \tag{12.68}$$

이고, 입력전류의 시간함수는 다음과 같다.

$$I_{in}(t) = \frac{V_{in}(t)}{Z_{in}} = \frac{1}{3}\cos(100\pi \times 10^6 t)\ [\mathrm{A}] \tag{12.69}$$

평균입력전력은

$$P_{inave} = \frac{1}{2} \times \frac{100}{3} \times \frac{1}{3} \fallingdotseq 5.56\ [\mathrm{W}] \tag{12.70}$$

이며, 송전선로에서는 손실이 없으므로 이 전력이 그대로 부하에 전달된다. 식 (12.63)으로 계산된 부하전력 6.25[W]보다 전력이 줄었으며, 이것을 부하 둘이 나누면 부하 하나에 들어가는 전력은 2.78[W]이다. 부하에 걸리는 전압 V_L은 전력으로부터 다음과 같이 구할 수 있다.

$$5.56 = \frac{1}{2} \times \frac{V_L^2}{100}$$

$$V_L = \sqrt{5.56 \times 200} \fallingdotseq 33.4\ [\mathrm{V}] \tag{12.71}$$

입력전압과 부하전압

[그림 12-9]에서 입력단의 전압 페이저는 다음과 같다.

$$V_{ins} = V_g \times \frac{Z_{in}}{Z_g + Z_{in}} = I_{ins} Z_{in} \tag{12.72}$$

식 (12.72)는 식 (12.52)에 $z = -l$을 대입한 다음 식과 같아야 한다.

$$V_{1s}(-l) = V_{01}^{+}\left(e^{j\beta_1 l} + \Gamma e^{-j\beta_1 l}\right) \tag{12.73}$$

그러므로 두 식을 연립하여 풀면 다음과 같은 출력단 입사전압 V_{01}^{+} 식을 얻을 수 있다. 여기서 l은 전송선로의 길이이다.

$$V_{01}^{+}\left(e^{j\beta_1 l} + \Gamma e^{-j\beta_1 l}\right) = V_g \times \frac{Z_{in}}{Z_g + Z_{in}} = V_{ins}$$

$$V_{01}^{+} = V_{ins} \times \frac{1}{e^{j\beta_1 l} + \Gamma e^{-j\beta_1 l}} \tag{12.74}$$

부하전압 페이저 V_L은 투과전압으로 다음과 같이 구할 수 있다.

$$V_L = \tau V_{01}^{+} = (1 + \Gamma) V_{01}^{+} \tag{12.75}$$

또한 부하전류 페이저 I_L은

$$I_L = \frac{V_L}{Z_L} \tag{12.76}$$

이다. 여기서 별도의 언급이 없는 대문자 기호는 페이저식임에 주의할 필요가 있다. 그리고 부하전압이나 부하전류는 진행파가 아닌 시간함수임을 잊지 말아야 한다.

예제 12-5 부하에 의한 전압파의 반사

[그림 12-7]에서 $V_{gs}=5e^{j0^\circ}$ [V], $Z_g=200+j100$ [Ω], $\omega=2\pi\times150\times10^6$ [rad/sec], $\beta=16\pi$ [rad/m], $Z_0=300$ [Ω], $l=3$ [m], $Z_L=100-j60$ [Ω]일 때, 다음을 구하라.

(a) 위상속도 v

(b) 출력단에서의 전압 반사계수 Γ

(c) 입력단에서 본 입력 임피던스 Z_{in}

(d) 입력단 입력전압 페이저 V_{ins}

(e) 입력전류 페이저 I_{ins}

(f) 전송선로 전압의 시간함수식 $V_1(z,t)$

(g) 부하전압과 전류의 시간함수식 $V_L(t)$, $I_L(t)$

풀이

(a) $v=\dfrac{\omega}{\beta}=\dfrac{2\pi\times150\times10^6}{16\pi}\fallingdotseq 0.188\times10^8$ [m/sec] ⋯ ①

(b) 식 (12.43)에 의해 다음과 같이 구한다.

$$\Gamma=\frac{V_0^-}{V_0^+}=\frac{Z_L-Z_0}{Z_L+Z_0}$$

$$=\frac{200-j100-300}{200-j100+300}=\frac{-100-j100}{500-j100}$$

$$=\frac{100\sqrt{2}\,e^{j225^\circ}}{100\sqrt{26}\,e^{-j11.3^\circ}}=0.277e^{j236.3^\circ} \quad \cdots ②$$

(c) 식 (12.57)에 의해 다음과 같이 구한다.

$$Z_{in}=Z_0\times\frac{Z_L\cos\beta_1 l+jZ_0\sin\beta_1 l}{Z_0\cos\beta_1 l+jZ_L\sin\beta_1 l}$$

$$=Z_0\times\frac{Z_L\cos(16\pi\times3)+jZ_0\sin(16\pi\times3)}{Z_0\cos(16\pi\times3)+jZ_L\sin(16\pi\times3)}$$

$$=Z_0\times\frac{Z_L}{Z_0}=Z_L=100-j60\,[\Omega] \quad \cdots ③$$

(d) 식 (12.72)에 의해 다음과 같이 구한다.

$$V_{ins}=V_{gs}\times\frac{Z_{in}}{Z_g+Z_{in}}=5\times\frac{100-j60}{200+j100+100-j60}$$

$$=\frac{500-j300}{300+j40}\fallingdotseq\frac{583e^{-j31^\circ}}{303e^{j7.6^\circ}}$$

$$\fallingdotseq 1.924e^{-j38.6^\circ}\,[\mathrm{V}] \quad \cdots ④$$

(e) 식 (12.72)로부터 다음과 같이 구한다.

$$I_{ins} = \frac{V_{ins}}{Z_{in}} = \frac{1.924\,e^{-j38.6^\circ}}{100 - j60} = \frac{1.924\,e^{-j38.6^\circ}}{116.6e^{-j31^\circ}} = 0.0165e^{-j7.6^\circ}\ [\mathrm{A}] \qquad \cdots ⑤$$

(f) 먼저 식 (12.74)에 의해 출력단에서의 입사전압 V_{01}^{+}를 구하면

$$\begin{aligned} V_{01}^{+} &= V_{ins} \times \frac{1}{e^{j\beta_1 l} + \Gamma e^{-j\beta_1 l}} \\ &= 1.924\,e^{-j38.6^\circ} \times \frac{1}{e^{j48\pi} + 0.277\,e^{j236.3^\circ} \times e^{-j48\pi}} \\ &\fallingdotseq 1.924\,e^{-j38.6^\circ} \times 0.877\,e^{-j15.2^\circ} = 1.687\,e^{-j53.8^\circ} \end{aligned} \qquad \cdots ⑥$$

이고, 다음으로 전송선 전압페이저는 식 (12.44)에 의해 다음과 같이 된다.

$$\begin{aligned} V_{1s}(z) &= V_{01}^{+}\left(e^{-j\beta_1 z} + |\Gamma|\,e^{j\beta_1 z + j\theta}\right) \\ &= 1.687\,e^{-j53.8^\circ}\left\{e^{-j16\pi z} + 0.277\,e^{j(16\pi z + 236.3^\circ)}\right\} \\ &= 1.687\,e^{-j(16\pi z + 53.8^\circ)} + 0.467\,e^{j(16\pi z + 182.5^\circ)}\ [\mathrm{V}] \end{aligned} \qquad \cdots ⑦$$

따라서 페이저 식 ⑦에 의해 시간함수식을 쓰면 다음과 같다.

$$\begin{aligned} V_1(z,t) &= Re\left\{V_{1s}(z)\,e^{j\omega t}\right\} \\ &= 1.687\cos(\omega t - 16\pi z - 53.8^\circ) + 0.467\cos(\omega t + 16\pi z + 182.5^\circ) \\ &= 1.687\cos(3\pi \times 10^8 t - 16\pi z - 53.8^\circ) \qquad \cdots ⑧ \\ &\qquad + 0.467\cos(3\pi \times 10^8 t + 16\pi z + 182.5^\circ) \end{aligned}$$

(g) 부하전압과 전류는 진행파가 아니며, 앞에서 구한 전송선의 전압식인 식 ⑧에서 $z = 0$, 즉 출력단의 전압이 부하전압이 된다. 따라서 부하전압과 전류는 다음과 같이 된다.

$$\begin{aligned} V_L(t) &= V_1(z = 0, t) \\ &= 1.687\cos(3\pi \times 10^8 t - 53.8^\circ) + 0.467\cos(3\pi \times 10^8 t + 182.5^\circ) \end{aligned} \qquad \cdots ⑨$$

식 ⑨는 출력단에서의 입사전압 V_{01}^{+}에 투과계수 $\tau(= 1 + \Gamma)$를 곱한 페이저 V_{02}^{+}를 시간함수로 변환한 것과 같다.

$$\begin{aligned} V_{02}^{+} &= \tau V_{01}^{+} = (1 + \Gamma)\,V_{01}^{+} \\ &= \left(1 + 0.277\,e^{j236.3^\circ}\right)1.687e^{-j53.8^\circ} \\ &= 1.687e^{-j53.8^\circ} + 0.467e^{j182.5^\circ} \end{aligned}$$

따라서 부하전류 $I_L(t)$는 부하전압 페이저 V_{02}^+를 부하 임피던스로 나누어 얻은 전류 페이저 식을 시간함수로 변환하여 구하면 된다. 그러나 이미 부하전압의 시간함수식이 주어져 있으므로, 부하 임피던스를 지수함수식으로 변환하여 다음을 얻는다.

$$Z_L = 100 - j60 = 116.6\,e^{-j31^\circ} \qquad \cdots ⑩$$

이 지수함수로 표시된 부하식을 이용하여 식 ⑧로부터 다음과 같은 부하 전류식을 얻을 수 있다.

$$\begin{aligned} I_L(t) &= \frac{1.687}{116.6}\cos(3\pi\times10^8 t - 53.8^\circ + 31^\circ) \\ &\qquad + \frac{0.467}{116.6}\cos(3\pi\times10^8 t + 182.5^\circ + 31^\circ) \\ &= 0.0145\cos(3\pi\times10^8 t - 22.8^\circ) + 0.004\cos(3\pi\times10^8 t + 213.5^\circ)\,[\mathrm{A}] \qquad \cdots ⑪ \end{aligned}$$

CHAPTER 12_핵심요약

■ 전송선로 방정식

$$\frac{dV_s(z)}{dz} = -(R_0 + j\omega L_0)I_s(z)$$

$$\frac{dI_s(z)}{dz} = -(G_0 + j\omega C_0)V_s(z)$$

■ 특성 임피던스

$$Z_0 = \sqrt{\frac{R_0 + j\omega L_0}{G_0 + j\omega C_0}}$$

■ 전송선로에서의 반사계수와 투과계수

• 반사계수 : $\Gamma = \frac{V_0^-}{V_0^+} = \frac{Z_{02} - Z_{01}}{Z_{02} + Z_{01}}$

• 투과계수 : $\tau = \frac{V_{02}^+}{V_{01}^+} = \frac{2Z_{02}}{Z_{02} + Z_{01}} = 1 + \Gamma$

■ 단락 전송선로에 의한 반사

$$V_1(t) = (2V_{01}^+ \sin\beta_1 z)\sin\omega t \text{ [V]}$$

■ 입력 임피던스

$$Z_{in} = Z_w(-l) = Z_0 \times \frac{Z_L \cos\beta_1 l + jZ_0 \sin\beta_1 l}{Z_0 \cos\beta_1 l + jZ_L \sin\beta_1 l}$$

■ 정재파비와 반사계수

• 정재파비 : $s = \frac{1 + |\Gamma|}{1 - |\Gamma|}$

• 반사계수 : $|\Gamma| = \frac{s-1}{s+1}$

■ 입력전압

$$V_{ins} = V_g \times \frac{Z_{in}}{Z_g + Z_{in}} = I_{ins} Z_{in}$$

12.1 단위길이당 인덕턴스가 L_0, 커패시턴스가 C_0인 전선의 특성 임피던스는?

㉮ $\sqrt{L_0 C_0}$ ㉯ $L_0 C_0$ ㉰ $\sqrt{\frac{L_0}{C_0}}$ ㉱ $\sqrt{\frac{C_0}{L_0}}$

12.2 특성 임피던스의 단위는?

㉮ $[\Omega]$ ㉯ $[\mathrm{A/m}]$ ㉰ $[\mathrm{H/F}]$ ㉱ $[\mathrm{S/m}]$

12.3 전송선로에서 반사계수식은?

㉮ $\frac{Z_{02}+Z_{01}}{Z_{02}-Z_{01}}$ ㉯ $\frac{Z_{02}-Z_{01}}{Z_{02}+Z_{01}}$ ㉰ $\frac{2Z_{02}}{Z_{02}+Z_{01}}$ ㉱ $\frac{2Z_{02}}{Z_{02}-Z_{01}}$

12.4 반사계수가 $\Gamma=-0.5$일 때, 투과계수는?

㉮ 1.5 ㉯ 0.5 ㉰ −0.5 ㉱ 2.0

12.5 정재파비가 $s=2$일 때, 반사계수는?

㉮ 0.8 ㉯ 0 ㉰ 0.33 ㉱ 1.5

12.6 입력 임피던스의 식 $Z_{in}=Z_0\times\frac{Z_L\cos\frac{\pi}{4}l+jZ_0\sin\frac{\pi}{4}l}{Z_0\cos\frac{\pi}{4}l+jZ_L\sin\frac{\pi}{4}l}$에서 $l=2[\mathrm{m}]$일 때, 입력 임피던스는?

㉮ 0 ㉯ Z_0 ㉰ 1 ㉱ $\frac{Z_0^2}{Z_L}$

12.7 단락 전송선로에서 최대의 전압을 갖는 지점 z를 정해주는 식으로 옳은 것은? 단, β는 위상상수(=파수)이고, λ는 파장이다.

㉮ $z=\frac{\pi}{4\beta}$ ㉯ $z=\frac{\lambda}{2}$ ㉰ $z=\frac{3\lambda}{2}$ ㉱ $z=\frac{\pi}{2\beta}$

12.8 전압파 $V(z, t) = 0.5\cos(\omega t - 200z)$[V]가 진행하던 전송선로에서 단락사고가 발생했을 때, 선로에 나타나는 최대 전압은 몇 [V]인가?

㉮ 1　　㉯ $0.5\sqrt{2}$　　㉰ 2　　㉱ 1.5

12.9 전압 파동식이 다음과 같을 때 정재파비는?

$$V(z, t) = 20\cos(\omega t - \beta_1 z) + (100\sin\beta_1 z)\sin\omega t \ \text{[V]}$$

㉮ 5　　㉯ 0.2　　㉰ 6　　㉱ 80

12.10 손실이 없는 동축케이블 전송선로에서 특성 임피던스가 380[Ω]이라고 할 때, 단위길이당 커패시턴스는 몇 [pF]인가? 단, 단위길이당 인덕턴스는 20[μH]라고 한다.

㉮ 845.7　　㉯ 138.5　　㉰ 23.0　　㉱ 104.9

12.11 손실이 없는 전송선로 1[m]가 주파수 50[MHz]의 전원에 연결되어 있다. 전송선로의 단위길이당 인덕턴스가 2[μH]이고, 단위길이당 커패시턴스가 400[pF]이라고 할 때, 특성 임피던스와 위상상수, 위상속도를 구하라.

12.12 단위길이당 인덕턴스가 0.5[mH], 저항이 0.1[Ω], 커패시턴스가 200[pF], 컨덕턴스가 5[μS/m], 그리고 인가된 전원의 주파수가 100[MHz]라고 할 때, 다음을 구하라.

(a) 전파상수 γ, 감쇠계수 α, 위상상수 β

(b) 파장 λ

(c) 위상속도 v

(d) 특성 임피던스 Z_0

12.13 부하에 의한 반사가 있는 어떤 전송선로에서 전압이 최고인 지점이 부하 연결지점에서 0.08[m] 거리에 있고, 이어서 0.16[m] 간격으로 있다. 정재파비가 $s = 3$이라고 할 때, 반사계수 Γ와 부하 임피던스 Z_L을 구하라. 단, 특성 임피던스는 $Z_0 = 10$[Ω]이다.

12.14 전송선로 1의 특성 임피던스는 $Z_{01}=50[\Omega]$이고, 전송선로 2의 특성 임피던스는 $Z_{02}=70[\Omega]$이다. 두 전송선로가 연결되어 있을 때, 다음을 구하라. 단, 접합점에서의 입사전압은 $100[\mathrm{V}]$이다.

(a) 접합점에서의 전압 반사계수 Γ와 투과계수 τ

(b) 반사전압 V_{01}^{-}

(c) 반사전류 I_{01}^{-}

(d) 투과전압 V_{02}^{+}

(e) 투과전류 I_{02}^{+}

(f) 평균입사전력 P_{01}^{+}, 평균반사전력 P_{01}^{-}, 평균투과전력 P_{02}^{+}

12.15 다음 그림과 같이 특성 임피던스가 $Z_0=300[\Omega]$, 위상상수가 $\beta=\pi/4[\mathrm{rad/m}]$인 무손실 전송선로에 내부 임피던스가 $Z_g=300[\Omega]$, 전원전압이 $V_g=100[\mathrm{V}]$인 전압이 가해져 있다. 이 전송선로 입력단으로부터 $2[\mathrm{m}]$ 지점에 임피던스가 $Z_L=200[\Omega]$인 부하가 연결되었을 때, 다음을 구하라.

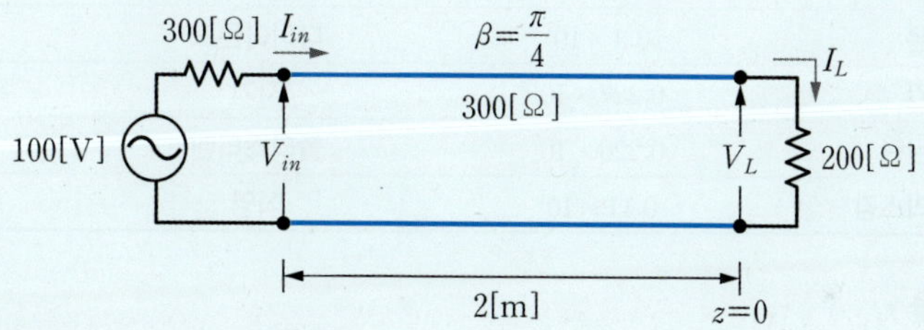

(a) 입력 임피던스 Z_{in}

(b) 입력단 전압 V_{in}

(c) 입력전류 I_{in}

(d) 부하전압 V_L

(e) 부하전류 I_L

■ 주요 상수와 그리스 문자

A. 전도도 σ[S/m]

물질	전도도	물질	전도도
은	6.17×10^7	탄소	3×10^4
구리	5.80×10^7	페라이트	100
금	4.10×10^7	바닷물	4
알루미늄	3.82×10^7	게르마늄	2.2
텅스텐	1.82×10^7	찰흙	5×10^{-3}
아연	1.67×10^7	물	10^{-3}
황동	1.5×10^7	실리콘	4.4×10^{-4}
니켈	1.45×10^7	증류수	10^{-4}
철	1.03×10^7	흙	10^{-5}
인청동	1×10^7	화강암	10^{-6}
납	0.7×10^7	대리석	10^{-8}
탄소강	0.6×10^7	베이클라이트	10^{-9}
양은	0.3×10^7	다이아몬드	2×10^{-10}
망간	0.227×10^7	자기	10^{-10}
콘스탄탄	0.226×10^7	폴리스티렌	10^{-16}
스테인리스강	0.11×10^7	석영	10^{-17}

B. 비유전율 ϵ_r

물질	비유전율	물질	비유전율
진공	1	유리	4 ~ 10
금속	1	얼음	4.2
공기	1.0005	베이클라이트	4.74
탄산가스	1.001	운모	5.4 ~ 6
스티로폼	1.03	염화나트륨	5.9
나무	1.5 ~ 4	자기	6
종이	2 ~ 4	산화알루미늄	8.8
테플론	2.1	실리콘	11.7
석유	2.1	페라이트	12.4
폴리에틸렌	2.26	게르마늄	16
고무	2.5 ~ 3	알코올	28
폴리스티렌	2.55	바닷물	72 ~ 80
호박	2.7	증류수	81
흙	3 ~ 4	이산화티타늄	100
눈	3.3	금홍석	100
나일론	3.5	티탄산바륨	500 ~ 4500
석영	3.8		

C. 비투자율 μ_r

물질	비투자율	물질	비투자율
창연	0.999 833	텅스텐	1.000 08
금	0.999 964	티타늄	1.000 18
수은	0.999 968	백금	1.000 3
은	0.999 973 6	망간	1.001
납	0.999 983 1	삼화크롬	1.001 7
염화나트륨	0.999 988		
구리	0.999 990 6	니켈	50
물	0.999 991 2	코발트	60
산화알루미늄	0.999 995	강철	200
파라핀	0.999 999 42	페라이트	1,000
나무	0.999 999 5	규소강	3,500
산소	1.000 001 8	연철	4,000
공기	1.000 004	뮤합금	20,000
마그네슘	1.000 012	센더스트	30,000
알루미늄	1.000 021	슈퍼멀로이	1,000,000

D. 그리스 문자 기호

기호	발음표기	기호	발음표기
$A\ \alpha$	Alpha (알파)	$N\ \nu$	Nu (뉴)
$B\ \beta$	Beta (베타)	$\Xi\ \xi$	Xi (크사이)
$\Gamma\ \gamma$	Gamma (감마)	$O\ o$	Omicron (오미크론)
$\Delta\ \delta$	Delta (델타)	$\Pi\ \pi$	Pi (파이)
$E\ \varepsilon$	Epsilon (입실론)	$P\ \rho$	Rho (로오)
$Z\ \zeta$	Zeta (지이터)	$\Sigma\ \sigma$	Sigma (시그마)
$H\ \eta$	Eta (이이터)	$T\ \tau$	Tau (타우)
$\Theta\ \theta$	Theta (씨이터)	$\Upsilon\ \upsilon$	Upsilon (업실론)
$I\ \iota$	Iota (아이오터)	$\Phi\ \varphi$	Phi (화이)
$K\ \kappa$	Kappa (카파)	$X\ \chi$	Chi (카이)
$\Lambda\ \lambda$	Lambda (람다)	$\Psi\ \psi$	Psi (사이)
$M\ \mu$	Mu (뮤)	$\Omega\ \omega$	Omega (오메가)

E. 물리상수

전자의 전하량	$e = 1.602 \times 10^{-19}$ [C]
전자의 질량	$m_e = 9.11 \times 10^{-31}$ [kg]
자유공간의 유전율	$\epsilon_0 = 8.854 \times 10^{-12}$ [F/m]
자유공간의 투자율	$\mu_0 = 4\pi \times 10^{-7}$ [H/m]

찾아보기

ㅊ

ㅋ

ㅌ

ㅍ

ㅎ

숫자, 기호

발산 Divergence

■ 직각좌표계

$$\nabla \cdot \mathrm{D} = \frac{\partial D_x}{\partial x} + \frac{\partial D_y}{\partial y} + \frac{\partial D_z}{\partial z}$$

■ 원통좌표계

$$\nabla \cdot \mathrm{D} = \frac{1}{\rho}\frac{\partial}{\partial \rho}(\rho D_\rho) + \frac{1}{\rho}\frac{\partial D_\phi}{\partial \phi} + \frac{\partial D_z}{\partial z}$$

■ 구좌표계

$$\nabla \cdot \mathrm{D} = \frac{1}{r^2}\frac{\partial}{\partial r}(r^2 D_r) + \frac{1}{r\sin\theta}\frac{\partial}{\partial \theta}(\sin\theta\, D_\theta) + \frac{1}{r\sin\theta}\frac{\partial D_\phi}{\partial \phi}$$

회전 Curl

■ 직각좌표계

$$\nabla \times \mathrm{H} = \left(\frac{\partial H_z}{\partial y} - \frac{\partial H_y}{\partial z}\right)\mathrm{a}_x + \left(\frac{\partial H_x}{\partial z} - \frac{\partial H_z}{\partial x}\right)\mathrm{a}_y + \left(\frac{\partial H_y}{\partial x} - \frac{\partial H_x}{\partial y}\right)\mathrm{a}_z$$

■ 원통좌표계

$$\nabla \times \mathrm{H} = \left(\frac{1}{\rho}\frac{\partial H_z}{\partial \phi} - \frac{\partial H_\phi}{\partial z}\right)\mathrm{a}_\rho + \left(\frac{\partial H_\rho}{\partial z} - \frac{\partial H_z}{\partial \rho}\right)\mathrm{a}_\phi + \frac{1}{\rho}\left(\frac{\partial(\rho H_\phi)}{\partial \rho} - \frac{\partial H_\rho}{\partial \phi}\right)\mathrm{a}_z$$

■ 구좌표계

$$\nabla \times \mathrm{H} = \frac{1}{r\sin\theta}\left(\frac{\partial(H_\phi \sin\theta)}{\partial \theta} - \frac{\partial H_\theta}{\partial \phi}\right)\mathrm{a}_r + \frac{1}{r}\left(\frac{1}{\sin\theta}\frac{\partial H_r}{\partial \phi} - \frac{\partial(rH_\phi)}{\partial r}\right)\mathrm{a}_\theta$$

$$+ \frac{1}{r}\left(\frac{\partial(rH_\theta)}{\partial r} - \frac{\partial H_r}{\partial \theta}\right)\mathrm{a}_\phi$$